煤炭地下气化技术

［加］Michael S. Blinderman
［澳］Alexander Y. Klimenko　编

蒋有伟　郭二鹏　等译

石油工业出版社

内 容 提 要

本书是近40年来第一本系统总结煤炭地下气化的机理和现场应用、技术发展趋势及应用前景的专著,描述了煤炭地下气化技术发明以来的曲折发展历史,指出了该技术发展需要遵循的7个标准,为后续煤炭地下气化技术应用指明了方向。本书并不局限于对主流煤炭地下气化技术的介绍和分析,还力求尝试跨越传统领域和学科的界限,将煤炭地下气化积累的知识和经验作为可替代传统技术方案的应用加以分析。

本书适合煤化工领域的技术人员及相关院校的师生阅读参考。

图书在版编目(CIP)数据

煤炭地下气化技术 /(加)迈克尔·S. 布兰德曼,
(澳)亚历山大·Y. 克里门科编;蒋有伟等译. —北京:
石油工业出版社,2021.7
书名原文:Underground Coal Gasification and Combustion
ISBN 978-7-5183-4645-5

Ⅰ. ①煤… Ⅱ. ①迈… ②亚… ③蒋… Ⅲ. ①煤炭-
地下气化-研究 Ⅳ. ①TD844

中国版本图书馆 CIP 数据核字(2021)第 121605 号

Underground Coal Gasification and Combustion
Edited by Michael S. Blinderman, Alexander Y. Klimenko
ISBN: 9780081003138
Copyright © 2018 Elsevier Ltd. All rights reserved.
Authorized Chinese translation published by Petroleum Industry Press.

《煤炭地下气化技术》(蒋有伟,郭二鹏 等译)
ISBN: 9787518346455

Copyright © Elsevier Ltd. and Petroleum Industry Press. All rights reserved.

No part of this publication may be reproduced or transmitted in any form or by any means, electronic or mechanical, including photocopying, recording, or any information storage and retrieval system, without permission in writing from Elsevier (Singapore) Pte Ltd. Details on how to seek permission, further information about the Elsevier's permissions policies and arrangements with organizations such as the Copyright Clearance Center and the Copyright Licensing Agency, can be found at our website: www.elsevier.com/permissions.

This book and the individual contributions contained in it are protected under copyright by Elsevier Ltd. and Petroleum Industry Press (other than as may be noted herein).

This edition of Underground Coal Gasification and Combustion is published by Petroleum Industry Press under arrangement with ELSEVIER LTD.

This edition is authorized for sale in China only, excluding Hong Kong, Macau and Taiwan. Unauthorized export of this edition is a violation of the Copyright Act. Violation of this Law is subject to Civil and Criminal Penalties.

本版由 ELSEVIER LTD. 授权石油工业出版社有限公司在中国大陆地区(不包括香港、澳门以及台湾地区)出版发行。
本版仅限在中国大陆地区(不包括香港、澳门以及台湾地区)出版及标价销售。未经许可之出口,视为违反著作权法,将受民事及刑事法律之制裁。
本书封底贴有 Elsevier 防伪标签,无标签者不得销售。

注 意

本书涉及领域的知识和实践标准在不断变化。新的研究和经验拓展我们的理解,因此须对研究方法、专业实践或医疗方法作出调整。从业者和研究人员必须始终依靠自身经验和知识来评估和使用本书中提到的所有信息、方法、化合物或本书中描述的实验。在使用这些信息或方法时,他们应注意自身和他人的安全,包括注意他们负有专业责任的当事人的安全。在法律允许的最大范围内,爱思唯尔、译文的原文作者、原文编辑及原文内容提供者均不对因产品责任、疏忽或其他人身或财产伤害及/或损失承担责任,亦不对由于使用或操作文中提到的方法、产品、说明或思想而导致的人身或财产伤害及/或损失承担责任。

北京市版权局著作权合同登记号:01-2021-3660

出版发行:石油工业出版社
    (北京安定门外安华里 2 区 1 号楼 100011)
    网 址:www.petropub.com
    编辑部:(010)64523738 图书营销中心:(010)64523633
经 销:全国新华书店
印 刷:北京晨旭印刷厂

2021 年 7 月第 1 版 2021 年 7 月第 1 次印刷
787×1092 毫米 开本:1/16 印张:30.25
字数:710 千字

定价:260.00 元
(如出现印装质量问题,我社图书营销中心负责调换)
版权所有,翻印必究

译者前言

煤炭地下气化是一项古老而又年轻的技术。该技术自19世纪诞生以来，在世界各地曾获得过大范围的应用。但是随着石油和天然气工业的崛起，煤炭地下气化技术由于气化效率较低和产出气热值低而逐渐停滞不前，直至几近消亡。在中国的能源供应形势日趋紧张的今天，煤炭地下气化又获得了人们的关注。煤炭地下气化原理是什么样的？煤炭地下气化技术现在技术发展状态如何？目前的煤炭地下气化技术存在什么问题？煤炭地下气化技术的潜力和优势在哪里？煤炭地下气化在实际操作中会对环境有什么影响？煤炭地下气化技术又能在什么方面进一步推广应用？想了解和探讨这些问题，不妨读读本书。

在译者看来，煤炭地下气化技术将会是国家能源安全的重要补充，是新能源氢能获得大规模廉价制备的关键技术，同时对于国内大量的煤炭特别是无法挖掘的深层煤炭储量经济高效环保动用将起到积极的推动作用。因此，总结现有煤炭地下气化技术研究的经验和教训，同时继续开展适合于国内煤层特征的煤炭地下气化技术研究与应用，为国内煤炭地下气化技术的不断发展奠定了基础。

Michael Blinderman是煤炭地下气化技术领域的知名权威人士，在煤炭地下气化研究、应用、现场试验、商业化操作等方面拥有超过30年的经验。他主导负责的项目包括安格林地下气化项目(乌兹别克斯坦)，南阿宾斯克地下气化项目(俄罗斯)，钦奇拉气化项目和猎豹气化项目(澳大利亚)，马尤巴地下气化项目(南非)，西亨特利地下气化项目(新西兰)。目前任职于Ergo Exergy技术公司，为煤炭地下气化项目提供技术咨询。本书以煤炭气化、煤炭开发等专业的学生和研究人员为主要读者对象，对于从事实际煤炭地下气化操作的现场工程师和管理人员也有相当重要的参考价值。本书在煤炭气化业界具有广泛的影响，对国内的煤炭气化项目的发展也起到重要指导作用。

本书涵盖了煤炭地下气化的理论研究、数值模拟、现场实践等相关知识，共分19章。第1章和第2章介绍了煤炭地下气化技术在欧洲和苏联的起源和早期的发展。第3章至第6章介绍了煤炭地下气化技术在苏联、美国、欧洲以及澳大利亚的应用和发展情况。第7章给出了气化动力学研究的部分进展。第8章和第9章分别论述了地下水和岩石变形对地下煤炭气化过程的影响。第10章介绍了煤炭地下气化技术的模拟和分析技术。第11章和第12章介绍了煤炭地下气化过程对环境的影响和影响地下煤气化技术走向商业化的重要因素。第 13 章介绍了煤层地下气化过程中要考虑的技术流程效率和经济性等问题。第 14 章和第 15 章分别介绍了南非马尤巴项目和澳大利亚猎豹能源项目的商业化应用流程。第 16 章至第 18 章介绍了煤炭地下气化技术在油页岩开采、地下火灾治理和预防、土壤污染治理等方面的应用前景。第 19 章系统总结了煤炭地下气化技术应用的监测技术。

本书第 1 章至第 3 章和第 17 章至第 19 章由郭二鹏翻译，第 4 章至第 7 章由赵芳翻译，第 8 章至第 11 章由杜宣翻译，第 12 章至第 14 章由李松林翻译，第 15 章和第 16 章由蒋有伟翻译。全书由岳青山先生进行校核，最后由蒋有伟和郭二鹏统稿。

由于译者水平有限，书中疏漏与不妥之处在所难免，敬请读者批评指正。

目 录

1 煤炭地下气化与燃烧简介 …………………………………………………… (1)
　1.1 煤炭与能源消费的未来 ………………………………………………… (1)
　1.2 煤炭地下气化 …………………………………………………………… (2)
　1.3 煤炭地下气化的多学科本质 …………………………………………… (3)
　1.4 气化与燃烧 ……………………………………………………………… (4)
　1.5 本书的主要内容 ………………………………………………………… (4)
　参考文献 ……………………………………………………………………… (5)

2 煤炭地下气化的早期发展和发明 …………………………………………… (7)
　2.1 概述 ……………………………………………………………………… (7)
　2.2 威廉·西蒙斯——第一个提出的人 …………………………………… (7)
　2.3 德米特里·门捷列夫——预见未来 …………………………………… (8)
　2.4 安森·贝茨——发明煤炭地下气化 …………………………………… (9)
　2.5 威廉·拉姆赛——筹备首次试验 ……………………………………… (12)
　2.6 煤炭地下气化的发明及其影响 ………………………………………… (14)
　2.7 结论 ……………………………………………………………………… (15)
　参考文献 ……………………………………………………………………… (15)
　拓展阅读 ……………………………………………………………………… (16)

3 苏联的煤炭地下气化发展史 ………………………………………………… (17)
　3.1 概述 ……………………………………………………………………… (17)
　3.2 早期煤炭地下气化技术发展 …………………………………………… (17)
　3.3 第二次世界大战以前苏联煤炭地下气化工艺先导试验部署情况 …… (20)
　3.4 第二次世界大战后煤炭地下气化的生产恢复和商业部署情况 ……… (26)
　3.5 苏联煤炭地下气化工业的没落 ………………………………………… (36)

4 美国煤炭地下气化的研究与发展 …………………………………………… (38)
　4.1 概述 ……………………………………………………………………… (38)
　4.2 主要贡献机构和现场试验位置 ………………………………………… (38)
　4.3 不同的煤炭地下气化活动期 …………………………………………… (41)
　4.4 推荐参考 ………………………………………………………………… (42)
　4.5 现场试验 ………………………………………………………………… (43)
　4.6 模拟 ……………………………………………………………………… (68)
　4.7 环境方面 ………………………………………………………………… (72)
　4.8 工艺技术、特征和性能 ………………………………………………… (76)

— I —

  4.9 结论 ·· (85)

  参考文献 ··· (87)

5 欧洲的煤炭地下气化——现场试验、实验室实验和欧盟资助项目 ·················· (91)

  5.1 概述 ·· (91)

  5.2 第一阶段——1940—1960 年进行的现场试验 ····································· (92)

  5.3 第二阶段——1980—2000 年的现场试验和实验室实验 ······················ (98)

  5.4 第三阶段——2010 年至今(2016 年)的现场试验和实验室实验 ·········· (107)

  5.5 欧盟资助的煤炭地下气化研究项目的最新情况 ································ (116)

  5.6 商业化道路上的经验教训以及煤炭地下气化在欧洲的未来趋势 ········ (117)

  5.7 结论 ·· (120)

  参考文献 ··· (120)

  拓展阅读 ··· (124)

6 澳大利亚的煤炭地下气化发展史 ·· (125)

  6.1 煤炭地下气化技术的起源(20 世纪 70 年代到 80 年代中期) ············· (125)

  6.2 静默期(20 世纪 80 年代中期至 1999 年) ·· (126)

  6.3 林克能源公司在钦奇拉取得初步成效(1999—2004 年) ····················· (129)

  6.4 快速发展阶段——3 个正在进行的项目及其追随者(2006—2011 年) ··· (132)

  6.5 煤炭地下气化和煤层气之间的相互作用 ·· (144)

  6.6 昆士兰州政府的煤炭地下气化政策 ·· (146)

  6.7 煤炭地下气化技术发展的没落(2011—2016 年) ································ (147)

  6.8 政府决策 ·· (150)

  6.9 结论及展望 ·· (151)

  参考文献 ··· (152)

7 气化动力学研究 ··· (156)

  7.1 概述 ·· (156)

  7.2 气化过程中不同反应类型的动力学特性 ·· (161)

  7.3 总结 ·· (183)

  参考文献 ··· (184)

8 地下水在煤炭地下气化工艺过程中的作用 ·· (187)

  8.1 气体蒸发过程的水分平衡 ·· (192)

  8.2 蒸发过程水分平衡的计算方法 ··· (193)

  8.3 地下水流入量和煤炭地下气化速率对气化气水含量的影响 ··············· (197)

  8.4 气化气热值与气化气水含量之间的关系 ·· (199)

  8.5 气化气热值与地下水比流入量之间的关系 ·· (200)

  8.6 气化气热值、煤层厚度、气化气水含量与地下水流入量之间的关系 ·· (201)

  8.7 气化速率对气化气热值的影响 ··· (203)

  8.8 进入气化区的地下水的比流入量对气化气化学组成的影响 ··············· (204)

  8.9 煤层、围岩的渗透率和地下水压头 ·· (206)

  参考文献 ··· (207)

9 煤炭地下气化中岩石变形的影响 (209)
- 9.1 常规煤矿开采中的岩石变形与沉降 (209)
- 9.2 常规地下煤矿开采中的岩石变形与沉降 (218)
- 拓展阅读 (238)

10 煤炭地下气化的模拟与分析 (240)
- 10.1 概述 (240)
- 10.2 煤炭地下气化方法 (241)
- 10.3 煤炭地下气化模拟 (246)
- 10.4 煤炭地下气化与 CO_2 的捕集和封存相结合 (249)
- 10.5 将煤炭地下气化与 CCS 及辅助发电厂相结合——实例分析 (250)
- 10.6 结束语 (259)
- 参考文献 (260)
- 拓展阅读 (266)

11 煤炭地下气化的环保特征 (267)
- 11.1 概述 (267)
- 11.2 煤炭地下气化与环境 (268)
- 11.3 影响煤炭地下气化地下水化学和地下水污染的主要因素 (273)
- 11.4 煤炭地下气化在苏联时期的环保性能 (277)
- 11.5 最近煤炭地下气化项目的环保性能 (287)
- 11.6 结论 (290)
- 参考文献 (291)

12 煤炭地下气化技术商业化还应做好什么准备？ (294)
- 12.1 概述 (294)
- 12.2 商业化煤炭地下气化技术的相关要求 (295)
- 12.3 气化气的质量 (296)
- 12.4 气化气的产量 (300)
- 12.5 开采效率与煤炭资源 (302)
- 12.6 环保性能 (304)
- 12.7 可行性及先导试验设施 (307)
- 12.8 近期基于受控注入点后退气化工艺的先导试验站 (309)
- 12.9 基于 εUCG™ 技术的先导试验工厂 (311)
- 12.10 对煤炭地下气化运作过程的监管 (314)
- 12.11 煤炭地下气化项目的投资 (317)
- 12.12 结论 (317)
- 参考文献 (318)
- 拓展阅读 (319)

13 从煤炭地下气化到产品——设计、效率和经济性 (320)
- 13.1 参考成本 (320)

13.2	εUCG 技术	(321)
13.3	不同煤型、不同地质条件的经验	(323)
13.4	εUCG 生产单元的概念生命周期——A 盘区	(324)
13.5	煤炭资源的筛选	(326)
13.6	采用的方法	(327)
13.7	粗气化气生产	(329)
13.8	气化气处理(净化和调质)	(329)
13.9	合成产品	(330)
13.10	电	(331)
13.11	合成天然气(SNG)	(336)
13.12	甲醇	(337)
13.13	汽油	(339)
13.14	超低硫柴油	(340)
13.15	氨/尿素	(342)
13.16	εUCG 与 CG 的成本降低对比	(343)
13.17	下步工作	(344)
13.18	结论	(345)
参考文献		(346)

14 马尤巴煤炭地下气化项目 (347)

14.1	概述	(347)
14.2	Eskom 公司的马尤巴 UCG 项目概述	(349)
14.3	选址及预可研阶段(2002—2003 年)	(351)
14.4	煤炭地下气化选址介绍	(352)
14.5	选址特征研究阶段(2005 年)	(354)
14.6	先导试验阶段(2007 年至今)	(356)
14.7	示范阶段的研究	(364)
14.8	马尤巴气化床 1——关停与验证钻井	(366)
14.9	商业开发阶段	(368)
14.10	结论	(369)
参考文献		(370)

15 煤炭地下气化技术的商业化应用与猎豹能源公司在澳大利亚昆士兰州 Kingaroy 的项目 (371)

15.1	概述	(371)
15.2	澳大利亚的历史背景	(371)
15.3	现场特征描述	(373)
15.4	政府与社区的影响	(378)
15.5	点火准备	(379)
15.6	气化气的生产和终止及引发项目关停的事件	(379)

15.7　环境问题 …………………………………………………………………………（382）
　15.8　修复与检测 ……………………………………………………………………（383）
　15.9　煤炭地下气化 Kingaroy 项目的结论 ………………………………………（384）
　参考文献 ………………………………………………………………………………（387）

16　油页岩的地下气化 …………………………………………………………………（389）
　16.1　概述 ……………………………………………………………………………（389）
　16.2　国际油页岩分类 ………………………………………………………………（393）
　16.3　油页岩资源 ……………………………………………………………………（396）
　16.4　油页岩利用方法 ………………………………………………………………（402）
　16.5　油页岩地下气化实例介绍 ……………………………………………………（405）
　16.6　结论 ……………………………………………………………………………（424）
　参考文献 ………………………………………………………………………………（425）
　拓展阅读 ………………………………………………………………………………（428）

17　地下火灾未来远景技术 ……………………………………………………………（429）
　17.1　概述 ……………………………………………………………………………（429）
　17.2　地下火灾的不利影响 …………………………………………………………（430）
　17.3　地下火灾探测和测量的最新技术 ……………………………………………（432）
　17.4　煤炭地下气化技术在控制地下火灾方面的潜在应用 ………………………（434）
　17.5　结论 ……………………………………………………………………………（438）
　参考文献 ………………………………………………………………………………（438）

18　利用火来修复受污染的土壤 ………………………………………………………（443）
　18.1　概述 ……………………………………………………………………………（443）
　18.2　阴燃的原理 ……………………………………………………………………（444）
　18.3　小规模的研究 …………………………………………………………………（447）
　18.4　中等规模的实验 ………………………………………………………………（450）
　18.5　非水相液体的流动性 …………………………………………………………（453）
　18.6　大规模的实验 …………………………………………………………………（455）
　18.7　其他应用 ………………………………………………………………………（458）
　18.8　结论 ……………………………………………………………………………（460）
　参考文献 ………………………………………………………………………………（461）

19　先进的测量和监测技术 ……………………………………………………………（463）
　19.1　概述 ……………………………………………………………………………（463）
　19.2　探测和监测 ……………………………………………………………………（463）
　19.3　先进的测量技术 ………………………………………………………………（466）
　19.4　结论及未来发展趋势 …………………………………………………………（469）
　参考文献 ………………………………………………………………………………（469）

1 煤炭地下气化与燃烧简介

M. S. Blinderman[1], A. Y. Klimenko[2]

(1. Ergo Exergy 技术公司,加拿大蒙特利尔;2. 昆士兰大学,澳大利亚昆士兰州布里斯班)

1.1 煤炭与能源消费的未来

全球能源和碳氢化合物的消耗量一直呈稳定的增长态势。这种趋势不仅持续时间长、影响大,且没有丝毫减缓的迹象。其原因显而易见,跟食物、水和其他人类生活必需品的消耗量持续增长的原因是一样的,是由于地球人口的增长,这种情况以发展中国家最为明显;生活水平不断提高,同样以发展中国家最为突出。

图1.1为联合国公布的世界人口增长预测结果。

图1.2为较发达地区和欠发达地区对世界一次能源的消耗量预测。对比图1.1和图1.2,可以得出一个明确的结论,即世界能源消耗的增加主要是由发展中国家的人口增长和生活水平提高驱动的。

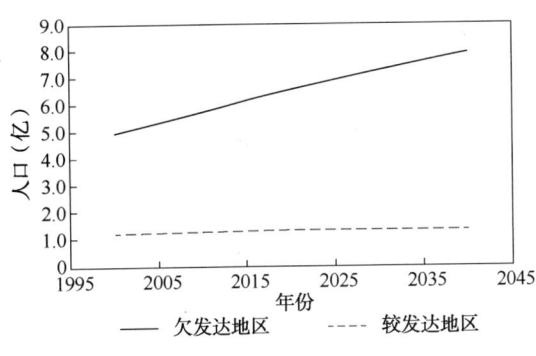

图1.1 全球人口增长预测(UN DESA,2017)

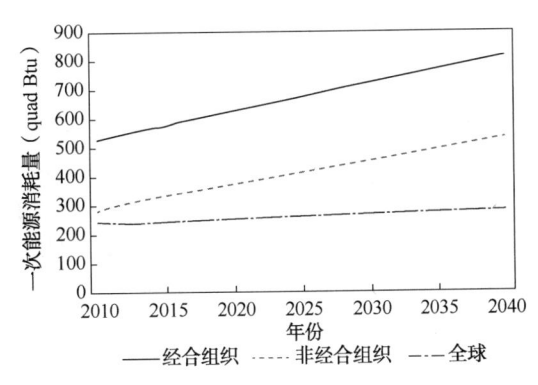

图1.2 世界一次能源消耗预测(EIA,2016)
1quad Btu = 40×10^8 Btu,1Btu = 1055.05J

在气候变化日益显著的背景下,这些趋势便凸显出来。许多人认为,气候变化的根源在于人类活动,尤其是与能源生产和消费有关的活动。但现实情况是,无论推荐哪种能源,都无法解决全球变暖和温室气体(GHG)排放的问题。

为实现全球能源的可持续性供应,人们广泛讨论的一种方法是,种植那些能够转化为一次能源和碳氢化合物的能源作物。因此,理想情况下,在满足年度粮食和工业需求的情况下,年度收获将可以覆盖全球能源和碳氢化合物的年度消费周期。但随着人口的快速增长和新农业用地的日益枯竭,这一策略的可行性颇值得商榷。

鉴于上述种种长期趋势,有什么办法能够提供可承受的清洁能源以满足日益增长的需求呢？能源政策专家已形成共识，在可预见的未来，可再生能源将不能完全满足全球日益增长的能源需求。可再生能源的供应，其本质上具有间歇性，仍需要其他能源来补充，例如通过负荷跟踪模式发电的火电厂(IEA CIAB, 2013)。另外，人们还普遍关注输电系统所受的压力。输电系统需能够承受可再生能源发电的不稳定性，并能将可再生能源电力并入现代供电网络中。可再生能源发电固有的具体问题不在我们的讨论范畴之内。尽管可再生能源看起来对环境非常有利，但似乎仍不足以满足日益增长的全球电力需求。此外，太阳能和风力发电厂本身并不能生产碳氢化合物：碳氢化合物主要来自化石燃料加工。

很少有发展中国家宣称其石油和天然气能够自给自足；大多数国家在以不断攀升的速度进口石油、天然气和石油产品。典型的供需趋势表明，随着石油、天然气和石油产品进口量的增加，碳氢化合物的消耗量也在不断攀升，使外汇储备耗费殆尽，增加了发展中国家的财政压力。"页岩革命"似乎不太可能改变发展中国家的油气市场动态。在此情况下，煤炭作为最普遍、最廉价的化石燃料，似乎在发电和化工方面对世界发展的重要性也越来越大(Butler, 2017)。但是煤难道不是污染最严重、GHG 排放量最高的能源吗？更不用说其排放的颗粒物、汞、SO_x 和 NO_x 了。燃煤电厂的灰坝难道不是水和土壤的主要污染源吗？假设世界的发展所产生的排放量越来越大，对环境和全球气候变化又会带来什么样的后果呢？

1.2 煤炭地下气化

煤炭气化可以提供最有效的控制用煤污染技术解决方案(Higman 和 Vander Burgt, 2008)。传统的气化工艺需要在大型钢制化学反应器中将挖掘出来的煤进行预处理(洗涤、碾磨或筛分)，其主要缺点是价格昂贵，发展中国家基本承受不起。此外，常规气化工艺使用的是挖掘出来的煤炭，挖煤自身的弊病，如采矿健康和安全问题、露天及地下煤矿的环境问题、煤炭市场波动、可开采资源的有限性和日益枯竭等，将会依然长期存在。传统的气化厂仍会继续使用大型灰坝。就 GHG 的排放量而言，气化技术虽然有利于 CO_2 集中捕获，但在寻找 GHG 埋存地点方面却没有任何优势可言。

在全世界都在关注环境并限制碳排量的大环境下，煤基能源和碳氢化合物生产技术应具有哪些特点才能为人们带来益处并被接受呢？

这应该是一种煤的气化技术，且该技术应该能够：

(1) 动用无法开采的煤炭资源；
(2) 不受煤炭市场价格影响；
(3) 以较低的、有竞争力的成本生产合成气；
(4) 能提供有效的碳捕集；
(5) 能提供可用的和经济可承受的埋藏位置；
(6) 能消除常规煤矿开采过程中的健康和安全危害；
(7) 能生产出清洁、高效的发电燃料和石化工业原料。

上述特点似乎与现有的煤炭地下气化(UCG)技术比较贴合，这也正是本书的关注重点。鉴于该技术有望在将来发挥独特而重要的作用，可以用伏尔泰的话来说，"纵使不存在，也要创造它"。

UCG 技术提供了用钻井的方法在未开采煤层中启动和维持煤气化过程的手段(Ergo Exergy，2017)。该技术不需要操作人员下入地下，而是直接在地面进行控制。自1868年被发明以来，该技术经历了漫长而曲折的发展历程，现在似乎能够得到广泛的商业化应用。正如本书在以下章节所阐述的那样，现代 UCG 技术可以满足上述 7 个标准(基于煤炭的环境友好性、可承受的能源和碳氢化合物技术等)。

从上部关于 UCG 的书籍(Lamb，1977)出版到现在，已经过去 40 年了。这些年来，大量的研究、开发、现场试验、工艺建模和商业化尝试，已经大大地加深了人们对 UCG 的认识和理解。本书旨在收集全球范围内现阶段 UCG 发展方面取得的主要成果，并提供现代的、多角度的技术观点。本书的作者具有不同的专业、工业和商业背景，具有不同地区和机构的 UCG 经验。

1.3 煤炭地下气化的多学科本质

本书并不局限于对主流 UCG 技术的介绍和分析，还力求尝试跨越传统领域和学科界限，将那些 UCG 积累的知识和经验作为可替代传统技术方案的应用加以分析。有些领域以前也许曾被视为 UCG 技术，而现在却不是了。但作者并不打算就其学科界限定位和划分方法正确与否进行讨论。我们的方法基于实用的、跨学科工程的生产传统：本书提供了与 UCG 技术有关的各种思路和应用，而无论是否跨越工程和科学的传统分支边界。

必须强调的是，UCG 技术的发展一直是多学科共同努力的结果，它结合、应用了许多不同领域的知识，同时也丰富了各领域的知识。UCG 介于实用工程学和基础科学的交汇处，涉及化学、物理、流体力学、固体力学、热力学、反应动力学以及地质学和水文学。众多因素相互间的复杂作用使地下气化和燃烧技术极其复杂。地下过程的共同特征是无法脱离现场，其复杂性在于通往地下的通道有限、监测调控机会有限的情况下实现地下反应过程。尽管存在这些困难，但"人不到地下工作"，而且这已经成为现代 UCG 的核心原则。而这一原则也许最终应该延伸到所有采矿作业中去——只有坚持这一原则，才能消除地下采矿给工人带来的危险。

历史上，通常必须要借助一些辅助指标来判断 UCG 地下气化反应器的运行和试验状态，而不是依据气化炉内的直接测量结果。这种情况下，由于全凭直觉和经验，不得不采用试错的方法，使得该技术的发展相对缓慢。有些技术和物理效应只是偶然情况下发现的。比如，反向燃烧连通的方法就是在莫斯科近郊项目 UCG 站的操作中偶然发现的。最后，通过一系列试验(其中一些涉及试验后的挖掘工作)，人们获得了对地下反应过程的新认识。这种说法主要与 UCG 有关——迄今为止，人们对地下燃烧以及其结构、范围和演变的了解仍然非常有限，而且往往是基于猜测，而非对它的真正了解。

然而，现代条件为 UCG 技术带来了新的测量和模拟工具。严格的环境监测已成为 UCG 良好实践中不可或缺的一部分。这些工具，加上近一个世纪所积累的 UCG 经验，构成了现代 UCG 的技术基础。必须指出，人们过去并没有一直遵循正确的 UCG 操作条件。例如，在地下气化过程中长时间保持过高的压力可能会使所产气体质量得到短期改善，但却会造成环境污染和试验失败。本书倡导以最佳实践,以及可靠而全面的科学方法为基础,在健全透明的监管框架支持下,以对环境负责任的态度进行 UCG 技术应用。事实上,正如本书所讨论的那样,与 UCG 相关的技术可以用于弥补一些因自然灾害或技术错误而对环境造成的影响。

1.4　气化与燃烧

煤炭地下气化和地下燃烧二者间的区别,更多是名义上的不同。气化和燃烧这两个过程涉及的反应物和反应动力学均相同。气化过程中的不利操作,如氧气的窜流,可能会导致生成气在输送到地面之前发生燃烧,即燃烧取代了气化。同样,煤的地下燃烧通常也会产生 CO_2、H_2 和 CO 混合气体,在这种条件下很难实现完全燃烧。煤的 UCG 和地下燃烧的主要区别在于其位置、深度和压力,最重要的是反应过程所受控制的程度。

UCG 的第一个想法是作为控制煤层地下燃烧的一种手段而提出来的。随着 UCG 技术的进一步发展,地下气化是在有目的的设计及准确监测和分析条件下进行的,人们对煤炭的地下气化和燃烧过程有了更深的理解。然而在过去,人们似乎并没有将这些认识应用到地下火灾的控制和扑灭方面。很多时候,采用传统技术,很难或几乎不可能将地下火灾扑灭。如果对地下燃烧缺乏认识而进行灭火尝试,虽有可能在短期内取得成功,但长期来看,反而会使情况更加恶化。对于这样的情况,利用 UCG 技术来对地下火灾进行完全或部分控制,或不失为一个合乎逻辑的选项。因为采用这种方法,将有助于减轻和减少火灾对环境所造成的损害。因此,需要通过实践尝试摸索出一种具有成本效益的方法,这一点非常重要。

1.5　本书的主要内容

本书涉及 UCG 技术和应用以及该技术拓展潜力方面的探讨。本书第 1 章讲述了 UCG 在全球范围内的发展是不均衡的。这颇有些令人意外,因为早在该技术最初出现时,人们对其概念的理解就已经很到位了。关于这一点,将在描述 UCG 早期历史的第 2 章中进行介绍。在接下来的几章中,将回顾 UCG 的发展历史,重点介绍取得技术和商业发展的主要国家和地区——苏联(第 3 章)、美国(第 4 章)、欧洲(第 5 章)以及澳大利亚(第 6 章)。

编写人员曾希望将中国的 UCG 项目也囊括到书中,中国自从 20 世纪末由政府资助 UCG 项目开始,现已历时约 30 年,但出于安排协调方面的原因,最终在时间框架内没办法完成。

第 7 章至第 11 章涉及 UCG 的实施技术。这一部分包括气化动力学(第 7 章)和地下水在气化过程中的作用(第 8 章)。第 9 章探讨了 UCG 的岩石力学问题。根据我们的理解,围岩变形既是导致潜在环境影响的原因,也是影响气化系统中反应过程的关键因素。第 10 章是有关 UCG 过程数学模型建立方面的总结。第 11 章是有关 UCG 项目环境保护方面的内容,重点是对地下水的保护,并附有实例(主要来自原苏联的 UCG 项目)。

本书特别强调了 UCG 技术的商业化潜力。第 12 章专门就适合大型能源和石化应用的地下气化的特点进行了介绍。第13章对有关煤制气生产电力、合成甲烷、化肥、合成汽车燃料及甲醇等增值商品的工艺、设备、效率和成本进行了讨论。第14章和第15章以南非和澳大利亚两个UCG项目为实例，专门探讨商业化方面的问题。

近年来，油页岩引起了人们的极大兴趣，主要集中在美国过去10年间发生的页岩气和页岩油的压裂革命上。压裂法有利于页岩基质中气态烃和液态烃的释放和生产，而基质本身的有机物基本未动用。然而，UCG技术为人们提供了一种替代性方案。该技术通过在地下页岩内原位建立气化过程，将页岩有机物质转化为气态烃和液态烃，从而形成页岩内的地下气化。第16章专门介绍了地下页岩气化的各种研发工作及其工作成果。

与其他工业活动一样，UCG作业也会对环境产生影响，但只要遵循正确的作业程序，可将对环境的影响降到最小。本书针对UCG环境的潜在影响也予以关注（见第11章）。有必要将该技术对环境的影响与其他替代技术进行比较。如果气化和燃烧技术应用合理，应该会减少对环境的影响。本书在最后几章讨论了UCG技术的拓展潜力。特别针对的情况是，随着对UCG作业地下过程认识的不断加深，可以利用新的认识来减轻或减少各种非UCG因素引起的环境破坏。

第17章专门从UCG技术的角度出发，对地下火灾进行了分析。然而，必须注意的是，有关地下火灾的综合处理或更偏的话题（如矿井火灾安全）不在本书的范围之内。更多的地下火灾处置方法可以参阅其他出版物（Stracher等，2010）。专门设计的地下燃烧过程，可以非常有效地实现对污染土壤的修复。第18章报道了有关这类补救措施的一些成功经验。

只有通过合适的监测和分析，才能成功实现UCG作业，才能成功控制和扑灭地下火灾。一系列监控技术现已成为UCG最佳运营的标准配置。第19章介绍了UCG作业中常用的监测技术。这些技术也可用于监测地下火灾。在这一部分还对一些物理原理进行了探讨，这些原理可能会成为未来地下气化和燃烧中先进测量和监测技术的基础。一旦这些技术开发出来，就有望应用于其他地下过程监测。

总的来说，本书适合于在本领域有一定经验且接受过培训的读者，对UCG的商业、技术和科学感兴趣的人、研究生，以及对UCG相关信息了解有限但有经验的研究人员。本书并未涉及关键UCG过程方面理论的最新发展（例如，反向燃烧和正向燃烧的连通理论、通道中火焰位置理论和气化前缘稳定性理论）。这些理论涉及的数学内容过多不适合普通读者。对地下气化和燃烧理论感兴趣的读者可参考相关的出版物（Blinderman和Klimenko，2007；Blinderman等，2008a，2008b；Saulov等，2010；Plumb和Klimenko，2010）。

参 考 文 献

Blinderman, M. S., Klimenko, A. Y., 2007. Theory of reverse combustion linking. Combust. Flame 150(3), 232-245.

Blinderman, M. S., Saulov, D. N., Klimenko, A. Y., 2008a. Forward and reverse combustion linking in underground coal gasification. Energy 33(3), 446-454.

Blinderman, M. S., Saulov, D. N., Klimenko, A. Y., 2008b. Optimal regimes of reverse combustion linking in underground coal gasification. J. Energy Inst. 81(1), 7-12.

Butler, Nick, 2017. Alternative truths and some hard facts about coal. Financial Times. April 3.

Ergo Exergy, 2017. Welcome to Underground Coal Gasification. http://www.ergoexergy.com (accessed 22.07.17).

Higman, C., Van der Burgt, M., 2008. Gasification, second ed. Elsevier, Amsterdam.

IEA Coal Industry Advisory Board, 2013. 21st Century Coal: Advanced Technology and Global Energy Solution. OECD/IEA, Paris.

Lamb, G. H., 1977. Underground Coal Gasification. Energy Technology Review No.14, Noyes Data Corp.

Plumb, O. A., Klimenko, A. Y., 2010. The stability of evaporating fronts in porous media. J. Porous Media 13(2), 145-155.

Saulov, D. N., Plumb, O. A., Klimenko, A. Y., 2010. Flame propagation in a gasification channel. Energy 35(3), 1264-1273.

Stracher, G., Prakash, A., Sokol, E., 2010. Coal and Peat Fires: A Global Perspective. In: Coal Geology and Combustion, vol. 1. Elsevier Science, Amsterdam/London.

U. S. Energy Information Administration, 2016. International Energy Outlook 2016. Report DOE/EIA-0484 (2016), DOE, Washington, DC.

Unite Nations, Department of Economic and Social Affairs, Population Division, 2017. World Population Prospects: The 2017 Revision. custom data acquired via website.

2 煤炭地下气化的早期发展和发明

A. Y. Klimenko

(昆士兰大学,澳大利亚昆士兰州布里斯班)

2.1 概述

伟大的概念往往需要杰出人物来提出。UCG的发明历史验证了这一说法。这里涉及的四位杰出人物有威廉·西蒙斯(William Siemens)、德米特里·门捷列夫(Dmitri Mendeleev)、安森·贝茨(Anson Betts)和威廉·拉姆赛(William Ramsay)。UCG发明和发展的历史是科学与工业、发现与进步、个人贡献与集体研究的共同结晶。本章探讨了UCG 4位"创始人"所理解的技术问题,但也涉及一些政治层面的因素。许多年来,人们并没有了解到贝茨的关键作用,或者说没有充分理解和认识到他的作用也许超过了UCG发明中其他3位杰出人士的作用。本章的目的通过描述UCG及其他相关技术进一步发展的历史背景(这些历史情况在本书的其他章节中也有介绍),也许还能纠正上述所说的历史不公。

许多杰出发明的模式就像接力——一个创意会从一个发明家传递到另一个发明家,而且每一步它都会得到重新诠释和进一步发展,直到变成现实。至此,这一创意便会被许多人迅速复制;创意的实施方式也变得越来越多样化。然而,本章只关注UCG发明的第一阶段,这一阶段随着第一次世界大战的开始而结束。

2.2 威廉·西蒙斯——第一个提出的人

威廉·西蒙斯爵士(图2.1)出生于德国,是一位杰出的工程师、科学家和商人。他曾在马格德堡和哥廷根学习工程和科学,之后移居英国。在那里,西蒙斯的众多才能得到了广泛认可。西蒙斯是英国皇家学会成员、英国科学促进会主席、机械工程师学会主席、电报工程师学会主席,也是多家比较成功的工业公司的共同所有人和董事。他用现代的视角倡导把热视为一种能源,开发出了工业气化器,建造了一台改进的蒸汽机,发明了一个蓄热炉,并在欧洲大陆敷设了电报电缆。威廉·西蒙斯是一位才华横溢的工程师,他的专业和个人素质在社会上广为人知,备受尊敬(Thurston,1884)。

在给化学学会的内部讲座中,西蒙斯在1868年提到了煤炭原位气化的可能性。他的演讲大部分集中于阐述使用煤气化炉(应该是煤气发生器,如图2.2所示)对炼钢的好处。在讲座进行到一半时,他提到不再把煤送到炼钢炉附近的煤气发生器,而是把这些煤气发生器放在煤矿,烧掉散煤并产出的煤气则通过管道送到炼钢炉里。

图 2.1　威廉·西蒙斯爵士

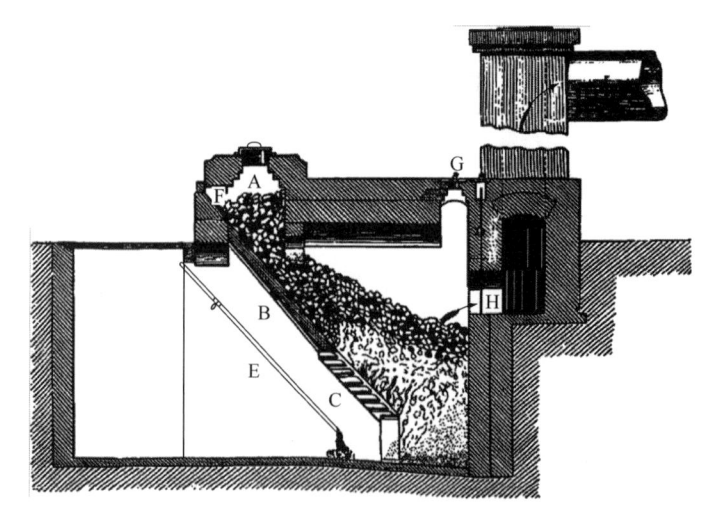

图 2.2　西蒙斯气化炉（气体发生器）

这个建议可行吗？答案显然是否定的。把煤气发生器放入矿井中，会带来极大的火灾危险，也会引发竖井的通风和维护问题，还会使工作条件不利于负责检修矿井和煤气发生炉的工作人员。虽然威廉·西蒙斯的这一建议并不可行，而且也不符合现代对 UCG 的理解，但这是首次有人提到工业性煤炭原位气化的可能性。

2.3　德米特里·门捷列夫——预见未来

德米特里·门捷列夫（图 2.3）是一位著名的俄国科学家，他最著名的发明是现代元素周期表。他不仅修正了几种已知元素不准确的原子量，而且还预测到几种未知元素的存在。门捷列夫是英国皇家科学院和瑞典皇家科学院的外籍院士。据报道，他曾多次获诺贝尔奖提名，但由于斯凡特·阿伦尼乌斯的反对而失之交臂。

鲜为人知的是，他不仅在化学和物理领域贡献巨大，而且在工程、经济、工业技术和国家治理等多个领域也做出了大量贡献。门捷列夫帮助俄国建立了第一个炼油厂，并将国际单位制引入了俄国。

在俄国学术界，门捷列夫不太为人所知。但他的才华受到了沙俄政府的重视，尤其受到了杰出的政治家和知识分子 Sergei Witte 的欣赏。门捷列夫辞去圣彼得堡大学的教授职务后，被任命为国家度量衡档案馆馆长这一享有盛誉的职位。在圣彼得堡理工学院的

图 2.3　德米特里·门捷列夫

成立过程中，Witte 和门捷列夫都发挥了关键作用。门捷列夫多次被邀请为国家工业发展提出技术和社会经济方面的建议。他远赴乌克兰和乌拉尔考察写笔记，回国后向政府报告。他的笔记准确地描述了世纪之交的工业发展历史，同时反映了门捷列夫思维敏锐、多

才多艺，具有广博的知识和实践意识，对复杂问题有很强的理解能力并能提出有效的解决方案。

门捷列夫于1888年首次提及煤炭地下气化并通过管网输送产出气的可能性。他预测，未来将会建立宽管道网，向主要用户输送天然气和煤气。这多少与西蒙斯的建议相似，但门捷列夫在随后几年里进一步发展了他的思想。门捷列夫1897年在他的著作《工业基础》中增加了一个重要的细节，建议不用将劣质煤破碎直接进行气化——这符合现代对UCG的理解，也是门捷列夫前往乌拉尔地区期间（Mendeleev，1900）最有趣的发现。1899年，在参观基齐尔厂和矿井时，他观察到了一场地下火灾，并与总工程师皮温斯基先生和矿里其他人讨论了地下火灾事件。那个时候人们接受的主要灭火技术就是把着火区封闭，阻止氧气的消耗。但这种技术有时并不奏效，有些火可能会持续数年。在讨论中，门捷列夫提出了控制地下火并利用它们生产合成气的可能性。把空气按控制的量通过一根管道供至着火处，同时，再通过另一个管道系统把产出的合成气抽吸出来。该方案的要点如图2.4所示。

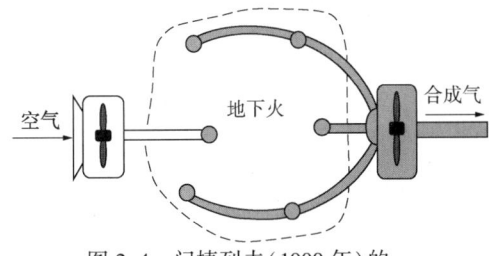

图2.4 门捷列夫（1900年）的地下火实验的气化方案

皮温斯基先生乐于进行实验，但这需要工厂主的同意。通过文献可知，后来火已经熄灭，实验也没有进行。但是如果进行了，这些实验会成功吗？很可能不会。如果没有燃烧位置的准确信息，缺乏对该地区水力连通性的了解，很难建立任何控制方式。如果这些实验在100多年前已经开展，最有可能的结果是得到品质非常低且不稳定的煤气。

另一个问题是门捷列夫是否看到过西蒙斯关于原位气化的言论。在我看来，可能性较大。门捷列夫对煤气化很感兴趣，他曾在自己的作品中积极地描述过西蒙斯气化方案（Mendeleev，1897）。同时，门捷列夫显然对此事有自己的想法；他的建议不仅与西蒙斯的不同，而且非常实用。不必挖掘并通过管道系统采煤，这比较符合现代对UCG的理解。门捷列夫的另一个重要建议是对地下火灾控制的可能性甚至必要性。

2.4 安森·贝茨——发明煤炭地下气化

安森·贝茨是美国的著名工程师和化学家，1876年出生在特洛伊（纽约州）郊区，他是一个著名的首批移民家族的后裔。他的父亲埃德加是一名成功的商人，祖父亨利因推出许多发明（包括印刷和造纸的改进）而闻名。安森·贝茨1897年毕业于耶鲁大学谢菲尔德科学学院，获得学士学位，并于次年毕业于哥伦比亚大学，获得硕士学位。他在接下来的15年中成果尤其卓著：他推出了许多重大发明，并获得了许多在美国、英国、加拿大、澳大利亚、西班牙、比利时等国注册的专利。他提出了提炼铅的新方法——贝茨法（Betts Process），并于1908年出版了一本关于这一课题的书（Betts，1908）。这本书最近又得以再次出版（图2.5）。

在两次战争之间的那段岁月，贝茨成了一名企业家，在多个州居住过，还在北卡罗来纳州拥有一家企业。1925年，他在马萨诸塞州购买了贝茨锰矿，回到他的出生地，并在儿子安森·K.贝茨的帮助下经营这些矿山。即使在晚年，安森·贝茨也总是表现出坚强的精神和性格。他的最后一项发明是在1970年申请的专利(Betts,1972)，当时他已94岁。安森·贝茨于1976年去世。

在1906—1910年，安森·贝茨向美国、英国和加拿大专利局提交并获得了三项专利(Betts,1910)。在这里要强调这些专利对UCG进一步发展的突出价值(贝茨发明的技术细节将在本节后面讨论)。在这项发明前后，贝茨对气化都不太关注，他的其他专利也与这个领域无关。也许是门捷列夫的话激发了贝茨的创造性，从而提出一种可行的UCG方法。无论如何，贝茨对UCG做出了杰出的贡献；他与前人们不同，不仅提出了这个想法，还制定了实现该想法的具体方法。

这些方法构成了UCG工业后续发展的基础。这三项专利(Betts,1910)标志着UCG的发明。

贝茨的3项UCG专利非常相似。然而，在英国申请的专利与其他两项专利不同，该专利将本发明与以前发现的煤层气抽采和利用区分

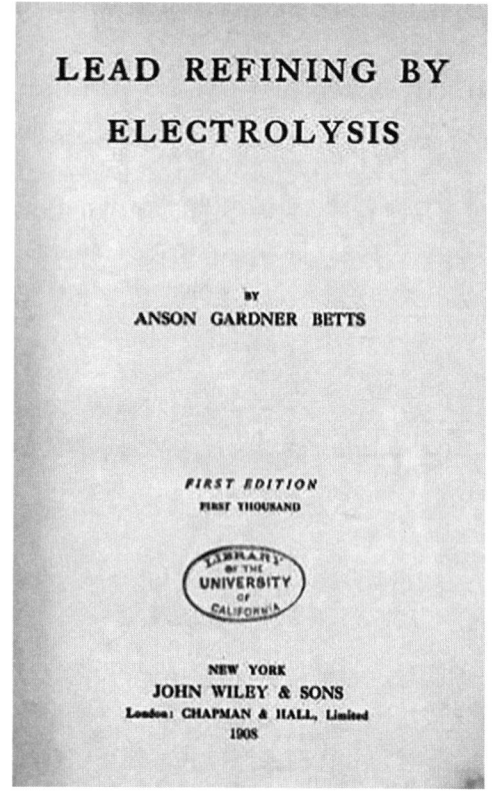

图2.5 安森·贝茨在1908年出版著作的书名页

开来。贝茨提出了多个方案，其中有四个方案最为受人关注。图2.6展示了UCG的基本原理：至少要有两口井(3号注入井和8号生产井)，两井之间通过7号巷道实现水力连接。也可以通过使用两个竖井，或一个竖井加一个钻孔来实现。然后，利用氧化剂(空气和蒸汽)流体将煤在其原始位置处进行气化，而无须破碎或挖掘出来。

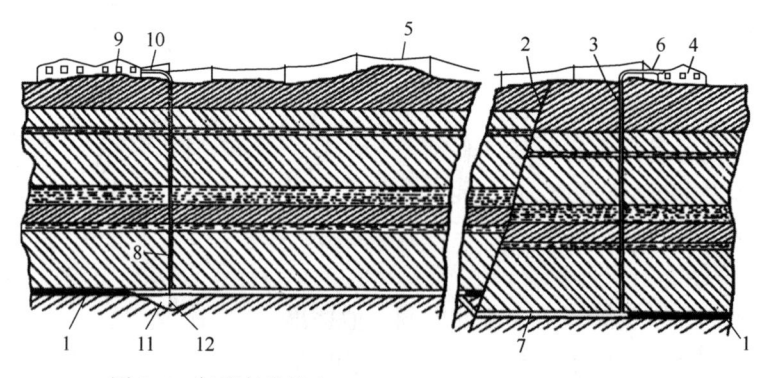

图2.6 气流气化法(Stream Gasification)(Betts,1910)

贝茨并没有就此止步，而是对该计划的许多细节进行了极具见地的探讨。他指出，气化会导致覆盖层沉降并产生裂缝，从而导致气体泄漏。

这可以通过在 10 号点位进行少量抽吸来解决，控制流入气化腔的空气。但沉降可以起到一定作用，它既填充了气化空间，同时又使气流通道维持在煤表面附近。贝茨讨论了氧气窜进生产孔的问题，但若沉降管理得当，有效地分离注入井和生产井，迂曲的通道应该可以改善氧化剂与煤表面的接触，从而提高生产合成气的品质。贝茨提到了气体净化、焦油去除等在 UCG 实践中很重要的问题。

贝茨考虑了采用多个注入井和生产井的方案，但是需要对这些钻孔加以仔细控制，以确保合成气的最佳品质，同时在不同阶段采用多个燃烧点。他用图 2.7 说明了这一点。图中，21 号、22 号阀用于控制 13 号、14 号注入井，24 号、25 号阀用于控制 15 号、16 号生产井。图 2.8 提供的信息可能没有其他图丰富。该图展示的是贝茨的建议，即利用 26 号和 27 号两个竖井进行注入和生产，将采空矿井内的残煤气化。

贝茨还提出了在单个钻孔(31 号)中安装两个同心管(32 号、33 号)来同时实现注入和生产的可能性。这个建议(可以称为盲孔法)的目的经常被人误解。贝茨很清楚，气化腔增大后气体质量便会下降。该方案的目的是在 31 号钻孔和 37 号钻孔之间建立水力联系，而无须工人在地下将巷道从一个井筒延伸到另一个井筒。这与后来的燃烧连通方式相似，它是 1941 年在苏联图拉 UCG 站偶然发现的。我们还注意到另一项发明——定向空气注入，用于改善与煤表面的接触。后来，在苏联 UCG 项目中这种方法被证明是行之有效的。

总的来说，贝茨的专利推出了以下气化方案：

(1) 使用两个井筒(或一个井筒加一个钻孔)的气流气化法(图 2.6)。
(2) 多注采点多通道气流气化(图 2.7)。

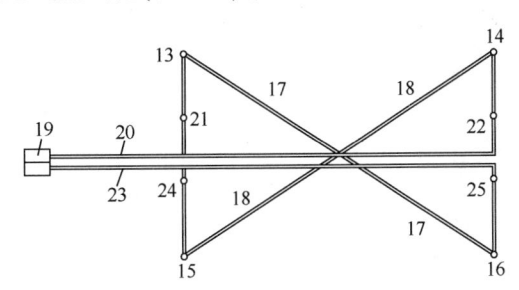

图 2.7　多点注入和生产的气流气化法(Betts，1910)

(3) 采空矿井内的气流气化法(图 2.8)。
(4) 盲孔法(有燃烧连接的可能性)(图 2.9)。
(5) 巷道处于煤层下方的气化(此处未讨论)。

图 2.8　采空矿井内的煤炭气化(Betts，1910)

（a）盲孔法　　　　　　　（b）钻井连通示意图

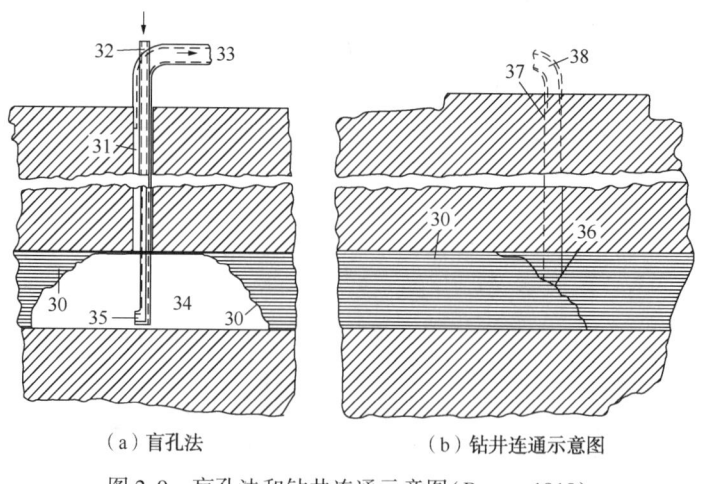

图2.9　盲孔法和钻井连通示意图（Betts，1910）

2.5　威廉·拉姆赛——筹备首次试验

威廉·拉姆赛爵士（图2.10）是英国科学界最杰出的人物之一，他因发现稀有气体而被授予诺贝尔化学奖，当选为化学学会主席和英国科学促进会主席，当然，他也是英国皇家学会的成员。拉姆赛有许多享有盛誉的学术奖项，包括荣誉博士学位、学术奖章和奖项。他坚持不懈的追求精神以及对稀有气体的一个又一个发现，使拉姆赛在科学界赢得了杰出的声誉（Tilden，1918）。拉姆赛还对科学的实际应用和商业化以及发明和专利很感兴趣。尽管他在这方面的兴趣通常不太为人所知，但Watson（1995）对此进行过细致的总结。

然而，有一个事实——拉姆赛对UCG的兴趣却是众所周知的，这是由于他的两次有关UCG的简短讲话引起了媒体的注意。1912年3月，在烟尘消除展览（Smoke Abatement Exhibition）开幕午餐会上预祝成功举办展览时，拉姆赛首次发表了有关UCG的评论；1912年6月，在采矿工程师协会晚宴上，他第二次发表评论作为对开场祝酒词的回应。这两次讲话都讲得很轻松，但都与当时的场合有关。拉姆赛提到了在"地球内部"将煤炭转化为合成气，然后转化为电能的可能性，接着就可以把电能输送给用户。他看出了UCG的生态效益和经济效益，并预测能源供应的未来是煤气，而不是煤炭。拉姆赛还从这个角度警告罢工的采矿工人不要提出过多的要求。

图2.10　威廉·拉姆赛爵士

媒体轮番向拉姆赛提出问题。3月下旬，他同意接受《每日快报》的采访，《气体世界》（1912年）也对此进行了报道。在这次采访中，拉姆赛清晰地描述了贝茨的第四个UCG方案(盲孔法)的原理,略微不同的是,他描述的是三个同心管,而不是两个。尽管媒体后来有种种解读,但在所有这些场合,拉姆赛从来都没有声称自己是这种方法的发明者。他从未发表过任何关于这个话题的文章,我们知道的只是媒体对他讲话的解读,并不一定准确。拉姆赛似乎承认在采访中有一些夸大之词,还淡化了自己言论的新奇之处——"这没有什么新奇的"。在 6 月份的晚宴上,拉姆赛说美国"将会尝试"这一方法,同时还说英国也许只是间接应用该方法的来源。

1912 年 9 月,拉姆赛去了美国,并在那里一直待到 11 月。他在美国各地和贝茨的家乡纽约州(Travers,1956)往返了多次。我们可以假设拉姆赛和贝茨有过会面并同意合作,尽管没有直接证据表明这次会面曾经举行过(除非这次合作对他们双方都有利)。Travers (1956)指出,许多与拉姆赛基础研究无关的文件在其死后都被销毁了——这或可解释为什么没有这样的证据。拉姆赛回到英国后,说服了一位实业家和工程师 Hugh Bell 爵士支持他的一项试验,该试验将在达勒姆的 Tursdale 煤矿附近的 Hett Hill 进行。两份重要的证据来自 Hugh Bell(1916)和他的儿子 Maurice Bell(Jolley 和 Booth,1945)。

从 Maurice Bell 的回忆中可以清楚地看出,拉姆赛实施的是第一个贝茨方案(而不是许多出版物中猜想的第四个方案),Bell 提到了直径为 6ft❶ 的混凝土衬砌竖井和延伸到煤层的巷道。拉姆赛筹划的实验如图 2.11 所示,与贝茨的描述一致。

图 2.11　达勒姆 Tursdale 煤矿附近 Hett Hill 的拉姆赛—Bell 实验的重建
基于 Maurice Bell 爵士的描述

Maurice Bell 没有提及钻孔,但它可能是最后也是最容易完成的部分。在准备工作接近完成时,由于 1914 年爆发了第一次世界大战,拉姆赛未能实施他的实验。后来他便去世了。Hett Bell 寻找一个能继续下去的人,但再也没有找到比拉姆赛更有知识和热情的人。然而,从现有的信息可以判断,这个实验(如果进行的话)很有可能成功,因为拉姆赛是他那个时代最杰出的科学家之一——他会做出正确的选择,并且在实验过程中达到有效气化所需的温度。

---

❶1ft = 30.48cm。

2.6 煤炭地下气化的发明及其影响

尽管拉姆赛的话受到了公众的广泛关注,但当时流亡欧洲的列宁最终以一篇赞扬拉姆赛"发明"的文章做出回应,并借此对社会主义的优势提出了政治观点(Lenin,1913)。在苏联 UCG 计划的初期(图 2.12 中的 Sov1),列宁对拉姆赛所起作用的偏见被灌输到苏联意识形态中。苏联首次进行的一系列实验遵循西蒙斯模式,即破煤,建造地下气化炉(气化腔法)。虽然其中一些实验是在高技术水平和准备充分的情况下进行的,但所有实验都没有成功。

顿涅茨克煤炭化学研究所(DICCh)提出了另一种方法(气流法),构成了 Sov2 计划(图 2.12)的基础,且经过证明非常成功。

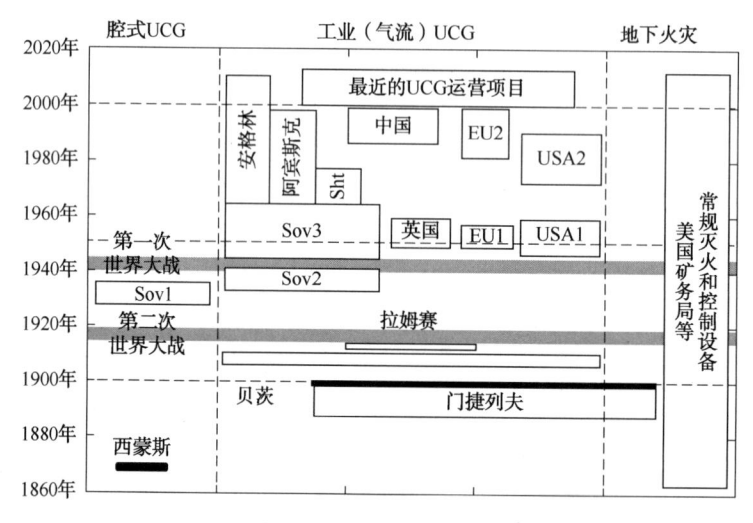

图 2.12 世界各地主要 UCG 项目大事年表

更多详细内容可以在 Olness 和 Gregg(1977)以及 Klimenko(2009)的著作中找到

后来,在苏联、美国、欧洲和中国成功的 UCG 项目以及最近的试验和运营项目中,应用的正是这一方法(其中,自然会涉及很多调整和改进)。很明显,该方法沿用的是德米特里·门捷列夫的概念,乃至安森·贝茨的发明。虽然门捷列夫在许多苏联 UCG 出版物中经常受到近乎仪式性的赞扬,但苏联式的措辞和不必要的夸张会让任何中立的读者都不确定门捷列夫在该领域的真正贡献——事实上,门捷列夫的贡献是巨大的(表 2.1)。

表 2.1 图 2.12 中 UCG 研究和运营项目的不同重要时期

编号	时期		起	止	国家和地区
1	发明		1868 年	第一次世界大战	英国、美国、俄国
2	第一次成功		第一次世界大战	第二次世界大战	苏联
3	地下无人	前期	第二次世界大战	1964 年	苏联、英国、美国、欧洲、中国
		后期	1964 年	1999 年	
4	最近的激增期		2000 年	现在	加拿大、澳大利亚、南非、中国、英国、新西兰、美国、欧盟

与此同时，贝茨在发明 UCG 方面所起的作用在苏联文献中则被忽略了。然而，贝茨的专利内容看来在苏联是众所周知的，尽管该专利的日期被错误地标注为 1930 年(Kirichenko，1936；Chekin 等，1936)。但是，其申请日期 9 月 22 日是正确的。把 1910 年换成 1930 年，这不是印刷错误；Kirichenko(1936)所展示的贝茨盲孔法草图，与图 2.9 所示相同，还将其描述为"拉姆赛法"的变体。这种做法似乎在苏联很常见。由于苏联的研究人员并没有因这一错误而获益(因为他们在 1930 年后有了自己的发明)，人们只能猜测这一事件的性质了。顿涅斯克煤炭化学研究所(Korobchanskij 等，1938)获得的苏联专利不是针对气流法的一般性构想，而是该方法在大倾角煤层中的具体应用。

由于苏联的 UCG 项目积累了顶尖的专业经验，并经常用于制定世界各地的议程，贝茨的作用在其他国家甚至美国都没有得到承认。Olness 和 Gregg(1977)在其历史回顾中，讨论了贝茨在发明 UCG 中的作用，但这也是贝茨 1976 年去世之后发生的事了。从图 2.12 可以看出，所有成功的 UCG 运营项目都是基于贝茨发明的气流法和门捷列夫对 UCG 的概念理解。

门捷列夫思想的另一个方面似乎在 20 世纪被完全忽视了。门捷列夫曾设想过用类似 UCG 的方法控制、使用和扑灭地下火灾的可能性。尽管世界范围内扑灭地下火灾所用的传统方法历史悠久也并不非常成功，但门捷列夫提出的方法也并没有受到任何关注。在 UCG 运营项目中积累的大量知识可能会改变这种情况，并会提供研究和实验机会。

2.7 结论

一项成功发明的模式通常会在人与人之间、地区与地区之间延伸。第一个想法可能根本不可行或没有成效，但它会激发某个人的直觉，引出一个更加理性和实用的版本。然而，即使是一个富有成效的概念也仅仅是一个概念而已，仍需要与现实世界联系起来，并且需要用现实的设备和机理验证。至此，这个概念就成了一项发明。最后，一项发明需要那些既有热情又有领导力的人来实现，并确保其获得商业上的成功。这种总体模式在西蒙斯→门捷列夫→贝茨→拉姆赛这条链中清晰可见(尽管第一次成功仅在苏联 UCG 项目中取得)。

虽然西蒙斯和拉姆赛为 UCG 做出了贡献，但主要功劳应该归于设想了这一概念的门捷列夫，也应归于贝茨——他是这个过程无可争议的发明者。西蒙斯是第一个提出的人。拉姆赛曾试图实现贝茨的发明，并凭借其良好的理解和领导力来处理这个问题，但由于第一次世界大战的爆发和他的过早离世，最终没能开始实验并完成这项工作。

这里考虑的一系列思想包括气化腔法、气流法和地下燃烧控制。气化腔法已经过深入研究并证明是不可行的，气流法是 UCG 工业的主要方法，而门捷列夫的有关动态燃烧控制的思想被却忽视了。

参 考 文 献

Bell, H. B., 1916. Memorial to the late Sir William Ramsay. Nature 98, 197.
Betts, A. G., 1908. Lead Refining by Electrolysis. Wiley, New York.

Betts, A G., 1910, Method of utilizing buried coal, U. S. Patent No. 947608, filed 1906, issued 1910; Process of gasifying unmined coal, Canadian Patent No. 123068, filed 1909, issued 1910; An improved process for utilizing unmined coal, UK Patent No. 21674, filed 1909, issued 1910.

Betts, A. G., 1972, Recovery ofsulphur dioxide(SO_2) from gas streams and precipitation of aluminum fluorine product, US patent No 3697248, filed 1970, issued 1972.

Chekin, P. A., Semenov, A. I., Galinker, J. S., 1936. Underground gasification of coals. Colliery Guardian 152, 1193-1196.

Gas World, 1912. How Sir William Ramsay would dispense with the coal miners. March, pp. 422-432.

Jolley, L. J., Booth, N., 1945. The underground gasification of coal. Survey of the literature. Fuel24(31-37), 73-79.

Kirichenko, I. P., 1936. Results and prospects for underground coal gasification. Ugol 124, 7-15.

Klimenko, A. Y., 2009. Early ideas in underground coal gasification and their evolution. Energies 2, 456-476.

Korobchanskij, I. E., Skafa, P. V., Matveev, V. A., Filipov, D. I., et al., 1938. Method of underground gasification of hard fuels, USSR Patent No. 947, 608, filed 1934.

Lenin, V. I., 1913. A great technical achievement. Pravda, 91.

Mendeleev, D. I., 1888. The strength resting on the shores of Donetz river. Northern Digest, December, Collected works XI. Akademiya Nauk SSSR, 1949.

Mendeleev, D. I., 1897. Industry foundations, Denakov Printing House, St. Petesburg; in Collected works XI. Akademiya Nauk SSSR, 1949.

Mendeleev, D. I., 1900. Metallurgical industry of Ural region. Denakov Printing House, St. Petesburg Collected works XII. Akademiya Nauk SSSR, 1949.

Olness, D. U., Gregg, D. W., 1977. The historical development of underground coal gasification. Technical Report UCRL-52283, California Univ., Livermore(USA). Lawrence Livermore Lab.

Siemens, C. W., 1868. On the regenerative gas furnace as applied to the manufacture of caststeel. In: Meeting of the Chemical Society, May 7th.

Thurston, R. H., 1884. Sir Charles William Siemens. Science 3(49), 34-36.

Tilden, W. A., 1918. Sir William Ramsay: Memorials of his Life and Work. Macmillian and Co., London.

Travers, M. W., 1956. A Life of Sir William Ramsay. Edward Arnold, London.

Watson, K. D., 1995. The chemist as expert: the consulting career of Sir William Ramsay. AMBIX 42, 143-159.

拓 展 阅 读

Ignatieff, A., 1949. Underground gasification of coal: Review of progress. Trans. Can. Inst. Min. Metall. Min. Soc. Nova Scotia LII, 265-271.

The Times, 1912. (a)Coal smoke abatement March 25; (b)Sir G. Askwith on the industrial outlook, June 7.

3 苏联的煤炭地下气化发展史

Ivan M. Saptikov

（Ergo Exergy 技术公司，加拿大魁北克省蒙特利尔）

3.1 概述

煤炭地下气化（UCG）是将煤炭在原位转化为燃料或合成气的工艺。1888年，德米特里·门捷列夫首次提出了将煤在原位转化为人工燃气的想法。

这位伟大的科学家写道："也许有一天，不再需要把煤挖出来并运到地面，而是在自然沉积状态下将其转化为气体燃料，然后通过管道输送到很远的地方。"

此后，他又设想了UCG的主要原理："在煤层中钻几个井眼后，利用其中一个井注入空气，用其他的井将气体燃料混合物排出，甚至是抽吸出来，之后就可以通过长距离输送，轻松地将其输送到燃气炉中。"

1913年，著名的英国化学家威廉·拉姆赛首次设计出了一个UCG实验，利用井气化炉法生产燃气。在1913年5月4日《真理报》上，列宁发表了题为《技术的伟大胜利之一》的专栏文章（第91期），对威廉·拉姆赛爵士从未实施的先导性技术应用建议大加赞赏。因此，两位伟大的科学家——俄罗斯的德米特里·门捷列夫和英国的威廉·拉姆赛爵士，理所当然地被看成了UCG的奠基人。

这些伟人们的大胆设想的付诸实施，意味着人们有望无须再把煤采到地面，而是直接对煤的热能加以利用，从而把人们从繁重危险的地下开采工作中解脱出来。尽管如此，一直到20世纪30年代，UCG领域中，无论苏联还是其他国家，仍然没有出现重大的实际应用。威廉·拉姆赛在先导试验开始前于1916年去世；第一次世界大战和欧洲革命，进一步推迟了这一新技术的发展。另外一个影响其发展的原因是，UCG是一项非常复杂的技术，需要许多行业和学科的发展都达到很高的技术水平。

3.2 早期煤炭地下气化技术发展

3.2.1 政府关注煤炭地下气化技术将工业和科研力量结合在一起

苏联早期的UCG活动始于1933年。中央政府一级负责组织开展相关工作和获取技术成果。后来，又在1939年成立了一个负责UCG事务的特别政府部门，即Uprpodzemgaz，其中包括全俄地下煤气化科学研究院。该研发组织中的部分设计团队后来分配到位于顿涅茨克市（前斯大林诺）的国家地下煤气化项目设计学院。1939年7月11日，根据苏联政府的命令，苏联科学院主席团听取了苏联科学院攻关小组提交的一份报告。该特别小组由A. M. 特皮戈夫（Terpigorev）院士以及苏联科学院的相关成员车尔尼雪夫（A. B. Chernyshev）和丘哈诺夫（Z. F. Chukhanov）组成。他们研究了戈尔洛夫斯克地下气化站的 UCG 试验后指出，如果要在 UCG 的实施方面取得首批成功试验，就需要在这一领域广泛投入研发力量，并一致认为 UCG 应作为科学院的首要研发项目。1940 年 6 月 4 日，苏联科学院主席团成立了 UCG 问题常设委员会，由克里扎诺夫斯基（G. M. Krzhizhanovsky）院士担任主席。该委员会负责就苏联科学院各研究所和工业研究中心开展研究工作进行具体的协调。

苏联科学院的大批研究机构参与了 UCG 相关研究工作，其中包括克里扎诺夫斯基电力工程研究所、采矿研究所、自动化和远程控制研究所、力学研究所、石油工业部地下气化实验室等科研机构。这项研究工作是在常设委员会的总体指导下展开的，从而为 UCG 重要问题的系统研究及科学人员的培训奠定了基础。第二次世界大战期间，所有与 UCG 有关的工作都暂时停止了。

3.2.2 煤炭地下气化的各种工程方法

关于 UCG 的第一个建议是基于为地面气化炉进行煤气化而开发的技术原理，其使用的先决条件是必须在煤层厚度特别高的煤层。1933—1935 年，在顿巴斯及莫斯科近郊含煤盆地中共进行了九次试验，目的是在粉碎煤气化原理的基础上，完成对各种 UCG 方法的测试。这些方法的不同之处，仅仅在于松动煤层及形成煤炭气化的方法上。有些方法需要在煤层中放置炸药，随后由地面通过指令进行炸药引爆（费多罗夫法），而其他技术则是在煤层煤气化过程的高温前沿不断推进时，依靠炸药发生自爆（基里申科工程师的方法）。然后是第三组建议：在煤层中进行煤炭开采，然后将其破碎，对其进行分级和地下筛选，将其储存在采空区或所谓的地下仓库中，最后进行气化[由工程师库兹涅佐夫（Kuznetsov）开发的地下气化方法]。

但这些方法的应用最后都以失败告终。主要是由于煤层的组成不均匀，导致可燃气组分完全烧尽。即使这些组分是在煤粉颗粒之间的狭窄气化通道中刚刚形成也不能避免。由于注入空气中的游离氧没有时间与较宽的气化通道中的煤反应，就与可燃气进行了反应。

采用这些方法所形成的工艺技术不能形成稳定可靠的煤的气化过程，而且仍然需要大量繁重的地下劳动工作，因为有待气化的煤炭仍需要从煤层中取出并分选。这些方法操作起来过于复杂，既不能维持较长的生产期，又不能提供质量稳定的煤气。因此，无法形成新的煤炭开采技术。

3.2.3 可行的煤炭地下气化技术

1933 年底，顿涅茨克煤化工研究所（Donetsk Institute of Coal Chemistry）的一组科学家和工程师（科罗布昌斯基等人）开发出了一种 UCG 工艺方法并获得了专利。该方法采用了新的技术原理，也不用对煤层进行气化前的准备，在未开采的煤层中直接进行煤炭气化。这种方法被称为气流气化法，也有人称其为顿涅茨克煤化学研究所（Donetsk Institute of Coal Chemistry）法。气流气化法就是在气化通道内进行气化，气化通道的三个壁分别是煤层底板、顶板和由塌陷岩石构成的碎石，而煤层是第四道壁（开采面沿着与注入空气和气流路径垂直的方向推进）。

采用这种方法时，地下气化炉可以有多种布局。最简单的是在煤层布置3个通道，组成U形气化炉。其中，两个通道沿下倾方向从地表掘进至煤层，分别用于提供注剂（空气）和生产煤气，而第三条通道沿煤层走向开凿，贯通前两个井筒。利用竖井开采法揭露煤层，再通过气化进行回收。这里的通道全由人工开掘。最初的所有试验都是利用人工掘进方式进行的。

在大倾角煤层中，沿煤层的上倾方向先发生气化；在近水平煤层中，则沿着尚未气化的鲜煤方向发生气化。如果将两个U形气化炉连接起来，中间保留一个空腔，就可以得到一个三叉戟形的气化炉。这种连接形式可以在煤层中重复部署，获得布局基本相似的多个气化炉。采用预破碎煤和气流气化法进行气化时，主要地下气化炉布局如图3.1和图3.2所示。

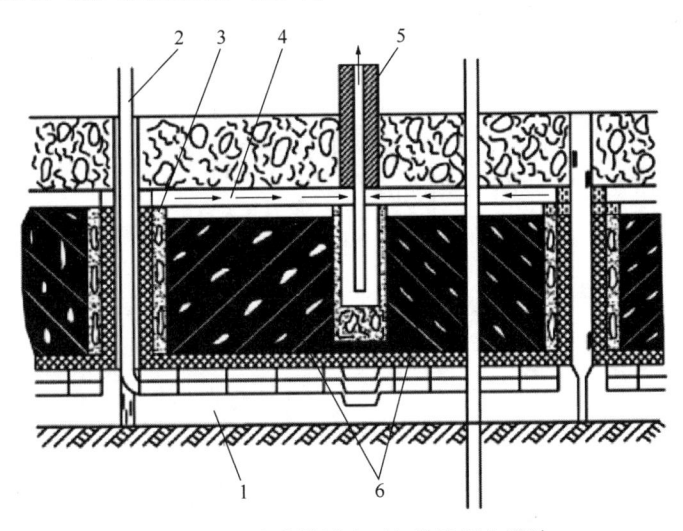

图3.1　预破碎煤层地下气化炉概念设计
1—下部通道；2—注入孔；3—初始点火装置；4—上部合成煤气排出通道；
5—合成煤气生产孔；6—装有爆破炸药的井

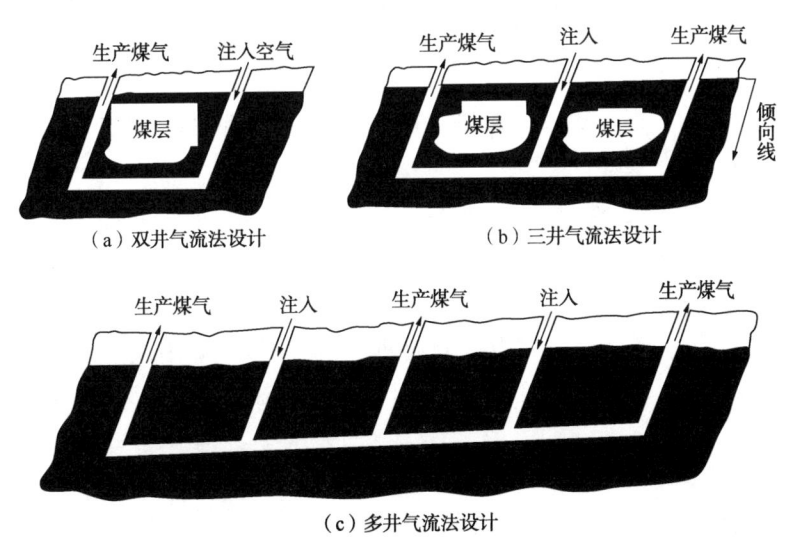

（a）双井气流法设计　　（b）三井气流法设计

（c）多井气流法设计

图3.2　气流气化法UCG概念设计

3.3 第二次世界大战以前苏联煤炭地下气化工艺先导试验部署情况

3.3.1 依赖预处理煤层的煤气化试验简况

3.3.1.1 莫斯科近郊含煤盆地内克鲁托夫斯科的先导试验

(1) 1号盘区。

试验从1933年4月4日开始,于4月17日结束。揭露和准备气化的煤量为200t。该盘区为一个10m×10m的待气化煤盘区,埋深15m(图3.3)。注空气用压缩机和排气鼓风机的设计流量各为6000m³/h,实际空气注入量为1500m³/h。当预启动、调试和建造工作完成时,整个盘区的待气化煤都已经破碎完毕。由于炮眼钻起来难度很大,人们放弃了用炸药把煤进一步破碎的计划。结果实验得到的是含氧过量的烟道气。随后,打开试验盘区,结果显示,200t煤中气化的不超过10t。

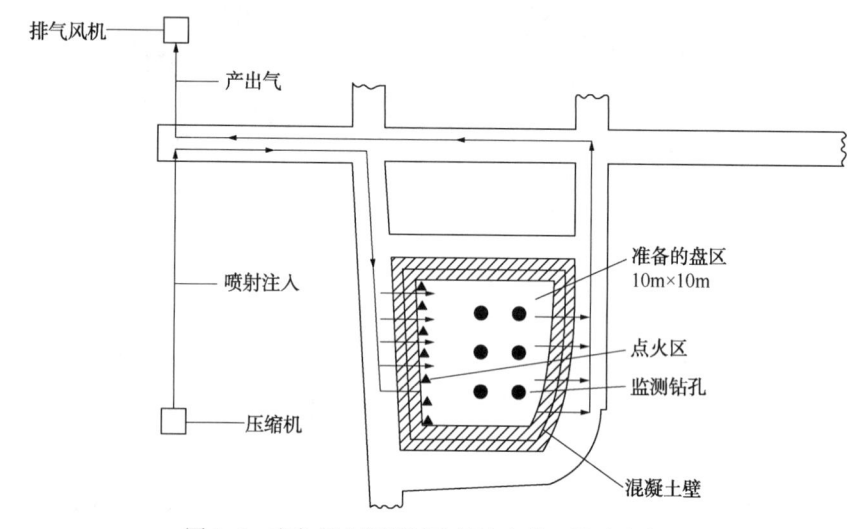

图3.3 克鲁托夫斯科试验场地中的1号试验盘区

(2) 2号盘区。

该盘区的试验从1934年8月13日持续到12月1日。揭露和准备气化的煤量大约1000t。计划对该盘区内的一个25m×16m的煤区进行气化。该区块由巷道和砖砌体墙包围。

盘区中间挖掘了一条巷道,将盘区分成两个相等的部分。在每一部分各钻11口井,并装入炸药。人们认为,随着燃烧区向前推进,炸药引爆后会松动煤层,能为气化创造出有利条件。

使用压缩机(注入流量1000~1500m³/h)进行了注剂(空气)注入和煤气生产。试验取得的燃烧效果很差。

煤气中CO_2含量为2.5%~7.5%,O_2含量为12%~18%,CO含量为0.1%~1%。不过,

在试验时间段内，还是产出了燃料气。该盘区气化后没有打开观察。估计气化煤量约为500t(图3.4)。

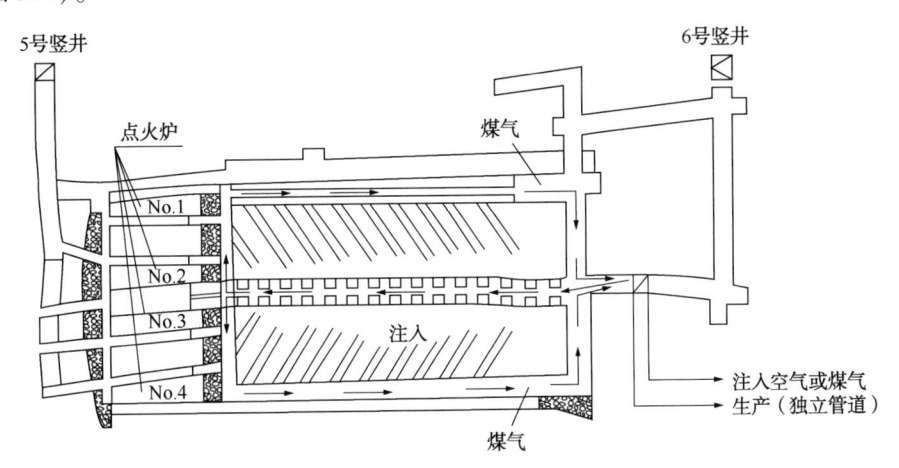

图 3.4　克鲁托夫斯科试验场地中的 2 号试验盘区

3.3.1.2　在沙赫金斯克先导地下气化站的试验

UCG 试验是在薄层无烟煤中进行的。盘区上的预准备工作包括：使用炸药和人工方式(地下储库中储存煤炭的方法)对煤区进行破碎。盘区设计和布局基本保持不变，仅在大小、位置和具体特征上有一些不同。1933 年 11 月开始的这些试验采用了煤炭预破碎方法，仅持续了两个月，没有产出燃料气。

1934—1936 年，进行了地下储煤库法试验。初始气化产生了燃料气。后来火焰熄灭，产出的煤气中所含不可燃组分过多，导致流程中断，试验被迫终止。沙赫金斯克地下气化站的后续工作也停止，并关闭整个气化站(图3.5)。

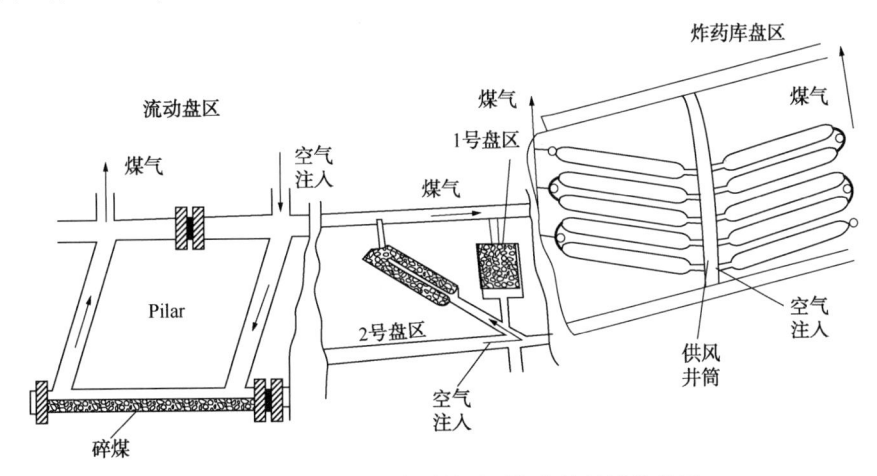

图 3.5　沙赫金斯克先导性地下气化站的试验盘区
Pilar 为煤层开采过程中留下的支柱，以避免煤层整体垮塌

3.3.1.3　利西昌斯克先导性地下气化站的现场试验

(1) 1 号盘区。

现场试验工作于 1934 年 2 月 16 日至 7 月 29 日进行。揭露和准备气化的煤量为 1600t。

在煤层的工作剖面中采用对角布井方式(图3.6),井内装满炸药。格栅组件安装在盘区的下部,作为空气注入点。然而,由于煤层破碎不够均匀,造成气流的流动阻力不均,最终效果极差,没有产出燃料气。

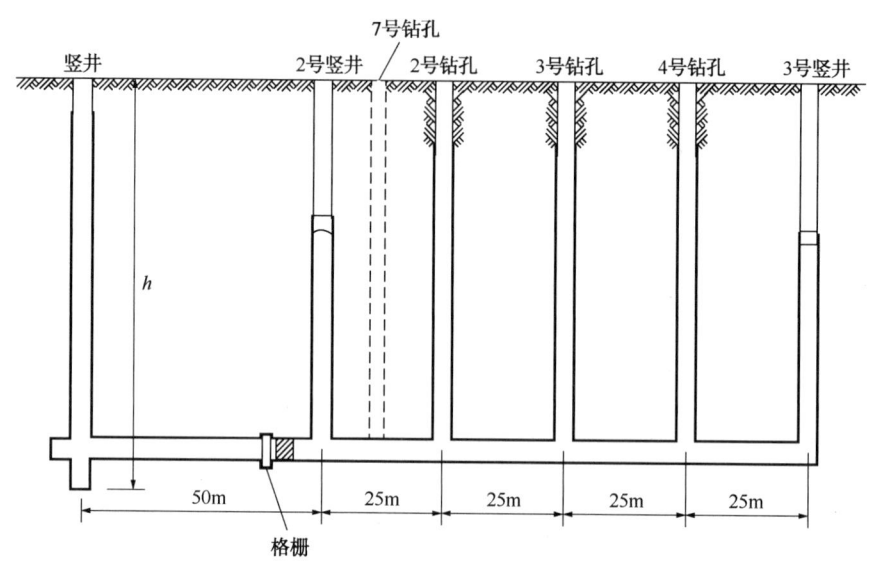

图 3.6　戈尔洛夫斯克先导地下气化站的 1 号试验盘区

h—巷道深度

(2) 2号盘区。

该盘区的试验从 1934 年 11 月 26 日持续到 12 月 16 日。揭露和准备气化的煤量为 200t。该地下气化炉在设计中使用了地下储煤库,范围为:走向方向 12.5m,上倾方向 25m。盘区中的所有煤都进行了人工预破碎,并留在原位。

该盘区进行的试验最初确实产生了燃料气,其组分为:CO_2 10%~12%,O_2 1%~2%,CO 12%~15%,H_2 14%~18%,CH_4 1%~3%,热值为 757~1080kcal/m³❶。

然而,随后由于频繁熄火导致煤气质量恶化,试验结束时排出的气体为烟道气。

3.3.2　气流气化法试验简况

1935 年开始进行现场试验,整个煤层采用气流气化法。1935—1941 年共进行了 9 次试验:

(1) 在戈尔洛夫斯克地下气化站完成了 3 次试验。
(2) 在莫斯科近郊地下气化站完成了一次试验。
(3) 在利西昌斯克地下气化站完成了两次试验。
(4) 在沙赫金斯克先导性地下气化站完成了一次试验。
(5) 在库兹巴斯地区的列宁—库兹涅茨克地下气化站完成了两次试验。

第一次使用气流气化法的试验最初取得了积极的成果。这些试验在大倾角煤层(位于

---

❶ 1kcal=4.1868kJ。

顿巴斯的戈尔洛夫斯克和利西昌斯克地下气化站、库兹巴斯的列宁—库兹涅茨克地下气化站)和近水平的褐煤层(莫斯科近郊)地下气化站中均进行试验。

3.3.2.1 戈尔洛夫斯克先导性地下气化站的试验工作

现场试验从1935年2月5日进行到5月1日。戈尔洛夫斯克地下气化站试验是最大规模的现场试验，试验结果经过证明是令人可信的。试验采用连续和间歇注入方式进行。所用的UCG工艺有空气注入、氧气注入以及蒸汽/氧气/空气注入等。在此期间，共计生产了约 $1200 \times 10^4 m^3$ 煤气，包括热值为 $900 kcal/m^3$ 空气煤气和热值为 $2500 kcal/m^3$ 的蒸汽—氧气煤气。

其间对各种操作模式进行了试验：氧气注入浓度从21%到80%不等；测试了间歇注入和连续注入等方式。不同的操作模式产生的煤气质量也有所不同(从可以直接使用的燃料气到需要进一步化学处理的工业煤气)。

产品气体组分结果范围见表3.1。

盘区在试验活动期间的产气总量约为 $900 \times 10^4 m^3$ (热值约为 $1000 kcal/m^3$)的燃料气和约 $300 \times 10^4 m^3$ (热值超过 $2000 kcal/m^3$)的工业煤气。

戈尔洛夫斯克1号盘区的可行性现场经验证明，整体煤区煤炭地下气化具有可行性，从而为煤气化工艺运行奠定了核心基础，并成为苏联进一步发展UCG技术的一个起点。图3.6显示了戈尔洛夫斯克1号UCG盘区的设计和布局。

表3.1 戈尔洛夫斯克地下气化站的合成煤气组分

组分	CO_2(%)	O_2(%)	CO(%)	H_2(%)	CH_4(%)	热值($kcal/m^3$)
用注入空气作为氧化剂	8~10	0.2	13~16	11~15	2~5	900~1000
O_2含量23%	12~17	0.2	17~19	19~20	2~5	1300~1400
干扰流动模式期间(短暂停止注入空气)	14~20	0.2	16~17	45~55	4~5	2000~2100

1937年12月1日至1939年10月10日，戈尔洛夫斯克地下气化站在5号盘区和6号盘区进一步应用了气流气化法开展试验。由于气流气化法用空气作为氧化剂，地下气化站运行得非常稳定，产出煤气的组分为：CO_2 9%~11%，O_2 0.2%，CO 15%~19%，H_2 14%~17%，CH_4 1.4%~1.5%，热值为 $900 \sim 1000 kcal/m^3$。在此期间，生产煤气 $5950 \times 10^4 m^3$，其中 $1800 \times 10^4 m^3$ 通过分配管线(戈尔洛夫卡焦炭处理厂)交付给最终用户使用——这是世界上的第一次。

接下来的试验在8号气化炉上进行，试验于1941年4月开始。地下气化站的工艺采用空气氧化剂，高压空气注入流量为 $5 \sim 10 m^3/h$。煤气的热值为 $850 \sim 950 kcal/m^3$。煤气以最小规定量输送到由该气化站附近安装测试的马科夫斯基教授设计的燃气轮机。

第二次世界大战期间，纳粹军队入侵后，戈尔洛夫卡气化站的UCG试验被迫停运关闭，地下气化炉遭到水淹。由于用于分隔地下气化炉与邻近煤矿的隔离煤柱已经遭到纳粹德国的破坏，战后再对地下气化站进行恢复是不现实的。继戈尔洛夫斯克地下气化站获得整体煤层试验成功后，人们没有再进行预破碎煤(即破碎煤层方法)的其他任何尝试。戈尔洛夫斯克1号盘区的可行性现场经验表明，整体煤区煤炭的地下气化具有可行性，从而为煤气化工艺运行奠定了核心基础，并成为苏联进一步发展UCG技术的起点。

3.3.2.2 利西昌斯克地下气化站的现场试验

1936年1月至1940年12月，在顿巴斯利西昌斯克的几个盘区使用气流气化法进行了UCG试验。

UCG先导试验盘区的设计类似于戈尔洛夫斯克地下气化站的气化炉设计，只是没有采用钻井辅助。在试验期间，进行了空气注入和水—蒸汽注入操作模式的尝试。当使用空气作为氧化剂时，注入速度约2000m³/h时，得到的煤气组分为：CO_2 15.5%、CO 12%、H_2 14%、CH_4 2.5%，热值为930kcal/m³。

注入水—蒸汽时，获得的煤气组分为：CO_2 21%，CO 15%，H_2 51%，CH_4 5%，热值为2200kcal/m³。由于在UCG先导试验期间取得了非常好的效果，因此决定进行利西昌斯克地下气化站的商业化运行。三个商用气化炉的建造和调试工作于1940年12月完成。气化炉的设计和布局如图3.7所示。

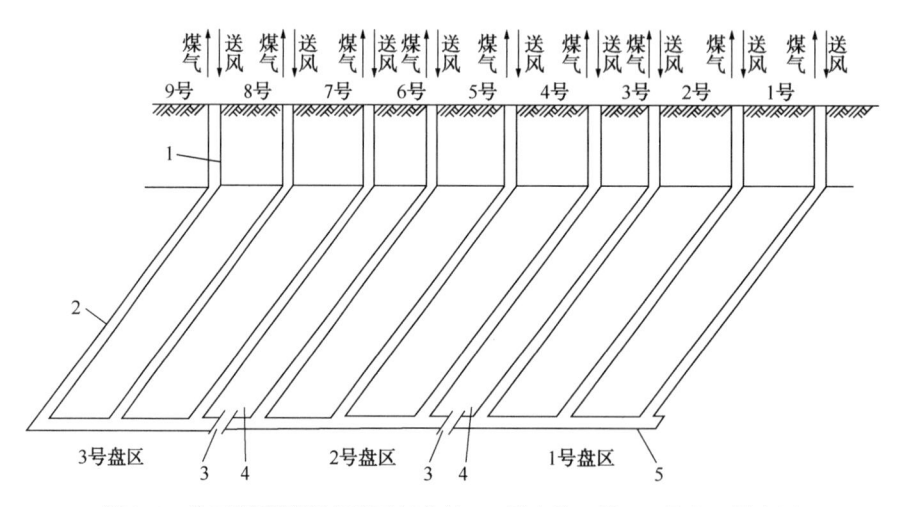

图3.7 位于利西昌斯克地下气化站K8层中的1号、2号和3号盘区

这些气化炉从1940年12月18日一直运行至1941年11月10日。揭露和准备气化的煤量为186000t。当时的目标是实现商业性煤气生产水平，并向顿苏达工厂供气。3个UCG气化炉全部采用三分支设计，采用巷道开采法在投产前完成了建炉。气化炉下部距离地面120m处掘凿出一个点火联络巷，作为气化炉的边界。每个气化炉都布置有三条沿煤层上倾的通道。上倾通道通过竖井通至地面。竖井之间的距离为115~130m。

在运行的前5个月（1940年12月至1941年6月1日），产出煤气的热值为900~1800kcal/m³，总产量约有1000×10⁴m³，其中600×10⁴m³交付给消费者或用于工业生产。由于纳粹军队的入侵，利西昌斯克地下气化站将气化炉用水淹掉并关闭。

3.3.2.3 库兹巴斯地区的列宁—库兹涅茨克的实地试验

（1）1号盘区。

现场试验工作于1934年6月1日至11月17日进行。揭露和准备气化的煤量为1500t。目标煤区中有两个竖井（竖井A和竖井B），以及一个连通的巷道。空气注入速度为150~200m³/h，通过一条穿过竖井A和砖砌隔墙的管道注入。煤气则通过一条穿过竖井 B 的管道，由排气风机排出。试验确实产生了燃料气。实验结束时，隔墙已经烧毁，导致盘区失去了气密性，盘区关闭(图3.8)。

(2) 2号盘区。

现场试验工作于1935年4月27日至1936年2月25日进行。揭露和准备气化的煤量为18000t。该盘区中有一个50m×60m区段的煤层。煤炭通过3号竖井和4号竖井进行揭露。从3号竖井掘凿一条12m长的交叉通道。沿着煤层走向，在两个方向掘凿一条50m长、与交叉通道垂直的点火通道。燃烧通道连接五个燃烧炉，每个长60m，相互间距10~12m。在燃烧炉的末端，连接至一条收集通道（与燃烧通道平行）。1号燃烧炉、3号燃烧炉和5号燃烧炉用于煤气生产，而2号燃烧炉和4号燃烧炉用于向煤层燃烧面注入空气。

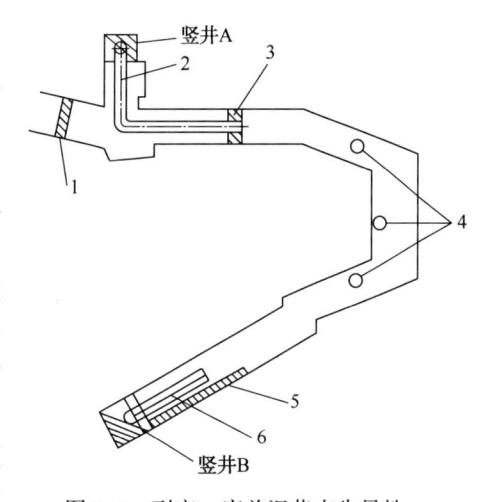

图 3.8 列宁—库兹涅茨克先导性地下气化站的1号试验盘区
1，5—黏土壁；2—空气管道；3—砖壁；4—点火装置；6—合成煤气管道

经过长时间的燃烧和热传导，实际产出燃料气的平均组分为：CO_2 12%，O_2 0.2%，CO 12%，H_2 16%，CH_4 4%，热值为1100kcal/m^3，空气注入流量约为2000m^3/h，产生的燃料气量大概相近。产出的煤气供附近的列宁煤矿用作锅炉燃料。在试验过程中气化的煤大约4000t。

图3.9显示了UCG盘区的设计和布局。

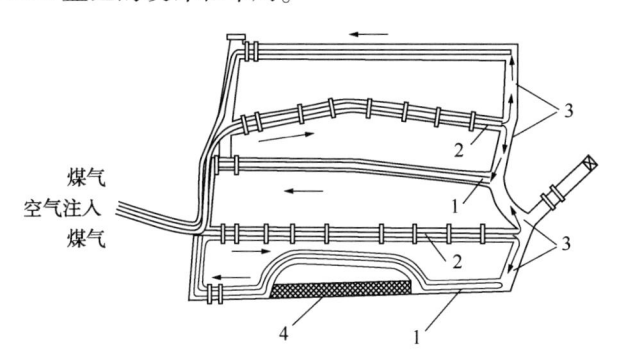

图 3.9 列宁—库兹涅茨克先导地下气化站的1号试验盘区
1—合成煤气管道；2—空气管道；3—点火通道；4—坍塌的老通道

3.3.2.4 莫斯科近郊地下气化站的现场试验

现场试验工作于1940年11月7日至1941年10月15日进行。揭露和准备气化的煤量为35000t。其试验目标包括：在莫斯科近郊含煤盆地整体煤区使用气流气化法组织UCG试验；通过试验，为在莫斯科近郊含煤盆地探索出一种适合UCG的系统；在莫斯科近郊含煤盆地实现UCG技术的规模开发。

该盘区采用竖井开采并以三分支气流气化布局建造。内有3个下套管的矿洞和通道，以及一个长100m未下套管的连接通道(距垂直矿洞70m)。每个矿洞都可以用于空气注入或煤气生产。该工艺也可以反向进行。压缩机能够提供12000m^3/h的流量，制氧机的制氧量约为1000m³/h。

UCG 工厂生产的煤气一方面供自己的供暖锅炉使用，另一方面还为图拉市各商业企业的锅炉提供动力。这些企业是它的最大用户，特别是图拉军备厂。UCG 工厂在纳粹入侵之前一直保持运行状态。后来由于纳粹军不断推进，不得不关闭工厂，并撤离设备。莫斯科近郊地下气化站的主要性能指标参见表3.2。

表3.2 莫斯科近郊地下气化站的性能指标

性能指标	1940年	1941年
煤气总量（$10^4 m^3$）	895	2636
锅炉用煤气量（$10^4 m^3$）	36	1260
热值（$kcal/m^3$）	827	890

第二次世界大战之前，所有进行 UCG 试验的煤都进行了揭露并做好了竖井挖掘法的气化准备。在戈尔洛夫卡地下气化站试验期间（1935—1936年），以及在莫斯科近郊地下气化站试验期间（1940年），发现煤层中可以形成高渗透通道。1941年，这一现象首次在莫斯科近郊地下气化站得到利用。人们没有用竖井挖掘法进行试运行准备工作，而是从地表打垂直井至煤层，通过火力在煤层内烧出一条通道，将井与煤层燃烧面贯通，然后进行气流气化，而且不再进行煤炭预破碎。第二次世界大战前在苏联进行的试验工作表明，原始煤层原位气流气化法（不用预先破碎煤）可以作为一种备选的煤矿开发方法，为 UCG 的商业应用提供了坚实的基础。

3.4 第二次世界大战后煤炭地下气化的生产恢复和商业部署情况

3.4.1 简介

早在1942年，苏联就开始了对 UCG 进一步的开发工作。苏联政府管理部门组织了苏联科学院的11个研究中心和9个工业研究中心展开了有关 UCG 的进一步研究工作。

在所有在建和运营的地下气化站，VNIIPODZEMGAZ 研究所均建立了现场研究中心。在战争结束前的1942年，莫斯科近郊地下气化站开始恢复生产，并将产量提高到商业水平。

1948年，利西昌斯克地下气化站在顿巴斯投入使用，并成立了试验性质的定向钻井攻关小组。南阿宾斯克地下气化站于1955年在库兹巴斯的基谢廖夫斯克市设计并投入商业运营。地下气化站的设计工作于1952年完成，截至1957年，下列地下气化站已经建设完成：夏斯克地下气化站，位于莫斯科地区，距离图拉市约30km；卡门斯克地下气化站，位于卡缅斯克—沙赫京斯基；安格林地下气化站，位于乌兹别克斯坦；在戈尔洛夫斯克地下气化站，在工程工具和精密加工车间的基础上，建立了一个工程机械厂，为其他地下气化站制造专用井下设备和其他类型设备及部件。

1956年，顿涅茨克的 VNIIPODZEMGAZ 团队重组为一个独立的设计机构 GIPROP-

ODZEMGAZ。在苏联高等教育部的主持下，顿涅茨克工业学院制订了一个新的 UCG 工程师培训计划，成立了一个名为 UCG 小组的新部门。该部门在 1962 年解散前，已经培养了 500 多名一流的 UCG 工艺工程师。用于建造地下气化站的机械和设备由苏联各地数十家制造和金属加工厂生产，其中包括当时先进的管道和机器，如为夏斯克地下气化站生产的 GT12 燃气轮机，为安格林地下气化站的主输气管道专门轧制和焊接的 2m 直径钢管。这项复杂工作是在两位杰出工程师和行业领袖——马特维耶夫（V. A. Matveev）和斯卡法（P. V. Skafa）的领导下，由苏联煤炭工业部的 Glavpodzemgaz 组织和开展的。

1957 年后，根据苏联部委委员会的决定，UCG 作为一个全国性的工业分支，开始接受苏联 Glavgaz 的管理（原来归煤炭工业部管辖）。之前投用的 3 个地下气化站——莫斯科近郊、利西昌斯克和南阿宾斯克继续运营，同时 3 个新商业工厂——夏斯克、安格林和卡门斯克已经完成建设，随后进行联合试运转并投入运行。

在此期间，苏联 UCG 煤气的商业生产技术和产量达到了最高水平。而研究机构对 UCG 原位气化工艺基础、UCG 的科学技术与工程的研究仍在持续。研究成果被广泛地应用于商业性地下气化站，使大型气化站的运营情况得到不断发展和提高。VNIIPODZEMGAZ 研究所下属的所有商业性地下气化站，全部都引进了新型钻机、更先进的压缩机及其他工艺设备对新的方法及操作技术进行开发、试验和实施。

3.4.2 商业性大倾角煤炭地下气化站的运营情况

3.4.2.1 利西昌斯克地下气化站

该商业性地下气化站就在第二次世界大战爆发前才投入运行。第二次世界大战结束后，于 1948 年对该地下气化站进行了重建，并利用空气注入和蒸汽—空气注入法投产。产出的煤气被输送到塞弗顿水力发电厂。到 20 世纪 60 年代初，每年向最终用户输送的煤气量已达 $(1.5 \sim 2) \times 10^8 \mathrm{m}^3$。UCG 工厂的煤气化是在 $0.5 \sim 1.2\mathrm{m}$ 厚的大倾角煤层中进行的。利西昌斯克煤炭的参数见表 3.3。

利西昌斯克地下气化站生产煤气的平均组成见表 3.4。

表 3.3 利西昌斯克地下气化站的煤炭参数

成分（%）				元素（%）					低热值（kcal/kg）	高热值（kcal/kg）
固定碳	灰分	挥发分	水分	C	H	O	N	S		
47.5	25.1	13.8	13.6	54.4	3.8	11.0	1.2	2.2	5031	5318

表 3.4 利西昌斯克地下气化站的合成煤气组分

气体组分[%（体积分数）]							热值（kcal/m³）
CO_2	O_2	CO	H_2	H_2S	CH_4	N_2	
19.0	0.1	4.0	19.1	1.1	3.2	53.5	896

UCG 工厂重建后不久，第一批气化炉便建成并以竖井开采法进行气化前处理的技术投入运行。虽然已经在技术和经济效益方面取得了良好的成果，但该地下气化站仍在继续创新，以实现不用传统挖掘方法实现煤层气化。接下来的一列地下气化炉采用混合式

方案建造。在方案里通过定向井沿下倾方向钻入已经形成的燃烧通道，随后在燃烧通道中燃烧煤层进行气化，操作持续在该构造下倾部位进行。该系列的气化炉运行效率很高。

下一阶段的工作目标是开发出完全不采用与气化工艺准备相关的地下挖掘工作的新气化工艺。面临的挑战是：气化炉的构建方法、利用煤层天然渗透性完成气化工艺的操作方法，以及水平井和定向井方法的开发。利西昌斯克地下气化站成立了一个实验性定向钻井攻关小组，负责煤层内定向井和水平井技术的开发和实施。该小组研发的钻井技术在所有地下气化站应用，包括那些大倾角煤层和近水平煤层。图3.10是该气化炉的基本设计示意图。这种气化炉不需要通过地下挖掘来在大倾角煤层中进行气化准备（如利西昌斯克地下气化站那样）。

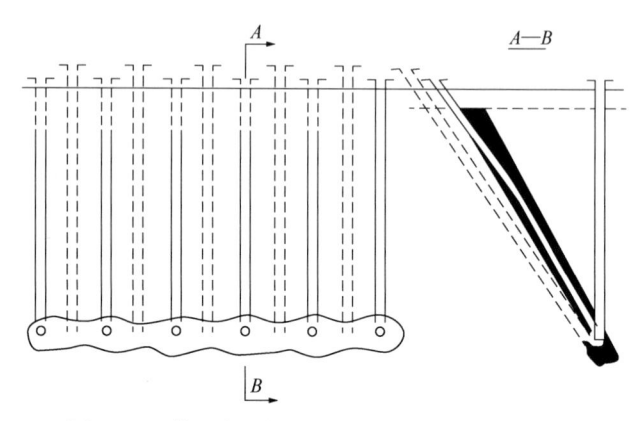

图3.10 利西昌斯克地下气化站的定向井概念设计

为准备地下气化的煤层而采用的3种进入煤层的井如下：
（1）垂直注入/点火井：完井深度为煤气化腔下界的接触处。
（2）定向注入井：钻在底板内，并且安装在煤层与燃烧前沿的接触处。
（3）定向生产井：穿过岩层下套管至与煤层相交处，并沿走向进一步延伸至初始气化层段或延伸至燃烧前沿推进处。

这种设计称为连续气化系统，其燃烧前沿沿上倾方向持续推进。这种气化炉设计简单，可以灵活地控制注入点和煤气生产点，且能够结合注入/气流的实际情况进行生产井距离和方向的调整，因此气化工艺稳定，且可以获得稳定的煤气质量和较高的采收率。除了UCG煤气外，人们还开始利用现有的制氧机生产惰性气体（氩和氮）。UCG工厂已经开始为用户提供达标的燃料气。但由于缺乏新的投资，新气化炉的建设和试运转工作于1963年停止。到20世纪70年代中期时，该气化站已经无法再生产合成煤气，UCG设施也不复存在。

3.4.2.2 南阿宾斯克地下气化站

该地下气化站位于库兹巴斯南阿宾斯克地区，以商业化气化站标准进行设计建造，并于1955年5月投入运营。跟利西昌斯克一样，这里的气化炉最初也是利用挖掘气化通道来建造的，而以后的气化炉将不再采用任何地下挖掘措施。气化炉的设计基本上与利西昌斯克那里的相同。

地下气化站的目的煤层是倾角大，厚度有2m、4m和9m。该气化站于1958年达到了其设计产能。作为商业性地下气化站，其设计能力并没有设定在很高的水平。其产出煤气的热值为1000~1200kcal/m³，供应给附近煤矿及其他企业的锅炉使用。该气化站计划继续工业化扩大并进一步提高煤气生产量。1965年后，由于缺乏投资，所有新的开发工作都放慢了速度。该商业性地下气化站在产能下降的情况下坚持运营，并继续为其客户提供了多年服务，直到所建造的气化炉逐渐全部报废。20世纪90年代中期，这里的商业性煤气生产最后停止了。南阿宾斯克的煤炭组成特征见表3.5。南阿宾斯克地下气化站的平均气体组分见表3.6。

表 3.5 南阿宾斯克地下气化站的煤炭参数

| 成分(%) ||| 元素(%) ||||| 低热值(kcal/kg) | 高热值(kcal/kg) |
固定碳	灰分	挥发分	水分	C	H	O	N	S		
66.9	3.7	25.0	6.4	75.0	4.4	10.2	2.3	0.0	6854	7130

表 3.6 南阿宾斯克地下气化站的合成煤气组成

| 气体组分[%(体积分数)] ||||||| 热值(kcal/m³) |
CO_2	O_2	CO	H_2	H_2S	CH_4	N_2	
15.4	0.2	11.9	15.2	0.0	3.2	53.4	1037

3.4.2.3 卡门斯克地下气化站

根据设计，这座地下气化站在大倾角"贫煤"煤层中运行，这种煤的成分接近无烟煤。到1961年，这里的主要生产设施都已建成，对一座气化炉进行了试运行，并完成了几次点火和贯通试验。然而，由于政府决定停止UCG在该国的开发工作，这座地下气化站从未投入商业运营。

3.4.3 近水平煤层地下气化站的运营情况

3.4.3.1 莫斯科近郊地下气化站

1942年，在莫斯科近郊地下气化站得到部分恢复后，新的2号商业化盘区投入运营。2号盘区是在1号盘区的基础上，通过对1号盘区遗留的火源进一步拓展而开发出来的。利用新打的井，通过反向燃烧贯通（RCL）引入气化工艺。2号盘区的气化工作自1942年7月开始，一直进行到1946年底。

该试验的目标为：利用煤的天然渗透性实现气化，而不使用辅助性地下挖掘；进一步完善点火和火力控制系统；获得商业性扩大所需的经验。

1943—1946年，开发、实施了定向燃烧贯通技术，并应用了新型燃烧工作系统。这种新型系统的应用，使莫斯科近郊地下气化站进行工业化规模扩大成为可能。表3.7总结了莫斯科近郊2号商业盘区的主要性能指标。

第一个商业性UCG盘区（3号）于1947年3月启动并运行至1949年初。其目标为：开始进行UCG煤气的商业生产；获得UCG褐煤商业化应用的经验；在商业生产模式中对UCG进行进一步研究。

表 3.7　莫斯科近郊地下气化站 2 号盘区的性能指标

年份	煤气生产总量($10^4 m^3$)	供应给外部最终用户和自己的锅炉($10^4 m^3$)	热值(kcal/m^3)
1942	1000	730	876
1943	1450	740	714
1944	2170	1850	835
1945	3180	1710	765
1946	3250	2120	840
合计	11050	7150	

该盘区的构造为一个包含垂直注入井和生产井的系统。这些井从地表钻入，在煤层中完井。通过燃烧贯通使井之间相互连接。这里采用的燃烧贯通基于煤层的渗透性，燃烧前缘沿着空气注入方向相反的方向推进。3 号盘区的设计如图 3.11 所示。

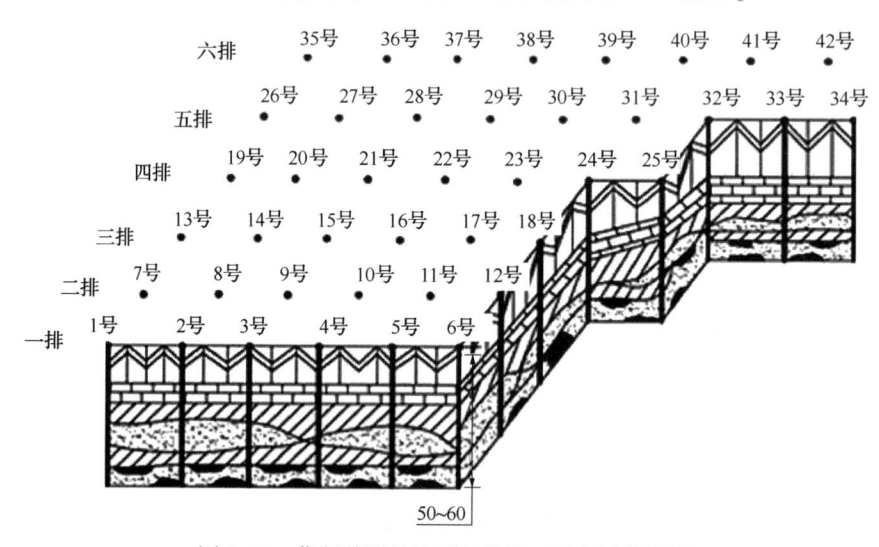

图 3.11　莫斯科近郊地下气化站 3 号盘区的设计

该盘区的建造和点火是在不使用挖掘的情况下完成的。煤点燃后，通过加热使煤的反应表面积充分增加。1947 年 10 月，3 号盘区达到设计容量。到 1949 年，莫斯科近郊 UCG 工厂的年产能规模扩大到 $4.5 \times 10^8 m^3$。该地下气化站在平均深度 45m 的煤层中运行。莫斯科近郊的煤炭组分见表 3.8。

莫斯科近郊地下气化站生产煤气的平均组分汇总于表 3.9 中。

直到 20 世纪 70 年代初，该地下气化站一直以这种生产水平运行，持续为图拉市的几个工业企业和机构的锅炉提供合成煤气。在生产的同时，该地下气化站的工程和技术服务部门以及 VNIIPODZEMGAZ 的研究部门，仍在继续致力于操作方式的开发和改进，致力于气化效率和井间连通性的提高。它们对煤炭地下气化期间岩层地质力学响应的原因和再现形式以及水文地质因素的影响进行了调查，同时还研究了其对环境的影响，制定了防止环境污染的措施。该厂运行了一套硫化氢去除装置，不仅生产了待处理的硫代硫酸盐，还生产出了纯硫代硫酸盐(用作摄影中的定影剂)。

表 3.8 莫斯科近郊地下气化站的煤炭参数

成分(%)				元素(%)					低热值(kcal/kg)	高热值(kcal/kg)
固定碳	灰分	挥发分	水分	C	H	O	N	S		
28.2	21.2	20.6	28.9	32.4	2.6	10.2	0.7	3.5	2916	3230

表 3.9 莫斯科近郊地下气化站的合成煤气组成

气体组分[%(体积分数)]							热值(kcal/m³)
CO_2	O_2	CO	H_2	H_2S	CH_4	N_2	
21.2	0.2	5.6	17.0	1.5	2.1	52.4	828

以固体燃料当量计算,莫斯科近郊地下气化站的生产成本是图拉煤矿的40%。该地下气化站取得的成果为其浅煤层地下气化站设计奠定了基础。特别是,夏斯克和安格林地下气化站使用的气化炉就是仿照莫斯科近郊地下气化站设计的。在20多年不间断的商业生产过程中,莫斯科近郊地下气化站向其客户交付了约$100×10^8 m^3$的合成煤气。从1963年开始,这座地下气化站停止了其UCG技术的发展。到20世纪70年代,该厂在采出了所有可采储量后关闭。

3.4.3.2 夏斯克地下气化站

该地下气化站位于Mosbass的夏斯科煤田(莫斯科近郊煤区),距离莫斯科近郊地下气化站约30km。地下气化在深度40~45m的褐煤煤层中进行。这里煤层的煤质和性质与莫斯科近郊地下气化站的相同。因此,气化炉的设计、连通模式和气化操作模式与莫斯科近郊地下气化站成功使用的那种相同。夏斯克地下气化站中基本气化炉的设计如图3.12所示。

夏斯克的煤炭组分见表3.10。

夏斯克地下气化站生产煤气的平均组成汇总于表3.11中。

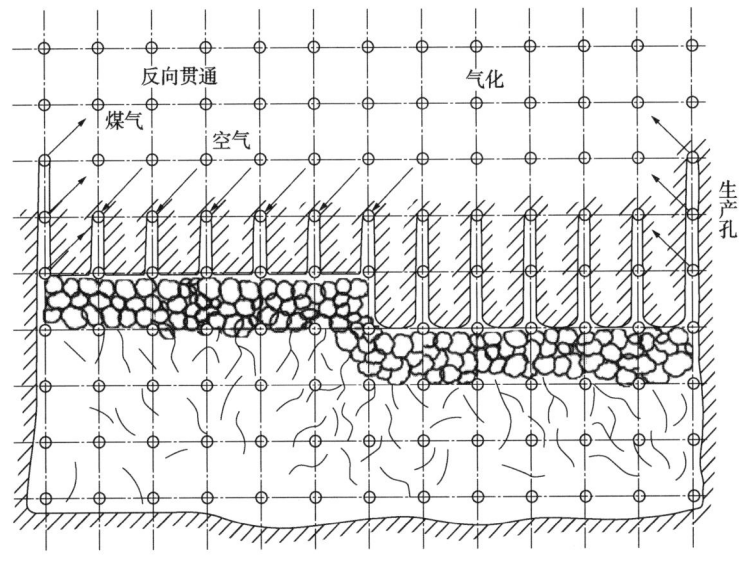

图 3.12 夏斯克地下气化站的概念气化炉设计

表 3.10 夏斯克地下气化站的煤炭参数

成分(%)				元素(%)					低热值(kcal/kg)	高热值(kcal/kg)
固定碳	灰分	挥发分	水分	C	H	O	N	S		
29.2	21.2	21.6	22.6	33.4	2.6	10.2	0.7	2.0	3216	3230

表 3.11 夏斯克地下气化站的合成煤气组成

气体组分[%(体积分数)]								热值(kcal/m³)
CO_2	O_2	CO	H_2	H_2S	CH_4	N_2		
19.7	0.2	6.9	20.5	0.5	2.1	50.1		896

该地下气化站是按照气化—发电的综合工业设施进行设计的。配套建立一座带两台燃气涡轮发电机的电厂。该站的建设工作始于 1952 年。与此同时，GT-12 UCG 燃气涡轮发电机的设计和制造也在列宁格勒机器加工厂(LMZ)进行。到 1957 年，煤气生产设施的建设工作已经全部完成。其他附属电气工程也在 1955—1957 年完成。燃气轮机的安装始于 1956 年 5 月，于 1958 年初完成。1958 年 5 月，燃气轮机机组完成了空载条件下的测试，并首次并入电网。从 1958 年 6 月 4 日开始以工作负荷运行。1958 年 8 月前，机组一直在 12000kW 的最大负荷下运行。在 1958 年，燃气轮机生产并输出了约 800×10⁴kW·h 到 Mosenergo 电网，运行时间约为 860h。1959 年 1—2 月，燃气轮机生产并输送了约 1100×10⁴kW·h 到 Mosenergo 电网，总运行时间为 11260h。整个 2 月，机组在满载状态下不间断运行。人们将燃气轮机在试验过程中暴露出来的设计问题汇报给 LMZ，以便对一些部件和装置进行重新设计、修改和制造。由于种种原因，这项工作进展非常缓慢。1963 年，根据上述 Gasprom 管理层的命令，发电项目完全停止。

在此情况下，一项可以大规模高技术水平开采劣质煤并用于发电的标志性工程也半途而废。夏斯克地下气化站继续着它的 UCG 煤气生产，通过一条 35km 长的管道输送至莫斯科近郊地下气化站，然后再输送到最终消费者手中。自从 Gasprom 管理层于 1963 年决定停止 UCG 开发以来，夏斯克 UCG 工厂的煤气生产量逐步减小，并于 20 世纪 70 年代中期永久性停止运营。

3.4.3.3 安格林地下气化站

安格林地下气化站的设计于 1952 年完成，并于 1953 年开始施工。根据计划，该项目要气化的煤炭储量为 2500×10⁴t，煤层厚度为 2~28m。根据最初的设计大纲，该气化站将设计成一个商业性地下气化站，它包括一个地下气化站和一个带有高压汽轮机的热电厂(容量为 200MW)。

在设计阶段考虑了苏联能源部关于从该地下气化站向安格林地区火力发电厂(当时正在建设)供气的建议。基于对该建议的审核结果，对安格林地下气化站的设计大纲进行了调整。修建了一条从该地下气化站输往安格林发电厂的煤气管道。这条输气管道长 4.5km，直径 2m。管道 6m 长的管件是在车里亚宾斯克冶金厂制造的，该厂还为地下气化站生产从地面一直到地下气化炉的各种主干管道和盘区管道。这些管道的总长度超过 35km。根据估计，该地下气化站的设计产能为 23×10⁸m³/a(30×10⁴m³/h)。如果按热当量计算，相当于 $50×10^4$t/a 的安格林煤。安格林发电厂配备的是燃烧固体燃料的锅炉，但经过改造，这些锅炉成为既可烧煤又可燃气的锅炉。该锅炉改造任务是由罗斯托夫 YUVEN-ERGOMETALLURG-PROM 研究所完成的。改造后的锅炉燃烧效率为 87%~88%，而仅用固体燃料燃烧时为 84%~85%。安格林地下气化站的设计和布局如图 3.13 所示。

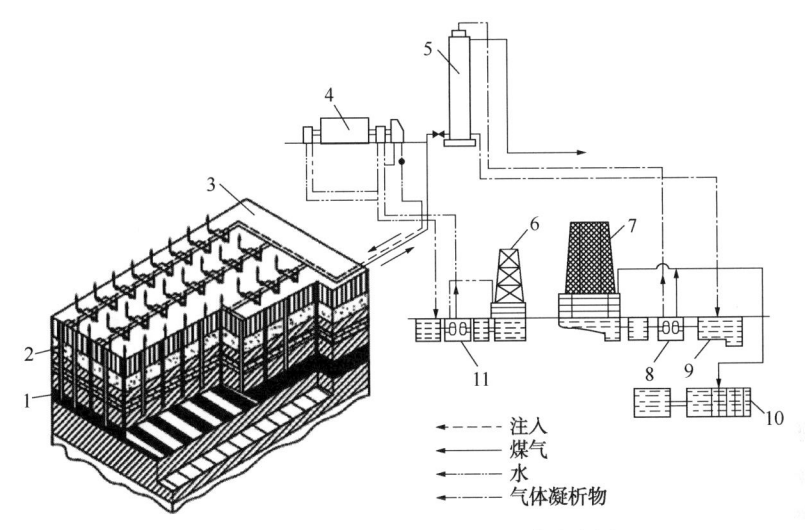

图 3.13 安格林地下气化站的设计及布局
1—煤层；2—开井；3—地下气化炉；4—鼓风压缩机；5—初始煤气净化；
6—煤气二次净化和冷却；7—冷却水；8，9—泵；10—沉淀池；11—气体凝析物冷却

第一座地下气化炉的建造与莫斯科近郊地下气化站的那种类似，即利用煤层的天然渗透性，而不进行辅助性井下掘凿。在 1956—1957 年进行的 VNIIPODZEMGAZ 气化试验操作中，发现安格林褐煤的煤层有效层渗透性远低于莫斯科近郊的褐煤煤层，在莫斯科近郊，燃烧贯通是在 4~6bar❶ 的压力下进行的。而安格林气化站的燃烧贯通使用移动式高压 UKP80 压缩机进行，注入井口压力为 35~40bar。安格林地下气化站的第一个气化炉如图 3.14 所示。

在安格林的气化炉试运行期间，井间燃烧贯通比较成功，但也受到一些限制：贯通速度每天推进不到 0.5m，井间距离小于 25m，较高的空气注入速度需要使用大量高压压缩机，因此增加了成本和电力消耗，从而降低了气化炉试运行速度和产量。

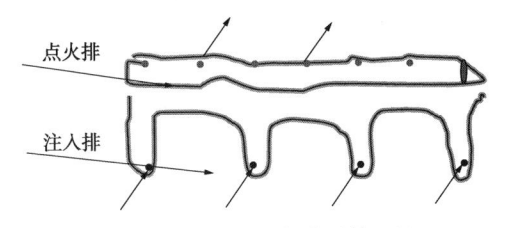

图 3.14 安格林地下气化站第一批气化炉的概念设计——1~6 号气化炉

最后，人们决定尝试在煤层部署水平井。Lisichansk 钻井队被派往安格林。该钻井队使用一种特有的经济高效方法试钻了先导试验水平井。这些水平井顺着煤层钻进，一直钻至燃烧前缘（由点火井排形成）。这样，便在该气化工艺中引入了一条新的 250~300m 通道。在此之后（从 6 号气化炉开始），所有的气化炉均按此方法建炉，并将垂直井和水平定

---

❶ 1bar=10^5Pa。

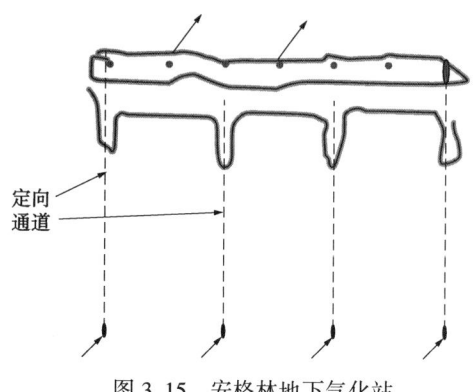

图 3.15 安格林地下气化站
6 号气化炉概念设计

向井组引入气化工艺。其中，垂直井通过燃烧贯通引入气化工艺。安格林地下气化站气化炉如图 3.15 所示。

截至 1961 年初，该地下气化站的初步建设工作已经完成。1961 年 9 月 15 日，第一批煤气被供应到安格林发电厂。由于引入了水平定向井技术，4 号、5 号、6 号和 7 号气化炉的建造工作得以在 1962 年初依次按期完成，并使产量得以快速提高。到 1964 年底时，合成气产量达 $30\times10^4 m^3/h$，也就是说，该地下气化站达到了其 $23\times10^8 m^3/a$ 的设计能力。第二阶段的建设(包括所有系统和设备的安装工作)和调试于 1963 年完成。当时选用的设备和设施如图 3.16 至图 3.19 所示。

图 3.16 NBU ZIF 1200 钻机

图 3.17 气体洗涤器

图 3.18 去发电厂的主干线输气管道

图 3.19 压缩机站机房

安格林地下气化站的煤质特性见表 3.12。该地下气化站的气体组成见表 3.13。

在其他气化炉连入煤气管道后，气体的热值平均达到 800~950kcal/m³ 的达标水平。这些气化炉处于不同的开发阶段。有些是新近投入使用，储量气化还不到 50%；有些气化炉已经气化了 50% 以上的储量；有些气化炉建在薄煤层中；有的建在厚煤层中，不一而足。在安格林褐煤矿床中，同一个煤层由安格林露天煤矿和 9 号地下挖掘同时开采。

表 3.12　安格林地下气化站的煤炭参数

成分(%)				元素(%)					低热值(kcal/kg)	高热值(kcal/kg)
固定碳	灰分	挥发分	水分	C	H	O	N	S		
39.8	9.2	21.0	30.0	44.9	2.8	9.5	0.9	2.8	3972	4303

表 3.13　安格林地下气化站的合成煤气组成

气化炉	气体组分[%(体积分数)]							热值(kcal/m³)
	CO_2	O_2	CO	H_2	H_2S	CH_4	N_2	
10 号气化炉	13.2	0.2	14.2	22.8	0.5	3.6	45.5	1293
先导试验气化炉	17.7	0.1	10.5	20.5	0.5	3.2	47.5	1093
5 号气化炉	19.5	0.3	6.0	19.7	0.4	2.5	51.6	876
15 号气化炉	20.1	0.1	7.7	20.1	0.7	2.0	50.3	903

为便于比较，把几种开采方式的一些特点和性能参数在表 3.14 中使用可比单位分别列出。

表 3.14　安格林地下气化站、露天矿山和地下矿山的运行情况对比

项目	安格林露天矿山	9 号煤矿	安格林地下气化站
赋存深度(m)	75	150	220
产量(1000t/a)	1000	500	500
成本(卢布/t)	6.1	14.8	5.23
单位产量的资本成本(卢布/t)	34.8	30.8	19.0
特定材料(卢布/t)	3.4	4.0	2.5

从 1964 年开始，根据 Mingasprom 的指令，为维持设计产能而新建的气化炉逐渐停止建设。自此，合成煤气的产量稳步下降。20 世纪 70 年代，有一些新建的气化炉仍还在进行试运行工作，如 10 号、11 号和 12 号气化炉。与此同时，Mingazprom 将地下气化站的工作重点集中在生产各种机械零件。1973 年，天然气工业部长奥鲁谢夫(S. A. Orudzhev)发布官方命令，安格林地下气化站的煤气生产全部关闭。后来，在苏联部长会议副主席蒂霍诺夫先生干预后，该命令才被撤销。然而，却并没有为建造气化炉拨出新的资金。

煤气产量持续下降，到 1985 年时，产量已经不足 $1.6×10^8 m^3/a$。表 3.15 按年份列出了输往安格林 UCG 发电厂的合成煤气量。

表 3.15　1962—1985 年安格林地下气化站合成煤气的交付量

年份	1962	1963	1964	1965	1970	1975	1980	1985
交付量($10^4 m^3$)	48900	89300	106300	141000	99600	51400	29900	15700

1983年，苏联煤炭工业部长布拉琴科提议将UCG交还给煤炭工业部进行管理。经批准，通过了苏联部长会议的一项决议，从1985年1月1日起，安格林地下气化站被移交至煤炭工业部，成为斯雷达祖戈尔工业集团的一部分——该集团是一家独立的商业公司。这是安格林地下气化站复活的转折点。

煤炭工业部对安格林地下气化站的生产情况进行了仔细审查，决定对该气化站进行重组，并力争使其到1990年达到$10×10^8 m^3/a$的产量。同时还决定，准备开展5个新的地下气化站(总产能为$200×10^8 m^3/a$)的可行性研究。Dongiproshaht研究所在1985财政年度获得10万卢布拨款，用于开发安格林地下气化站的一期改造工程。对安格林Podzemgaz的投资分配到用于陈旧设备的更换和管道网络的重建方面。该年共修复了约15km的管网；购置了4台新钻机、3台新高压压缩机和其他设备；15号气化炉建成并投入使用。到1985年底，15号气化炉生产的UCG煤气约为$60000 m^3/h$，热值超过$900 kcal/m^3$。1986—1990年的煤气交付量见表3.16。

表3.16　1986—1990年安格林地下气化站合成煤气的交付量

年份	1986	1987	1988	1989	1990
交付量($10^4 m^3$)	19800	32500	54000	49300	48000

自1991年以来，由于苏联解体，安格林地下气化站已成为乌兹别克斯坦的国家财产。乌兹别克斯坦没有能力来实施现有安格林地下气化站的重建项目，更不用说建造新工厂了。安格林地下气化站继续以每年$(5~6)×10^8 m^3$的产量进行着UCG煤气生产。1995年，该地下气化站重组为一家开放型股份公司，51%的控股权归国家所有，25%用剩余额出售给员工，24%在证券交易所上市。表3.17列出了1991—1999年的煤气交付量。

表3.17　1991—1999年安格林地下气化站合成煤气的交付量

年份	1991	1992	1993	1994	1995	1996	1997	1998	1999
交付量($10^4 m^3$)	57800	58300	54000	51000	52000	48200	50400	48000	51200

2000年，由国家持有的那部分股票(51%)被出售给各种私营公司和个人业主。作者没有2000年后安格林地下气化站的运营信息。

3.5　苏联煤炭地下气化工业的没落

在20世纪60年代初，UCG还是一个有数千名员工的全面型工业。有许多商业工厂散布在全苏联的不同地区；科研机构还在对UCG领域的材料、设备和工艺进行着高级研究，还有为UCG专业人员开设的大学课程。

然而，鉴于天然气生产的快速发展，新成立的苏联天然气工业部的领导人认为UCG过于复杂，难以发展。1964年，苏联部长会议通过一项决议，停止在苏联进行UCG的进一步开发工作。所有科研工作都被终止了；顿涅茨克理工学院也停止了对新UCG工艺工程师的培训。VNIIPODZEMGAZ和GIPROPODZEMGAZ这两个研究所也进行了重组，以满足俄气公司天然气开发业务的需求。新地下气化站的设计和建设工作也被叫停了。那些仍在运行的地下气化站也因煤炭储量日渐耗尽，设备磨损，以及设施陈旧或受损而逐渐停止运作。到 1990 年苏联解体时，只有两个地下气化站仍在运转——一个位于安格林市，另一个位于西伯利亚的基谢廖夫斯克。还有一个研究小组继续在 VNIIPODZEMGAZ 研究中心工作，该中心后来被改为 VNIIPROMGAZ。

因此，在无能、目光短浅的官僚主义者的笔下，苏联科学家和工程师的巨大科技成就遭到完全忽视。只要粗略回顾一下当时运行的 UCG 工厂的结果和成就，就可知道那些重大决定是没有道理的。

4 美国煤炭地下气化的研究与发展[1]

D. W. Camp

(劳伦斯·利弗莫尔国家实验室,美国加利福尼亚州利弗莫尔市)

4.1 概述

从20世纪70年代中到80年代末,煤炭地下气化(UCG)研究和开发在美国进行得如火如荼并卓有成效。起初,美国国内对UCG的了解非常少。其早期的工作主要是对苏联文献进行翻译与分析,提出实施大规模UCG的方案建议,并开展一些早期的计算和模拟工作。这些计算和模拟基本上并没有获得充分的实验观察信息。为了做好现场试验,美国建立了一项综合性多元化计划。这一计划的重点内容包括大量的现场试验监测、科学分析、数学建模和实验室实验。在这一计划期结束时,人们在观察的基础上,对UCG的工作原理有了比较准确的概念性理解,并为煤炭地下气化工艺建立了相应的预测性多重物理量数学模型。在此期间,发明和开发出了一些创新型方法和技术,而现今世界上的许多UCG项目都是以这些方法和技术为基础的。

本章还涵盖了美国2004—2015年的最新活动和成就,并简要介绍了1948—1963年的一些前期工作。

本章的目的是对美国在UCG方面所做的工作加以总结,重点是在UCG活动过程中对UCG的进一步认识。Camp(2017)对美国的UCG计划进行了深入的分析,其涉及的范围很广,非常详细。但限于篇幅,这里所提供的信息仅仅相当于该著作的精简版。

4.2 主要贡献机构和现场试验位置

(1) 美国矿务局(Bureau of Mines)、美国原子能委员会(AEC)、美国能源研究开发署(ERDA)、美国能源部(DOE)。

美国的几个联邦组织在UCG的发展过程中发挥了重要作用。UCG计划的大部分及其主要技术贡献者的管理和供资,在不同时期分别由美国矿务局(归内政部)、原子能委员会和能源研究开发署负责,最后集中在美国能源部,其他机构的许多职能于1977年并入能源部。

(2) 亚拉巴马州塔斯卡卢萨矿务局站。

亚拉巴马州塔斯卡卢萨办公室有一个技术部门和实验站,在20世纪40年代末至50

---

[1] 本章由劳伦斯·利弗莫尔国家实验室根据与美国能源部签订的第 DE-AC52-07NA27344 号合同撰写。出版商得以出版这一文章的条件是,确认美国政府可以保留一项非独家的、已付费的、不可撤销的、全球性的许可证,有权出版或再版该文章,或者允许他人出版为美国政府所用。

年代进行过亚拉巴马州戈加斯 UCG 试验。

(3) 摩根敦能源研究中心(MERC)、摩根敦能源技术中心(METC)、国家能源技术实验室(NETL)。

西弗吉尼亚州摩根敦有一个在煤气化方面独具专长的政府研究中心,它就是美国矿务局摩根敦能源研究中心,后来成为美国能源部下属的摩根敦能源技术中心,最近又与宾夕法尼亚州匹兹堡的同行合并,组建为国家能源技术实验室。摩根敦能源技术中心负责 UCG 技术的工业化扩大和经济效益的提高,实施了普瑞斯城现场试验,并帮助美国能源部进行 UCG 计划的管理。

(4) 美国矿务局拉勒米能源研究中心(LERC)、拉勒米能源技术中心(LETC)、西部研究所(WRI)以及怀俄明州和科罗拉多州的大学。

在怀俄明州,美国矿务局拉勒米能源研究中心在汉纳进行了首次及后续的 UCG 试验。该中心后来归属能源部,更名为拉勒米能源技术中心,后又于 1983 年完成私有化,成为西部研究所,通过"落基山一号"试验和相关的后续工作。该研究所曾一直是 UCG 计划的重要组成部分。

(5) 劳伦斯·利弗莫尔实验室(LLL)、劳伦斯·利弗莫尔国家实验室(LLNL)。

劳伦斯·利弗莫尔实验室,1982 年更名为劳伦斯·利弗莫尔国家实验室,实验室的名字以其创始人欧内斯特·劳伦斯的名字命名。这是一个非常庞大的多学科和工程研究机构,自 1952 年成立以来,其核心任务一直是核安全。开拓创新既写在利弗莫尔的原始章程里,也是其一直恪守的宗旨——不断探索新的、更好的做事方式。这可以通过其在 UCG 方面的一系列活动中展现出来。利弗莫尔的每一次现场试验都会有所不同,有所创新。

(6) 怀俄明大学和科罗拉多大学。

怀俄明大学(位于拉勒米市)和科罗拉多大学(位于波尔得市)的研究人员与拉勒米能源技术中心和其他机构合作,对 UCG 的现场数据进行了分析,并开发出了一些 UCG 模型(Krantz 和 Gunn,1983)。

(7) 得克萨斯州的研究机构。

该机构参与了一些 UCG 研究工作,其研究对象是得克萨斯州的褐煤田。绝大部分研究经费由私营企业提供资助,也有一些来自州政府的一定支持。参与的组织包括一家名为"基础资源"(Basic Resources)的公司(负责田纳西属地的现场试验)、得克萨斯州 A&M 大学(与一个公司联盟合作),以及得克萨斯大学奥斯汀分校。

(8) 海湾研究与开发公司和能源国际公司。

海湾研究与开发公司(Gulf Research and Development Company)是大型石油公司——海湾公司的研发部门。在美国私营企业中,就数该公司的 UCG 试验活动最为活跃、运营时间最长。在与能源部分摊费用的基础上,海湾公司在罗林斯曾进行了两次现场试验,且在"落基山一号"试验中发挥了关键作用。海湾公司的一些 UCG 负责人后来加入了能源国际公司,该公司致力于开展更大规模的 UCG 项目。

(9) ARCO 石油公司。

大型石油公司 ARCO 有一个附属的煤炭公司。ARCO 曾实施了落基山现场试验,还制订了更大规模的运营计划。公司中有一些 UCG 员工曾担任过拉勒米能源技术中心的 UCG

计划负责人。

（10）天然气研究所（GRI）。

该天然气研究所是伊利诺伊州芝加哥市的一个独立研究机构，拥有包括煤气化（主要是地面煤气化）在内的专业技术，由行业和政府共同资助运作。天然气研究所参与了一些研究项目，是美国能源部组建的联盟领导者，该联盟负责"落基山一号"的试验工作。最近，它与天然气技术研究所（Institute of Gas Technology）合并，组成了美国燃气技术研究院（GTI）。

（11）其他机构。

还有许多其他研究和工程机构参与了UCG计划，并做出了贡献。有许多大学和研究机构的研究人员参与了实验室实验，并开发了有关UCG的模型。许多工程和地质服务提供商依照合同完成了许多支持性工作，其中包括联合工程师公司（负责"落基山一号"现场试验的支持工作）和威廉姆斯工程公司（负责早期现场试验的支持工作）。

（12）UCG现场试验和相关机构的位置。

UCG现场试验和相关机构的位置如图4.1所示。

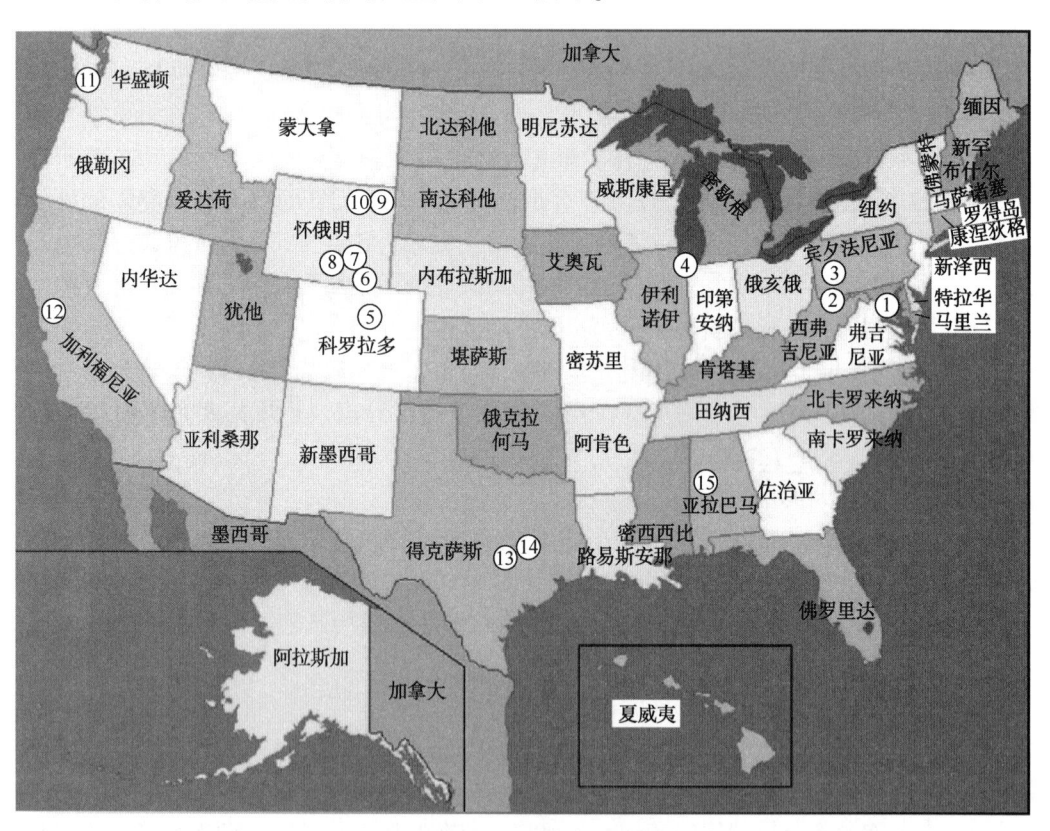

图4.1 美国各UCG机构和现场试验的位置

①美国能源研究开发署，美国能源部；②摩根敦能源技术中心，普瑞斯城；③海湾研究与开发公司，能源国际公司；④天然气研究所；⑤科罗拉多大学；⑥拉勒米能源技术中心，西部研究所，怀俄名大学；⑦汉纳"落基山一号"；⑧罗林斯；⑨落基山；⑩赫克里克；⑪森特勒利亚；⑫劳伦斯·利弗莫尔国家实验室；⑬得克萨斯州A&M大学；⑭田纳西属地；⑮戈加斯

劳伦斯·利弗莫尔国家实验室和Ergo Exergy技术公司绘制

4.3 不同的煤炭地下气化活动期

4.3.1 1970年以前的研究工作

1970年之前，唯一一项重要工作是由亚拉巴马州戈加斯的美国矿务局完成的。该项工作（包括现场试验）始于20世纪40年代末，结束于20世纪60年代初。结束时编写了总结报告（Capp等，1963）。不幸的是，这个项目几乎乏善可陈，与20世纪70年代计划的研究思路并不一致。

4.3.2 20世纪70—80年代的主要计划和活动

美国政府机构（见4.2节）在20世纪70年代早期开始了UCG研究计划，并将其发展成为一个资金充足、持续时间长且技术活跃的计划。当时的主要目的是增强美国国内能源安全。当时石油和天然气供应越来越紧张，欧佩克的石油禁运即将实施，而当时美国的煤炭资源非常巨大（即使现在也仍然如此）。在整个计划过程中，人们的长期目标是：实现大规模商业性运营，并能够对美国能源供应产生重大影响。

该计划开始时的工作就是开展论文研究并编制大型概念性设计方案。在该计划初期，翻译和研究苏联关于UCG的报告是一项重要工作内容，这样做的目的是充分吸收先前的UCG技术成就。这对计划的早期思路和方法起到了指导作用。

美国的计划是一个多元化计划，包括：装备充分、规模适度的（100~10000t）现场试验；大规模概念设计和经济可行性评估、科学分析和建模；一些重点实验室实验和技术创新等。各种概念都是从模仿苏联的技术方法开始，然后逐渐发展为美国自己的各种方法和技术的开发。美国在对工艺的理解、建模以及对设计和运营的开发方面取得了巨大进展，并有望提高气化效率、改善运行效果、提高产出气纯度及扩大工业化规模。在UCG的研究、开发和运营方面，科研人员无论在数量上还是经验上都有可观的增长。"落基山一号"的实施是现场试验的顶峰。该试验由美国能源部和天然气研究所共同领导的公共和私人组织联盟实施。"落基山一号"试验是迄今为止美国最大的现场试验。在试验中还针对受控注入点后退（CRIP）新技术进行了现场验证。受控注入点后退技术有助于实现气化的高效运行和工艺扩展，能够通过"清洁洞穴"的方法尽可能地减少地下水污染。

20世纪80年代末和90年代初期，美国UCG的活动大幅度减少，只剩下"落基山一号"试验遗留的一些技术跟踪和报告撰写工作，以及一些地下水修复工作。当时的石油和天然气价格已经稳定，美国政府的能源技术开发理念已经转向私营部门。在接下来的二三十年间，参与UCG开发的人大多已经转行、退休或去世了。

4.3.3 2005—2015年的小幅复苏

21世纪初，全球范围内对UCG的关注不断增强，活动日益增多。这主要是受到不断上涨且波动剧烈的天然气价格所推动。2005—2015年，美国的UCG活动重新开始活跃。在此期间，除了商业项目计划活动外，一些联邦和州政府机构、大学和非政府组织也在不同程度上开始关注 UCG 并着手进行研究。怀俄明州进行了一项概念性大型项目——UCG 分析和详细研究,并为其提供费用支持(GasTech,2007);印第安纳州地质调查局和普渡大学则针对印第安纳州煤炭资源对 UCG 技术的适用性进行了评估(Shafirovich 等,2009);美国内政部以及露天采矿、恢复和执法办公室组织了来自多个州和美洲土著民族的监管机构,以便让人们对 UCG 有更多的了解。

劳伦斯·利弗莫尔国家实验室在这一时期的初期,重新恢复了一项规模中等的 UCG 方案。该方案的主要目的是将碳捕获与碳储存(CCS)技术与 UCG 技术结合起来,以便探索减少煤炭能源碳排放的经济可行的方式(Friedmann,2005)。这似乎与当地煤炭丰富、石油和天然气稀缺、能源价格高企和存在能源安全问题等因素有关,也与政府可能将出台最严二氧化碳减排激励措施的预期有关。该方案的 UCG 技术工作重点关注的是:数学模型开发、资源的 UCG 技术适用性评估、技术教育和培训、地球物理监测和地下水污染研究。

在这一时期的最后几年,压裂作业为人们带来了大量的石油和天然气,地下水清洁度受到的挑战和温室气体排放产生的影响得到更大的重视。在此情况下,人们对 UCG 和煤炭的关注和研究活动减少了。

4.4 推荐参考

下面推荐的参考资料不仅适合专业人士,也适合那些不太熟悉 UCG 的人。

在 1976—1989 年的年度煤炭地下气化/转化研讨会记录(1976 年、1977 年、1978 年、1979 年、1980 年、1981 年、1982 年、1983 年、1984 年、1985 年、1986 年、1987 年、1988 年、1989 年)中,提供有美国 20 世纪 70 年代和 80 年代特别完整的 UCG 活动编年史。在劳伦斯·利弗莫尔国家实验室的最终计划报告(Thorsness 和 Britten,1989b)中,包含有利弗莫尔 18 年来 UCG 工作的简明摘要。其中,还重点突出了人们获得的各种经验。Britten 和 Thorsness(1989b)介绍了劳伦斯·利弗莫尔国家实验室对 UCG 及其重要现象的概念理解。20 世纪 80 年代中期,UCG 概念出现在 Dockter(1986)、Stephens 等(1985)、Stephens 等(1982)以及 Krantz 和 Gunn(1983a)的"最先进技术"论文集中。

Bartke 和 Gunn(1983)总结了美国矿务局拉勒米能源研究中心和拉勒米能源技术中心的汉纳系列现场试验,Bartke 等(1985)对其进行了详细介绍。Stephens(1981)详细介绍了劳伦斯·利弗莫尔实验室的赫克里克系列现场试验及其结果;Thorsness 和 Creighton(1983)对其进行了简要介绍。Bell 等(1983)介绍了 ARCO 石油公司的落基山试验;Schrider 和 Wasson(1981)对普瑞斯城试验进行了总结;Edgar(1983)对得克萨斯州的试验进行了分析。Bartke(1985)对海湾公司的两次罗林斯试验均进行了详细介绍。Hill 和 Thorsness(1983)总结了劳伦斯·利弗莫尔实验室在森特勒利亚进行的大型试验;Cena 等(1984)总结了劳伦斯·利弗莫尔实验室的森特勒利亚部分煤层的 CRIP 试验。Cena 和 Thorsness(1981)针对 1979 年由能源部资助的所有 UCG 现场试验提供了每个之前时间段的概述、布井方式、简化编年史、产量和组分汇总表,并提供了关键参数随时间变化的关系曲线图。

Dennis(2006)对"落基山一号"试验进行了非常简要的介绍。"落基山一号"试验的许多方面的具体介绍出现在第14届UCG研讨会(1988年)的会议录中,包括年表和结果描述(Bloomstran等,1988)。Cena等(1988a,1988b)和Thorsness等(1988)对各试验结果进行了回顾和分析;Oliver等(1991)对已燃空区的横截面进行了研究;清洁洞穴操作和地下水污染的结果和概述见于Boysen等(1988,1990)以及Lindblom和Smith(1993)的著述。

近期综述包括Camp(2017)的文献。在某些方面,它比本章提供了更多的细节,包括大多数现场试验的叙述,还涉及其他一些主题,并提供了更多的参考信息。Shafirovich等(2011)的文献是能源部赞助的UCG现场试验实际信息的便捷参考。Couch(2009)的文献是有关UCG的一个出色综述,范围很广,其中包括一部分美国捐助。劳伦斯·利弗莫尔国家实验室最近的计划始于对UCG的重要综述,题为《煤炭地下气化的最佳实践》(Burton等,2006)。GasTech(2007)进行了UCG技术回顾,重点关注了一个现代商业项目。Camp和White(2015)、Mellors等(2016)对地下水污染现象进行了分析。有关建模的参考文献将在4.6节中介绍。

4.5 现场试验

4.5.1 概要

表4.1汇总了1948—1995年美国进行的所有UCG现场试验信息。

表4.1 美国UCG现场试验总结

		汉纳早期试验				
试验名称		"汉纳一号"水力压裂	"汉纳一号"主阶段	"汉纳二号"1A期	"汉纳二号"1B期	"汉纳二号"第2阶段
时间		1973年3—5月	1973年5月—1974年3月	1975年5—7月	1975年7—8月	1975年12月—1976年5月
运营商		LERC	LERC	LERC	LERC	LERC
位置		怀俄明州汉纳	怀俄明州汉纳	怀俄明州汉纳	怀俄明州汉纳	怀俄明州汉纳
盆地		汉纳	汉纳	汉纳	汉纳	汉纳
煤炭	消耗(t)	818	4347	1650	769+反向燃烧	4311
煤炭	等级	高挥发性烟煤C 非膨胀煤/块煤	高挥发性烟煤C 非膨胀煤/块煤	高挥发性烟煤C 非膨胀煤/块煤	高挥发性烟煤C 非膨胀煤/块煤	高挥发性烟煤C 非膨胀煤/块煤
煤炭	热值(kJ/kg)	20000	20000	20000	20000	20000
煤炭	厚度(m)	8.8	上部5,共8	9.1	9.1	9.1
煤炭	深度(m)	114	114	84	84	84
煤炭	倾角(°)	7	7	7	7	7
工艺	注入物	空气	空气	空气	空气	空气
工艺	贯通方法	水力压裂	反向燃烧	反向燃烧	反向燃烧	反向燃烧
工艺	注入—生产井距(m)	9,18	18	18	18	18

续表

汉纳早期试验					
试验名称		汉纳一号"水力压裂"	汉纳一号"主阶段"	汉纳二号"1A期"	汉纳二号"1B期"	汉纳二号"第2阶段"
工艺	设计和操作	点火并注入中心井,从周围多口井生产	5口垂直注入/生产井。多个井对之间反向燃烧贯通。组合井间正向燃烧	简单贯通方法:两口垂直井通过反向燃烧贯通,然后是正向燃烧	反向燃烧贯通HⅡ-1A燃空区与第三口新垂直井。正向燃烧注入该新井	简单贯通方法:两口垂直井通过反向燃烧贯通,然后是正向燃烧
结果	点火和反向燃烧时间(d)	1	128	14	11	45
	正向燃烧时间(空气/氧—蒸汽)(d)	60	168	37	37	27
	正向消耗(t)	818	3304	1620	769	3680
	正向煤气热值(MJ/m³)	4.2	5	5.5	5.7	6.8
	正向气体回收(%)	14	103	78	129	99
	亮点、成就、观察、评论、问题、结论	用砂支撑剂水力压裂产生的贯通不能满足要求。通过裸眼井段和套管失效处的气体泄漏量很大	这个时代的第一次UCG试验获得成功。许多井和燃空区之间的反向燃烧贯通显示该工艺具有扩展潜力	进行了简单的双井试验,效果很好	贯通成熟燃空区与一口新钻的井,并注入该新井的重复扩展技术	进行了另一个类似的测试,效果很好

汉纳后期、落基山、普瑞斯城					
试验名称		汉纳三号	汉纳四号-A	汉纳四号-B	落基山	普瑞斯城一号
时间		1977年6—7月	1977年12月—1978年6月	1979年4—9月	1978年9—11月	1979年6—10月
运营商		LERC	LERC	LETC	ARCO(接续LETC)	摩根敦能源技术中心
位置		怀俄明州汉纳	怀俄明州汉纳	怀俄明州汉纳	怀俄明州里诺章克申	西弗吉尼亚州普瑞斯城
盆地		汉纳	汉纳	汉纳	保德河	匹兹堡煤层
煤炭	消耗(t)	4771	5036	2042	3270+反向燃烧	885
	等级	高挥发性烟煤C非膨胀煤/块煤	高挥发性烟煤C非膨胀煤/块煤	高挥发性烟煤C非膨胀煤/块煤	次烟煤C	高挥发性烟煤A膨胀煤和块煤
	热值(kJ/kg)	20000	20000	20000	20800	高
	厚度(m)	9.7	8.5	8.5	上部20,共30	1.8
	深度(m)	50	98	98	190	270
	倾角(°)	7	7	7	低	低

续表

汉纳后期、落基山、普瑞斯城					
试验名称		汉纳三号	汉纳四号-A	汉纳四号-B	落基山	普瑞斯城一号
工艺	注入物	空气	空气	空气	空气	空气
	贯通方法	反向燃烧	反向燃烧	反向燃烧	反向燃烧	反向燃烧
	注入—生产井距(m)	18	31	23	23	18
	设计和操作	简单贯通方法：两口垂直井通过反向燃烧贯通，然后是正向燃烧	尝试用反向燃烧贯通多口垂直注入/生产井。在各种井组合之间尝试使用正向燃烧	尝试用反向燃烧贯通多口垂直注入/生产井。在各种井组合之间尝试使用正向燃烧	反向燃烧贯通一条线上的3口垂直注入/生产井。正向燃烧从端部井注入，从中间井生产	反向燃烧贯通一条线上的3口垂直注入/生产井，并循环打开贯通通道。正向燃烧从端部井注入，从中间井生产
结果	点火和反向燃烧时间(d)	16	107	83	10	106
	正向燃烧时间(空气/氧—蒸汽)(d)	38	58	23	60	12
	正向消耗(t)	4734	4550	1334	3270	450
	正向煤气热值(MJ/m³)	5.5	4.1	5.4	7.4	6.9
	正向气体回收(%)	92	80	92		114
	亮点、成就、观察、评论、问题、结论	大范围地下水监测，但没有结果报告	看起来像是另一个类似的试验，但是有很多问题	看起来像是另一个类似的试验，但是有很多问题	在煤质不同且较厚、较深的煤层中复制汉纳-METC方法。监测覆盖层沉降和水文效应	只有美国在膨胀块煤中进行过试验尝试。最终建立了反向燃烧贯通通道，但阻力很高。反复进行反向、正向模式封堵

赫克里克和罗林斯					
试验名称		赫克里克一号	赫克里克二号	赫克里克三号	罗林斯一号	罗林斯二号
时间		1976年10月	1977年10—12月	1979年8—10月	1979年10—12月	1981年8—11月
运营商		LLL	LLL	LLL	海湾研究与开发公司	海湾研究与开发公司
位置		怀俄明州Gillette	怀俄明州Gillette	怀俄明州Gillette	怀俄明州罗林斯	怀俄明州罗林斯
盆地		保德河	保德河	保德河	汉纳	汉纳
煤炭	消耗(t)	190	2658	4036	1513	7770+反向燃烧
	等级	次烟煤	次烟煤	次烟煤	次烟煤B	次烟煤B
	热值(kJ/kg)	18960	18960	18960	23550	23550
	厚度(m)	7.6\(5)\3.4	7.6\(4.6)\3.4	7.6\(5.4)\3.0	11.4	11.4

续表

赫克里克和罗林斯					
试验名称	赫克里克一号	赫克里克二号	赫克里克三号	罗林斯一号	罗林斯二号
深度(m)	<40	<38	<54	113	155
倾角(°)	低	低	低	63	63
工艺 — 注入物	空气/—	空气/氧气—蒸汽	空气/氧气—蒸汽	空气/氧气—蒸汽	—/氧气—蒸汽
工艺 — 贯通方法	爆炸压裂	反向燃烧	井眼+反向燃烧扩展	井眼	井眼+反向燃烧贯通通道
工艺 — 注入—生产井距(m)	10	18	30.5 和 41	16	60
工艺 — 设计和操作	用高爆炸药在两口垂直工艺井之间实施爆炸压裂。工艺井正向燃烧	简单贯通方法：两口垂直井通过反向燃烧贯通，然后是正向燃烧	三口垂直井之间通过水平井眼贯通，反向燃烧扩展。在30m空间正向燃烧，之后扩展到41m	大倾角煤层。采用定向钻进技术钻注入井、生产井和贯通通道。注入点在生产点向下16m	两口注入井之间有一口垂直生产井，其间有反向燃烧贯通通道。每口井单独注入，两口井一起注入
结果 — 点火和反向燃烧时间(d)	1	14	3	7	30
结果 — 正向燃烧时间(空气/氧—蒸汽)(d)	11/—	56/2	7/47	28/5	—/65
结果 — 正向消耗(t)	190/—	2470/55	334/3655	1225/228	—/7767
结果 — 正向煤气热值(MJ/m³)	4.0/—	4.3/10.5	4.5/8.4	6.0/8.4	—/12.8
结果 — 正向气体回收(%)	93	78	83	97	
结果 — 亮点、成就、观察、评论、问题、结论	项目中第一次进行的爆炸压裂碎石基床试验获得成功，但未达最佳标准，属于难以控制的模式	项目中的第一次氧气—蒸汽UCG。注入井在顶部附近破裂，导致热量损失到湿顶板岩石中去	项目中首次进行水平井眼贯通和井眼ELW。UCG"燃烧"穿过5m厚的夹层到达下一个煤层	美国首次在大倾角煤层上成功试验。使用定向井	麻烦不断。井眼和燃空区之间的反向燃烧贯通通道没有达到预期的效果。虽然气化了大量的煤，但其间非常不容易

森特勒利亚和落基山一号						
试验名称	森特勒利亚 LBK5、2、3、4	森特勒利亚 LBK1	森特勒利亚 PSC(CRIP)	落基山一号 ELW模块	落基山一号 CRIP模块
时间	1981年11月—1982年1月	1982年1月	1983年10月—11月	1987年11月—1988年11月	1987年11月—1988年2月
运营商	LLL	LLL	LLNL	GRI联盟	GRI联盟
位置	华盛顿州森特勒利亚	华盛顿州森特勒利亚	华盛顿州森特勒利亚	怀俄明州汉纳	怀俄明州汉纳
盆地	Tono	Tono	Tono	汉纳	汉纳

续表

		森特勒利亚和落基山一号				
	试验名称	森特勒利亚 LBK5、2、3、4	森特勒利亚 LBK1	森特勒利亚 PSC（CRIP）	落基山一号 ELW 模块	落基山一号 CRIP 模块
煤炭	消耗(t)	每个25(4)	30	2400	4000	10200
	等级	次烟煤	次烟煤	次烟煤	高挥发性烟煤C	高挥发性烟煤C
	热值(kJ/kg)	11770	11770	11770	20000	20000
	厚度(m)	上部8，共11	上部2，共11	上部6，共11	上部5，共9	上部7，共9
	深度(m)	16	16	52	112	108
	倾角(°)	15	15	14	7	7
工艺	注入物	—/氧气—蒸汽	—/氧气—蒸汽	—/氧气—蒸汽	空气/氧气—蒸汽	空气/氧气—蒸汽
	贯通方法	井眼	井眼	井眼	井眼	井眼
	注入—生产井距(m)	18	开始是11，后改为8	22、22、15	90	90
	设计和操作	一口垂直生产井。一口水平注入井和井眼贯通通道	一口垂直生产井。一口水平注入井和井眼贯通通道。线型CRIP	平行CRIP井眼+垂直初始生产井（一口水平注入井和井眼贯通通道）。一口水平生产井和井眼贯通通道。一口垂直初始生产井	水平生产井和井眼与两口垂直注入井贯通。从远端井眼正向燃烧。ELW向第二口井切换时失败	平行CRIP井眼+垂直初始生产井（一口水平注入井和井眼贯通通道）。一口水平生产井和井眼贯通通道。一口垂直初始生产井
结果	点火和反向燃烧时间(d)	1	1	1	4	4
	正向燃烧时间（空气/氧—蒸汽)(d)	—/3~6	—/4	—/30	7/40	3/90
	正向消耗(t)	—/25	—/30	—/2400	总共4000	总共10,200
	正向煤气热值(MJ/m³)	—/10.7	—/10.8	—/9.2	—/10.3	—/11.3
	正向气体回收(%)	21~61	85	83	91	89
	亮点、成就、观察、评论、问题、结论	挖掘后发现燃空区充满碎石，即使在早期全煤阶段	第一次在该煤田上成功尝试CRIP操作。第一个线型CRIP对初期的燃空区进行了燃烧后开挖	第一个全尺度现场试验的CRIP系统。首次并行CRIP现场试验。全尺寸燃空区燃烧后开挖	清洁洞穴概念将地下水污染降至最低，注入井在煤层顶部完井，试验效果不佳	并行CRIP获得再一次成功验证。三次CRIP操作产生了三个新燃空区。CRIP一次又一次使燃烧恢复。采用清洁洞穴概念，最大限度地减少污染

续表

	其他现场试验				
试验名称	戈加斯系列试验	Fairfield 或 Big Brown	田纳西属地	Alcoa	卡本县
时间	1948—1959 年	1976 年	1978—1979 年	1980 年	1995 年
运营商	美国矿务局	基础资源公司	基础资源公司	得州农工联盟	威廉姆斯
位置	亚拉巴马州戈加斯	得克萨斯州 Fairfield	得克萨斯州田纳西属地	得克萨斯州 Alcoa	怀俄明州罗林斯
盆地					汉纳
煤炭 消耗(t)	215(首次试验)		4100	少量	
煤炭 等级	高挥发性烟煤 A	褐煤	褐煤	褐煤	次烟煤
煤炭 热值(kJ/kg)					≈罗林斯
煤炭 厚度(m)	1		2.2	4.5	≈罗林斯
煤炭 深度(m)	9				>罗林斯
煤炭 倾角(°)	微倾斜				大倾角
工艺 注入物	空气，或许氧气—蒸汽	空气	空气/氧气—蒸汽	空气	
工艺 贯通方法	反向燃烧，水力压裂			反向燃烧	
工艺 注入—生产井距(m)				9	
工艺 设计和操作	苏联方法。包括矿用添加剂、反向燃烧贯通，可能还有水力压裂	苏联方法	苏联方法		
结果 点火和反向燃烧时间(d)				全程	
结果 正向燃烧时间(空气/氧—蒸汽)(d)		26	共 197	0	
正向消耗(t)	2⁺/5⁻(第一次试验)				
正向煤气热值(MJ/m³)			总共 4100	0	
正向气体回收(%)	低	4.7	3.0/8.6	1.3~5.6(贯通时)	
亮点、成就、观察、评论、问题、结论	美国的首次现场试验，气体漏失量大。顶板崩落	26d 试验	热量损失到覆盖层，水侵量高	花了 21d 进行反向燃烧贯通，但没有成功。井套管发生机械故障	运行时间很短，没有成功。操作压力高，造成地下水污染
	表格定义
参数		参数定义
时间		天数按从首次点火到停止注入氧化剂计算

续表

	表格定义
参数	参数定义
运营商	负责测试的机构
位置	美国州、城市
盆地	地质盆地

	参数	参数定义
煤炭	消耗(t)	整个现场试验所有阶段的总煤耗(t)(气体漏失已校正,包括半焦)
	等级	煤级
	热值(kJ/kg)	煤热值,按收到的计(kJ/kg)。(报告很少具体说明给出的是高热值还是低热值。更有可能是高热值)
	厚度(m)	煤层真厚度"上部 y,共 x 使用上部 x 厚煤层,而底部 $(y-x)$ 不动用。对于由岩石夹层分隔的两个煤层,厚度为底部 \ (夹层)\ 顶部
	深度(m)	在主燃空区或注入点位置,从地表到煤层顶部的垂直深度
	倾角(°)	煤层倾角,水平 0°
工艺	注入物	注入气体成分:空气或氧气和蒸汽的混合物(氧气—蒸汽)。每一个不同阶段的试验显示为:空气/氧气—蒸汽
	贯通方法	在注入井和生产井间建立可渗透路径的主要方法
	注入—生产井距(m)	下过套管的注入点和下过套管的产气点之间的距离
	设计和操作	设计和操作说明,包括工艺井、贯通通道、正向燃烧注入井和生产井、切换注入点
结果	点火和反向燃烧时间(d)	点火、反向燃烧贯通、连接和贯通增强操作的天数
	正向燃烧时间(空气/氧—蒸汽)(d)	正向燃烧主运行天数(注入空气时/注入氧气—蒸汽时)
	正向消耗(t)	正向燃烧主周期消耗的煤(气体漏失做过修正,包括半焦)(空气/氧气—蒸汽)
	正向煤气热值(MJ/m³)	正向燃烧阶段(空气/氧气—蒸汽)干燥产品气体的高热值平均数
	正向气体回收(%)	在正向燃烧期间,通过生产井回收气体的估计百分比(1 减去漏失)
	亮点、成就、观察、评论、问题、结论	亮点、成就、观察、评论、问题、结论

在最初的几次现场试验中,有几家美国机构在苏联方法的基础上做了进一步探索。其中,它们把反向燃烧用于垂直井贯通;在"正向燃烧"这一气化主阶段,采取了向其中一口井或一系列井注入空气的方法,成功地实现了对次烟煤和非黏结烟煤的气化。试验证明,块状膨胀烟煤非常棘手。试验实现了对褐煤层的气化,但这种煤层热值低、煤层薄、水涌入量大,产出的煤气质量很差。

氧气—蒸汽注入试验比较成功,并日渐成为人们首选的注入剂。在该技术系列的后续试验中,人们开始利用新兴的定向钻进技术,在注入点和生产点之间进行煤层内贯通。通过定向井眼实现贯通,成功地实现了苏联式大倾角煤层的煤炭地下气化试验。CRIP 工艺的发明正是源于不断地创新。在进行后来的现场试验时,美国国内已经一致倾向于采用沿煤层定向井眼贯通和 CRIP 技术。

针对美国进行的现场试验,McVey 和 Camp(2012)对所有空气注入周期内及所有氧气—蒸汽注入周期内产出的干煤气平均组分(以煤的质量加权)进行了计算。表 4.2 中列出了所有现场试验的结果,从"汉纳一号"一直到"落基山一号",但落基山、得克萨斯褐煤试验和森特勒利亚小块试验除外。

表 4.2 美国现场试验:吨位加权后烟煤或次烟煤的平均干煤气组分

单位:%(摩尔分数)

物质	空气注入	氧气—蒸汽注入	物质	空气注入	氧气—蒸汽注入
N_2+Ar	53.86	2.29	CO_2	16.01	42.06
O_2	0.19	0.01	C_2+HCs	0.45	1.2
H_2	13.53	33.26	NH_3	0.64	1.26
CH_4	4.51	9.83	H_2S	0.16	0.31
CO	10.65	9.78			

在整个系列试验中,由于方案自身带有研发性质,因此促进了人们对 UCG 工艺本身、对工艺与环境间相互影响的理解。这包括对地下水污染问题的认识,以及对地下水污染最小化方法的进一步理解,还包括成功地通过"落基山一号"试验验证了清洁洞穴运营概念。这使人们逐渐认为,那些埋藏深度更大的项目会更受青睐,因为这种位置能让污染风险更加远离地面。

4.5.2 戈加斯试验(USBM)

在美国,最早的 UCG 工作是 1947—1960 年由美国矿务局在亚拉巴马州戈加斯附近开展的。该方案涉及了多场现场试验,对矿井巷道内燃烧、固井井眼、水力压裂和电力贯通准备煤层等均进行了应用或探索,甚至还尝试了富氧空气注入工艺。表 4.1 显示了通过二手来源获得的少量数据。在 20 世纪 70 年代的美国文献中,很少提到这些试验,这表明戈加斯项目并没有为那一代美国 UCG 研究人员留下重要信息。

4.5.3 汉纳系列试验

1973—1979 年,美国矿务局拉勒米能源研究中心和拉勒米能源技术中心在怀俄明州汉纳南部进行了一系列 UCG 现场试验。该试验场地比较有利——这里属低倾角优质煤,仅一个煤层,上覆的低含水岩层坚固稳定,较为理想。表 4.1 中至少汇总了 9 个不同的试验(包括定义的不同阶段和子阶段)。这些试验均以空气作为注入剂,以不同模式布置多口垂直井通过反向燃烧贯通。

这一代人第一次开展的"汉纳一号"UCG 试验极为成功。其间也遇到不少问题,但通过大家的不懈努力,拉勒米能源研究中心团队的 UCG 试验最终取得了圆满成功。他们实施了多次反向燃烧贯通,有一些是在井与井之间建立贯通,另一些是在井与正向燃烧的燃空区之间建立贯通。他们采用了正向气化这种气化模式,并实现了5个半月的有效运行。试验表明,正向燃烧稳定可靠,可以接受流量、压力调整甚至注入位置的变化。他们还成功地在初始井对的基础上,将气化工艺向外横向扩展以增加工艺井的数量。这表明工业化规模扩大是可行的。在试验中,人们也得到了三个重要的负面结果:无论采用充砂支撑水力压裂还是气动压裂,都无法在井眼之间产生足够的连通性来维持正向燃烧;没有固井的工艺井或监测井井筒,以及未进行过固井的井眼都会导致大量气体漏失;对于给定的注、采井对而言,产气的质量会随着时间下降。要知道,美国在后来开展的各种现场试验中都遇到了很多难题,可想而知,那时第一次就能顺利地完成这种试验,的确是一项了不起的成就。毕竟,技术故障乃至一次严重的安全事故,就有可能将整个美国计划毁掉。"汉纳一号"试验的成功为随后的美国重大计划铺平了道路。

后来在汉纳开展的试验,大体而言都基本相似。井网部署和不同的贯通路径似乎是设计或准备工作上的主要可变因素;而在正向气化主阶段,注入井和生产井的次序似乎是主要的操作变量。他们在试验过程中遇到了许多困难,大多数试验结果与最初的试验计划大相径庭。

那时,压倒一切的目标就是测试不同井和不同贯通模式的扩展前景,力求探索出提高产量、提高资源利用率的办法,使气化工艺越来越大。在"汉纳二号"试验第2和第3阶段中,有一个显著特点:相邻两口井的燃空区连到一起,基本上形成了一个更大的组合燃空区。这又一次显示了其在横向扩展的可能性。

"汉纳三号"试验的目的是进行地下水污染调查,但是由于当时气候干燥,没有像预期的那样有雨水补给,因此收集到的有用数据很少。"汉纳四号"试验似乎遇到的问题没完没了,一直在不断地修改。

4.5.4 落基山试验项目

1979年,ARCO石油公司的落基山现场试验在怀俄明州保德河盆地非常厚的次烟煤Wyodak煤层中进行。这里的设计和操作方式与汉纳试验类似,通过反向燃烧贯通垂直注入井和生产井。产出的煤气质量非常好,可能是因为煤层非常厚,单位体积的煤在顶板中的热损失很低。有证据表明,燃空区向上扩展的速度快于侧向的扩展速度,而且有相当程度的下沉情况,甚至有裂隙一直扩展到覆盖层中。幸运的是,经过3年的观察,并没有发生地面下沉。

4.5.5 普瑞斯城试验项目

摩根敦能源技术中心在Monsanto's Mound厂的支持下,于1979年在西弗吉尼亚州北部开展了普瑞斯城现场试验。它们把一个2m厚、270m深的膨胀块状烟煤煤层作为目标,把3口垂直工艺井钻到煤层下部1/3处完钻。3口井在一条线上,井间距18m。通过巨大的努力,在提高注入压力后,最终通过反向燃烧实现了井间贯通。但在采用反向—正向燃烧交替方式来增大贯通范围时,效果非常有限。经过各种努力,最后终于进入了气化阶段,但气化仅维持了12天。在地下和生产井中,气流在多处都遇到了流动阻力。人们把注入点移来移去,但效果仍不理想,流动阻力变得越来越大。后来,在用产出气对62m深的含水层加压时，生产井的套管破裂，试验停止了。

结论显而易见：在易膨胀块状煤中开展 UCG 是有问题的。在试图对这类棘手的煤层进行地下气化前，人们在 UCG 方面的能力必须要有大幅提高。在建立贯通通道时，大直径井可能比反向燃烧更有效。

4.5.6 赫克里克系列试验

1976—1979 年，劳伦斯·利弗莫尔实验室在怀俄明州东北部的赫克里克开展了三次 UCG 现场试验。最初，人们计划动用 30m 厚的 Wyodak 煤层（埋深 300m），后来为了降低钻井成本，对计划进行了调整，把浅部煤层定为第一次试验的目标层。结果，所开展的三次试验都是在那里进行的。在研发资金一定的情况下，把试验定在深度较浅的位置，就可以投用更多井下仪器，开展更多试验。但让人意想不到的是，这样却带来了不可接受的环境影响。他们当时把一条 8m 厚的水平次烟煤煤层定为目标层。目标层上面是 5m 厚的弱夹层和另一个 3m 厚的煤层。

这些试验是由美国能源部赞助的，其中第三次试验是与天然气研究所共同赞助的。每次试验都有一些创新。

劳伦斯·利弗莫尔实验室计划开展一项有关大型爆炸压裂填充床反应器概念的试验研究，而"赫克里克一号"试验则仅是这一大型试验中的第一个小型试验。在下部煤层底部，放置了两个 340kg 化学爆炸装置，两装置相距 7m 左右。它们将两个位置同时引爆，以便使煤块填充层的渗透性达到足够高的程度，从而可以在两口垂直井之间实现煤炭地下气化。这次试验效果不错，产生的煤气质量很好，只是后来煤气质量不断下降。渗透性高的位置大部分位于煤层上部，导致顶板热量损失严重，资源回收率低，空气过早发生窜通。从某种程度上看，正是由于用这种方法难以建立均匀的渗透率场，人们才放弃了将爆炸压裂法用于进行 UCG 贯通或准备工作。

"赫克里克二号"试验重又回到那种最简单方式：采用两口垂直井，再通过反向燃烧实现垂直井间的贯通。这类似于美国矿务局拉勒米能源研究中心以前的"汉纳二号"第一阶段 A 试验和二号第二阶段试验，只是这里与汉纳的地质条件不同。试验中还部署了大量的监测设备，用以确定温度场和燃空区的位置。贯通工作进行得很顺利，但是由于顶部热量损失和超覆，试验初期正向燃烧过程中遭遇了注入井供气中断情况，导致煤气质量较差。其间发现了一个遗留下来的较小的管道，能抵达煤层底部。当将注入点切换至这个管道后，意外获得了一个重要的收获——煤气质量直接提高了。在这个时期，"赫克里克二号"试验还第一次进行了氧气—蒸汽注入试验，产出气质量达到中等。另一个重要的发现是（在那个时代几乎所有的现场试验都发现了）——燃空区的高度比侧向宽度增长得更快，会扩展到上覆盖层里深处，燃空区里面充满碎石。根据气化工艺的仪表数据和燃烧后的井眼情况，获得了如图 4.2 所示的燃空区横截面。

汉纳和"赫克里克二号"试验的经验表明，反向贯通的路径无法控制；这些路径通常都是多重的，且常常出现沿着煤层顶部的贯通。此外，在汉纳试验过程中，曾多次发现间距大于 23m 的井眼无法贯通，这表明要扩大反向燃烧贯通工艺范围，就需要部署大量的垂直工艺井。由于定向钻进技术的不断进步，劳伦斯·利弗莫尔实验室决定在"赫克里克三号"

试验中，采用定向钻进技术来控制 Felix 2 号煤层底部附近的长距离贯通通道。如果这样，就有可能用较少的井实现工艺扩展，同时也有助于让气化工艺保持在煤层中较低的位置，以获得良好的热效率。

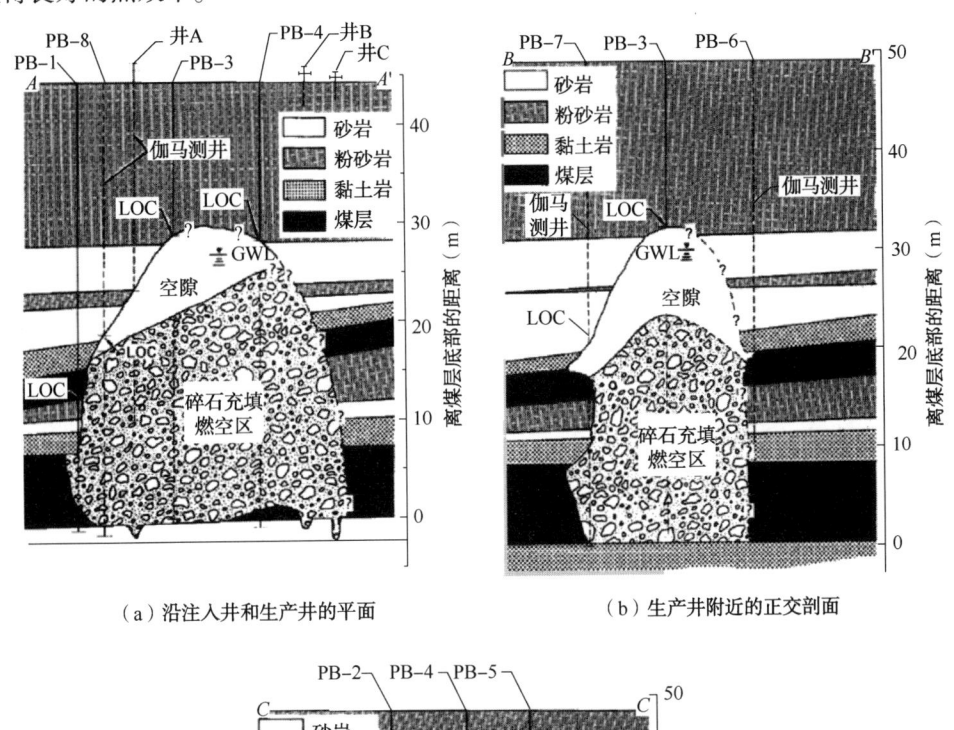

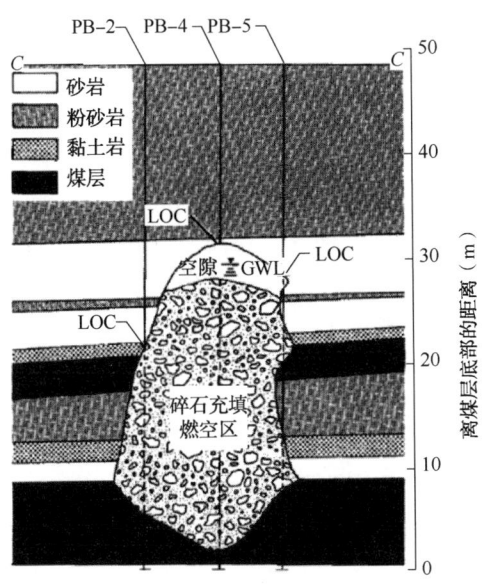

(a) 沿注入井和生产井的平面

(b) 生产井附近的正交剖面

(c) 注入井附近的正交剖面

图 4.2 "赫克里克二号"试验燃烧后的横截面(Stephens，1981)

"赫克里克三号"试验在三个方面发挥了先驱作用。它对操作工艺进行了扩展，通过注入氧气—蒸汽，生产出了适合转化为运输燃料的中等质量煤气；它利用新兴的定向钻进技术，沿煤层底部建立一条贯通通道，且贯通位置可以控制；此外，它还开创并实施了扩展贯通井眼法(8 年后，"落基山一号"试验项目中的一个模块选择了这种方法)。利用这种方法时，通过钻定向水平井贯通通道，贯通不同的垂直注入井，可以在其底部点火燃烧形成新的 UCG 燃空区，成功地实施了氧气—蒸汽的注入。由于注入井受堵（可能注入点被熔渣覆盖），迫使他们临时切换到其他井注入，却意外地带来煤气质量的提高。CRIP 工艺的发明正是源于这些经历。

总体而言，与其他大多数试验相比，赫克里克试验开展的所有试验，气化效率和气体质量都相对较差。除了其他试验面临的超覆问题之外，赫克里克待气化的煤层夹层更厚，盖层含水更多、更脆弱，而且其煤层和覆盖层的渗透性都较高，所有这些都使热损失更多。这里还经历了沉降和地下水污染问题，特别是在"赫克里克三号"试验中。这些将在 4.8 节中讨论。

在赫克里克进行的所有试验，与汉纳试验时观察到的情况一致，同样显示注入位置放在煤层较低处较好，并且把注入点位置移低时效率会重新提高。"根据赫克里克试验的经验，我们做了两件事：首先，寻找一个新的、更有利的试验场地（煤和覆盖层渗透性较低），且覆盖层较干燥，也较坚固；其次，一种新的气化方法——CRIP 工艺被构思出来"（Thorsness 和 Britten，1989b）。

4.5.7 罗林斯系列试验

海湾研究与开发公司在与能源部的共同资助下开展了两次罗林斯试验。这两次试验是在汉纳以西一个 7m 厚的大倾角（63°）次烟煤煤层中完成的。

"罗林斯一号"试验是一次注空气试验，仅在后期进行了少量氧气—蒸汽注入。与"赫克里克三号"试验一样，海湾研究与开发公司使用了定向井作为煤层内的贯通通道。如图 4.3 所示，注入井（AIW）通过定向钻进从下方钻入煤层（以保护煤层免受热量和坍塌事件的影响），在煤层底部附近完井。生产井和贯通通道（PGW）沿煤层底部定向钻进至注入井下方，下套管至距注入点约 15m 的位置完井。这次，气化工艺运行良好，证明使用定向井贯通通道和工艺井进行大倾角煤层气化的可行性。显然，大块煤和顶板岩石不断垮落，落入反应器底部，从而使反应器不断增大。在注入井的底部形成了一层碎石层，相当于一个火坑。燃空区明显向上发生扩展进入煤炭气化燃空区正上方的顶板岩石中。

"罗林斯二号"是"罗林斯一号"的更大、更复杂的版本，主要注入氧气—蒸汽。它采用定向钻进技术钻出两口大致相互交叉的注入井，以及一口向下倾斜的生产井并且钻至注入点的中点处。通过反向燃烧贯通注入井与生产井。诸多事件的顺序非常复杂，人们没有按计划进行。通过相当多的临时措施，采用了各种注入井组合，最终气化成功。与"罗林斯一号"试验一样，随着剥落和坍塌事件的发生，使燃空区向上扩展并穿过煤层和覆盖层，而底部则是一层碎石土层。产出的煤气质量非常好，主要是因为倾角很大，使不断向上扩展的燃空区一直维持在煤层之中，从而将顶板热损失与煤炭消耗的比率降至最低。

"罗林斯一号"和"罗林斯二号"试验表明，如果具备注入点位置足够低、一个井眼和（或）从注入点向上延伸到生产井的反向贯通通道，贯通后便可以实施对大倾角煤层的气化。大倾角煤层 UCG 可生产优质煤气，其原因有二：一是受到气化工艺中填充"火坑"的过程本身热效率的影响，二是顶板热损失与煤耗的比率较低。燃空区倾向于向上扩展而不是向周围扩展。尽管物质平衡显示气体漏失很少，但仍然发现在煤层的上倾地面露头处、固井不完善的井眼外表面仍有气体漏失。

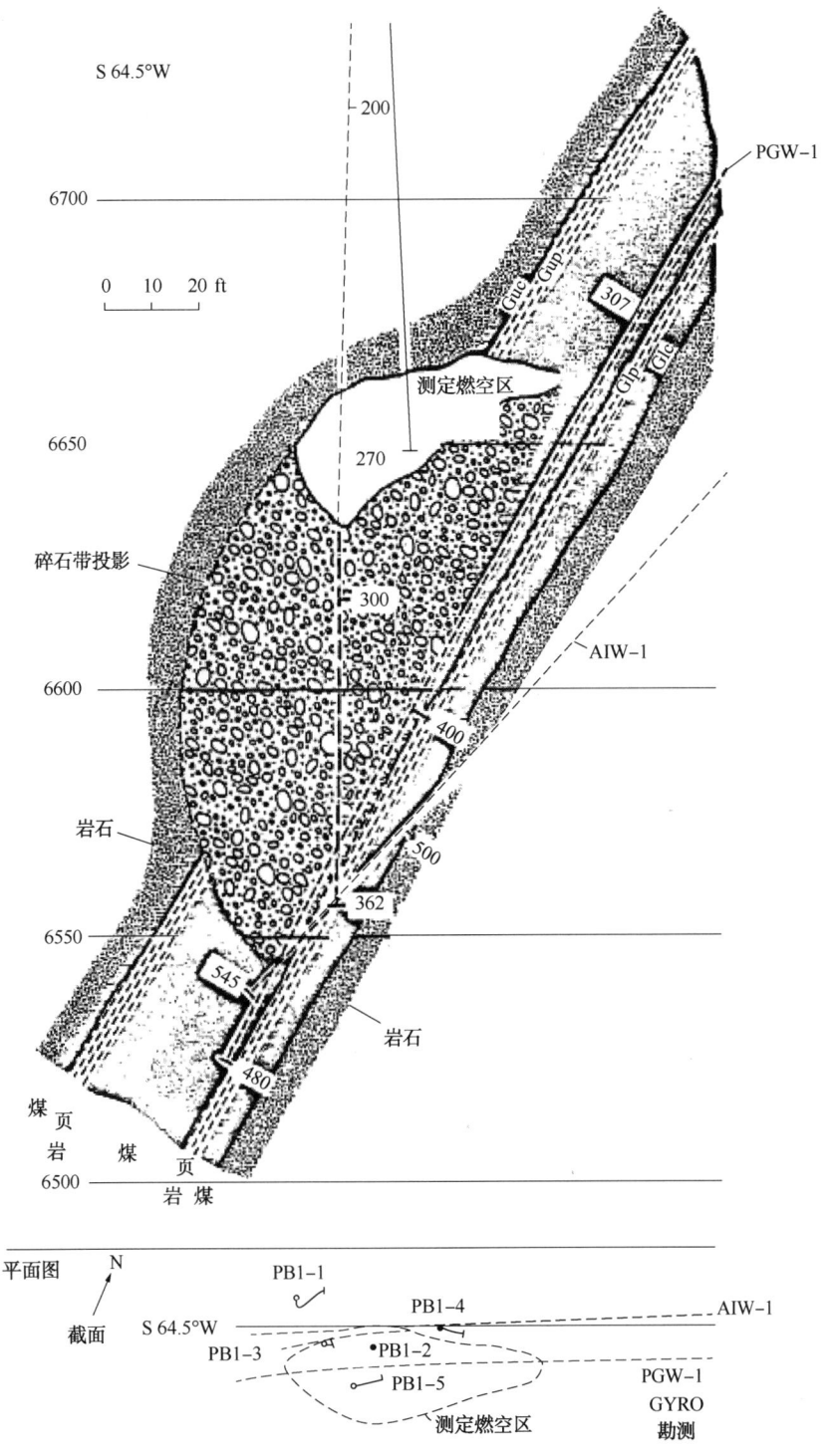

图 4.3　气化后"罗林斯一号"试验的横截面（Barke，1985）
注入井（AIW-1）套管下至约 6550ft。生产井（PGW-1）套管下至约 6600ft，
并继续向下延伸，充当穿过注入点煤层的井眼

4.5.8 森特勒利亚系列试验

大块试验(LBK)和局部煤层的 CRIP 试验(PSC)于 1981—1983 年由劳伦斯·利弗莫尔国家实验室在华盛顿州西南部森特勒利亚附近进行。这些试验是在美国能源部和全球农业研究所的赞助下,与华盛顿灌溉与发展公司(WIDCO)合作完成的。对于首次进行的受控注入点后退(CRIP)系统(在 4.8.9 中介绍)现场试验验证,以及随后的挖掘,这些试验都是非常重要的。

这些试验的独特之处在于,它们是在山坡上一个矿井的次烟煤煤层揭露面或"高壁"上进行的。这种情况有利于在燃烧后对这些燃空区进行开挖。图 4.4 是现场的剖面示意图,图中显示了局部煤层 CRIP 试验的结构。大块试验首先在同一个暴露煤面的相邻区域进行(大块这个名字来自早期的试验计划。该计划是在一个孤立的、大的煤炭块中进行的,实际试验就是这么演变而来的)。

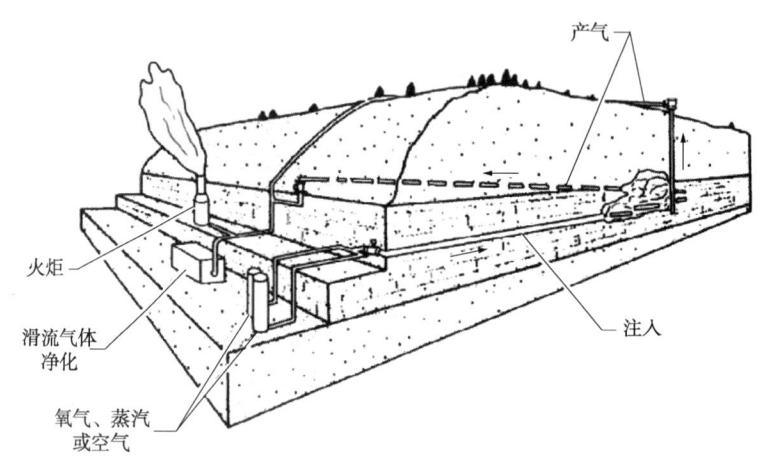

图 4.4 森特勒利亚 WIDCO 井现场示意图(Hill 等, 1984)
图中显示了局部煤层 CRIP 试验的结构,左边的阶梯是真实阶梯,图的右侧是剖面图

大块试验包括 5 个类似的小规模氧气—蒸汽试验,由一口垂直生产井和一口从工作面钻进的水平注入井(只下了一部分套管)构成。每次试验历时 3~5 天,消耗大约 20t 煤。

在劳伦斯·利弗莫尔国家实验室的 CRIP 工艺现场,开展的首个试验是大块试验的第五次试验,即 LBK-1(试验编号不代表试验顺序)。这次试验证明了 CRIP 技术将注入点重新移至注入井上游煤层(未燃烧过)中,并在那里点火燃烧的可行性。

试验结束后,人们挖开了这些燃空区并进行检查(图 4.5)。燃空区的高宽比通常为(1.3~1.7):1。燃空区内大部分被干煤、半焦、灰渣和一些熔渣之类的碎物填充。灰渣和熔渣只分布于底部。朝生产井那边的空间内,全是干煤和半焦的碎石土,顺着原始井眼向上延伸。在其中的一次大块试验中,在注入高浓度氧气的过程中,有一个注入点发生堵塞。开挖检查显示这是被矿渣堵住了。这种失效机理可以由 CRIP 技术解决。

局部煤层 CRIP 试验是一项全尺寸氧气—蒸汽现场试验,规模上与过去 10 年来的多数试验相似。图 4.6 显示了各种井的结构。在使用初始注入点正向燃烧 12 天后,成功地实施了一次 CRIP 操作:在注入井衬管上烧开一个孔,在该位置将煤点燃,形成一个新的燃空区。正向燃烧在这个新的注入点又持续了 18 天。在此过程中，燃空区中时常发生小规模的剥落和裂隙扩展现象。在总共气化 20 天之后，甚至发生了一次大规模的顶板崩落，崩落岩块的顶部位于煤层上方 5.5m 处。由于气化工艺中多出了较多潮湿、不可燃的顶板岩石，导致气体质量下降，且一直到试验结束都如此。

图 4.5 5 个森特勒利亚大块试验全部都进行了发掘、检查、描述和记录，这有利于人们对充满碎石的 UCG 燃空区的理解

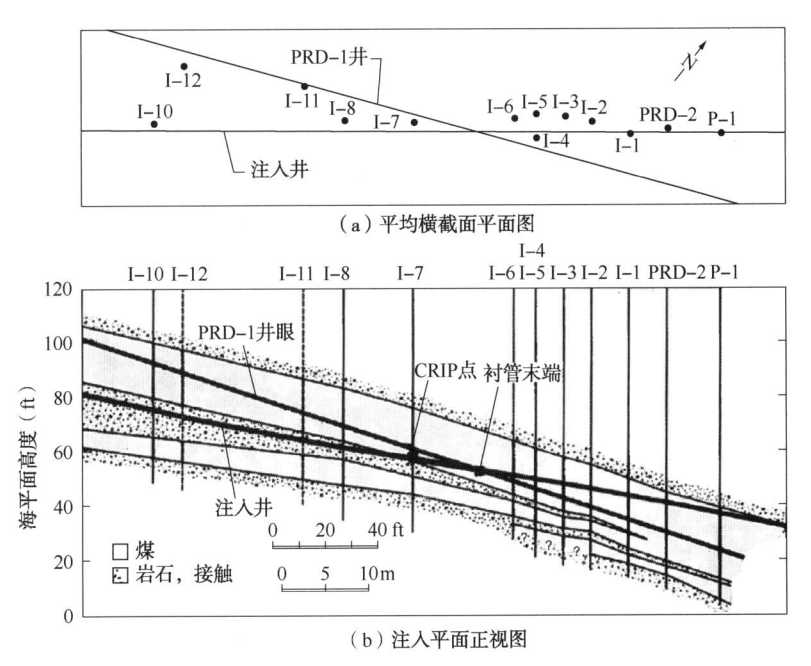

（a）平均横截面平面图

（b）注入平面正视图

图 4.6 局部煤层 CRIP 工艺和仪表井的平面图和正视图（Hill 等，1984）

燃烧自 I-6 井附近注入井的衬管末端开始，并将此处作为注入点。直到进行 CRIP 操作，在位于 I-7 井附近 CRIP 点处的衬管上烧穿一个孔，并在此位置点燃，使之成为一个新的注入点。生产的煤气最初通过垂直井 PRD-2 产出，后来通过斜生产井 PRD-1 产出

燃烧后提取岩心的目的是进行燃空区的圈定和刻画。后来，煤矿运营商开始在这里开采煤炭，并把煤层内生产井及其上方的两个（CRIP 前和 CRIP 后）燃空区和排气通道挖掘出来。图 4.7 显示了挖开的采煤工作面（燃空区相对较大）和燃空区草图（基于对热改性矿物的观察和表征）。该燃空区宽 20m，其侧壁在接近底部处呈碗状（上凹）；其高度比宽度

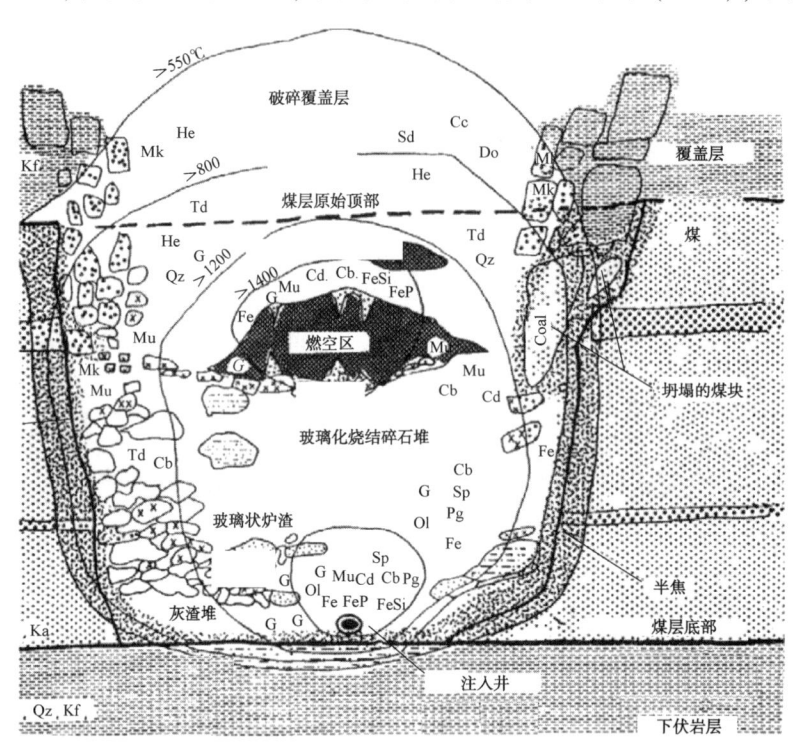

图 4.7 在某煤层的局部煤层 CRIP 试验结束后对揭露面进行了挖掘、检查、取样和分析，目的是了解被碎石所充填的燃空区的性质（Kühnel 等，1993）
a—灰渣；b—受热后的覆盖层碎石土；c—原煤；d—半焦

大，大体垂直，其向上延伸的范围很大，一直延伸到覆盖层。至此，过去有不少人曾经将UCG描绘为一个开放式的燃空区和一个岩石顶板，经过这次局部煤层CRIP试验的开挖工作，过去的那种观点再也没人提起。通过挖掘工作，人们在研究中发现燃空区内充满了灰渣、熔渣、半焦、干煤和碎石化覆盖层，燃空区内还有一些间隙。排气通道向上呈"V"形，里面布满了半焦和干燥的煤块。

4.5.9 "落基山一号"现场试验

4.5.9.1 简况

"落基山一号"试验(图4.8)是美国UCG计划中规模最大、最成功的项目，也是最后一个试验项目。它是由能源部组织，与工业界按50/50的比例分担费用。主要参与方有美国天然气研究所、斯特恩斯—罗杰斯工程(Stearns-Rogers Engineering，即联合工程师)、海湾公司(后改为能源国际)、劳伦斯·利弗莫尔国家实验室和西部研究所。该试验是在汉纳试验东南几百米的地方进行的，二者在同一个低倾角非膨胀烟煤煤层中，深度约为110m。

图4.8 "落基山一号"试验现场

试验期自1987年11月至1988年2月，试验位置在怀俄明州原汉纳附近

试验中采用了两个接近但各自独立的模块——CRIP(采用的是受控注入点后退系统，见4.8.9)和ELW(采用的是扩展贯通井眼系统)。二者都通过水平井贯通。两个模块的井结构如图4.9所示。人们认为，ELW在煤层相对较浅时经济潜力最大——在这类煤层中钻垂直井费用较低，可以钻很多。而新发明的CRIP法，在煤层相对较深时则具有更大的经济潜力。这类煤层如果采用长距离钻井技术(井眼数量较少)，其成本效益会更高。下面重点介绍CRIP模块，因为它比ELW模块更成功，而且也更适合现代UCG作业。

1987年11月下旬，试验模块完成了点火、启动、稳定运行，随后成功地切换到主(氧气—蒸汽)气化阶段。之后该模块继续保持正常运行，直到1988年1月中旬(关闭的是ELW)和2月下旬(关闭的是CRIP)关闭。也许是为了让美国研究人员联想到它的苏联前辈们，寒冷的天气降温到-36℃以下并刮起了暴风雪。这种气候也曾给各种试验

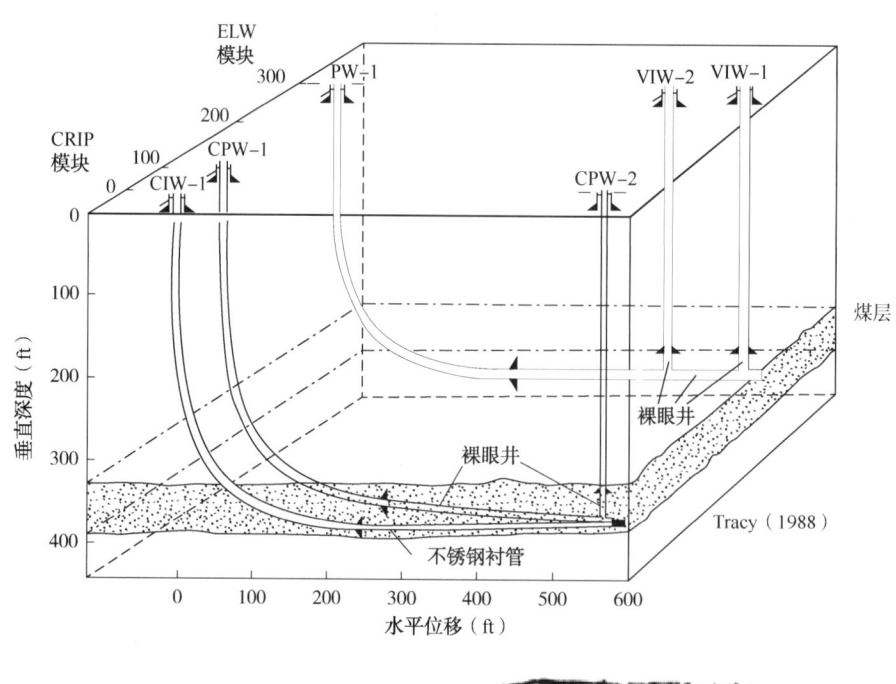

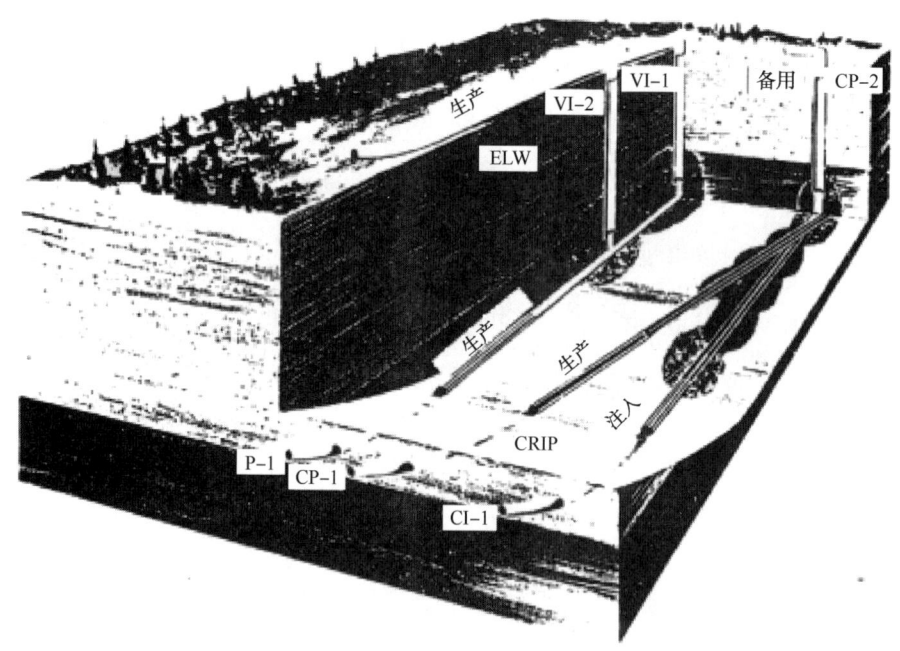

图 4.9 "落基山一号"现场试验中 ELW 模块和 CRIP 模块的工艺井布局
（两个模块同时进行）(Thorsness 和 Britten, 1989a)
该图是由一个美术家绘制，剖面图中所显示的燃空区序列经过处理；两个模块中的燃空区的实际数量都比图中显示的少一个，而且两个模块中燃空区延伸到覆盖层中的高度比图示的高度更大

设备带来了冰冻挑战(图4.10)。整个CRIP模块运行得非常理想,下文会对其做进一步介绍。ELW模块也在进行,但由于人为错误,在注入井仅钻至煤层顶部,便进行了完井。这次事件导致该模块的试验耽搁了不少时间。此时,人们已经对地下水污染十分重视,并采用了清洁洞穴法以尽可能地把污染降至最低程度。这一方面将在4.7.1中详细讨论。在试验结束后,人们花了数年时间,对经过气化燃烧的井眼进行了取心和测井工作。人们把这些调查结果与试验过程中获取的井下热电偶数据和物质平衡等信息综合到一起,用于进行燃空区边界和周围的热蚀变范围圈定,并进行燃空区内容物的分析。

图4.10 怀俄明州的冬季反复地给美国UCG现场试验作业
(包括"落基山一号"试验的最后阶段)带来挑战

4.5.9.2 CRIP模块

图4.11是CRIP模块的平面图。CPW-2是口垂直生产井,其套管末端靠近煤层底部。水平注入井和生产井均位于煤层的下半部。注入井的套管下到距离CPW-2井4m处。水平生产井的套管下至CPW-2井下游约90m处。其中,注入剂全部是通过CIW-1水平井注入。注入点最初位于CPW-2井套管末端4m以内,但通过进行CRIP操作,将注入点定期向上游移动约18m。最初是通过CPW-2垂直井点火后进行生产,但随后很快转移至CPW-1生产井中。CPW-1生产井套管仅下至距CPW-2井90m的位置,余下全部为裸眼,一直到CIW-1与CPW-2相交处。

CRIP模块运行良好,在正向燃烧气化过程中没有出现过严重问题。在运行93天后,由于计划和预算的原因将其关闭。利用该技术产出的煤气质量很高,其效率参数与地面气化器相当。依次运行的燃空区为4个,通过3次CRIP操作形成新的燃空区,每个新的注入点都在前一个燃空区上游约18m处。每个注入点和燃空区的工艺效率及其产出的煤气质量通常会随着时间而下降,但每次CRIP操作后便会再次提高(图4.12)。有很长一段时间,产品质量和效率一直下降。这可能是由于顶板暴露面积(以及相应的热损失)和燃空区周界(以及相应的水涌入)与煤耗率的比率不断增加所致。CRIP 模块和 ELW 模块试验气化效果汇总数据参见表4.3。首个 CRIP 燃空区和整个 ELW 模块的氧气—蒸汽注入周期的能量平衡在表4.4中给出。

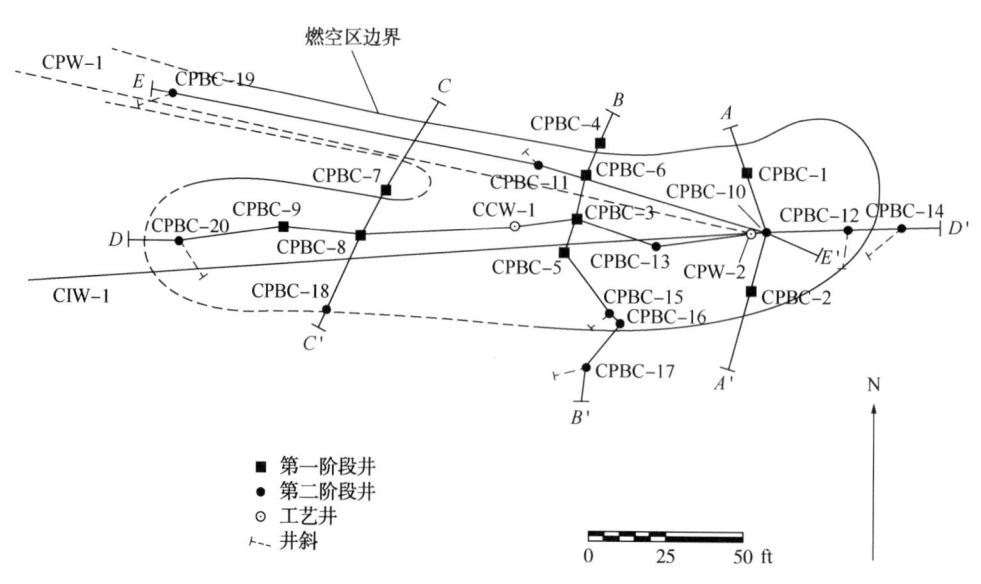

图4.11 "落基山一号"CRIP 模块平面图(Olive 等,1991)
包括水平生产井(CPW-1)、水平注入井(CIW-1)、点火和初始生产的垂直生产井(CPW-2)以及最后的燃空区边界(周界用实线和短虚线表示)。初始注入点(CIW-1 井的套管/衬管末端)距离 CPW-2 井 4m(方向未知)。生产井(CPW-1)套管在该图以西约25m 处结束

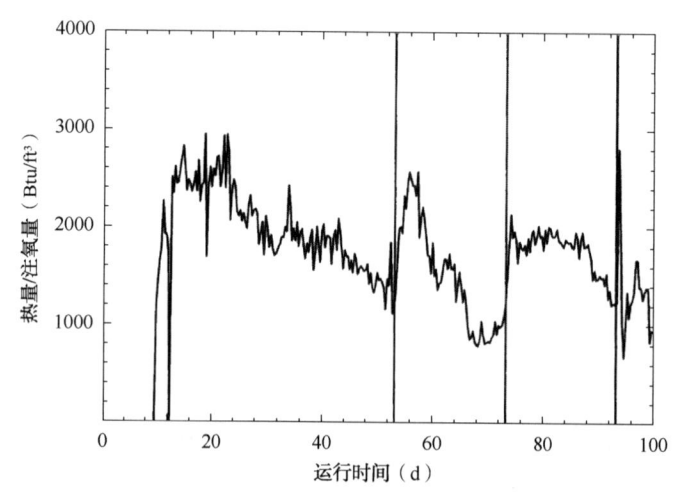

图4.12 "落基山一号"CRIP 模块的气化工艺效率参数(产出气热值除以注氧量)与运行时间的关系图(Cena 等,1988b)
氧气—蒸汽注入始于第12天。竖线表示 CRIP 操作的时间

表 4.3 CRIP 模块、单 CRIP 燃空区
(初始燃空区加上每次 CRIP 操作后形成的 3 个燃空区)
和 ELW 模块的汇总数据(Cena 等,1988a,1988b)

模块	CRIP	CRIP 第一次	CRIP 第二次	CRIP 第三次	CRIP 第四次	ELW
历时(d)	93	43.8	19.9	20	9.3	57.4
气化煤(t)	10184	3719	2159	2277	798	4030
煤气高热值(MJ/m^3)	11.3	11.7	10.8	11.6	9.7	10.3
H_2(干)[%(摩尔分数)]	38	38	38	39	40	31
CH_4(干)[%(摩尔分数)]	9.4	10.5	8.6	9.5	6.7	10.1
CO(干)[%(摩尔分数)]	11.9	11.6	10.8	14.3	9.9	9
CO_2(干)[%(摩尔分数)]	38	37	40	35	42	44
O_2/C(mol/mol)	0.27					0.35

注：前两行包括 ELW 和第一个 CRIP 燃空区的空气注入正向燃烧稳定阶段。其他行中的强度量仅适用于氧气—蒸汽阶段。

表 4.4 氧气—蒸汽期间 ELW 模块和第一个 CRIP 燃空区的计算能量分布
(与耗煤燃烧热的百分比)(Thorsness 和 Britten,1989a)

模块	CRIP	ELW
可燃气体产品的热值	62.4	52.1
可燃焦油产品的热值	6.1	5.9
气体产品的显热	2.7	3.2
转化为产品蒸汽的原位涌入水显热和汽化热(30%来自岩石干燥，70%为渗透流入)	0.7	3.4
增加的、转化为产品蒸汽的冷却水的显热和汽化热	0	0.6
地下留存半焦的热值	20.1	21.6
地下留存焦炭和灰烬的显热	0.6	0.7
地下留存覆盖岩层的显热	7	12.3

注：其基础是所有发生热转化(热解等)的煤的燃烧热。

图 4.13 显示了注入点随时间的移动情况以及燃空区扩展预估。由于热影响衰退，实际注入点偏至预期注入点西侧(左)。图 4.14 和图 4.15 显示了最终燃空区的纵、横截面，沿注入点线的横截面为"$D—D$"，沿生产井的横截面为"$E—E$"。图 4.16 至图 4.18 显示了垂直于注入井和生产井的 3 个横截面，全部偏西。这些横截面显示，所用的煤层部分厚度约为 6m，可能缘于采用了不够理想的注入井和生产井的标高所致。在扩展时间足够长时，燃空区宽度约为 18m 或气化煤厚度的 3 倍。落入洞穴或受热改变的顶板岩石，其高度通常是其下方气化煤高度的 1.5~2.0 倍。

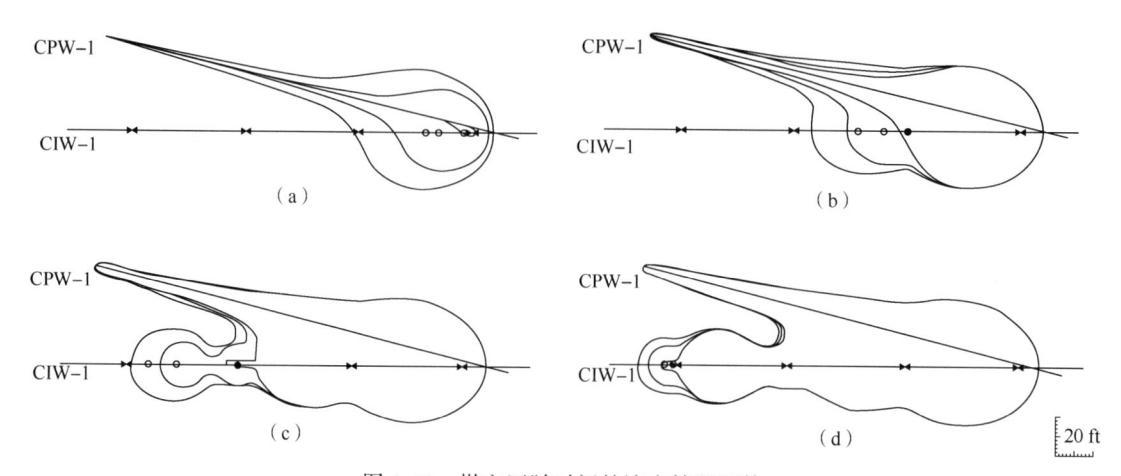

图 4.13 燃空区随时间的演变情况预估

（基于质量平衡、井下热电偶和注入点信息）（Cena 等，1988b）

每幅图均代表一个 CRIP 周期，周期与周期之间是注入点后退操作。每个周期显示的是接近该周期开始、中间和结束时的轮廓。3 次用的实际注入点位置用空心圆圈表示。两个相对的黑色三角形标记的位置是每个周期开始时的计划注入位置

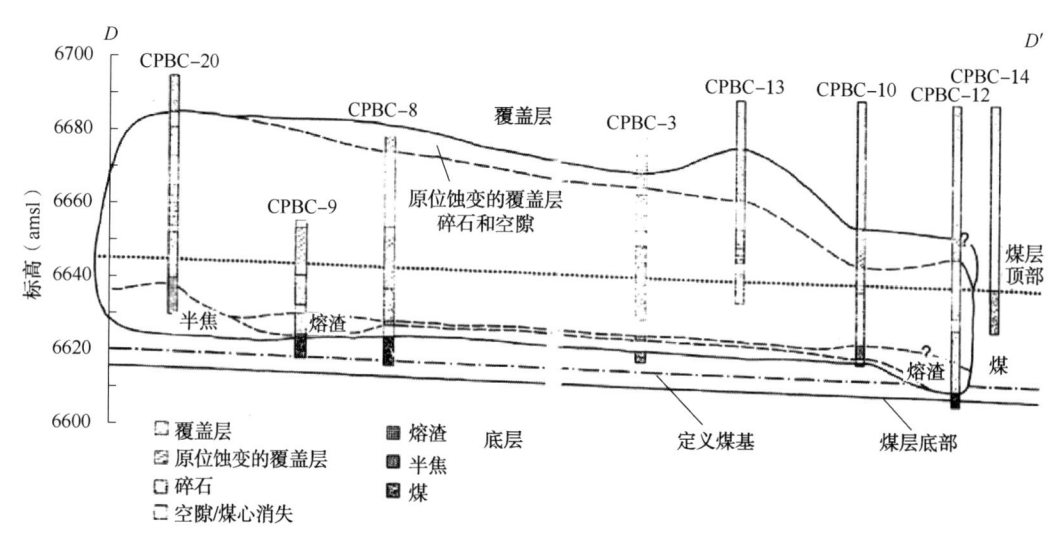

图 4.14 "落基山一号"试验中 CRIP 模块燃空区的最终几何形状

（北向视线），横截面为 $D—D'$（Olive 等，1991）

图 4.11 显示的是相应的、带有比例的平面图。amsl 为相对于海平面的高度

4.5.9.3 ELW 模块

在 ELW 模块中，初始注入井为 VI-1，VI-2 为第二口计划注入井。ELW 生产井 P-1 套管仅下至距 VI-1 井约 90m 的位置，余下全部井段为裸眼井段。人们认为裸眼生产井应该位于煤层下半部，并计划让产出气流经该裸眼井段之后进入生产井 P-1 的套管井段。两口垂直注入井的套管末端位于煤层顶部 2m 处（这与计划的位置不同，计划的位置是在底部）。这从一开始就不利于 ELW 模块。

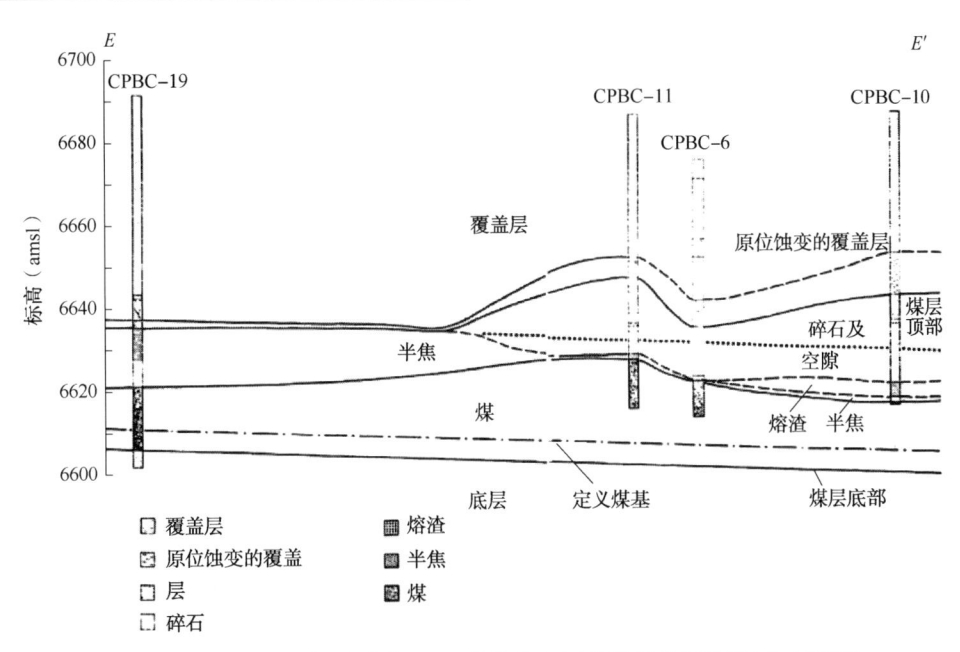

图 4.15 "落基山一号"试验中 CRIP 模块燃空区的最终几何形状(北向视图),横截面为 $E—E'$(Olive 等,1991)

图 4.11 显示的是相应的、带有比例的平面图

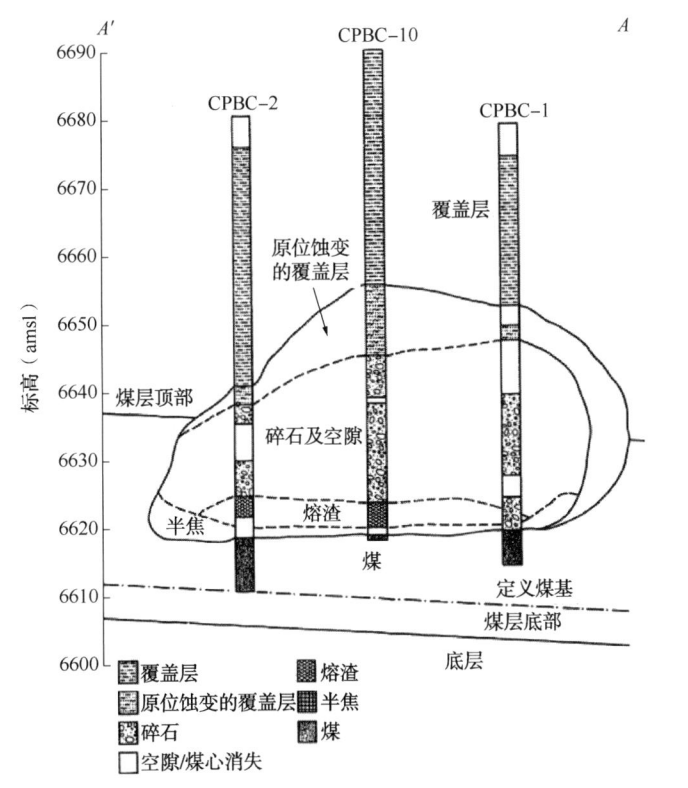

图 4.16 "落基山一号"试验中 CRIP 模块燃空区的最终几何形状(西向视图),横截面为 $A'—A$(Olive 等,1991)

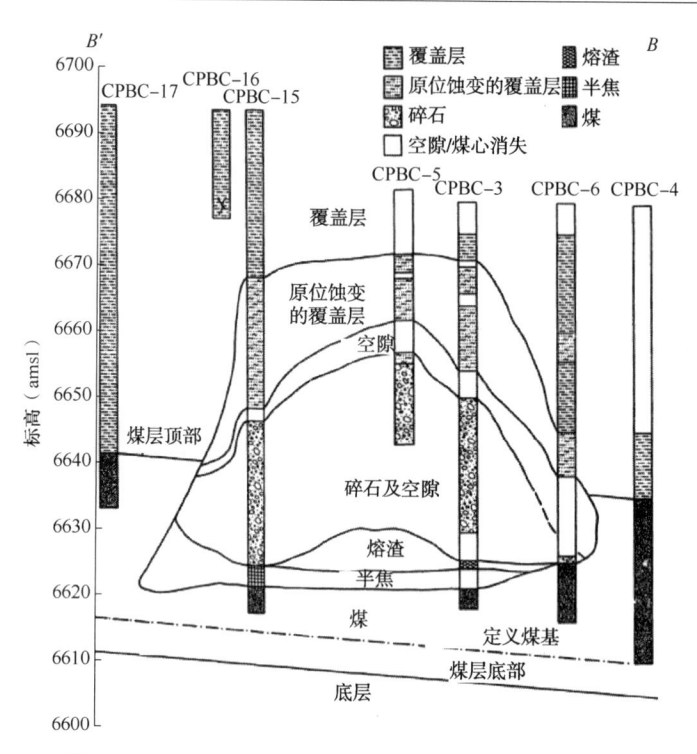

图 4.17 "落基山一号"试验中 CRIP 模块燃空区的最终几何形状(西向视图),横截面为 $B'—B$(Olive 等,1991)

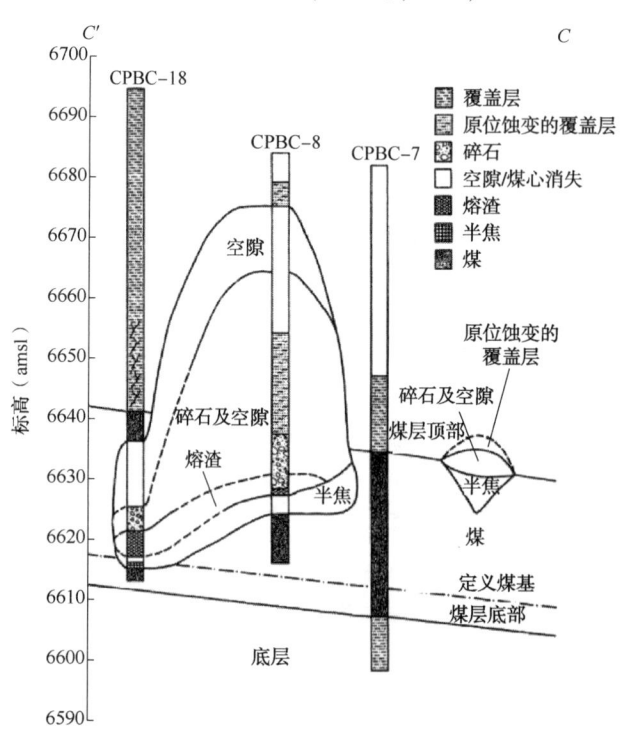

图 4.18 "落基山一号"试验中 CRIP 模块燃空区的最终几何形状(西向视图),横截面为 $C'—C$(Olive 等,1991)

ELW模块最初运行得相当好,但它在超覆和氧气窜流方面遇到了麻烦,从而对试验效果和持续时间产生了不利影响。它无法成功地切换成从第二口注入井(VI-2)注入。让人不能接受的是,产出气中开始出现高含量氧,且采取补救措施也无济于事。后来,出于安全考虑,模块在正向燃烧46天后关闭。气化工艺试验结果参数见表4.3和表4.4。

注入井附近的燃空区横向宽度约为15m,是气化煤厚度的3倍。落入洞穴或受热改变的顶板岩石,碎石高度通常是顶板下方气化煤高度的2~3倍。

4.5.9.4 综合观察结果

"落基山一号"试验表明:注入点放在煤层底部非常重要;这样可以利用CRIP工艺,在现场试验规模上建立一系列(至少4个)新注入点和燃空区具有可行性;产出气的质量和效率指标与地面气化工艺相当(Thorsness和Britten,1989b)。

在产品热值与注氧量的比率(一个常见的效率指标)方面,CRIP模块比ELW模块高50%。CRIP模块的效果非常理想,而且其气化效果直接与不同的几何形状有关。采用CRIP法可以确保注入点始终位于煤层底部。此外,只要燃空区经过不断扩展后,仍能容纳大量覆盖层碎石,就可以通过CRIP操作技术形成新的燃空区。ELW模块的注入点较高,致使燃烧主要发生在煤层顶部附近,因此覆盖层的量相当大,其热损失也相应较高。

尽管CRIP模块的消耗煤层厚度稍大、燃空区稍宽,其运行时间要长得多,处理的煤量也多得多,但其顶部向上加热和碎石化的程度却比ELW模块更小。这可能是因为CRIP工艺的注入点经常移动,使所有顶板区在炙热条件下的持续暴露时间得以缩短。

与根据预燃特性得出的预期值相比,两个模块之间的水文连通性和流体/压力相互作用更大。这是一个重要的发现,涉及非水平层的扩展。

反向燃烧贯通遇到了许多问题。受当时的钻井技术影响,井眼偏离预期交叉点好几米。在ELW和CRIP模块中,反向燃烧用于短距离贯通。Cena等(1988a)曾在谈到CRIP模块时(同时适用于这两种模块)说:"试验的贯通阶段虽然持续时间短,但就地下气化站和工作人员而言,这是迄今为止最辛苦的阶段。此外,在进行空气验收测试和贯通阶段,所用的高压可能会使局部渗透性增加(这是不希望的)……如果井间已经完成了机械性贯通,启动和后续操作则会容易得多……"

一方面是操作起来比较麻烦;另一方面,反向燃烧短距离贯通所用的高压空气(超过静水压4~7bar)会把产出气向外顶出200m以上(主要是向西南方向),如图4.19所示。有人发现污染物含量上升,且已超过了许可的要求。好在发现得比较及时,原因也比较清楚,并保证不再使用高压,监管机构才允许继续进行试验(Dennis,2006)。

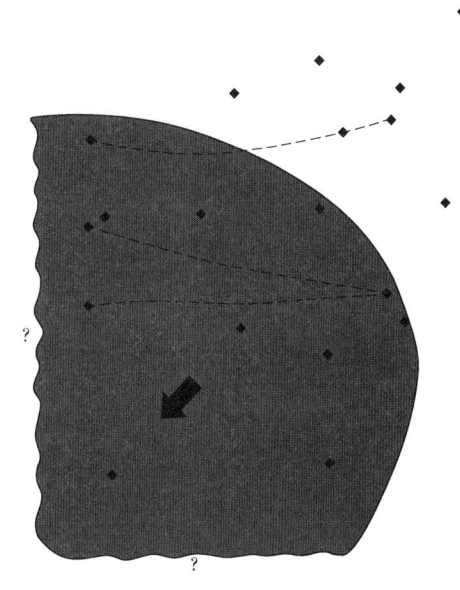

图4.19 在"落基山一号"试验进行反向燃烧贯通操作时,高注入气体压力将包括热解和气化产物在内的气体排出并上升超过200m(Beaver等,1988)

反向燃烧作业之前进行空气验收测试时，所使用的高压曾造成一些监测井的井口法兰出现机械故障。此压力路径是从注入井进入并穿过地层，到达监测井的开放/屏蔽底部后，再向上到达监测井。

自 1987 年以来，定向钻进技术有了很大的提高。现在，交叉点一般非常精确，贯通过程中的人力需求、压力和时间都要少很多，甚至有望采用水力喷射连通技术。

在"落基山一号"现场试验中，与防止地下水污染相关的清洁洞穴技术的优先级别很高。4.7.1 对此进行了介绍。

4.5.10 其他现场试验

这些商业现场试验的报告做得不太好，对美国的主 UCG 计划影响不大。

4.5.10.1 得克萨斯褐煤现场试验

得克萨斯公用事业公司的子公司基础资源公司于 1975 年购买了苏联 UCG 技术在美国的使用权。1976 年，它们在得克萨斯州费尔菲尔德附近进行了为期 26 天的空气注入试验。1978—1979 年，基础资源公司在得克萨斯州安德森县田纳西属地附近进行了一项历时 197 天的试验。一些有关该试验的信息见表 4.1。其产出气中二氧化碳浓度很高。试验过程中，其效率受到热量向盖层损失、水从邻近砂层涌入的困扰。

得州农工大学领导的一个企业联盟在得克萨斯褐煤中进行了 3 次小规模的试验，全部采用空气注入方式。无论运行情况还是试验结果都很差。前两次试验分别历时 1 天和 2 天。遇到的问题包括出砂、过量产水、因煤层薄而造成的热量损失、套管问题和空气/煤气的窜流。第三次试验于 1980 年在美国铝业公司（Alcoa）场地进行，历时 21 天，试图在井间距小至 9m 的情况下实现反向燃烧贯通。这次试验遇到的问题是井的套管因热膨胀而出现机械故障。

4.5.10.2 卡本县煤炭地下气化先导试验项目

"1995 年，威廉姆斯能源公司在怀俄明州罗林斯附近的卡本县开展了一个 UCG 先导试验项目。这个试验位于罗林斯 UCG 试验的附近……然而，它是在更深的煤层上进行的……这项试验没有成功。由于井眼的贯通效果不好，UCG 反应器运行压力高于静水压力，导致地下水污染"（GasTech，2007）。燃烧之后，在煤层内以及上覆和下伏砂岩单元中的地下水中，包括苯在内的有机化合物浓度增加。

4.6 模拟

4.6.1 简介

美国在 UCG 的数学模拟上投入了大量的精力。其中做得最好的模拟，是基于对燃空区及其扩展性质的现场试验观察结果，基于对 UCG 工艺的准确理解和 UCG 概念模型。开发出了两种出色的高质量多重物理量集成模型——CAVSIM 和 UCG-SIM3D。开发了两个高仿真、多变量的集成模型，它们可以捕捉实验尺度的多维 UCG 的正向气化过程中最重要的变化特征。开发出了一些非常简化的集总参数工程模型——EQSC、UCG-MEEE 和

UCG-ZEEE。这些模型可用于粗略估计、权衡研究或资源适用性筛选。

4.6.2 煤炭地下气化工艺和燃空区扩展的高质量多重物理量模型

20世纪70年代和80年代，最准确和最完整地捕捉到UCG的重要方面和现象的模型是劳伦斯·利弗莫尔国家实验室的CAVSIM模型(Britten和Thorsness，1988，1989)。如图4.20(a)所示，CAVSIM对水平煤层中单个燃空区进行了模拟。燃空区被约束为2D轴对称(即仅在垂向和径向变化)，在煤层对称轴上中下部有固定的注入点。它包括基本化学反应、热传递、气体迁移、周围饱和和不饱和区域的水渗透涌入；煤炭和覆盖层剥落引起的向上和向外的燃空区扩展；燃空区下部的煤、半焦、灰渣和顶板碎石的积聚；煤在墙壁和碎石填充层中的热解、气化和燃烧。它还增加了一个模块来表示主燃空区和生产井之间贯通通道内的热传递和化学反应。它精确地再现了森特勒利亚部分煤层CRIP试验和"落基山一号"试验CRIP模块前两个燃空区的近似形状、水涌入量和产出气的组成[图4.20(b)和图4.20(c)]。

(a) CAVSIM模型示意图

(b) 针对森特勒利亚部分煤层CRIP现场试验而预测和判断的形状

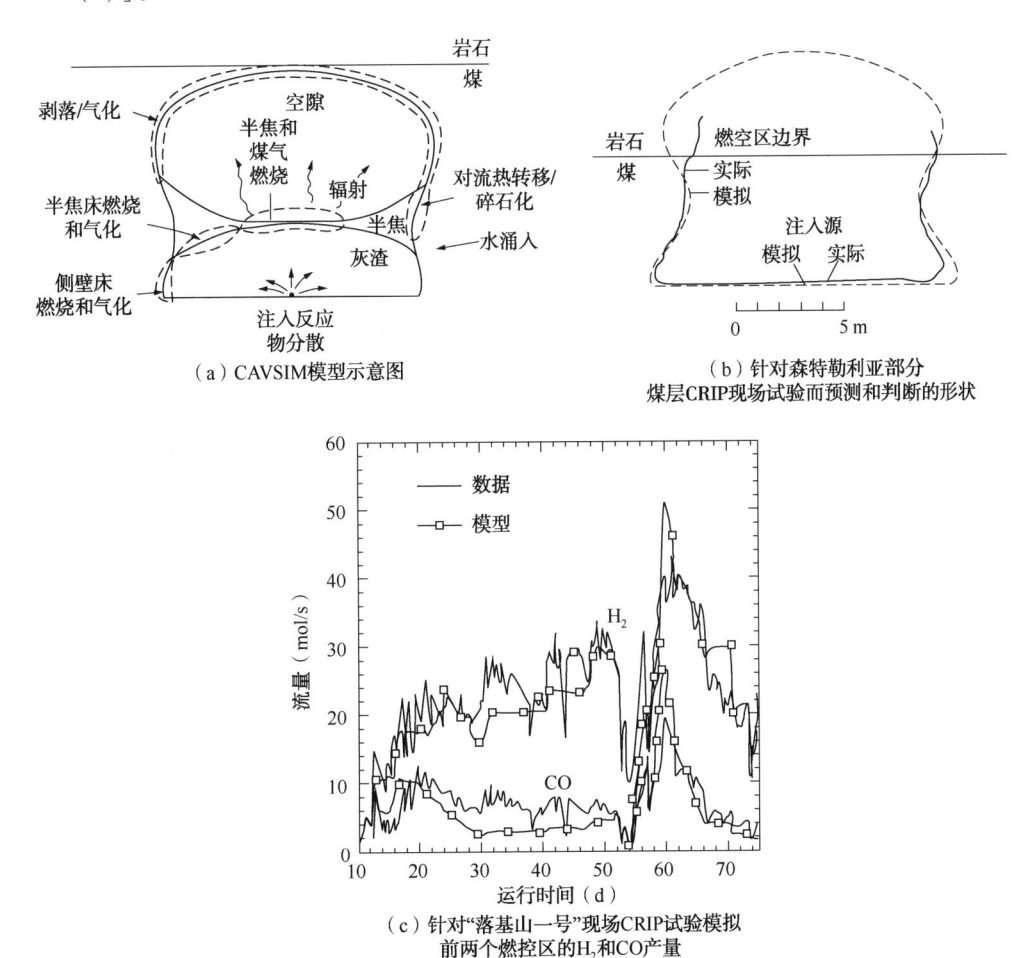

(c) 针对"落基山一号"现场CRIP试验模拟前两个燃控区的H_2和CO产量

图4.20 CAVSIM软件机理与模拟效果展示(Britten和Thorsness，1989)

最近，另一个劳伦斯·利弗莫尔国家实验室团队开发了一个 UCG 的现代高质量多重物理量集成模型，称为 UCG-SIM3D(Nitao 等，2011；Camp 等，2013)。该模型基本上模拟了与 CAVSIM 相同的现象，但利用了现代计算能力、算法及其他先进代码的软件元素。CAVSIM 的重要进展包括：灵活的三维(3D)几何形状，允许地质属性的任意空间变化，例如多个不同成分、倾角和不同渗透率的煤层；可随时移动一个或多个注入点和生产点的位置；跟踪燃空区和碎石边界三维扩展以及碎石成分的复杂算法；碎石层和开放空体区域内流动、反应和传热的三维改进模型；近/远场环境的三维非等温非饱和水/气体流动模型。与 CAVSIM 一样，煤和覆盖层岩石中燃空区的侧向和向上扩展是通过剥落实现的，在温度相关模型中采用用户指定的速率系数。代码结构将允许与地质力学代码接口，地质力学代码可以通过结构性顶板坍塌预测燃空区扩展，但这并未实施过。在拟合了一些参数后，利用 UCG-SIM3D 对"赫克里克三号"和"落基山一号"CRIP 现场试验进行了精确计算：燃空区的三维拓展及其碎石内容物；燃空区内及其周围的温度、压力和组分场的三维时间历程；产出气组成(图 4.21 至图 4.23)。在还未成熟到可以作为一种工程工具供非专家使用时，UCG-SIM3D 就已经停止开发了。

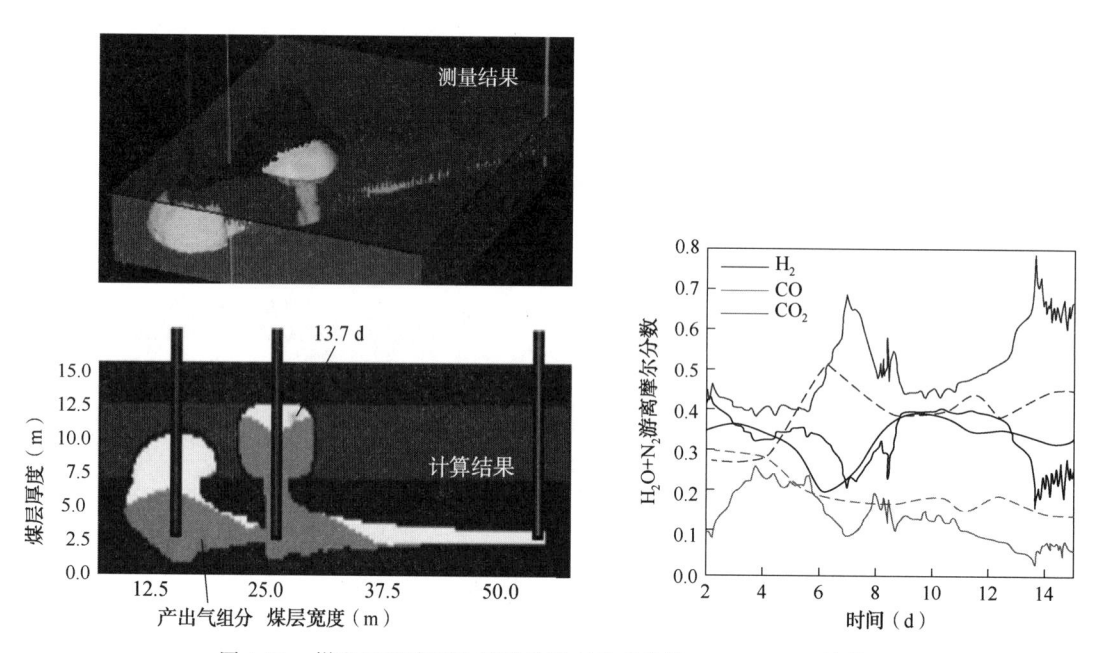

图 4.21 燃空区和碎石几何形状及产品成分的 UCG-SIM3D 计算，
与"赫克里克三号"现场试验前 15d 的测量结果相比较(Camp 等，2013)

4.6.3 简化工程模型

开发了更简单的工程模型，这些模型更适合那些资深 UCG 工程师使用，便于获取粗略结果和依赖性/敏感性及进行资源筛选。这些典型的集总参数模型没有空间或时间分辨率。

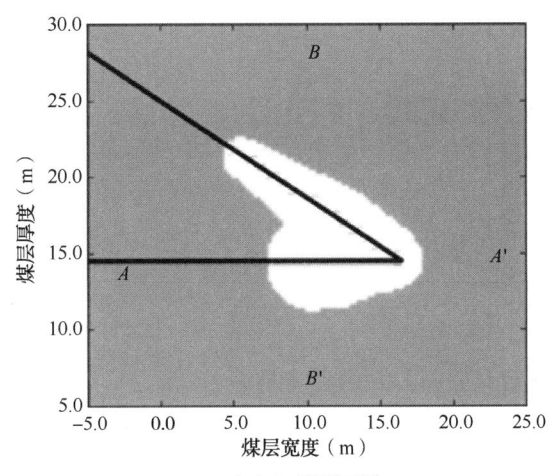

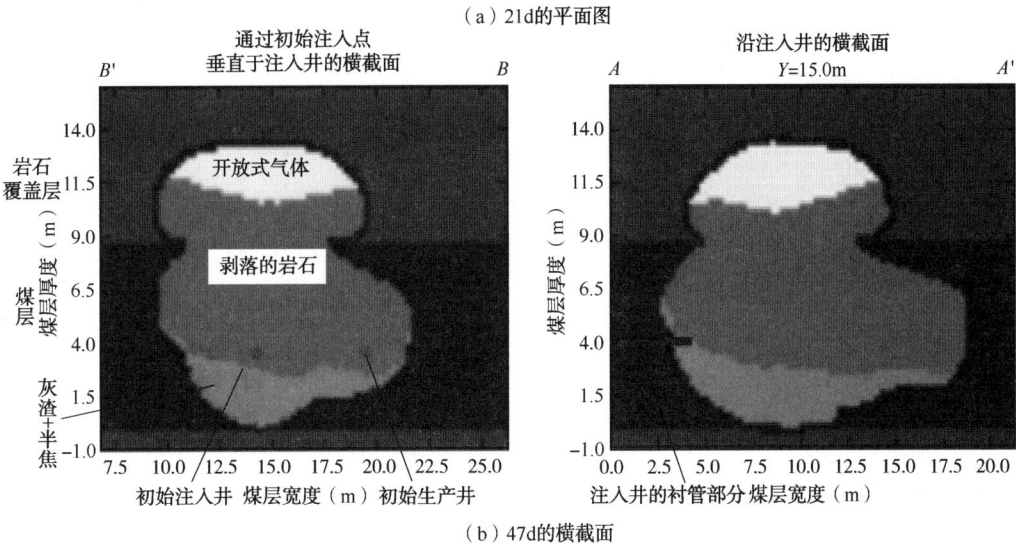

图 4.22 "落基山一号"试验 CRIP 模块的燃空区和
碎石几何形状的 UCG-SIM3D 计算(Camp 等,2013)

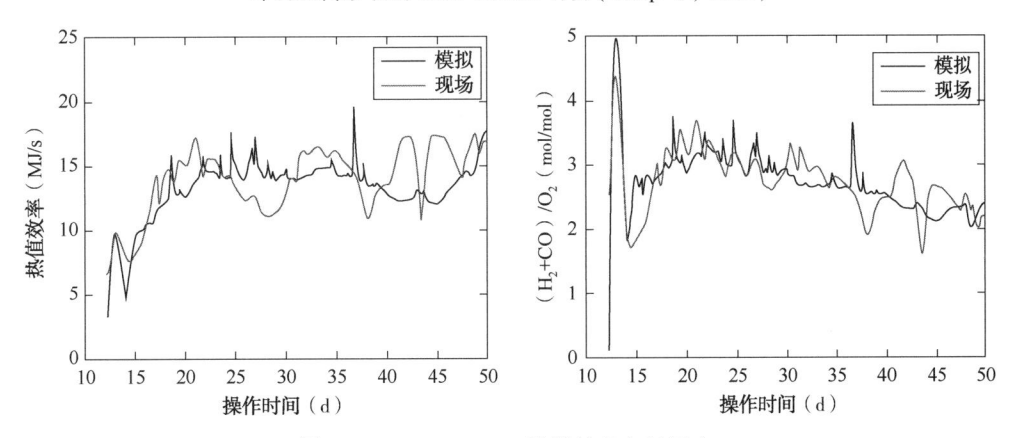

图 4.23 UCG-SIM3D 计算的产出气历史,
与"落基山一号"CRIP 模块的测量值相比较(Camp 等,2013)

劳伦斯·利弗莫尔国家实验室开发了 EQSC（Upadhye，1986），根据简单多区域的 UCG 模型、化学平衡和满足要求的输入量，进行能量和物质平衡（按不同种类）计算。除了煤分析之外，输入还包括涌入水量以及在水—煤气转换平衡设定前后气化工艺涌入水量的比例、甲烷比例（因为甲烷更多地受热解而非受平衡控制）；计算水—煤气转换平衡的有效温度（不同于气化过程温度）、热损失和产出气出口温度。近年来，劳伦斯·利弗莫尔国家实验室将 EQSC 扩展到一个基于电子表格的模型，称为 UCG-MEEE（物质、能源和经济估算器）（Upadhye 等，2013）。其核心为单个（但可复制的）UCG 模块的 EQSC 模型。UCG-MEEE 可以提供辅助计算，有助于根据要求对一些输入参数进行估算。它按照多个工业规模 UCG 模块长时间并行运行来设想，因此，需要计算工业相关的工程参数。除了完整的物质平衡（按不同种类）和能量平衡以及大规模流动和资源参数之外，UCG-MEEE 还可以估算产出气的销售价格，以达到预期的回报率。其经济估算基于 Gas Tech（2007）的研究和标准比例因子。Burton 等（2012）曾就 UCG-MEEE 在确定参数敏感性及权衡方面的效用进行过详细说明。

4.6.4 机理模型

Krantz 和 Gunn（1983b）以及 Dobbs 和 Krantz（1988）分析了美国 UCG 的反向燃烧模式。系列描述模型已经开发出来，或可应用于 UCG，如精细化学反应模型、多相水文反应流动和迁移模型，或最先进的地质力学规范。这里不对这些进行讨论。

4.7 环境方面

4.7.1 地下水污染

美国的现场试验反复证明，UCG 地下水污染的风险是确实存在的。汉纳试验曾造成少量污染。在四个汉纳试验区域中，有两个需要采取一些轻度的补救措施。赫克里克试验，特别是"赫克里克三号"试验，给现场带来了严重污染，需要采取大量的、代价高昂的补救措施。尽管 ARCO 石油公司关于该试验的报告没有这么描述，但报告中涉及的气体逸出、燃空区大范围向上扩展、裂隙、地下沉降和落基山的上覆含水层等，都间接证明污染物的存在。有些产出气向上迁移到了大倾角煤层的地表和罗林斯的一口井的外围。普瑞斯城有一口生产井出现破裂，造成上覆含水层的压力增加，被要求关闭。当时得克萨斯州工人对 UCG 产生的污染物种类的研究程度（Humenick 和 Mattox，1978，1982）表明，这是得克萨斯州褐煤试验中的一个问题。"落基山一号"整体逸出了大约 10% 的煤气，在试验早期的高压反向燃烧贯通操作中，产出气向上逸散数百码❶远，已经超过了污染极限。威廉姆斯公司在罗林斯附近卡本县进行的短时间大倾角 G 煤层深层试验，是在高于环境的压力下进行的。煤层以及上覆和下伏砂岩单元中的地下水受到苯及其他有机化合物的污染，需要进

---

❶ 1 码 = 0.9144m。

行补救。各试验期间观察到的地下水污染情况存在显著差异——有一些试验结束后发现并报告仅有局部区域的地下水出现微量变化,而其他试验结束后发现并报告的严重污染区域则非常大。现场操作和气体漏失量之间无法建立较好的关联。

气体逸出是将污染物从工艺区直接迁移出去的主要机制。物质平衡、示踪测试及其他观察(Cena 和 Thorsness,1981;Cena 等,1988a;Bell 等,1983;Davis,2011)表明,在"落基山一号"的整个现场试验项目中,产出气漏失 10%~20% 的情况非常常见。

在美国的现场主试验计划初期,人们对导致地下水污染的因素就都已经十分清楚了。但人们关注更多的是技术成功、工艺效率和项目成本,似乎对地下水污染的重视程度并不太高。好在早期的环境事故触动了人们,而且他们付出了巨大努力,探索出了一些使操作更清洁的改进方法。后来,随着越来越强烈的将地下水污染影响最小化这一现实要求下,防止地下水污染的重要性越来越明显,人们对其给予了更多关注。为此,人们不断加深对气化工艺的理解,并制定了种种缓解措施。西部研究所也许是这方面最大的贡献者;其他贡献者包括劳伦斯·利弗莫尔国家实验室、天然气研究所和来自得克萨斯州的研究人员。

到开展"落基山一号"现场试验时,持有这一认识的研究机构越来越多,并提出了一系列建议。这些建议被人们称为"清洁洞穴"概念。这些建议主要来自西部研究所的研究人员,并得到"落基山一号"管理层的采纳,最后成功获得批准(Covell 等,1988;Boysen 等,1990)。清洁洞穴的建议包括:将洞穴压力保持在水文围压以下;积极监测周围的水文压力以采取洞穴压力控制措施;燃烧后进行排气并用蒸汽冲洗洞穴,以排出热解蒸汽;为洞穴降温以尽量减少进一步热解;确保随后有地下水流入洞穴并从洞穴产出地下水。"落基山一号"作业遵循了这些规则,因此污染的程度和空间范围较低,仅在反向燃烧贯通时出现过压力偏离额定值的情况,引起较低程度的污染。

在劳伦斯·利弗莫尔国家实验室 2005—2015 年的 UCG 方案中,地下水污染是一个重要关注点。Burton 等(2006)对赫克里克的调查结果进行了总结,并就清洁做法提出了一般性建议。Camp 和 White(2015)描述了与地下水污染有关的污染现象、污染物迁移场景和迁移路径,以及将污染的规模和空间范围及其影响降至最低的做法。图 4.24 总结了一些污染现象、迁移路径和潜在污染物迁移的早期检测。图 4.25 显示了对温度、冷凝和溶解的相对扩展速率的半定量预估。如果气体沿着固定路径从 UCG 燃空区中逸出,这种相对扩展速率是可以预测的。

对地下水污染机理和污染场景的理解包括以下内容:

(1) 在 UCG 工艺中发生热解。这会产生许多有毒有机物。与许多地面气化工艺不同,这些有机物的很大一部分没有完全转化为单一成分气体。它们跟产出气一起滞留在燃空区、贯通通道和生产井中。

(2) 无机污染物可能是由较高温度和(或)地球化学变化(如 CO_2、NH_3 或 SO_x 浓度增加导致的酸碱度变化)引发的二次过程造成的。

(3) 从工艺中逸出的气体是将这些污染物带离工艺区的主要载体,尽管低挥发性和高溶解度的污染物会凝结为液体或固体,或者在工艺中溶解到流动性较低的地下水中,并且比在气体中可凝结和可溶解的组分流出要慢得多。

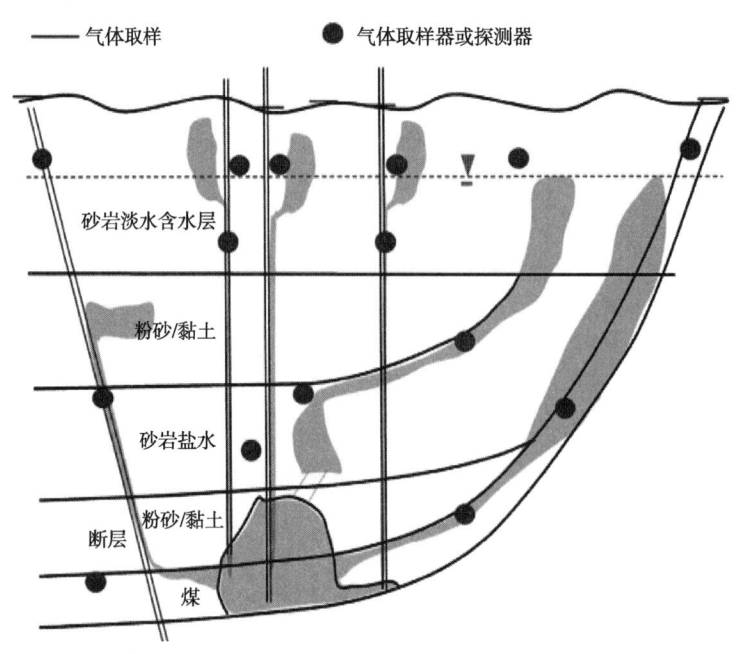

图 4.24　UCG 污染物的可能传输路径和利用气体检测或
取样早期发现它们的时机（Camp 和 White，2015）

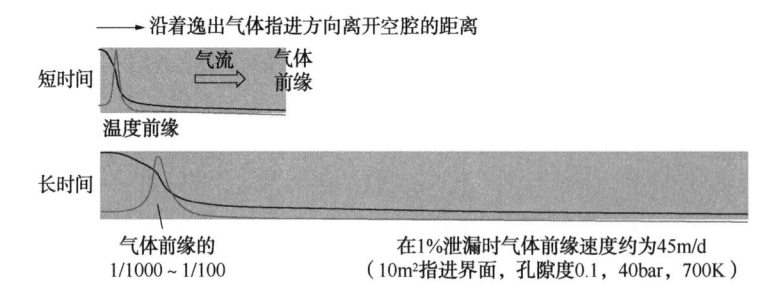

图 4.25　在 UCG 气体沿固定横截面的可渗透通道发生短时间和长时间泄
漏后，温度和可冷凝物质浓度的定性曲线（Camp 和 White，2015）
对于典型性的 UCG 情况，其热前缘将仅向外传播至气体前缘的 1/1000 或
1/100 处。岩石的热容量将使气体冷却，可冷凝的物质在流过热前缘后将
沉积在冷却的岩石上

（4）地下水流动对低溶解性污染物的移出非常缓慢，并因吸附而进一步减缓。沉积地层中的半焦、煤和含碳物质倾向于吸附有机污染物，这会极大地阻碍它们通过气流和水流的移出。

（5）如果燃空区气体压力超过其水层环境压力，气体将易于逸出。在具有不透水顶板岩石的渗透性倾斜煤层中，除非向内渗透梯度超过倾角，否则气体就有向上逸出的可能。如果煤层和周围环境具有高渗透性或高渗透性路径，气体逸出的规模将更大。

（6）UCG 燃空区可以向上扩展到覆盖层中很长一段距离，裂隙在燃空区上方延伸，这些裂隙会将载有污染物的 UCG 工艺气体带到更高的位置，而那里的静水压可能低于燃空区压力。

（7）从周围环境流入气化工艺燃空区的水，会使周围环境的水压降低，并且，如果燃空区压力不随时间相应降低，燃空区压力将超过发生变化的周围环境的压力。

（8）气体可以向上进入未固井的井眼、固井质量不佳的井眼外部、自然断层和渗透路径（如渗透性倾斜地层或粗化河床），然后逃逸到位置较浅的环境中。气体可以通过与燃空区连通（在其压力下）但在地面封闭或受限制的井眼（包括主生产井和仪表井）的接头或故障点泄漏，再逃逸到较浅（因此压力较低）的环境中。

以下选项可以降低地下水污染的风险。这些与"清洁洞穴"做法一致，但涵盖范围更广，表述更简洁：

（1）现场应该尽量远离敏感性环境受体。这意味着尽量远离地下水和地表水；尽量避开附近潜在的可用水水层；尽量不要靠近居民、商业和娱乐活动以及珍贵的动物栖息地。

（2）选择的场所应能够阻碍污染物直接从受污染的 UCG 工艺区向其上覆或附近敏感性环境受体的迁移。UCG 的位置应该比较深，且应位于水平或倾角极低的地层中。在敏感性受体和 UCG 燃空区上方与裂缝性区域或沉降诱导渗透率可能性极高的区域之间，应存在厚度较大、范围较广的低渗透率的连续地层。不应有存在能为污染物提供通过低渗透屏障层迁移路径的断层。

（3）不应因作业而产生或增加迁移路径，如未固井的或固井质量不佳的井、水力/气动压裂向上延伸至未来燃空区、存在泄漏的工艺段或仪表井。生产井的设计和施工及其外部固井必须达到最高质量，以承受剧烈的温度变化和温度梯度、含侵蚀性和腐蚀性颗粒的气流，以及地层移动产生的机械应力。这些井是高压、含污染物产出气与低压、较浅含水层之间的屏障。

（4）作业必须确保燃空区压力（以及所有气体连通空间中的压力）要低于周围孔隙的水压，气体连通空间包括燃空区上方最高处的连接裂隙。必须积极监测水文压力场（通过测量和建模相结合），确保每一处的潜在梯度始终向内指向燃空区。运营商必须警惕燃空区的向上扩展情况、燃空区的气体连接裂隙变化情况，以及周围含水层的压力下降情况。

（5）应应用一些方法，检测燃空区内气体的逸出情况。气体逸出的早期发现，有利于及时进行工艺调整以减小污染物的迁移距离和迁移范围。

（6）应尽量减少留在燃空区和产品出口通道内及附近地下的污染物数量。这将有助于使气化继续进行，直至下游贯通区域（焦油在这一过程中提前积聚于此）被消耗掉。应遵循清洁洞穴关闭规程或其升级版本。

（7）必须在作业开始前、作业期间和作业结束后的几年内，对气化直接工艺区域和周围环境中的地下水和孔隙气体，特别是含水层和敏感受体中及其附近的地下水和孔隙气体进行表征。

4.7.2 盖层沉降和渗透率的变化

在 UCG 的主要研究时代以及劳伦斯·利弗莫尔国家实验室 2005—2015 年的 UCG 方案中，均对顶板崩落和沉降进行了分析。跟采用地下掘凿法从地下取走煤炭一样，UCG 也会导致盖层坍塌、产生碎石、出现裂隙和发生应变。地表沉陷就是由此产生的其中一种有害结果。但是在发生地表沉陷以前，塌陷、移动、裂隙和地下应变很可能会使渗透率发生改变。在大规模 UCG 作业中，极有可能使煤层上方的渗透率增高。

这可能会使地下水污染更加严重。为将浅层易污染层位与 UCG 作业区隔离，受到 UCG 影响，渗透率增加的层位上部存在不渗透隔层，以保护浅层的地下水。

必须使用现代岩土建模和工程来确保 UCG 作业不至于对其上方的地表下岩层造成不可接受的影响。模型的校准/验证必须与美国 UCG 现场试验中观察到的高燃空区一致。需要为 UCG 保留很大程度的保守性，因为顶板岩石受热时会加速干燥/破裂/剥落，而人们对燃空区几何形状的控制和认识尚少。

4.7.3 煤炭地下气化和温室气体

劳伦斯·利弗莫尔国家实验室在 21 世纪前十年的 UCG 计划，很大程度上是由于认识到减少二氧化碳排放的必要性(见 4.3.3)。人们致力于了解 UCG 在温室气体排放方面所存在的优势和劣势。

从技术上讲，气化技术可以有效地分离和捕获二氧化碳，然后再将其封存。在最近的开发和演示中，这种技术已被用于地面气化器。UCG 产出气中的甲烷不容易被水气转化，使碳捕获的范围受到了限制。尽管如此，但 UCG 仍然可以发挥类似的作用。假设封存技术成熟到为人们所接受，那么碳捕获和封存(CCS)的应用规模将会大到可以满足人们的要求。CCS 要消耗大量额外能源，并增加大量的成本。如果要用"利用"二氧化碳代替封存，就必须进行详细分析，以确保碳能长期不进入大气。

21 世纪初，有人提出了利用 UCG 燃空区来封存 UCG 产出气中捕获的二氧化碳这一概念。充分的分析表明，这是一个糟糕的想法(有多个原因)，在可预见的将来应该放弃。

在 UCG 产出气中，甲烷占了很大一部分。而甲烷又是比二氧化碳更强的温室气体。UCG 作业过程中含有甲烷的产出气也可能会发生泄漏，也应该被纳入分析中。

与其他煤炭能源技术一样，UCG 单位有用能源所产生的温室气体将比许多其他能源都多。如果 UCG 导致能源组合倾向于多用煤而少用其他能源，那么就会产生更多的温室气体，这些气体要么进入大气层，要么就需将其捕获和封存。

但是，如果受当地情况的影响，必须要使用同等数量的煤时，这时 UCG 就会像地面气化一样，可能会有更多的碳捕获方面的优势。如果配合 CCS，它可能与天然气的碳足迹(不用 CCS)接近。要实现规模化、经济性，就需要运用减少温室气体排放的激励措施，需要 UCG 和 CCS 两种技术均得到进一步的发展、成熟并为人们所接受。

4.8 工艺技术、特征和性能

4.8.1 点火

成功应用的井下点火方法已有多种。有时一次试点火就能很容易获得成功。有时也要尝试许多次，花许多天时间，做出多次调整。虽然还没有因为点不着而取消试验的情况，但是有时在需要点火的时候或需要点火的地点不得不改变作业计划。

在抽出自由水后，通常使用两种方法来点燃井眼中揭露的煤层。第一种方法时仅用于垂直井的底部。将碎煤和(或)木炭放在(丢入)电点火器上面，把空气[有时富含氧气和(或)甲烷或丙烷，处于爆炸极限之外]供到该位置。采用第二种方法时，将一种能在空气中自燃的流体[例如，四乙基硼烷(或)硅烷与氩气的混合物]供给到点火点，在该点火点，流体与注入的空气[有时富含氧气和(或)甲烷/丙烷]接触，获得初始火焰，随后供入易于燃烧的碳氢化合物燃料(从甲烷到液体柴油燃料)和更多空气(或富氧空气)。

直到最后的"落基山一号"现场试验为止，点火一直非常困难。"落基山一号"的两个模块都经过多次尝试和调整后才成功。Thorsness 等(1988)对此进行了详细描述。他们使用的是硅烷—氩气混合物、空气、甲烷，一个特殊点火器工具和一些特殊喷嘴。"落基山一号"现场试验前后的实验室测试发现，着火特性的质量差异和成功点火的难易程度取决于若干方面：井眼和喷嘴射流中流体的相对流动方向和井眼的方向(垂直井或水平井)。

4.8.2 正向气化需要有贯通通道(并非依靠煤的渗透性)

正向燃烧气化需要在燃烧区与生产井之间，有一条开放性或高渗透性贯通通道。在汉纳试验的几个阶段中，人们试图从成功点火的注入井，通过正向燃烧向前推进到未采煤层或通过水力压裂煤层，经多次尝试都没有成功。

根据 UCG 早期的一些概念和一维数学"渗透"模型，尚未贯通的煤层中不会发生 UCG 正向燃烧。这些错误的概念模型使人们普遍形成了一种不正确的观点，即 UCG 煤层必须要具备高渗透性。除了反向燃烧贯通外，由于水的涌入、气体的逸出和地下水的污染，煤的高渗透性通常对 UCG 不利。

经试验验证，有效贯通包括以下内容及其组合：通畅的井段；充有半焦的反向燃烧通道；初始井眼或反向燃烧通道，里面充满半焦和干燥的煤块，且周围有裂开的干燥煤；开放性燃烧气化空间；充满灰渣、半焦、干煤和岩石碎块的燃烧气化空间；经过爆炸破碎过的碎煤层。

4.8.3 反向燃烧贯通通道

在 1978 年全年和 1979 年的一部分时间内，美国大部分现场试验使用反向燃烧来建立工艺井或井眼间的贯通。大多数现场试验报告中记载有现场试验经历和技术实践的细节。Bell 等(1983)就提供了一个非常好的简单示意图(图 4.26)，还就反向燃烧贯通进行了介绍。"在 P 井底部点燃煤后，将空气注入 I 井，使反向燃烧通道(RCL)从 P 井向 I 井扩展。这些贯通通道不是开放的导管，而是直径约 1m 的渗透性非常高的半焦区域。贯通通道沿着最大氧气供应路径形成。可以形成不止一条 RCL，这些 RCL 可能会以不同的速度扩展。最终，其中一个贯通通道突破到注入 I 井。实际上，这种理想化的情况通常不会发生。RCL 也有可能沿着不规则的路径从一口井到另一口井。流动路径可能向上跑到煤层顶部。"

即便自 1979 年开始大多数试验中使用了井眼贯通通道，但当在相距几米的井间建立短距离贯通时，仍然经常使用反向燃烧。

美国经历的反向燃烧贯通的现场试验喜忧参半。有时，这种方法工作得很顺利，可以在几天内完成一个通道贯通。有时却并不顺利，即使是有经验的操作人员也需要反复尝

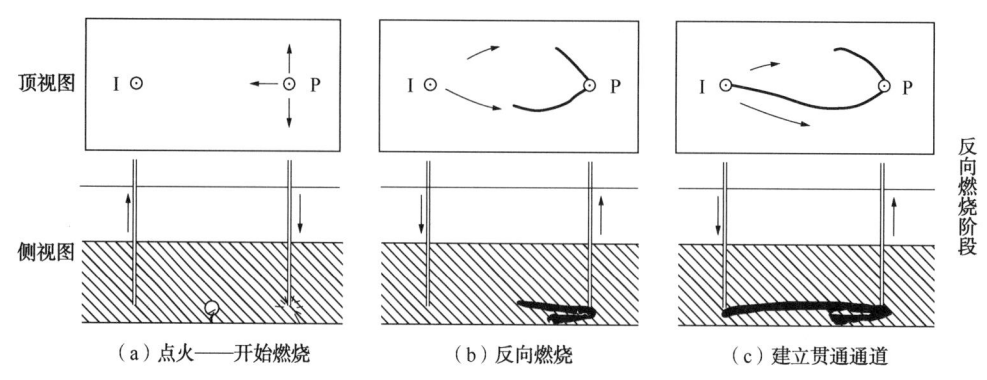

图 4.26　点火和反向燃烧贯通示意图（Bell 等，1983）
图中显示有两口钻入煤层下部的井。I 井和 P 井分别是用于反向燃烧的
注入井和生产井（通常用于后续正向燃烧，但也不全是）

试。其中，以"汉纳四号"和"罗林斯二号"试验的经历最为糟糕。在"落基山一号"现场试验中，即使在具有丰富经验的人员在场的情况下，使用反向燃烧在井间建立短距离贯通"就设备和人员而言，也是迄今为止最费力的……如果井眼间存在机械贯通通道，启动和后续操作会容易得多"（Cena 等，1988a）。

在贯通之前，先将水从井眼中泵出或吹扫出去，然后在候选井组之间进行空气验收试验。当连通性不足时，尝试气动或水力压裂（有时会产生不需要的渗透路径），即使这样，也必须要钻些井距小的井。贯通过程中注空气的压力要一直超过周围静水压力。有时，可以观察到产出气在贯通操作过程中会跑出很远。长达 23m 的贯通通常容易成功，只是有时候需要压裂。30m 及以上的通道贯通从未成功过（即便在使用压裂作业的情况下）。来回切换注入井和生产井，以此来倒换正向周期，有时候可以使反向贯通通道得到增强。

人们成功地通过反向燃烧煤层，将一个庞大的燃烧气化空间与一口注入井贯通。当燃烧源较宽、注入空气源也较宽且平行于煤层时，将只会形成一个或几个狭窄的贯通通道——反向燃烧不会形成较宽的推进前缘。

在普瑞斯城现场试验中，人们在膨胀块状烟煤煤层中非常艰难地完成了反向燃烧贯通，但是贯通通道的渗透率非常低，并且反复堵塞。

4.8.4　定向钻进贯通通道

劳伦斯·利弗莫尔实验室于 1979 年进行的"赫克里克三号"现场试验是美国计划中第一个采用定向水平井代替反向燃烧贯通通道的（为了提高在第一次试验中钻出的小直径井的导流能力，通过反向燃烧使其长度进一步增大，这种做法在后来使用大直径井的试验中没有使用）。海湾公司的"罗林斯一号"试验在两个月后也使用沿煤层定向钻进井眼作为贯通通道。除了美国铝业公司试验失败之外，从 1980 年开始，美国所有现场试验都使用了定向钻进井眼作为贯通通道。

井眼贯通通道有助于将注入点与产出气通道保持在煤层的较低位置。这些井眼通道可以进行严密的空间控制，有利于扩展到多个模块。定向井可以采用各种完井设计，如套管、衬管、输气管及装置和仪器位置的设计。这使一些可扩展的、高效的工艺方案（如

CRIP 和 ELW)成为可能,也使其他尚未发明的方案成为可能。

4.8.5 气化中正向燃烧主阶段的特征

如果通过反向燃烧或钻井(甚至通过爆炸碎化),在主注入井和生产井之间建立了一条贯通通道,从而使正向燃烧就非常容易了。在现场试验中,建立正向燃烧几乎总是比点火和贯通工作容易。

正向燃烧的运行经反复证明是非常可靠的。它的注入速度调节范围很大,且都能保持良好运行。可以停止运行数天或数周,且很容易恢复。在正向燃烧模式下,UCG 操作可以对注入气体压力和成分的变化做出快速、稳定、平稳和可预测的响应,如在空气和氧气—蒸汽混合物之间来回切换。它们甚至可以承受一些重大变化[如顶板煤和(或)岩石坍塌等],对其仅表现出适度、合理的变化现象。

如果有合适的贯通通道和成熟的、与注入点连接的正向燃烧通道,那么在停止向第一位置注入后,改为向第二位置注入,就可以在第二个注入位置开始形成新的正向燃烧。其实,这是无意中发生的,例如当注入井出现问题,将注入点从煤层底部移到煤层顶部附近的裂隙时。有意地进行注入点移动(无论是通过计划还是临时决定)的情况也非常常见,且往往都能成功。

人们发现,注入点位置的切换至少在两个方面是有用的。当一口注入井出现机械问题时,就可以用另一口注入井作为替代来实施"救援"。在新煤层中,通过将新注入点移到煤层底部,将会提高气化效率和气化效果。

正向燃烧的自然趋势是向上超覆,消耗那些位于煤层顶部或煤层上部的煤。这不仅不利于资源的利用,还会损害热效率和气体质量(见 4.8.7)。防止燃烧向煤层顶部推进的最佳方法是确保注入点在煤层底部,并且当顶板热量损失使效率显著降低时(例如,当燃烧主要消耗顶板附近的煤时),将注入点移到煤底部的新位置。在现场试验中,由于燃烧向上推进过多,或过多热量损失到顶部,就会造成气化效果下降。如果将注入点移到未气化煤层底部的新位置,通常会恢复气化效果。正是这种认识推动了 CRIP 的发明。

4.8.6 煤炭地下气化工艺和燃空区扩展的概念模型

现场试验报告中大多有燃空区最终几何形状的最佳估计草图(Singer 等,2012)。这些是基于燃烧后钻井、原位温度测量、地球物理监测和物质平衡等综合资料给出的。

现场试验观察和模型计算发展成为一种概念模型和对 UCG 工艺的科学认识。Stephens 等(1982)、Thorsness 和 Britten(1989b)以及 Britten 和 Thorsness(1989)的现象学部分都对此进行了很好的描述,并形成了 CAVSIM 模型的基础。

第一种近似法是,燃空区相对于注入点的垂直轴对称。燃空区被碎石填满,周围是几乎垂直的壁。更准确地说,它们沿产出气出口方向上的扩展速度大约是沿其向后方向上的两倍,并且在穿过燃空区中部沿垂直于注入生产线截取的垂直截面中,一般不是圆柱形而更多地为椭圆柱形。

在垂直于流动路径的横截面上,燃空区的高度通常大于宽度,无论是仍然在煤中的早期燃空区,还是扩展到覆盖层的后期燃空区,均是如此。美国每一次持续时间较长且煤耗显著的现场试验都一再表明,燃空区延伸到覆盖层内很深,通常长达数十米。

人们一直发现"燃空区"充满了碎石,并且通常在顶部附近有小的裂隙。这些碎石由熔渣、灰渣、半焦、干煤和经过热蚀变的表层碎石组成。在试验历时极短的大块试验和全周期的局部煤层 CRIP 试验之后,在森特勒利亚进行的燃烧后挖掘过程中,这一情况非常清晰,毋庸置疑。

燃空区扩展可能很复杂,但似乎总是涉及受热剥落,有时还涉及结构性坍塌事件、中等规模的开裂和块体崩落。剥落使燃空区向煤层和覆盖层中扩展,既向侧面扩展,也向上扩展。在美国的所有试验中,上覆的非膨胀煤和沉积岩在受热和干燥时容易剥落。大的坍塌事件偶尔会被发现和推断出来。

碎石层把注入点覆盖起来,从而使注入的氧化剂散开,并使释放出的煤气透过碎石层扩散到侧壁和顶板附近的小空隙中。系统中的大部分活动取决于碎石层中气体与煤、半焦及热解气体的反应。

煤和半焦碎块剥落形成的碎石床可能非常有利于提高 UCG 效率,因为它增加了表面积。但是顶板岩石的剥落却是一种不利因素,因为它增加了顶板岩石的升温速度,导致热量损失和水涌入。理想的地点应该是那些煤容易剥落而顶板岩石不容易剥落的位置。

人们发现,从水平井开始的出口通道逐渐变成 V 形通道,并且通道内填充有受热干燥的煤和半焦碎石。在 V 形通道顶部附近,气流渗透性更大。对于具有渗透性的半焦来说,从其反向燃烧通道开始的出口通道,大概也是如此。当上面的煤被干燥并发生热解时,其体积会显著缩小,并发生破裂、剥落和垮落,同时向上、向外产生空隙和裂隙。出口通道向下的扩展受到热传导的限制。

4.8.7 能量平衡决定了工艺效率和气体质量

对于给定的煤层,工艺效率和产品气体质量在很大程度上取决于能量平衡(Thorsness 和 Creighton,1983)。一般情况下,人们考虑四种损失,即地下的盖层(和夹层)岩石的显热、气体产物的显热、涌入水的汽化热和显热,以及被加热的覆盖层(和夹层)岩石中孔隙水的汽化和显热。只有第一种是真正的损失(滞留在地下),但是从其他产品流中回收有用的能量是不切实际的——人们希望将能量保留在产出气的化学热值中。

实际上,在每个现场试验中,对于给定的注入点,其热效率和产气质量开始都很高,但随着燃烧的进行逐渐降低。这种降低与燃空区到达顶板有关。加热、干燥(包括剥落而落入燃空区的)的顶板岩石量的比率降低。如果顶板岩石留在原地,通过岩石的缓慢热传导不会传得很远,只有一小部分岩石会被加热。但是由于剥落,不断有新的岩石面暴露出来,加快了岩石干燥和加热的整体速度(Camp 等,1980)。

尽可能地减少盖层岩石及其孔隙水热损失的最佳方法是:选择覆盖层不易剥落、抗结构坍塌且含水低的区域。但是在美国进行的所有试验中,全都出现盖层坍塌,而岩石最终会成为高温碎石落入燃空区。Olive 等(1985)这样说,"选址对气化质量起着重要作用。具有相对干燥、覆盖层结实,且煤层至少达到中等厚度的场地会比较理想。而煤层较薄或盖层潮湿、脆弱的场地则效果较差。"

对于给定的地质条件,当顶板岩石在当前燃烧的燃空区中暴露出来时,可以将注入点移到相邻的新煤中(例如,通过 CRIP 操作),以尽可能地减少这些盖层热损失。许多现场试验(包括"落基山一号"的 CRIP 模块)都证明,将注入点移到一个新的位置可以"恢复"工艺效率和产品质量。

让流出燃空区的高温气体通过煤层内的通道后再出去,先对煤进行预热,然后再消耗。通过这种方法,可以实现煤气(和采出水)显热的最小化。沿煤层井眼形成的通道将有助于实现这一目标。

经验证明,对于给定的地质条件,将燃空区压力降低到远低于周围的水压时,可使向内的负梯度更强,往往会增加涌入水量。然而,增加燃空区压力,使潜在梯度向外,也并不能大量减少涌入水量,反而会导致气体漏失,这对工艺效率和地下水污染都是有害的。最佳做法是将燃空区压力控制在刚好确保水力梯度处向内的程度。因此,对于给定的地质条件(及其渗透率场),要满足无气体漏失的要求,减少渗入的唯一方法是尽可能减小气体与燃空区的垂直连通范围。这可以通过在盖层顶板剥落或坍塌之前将注入点移到新煤上来实现(例如,通过 CRIP 操作)。

对于通过渗透涌入的水量,其最小化的最佳方法是:选择具有低渗透率的下伏岩层、煤和盖层的地点,优先顺序由潜在向内梯度的相对大小设定。

劳伦斯·利弗莫尔国家实验室在利用煤层井眼在煤层底部布置贯通通道"赫克里克三号"试验,以及用 CRIP 以确保煤层底部注入并方便地将注入点移到新煤位置(森特勒利亚),均在很大程度上受益于能量平衡方面的考虑。

4.8.8 气体组分预测

不同 UCG 现场试验的产出气组分差异很大,甚至在同一地点的试验中也是如此,而且往往发生在同一试验的不同阶段之间。人们花了很大力气寻找简单的方法来预测 UCG 作业的产出气组分。简单的平衡和动力学模型是无效的。人们反复寻找各种相关性,但收效甚微。没有一种简单的"UCG 分析"可以通过对煤进行分析来预测 UCG 产出气的组分。这是因为从 UCG 作业中排出的产出气,其组成受整个时空历史制约,涉及化学物质、能量浓度和能量流动等因素。4.6.3 中的最佳简单预测方法,仅涉及几个可调整/拟合的物理参数。使用这种模型的合理性在得到足够的工艺信息证明之前,表 4.2 中的平均气体成分是合理的第一近似值。

4.8.9 可控注入点后退系统

可以说,在美国的所有 UCG 成就中,最杰出、最有用、最持久的产品是可控注入点后退(CRIP)系统的发明。CRIP 可以对气化工艺进行积极的控制,这种方法既保持了注入点处于煤层中的较低位置、较低的顶板介入程度和较高效率,又在空间上实现了将气化过程逐次扩展到新煤区中。CRIP 系统由兼容性钻井设计和完井、CRIP 专用井下硬件和操作技术组成。

第一份介绍 CRIP 的出版物是在第七届 UCG 研讨会上发表的(Hill 和 Shannon,1981)。其摘要如下:"实际上,煤炭地下气化工艺存在各种问题,难以维持和控制高效地长期运行。主要问题之一是,随着燃烧的不断推进,需要将注入点移到煤矿新的未燃烧区。为了更好地控制气化工艺，建议使用 CRIP 系统。通过这种技术，操作人员可以选择最佳时间按最佳的距离移动注入点，从而实现燃烧区的移动，使气化工艺达到最佳气化效果。"Hill 和 Shannon(1981) 对 CRIP 技术的本质有所阐述(图 4.27)。

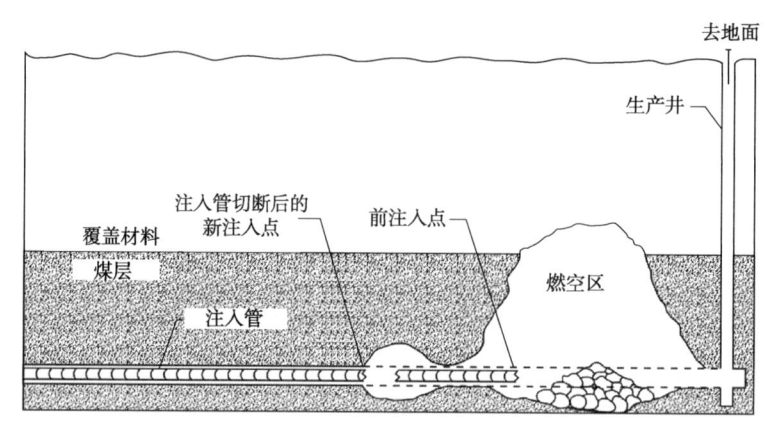

图 4.27　Hill 和 Shannon 的 CRIP 原始草图(Hill 和 Shannon, 1981)
当燃空区向左燃烧时，通过切断注入管或在注入管上射孔，将注入点逐步向左移，这可以从地面通过远程操作来完成。因此，注入的气体总是被供到煤层中待气化的区域

CRIP 是由劳伦斯·利弗莫尔实验室团队在汉纳和赫克里克现场试验后经过构思开发出来的。现场试验显示，在煤层中将注入点保持在较低位置非常重要；定向钻井可以实现通道贯通；能够沿着这样一口井在不同的点位注入新的煤中以逐次产生"年轻"燃空区是有益的。

CRIP 要求在煤层中建一口下入长套管(或带有内衬)的注入井，并且需要一种专用的井下工具(该工具配有可向内、向外移动的气体管线)。CRIP 提供了一种可以点燃内衬段末端煤的方法，并从该点注入，形成燃烧气化空间；之后在其上游位置烧开衬里，再从那里点火、注入，形成新的燃烧气化空间。接着继续重复该过程。注入井沿煤层底部钻入，始终确保注入点处于煤层中较低的位置。

图 4.27 清楚地展示了 CRIP 首次由劳伦斯·利弗莫尔实验室在森特勒利亚大区块试验中编号为 LBK-1 处的应用情况。如果将图 4.27 与劳伦斯·利弗莫尔实验室"赫克里克三号"试验的横截面进行比较，可以看出"赫克里克三号"试验是 CRIP 的演化基础。在"赫克里克三号"试验中，井眼和生产井跟这一样，不过它是通过两口垂直井往两个注入点注入。

虽然图 4.27 显示的 CRIP 现在被称为"线型 CRIP"结构，但 CRIP 系统从未要固定采用这种几何结构；从一开始，CRIP 就有望适用于各种结构。"生产井有几种可能的几何构型(图 4.1)，人们也可以在煤层中使用一口平行于注入井的水平井。还有第三种可能的选项(特别适用于厚煤层)就是用位于水平注入井(井眼)正上方煤层顶部的水平生产井"(Hill 和 Shannon, 1981)。这些可参见图 4.28 带有文字说明的原始草图。Hill 和 Shannon 描述了如何将这些井眼扩大到较长的注入井长度，并且彼此平行排列(间距根据权衡资源采出和沉降进行设定)。

在华盛顿州森特勒利亚的局部煤层 CRIP 现场试验中，劳伦斯·利弗莫尔实验室第一次提供了全尺寸 CRIP 现场试验演示。这种结构，即现在所谓的"并行 CRIP"结构，类似于

图 4.28(a)，但只有一口生产井，角度略有不同。"落基山一号"试验的 CRIP 模块采用的也是并行结构的 CRIP。虽然理论上不需要，但当时在应用并行 CRIP 时，人们采用垂直生产井来启动气化工艺，并且第一个燃空区采用的是线型结构。

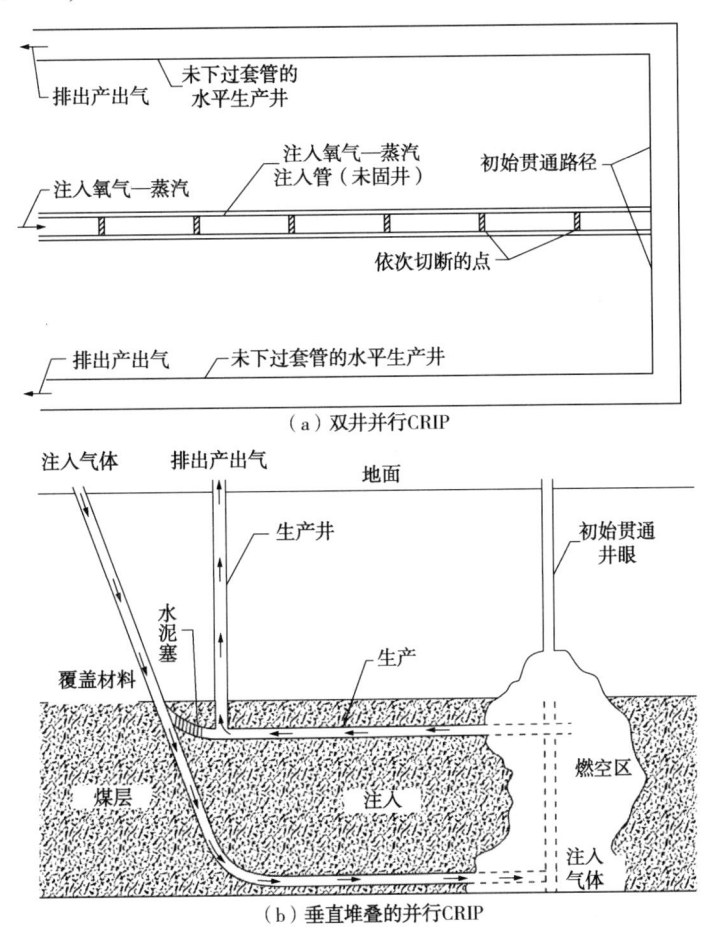

图 4.28　Hill 和 Shannon 的两种可能的 CRIP 结构的原始草图(Hill 和 Shannon，1981)
图(a)为 CRIP 系统的气流法调整的平面视图，煤层底部钻有注入井和生产井。这种形式适合倾斜煤层，其中，燃空区底部的熔渣积聚可能会使下倾生产井堵塞。图(b)为商业 CRIP 系统模块的垂直横截面视图，其中注入井位于煤层的底部，而生产井位于煤层的顶部

Thorsness 等(1988)对"落基山一号"现场试验中进行 CRIP 操作所用的工具和程序有过详细介绍。他们使用硅烷焊炬熔化钢衬，并在新的位置将煤点燃。不使用时，将注入井的上游缩回一段距离，以免造成损害。当需要 CRIP 操作时，它被推出到所需位置，待操作完成后再次缩回。

4.8.10　大倾角煤层和厚煤层比较有效，但有气体漏失的风险

UCG 在大倾角煤层中比在平坦煤层中的热效率更高。燃烧和燃空区扩展倾向于向上，主要是因为上覆层的剥落物从上面落入燃烧过的燃空区中。在大倾角煤层中，这种燃空区的煤耗和热损失与顶板岩石中的比率较小。在大倾角"罗林斯一号"注空气试验、"罗林斯

二号"试验,以及落基山厚煤层试验中,均获得了高热值,都可以证明这一点。

如果无法避免上倾层中的气体漏失,无法避免相关污染物向地面(这里的污染物受体更敏感)迁移,那么大倾角煤层就更具挑战性。一氧化碳读数证明,产出气已经从罗林斯煤层中逸出到地表。落基山虽然只有7°倾角,几天的高压操作也能够将气体沿倾角向上推出数百米。垂直且高度大的燃空区(其上部在低于周围水压的压力下运行),其底部会有很大的负压梯度,导致那里的水向内渗透。

由于顶板岩石体积与消耗煤炭的体积比值具有优势,厚煤层中的UCG热效率往往高于中薄煤层。由于燃空区的垂直范围很大,底部的渗透性水涌入或顶部的气体泄漏可能会是问题。厚煤层气化可能导致垂直范围更大的顶板崩落(采空区)。这会增大气体的连通性,使气体进入盖层的裂隙中,使得产出气更有可能逃逸到浅层。在落基山现场试验(厚煤层)中,尽管消耗的煤量适量(3300t),但仍然产生了明显的顶板崩落和开裂。

4.8.11 对煤炭地下气化运行和燃空区演变的监控

政府在资助UCG计划时,已经认识到,要使UCG有效地发展成为高效的、大型工业化工艺,人们必须要对它有充分的认识。要理解它,需要详细了解传统的化学工艺参数,如流速、成分、压力和温度。理解气化工艺还需要了解地下是什么样的——燃空区是如何扩展的,是什么样的,流体在哪里流动,温度场是如何演变的等。人们在这方面花费了大量的精力,这对理解气化工艺很有价值。这些监测和燃烧后的表征工作有助于形成一个更好的概念模型,表明UCG如何进行并以此指导数学模型的开发。当时的技术报告中有详细的监测资料——大部分是在年度UCG专题研讨会记录中找到的。

4.8.12 技术成熟度和工艺扩展

美国的计划多次证明了UCG在单燃空区或几个燃空区扩展到约10000t的可行性。但是,即使经过几十次如此规模的试验,UCG的设计、建造和运行仍未实现常规化。直到"落基山一号"试验,经验丰富的运营商才得以进行这个项目,并且操作进行得很顺利。UCG还不够成熟,仍需要发展。

人们制作了许多草图,设想如何通过添加多个模块来实现UCG技术或系统的扩展,但这些都没有经过试验。这些草图也没有进行过详细的岩土工程设计分析。岩土工程设计分析可对顶板崩落、采空区、煤房和矿柱资源回收以及沉降(不仅在地表,而且在有环境隔离的地层)等地质力学方面或水文方面(如地下水枯竭、多模块相互作用和气体逸出)进行定量研究。

构思出了那些有助于工艺扩展的技术和方法,并进行了试验。成功地尝试了定向钻井,钻出贯通通道、注入/生产井。CRIP被发明出来,且具有巨大的工艺扩展潜力。通过连续反向燃烧贯通多口间距很密的垂直井,成功地证明这种方式可以实现工艺的横向扩展。

进一步发展面临的最大问题之一是完井设计和施工。有许多故障是由热量、结构故障、泄漏、井眼与地层之间固井不良以及矿渣堆积堵塞造成的。在不同试验中,许多因素都造成过空气或氧气—蒸汽被注入煤层的高处,而不是预期的底部。通用的工程技术,如管道的颗粒侵蚀，仍然是一个挑战，还有待成熟。

直到美国现场试验计划结束时，在商业化操作方面，UCG技术仍处于较低水平。

4.9 结论

4.9.1 技术成就

在几种不同的次烟煤和非烟煤上进行的现场试验非常成功，从消耗煤的角度看，其规模已经达到10000t级。分别用空气、氧气—蒸汽混合物作为注入物进行的试验也都获得了成功，产出气的热值分别为4.3~7.4MJ/m³和8.4~12.5MJ/m³。但对褐煤进行的试验并不顺利，产出的煤气质量较低。尽管如此，除了热值问题之外，尚无任何迹象表明UCG在褐煤中不能得到很好的应用。在块状膨胀烟煤中进行的一个试验进展不佳，要建立并维持一个渗透性能满足要求的贯通通道非常困难。对于这种煤不要有太高的地下气化预期。

在水平、小倾斜和大倾角煤层中都取得了成功的试验；在6~30m厚的煤层中，以及在埋深40~190m的煤层中进行的试验都比较成功；大倾角厚煤层中的气化效率和气体质量均非常好，但是这种煤层容易出现气体逸出和污染物迁移。煤层太薄(2m)是褐煤现场试验中产出气质量差的一个原因。深煤层远离近地表的高价值、敏感性受体，有助于实现与这些受体间的隔离，但是在设计上，深煤层的井必须要能够承受气体的高压。

尽管气化炉点火有时会有一定的挑战性，但多种点火方法都在应用中获得了成功。沿煤层钻定向井、反向燃烧，甚至高爆压裂产生的初始通道，其连通性均达到了预期效果，可以启动正向燃烧主过程并使其不断扩展。未进行过压裂的煤层，或进行过气动压裂或水力压裂的煤层，其连通性较差，无法满足正向燃烧的持续进行。

正向气化一旦开始，气化工艺就会非常稳定且易于管理。即使调整操作参数或出现地下环境方面的变化，气化反应也仍很稳定，且具有可预测性。它可以承受大幅度的注入量减少，甚至停注数天或数周也没有问题。只要与生产井贯通，就可以很容易地点燃并形成新的注入点。

发现UCG"燃空区"内充满碎石，里面并不是空的。这些碎石由灰渣(在氧气—蒸汽试验中可能是炽热的炉渣)、半焦、干煤和碎石组成。这些碎煤、碎石主要是从侧壁和顶板上剥落下来的，落入燃空区之内。燃空区通常高大于宽，沿生产井方向的扩展速度较快，大约是相反方向的两倍，侧向的扩展速度介于两者之间。其下游的贯通通道，哪怕仅是个简单的井眼，也会逐渐演变为一个向上的V形横截面，里面充满碎焦炭和干煤。

随着人们不断加深对UCG各种重要现象的科学理解，相关概念模型也得到了不断的改进。有关UCG及其现象的数学模型已被开发出来，该模型可以精确地进行燃空区扩展、温度场、成分场以及产出气组分的计算。另外，人们还开发出了一些更简单的模型，用于工程辅助估算。

对于一种给定的煤，其气化效率和产出气的质量在很大程度上由能量平衡决定。煤炭地下气化时主要的能量损失有两种：一种是对顶板岩石的干燥和加热(最终使岩石受热碎裂)；另一种是对渗入水的汽化。因此，顶板岩石要坚固、抗剥落、含水低；待气化的煤要位于低位且具有渗透性。

试验反复证明，当注入点和燃烧区在煤层中位置较低，注入点被煤、半焦及碎石包围，几乎没有顶板岩石参与气化时，产出煤气的质量最高。

CRIP系统的发明是为了确保注入点始终处于煤层中较低的位置，并且向新煤体中移动时较为方便。在最近的3次现场试验中，有两次试验同时对线型结构和并行结构进行了成功的验证，表明在实现经济高效的工业化扩大方面，这些结构有巨大的潜力可挖。

虽然大多数UCG试验最终取得了成功，但在这些试验中，气化过程却并非如预期的那样全部都能按计划顺利进行。即使在较晚的"落基山一号"试验时期，人们仍然遇到了各种硬件问题和操作上的麻烦，这表明在成熟度和工业应用方面，UCG技术的发展水平仍然较低。大多数现场试验可能出现意外情况，迫使人们不断地探索新的解决方案。

在一些现场试验过程中，曾造成过严重的地下水污染事故。后来的事实证明，虽然可以采取一些补救措施，但这些措施实施起来难度很大，且代价高昂。很明显，UCG作业的确会对地下水造成污染，且污染危害也是非常严重的。在人们把地下水污染作为一个优先考虑事项后，在这方面开展了进一步的研究。通过这些研究，人们对这一问题有了更深入的理解，也探索出了一些减少污染的方法。例如，"落基山一号"试验在采用"清洁洞穴"方法后，仅仅造成了轻微的局部污染，经过一段时间的抽水措施后，污染程度降到了最低水平。以后的UCG作业，尤其是大规模的作业，其运行对环境的影响能否保持在可接受的程度还有待观察。要将这种风险降低到可接受的水平，需要人们的承诺和认真对待。

4.9.2 计划性

20世纪70年代和80年代，UCG之所以取得了长足的进步，原因在于参与者众多，在于开展密集的试验活动，因此也使人们对UCG的认识迅速加深，并使UCG也得到了快速的发展。导致技术成功的关键因素包括：参与机构保持了计划的连续性、项目获得了政府的资金支持、通过公开会议和报告进行成果分享，以及对UCG的深入了解和技术创新与改进的决心。

该计划的核心工作由许多现场试验构成。虽然试验项目非常多，但这些试验并非是孤立的活动。现场试验中对各种试验现象的观察与认识、建模和实验室实验，彼此间都存在着迭代关系，存在着信息互通、相互促进的关系。对于验证性尝试和创新而言，现场试验是最重要的测试平台；这些现场试验均配备了完善的仪表和监测系统，并在试验过程中经常进行反复研究。它们非常重视学习、理解与技术创新。

该计划吸引了各方面人员的参与。大部分现场试验和建模工作由政府的研究机构领导。许多大型能源公司和小型UCG-niche公司也制订了一些自己的计划，通常与现场试验有关。他们的这些计划有时也会得到政府支持。许多大学科研人员也被组织到实验室实验和模型开发工作中来。

在美国20世纪七八十年代的这一计划中，有一个非常突出的地方就是试验结果被充分地分享和交流，而且保留了非常完善的记录。每年一次的UCG研讨会，在促进研究人员之间的交流方面特别有效，那些文字性会议记录成了一笔丰富的遗产。

4.9.3 结束语

虽然一开始美国在UCG方面的知识和经验很少,但还是追了上来,并做出了自己的重要贡献。在几个煤层中,它们采用许多结构方式,对UCG的技术可行性进行了充分的验证。UCG现场试验的设计、建造、启动、操作和关闭都很安全,没有发生重大事故。参与试验的研究人员来自多个组织。他们无论在能力上还是在对UCG的理解方面,也无论是在广度上还是在深度上,都有极大的提高,然后利用这些专业知识来开展试验和不断创新。通过新方法新技术的开发,使UCG比以往效果更好、更容易实施。建议读者认真阅读下面的参考文献,因为对已发生的事情,这个总结还是过于肤浅,仅起到抛砖引玉的作用。

参 考 文 献

Bartke, T. C., 1985. Underground coal gasification for steeply dipping coal beds. Research Report, DOE/METC-85/2006(DE85008558).

Bartke, T. C., Gunn, R. D., 1983. The Hanna, wyoming underground coal gasification field test series. In: Krantz and Gunn(1983a), pp. 4-14.

Bartke, T. C., Fischer, D. D., King, S. B., Boyd, R. M., Humphrey, A. E., 1985. METC Report Series: Hanna, Wyoming Underground Coal Gasification Data Base, vol. 1-7. DOE/METC 85/2015, DE85013695-DE85013701.

Beaver, F. W., Groenewold, G. H., Schmit, C. R., Daly, D. J., Evans, J. M., Boysen, J. R., 1988. The role of hydrogeology in the Rocky Mountain 1 underground coal gasification test, Carbon County, Wyoming. In: Proc. 14th An. UCG Symp., pp. 162-174.

Bell, G. J., Brandenburg, C. F., Bailey, D. W., 1983. ARCO's research and development efforts in underground coal gasification. In: Krantz and Gunn(1983a), pp. 44-56.

Bloomstran, M. A., Galyon, G., Davis, B. E., 1988. Rocky Mountain I UCG operations. In: Proc. 14th An. UCG Symp. (1988), pp. 182-191.

Boysen, J. E., Sullivan, S., Covell, J. R., 1988. Venting, flushing, and cooling of the RM1 UCG cavities. In: Proc. 14th An. UCG Symp., pp. 284-292.

Boysen, J. E., Covell, J. R., Sullivan, S., 1990. Results from venting, flushing, and cooling of the Rocky Mountain 1 UCG cavities. Topical report GRI-90/0156 and WRI-90R026.

Britten, J. A., Thorsness, C. B., 1988. The Rocky Mountain 1 CRIP experiment: comparison of model predictions with field data. LLNL-UCRL-98642, or In: Proc. 14th An. UCG Symp., pp. 138-145.

Britten, J. A., Thorsness, C. B., 1989. A model for cavity growth and resource recovery during underground coal gasification. In Situ 13(1&2), 1-53.

Burton, E., Friedmann, J., Upadhye, R., 2006. Best practices in underground coal gasification. LLNL-TR-225331.

Burton, G., Camp, D., Friedmann, J., Goldstein, N., Nitao, J., Reid, C., Wagoner, J., White, J., 2012. How wide should our UCG cavity be? —Relationships, dependencies, and trade-offs. LLNL-PRES-553131, and In: Proc. 7th UCGA Conf. & Workshop on UCG, May 2-3, 2012, London.

Camp, D. W., 2017. A review of underground coal gasification research and development in the United States. LLNL-TR-733952.

Camp, D. W., White, J. A., 2015. Underground coal gasification: an overview of groundwater contamination hazards and mitigation strategies. LLNL-TR-668633; or online at: http: //www. osmre. gov/programs/TDT/appliedScience/2012LLNL-JWhiteUndergroundCoal GasificationFR. pdf.

Camp, D. W., Krantz, W. B., Gunn, R. D., 1980. A water influx model for UCG with spalling enhanced drying. In: Proc. 15th Intersociety Energy Conversion Engr. Conf. Seattle, August 18-22, Amer. Inst. Aero. & Astronautics, paper 809256, pp. 1304-1310.

Camp, D. W., Nitao, J. J., White, J. A., Burton, G. C., Buscheck, T. A., Reid, C. M., Ezzedine, S. M., Chen, M., Friedmann, S. J., [2013] 2017. A 3-D integrated multi-physics UCG simulator applied to UCG field tests. LLNL-TR-738118.

Capp, J. P., Lowe, R. W., Simon, D. W., 1963. Underground gasification of coal, 1945-1960; a bibliography. BuMines Info. Circ. 8193.

Cena, R. J., Thorsness, C. B., 1981. Lawrence Livermore National Laboratory underground coal gasification data base. LLNL-UCID-19161.

Cena, R. J., Hill, R. W., Stephens, D. R., Thorsness, C. B., 1984. The Centralia Partial Seam CRIP underground coal gasification experiment. AIChE National Meeting Nov. LLNL UCRL-91252 and LLNL UCRL-91786.

Cena, R. J., Britten, J. A., Thorsness, C. B., 1988a. Resource recovery and cavity growth during the Rocky Mountain 1 field test. LLNL-UCRL-98643. In: Proc. 14th An. UCG Symp., pp. 200-212.

Cena, R. J., Thorsness, C. B., Britten, J. A., 1988b. Assessment of the CRIP process for underground coal gasification: the Rocky Mountain I test. AIChE Summer Meeting, Denver, Aug. LLNL UCRL-98929.

Couch, G. R., 2009. Underground coal gasification. IEA Clean Coal Centre report CCC-151.

Covell, J. R., Dennis, D. S., Barone, S. P., 1988. Preliminary results of the environmental program and permitting at the Rocky Mountain 1 underground coal gasification project. In: Proc. 14th An. UCG Symp., pp. 152-161.

Davis, B., 2011. Personal Communication..

Dennis, D. S., 2006. Rocky Mountain 1 UCG test project Hanna, Wyoming—final technical report for the period 1986 to 2006. Washington Group International, for DOE-NETL, Contract DE-FC21-86LC11063.

Dockter, L., 1986. Underground coal gasification in the United States—an overview. In: Proc. 12th An. UCG Symp., pp. 2-13.

Dobbs II, R. L., Krantz, W. B., 1988. A transient model of reverse combustion channel propagation. In: Proc. 14th An. UCG Symp. pp. 102-106.

Edgar, T. F., 1983. Research and development on underground gasification of Texas Lignite. In: Krantz and Gunn(1983a), pp. 66-76.

Friedmann, S. J., 2005. Underground coal gasification in the USA and abroad. congressional hearing on climate change, US Senate Foreign Relations Committee, November 14.

GasTech, Inc., 2007. Viability of underground coal gasification in the "deep coals" of the powder river basin, wyoming. Prepared for the Wyoming Business Council Business and Industry Division, State Energy Office.

Hill, R. W., Thorsness, C. B., Cena, R. J., Stephens, D. R., 1984. Results of the centralia underground coal gasification field test. LLNL UCRL-90680, and in: Proc. 10th An. UCG Symp. (1984).

Hill, R. W., Shannon, M. J., 1981. The Controlled Retracting Injection Point (CRIP) system: a modified stream method for in-situ coal gasification. LLNL UCRL-85852, and In: Proc. 7th An. UCG Symp., pp. 730-737.

Hill, R. W., Thorsness, C. B., 1983. The large block experiments in underground coal gasification. In: Krantz and Gunn(1983a), pp. 57-65.

Humenick, M. J., Mattox, C. F., 1978. Groundwater pollutants from underground coal gasification. Water Res. 12, 463-469.

Humenick, M. J., Mattox, C. F., 1982. Characterization of condensates produced during UCG. In Situ 6(1), 1-27.

Krantz, W. B., Gunn, R. D. (Eds.), 1983a. Underground Coal Gasification, The State of the Art. In: AIChE Symposium Series, vol. 79(226). American Institute of Chemical Engineers, New York, NY.

Krantz, W. B., Gunn, R. D., 1983b. Modeling the underground coal gasification process: part I—reverse combustion linking. In: Krantz and Gunn(1983a), pp. 89-97.

Krantz, W. B., Gunn, R. D., 1983c. Modeling the underground coal gasification process: part II—water influx. In: Krantz and Gunn(1983a), pp. 121-128.

K€uhnel, R. A., Schmit, C. R., Eylands, K. E., McCarthy, G. J., 1993. Comparison of the pyrometamorphism of clayey rocks during underground coal gasification and firing of structural ceramics. Appl. Clay Sci. 8, 129-146.

Lindblom, S. R., Smith, V. E., 1993. Final report Rocky Mountain 1 underground coal gasification test Hanna Wyoming, groundwater evaluation volume I. GRI-93/0269. 1, WRI-93R020.

McVey, T. F., Camp, D. W., 2012. Internal LLNL Spreadsheet and Memo.

Mellors, R., Yang, X., White, J. A., Ramirez, A., Wagoner, J., Camp, D. W., 2016. Advanced geophysical underground coal gasification monitoring. Mitig. Adapt. Strateg. Glob. Change 21, 487-500.

Nitao, J. J., Camp, D. W., Buscheck, T. A., White, J. A., Burton, G. C., Wagoner, J. L., Chen, M., 2011. Progress on a new integrated 3-D UCG simulator and its initial application. LLNL-CONF-50055. In: Proc. Int. Pittsburgh Coal Conf., Pittsburgh, September.

Oliver, R. L., Lindblom, S. R., Covell, J. R., 1991. Results of phase II postburn drilling, coring and logging: Rocky Mountain 1 underground coal gasification test, Hanna, Wyoming. DOE/MC/11076-3061, or similar WRI-90-R054.

Proceedings of the Second Annual Underground Coal Gasification Symposium. (1976). Morgantown Energy Technology Center, Morgantown, WV, August 10-12, 1976. MERCSP-763 or-76/3.

Proceedings of the Third Annual Underground Coal Conversion Symposium. (1977). U. S. DOE and LLNL, Fallen Leaf Lake, CA, June 6-9, 1977.

Proceedings of the 4th Underground Coal Conversion Symposium. (1978). U. S. DOE and Sandia Laboratories, Steamboat Springs, CO, July 17-20, 1978. SAND 78-0941.

Proceedings of the 5th Annual Underground Coal Conversion Symposium. (1979). U. S. DOE, Alexandria, VA, June 18-21, 1979. CONF. NO: 790630.

Proceedings of the Sixth Underground Coal Conversion Symposium. (1980). LETC and Williams Brothers Engineering Company, Shangri-La/Afton, OK, July 13-17, 1980. DE81-027669, CONF NO. 800716.

Proceedings of the Seventh Annual Underground Coal Conversion Symposium. (1981). U. S. DOE and LLNL, Fallen Leaf Lake, CA, September 8-11, 1981. DE82 004729, CONF-810923.

Proceedings of the Eighth Annual Underground Coal Conversion Symposium. (1982). U. S. DOE and Sandia National Laboratories, Keystone, CO, August 15-19, 1982. SAND82-2355.

Proceedings of the Ninth Annual Underground Coal Gasification Symposium. (1983). U. S. DOE and METC, Bloomingdale, IL, August 7-10, 1983. DOE/METC/84-7, CONF-830827, DE84003052.

Proceedings of the Tenth Annual Underground Coal Gasification Symposium. (1984). U. S. DOE and METC, Williamsburg, VA, August 12-15, 1984. DOE/METC-85/5, DE85001956, CONF-840835.

Proceedings of the Eleventh Annual Underground Coal Gasification Symposium. (1985). U. S. DOE and WRI, Denver, CO, August 11-14, 1985. DOE/METC-85/6028, DE85013720, CONF-8508101.

Proceedings of the Twelfth Annual Underground Coal Gasification Symposium. (1986). U. S. DOE and Forschung und Technologie, Republik of Germany. Europe, August 24-28, 1986. DOE/FE/60922-H1.

Proceedings of the Thirteenth Annual Underground Coal Gasification Symposium. (1987). (details unavailable).

Proceedings of the Fourteenth Annual Underground Coal Gasification Symposium. (1988). U. S. DOE and GRI, Chicago, IL, August 15-18, 1988. DOE/METC-88/6097, CONF-880874, DE88001093.

Proceedings of the International UCG Symposium. (1989). Delft, Netherlands, October 9-10, 1989.

Schrider, L. A., Wasson, J. A., 1981. Eastern in situ coal gasification field trial. J. Energy 5(4), 244-248.

Shafirovich, E., Varma, A., Mastalerz, M., Drobniak, A., Rupp, J., 2009. The potential for underground coal gasification in Indiana. Final Report to the Indiana Center for Coal Technology Research.

Shafirovich, E., Jones, B., Machado, M., Mena, J., Rodriguez, D., Hunter, S., Camp, D., [2011] 2017. A review of underground coal gasification field tests sponsored by the US Department of Energy. LLNL-TR-738162.

Singer, S. L., Wagoner, J. L., Hunter, S. L., Yang, X., Camp, D. W., [2012] 2017. Final geometry and dimensions of UCG field test cavities. LLNL-TR-738163.

Stephens, D. R., 1981. The Hoe Creek experiments: LLNL's underground coal gasification project in Wyoming. LLNL-UCRL-53211.

Stephens, D. R., Thorsness, C. B., Hill, R. W., Thompson, D. S., 1982. Technical underground coal gasification summation: 1982 status. LLNL-UCRL-87689.

Stephens, D. R., Hill, R. W., Borg, I. Y., 1985. Underground coal gasification review. In: Proc. 18th An. Oil Shale Symp. and Western Synfuels Symp., Grand Junction, CO, April. LLNL-UCRL-92068.

Thorsness, C. B., Britten, J. A., 1989a. Analysis of Material and Energy Balances for the RM1 UCG Field Test. In: Proc. Int. UCG Symp, Delft, Netherlands, October 9-10, 1989. LLNL-UCRL-101619.

Thorsness, C. B., Britten, J. A., 1989b. Lawrence Livermore National Laboratory underground coal gasification project: final report. LLNL UCID-21853.

Thorsness, C. B., Creighton, J. R., 1983. Review of underground coal gasification field experiments at Hoe Creek. LLNL-UCRL-87662Rev. 1, and In: Krantz and Gunn(1983a), pp. 15-43.

Thorsness, C. B., Hill, R. W., Britten, J. A., 1988. Execution and performance of the CRIP process during the Rocky Mountain 1 UCG Field Test. LLNL UCRL-98641, and In: Proc. 14th An. UCG Symp., pp. 192-199.

Upadhye, R. S., 1986. User documentation for EQSC. LLNL UCID-20900.

Upadhye, R. S., Camp, D. W., Friedmann, S. J., 2013. A material, energy, and economics estimator for underground coal gasification(UCG-MEEE)—Model Description and User Guide. LLNL-SM-422270.

5 欧洲的煤炭地下气化
——现场试验、实验室实验和欧盟资助项目

V. Sarhosis[1], K. Kapusta[2], S. Lavis[3]

(1. 纽卡斯尔大学英国泰恩河畔纽卡斯尔市;
2. Główny Instytut Górnictwa(中央矿业学院)波兰卡托维兹;
3. 英格兰西部大学,英国布里斯托尔)

5.1 概述

目前,欧盟(EU)对境外能源的依赖性非常高,其消耗的全部能源中有53%是进口的,每天的成本超过10亿欧元(European Commission,2014)。不仅如此,许多欧盟成员国还严重依赖单一供应商(其中6个成员国完全依赖俄罗斯的天然气),进而增加了欧洲对能源供应紧张和供应不稳定的敏感性。2006年和2009年曾经发生过冬季天然气荒,乌克兰在2013年也发生了政治危机,这些都令这一因素更加凸显。此外,欧盟希望能实现本地能源工业的多样化、富有弹性和低碳,这些需求都是在布鲁塞尔举行的七国集团(G7)罗马能源部长会议(European Commission,2014)以及后来召开的第四十届七国集团首脑会议(G7 Summit,2014)强调的重点之一。此外,七国集团布鲁塞尔峰会发表的宣言(2014年)认为,欧盟需要建立一个应急系统(包括燃料储备和燃料替代),以便在出现重大的能源中断情况下能加强管理。

尽管欧盟目前正在向使用更多可再生能源的方向倾斜,但在过去10年里,欧盟对化石燃料(尤其是煤炭)的使用并没有出现大幅度减少。例如,在2014年之前的10年间,欧盟五大经济体的煤炭使用量并没有出现明显的下降趋势(图5.1),在可预见的未来,煤炭很可能仍将是其主要能源。根据国际能源署发布的《世界能源展望》(IEA,2014),在2015—2035年,全球煤炭需求将增长25%。欧盟没有足够的石油和天然气资源,无法有效地应对供应方面的冲击,但它有大量的煤炭资源,这些资源可以用来减少这种冲击的影响。与此同时,欧洲约80%的煤炭资源埋深在500m以上(EURACOAL,2013),深度太大,无法实现经济性开采。即使可以实现经济性开采,由于欧盟对煤炭的使用设置了一个限制性条件,即所有使用化石燃料的发电厂都必须要同时实施碳捕集与埋存技术(CCS),以实现欧盟到2020年的温室气体排放目标。因此,一方面欧盟需要使用煤炭,另一方面对环境保护的需求又在不断增加,二者之间存在矛盾(Blinderman和Jones,2002)。要解决这种矛盾,关键是要发展清洁煤炭技术,例如地下煤气化技术(UCG)。与传统煤炭技术相比,UCG可以开采深部煤层(即500m以上埋深),并且对环境影响相对较小,有助于满足未来的能源需求(Kempka等,2011;Creedy等,2004;Couch,2009;Bhutto等,2013;

Roddy 和 Younger，2010）。重要的是，对于欧洲各国来说，继英国科学家威廉·拉姆赛爵士提出 UCG 概念之后（Klimenko，2009；Bailey 等，1989），欧洲一直处于 UCG 开发的最前沿，迄今为止已经开展了不少最重要、最具创新性的研发（R&D）。

欧洲（或由欧洲机构负责实施）的 UCG 经历了三个主要研发阶段，包括：
（1）第一阶段——1940—1960 年的现场试验；
（2）第二阶段——1980—2000 年的现场试验和实验室实验；
（3）第三阶段——从 2010 年至今（2016 年）的现场试验和实验室实验。

本章对欧洲迄今为止开展的各种现场试验和实验室实验进行回顾，并对人们在研发过程中吸取的主要经验和教训进行总结。

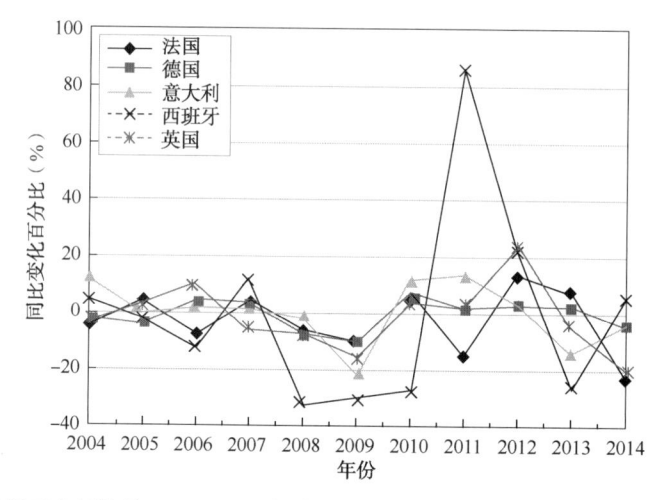

图 5.1　欧盟五大经济体 2004—2014 年煤炭使用的百分比变化情况（同比）（BP，2015）

5.2　第一阶段——1940—1960 年进行的现场试验

第一次有重要意义的现场试验是在 1947 年由一个欧洲组织（由法国牵头）在摩洛哥进行的试验，随后是 1948—1950 年在比利时博伊斯-拉-戴姆进行的试验，以及 1949—1959 年英国在纽曼·斯宾尼和贝顿进行的试验。这些试验的共同之处是：全部都是在浅层薄煤层中进行的，氧化剂基本以空气为主。此外，在这些试验中，目标煤层的倾角变化范围很大，从近水平的煤层到大倾角煤层。试验中气化模块的结构受到了苏联系列试验的巨大影响。也就是说，这些试验中都使用了垂直或近垂直井——通过反向燃烧或电力贯通方法在煤层内实现贯通，或沿煤层钻倾斜井眼（适用于大倾角煤层）来实现贯通。虽然人们在试验中气化了大量的煤，但由于所用的工艺气化效率比较低，且产出气的质量普遍较低，出于环境和经济方面的考虑，这些试验都被放弃了。

5.2.1　摩洛哥杰拉达的现场试验（1947—1950 年）

摩洛哥东北部杰拉达的现场试验，最开始（1947 年）由摩洛哥总督负责，1950 年后，改由法国夏邦纳研究和实验中心接手并继续进行试验。该试验在一个煤矿中进行，使用的是"气流气化工艺"技术。试验中采用了两口工艺井,两井相距100m左右,通过坑道系统实现贯通,并沿揭露出来的采煤工作面用后退式方法对煤层进行连续气化。第一次气化试验开展于1949年,但试验时间很短,很快就被放弃了(原因见下文);第二次试验于1950年进行,历时5个月。

试验中气化的煤层倾角为77°(接近于垂直),厚度介于1~1.1m(图5.2)。这里的煤属于无烟煤,挥发性物质含量为5.8%,灰分含量为5%。

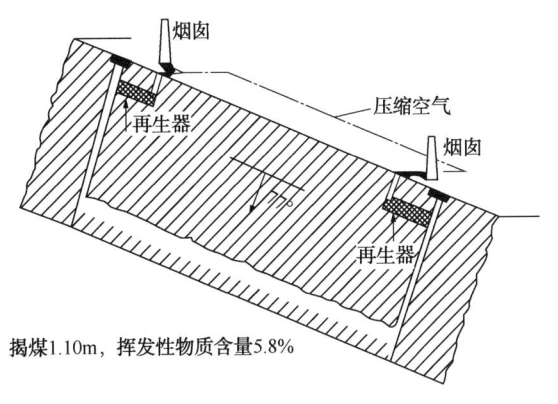

图5.2 摩洛哥杰拉达试验中的地下气化炉构造示意图(Ledent,1989)

在气化过程中,将气流方向定期进行倒转,使氧化剂在参与气化之前就得到预热,这样既提高了工艺的热效率,又便于沿开采工作面后退式方式将煤均匀气化。由于漏失到矿山巷道的合成气量太大,人们最后放弃了试验。试验产生的合成气热值可以达到1.3~2.5MJ/m³,如果注入水,其产气量可与当时地面的气化炉相当。试验还表明,水—气反应对合成气中氢气和二氧化碳的形成起着决定作用。试验后对矿内巷道进行了检查,结果表明,熔融灰柱和剥落坍塌的顶板岩石限制了新采煤工作面背后燃空区的扩展,在气化过程中使注入空气与原保持煤紧密接触(Ledent,1984)。

5.2.2 比利时博伊斯-拉-戴姆现场试验(1948—1950年)

1944年,比利时研究联合体成立,并为意大利北部的三个小型浅层褐煤UCG试验提供了赞助。1947年底,该联合体又重组为索科加兹公司——它最初在比利时政府支持下成立,后来又与法国和波兰政府合作,成为一家合作公司。索科加兹公司在比利时列日以北几千米处博伊斯-拉-戴姆的一个煤矿开展了两次现场试验。

这里的煤层厚度薄、倾角大,属半干燥性煤,挥发性物质含量为12.3%(质量分数)。这两次试验在构建气化炉时,都是沿煤层钻了两个井眼与一条与煤层倾角呈一定角度的巷道相交(图5.3)。通过气化两口井之间的煤,形成一个倾斜的长壁工作面。随着煤被不断气化,长壁工作面也逐步向上后退(Ledent,1989)。在气化过程中,人们还定期倒转产出气的气流方向,使煤炭(包括后退采煤工作面上的煤炭)得以不断地消耗并气化。而随着鲜煤/部分气化后的煤在气化过程中不断落入下面的空隙,在燃烧区形成碎石状的煤堆(Gregg等,1976),气化炉结构与大倾角煤层气化模块结构非常相似,因此使气化效率得到提高。

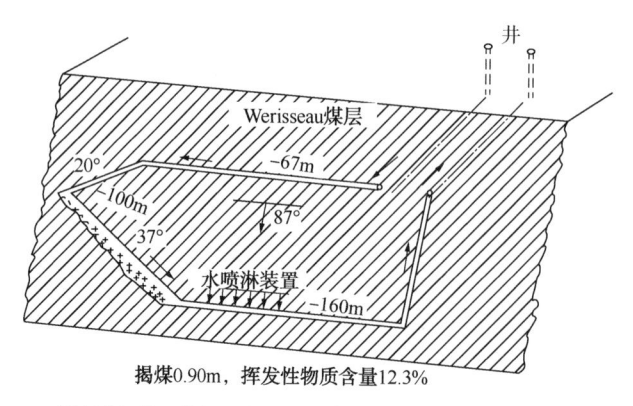

图5.3 博伊斯-拉-戴姆现场试验气化炉结构示意图（Ledent，1989）

第一次测试于1948年开始，持续了35天。人们把木桩放置于采煤工作面上，先把木桩点燃，再通过木桩把煤引燃。生成的合成气利用气化模块底部的水进行冷却。试验过程中，气化的煤大约400t，产出气的热值为1.5~2.5MJ/m³，偶尔达到3~4MJ/m³的峰值，相当于1~6MW热功率输出。

该试验不仅产出的合成气质量相对较差，而且还暴露了气化模块设计方面的一个缺陷——气化前缘随合成气的流动方向也向下移动，导致上倾煤层位置的煤无法气化，因此无法将煤再次点燃。后来，气化前缘一直向下移动，到达配置水喷淋装置的区域，把这里的设备也破坏了。

人们事后对博伊斯-拉-戴姆的第一个气化模块试验进行了总结，并根据总结的经验和教训，又重新改进了气化模块设计，以便再次开展试验。在新设计方案中，空气和合成气沿两条钻至采煤工作面的井眼（直径600mm）流动。另外，新设计还对注入氧化剂的压缩机进行了升级；安装了瓦斯油点火装置（用于对煤再次点火）；为氧气和蒸汽提供了注入配套设施。从1949年11月到1950年9月，试验活动期历时45天。产气量最小为0，最大为12000m³/h，其间遇到过气流受阻和气体泄漏等重大问题。在注入空气时，没有生成可燃合成气；注入富氧空气（30% O_2）时，产出的合成气热值为4MJ/m³；注入氧气和蒸汽混合物气化时，产出的合成气达到峰值5.6MJ/m³。

5.2.3 英国纽曼·斯宾尼和贝顿现场试验（1949—1959年）

英国对UCG的研究始于1949年，曾经由燃料和电力部负责组织和领导。自1956年开始，这方面的研究改由国家煤炭委员会（NCB）领导（Thompson，1978）。据Thompson（1978）所述，英国进行的UCG试验，重点是在工艺井之间建立贯通通道，人们希望找到最适用的贯通技术来实现本地的煤炭地下气化。英国的第一次UCG试验是在谢菲尔德附近纽曼·斯宾尼露天煤矿中进行的，第二次试验在乌斯特郡的贝顿进行，第三次试验再次回到纽曼·斯宾尼。

5.2.3.1 首次纽曼·斯宾尼试验

纽曼·斯宾尼进行的第一次试验，是在一个露天开采的煤层中进行的（图5.4）。在构建气化模块时，人们先钻了一口井，钻在煤层（Fox Earth煤层）上方的采煤工作面处，然后由采煤工作面继续钻进并向下倾斜钻了约70m，使井"进入"Fox Earth煤层。接着在煤层中钻出约15m长的井眼，之后钻入底板（Thompson，1978；Beath等，2004）。

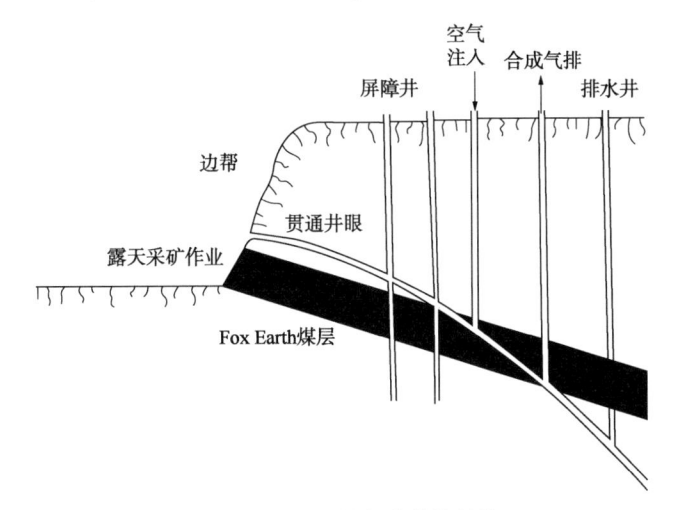

图 5.4 纽曼·斯宾尼试验中所用的气化模块结构（Thompson，1978）

人们又从地面分别钻了几口井与煤层内的井眼相交。这些井包括注入井（注入空气）、生产井（排出合成气）、排水井（可能是用于水和热解产物的收集）和至少一口屏障井（图5.4）。试验中气化的煤量总共180t。虽然在钻井过程中总结了不少经验，不过后来证明，这些经验在欧洲进行的试验中没有发挥任何作用。

5.2.3.2 贝顿试验

贝顿试验是在未揭露的煤层中进行的。在试验过程中对几种贯通方法进行了测试。第一次试验使用的是压缩空气贯通法（即压气贯通法）来贯通垂直工艺井，但贯通过程进展很慢。不过人们也发现，如果增加压缩气中氧气的比例，可以提高贯通速度，只是产生的通道相对狭窄。如果使用这种狭窄的通道，气化过程中就需要使用更高的空气压力（Thompson，1978）。第二次试验人们尝试使用电力贯通技术：在注入井和生产井的底部分别放置电极，通过高压电热解两口井之间的煤。结果表明，电力贯通时电流的流动方向往往无法预计，因此电流的流动路径无法控制。经过几次尝试后，人们最终放弃了这种方法，取而代之的是从地下坑道中进行钻井。

它们先在煤层内掘凿出两条坑道，接着在两条坑道之间钻水平井（在煤层内）将两条巷道贯通起来（随着专业技术的提高，后来只使用一条巷道），最后再从地面钻垂直井完成气化模块构建。在此之后，又依照同样方法，构建了多个气化模块阵列（图5.5）。

人们发现，在气化过程中，反应会从注入点沿着煤层内的贯通井眼快速推进，但遗留下大量的煤没有气化。

受此影响，人们不得不频繁地调整空气的注入方向，进行反向空气注入，用以使反应前缘重新沿井眼返回，这样一来就使转化效率非常低。此外，人们在贯通相邻气化模块的过程中，似乎同时出现过反应失控的情况。正是在这种情况下，人们开发出了另一种煤炭地下气化方法——盲孔法（Thompson，1978）。盲孔技术是在采煤工作面上钻一个直径为0.2m的井眼，将钢管插至井眼底部附近，通过钢管将氧化剂送入揭露的煤层中（图5.6）。

经过试验发现，虽然这样做能够实现煤的气化，但地下气化炉中的钢管却迅速发生腐蚀。为了解决这一问题，人们又准备使用更为高级的钢材。恰巧此时，NCB 接管了试验的控制权，并把试验重新移到纽曼·斯宾尼。

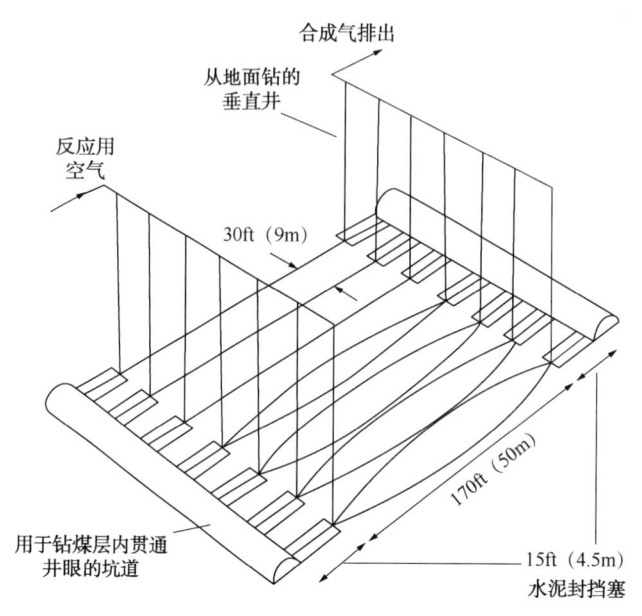

图 5.5　英国贝顿建立的第一个气化模块阵列(约 1955 年)(Thompson，1978)

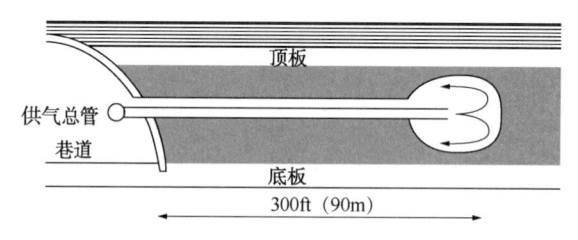

图 5.6　盲孔技术(Thompson，1978)

5.2.3.3　纽曼·斯宾尼的第二阶段试验

1956 年，纽曼·斯宾尼开展了第二阶段 UCG 研究。该阶段的重点是研究能否形成一套具有商业规模的 UCG 设施，使之具备为一个小型发电机组(4~5MW)供气的能力。为此，人们开展了一系列试验。P5 试验是该系列试验中最后进行的一个试验，分别在贝顿和纽曼·斯宾尼两个地方进行。目标煤层 Sough 层是一个薄煤层，倾角很小，其中的煤为高挥发性烟煤(VM>35%)。盲孔技术在纽曼·斯宾尼得到了进一步发展。人们建立了一个气化模块阵列，这一阵列中布置了多个盲孔，均是从中心坑道沿水平方向钻入煤层(图 5.7)。

这次试验成功实现了煤的气化，气化的煤量超过 1050t，效率达 42%，产生的合成气热值为 2.8MJ/m³。然而，在气化过程中，特别是在相邻的地下气化炉之间发生接触的情况下，很难对气化反应进行控制。在采用盲孔法的同时，另一组试验(备选的 UCG 方法)也在进行，该试验不仅产出了合成气，而且也没有出现盲孔法中遇到的气化控制问题。于

5 欧洲的煤炭地下气化——现场试验、实验室实验和欧盟资助项目

是，人们将盲井法放弃，并基于这种新技术建立了一套新的气化模块阵列：在一个更大的地下气化炉（例如矿道）中进行煤炭地下气化，将合成气通过一个位于煤层内的井眼采出，在合成气通过井眼的过程中，将 CO_2 还原成 CO。纽曼·斯宾尼系列试验中的 P5 试验布局如图 5.8 所示。

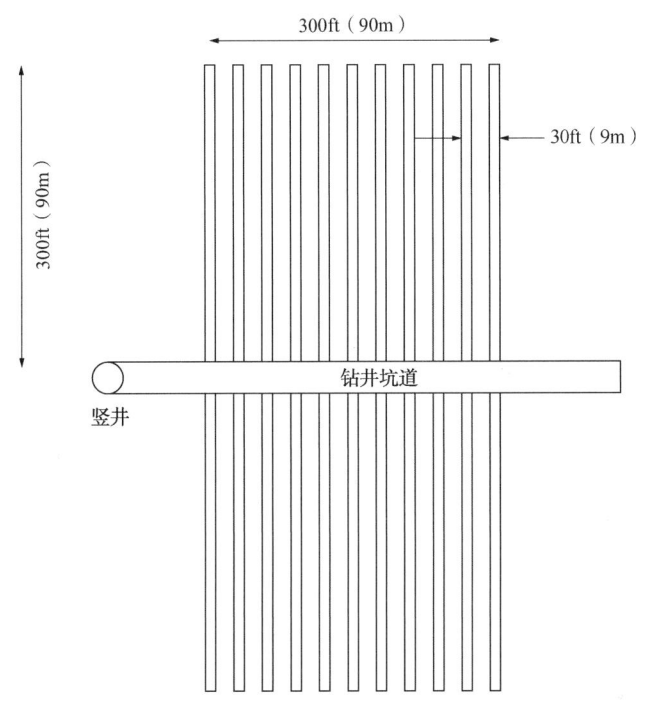

图 5.7 纽曼·斯宾尼的盲孔阵列（Thompson，1978）

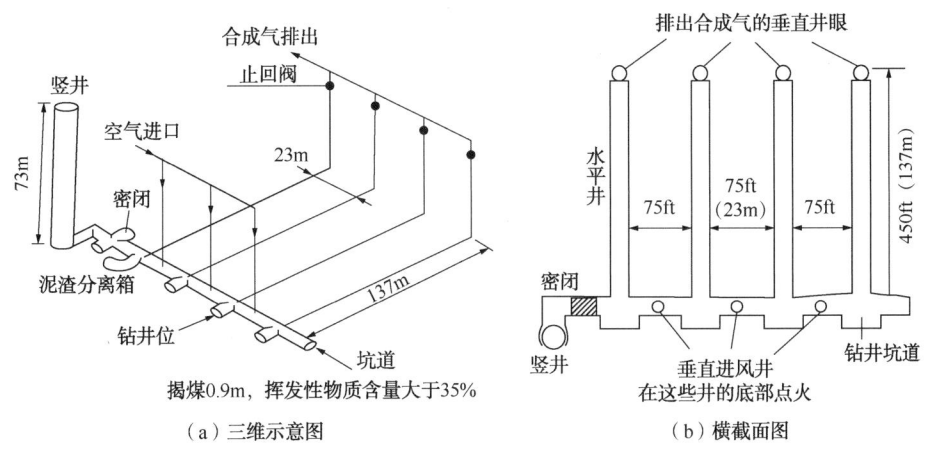

（a）三维示意图　　　　　　（b）横截面图

图 5.8 纽曼·斯宾尼 P5 现场试验布局（Thompson，1978）
图未按比例绘制

为了构建这些气化模块，人们在 73m 深的地方分别掘凿了一口竖井和一条沿煤层延伸的坑道。3 口直径 30cm 的垂直井从地面一直钻到坑道，作为进气口。接着以 23m 的间距沿坑道在煤层中横向钻了 4 个直径为 35.6cm 的气化井眼，然后再从地面钻 4 口直径为

30cm 的生产井，分别与 4 个气化井眼末端相连。在气化过程中，还向煤层中钻了几口直径小一些的监测井，用以进行气体分析并检查反应区中的反应情况。

气化开始于 1959 年 4 月 22 日，历时 118 天，于 8 月 17 日结束。约有 9150t 煤（总共 11000t 煤）气化，气化气产量高达 23000m³/h（即波及率 84%），产生的合成气热值为 1.5~3.4MJ/m³，产出的这种合成气甚至可以在不向燃烧器中加油的情况下，就可以直接为电厂提供动力。Thompson（1978）认为，这种劣质合成气可能是薄煤层地下气化所固有的，是由于气化效率受限造成的。

在 P5 试验结束时，市场上常规能源的供应非常充足，而且相对而言还要更便宜。因此出于经济方面的考虑，人们放弃了有关 UCG 等实验技术的进一步试验。

5.3 第二阶段——1980—2000 年的现场试验和实验室实验

5.3.1 法国（1979—1986 年）

地下气化研究组（GEGS）成立于 1976 年，由法国夏邦纳研究所（CdF）、法国天然气公司（GdF）、地质矿产研究局（BRGM）以及法国石油研究所（IFP）等研究团队组成。

1979—1986 年，它们在法国布鲁亚安纳特瓦、埃切莱斯和上德乌勒等几个煤田分三个阶段进行了试验，目的是更好地了解深层（超过 800m）硬煤的气化反应特点，进一步研究不同的贯通技术。在这些试验中，人们曾使用过水力压裂、反向燃烧和电力贯通方法对从地下矿山巷道钻的井眼或从地面钻的垂直井眼进行贯通。

第一阶段试验于 1979—1981 年在布鲁亚安纳特瓦一个正在关闭的煤矿（北加莱煤田）中进行。井眼从老矿区一个 170m 深的矿山巷道，向下钻至深度为 1000m 的下部烟煤煤层，该煤层厚度为 1.2~1.5m（图 5.9）。注入井和生产井间距为 65m。人们花了几个月时间，通过水力压裂法最终实现了注入井和生产井间的贯通。

1979 年 8 月，它们首先以 300bar 的压力将水注入其中一口工艺井，以确定地下的水力连续性。当时从第二口工艺井中回收到的水量仅为注入水量的 10%。在随后的试验阶段（从 1980 年 2 月开始），它们使用的是水和砂的混合液，目的是确保裂缝在作业过程中保持为张开状态。但在注入过程中，压力升至 750bar，注入的液体又返排到注入井内。后来，经过检查发现，注入井内已经充满了煤—砂浆（后来被清除）。最后，它们不再掺砂，只单独注水。这时发现生产井的回收流量已增至注入量的 30%。

1980 年 6 月，通过注入热空气（流量介于 100~200m³/h），在二号井周围对煤实现了第一次点火（Bruay 1 试验）。点火阶段持续 20h，点火器将空气加热到 250~450℃，点火结束后，将空气注入从二号井改到一号井，以便开始反向燃烧作业。

在接下来的几天里，环路的注入能力快速下降，这是由于一号井周围出现煤炭自发着火的迹象。人们试图通过注水灭火，但无济于事。在接下来的几个星期里，它们先是将空气从一号井注入改为从二号井注入，第二次又从二号井改为一号井，但环路的注入能力仍然很低，而且很明显，此时已经形成了两个燃烧区：第一个位于二号井底部，是由电点火器点燃的；第二个则在一号井周围，是煤自燃形成的。

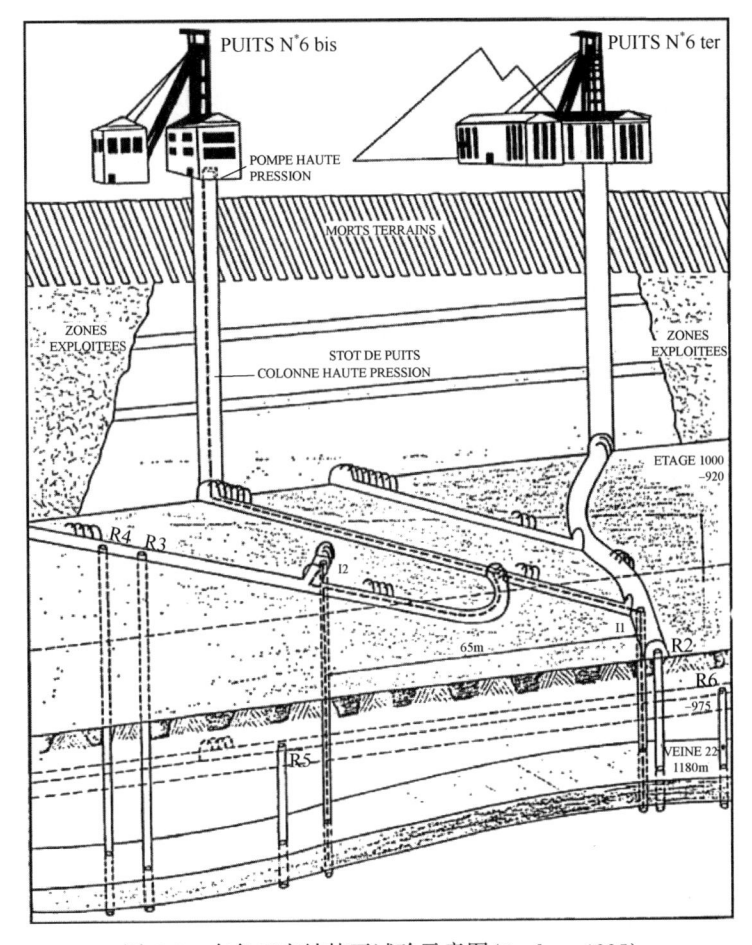

图 5.9 布鲁亚安纳特瓦试验示意图(Leplat, 1995)

在接下来的几个月里,人们又组织开展了新的试验(Bruay 2 试验),将注入的空气换成空气/氮混合物。虽然混合物中只含有 10% 的氧气,仍然无法解决煤的自燃问题。试验于 1981 年 6 月结束,并将布鲁亚安纳特瓦的这个矿井永久关闭。

在法国中部圣艾蒂安附近的埃切莱斯,人们在一个 30m 深的煤层中进行了电力贯通试验。第一次试验中,通过这种方法对电极之间的煤进行了碳化,但由于温度非常高(1500℃),设备运行不到 24h 便报废了(Couch, 2009)。后来,它们也曾在试验中采用过冷却系统,但留下的信息很少,只提到过电极之间产生的焦炭通道用电较少。除此之外,很少谈到有关于试验成功的信息。

第三阶段试验在上德乌勒进行(图 5.10);工艺井从地表一直钻至 880m 深、2m 厚的半无烟煤煤层(Gadelle 等,1985,1986)。为了贯通这些井,采用了较低的排量和压力,通过井眼向煤层注水大约 3 个月。随后又使用氮气泡沫进行水力压裂。这种方法建立的贯通通道比布鲁亚安纳特瓦试验(Couch, 2009)的要好。虽然通过电点火系统成功把煤点燃,但点火设备很快就被腐蚀了。正向燃烧始于 1984 年 11 月,使用的氧化剂混合物包括 N_2、O_2、CO_2 和 C_3H_8。然而,正向燃烧并没有持续很长时间,因为生产井被形成的焦油、氧化产物和煤颗粒堵塞了。

图 5.10 上德乌勒场地概貌

总体而言，法国试验的结果乏善可陈：虽然使用了水力压裂，但却未能在工艺井之间形成理想的贯通通道；而试图对深部煤层进行的气化尝试也因煤层发生自燃而将注入井关闭。所用的电力贯通也存在问题，这是设计方面的问题（即电极的设计不能承受 UCG 的腐蚀环境）。此外，上德乌勒半无烟煤煤层不适合进行反向燃烧，因为这种煤挥发性物质含量很低，而且渗透率很低。

除了法国的现场试验之外，GEGS 研究组还在实验室开展了重要的实验研究。这项研究对欧洲 UCG 试验的第二阶段和第三阶段意义重大。

5.3.2 比利时图林（1978—1988 年）

在图林进行的试验（比利时—德国）于 1979 年 4 月 1 日开始，1988 年 3 月 31 日结束。图林试验是在 1976 年 10 月经比利时和德国政府达成协议后进行的，该协议后来得到了欧洲委员会的支持，费用由欧洲委员会（40%）、德国（29.4%）和比利时（30.6%）分担。比利时成立了地下气化开发机构（IDGS），以保障和支持该项目在东道国的实施（Mostade，2014a）。

图林试验是在南比利时煤矿带上的西埃诺煤田的一个煤矿中进行的。目标煤层是利奥波德—查尔斯煤层，这是一个半无烟、非膨胀煤煤层，埋深约为 860m。该煤层由多个薄层组成，最大组合厚度为 6.9m（煤的特性参见表 5.1），最大"纯煤"净厚度为 4.2m。图林试验的主要目标如下：

（1）验证利用空气和蒸汽的混合氧化剂在较大深度（大于 800m）进行 UCG 的可行性。
（2）选择比利时南部煤田作为试验场地。
（3）钻四口垂直工艺井（图林 1 井—图林 4 井），井间距约为 35m，深度达 1100m。
（4）实现所需地面设备的设计、采购和施工。
（5）验证 LVW 结构可以在 800m 以上的深度工作。

5 欧洲的煤炭地下气化——现场试验、实验室实验和欧盟资助项目

表 5.1 利奥波德—查尔斯煤系分析

参 数		数 值	参 数	数 值
成分 [%/(质量分数)]	水分	0.83	高热值(干燥无灰基准)(GJ/t)	32.1
	灰分	9.25	煤级	半无烟煤
	挥发物	12.20	膨胀指数	0.5
	固定碳	77.72		
元素 [%/(质量分数)]	碳	91.44	灰熔温度(℃)	1450~1580
	氢	4.25	原位温度(℃)	31
	氧	2.15	自燃温度(℃)	245(大气压下); 195(100bar)
	氮	1.29		
	硫	0.87		

最初钻的 4 口探井呈星形排列(图 5.11),其中 3 口围绕着中心井(图林 2 井)布置,与中心井的角度和距离分别为 120°、35m(Chandelle 等,1988)。图林 1 井、图林 2 井和图林 3 井后来用于进行反向燃烧试验。图林 4 井和图林 3 井中遇到的煤层受到构造扰动,但图林 1 井和图林 2 井之间的煤层未受扰动。这四个井眼中纯煤的总净厚度变化很大,1.4~4.7m 不等。

试验开始时,水文地质测试表明煤层渗透率很低,在 0.003~0.1mD 之间,随着注入压力的增加,煤层的有效渗透率随之增加。水文地质测试和气体验收测试(即注入氮气)都表明,图林 1 井和图林 2 井之间的水力连通最好。

在 1982—1984 年的两次试验中,采用反向燃烧技术进行不同工艺井间的贯通。两次试验中使用了不同的点火装置,第一次用的是电点火装置,第二次用的是火炬点火装置。不过这两种点火方法都没获得成功,均没能在图林 1 井和图林 2 井之间建立理想的流动通道。此外,由于工艺井底部发生自燃,再加上反复出现油管/套管破裂,迫使人们不得不对工艺井重新进行设计,致使作业进度受到了影响。

在解释形成通道不足的原因时,Chandelle 等(1988)研究了高岩石静压对深部煤层的影响。首先,这两口工艺井间贯通处的岩石静应力较高,使煤层的渗透率和发生反应的能力降低(由于渗透率较低,导致气化反应表面积较小)。要产生大量的气体流动,就有必要使注入压力大于煤层的机械强度。其次,由于注入井周围的岩石静应力比较高,在注入点周围形成了一个有限的蠕变区,使那里煤的反应能力增强,因此很难阻止煤的自燃。在氧化剂注入过程中,人们发现燃烧前缘不能进一步扩展蠕变区,因为渗透气体的压力抵消了作用在原煤上的径向应力。此

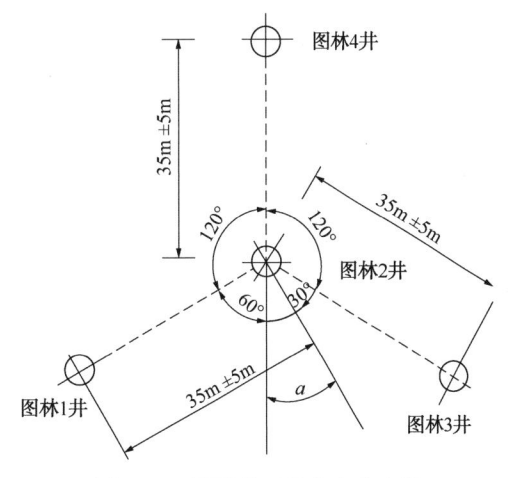

图 5.11 图林的工艺井布井方案
(Chandelle 等,1988)

外，当气体从蠕变区/原煤边界渗入低渗透的原煤中时，蠕变区的高温燃烧转变为低温氧化。

当注入井注入的氧化剂进入生产井的蠕变区时(如果含氧量足够高)，生产井周围蠕变区中的煤也会发生燃烧/热解。然而，只有当氧化反应产生的水能够从系统中去除时(原煤中存在的游离水可能会降低有效渗透率)，燃烧前缘才会扩大。如果满足这些条件，可能会形成反向燃烧前缘，导致大量煤在注入井周围发生热解。与生产井周围的岩石静应力相比，由于渗透气体的压力相对较低，于是蠕变区不断扩大(图 5.12)。然而，与低压条件下(即浅煤层)的反向燃烧相反，在高压条件下，两口工艺井之间不会形成流动通道。相反，注入井周围蠕变区边界处的原煤发挥了气体扩散器的作用，使注入气体从注入点流出后均匀地流过一个较宽的弧区。在生产井周围压力较高的条件下，由于热解和空气压力相对低，导致蠕变区不断扩大。基于这些发现，Chandelle 等(1988)得出结论，在深度较大的煤层中，不能将逆向燃烧作为一种贯通方法。

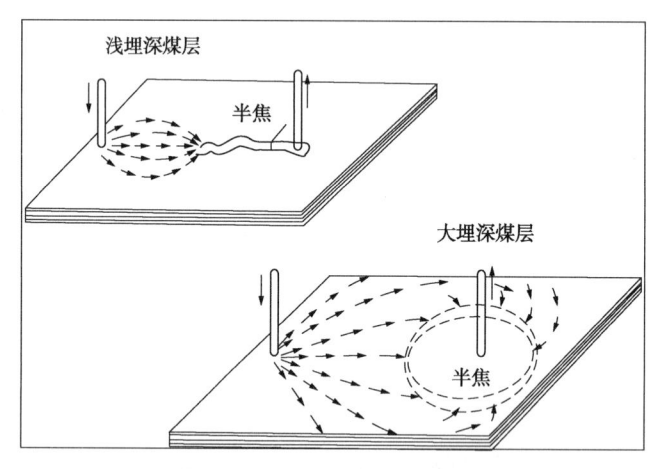

图 5.12 浅埋深煤层和大埋深煤层反向燃烧贯通的比较

考虑到现有的先进钻井技术和现场地质条件，人们决定采用小半径定向钻井技术在煤层内从图林 1 井向图林 2 井钻进。根据计算，它们认为沿煤层钻出的井眼与图林 2 井出现了几米的偏差，于是决定先从图林 2 井进行侧钻，接近煤层内的贯通井眼后再使用水力压裂完成最终贯通。就这样，它们成功地在两口工艺井之间建立了液压连通，有钻井液从图林 2 井中排出。在完井之前又对气化模块内的煤和岩石进行了进一步清理。除了使用定向钻井对工艺井进行修整外，人们还对地面设备进行了升级，升级后的设备可以向注入井注入氧气、二氧化碳和泡沫水(最初的方案是使用空气和水)。

气化试验于 1986 年 10 月 1 日至 1987 年 5 月 16 日进行。根据所用氧化剂的混合情况和气化炉的压力变化情况，把试验过程分为 18 个不同的气化阶段(表 5.2)。可以预期，由于不同阶段的气化条件和氧化剂组分不同，这 18 个试验阶段中合成气的组分也将会有显著的不同：热值为 12~10250kJ/m³(平均值为 4500kJ/m³)，煤耗为 216~1761kg/d(平均值为 800kg/d)，气化效率为 18%~59%(平均值为 44%)，热能为 0.1~0.4MW(平均值为 0.2MW)。

5 欧洲的煤炭地下气化——现场试验、实验室实验和欧盟资助项目

表 5.2 每个气化阶段主要工艺数据的平均值（Chandelle 等，1988）

阶段		①	②	③ a	③ b	③ c	③ d	④ a	④ b	⑤ a	⑤ b	⑤ c	⑥	⑦	⑧ a	⑧ b	⑨	⑩	⑫	⑬ a	⑬ b	⑭	⑮	⑯	⑰	⑱
气化剂	O₂(m³/h)	9	30	66	70	99	89	49	66	66	38	55		58	62	73	63	0	204	210	127	33	184	91	193	0
	N₂(m³/h)	22	62	251	262	372	335	110	78	13	12	14	向两口井注入	14	247	287	8	28	313	59	25	146	38	345	44	310
	H₂O(L/h)	0	0	0	0	99	89	179	15	36	22	26	−59	29	217	0	21	163	25	105	68	40	92	0	99	0
压力	1号井	106	146	193	193	200	202	179	177	186	194	193	−256	192	217	234	199	163	189	273	283	253	258	248	262	249
(bar)	2号井	104	101	144	129	101	127	123	100	100	147	43	221	109	100	41	40	40	41	41	100	97	40	40	41	45
流量	H₂	0	2.73	1.69	4.97	6.67	1.14	2.1	3.12	5.2	4.31	7.53	—	2.74	2.85	3.23	2.24	2.2	4.39	15.5	5.45	5.26	3.55	6.99	5.12	1.4
(干气)	O₂	8.48	2.29	6.12	4.5	2.95	2.02	0.49	0.71	0.07	0	0	—	0.46	0.27	0.4	0	0	3.96	3.2	0.3	0	0.93	5.79	10.45	3.39
(m³/h)	CO	0	1.23	0.59	2.36	3.17	1.55	0.59	0.91	0.83	0.22	1.05	—	0.05	45.93	39.76	0.19	0.03	2.35	15.4	2.44	0.37	3.67	3.58	4.4	0.43
	CO₂	0	10.82	8.93	29.28	37.97	35.04	34.31	45.76	43.77	21.08	54.23	—	41.32	4.59	9.39	45.68	24.76	44.95	68	71.22	55.72	48.08	39.43	58.31	28.5
	CH₄	0	6.14	5.09	18.3	20.45	11.1	13.42	18.9	23.3	14.29	30.59	—	14.45	134.86	178.14	15.68	15.01	11.83	32.3	20.51	29.12	8.74	5.75	3.71	4.1
	N₂	22.02	13.8	33.66	110.59	151.29	132.36	82.59	62.98	23.27	8.61	22.78	—	67.65	188.5	230.92	28.44	35.11	122.43	44	30.43	22.79	28.54	82.46	46.67	98.86
	合计	30.5	37.01	56.08	170	222.5	183.21	133.5	132.38	96.44	48.51	116.18	—	126.67	188.5	178.14	92.23	77.11	189.91	178.4	130.35	111.26	91.51	144	128.66	136.68
H₂O(L/h)		2	5	4	24	21	12	10	7	48	24	51	—	38	38	30	36	25	14	39	45	68	61	42	41	36
组分	H₂	0	7.4	3	2.9	3	0.6	1.6	2.4	5.4	8.9	6.5	气化炉出口	2.2	1.5	1.4	2.4	2.9	2.3	8.7	4.2	4.6	3.8	4.9	4	1
(干气)	O₂	27.8	6.2	10.9	2.9	3	1.1	0.4	0.5	0.1	0	0		0.4	0.1	0.2	0	0	2.1	1.8	0.2	0	3.9	4	8.1	2.5
(%)	CO	0	3.3	1.1	1.4	1.4	0.8	0.4	0.7	0.9	0.5	0.9		0	0.1	0.2	0.2	0	1.2	8.5	1.9	0.1	3.9	2.5	3.4	0.3
	CO₂	0	29.2	15.9	17.2	17.1	19.1	25.7	34.6	45.4	43.5	46.7		32.6	24.4	17.2	49.5	32.1	23.7	38.2	54.6	49.2	51.4	27.4	45.3	20.9
	CH₄	0	16.6	9.1	10.8	9.2	6.1	10.1	14.3	24.2	29.5	26.3		11.4	2.4	4.1	17	19.5	6.2	18.2	15.7	25.7	9.3	4	2.9	3
	N₂	72.2	37.3	60	65.1	68	72.3	61.8	47.5	24	17.6	19.6		53.4	71.6	77.1	30.9	45.5	64.5	24	23.4	20.2	30.6	57.2	36.3	72.3
低热值(kJ/m³)		0	7168	3726	4363	3802	2353	3848	5476	9378	11.606	10249		4329	1034	1645	6385	7310	2625	8553	6326	9755	4237	2278	1901	1227
热功率(MW)		0	0.07	0.06	0.21	0.23	0.12	0.14	0.2	0.25	0.16	0.33		0.15	0.05	0.11	0.16	0.16	0.14	0.42	0.23	0.31	0.11	0.09	0.07	0.05
煤耗(kg/d)		0	288	216	816	960	696	720	1008	1080	600	1368		840	696	720	914	624	862	1781	1385	1334	858	700	450	270
受影响的煤炭(kg/d)		0	768	600	2112	2424	1176	1464	2088	2640	1680	3504		1776	1176	2160	1705	1630	1421	4065	2362	3227	1085	994	639	488
回收率(%)		0	47.1	23	4	44.3	45.6	70.7	70.8	66.1	52.6	31.1		41.4	73.9	49	72.7	—	22.6	40.4	54.1	13.7	27.7	52.7	39.6	—
气化效率(%)		0	56	59	56	54	40	45	45	52	57	53		41	18	32	41	53	37	53	33	51	30	31	35	40

其中，在试验的第⑫个阶段，生产井的合成气中测量到大量的氧气成分，表明已经出现了氧气窜流。在其他测试中，该问题也时常出现。在第⑱个试验阶段，气化炉熄灭，但热解气体仍在继续产生。通过质量平衡计算发现，157t 煤已完全转化为合成气，地下气化炉中还留有 183t 半焦炭。

通过图林试验证明，在深煤层中进行 UCG，技术上是可行的。图林试验对后来 UCG 在欧洲的发展做出了重要贡献。图林项目各主要阶段的总结情况见表 5.3。

表 5.3　1978—1987 年图林试验各主要阶段的汇总情况

时　间	阶　段
1978 年	图林 1 井钻井、完井，比利时国家工业开采研究所管理和资助
1979 年	制订计划和前端工程设计（FEED）
1979—1980 年	图林 2 井、图林 3 井和图林 4 井钻井、完井。现场地质评估和煤炭特性测定
1980—1982 年	地面设备采购和建造
1981 年 2 月—1982 年 1 月	井间渗透率测试
1982 年 2 月—1984 年 9 月	尝试使用反向燃烧贯通
1984 年 11 月—1986 年 9 月	为贯通图林 1 井和图林 2 井而进行的设计和定向井钻井、完井——为改造地面工厂而进行设计、采购和施工（EPC）
1986 年 10 月—1987 年 4 月	气化操作：从图林 1 井（注入井）到图林 2 井（生产井）
1987 年 5 月—1987 年 10 月	追加连通测试、井下设备拆除和井的废弃

图林项目结束后，IDGS 参与了"UCG 在欧洲的未来发展"计划，其中包括：（1）向比利时布鲁塞尔的欧盟委员会提交一份综合报告（1989 年 4 月）；（2）在阿尔科里亚开展"埃尔特里梅达尔"UCG 试验。IDGS 于 2001 年解体后，成立了一个非营利协会"比利时地下能源回收协会（UNERBEL）"，承接了所有 IDGS 数据（来自图林试验、欧洲工作组工作、埃尔特里梅达尔试验以及比利时南部以前的采矿活动）。IDGS 数据档案现保存于比利时列日大学地球科学图书馆。

5.3.3　煤炭地下气化欧洲工作组（1988—1990 年）

1987 年，人们认识到，如果关注 UCG 技术的国家能够携起手来，UCG 在欧洲的未来将得到保障。1988 年 4 月，比利时、德意志联邦共和国、法国、荷兰、西班牙和英国联合成立了有关 UCG 的欧洲工作组（European Working Group，EWG），由欧洲共同体委员会（CEC）为该工作组提供财政支持。1989 年 4 月，在提交给 CEC 的一份综合报告中，EWG 认为，对于欧洲典型的大埋深薄煤层来说，进行 UCG 是可行的。这份综合报告中还提供了一份经济评估报告，认为 UCG 具有巨大的经济潜力，其合成气可供给联合循环发电厂，以经济高效地发电。在此基础上，EWG 又进行了一项可行性研究，并为欧盟赞助的 UCG 项目提供了一些建议。

此后，欧洲实施了一项商业规模的 UCG 计划，为期 15 年。该计划的第一阶段计划共进行两项现场试验（含支持性研究工作），使用沿煤层定向钻进技术来建立 CRIP 气化模块。其中，第一项试验计划在 600m 左右的深煤层中进行，这比美国用 CRIP 技术开展的试验要深得多。人们希望利用这一试验继续技术开发，希望能为第二次试验开发更深的煤层（即900m以上）打下基础（Mostade，2014b）。

第一次试验的候选地点定在西班牙和法国，第二次试验的候选地点定在英国和比利时（但人们认为后者尚需进一步评估）。最后一致认为，应将第一次中等深度的试验放在西班牙进行。项目的详细方案准备于1990年完成。

5.3.4 埃尔特里梅达尔现场试验（1991—1999年）

埃尔特里梅达尔项目由西班牙、比利时和英国的组织联合发起，作为"THERMIE"框架计划的一部分，得到了CEC的支持。该项目的主要目标是验证在600m左右中等深度的煤层中使用CRIP技术进行UCG的可行性。该试验设定了几个技术目标，基本上都是为了证明：在这个深度，可以沿煤层钻出长距离井眼，而且可以实现贯通。

该试验位于西班牙特鲁埃尔的阿尔科里亚镇附近。选定的试验区域为埃尔特里梅达尔，区域内含有特鲁埃尔煤盆地的次烟煤。特鲁埃尔煤盆地形成于早白垩世末期（Chappell和Mostade，1998）。用于进行煤炭地下气化的煤区位于埃斯库查层内，在埃尔特里梅达尔试验项目中，重新将其命名为皮德拉瓦尔组。该地层不整合地覆盖侏罗纪沉积物。两个煤层总体上属皮德拉瓦尔地层，由数米厚的含泥岩和（或）石灰岩分隔。其中，上煤层不连续，在上覆砂岩层沉积期间受到剥蚀（即常见有煤层"冲刷"现象），而下煤层在整个试验区域内是连续的。乌得利亚地层，位于皮德拉瓦尔地层之上，厚度约100m，由黏土岩和砂岩组成。侏罗纪构造作用导致断层错动和次盆地发育，之后白垩纪沉积物又在次盆地中沉积。

此前，当地曾有一家采矿公司，通过地震和勘探井对埃尔特里梅达尔地区地层开采潜力进行过调查。之所以选择埃尔特里梅达尔地区，基于以下几点：

（1）附近没有采矿作业；（2）附近没有地下水；（3）这里的煤层已完成了煤层表征，且煤层性质非常适合进行UCG；（4）断层发生率低；（5）这里的地形便于人员和设备出入，便于开展场地准备工作；（6）少部分土地业权人参与了现场踏勘。

最初的计划是钻两口勘探井，但后来又增加了一口，以便在下煤层定向钻进之前更好地表征倾角、煤层断层带厚度、冲刷和裂缝的变化。勘探结果显示，两个煤层的倾角都在30°左右，三口探井之间的煤层较为连续。该地区没有大型断层，但有证据表明第三口探井附近煤层受到过冲刷，不完整，使上煤层的平均实际厚度减少到2.6m。此外，第三口探井附近的下煤层质量较差，为碳质泥岩—粉砂岩，而不是煤炭。

勘探阶段的成果表明，上煤层具有沿煤层钻井和气化的理想条件，于是将上煤层定为目标煤层。该煤层厚度2~5m，倾角约为30°，深度为530~580m。煤层中的煤为次烟煤，煤层水22.2%，固定碳36.0%，挥发物27.5%，灰分14.3%。煤中的硫含量极高，达到7.6%。测得的煤层渗透率为2mD，煤的高热值估计为18MJ/kg。上覆岩层由黏土和沙子组成，后者测得渗透率为17.6mD。煤层条件和煤炭质量汇总结果见表5.4。

埃尔特里梅达尔试验的主要目标是使用激光—CRIP法进行煤炭地下气化试验，其间要进行多次CRIP后退操作和多次点火。根据设计，该气化模块包含三口工艺井，即一口大斜度注入井（煤层内长度约为100m）、一口定向生产井（通过导向技术与注入井煤层内井段的末端相交）以及一口横向注入井（距注入井煤层内井段长轴30m处完钻）。

大斜度注入井的钻井和完井作业于1993年10月按计划顺利完成。然而,在沿煤层钻进时,很难将井段保持在煤层内,钻穿煤层后钻入了下伏石灰岩层50m,之后才重新返回煤层(图5.13)。毕竟,当时定向钻井技术尚处于初级阶段,想要将井眼维持于煤层中遇到这样的难题并不奇怪。

表5.4 上煤层的主要特征(Fievez等,1997)

参 数	数 值	参 数	数 值
深度(底部)(m)	530~580	C[%(质量分数)]	71.4
静压头(bar)	48~52	H[%(质量分数)]	3.9
煤层厚度(m)	2~5	N[%(质量分数)]	0.6
倾角(°)	+/−29		
数据,以收到资料为基准 全水分[%(质量分数)]	22.2	无水分/灰分数据 S[%(质量分数)]	6.4
挥发物[%(质量分数)]	27.5		
固定碳[%(质量分数)]	36.0	O[%(质量分数)]	17.7
灰分[%(质量分数)]	14.3		
总硫量[%(质量分数)]	7.6	高热值(kJ/kg)	28453
高热值(kJ/kg)	18125	渗透率(mD)	2.0
等级	C级次烟煤		

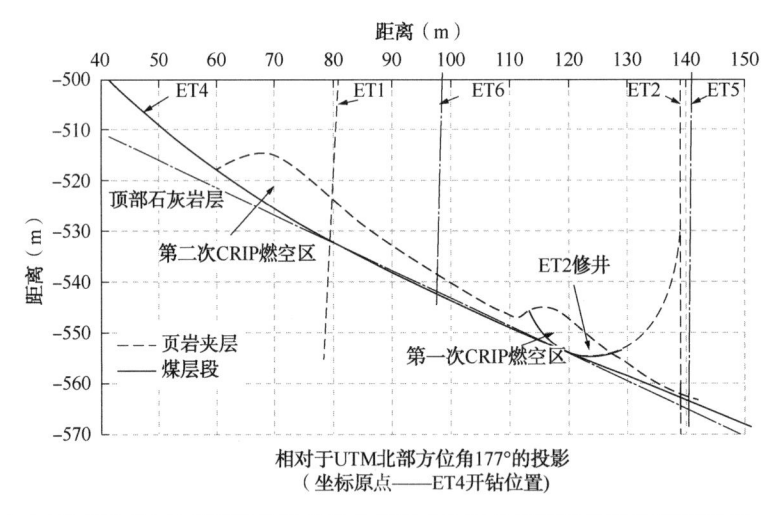

图5.13 注入井(和其他井)的井眼轨迹以及钻在煤层内和下伏石灰岩井段的剖面图(Fievez等,1997)

垂直生产井的定向钻井和完井作业于1994年12月成功完成。该生产井的定向控制实质上比上述注入井简单,它无须沿着很薄煤层在层内进行水平钻进。该生产井与注入井末端处的目标位置偏差在0.5m以内,在不到13天的时间里已经实现了完井。井内采用的是UCG专用油管和设备。

横向注入井在三口工艺井中是最小和最简单的,于1994年12月完井。定向钻进技术再次成功地实现了井眼的准确定位,钻井、完井作业在7天内完成。

气化操作包括沿注入井的煤层内井段建了两个CRIP地下气化炉。第一个地下气化炉的设计长度约为20m，第二个约为80m。气化剂主要是氧气和水。

第一个气化阶段从1997年7月21日至7月29日，但是由于地面和油井设备问题，气化操作在中途停止。在对设备稍做改动后，于10月1日开始进行第二个气化阶段，这次气化一直持续到1997年10月5日，后因注水井设备损坏而停止。考虑到持续气化已经进行了一段时间，在此期间也收集到了大量数据，加之注入井固定设备成本很高，因此决定停止气化，集中精力补充钻井，对地下气化炉进行进一步研究。

在这期间，煤炭的有效气化期共持续了12天，气化煤预计有237t（以无水、无灰分的煤为基准），注入氧气有90t。热功率输出最高时达到6MW，平均值为2.6MW。合成气的平均组成（以干燥、无N_2状态的煤为基准）为：H_2 25%，CO 11%，CH_4 14%，CO_2 42%和H_2S 8%。粗合成气含水约46%（体积分数），合成气平均热值（LHV）为11MJ/m^3（以干燥状态的煤为基准）。燃烧后通过钻井确定有一个塌陷区，塌陷区延伸至气化煤体上方，约为煤层厚度的5倍。

在埃尔特里梅达尔试验中，能够对中等深度的煤进行气化，采用L-CRIP法能以相对较高的产量（高达6MW热）生产出高质量的合成气。尽管井下设备在试验期间出现过一些问题，但试验中的最大问题可能是由场地选择引起的。砂岩盖层的渗透性高、强度低，导致大量水涌入地下气化炉，造成气化效率降低，并产生大量蒸汽/水。此外，由于气化压力高、上覆岩层渗透性大，造成大约17%的气化气外逸，进入围岩中。现场未检测到重大污染情况，这可能是合成气中所有冷凝物都与渗流的合成气一起，回到了地下气化炉中。

埃尔特里梅达尔试验为以后的UCG试验提供了许多重要的经验教训，包括定向钻进、地下构成的详细施工设计和试验场地的选择。西班牙试验中发现的问题，特别是随着钻井和勘探技术的不断进步，相对容易解决。例如，当时沿煤层可以达到的最大钻进长度约为100m，而现在为煤层气和页岩气开发的技术，能够沿煤层钻几千米。此外，UCG安全作业所需的地质和水文地质条件特征鲜明，可以利用现代勘探技术加以识别。因此，人们认为，埃尔特里梅达尔试验为后来欧洲的CRIP煤炭地下气化试验奠定了基础。例如，英国贸易和工业部（DTI）将UCG确定为英国大型煤炭储量开发的潜在技术之一，并完成了在英国进行商业UCG所需的地理环境、监管和技术等问题的全面评估。

5.4 第三阶段——2010年至今（2016年）的现场试验和实验室实验

欧洲地下气化制氢项目研究（HUGE）是一个赞助额为300万欧元的项目，由波兰中央矿业学院和其他10个欧洲机构承担。项目目标是用欧洲褐煤和硬煤对制氢方法进行优化，同时考虑在地下气化炉中进行二氧化碳捕获和封存。该项目侧重于针对那些已经取得成功，并能安全地将煤炭资源转化为氢气的工艺，对其工艺参数和地质条件进行评估，然后根据评估结果，进行工艺与适合煤矿的匹配。项目开展了大范围的气化试验，包括在高压气化炉中进行的煤块原位和非原位试验。进行的试验分为两种类型：一种类型是采用变化的UCG的运行动态，另一种类型是检查氧化钙引入气化反应后的效果。为该实验提供了小规模实验室实验、环境研究和计算机建模作为支持。该项研究随后由"HUGE2"项目（赞助金额250万欧元）接手继续进行。HUGE2项目主要关注UCG的环境和安全问题。研究项目包括在波兰南部的芭芭拉试验矿进行两次煤层气化试验。UCG气化炉在现有的地下坑道系统的基础上建造，并使用两种不同的工艺井结构(图5.14)。

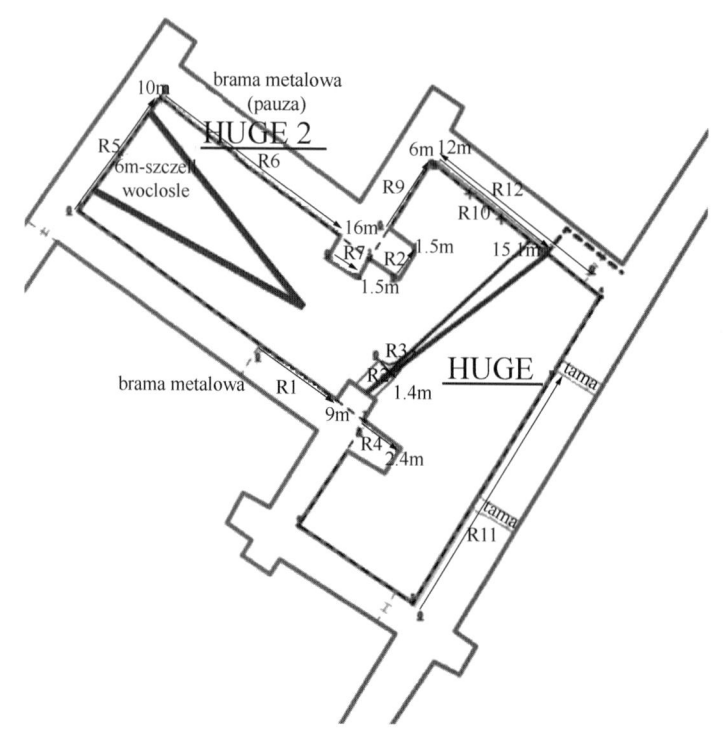

图5.14 HUGE和HUGE 2项目中芭芭拉试验矿的气化炉结构

5.4.1 波兰第一次煤炭地下气化试验(2010年)

波兰的第一个地下气化炉建造在芭芭拉矿区东北部，位于地下30m的310号煤层中(Wiatowski等，2012，2015)。选定的煤层可以利用现有的矿井和坑道系统。表5.5给出了试验场煤层中煤样的成分分析和元素分析结果。

表5.5 试验场煤的成分分析和元素分析结果

参　数	数　值	参　数	数　值
以收到的煤为基准		灰分[%(质量分数)]	16.52
全水分[%(质量分数)]	11.81	挥发物[%(质量分数)]	29.84
灰分[%(质量分数)]	15.56	热值(kJ/kg)	23019
总硫[%(质量分数)]	0.51	总硫[%(质量分数)]	0.54
热值(kJ/kg)	21708	碳[%(质量分数)]	57.95
分析结果		氢[%(质量分数)]	3.70
水分[%(质量分数)]	6.39	氮[%(质量分数)]	0.87

在试验中，钻了一个直径0.14m、贯穿煤层的水平井眼(燃烧通道)，长度为15m。通道入口和出口分别安装了直径为0.15m和0.20m的钢管。将氧气、空气、氮气和水用四

条管道供入气化炉。气化气管道直径为 0.20m，长约 150m。管道从地下气化炉的末端穿过通风巷并沿风井向上到达地面。装置的总体方案和地下气化炉的详细资料分别见图 5.15 和图 5.16。

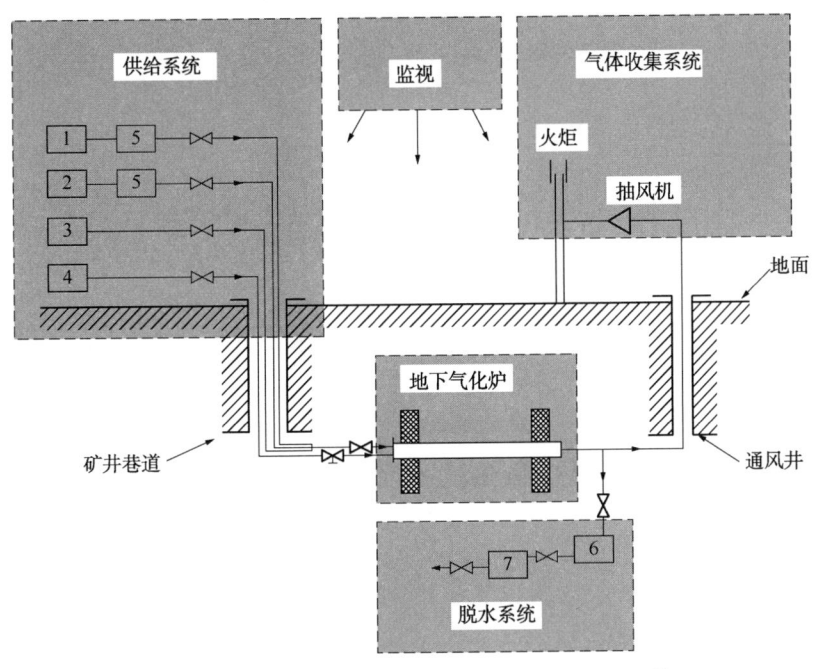

图 5.15　芭芭拉矿第一次 UCG 试验设计流程（Wiatowski 等，2015）

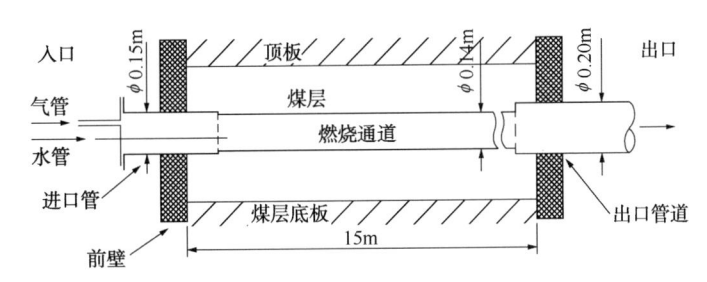

图 5.16　芭芭拉矿的第一个 UCG 气化炉结构图（Wiatowski 等，2012）

第一次原位实验于 2010 年 4 月 7 日至 22 日进行（共 355h），分为三个阶段：（1）第 0~190h，煤层点火并调整至稳定运行条件；（2）第 190~355h（总共 165h），地下气化炉稳定运行；（3）第 355h 后及接下来的 40 天，安全关闭地下气化炉，终止试验。

在实验的第一阶段，氧气以 20~40m³/h 的速率注入。试验期间，在注入氧气的过程中，周期性地改成空气或富氧空气（OEA）注入，目的是对实验室和建模的预测结果进行验证。地下气化炉在启动后约 190h 后达到稳定运行状态，并持续运行了 165h。在工艺终止（第 355h）后和接下来的 40 天，用氮气对反应位置进行冷却。气化气组分随时间的变化情况如图 5.17 所示。

试验的第一阶段记录了 H_2、CO 和 CH_4 的最大浓度，分别为 H_2 45%（体积分数）、CO 35%（体积分数）和 CH_4 8%（体积分数），之后这些气体的浓度逐渐下降。各组分的平均浓

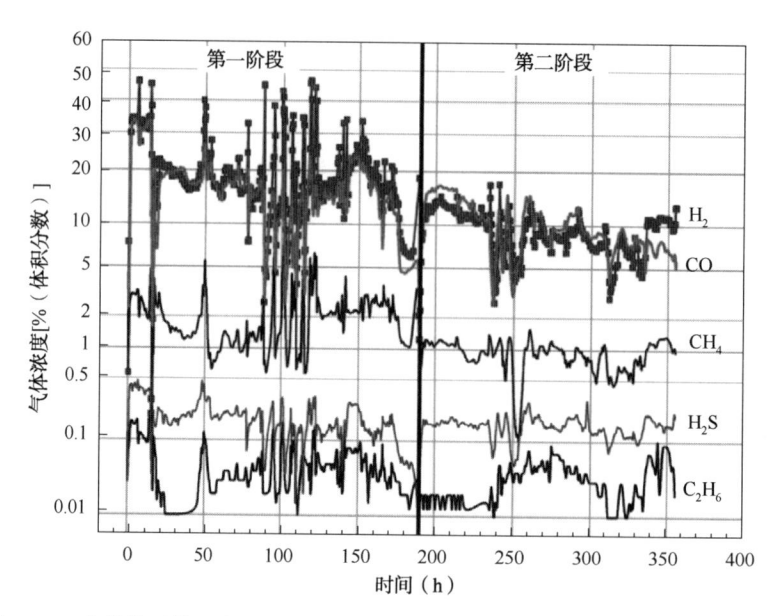

图 5.17 芭芭拉矿第一次 UCG 试验过程中气体成分的变化(Wiatowski 等,2012)

度见表 5.6。合成气中 CO_2 含量最初为 13%(体积分数),后来增加到 30%(体积分数),平均值为 16.4%(体积分数)。氮含量也从平均 47.8%(体积分数)(第一阶段)增加到 57%(体积分数)以上(第二阶段)。

第一次芭芭拉试验表明,在浅薄煤层进行煤炭地下气化具有可行性,但在操作上可能存在问题。在矿井条件下,地下气化炉最初为一个封闭系统,后来逐渐与周围环境连通,使得过量空气流入气化区,从而对气化气质量产生了负面作用。由于煤层较薄,导致围岩的热损失(气化过程中产生的部分能量)较高,使整个工艺的能效降低到约 56%。

表 5.6 第一次芭芭拉试验中各气体组分的平均浓度

气化阶段	平均浓度[%(体积分数)]							
	H_2	CO	CH_4	C_2H_6	H_2S	CO_2	N_2	O_2
(1)第 0~190 小时	18.5	15.7	2.0	0.05	0.18	13.2	47.8	2.6
(2)第 90~355 小时	9.2	10.7	0.0	0.03	0.16	20.2	57.6	1.2
平均值	14.2	13.4	1.5	0.04	0.17	16.4	52.4	1.9

5.4.2 波兰的第二个煤炭地下气化试验

芭芭拉煤矿的第二个 UCG 地下气化炉与第一个试验位于同一煤层。在煤层中钻了一个水平的 V 形燃烧通道,该燃烧通道由直径为 0.14m、长度为 17.3m 的两个井眼组成(Wiatowski 等,2015)。装置的总体设计和地下气化炉的几何形状分别见图 5.18 和图 5.19。

第二个现场试验于 2013 年 8 月 1 日至 7 日进行(共 142h),分为 3 个阶段:(1)第 1~101 小时,煤层点火和地下气化炉稳定运行;(2)第 101~142 小时(41h),地下气化炉在不稳定条件下持续运行；(3)第 142 小时及之后的 4 周内，安全关闭地下气化炉，结束试验。

试验过程中气化气组分的变化情况如图 5.20 所示。

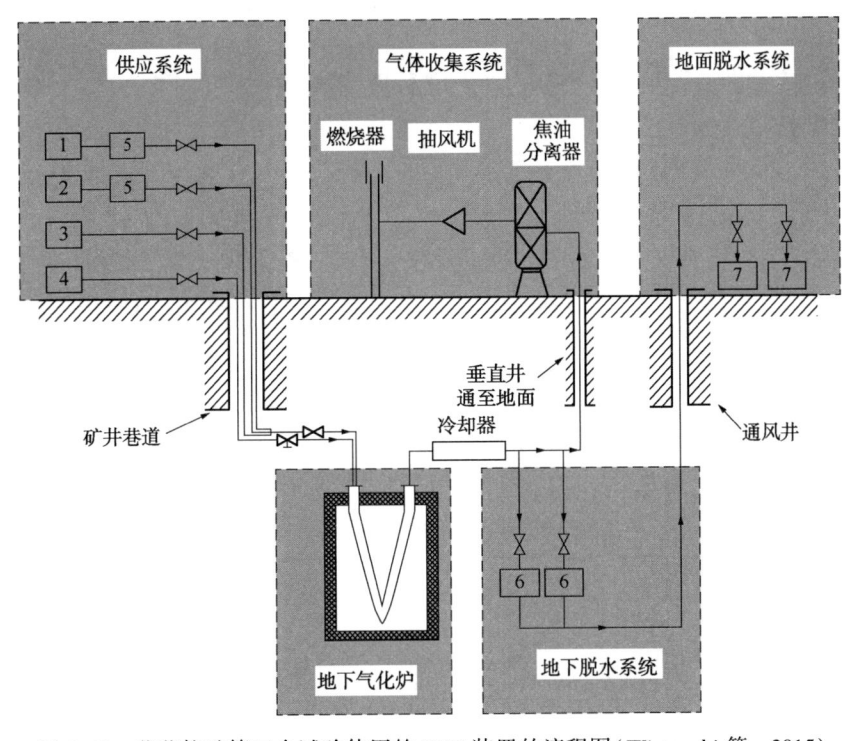

图 5.18　芭芭拉矿第二个试验使用的 UCG 装置的流程图(Wiatowski 等，2015)

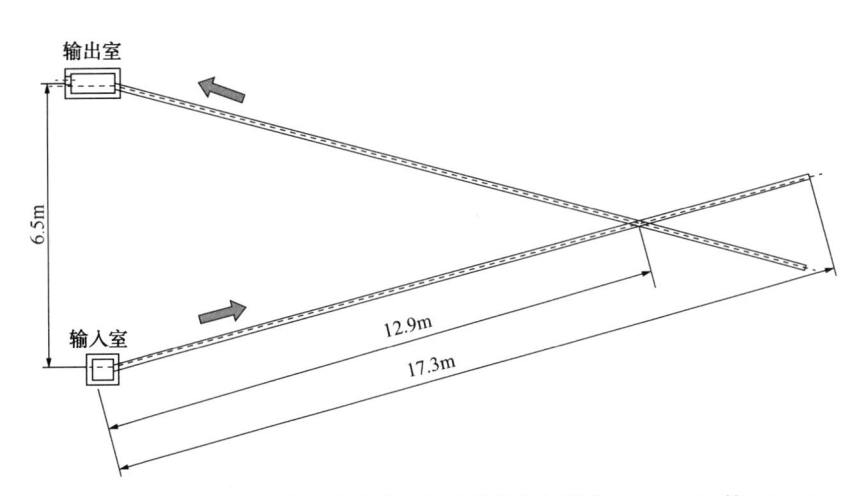

图 5.19　芭芭拉矿第二个试验中地下气化炉的几何形状(Wiatowski 等，2015)

注氧气化试验 6 天，气化煤 5364kg，效率为 70%。生产气体的平均热值为 8.91MJ/m³，供入燃烧器的气体热功率为 192.5kW。气化气中氢气和一氧化碳的最大浓度分别为 47.8% 和 40.5%。各气体组分的平均浓度见表 5.7。

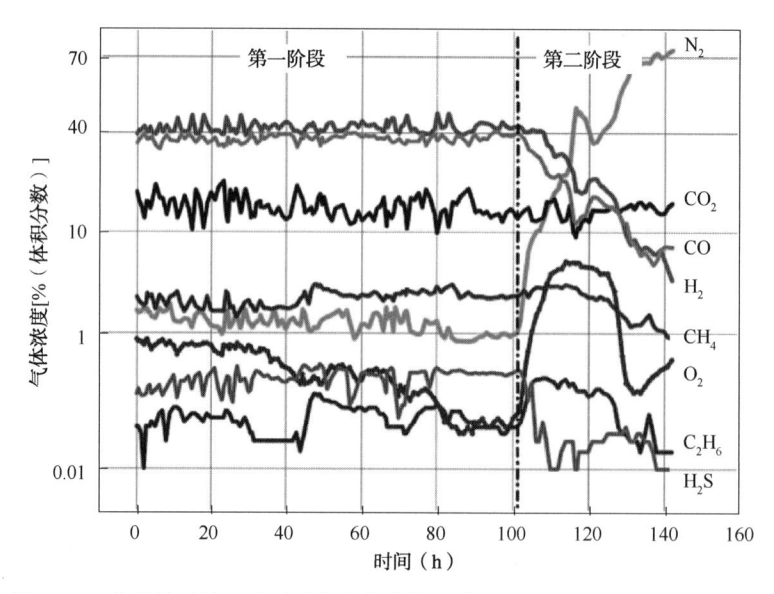

图 5.20 芭芭拉矿第二个试验期间气化气组分的变化（Wiatowski 等，2015）

表 5.7　芭芭拉矿第二个试验中各气体组分的平均浓度

气化阶段	平均浓度[%(体积分数)]							
	H_2	CO	CH_4	C_2H_6	H_2S	CO_2	N_2	O_2
第 0~101 小时	42.2	37.7	2.5	0.07	0.27	15.5	1.3	0.4
第 101~142 小时	21.9	17.4	2.3	0.14	0.05	14.4	41.3	2.5
合计	32.1	27.56	2.4	0.11	0.16	14.9	21.3	1.5

第二次气化试验再次证明，在矿井条件下进行 UCG 作业是可行的，但确保地下气化炉始终为一个独立的封闭系统非常重要。在第 101 小时时，气化气气流中出现大量 N_2，气体质量下降。这表明地下气化炉与其围岩形成了连通。这也造成了 UCG 气化气漏失到围岩中。

5.4.3　波兰维乔雷克矿的小规模煤炭地下气化试验项目(2014 年)

在波兰上西里西亚煤盆地中的维乔雷克煤矿，人们在 510 号煤层建造了一个 V 形 UCG 气化炉（Mocek 等，2016）。这里的煤属于烟煤；煤层接近水平，厚度为 5~6m。气化炉的几何形状如图 5.21 所示。煤层平均深度约为 465m，上覆岩层主要为低渗透页岩和砂岩。

气化试验分为六个阶段（表 5.8）。在试验过程中，气体组分的变化如图 5.22 所示。气化试验历时 60 天，受影响的煤大约 230t。该工艺产生的合成气产气量为 600~800m³/h，气体热值为 3.0~4.5MJ/m³。

表 5.8　波兰维乔雷克矿 UCG 试验各阶段

阶段编号	气化试剂	时期(h)
Ⅰ	空气+氧气	0~193
Ⅱ	空气	193~888

续表

阶段编号	气化试剂	时期(h)
Ⅲ	空气+二氧化碳	888~1008
Ⅳ	空气	1008~1181
Ⅴ	空气+氮气	1181~1343
Ⅵ	氮气	冷却

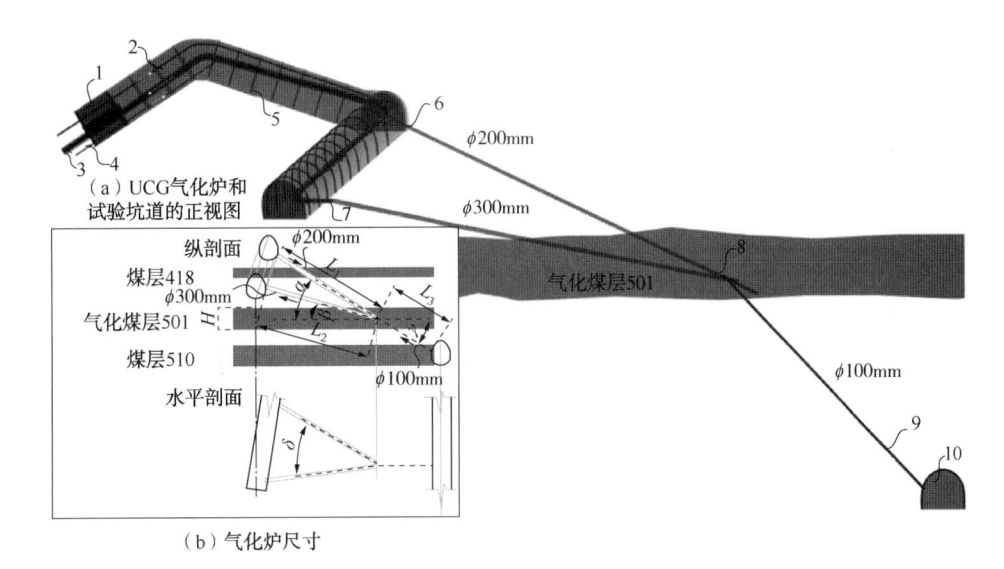

图 5.21　波兰维乔雷克矿试验中 UCG 气化炉的几何形状(Mocek 等，2016)
1—回填沙坝；2—氧化剂供给管道；3—原产煤气管道；4—通往安全坝的氮气管道；5—回填坝后部分试验坑道；6—氧化剂供给井；7—气体回收井；8—点火点；9—测量井；10—目标煤层后的坑道

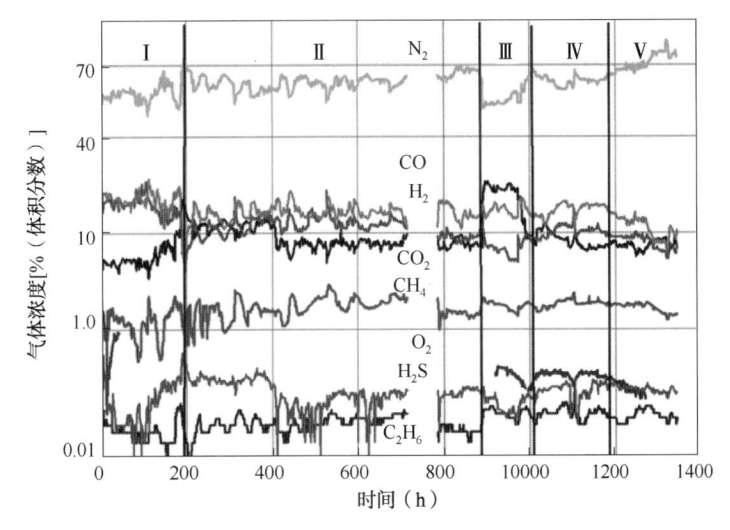

图 5.22　波兰维乔雷克矿 UCG 试验过程中气体组分的变化(Mocek，2016)

试验表明，如果选择的试验场地合适，在满足煤矿工业所有必需的安全标准的情况下，可以在一个在役矿井中安全高效地进行UCG作业。

5.4.4 波兰的实验室实验

近年来，包括波兰中央矿业研究院（GIG）、中国矿业大学（Liu，2006a，2006b）和斯洛伐克科希策技术大学（Kostur和Blistanova，2009）在内的多个研究机构均开展了大规模的人工煤层UCG实验模拟研究。其中，在该领域中开展实验项目最多的研究机构，是波兰的GIG煤炭地下气化小组。在HUGE 1（2007—2010年）研究项目（由RFCS资助）中，它们开发设计了GIG的第一个地面UCG模拟实验。非原位实验装置如图5.23所示。

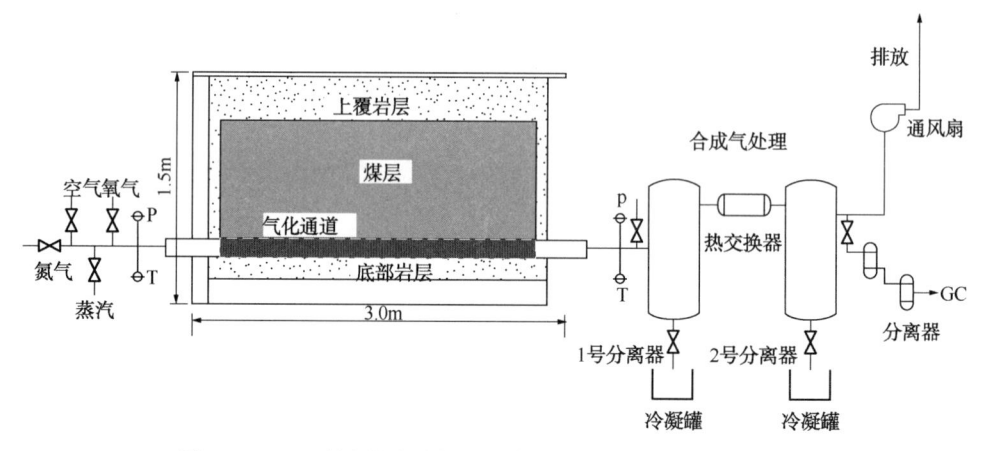

图5.23 GIG研发的实验装置示意图（HUGE 1项目的一部分）

该实验装置的中心部位是一个矩形气化室，尺寸为2.6m×1.0m×1.1m。气化室内的人造煤层夹在上覆岩层与下伏岩层之间。UCG模拟是在温度高达1600℃、接近围压的条件下进行的。模拟中分别采用空气、氧气和蒸汽注入，或以不同比例的混合气注入。气化气在气体处理模块中进行纯化，并将部分气流引入化学分析管线，在该管线中进行除湿和过滤，之后再通过气相色谱（GC）测定合成气的主要组分（H_2、CO、CO_2和CH_4）。在模拟装置的煤层、围岩等不同部位共安装了25个热电偶，通过这些热电偶对气化反应器内的温度进行记录。图5.24显示了用波兰中阶褐煤进行UCG实验中的一些典型温度剖面。

在2008—2013年，GIG共开展了12项UCG实验。这些实验中使用了不同等级的煤（从烟煤一直到褐煤），分别采用了氧气、空气和富氧空气三种不同的气化试剂。通过实验发现，在对褐煤和硬煤气化时，氧气是维持气化必不可少的气体。通过实验确定了适用于褐煤和硬煤的最佳氧气/空气比，但这一比值与气化反应器的几何形状密切相关。后来，人们又采用了两阶段气化方法来增加氢气的产量，同时也为将来的热力学分析提供了重要的地下气化炉温度分布信息。

人们还用探地雷达技术，对气化燃空区的形状进行了研究。FUEL上发表了一系列文章，对这些研究结果有详细介绍（Kapusta等，2013；Mocek等，2016；Kapusta和Stanczyk，2011；Stanczyk等，2010，2011，2012；Smolinski等，2012；Kapusta等，2016）。

5 欧洲的煤炭地下气化——现场试验、实验室实验和欧盟资助项目

在 GIG 的洁净煤技术中心，还设计并构建了更先进的 UCG 模拟实验装置。目前，这里正在使用的实验装置分为常压(大气压)装置和高压(5MPa)装置两大类。常压装置如图 5.25 所示。

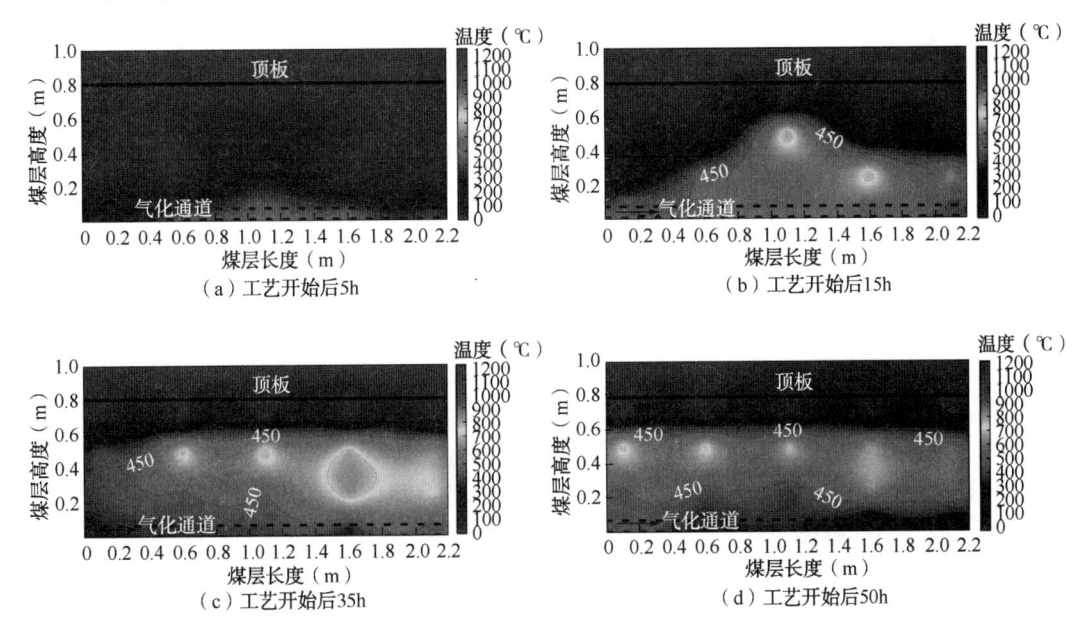

图 5.24 UCG 实验模拟中(用波兰中阶褐煤)不同时间的温度分布

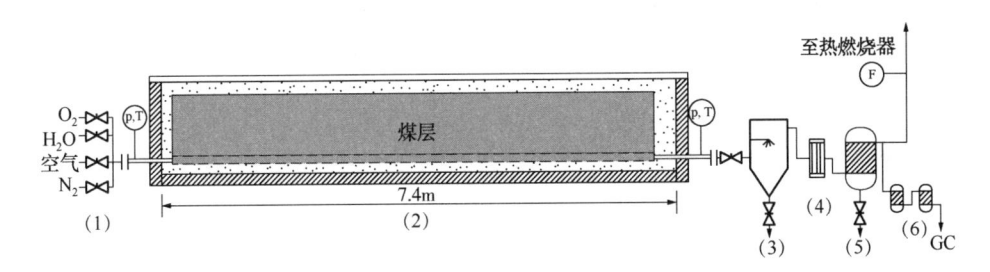

图 5.25 实验室 UCG 装置示意图
1—试剂供给系统；2—气化；3—气液分离器；4—换热器；5—脱硫净化装置；6—取样接口

人造煤层的最大长度为 7m。氧气、空气和蒸汽可以单独用作气化试剂，也可以混合使用。氮气作为一种安全气体，用于气化后对气化炉进行惰化和冷却。未经处理的 UCG 煤成气通过水洗法来降低气体温度，除去气体中的颗粒物质，并将高沸点焦油冷凝出来。后续的气体净化步骤还有气溶胶分离等。气化气最终在以天然气为燃料的燃烧装置中燃烧。实验期间的温度场分布情况由直接安装在反应室不同区域的热电偶(Pt10Rh-Pt)记录。气体的入口温度和出口温度(T)及压力(p)也作为关键操作参数进行了监控。Kapusta 等(2016)介绍了高水分中阶褐煤地下气化工艺的适用性实验研究的最新结果。

高压装置(图 5.26、图 5.27)可以在最大压力为 5.0MPa、最高温度为 1600℃的人造煤层中使用氧气、空气、蒸汽和氢气进行气化试验。

（a）横剖面　　　　　　　　　　（b）纵剖面

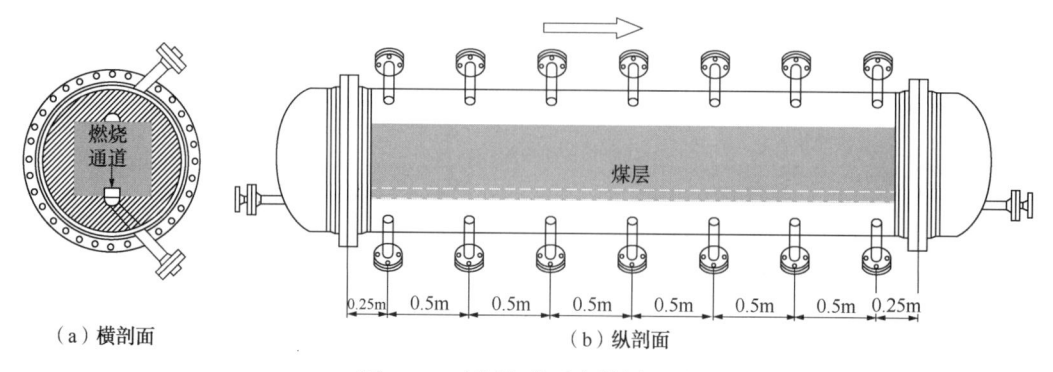

图 5.26　高压气化反应器剖面图

（a）反应室（部分用煤充填）　　　　　　（b）准备进行气化的反应器

图 5.27　用于 UCG 高压模拟的实验台

5.5　欧盟资助的煤炭地下气化研究项目的最新情况

当波兰正在进行 UCG 试验时，欧盟煤炭和钢铁研究基金会（RFCS）为支持欧洲 UCG 研究项目提供了大量资金。

5.5.1　煤炭地下气化与二氧化碳捕集、储存耦合技术

煤炭地下气化与二氧化碳捕集、储存耦合技术（TOPS）项目于 2013 年 11 月开始，于 2016 年 11 月完成。该项目的主要目标是：开发出一种通用的 UCG-CCS 位置表征工作流程（能够甄别的、必要的配套技术），用于对废弃 UCG 地下气化炉储存 CO_2 的潜力进行评估。该项目在研究中整合了燃空区发育和地质力学、地下水污染以及地下和地表沉降等多个研究方向。

5.5.2　在产煤矿和高度脆弱地区的煤炭地下气化（COGAR）

该项目是在 2013—2016 年开展的，重点是对在产煤矿和高度脆弱地区实施煤炭地下

气化进行风险评估。该项目汇集了大量地下和实验室测量和监测数据(其中一个项目是RFCS资助的HUGE2项目,另一个项目是波兰政府资助的)。COGAR的重点是研究UCG对环境的影响(即对岩层、水和空气、地下和地表等工作进行研究),开发出一套针对UCG的风险评估方法。

5.5.3 煤制气研究项目

2009—2010年,开展了一项煤制气(COAL2GAS)研究项目。该项研究旨在解决以前传统采矿区中褐煤的地下气化问题。该项目的重点是在罗马尼亚褐煤主产区,对一个退役矿井开展一项低成本、全监测的现场试验。

5.5.4 煤炭地下气化与 CO_2 埋存研究项目

UCG与CO_2埋存(UCG & CO_2 STORAGE)研究项目开展于2009—2010年,进行了深层煤炭地下气化(1200m)及受影响区CO_2永久埋存技术的研究。该项目首先是进行气化场地表征、水文地质和地质力学模型的研发,以及盘区钻井设计和经济评估。该项目证明,煤炭地下气化时使用的井眼在经过改造之后,可以用于将二氧化碳注入地下。

5.6 商业化道路上的经验教训以及煤炭地下气化在欧洲的未来趋势

有关UCG的研究和开发工作在欧洲已有60多年的历史,这其中既有重要的实验室研究、数值模拟,也有在浅层和深层(即大于600m)进行的各种现场试验。欧洲的UCG研究机构与其他地区(如美国、加拿大、苏联、新西兰、南非和澳大利亚)保持着密切的合作,这些机构总结了下面几点经验,使煤炭地下气化在欧洲达到了初步商业化的程度。

5.6.1 选址

选址也许是环境风险管理中需要考虑的最重要的因素(Burton等,2006;Mastalerz,2011;Lavis等,2013;Sheng等,2015;Sarhosis等,2016a;Yang等,2014)。选址的基本作用是确定出那些既可以气化又对自然环境影响最小的煤炭资源(即将UCG的产出物和副产品留在气化反应器、生产井和地面设施中,使煤层周围地质受到的物理变化最小)。

鉴于煤炭地下气化发生在自然环境中,因此必须要对诸多因素加以考虑,包括煤的等级和质量、煤层深度、水文地质和上覆岩层的性质。现在,已经发布的几项定量和半定量选址标准(Mastalerz,2011)一致认为:

(1)煤层应较深(大于300m),并上覆有机械强度高、渗透性低、断层错动最小的固结性岩层。

(2)目标煤层的水应达到饱和状态,其围岩的渗透率要比较低,且围岩中的水应同样达到饱和状态。

(3)目标煤层位置应与任何地下水资源或潜在地下水资源有相当远的距离,并且应该是一个非渗透层,可以将任何污染水与周围环境隔离。

欧洲 UCG 研究的主要考虑对象是深部煤层(大于 300m)，这与美国和澳大利亚最近的一些现场试验形成对比。在澳大利亚，较厚、较浅的煤层相对较为常见。欧洲之所以重点开采深层煤，显然与欧洲大部分煤层埋深超过 300m 这一事实有关。此外，几十年来人们已经认识到，在所有条件相同的情况下，在深部煤层中进行煤炭地下气化，其环境风险低于浅部煤层(Burton 等，2006)。尽管如此，无论煤层深度如何，选择一个水文地质和地质条件合适的位置仍是十分重要的。埃尔特里梅达尔项目就证明了这一点——该项目没有考虑其上覆岩层较为脆弱，在上覆岩层坍塌后就出现了水过量渗透的问题。

选址不仅能尽可能地降低环境风险，而且在确保 UCG 商业项目盈利方面也能发挥关键作用(Lavis 等，2013；Nakaten 等，2014a)。如果忽略气化效率和煤质的影响，气化模块中转换的煤量越大，项目就越经济。

每个气化模块转换的煤体取决于煤层厚度、煤层内气化炉的长度(即注入井和生产井之间的距离)和原位气化炉的体积。虽然煤层厚度是煤层的固有属性，不能改变，但其他两个因素受到选址地条件的限制，必须对选址进行优化，才能最大限度地提高项目的盈利能力(Nakaten 等，2014b，2014c)。

5.6.2 公众的看法和政府的作用

在一项技术走向商业化的过程中，公众的态度、对能源和技术本身的理解及其应用方式等，都是至关重要的(Whitmarsh 等，2011)。在实施 UCG 项目之前，显然必须要获得公众的认同。关于公众对 UCG 看法的重要性，不妨看看英国西尔弗代尔 UCG 试验时公众的反应——这可能是一个最鲜明的例子(Shackley 等，2006)。尽管该项目是在新近关闭的煤矿中进行的，但该项目在规划阶段(还未开始钻井)就被放弃了，主要原因是它受到了当地居民的反对和法律的质疑。项目放弃后，Shackley 等分析了与项目有关的社会、文化和体制因素，并成立了一个调查组，邀请公众一起探讨与 UCG 有关的问题。通过分析发现，公众关切的问题有：会引发无法控制的地下煤炭火灾、会产生受 UCG 污染的水、存在地下爆炸的危险，以及排放二氧化碳。这与当地规划相关单位掌握的信息一致。为了改善公众对煤炭地下气化的看法，Shackley 等给出了如下建议：

(1) 建立开发商、监管者和当地社区之间的信任关系。
(2) 增强监管和评估流程、职责和责任的透明度。
(3) 在选址和监控过程中鼓励社区公众参与进来。
(4) 积极配合对相关项目的开发和监管数据开展的独立审查。
(5) 建立现场联络委员会，成员包括当地社区、监管机构和现场运营商。

如果继续在欧盟地区开展煤炭地下气化，CO_2 排放将会是一个重要问题。将来，所有的 UCG 项目都必须限制 CO_2 排放，以获得公众的认可和监管机构的批准。为适应这种要求，UCG 工业目前已经开始研究将煤炭地下气化、CO_2 捕获与封存/利用(CCS/U)、CO_2 重新利用(通过提高石油采收率实现)等技术相结合的可能性。

由于 UCG 合成气类似于工业生产的其他气体，从 UCG 合成气中捕获 CO_2 的技术已经存在并得到广泛应用，且该技术已经广为人知。这些技术如果应用于 UCG 合成气，不需要进行太大调整。UCG-CCS 的主要障碍是封存。欧盟仍在继续努力开发封存地点，但进展缓慢,最重要的是,这可能是 UCG 在欧盟商业化最难克服的障碍。

政府战略方向上的明确支持至关重要。关于明确能源战略的方向,最近就有一个很好的例子:Five-Quarter Energy 公司(一家英国的 UCG 公司)决定停止交易,尽管该公司已获得价值逾 10 亿英镑的政府基础设施担保资格。在资格预审时,该项目被认为具有国家战略意义。然而,Five-Quarter Energy 公司表示,它们最近停止了交易,因为"……全球市场条件已经发生改变,北海的活动量正在迅速下降,政府能源战略的方向存在相当大的不确定性。Five-Quarter Energy 公司一直未能说服英国政府提供支持性声明,允许其继续进行 FDI 谈判。"❶

UCG 现场试验需要政府支持,这样才能扩大我们的知识基础,获得更多的环境数据,并吸引更多的私人投资。虽然投资者们都认同 UCG 是低碳电力生产的一个替代技术,也对 UCG 的长期前景抱有信心(Nakaten 等,2014a;Sarhosis 等,2016a),但该技术仍需要在近中期内从经济和环境两个方面降低风险。

5.6.3 煤炭地下气化技术

贯通注入井和生产井的方式基本上有两种:通过提高自然渗透率或通过钻井在注入井和生产井之间建立一个贯通井眼。20 世纪 80 年代进行的欧洲试验表明,使用反向燃烧或水力压裂等技术提高自然渗透率不适用于深部煤层,因为那里岩石静压很高,会降低渗透率(Patigny 等,1989)。然而,试验也表明,使用定向钻井可以成功实现井间贯通。另外,用氧+水(或 CO_2)比用空气作为主要氧化剂更可取。由于较深的煤层可以提高气化效率,有助于进行环境风险管理,欧洲未来的 UCG 项目可能将重点使用定向钻井和先进的钻完井技术来完成 UCG 气化模块,并使用 CRIP 方法进行煤炭气化(Depouhon 和 Kurth,1986;EWG,1989;Patigny 等,1989;Henquet 等,1985,1998;Lavis 等,2013)。欧洲研发工作的一些关键成果总结如图 5.28 所示。

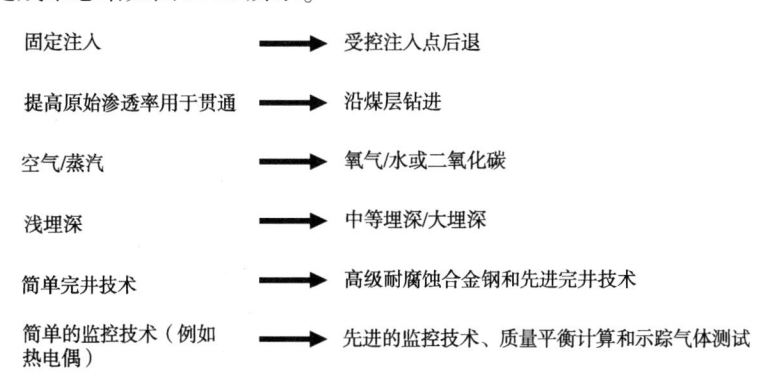

固定注入	→	受控注入点后退
提高原始渗透率用于贯通	→	沿煤层钻进
空气/蒸汽	→	氧气/水或二氧化碳
浅埋深	→	中等埋深/大埋深
简单完井技术	→	高级耐腐蚀合金钢和先进完井技术
简单的监控技术(例如热电偶)	→	先进的监控技术、质量平衡计算和示踪气体测试

图 5.28 过去 50 年欧洲在 UCG 试验和研发方面取得的一些关键进步

UCG 模块的合理运行对于保护环境和确保高效气化至关重要。如果 UCG 气化炉的压力超过静水压力,会使气体透过气化炉壁发生漏失。为了避免这种情况,UCG 气化炉只能在低于静水压力的压力下运行。这样,气化炉除了被低渗透的煤和岩石包围之外,含有饱

---

❶来源为 http://www.five-quarter.com/。

和水的煤层和围岩层将是确保气化炉始终保持为一个封闭系统的必要条件。

UCG 模块使用后，运营商在停用时必须非常谨慎，因为在几个月或几年的时间内，气化炉的温度仍可能会很高（EWG，1989；Sarhosis 等，2014）。如果不加以管理，气化炉的高温会使煤继续发生热解，水继续蒸发，这可能会将气化炉压力增加到静水压力以上，增加环境影响的风险。为了防止这种情况，开发了一种称为"清洁洞穴"的技术（Boysen 等，1990），该技术包括用水和氮气使气化炉熄灭，以快速停止煤热解。在熄灭气化炉的过程中，让气化炉继续排气，以避免压力超过静水压力。

5.6.4 欧洲煤炭地下气化的未来趋势

欧洲的 UCG 工业在同时运行多个 UCG 模块方面经验有限，而这又是 UCG 商业项目所需要的。欧洲也没有 UCG 与碳捕获储存/利用（CCS/U）相结合的经验，或 UCG 与煤层气相结合的经验（Sarhosis 等，2016b）。人们一致认为，未来的商业项目需要时间向投资者、监管者和公众证明该技术带来的经济、环境和金融风险是可以管控的。欧洲的 UCG 工业正处于一个非常激动人心的发展时期；UCG 在欧洲商业化所需的技术、材料、理论和经验都已经开发出来，并随时可以投入使用。为了提高投资者和利益相关者的信心，有必要将这些技术逐步推进部署，可以先部署一两个气化模块（商业化前期），然后再扩大到六七个气化模块（半商业化），再到同时运行十个或更多气化模块（全商业化）。这样，最终将能够在环境影响、气体品质和规范方面，为大家建立信心并提供长期商业保证，也为欧洲提供一种安全、经济的本地能源。

5.7 结论

欧盟（和世界范围内）的许多国家都在努力满足自己的能源需求，尽管它们煤炭储量非常大，但由于埋藏太深而无法通过传统技术开采。现代 UCG 技术、最先进的钻井和监测技术的应用提供了从深层煤炭资源中经济地开采能源的机会，且 UCG 技术对环境的影响有限；然而，在欧盟范围内实现 UCG 商业化之前，必须解决好几个问题，如公众舆论和二氧化碳排放。欧盟在支持 UCG 项目方面有着悠久的历史（从 20 世纪 40 年代由法国牵头在摩洛哥进行的试验到最近在波兰进行的试验），并资助了一些迄今为止最重要的研究项目。英国、波兰、斯洛文尼亚和斯洛伐克等一些国家对 UCG 表现出深厚的兴趣。成员国的持续支持将吸引更多的私人投资，促成更多的现场试验，并让欧洲世界级的 UCG 专家们向人们证明，该技术已可以随时为 21 世纪的欧盟提供更清洁的煤炭能源。

参 考 文 献

Bailey, A. C., et al., 1989. The Future Development of UCG in Europe. A ComprehensiveReport to CEC, April 1989, Brussels, Belgium.

Beath, A., Craig, S., Littleboy, A., Mark, R., Mallett, C., 2004. Underground coal gasification: evaluating environmental barriers. CSIRO Exploration and Mining report P2004/5, Kenmore, Queensland, Australia, CSIRO, 125 pp.

Bhutto, A. W., Bazmi, A. A., Zahedi, G., 2013. UCG: from fundamentals to applications. Prog. Energy Combust. Sci. 38, 189-214.

Blinderman, M. S., Jones, R. M., 2002. The chinchilla IGCC project to date: underground coalgasification and environment. In: Paper to Gasification Technologies Conference, San Francisco, USA, 27-30 October 2002.

Boysen, J. E., Covell, J. R., Sullivan, S., 1990. Rocky Mountain 1 Underground Coal Gasification Test, Hanna, Wyoming, results from venting, flooding and cooling of the Rocky Mountain 1 UCG cavities. Research report, US Department of Energy contract No. DE-FG21-88MC25038, Western Research Inst, Laramie.

BP Statistical Review of World Energy, June 2015. Available at: bp.com/statisticalreview.

Burton, E., Friedmann, J., Upadhye, R., 2006. Best practices in underground coal gasification. Draft. US DOE contract no. W-7405-Eng-48. Livermore, CA, USA, Lawrence Livermore National Laboratory, 119 pp.

Chandelle, V., Li, T. K., Mostade, M., 1988. The Thulin Belgian-German field test and its outlooks. In: FourteenthAnnual UCG Symposium, 15-18 August 1988, Chicago, Illinois, USA.

Chappell, R., Mostade, M., Chappell, R., Mostade, M., 1998. The El Tremedal UCG field test inSpain-first trial at great depth and high pressure. In: Fifteenth Annual International Pittsburgh Coal Conference, 14-18 September 1998, Pittsburgh, USA.

Commission to the European Parliament and the Council European Energy Security Strategy, 2014. Available online at http://ec.europa.eu/energy/security_of_supply_en.htm. Couch, G. R., 2009. Underground Coal Gasification. IEA Clean Coal Centre.

Creedy, D. P., Garner, K., Oajkey, J. E., Abbott, D., Edwards, J. S., Ren, T. X., Liang, J., Liu, S., 2004. Clean energy from UCG in China. Report No. COAL R250, DTI/Pub URN 03/1611, DTI Cleaner Fossil Fuels Programme, Oxfordshire, UK.

Depouhon, F., Kurth, M., 1986. UCG deep well completion with corrosion resistant alloys. In: Twelfth Annual UCG Symposium, 24-28 August 1986, Saarbrucken, Germany. EURACOAL, 2013. Available at: https://euracoal.eu.

European Commission—IP/14/530, 2014. G7 Rome Energy Ministerial Meeting, Energy Initiative for Energy Security Joint Statement.

Fievez, P., González Lago, J. M., Goode, A., Green, M., Mostade, M., Obis, A., 1997. Drilling, well completion and engineering activities in preparation of the first UCG trial in the framework of a European Community Collaboration, Alcorisa, Spain. In: Fourteenth Annual International Pittsburgh Coal Conference, 23-27 September 1997, Taiyuan, Shanxi, People's Republic of China.

G7 Summit—Brussels G7 Summit 2014, 2014. Available at http://www.european-council.europa.eu/g7brussels.

Gadelle, C., et al., 1985. Status of French UCG field test at La Haute Deule. In: Eleventh AnnualUCG Symposium, DOE/METC-85/6028(DE85013720).

Gadelle, C., et al., 1986. An attractive pilot test site for UCG. In: Twelfth Annual UCG Symposium, August 24-28, Saarbrucken, Germany.

Gregg, D. W., Hill, R. W., Olness, D. U., 1976. An Overview of the Soviet Effort in Underground Gasification of Coal. Lawrence Livermore National Laboratory, UCRL-52004.

Henquet, H., et al., 1985. Studies of CRIP application in deep lying coal. Eleventh Annual UCG Symposium,

August 15-19, Denver, CO, USA.

Henquet, H., et al., 1998. Using Stainless steel coiled tubing in a novel application. SPE 46054, Coiled Tubing Roundtable, SPE/ICoTA, April 15, Houston, TX, USA.

International Energy Agency, 2014. World Energy Investment Outlook, Fossil Fuels.

Kapusta, K., Stanczyk, K., 2011. Pollution of water during underground coal gasification of hard coal and lignite. Fuel 90, 1927-1934.

Kapusta, K., Stanczyk, K., Wiatowski, M., Checko, J., 2013. Environmental aspects of a field scale underground coal gasification trial in a shallow coal seam at the Experimental Mine Barbara in Poland. Fuel 113, 196-208.

Kapusta, K., Wiatowski, M., Stanczyk, K., 2016. An experimental ex-situ study of the suitability of a high moisture ortho-lignite for underground coal gasification(UCG) process. Fuel 179, 150-155.

Kempka, T., Plötz, M.-L., Schlüter, R., Hamann, J., Deowan, S.A., Azzam, R., 2011. Carbon dioxide utilisation for carbamide production by application of the coupled UCG-urea process. Energy Procedia 4, 2200-2205.

Klimenko, A.Y., 2009. Early ideas in underground coal gasification and their evolution. Energies 2, 456-476.

Kostur, K., Blistanova, M., 2009. The research of underground coal gasification in laboratory conditions. Petrol. Coal 51(1), 1-7.

Lavis, S., Courtney, R., Mostade, M., 2013. Underground coal gasification. In: Osborne, D. (Ed.), The Coal Handbook: Towards Cleaner Production. Woodhead Publishing Series in Energy, Vol. 1. Woodhead Publishing, ISBN: 9780857094223, pp. 226-239(Chapter 8).

Ledent, P., 1984. What can be learned from linking tests at great depth? In: Tenth Annual UCG Symposium 1984.

Ledent, P., 1989. Retrospect of UCG Research in Western Europe. In: International UCG Symposium 9-11 October 1989. Deft University of Technology, The Netherlands.

Leplat, J., 1995. Gazeification Souterraine Profonde des Charbonds. Synthèse des recherches et experimentations franc, aises et etrangères. BRGM Report R 38, 266.

Liu, S., Wang, Y., Yu, L., Oakey, J., 2006a. Thermodynamic equilibrium study of trace element transformation during underground coal gasification. Fuel Process. Technol. 87, 209-215.

Liu, S., Wang, Y., Yu, L., Oakey, J., 2006b. Volatilization of mercury, arsenic and selenium during underground coal gasification. Fuel 85, 1550-1558.

Mastalerz, M.E., 2011. Site Evaluation of Subsidence Risk, Hydrology, and Characterization of Indiana Coals for Underground Coal Gasification(UCG). Center for Coal Technology Research, West Lafayette.

Mocek, P., Pieszczek, M., Świadrowski, J., Kapusta, K., Wiatowski, M., Stańczyk, K., 2016. Pilot-scale underground coal gasification(UCG) experiment in an operating mine "Wieczorek" in Poland. Fuel 111, 313-321.

Mostade, M., 2014a. Underground coal gasification: the path to commercialisation. J. Coal Prep. Soc. India..

Mostade, M., 2014b. The Thulin UCG Field Test in Belgium - Summary of Resource and Gasification Data. UNERBEL Archives. University of Liège, Belgium.

Nakaten, N.C., Azzam, R., Kempka, T., 2014a. Sensitivity analysis on UCG-CCS economics. Int. J. Greenh. Gas Control 26, 51-60.

Nakaten, N.C., Schlüter, R., Azzam, R., Kempka, T., 2014c. Development of a technoeconomic model for dynamic calculation of cost of electricity, energy demand and CO_2 emissions of an integrated UCG-CCS process. Energy 66, 779-790.

Nakaten, N. C., Islam, R., Kempka, T., 2014b. Underground coal gasification with extended CO_2 utilization—an economic and carbon neutral approach to tackle energy and fertilizer supply shortages in Bangladesh. Energy Procedia 63, 8036-8043.

Patigny, J., Li, T. K., Ledent, P., Chandelle, V., Depouhon, F., Mostade, M., 1989. Belgian German field test Thulin-results of gasification. In: Thirteenth Annual UCG Symposium, 24-26 August 1987, Laramie, Wyoming, USA.

Roddy, D. J., Younger, P. L., 2010. Underground coal gasification with CCS: a pathway to decarbonising industry. Energy Environ. Sci. 3(4), 400-407.

Sarhosis, V., Lavis, S., Mostade, M., Thomas, H. R., 2016a. Towards commercialising underground coal gasification in the EU. Environ. Geotechnics. Epub ahead of print.

Sarhosis, V., Jaya, A. A., Thomas, H. R., 2016b. Economic modelling for coal bed methane production and electricity generation from deep virgin coal seams. Energy 107, 580-594.

Sarhosis, V., Yang, D., Sheng, Y., 2014. Thermo-mechanical modelling around the UCG reactor. J. Energy Inst. (in Press).

Shackley, S., Mander, S., Reiche, A., 2006. Public perceptions of underground coal gasification in the United Kingdom. Energy Policy 34(18), 3423-3433.

Sheng, S., Benderev, A., Bukolska, D., Eshiet, K., Gama, C., Gorka, T., et al., 2015. Interdisciplinary studies on the technical and economic feasibility of deep underground coal gasification with CO_2 storage in bulgaria. Mitig. Adapt. Strategies Glob. Chang. 2015, 1-33.

Smoliński, A., Stańczyk, K., Kapusta, K., Howaniec, N., 2012. Chemometric study of the ex situ underground coal gasification wastewater experimental data. Water Air Soil Pollut. 223, 5745-5758.

Stańczyk, K., Smoliński, A., Kapusta, K., Wiatowski, M., Świadrowski, J., Kotyrba, A., 2010. Dynamic experimental simulation of hydrogen oriented underground coal gasification of lignite. Fuel 89, 3307-3314.

Stańczyk, K., Howaniec, N., Smoliński, A., Świadrowski, J., Kapusta, K., Wiatowski, M., Grabowski, J., Rogut, J., 2011. Gasification of lignite and hard coal with air and oxygen enriched air in a pilot scale ex situ reactor for underground gasification. Fuel 90, 1953-1962.

Stańczyk, K., Kapusta, K., Wiatowski, M., Świadrowski, J., Smolinski, A., Rogut, J., Kotyrba, A., 2012. Experimental simulation of hard coal underground gasification for hydrogen production. Fuel 91, 40-50.

The Brussels G7 Summit Declaration. Available at http://www.consilium.europa.eu/uedocs/cms_data/docs/pressdata/en/ec/143078.pdf.

Thompson, P. N., 1978. Gasifying coal underground. Endeavour 2(2), 93-97.

Wiatowski, M., Stanczyk, K., Świadrowski, J., Kapusta, K., Cybulski, K., Krause, E., Grabowski, J., Rogut, J., Howaniec, N., Smolinski, A., 2012. Semi-technical underground coal gasification (UCG) using the shaft method in experimental mine "Barbara." Fuel 99, 170-179.

Whitmarsh, L., Upham, P., Poortinga, W., 2011. Public Attitudes to Low-Carbon Energy—Research Synthesis. Research Councils UK, London, UK.

Wiatowski, M., Kapusta, K., Świadrowski, J., Cybulski, K., Ludwik-Pardała, M., Grabowski, J.,

Stanczyk, K., 2015. Technological aspects of underground coal gasification in the Experimental "Barbara" mine. Fuel 159, 454-462.

Yang, D., Sarhosis, V., Sheng, Y., 2014. Thermal-mechanical modelling around the cavities of underground coal gasification. J. Energy Inst. 87(4), 321-329.

拓 展 阅 读

Chandelle, V., Fabry, R., Kurth, M., Li, T. K., Patigny, J., Sonntag, C., 1986. Overview about Thulin field test. In: Twelfth Annual UCG Symposium. 24-28 August 1986, Saarbrucken, Germany.

Kurth, M., Li, T. K., Patigny, J., Sonntag, C., 1986. Linking and gasification in Thulin-a new endeavor. In: Twelfth Annual UCG Symposium. 24-28 August 1986, Saarbrucken, Germany.

6 澳大利亚的煤炭地下气化发展史

L. Walker

(凤凰能源公司，澳大利亚维多利亚州墨尔本市)

6.1 煤炭地下气化技术的起源(20世纪70年代到80年代中期)

UCG技术在澳大利亚的启蒙发展可以完全归功于新南威尔士州纽卡斯尔大学的化学工程教授Ian Stewart。在1974—1982年，Stewart教授在一系列政府研究基金的支持下，详细审查了这项技术的最新进展、在澳大利亚煤层中的应用潜力，以及在全国范围内采用这项技术可能带来的好处。

这段时间所进行的工作在一份报告中进行了详细的介绍(Stewart，1984)。它包括以下几部分：

(1) 1976年，访问和视察了美国、欧洲和苏联(FSU)的许多项目。

(2) 出席美国(1976年、1979年和1981年)和欧洲(1979年)的煤炭地下气化会议并提交了论文。

(3) 进行了室内实验，从而改进井眼注入系统的操作(Stewart等，1981)。

(4) 简要回顾了UCG技术在澳大利亚几个州的煤层中的应用潜力。

该报告的结论是："我们现在应该开始对深部硬煤煤层进行原位气化，以满足未来对电力和合成气的需求。"报告中建议利用已知技术进行煤层的开发工作，并建议这项工作要么在澳大利亚南部的利克里克煤矿中开展，要么在新南威尔士州猎人谷的下部地层中开展。

在1981年的晚些时候，CSR公司要求谢登太平洋私营有限公司(Shedden Pacific)(一家工程咨询公司，总部设在墨尔本)的创始人Ian Stewart对原位气化工艺在澳大利亚南部安娜褐煤层中的应用进行初步的可行性研究，同时对当时作为备选方案的地上煤炭气化技术进行审查(Shedden Pacific，1981)。根据委托，Stewart对煤炭沉积层的基本数据进行了审查，并提供了UCG工艺的初步设计以及该工艺中相关技术适应性。煤炭的分析结果表明，该煤炭的含水率为54%，灰分为10.9%，比能为9.9MJ/kg。虽然Stewart在评价过程中假设煤层厚度为4m，煤层深度为75m，并大量参考了来自苏联和美国的UCG项目的相关信息，但是并没有对现场地质情况进行详细的描述。

谢登太平洋公司为此项目完成了一项工程和经济方面的研究，用该项目的气化气来产生250MW的电力，或作为2000~2500t/a甲醇的替代品(Shedden Pacific，1983)。该研究的结论是："对安娜煤层进行原位气化似乎是可行的，值得开展进一步的研究。"目前还没有关于该项目进一步工作的相关报道。

随后，矿业&能源部(DME)和南澳大利亚电力信托公司(ETSA)要求谢登太平洋公司开展一项可行性研究，以研究 UCG 技术是否可以应用到利克里克煤层中，这或许就是此前研究工作的后续进展，以及对最终发表在 Stewart 1984 年报告中的开发建议的最好回应。这项研究是在 Stewart 教授(主要提供 UCG 工艺设计)和高达工程咨询有限公司(Golder Associates Pty Ltd)的岩土工程师 Len Walker 博士(主要开展地质学、岩石力学和地下水的评价工作)的协助下进行的。

据估计，利克里克煤层中的 Lobe B 层中蕴藏了约 $1.2 \times 10^8 t$ 的煤炭储量，煤层厚度从 8m 到 13m 不等，煤层深度预计为 400m，且煤炭分析结果显示，其含水率约为 26%，灰分约为 20%，比能为 14~15MJ/kg。

项目报告(Shedden Pacific, 1983)中描述了 UCG 工艺设计、生成气和废水的处理方法，以及用于发电的 235MW 燃气轮机的相关设计，并准备将其扩大到 250MW。对较大的发电厂来说，平均电力成本约为 3 分/(kW·h)(100 分=1 澳元)，大大低于替代能源的平均电力成本。该报告中还推荐了一种项目开发方案，该方案中包括了现场的岩土工程工作、燃气轮机低热值燃料燃烧过程的评估，以及在设计和建设 70MW 发电厂之前的初期气化气生产示范工作。

虽然进行了进一步的现场调查计划(Dames 和 Moore, 1996)来更详细地评估岩石的岩土特征和煤层渗透性的影响，但由于缺乏财政支持，该项目没有进一步的发展。因此，该项目被搁置。

在 20 世纪 80 年代，石油价格从 1980 年 4 月的 40 美元/bbl(高点)降至 1986 年 3 月的 10.25 美元/bbl(低点)，从而打消了开发替代能源的积极性，严重削减了政府对研究项目的资金支持，并限制了任何直接在澳大利亚进一步开展技术研究的兴趣。但是，目前所进行的工作显然只是集中于利用现有知识进行商业项目开发，而不是进行新的研究活动。今后几年也将采取这一工作方式，这些项目也将由商业资金来支持，而不是由政府来提供资金支持。

6.2 静默期(20 世纪 80 年代中期至 1999 年)

由于利克里克项目缺乏资金支持，Stewart 教授所发起的 UCG 研究工作的进一步发展前景实际上已经结束。然而，该报告的作者 Stewart、Shedden 和 Walker 依然对该技术有着浓厚的兴趣，并在接下来的几年里审查了该技术在澳大利亚进行应用的潜在机遇。

到 1988 年，Walker 已经对在昆士兰州(苏拉特煤炭盆地)和新南威尔士州(冈尼达煤炭盆地)发展 UCG 项目的前景进行了评估，因为这两个盆地拥有丰富的煤炭资源，而且人们对于深层煤矿的地下开采技术完全不感兴趣。由于相关政府部门对 UCG 项目的兴趣越来越大，研究重点最终转向了昆士兰州。因此，在 1988 年，他申请了伊普斯维奇和钦奇拉地区的煤炭勘探许可证。前者是一个距离布里斯班约 50km 的煤炭开采区，并且正在考虑关停附近的一个旧发电站(天鹅滩)。钦奇拉地区之所以被选中，是因为该地区潜在的煤炭储量可能非常丰富，足以进行一项重大的长期项目。钦奇拉的地理位置如图 6.1 所示。

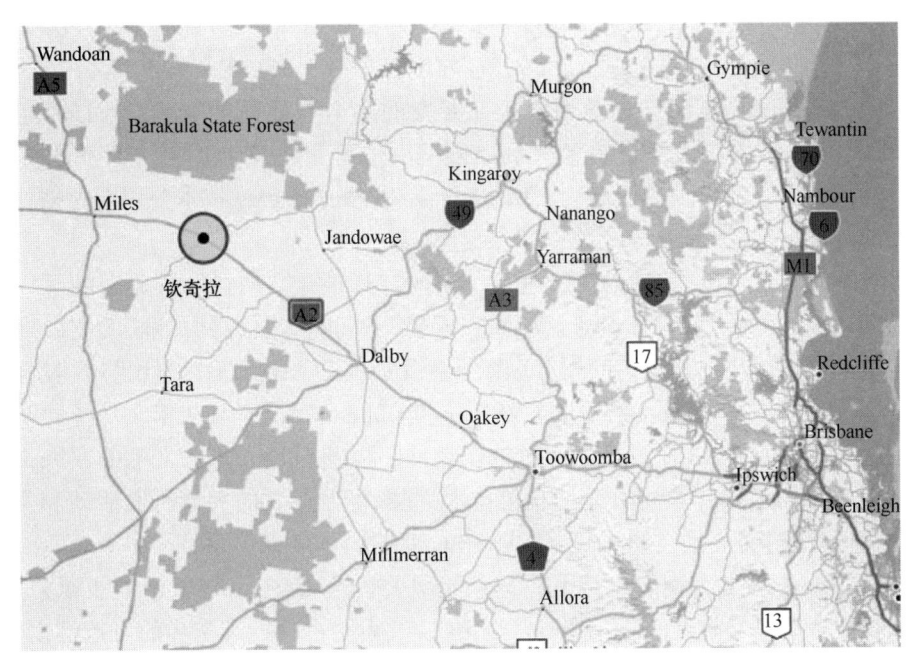

图 6.1 昆士兰州苏拉特盆地煤田位置

在那一年的晚些时候，沃克根据委托进行了一项初步研究，探讨向天鹅滩发电站供应 UCG 合成气，并改造现有的燃煤系统以接收气化气的可能性（Kinhill 公司的工程师，1989）。这项研究是在发电厂所有者——CS 能源公司的支持下进行的，并且得出结论：目前的技术条件能够以比较有竞争力的价格进行发电并供应给现有的电网。尽管做出了这些努力，但仍无法为开发该项目筹集足够的资金，因此煤炭的相关应用也被迫取消。

到 1990 年底，石油价格已回升到 20 美元/bbl 以上，并达到 40 美元/bbl 的高峰，但在该十年余下的时间里，UCG 技术的发展仍然缺乏财政支持。油价的波动，以及澳大利亚开展的关于 UCG 商业前景的预测工作，有助于保持对该技术的潜在兴趣（Walker 等，1993）。在此期间，Walker 与几家参与了在怀俄明州成功进行"落基山一号"现场试验的美国公司举行了多次会议。由于这种持续的关注，他于 1996 年 10 月成立了林克能源有限公司，其目的是获得昆士兰的煤炭开采权（延续他在 1988 年所做出的努力），并在昆士兰州将这项技术商业化。林克能源公司在昆士兰州提交了三份煤炭勘探许可证（EPC）的申请，一份在布里斯班以西的钦奇拉和伊普斯维奇附近，另一份在汤斯维尔以南 300km 的加利利盆地（Walker，1999）。

在林克能源公司成立之时，UCG 技术在国际上的活动包括有效地完成了在美国的开发工作和西班牙进行的示范性先导试验项目（El Tremedal 项目）。这两项活动都采用了 CRIP 技术，即在煤层中使用大斜度水平井进行氧化剂的注入和产品气的回收，我们认为这就是 UCG 技术的"未来之路（发展方向）"。

在 1997 年 2 月，这种情况有所改变，Walker 和原苏联项目中的 UCG 技术专家 Michael Blinderman 博士取得了联系。Blinderman 博士曾在原苏联国家 UCG 项目中担任要职，并在安格林(乌兹别克斯坦)UCG工厂和西伯利亚的南阿宾斯克UCG工厂工作过。1994年，Blinderman博士和他的同事成立了一个UCG技术公司——Ergo Exergy技术公司，到1997年，该公司为美国、印度和新西兰当时正在开发的几个项目提供UCG方面的专业知识。Walker和Blinderman达成协议，在澳大利亚开发一个商业性的UCG项目，Walker负责优选合适的煤层并为企业组织商业架构，Blinderman和Ergo Exergy技术公司则根据他们之前的实践经验提供UCG技术。

Walker对原苏联UCG技术的实践进行了回顾，其研究结果在一份美国的研究报告中进行了总结(Gregg等，1976)，基于这些研究成果，Walker确信将原苏联的实践经验应用于其他国家的明显优势，并在访问原苏联的一家UCG工厂和见证其应用特性时看到了这种技术的巨大价值。应Walker的请求，Walker和Blinderman于1997年5月一同访问了安格林(乌兹别克斯坦)的UCG设施。经过这次访问，以及对过去相关文献的回顾，他们一致认为，利用Ergo Exergy技术公司的相关技术(起源于原苏联的大量研发活动和安格林工厂的商业化运营经验)，是在澳大利亚发展UCG商业运作最有效的手段。

在Ergo Exergy技术公司的支持下，林克能源公司于1997年与奥斯塔能源公司合作，对昆士兰州伊普斯维奇附近的一座发电厂以UCG气为燃料进行了初步的可行性研究Austa Energy和Linc Energy，1997)。奥斯塔能源公司当时是一家位于昆士兰州的政府所有的公司，该公司主要提供工程服务，为州政府创造商业发展机会。报告的结论是："用这种气发电的成本至少比燃煤发电的成本低25%"，而且这种气的生产成本"不到天然气预期成本的一半"。Ergo Exergy技术公司的专家在编写报告时，查阅了地质数据，并参观了林克能源公司在伊普斯维奇和苏拉特盆地的煤炭工厂后，建议在钦奇拉附近的场地进行初步的UCG开发，该位置明显优于伊普斯维奇的试验场地。

由于这份报告已经确认了利用UCG工艺进行发电的商业可行性，林克能源公司在澳大利亚证券交易所(ASX)寻求上市，并于1998年6月30日与澳大利亚证券事务监察委员会提交了招股说明书，以筹集400万澳元的资金，从而"在EPC(A)-635(在钦奇拉)进行先导燃烧试验，并将其作为发电项目的第一阶段"(Linc Energy，1998)。当时的林克能源公司的董事包括Walker、Blinderman和昆士兰州前州长Mike Ahern，Ahern被任命为董事长。1998年8月，由于当时的投资环境比较差，招股说明书被撤回。因此，林克能源公司开始与一些在发电领域有商业利益的其他公司进行谈判，最终在1999年6月与昆士兰州政府所拥有的一家发电公司(CS能源公司)签署了合资协议(Walker，1999)。该合资企业提议在钦奇拉进行初步的燃烧试验，然后建造一个发电能力约为40MW的小型发电厂。

大约就是在这个时候，澳大利亚联邦科学与工业研究组织(CSIRO)对UCG技术产生了兴趣，并于1999年3月举办了一场研讨会，以讨论该技术在澳大利亚的发展潜力。研讨会由Burl Davis领导，他在由美国能源部资助的UCG示范项目中的经验比较丰富。在这次研讨会之后，CSIRO启动了一个为期6年的UCG研究项目，重点关注技术和选址方面(Beath等，2000，2003)。正是在这段时间里，林克能源公司在钦奇拉正式启动了澳大利亚的首个UCG示范项目。

6.3 林克能源公司在钦奇拉取得初步成效(1999—2004年)

林克能源公司和CS能源公司的合资企业于1999年6月开始运营,主要专注于合成气的生产,并作为67MW电力IGCC项目开发的第一阶段(Walker等,2001)。该项目主要由CS能源公司提供资金,并获得了澳大利亚政府的一项研究基金的支持。

该项目涉及MacAlister煤层的开发,该煤层的厚度为10m,埋藏深度为120m。该项目于1999年6月正式启动,并于1999年9月通过UCG试验得出了相关结论。钦奇拉煤炭的性质见表6.1。

表6.1 钦奇拉煤炭性质

参 数	数 值	参 数	数 值
含水率(%)	6.8	总计(%)	100.0
灰分含量(%)	19.3	总水分(%)	10.1
挥发性物质含量(%)	40.0	相对密度	1.50
固定碳含量(%)	33.9	比能(MJ/kg)	23.0

钦奇拉气化设施的建造、调试、运行、受控停机和气化后的监测工作均基于Ergo Exergy技术公司的UCG技术,并在Blinderman博士所领导的Ergo Exergy技术公司的UCG专家的直接监督下进行的。UCG设备在运行期间通过注空气和反向燃烧贯通的方式将9口工艺井连接到气化炉(Blinderman和Fidler,2003)。1999年12月26日首次实现了气化气的生产,该工厂(图6.2)一直运行到2002年4月,在此期间一直处于燃烧状态。该工艺过程中所产出的合成气的热值约为$5MJ/m^3$,压力为10bar(表),温度高达300℃。

图6.2 钦奇拉UCG生产站点

在运营期间实现了合成气的连续生产(图6.3),约有35000t煤炭被成功气化,并且没有证据表明该过程对环境造成了影响(Blinderman和Fidler,2003)。然而,在2002年4月启动了受控关停操作(Blinderman和Jones,2002),这主要是由于在2001年9月美国发生恐怖袭击后,项目的资金受限。

作为项目运行和最终关停的一部分,项目区的地质学和水文地质之间的相互作用受到了密切关注,并且Blinderman和Fidler(2003)对这种相互作用进行了详细的描述。与UCG

项目运作最相关的因素包括以下几种：

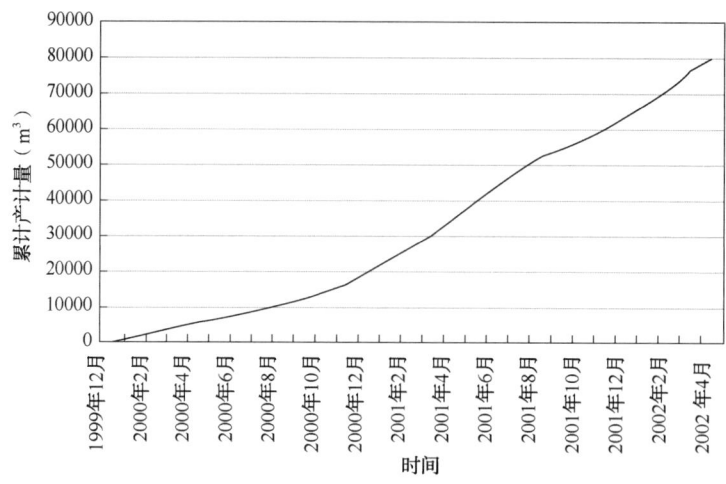

图 6.3 钦奇拉地区从 1999 年 12 月到 2002 年 4 月的 UCG 气化气产量

（1）厚度为 10~20m 的上覆冲积层，在整个 UCG 作业中比较干燥，地下水位通常在地平面以下 30~35m。

（2）哈顿砂岩地层中包含一个已知的含水层系，其深度为 600~650m。

（3）在作业区域西北方向约 300m 处有一条大型断层，其落差估计有 40m，该断层破坏了煤层沿该方向上的水力连续性。

（4）煤层的厚度为 10m，深度为 120m，向东南方向倾角为 1°~5°。

（5）煤层中存在甲烷气体，需要在地表对监测井眼进行密封。

项目位置的总体布局如图 6.4 所示。

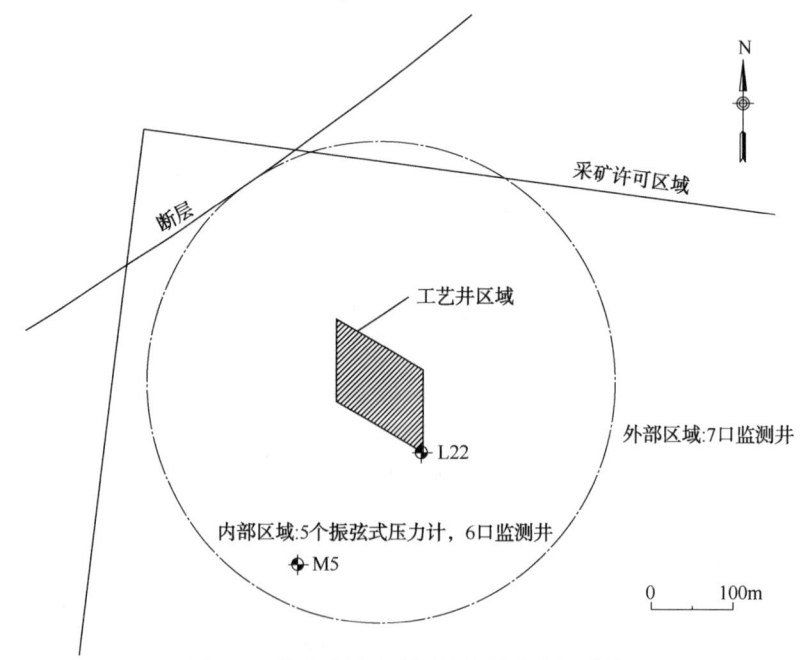

图 6.4 钦奇拉试验现场的布局及监控系统

图片来源于林克能源公司的 UCG 试验项目，昆士兰州政府

地下水测量结果表明，向西南方向的水力梯度为 0.0015，即近似平行于图 6.4 所示的断层。地下水的水质普遍较差，总溶解固体含量为 1400～3900mg/L。由于甲烷气体的影响，无法通过泵抽方式来确定煤层的渗透率，封隔器测试的范围为 4105～2109m/s，地层各向异性比较明显，且沿东北/西南轴线方向上的渗透率最大。试验结果表明，气化气在渗透率为 0.3～1.5D 的煤层中的流动性较高。

如图 6.4 所示，在半径为 300m 左右的区域内设置了 5 个振弦式压力计（VWP）和 6 口地下水监测井，在外部区域设置了 7 口监测井，其中 3 口监测井是在关停过程中（停止注气之前）钻完的。Blinderman 和 Fidler（2003）指出，工艺井区与距离 200m 左右的监测井 M5 之间存在水力联系，这证实了该方向上的高渗透率和气化区域的有效程度。

在关停期间，从图 6.4 中的监测井 M5 和工艺井 L22 中提取地下水样品，以评估关停过程的影响。这些测量结果如图 6.5 所示，Blinderman 和 Fidler（2003）将这些测量结果与来自凝析水和美国两个项目（赫克里克和卡本郡）的测量结果进行了比较。在关停过程结束时测量的结果低于美国环保署（USEPA）公布的测量水平，并且远低于美国 UCG 试验场地的测量水平。作者强调，需要对气化腔进行适当的操作，以确保从凝析水中去除潜在的地下水污染物。

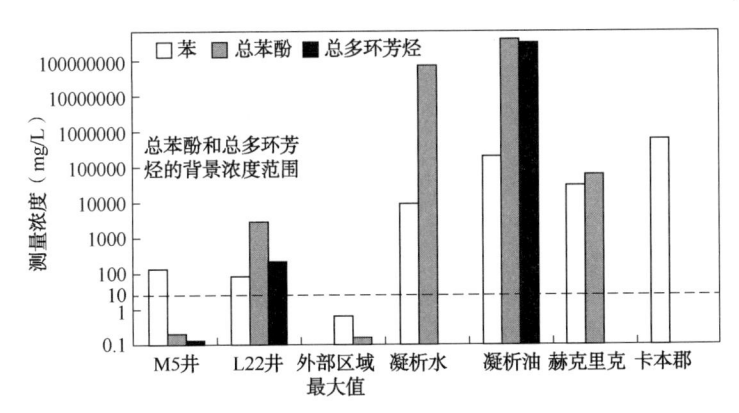

图 6.5 地下水质量监测结果（Blinderman 和 Fidler，2003）

赫克里克是在气化 6 个月之后测定的气化炉附近的苯酚浓度，以及未知地点在某时刻的苯浓度；

卡本郡是气化 3 年后测量的最大浓度

由于钦奇拉项目的融资情况，CS 能源公司对林克能源公司和钦奇拉项目实现了有效的所有权和财务控制。在 2001 年末，CS 能源公司要求对利用 UCG 技术发电在技术和经济方面的可行性进行审查，该审查工作于 2002 年 4 月完成（Blinderman 和 Spero，2002）。尽管该报告对钦奇拉项目提出了许多建设性的意见，但 CS 能源公司仍以缺乏资金为由退出了该合资企业。该公司被迫于 2002 年 5 月选择结束现有的项目（从而导致了上述的受控关停过程），并表明了出售该公司的意愿。尽管有很多公司表示对其感兴趣，但直到 2004 年初该公司才成功出售。煤矿企业家 Peter Bond 收购了 CS 能源公司的股份并对林克能源公司进行了重组，同时就恢复钦奇拉项目展开了讨论。

2006 年 3 月，该公司发布了招股说明书，以筹集 2200 万澳元的资金，并在澳大利亚证券交易所上市(Linc Energy,2006a)。所需的基金已经筹得,并且该公司于2006年5月8日正式开始营业。招股说明书描述了该公司的商业计划,即利用UCG工艺"将煤炭储量转化为商业的柴油和航空燃料"。2006年11月,由于Ergo Exergy技术公司终止了与林克能源公司的技术供应商关系,林克能源公司宣布与莫斯科的Skochinsky研究所签署了UCG技术协议(Linc Energy,2006b)。

由于林克能源公司项目在钦奇拉取得了初步成功(1999—2004年),并且该公司在澳大利亚证券交易所成功上市,同时它还提出了生产商业数量的液体燃料的提议,使澳大利亚对UCG技术的兴趣日益浓厚。在此期间,油价快速上涨,从40美元/bbl增加到了100美元/bbl,这大大提高了利用UCG工艺生产合成气的商业潜力,因为与地面气化相比,UCG技术在经济上更具优势。

由于这些因素,企业对采用UCG技术开发商业项目的兴趣也日益浓厚,在澳大利亚证券交易所上市成为融资的重点,并且一系列潜在的终端产品也正在推广。然而,有关这些活动的现有资料一般仅限于公司简报和澳大利亚证券交易所的公告,而不是在专业期刊上发表的经过正式审查的出版物。下面的审查内容主要是根据这些材料展开的,根据这些材料的性质,它们只是提出了一种首选的企业理念,而不是对项目活动进行批判性和技术性的实质评价。

6.4 快速发展阶段——3个正在进行的项目及其追随者(2006—2011年)

6.4.1 3个正在进行的项目

6.4.1.1 林克能源公司项目

2007年9月,林克能源公司宣布(Linc Energy,2007a),它们已经开始从一个新的油田(后来被称为2号气化炉)中进行UCG气化气的生产,2007年10月(Linc Energy,2007b),林克能源公司宣布收购Yerostigas的控股权,Yerostigas是乌兹别克斯坦安格林UCG气化气项目的所有者和经营者,而该项目是原苏联最大的UCG项目。该公司还宣布(Linc Energy,2007c),在钦奇拉建造了一个示范性的燃气制油(GTL)工厂,旨在将产出的UCG合成气转化为液体燃料。

在接下来的4年时间里,林克能源公司开展了一系列气化炉的开发工作,通过这些气化炉,林克能源公司逐步改进了UCG工艺设计。2008年7月,该公司宣布(Linc Energy,2008a),它已经完成了3号气化炉的开发工作,并正在对燃气制油(GTL)示范工厂进行最后的测试(图6.6)。随后,在同年10月,该公司宣布它们已经成功地利用UCG合成气制成了首批液体燃料(Linc Energy,2008b)。

2009年3月,林克能源公司宣布开始设计4号气化炉,以5PJ/a的商业速度生产UCG合成气(Linc Energy,2009a)。2009年11月,该公司宣布该气化炉将在年底投入使用,5号气化炉的设计工作也在进行中(Linc Energy,2009b)。据报道,4号气化炉在2010年2月正式投入使用,5号气化炉计划在该公司位于南澳大利亚阿卡林加盆地的新项目中进行建造(Linc Energy，2010a)。2010 年 5 月，林克能源公司首次宣布在 4 号气化炉中使用了注氧技术(Linc Energy，2010b)。5 号气化炉最终于 2011 年在钦奇拉试验现场进行点火，并且根据林克能源公司在 2012—2013 年的运营经验，在注空气和注氧气两种注入方式下进行了试验(Linc Energy，2013a)。

图 6.6 林克能源公司位于钦奇拉的燃气制油(GTL)工厂

林克能源公司气化炉的建设和运行程序的汇总结果见表 6.2(Linc Energy，2013a)，在钦奇拉建造的 5 台气化炉的位置如图 6.7 所示(Linc Energy，2013a)。

表 6.2 林克能源公司 UCG 气化炉的运行程序

气化炉	运行时间	井配置方式	氧化剂	注 释
1 号	1999—2001 年	连通的直井	空气	用于发电
2 号	2007 年	连通的直井	空气	
3 号	2008—2009 年	水平连通的直井	空气	首次将合成气用于燃气制油工厂；在 Yerostigas 部署
4 号	2010—2012 年	2 口平行的水平井	氧气、富氧空气	利用连续油管进行氧气的注入和修井作业
5 号	2011—2014 年	1 口定向水平井和 1 口直井	氧气、富氧空气、纯氧	利用连续油管进行点火和持续注氧

林克能源公司表示，5 号气化炉中所用的设计和实施程序，将用于推动商业开发的进程。该设计涉及与 1 口注入井(在煤层中为斜井)之间的连通问题，该井采用连续油管钻机进行安装，在距离该井 880m 的位置有一口垂直生产井，如图 6.8 所示。商业性的生产过程将通过效仿该注采系统的方式来实现。

该气化炉的运行情况(Linc Energy，2013a)为：2011 年 10 月 22 日正式启用；2013 年 11 月 4 日关停该气化炉；生产时间为 730 天。

采用注空气和注氧气两种注入方法，完成了注入井 12 次的逐次后退，氧气富集程度从 21%(空气)到 100%(氧气)不等。注空气产品气的热值为 6.2MJ/m^3，注氧气期间产品气热值达到 10.2MJ/m^3。在操作过程中，建立了腔体扩展模型，并要求使用现场监测来对该模型进行验证，尽管这些数据的详细信息尚未发表。

在上述气化炉运行期间，林克能源公司同时还对更广泛的油气行业产生了广泛的兴

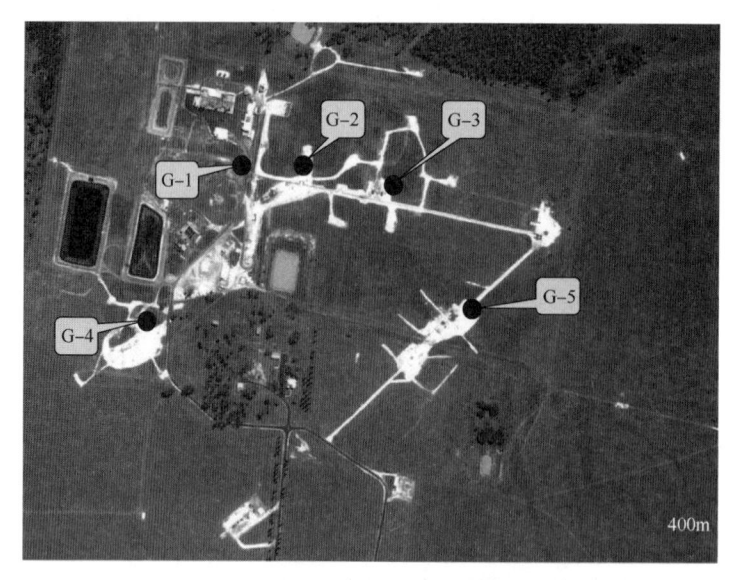

图 6.7　林克能源公司 1~5 号气化炉在钦奇拉 UCG 试验现场的布置

图 6.8　林克能源公司 5 号气化炉的建构现场

趣,而在 5 号气化炉关停之后,拟建的燃气制油工厂的进一步发展也陷入停滞。昆士兰州政府逐渐丧失了对 UCG 技术的信心,从而削弱了进一步发展的愿望。

从林克能源公司发布的 2~5 号气化炉的相关信息中,很难对其开发过程的实际进展进行评估。然而,在 2014 年,根据昆士兰州的《环境保护法》,林克能源公司被指控了 5 项故意和非法造成严重环境危害的罪名。该指控于 2015 年 10—11 月在昆士兰州地方法院进行了听证,并于 2016 年 3 月 11 日宣布对该公司进行审判(Queensland Government,2016a,2016b)。

从听证会上所提供的相关证据来看,很明显:(1)2 号气化炉的操作压力为 28~48bar;(2)2 号气化炉的气化气直接泄漏到地表;(3)在 3 号气化炉的钻井过程中,上覆岩层中形成了交错纵横的合成气"口袋";(4)4号气化炉显示,气化气从监测井中逸出到地面(冒气泡);(5)5号气化炉运行期间,监测井中的气化气发生了泄漏;(6)2~5号气化炉中的气化压力始终超过地下水的静水压力。

从上述内容可以明显看出,在2~5号气化炉的整个运行过程中,林克能源公司在钦奇拉现场工艺操作方面存在技术问题,这至少可以通过所开发气化炉的数量进行一定程度上的解释。该地区内的气体存在明显的连通,这似乎与Blinderman和Fidler(2003)所报道的高渗透率水平相一致。

6.4.1.2 低碳能源公司

澳大利亚联邦科学与工业研究组织(CSIRO)在21世纪初开展的研究项目由Cliff Mallett博士领导,并最终成立了一家全资公司——煤气有限公司(CGC),该公司在苏拉特盆地获得了三个占地面积为2375km² 的煤炭租约。2006年7月,一家在澳大利亚证券交易所上市的公司(Metex私营有限公司)宣布(Carbon Energy,2006)它们已经收购了该公司50%的股权,并提供250万美元的资金支持,这些资金将用于确定和开发合适的地下煤矿,从而对UCG工艺进行示范和开发,并且初步的试验将重点关注深度超过400m的煤层。

租赁区块的勘探钻井工作开始于2007年1月,同年5月,该公司宣布(Carbon Energy,2007a),它们正在完成其示范工厂的设计,并计划从9月份开始该示范工厂的建设工作,同时获得Burl Davis(美国)的独家联盟,从而协助开展UCG的详细设计和操作工作。Davis于1999年3月主持了由CSIRO所组织的UCG研讨会。此时,煤气有限公司(CGC)已更名为低碳能源公司,2007年11月,Metex公司收购了该公司剩余的股份,Mallett也加入了低碳能源公司的董事会(Carbon Energy,2007b)。2008年7月,Metex公司更名为低碳能源有限公司(Carbon Energy,2008a)。

低碳能源公司在苏拉特盆地的红木溪选定了试验场地,该试验场地与林克能源公司在钦奇拉的煤层地质序列相同,地层性质也比较相似,开采深度为200m。该公司选择用CRIP系统的基本概念,包括两个平行的850m长、30m间距的煤层井眼,以及一口垂直的点火井,该系统是美国在20世纪80年代开发出来的。然而,它们在设计中对注入井回缩系统进行了修改,并将其称为"关键层"技术。

低碳能源公司在2008年8月宣布完成了第一个盘区的安装工作(Carbon Energy,2008b),并在10月8日成功实施点火,同时开始气的生产。然而,几个月后,该公司报告称注入井发生堵塞,需要重新安排井的布局(Carbon Energy,2008c)。据了解,由于水平井发生堵塞,因此涉及使用另外的直井进行注气。试验的前100天于2009年2月完成(Carbon Energy,2009),并开始计划建造一个商业规模的UCG盘区(2号盘区),并建造一个小型的发电厂(5MW),随后再将其扩大到20MW(Carbon Energy,2010a)。最终,第一个盘区被废弃(Carbon Energy,2010b),因为该公司认为继续对其进行修缮是不划算的。当政府在2010年7月要求该公司提供一份关于试验现场地表水排放的环境评估报告时,新盘区的建设工作被迫延期(Carbon Energy,2010c)。该问题在2011年初得以解决,2号盘区最终在2011年3月安装完成并正式投入使用(Carbon Energy,2011a)。

试验场两个盘区的位置如图6.9所示(Carbon Energy,2013),两个盘区之间的水平间距约为60m。已公布的2号盘区的气体成分测试数据见表6.3。随后，低碳能源公司在2011年10月建议将UCG合成气作为天然气发动机的燃料来进行发电（Carbon Energy，2011），但想要进一步将发电量扩大到5MW并向电网系统输电，则需要对现有的环保批文进行修订。2号盘区一共运行了577天，煤炭气化量为12745t，平均产气量小于2500m³/h。

图6.9 低碳能源公司在红木溪UCG试验场地的UCG盘区位置

表6.3 低碳能源公司2号盘区的气体组成——注入空气和氧气/蒸汽

以干气作为基础的主要成分	氧气/蒸汽注入时的平均摩尔分数(%)	空气注入时的平均摩尔分数(%)
氢气(H_2)	26.66	20.94
甲烷(CH_4)	19.06	8.60
一氧化碳(CO)	7.13	2.56
乙烷(C_2H_6)	1.42	0.54
二氧化碳(CO_2)	45.21	21.63
氮气(N_2)	0.28	44.67
平均最低热值(MJ/m³)	10.94	5.71
平均最高热值(MJ/m³)	12.24	6.46

图6.10显示了2号盘区在连续12个月的空气注入过程中的热值(发热量更高)。

作为 2 号盘区运行过程的一部分，低碳能源公司使用热力技术和地震技术对气化腔的拓展范围进行了测量。测量结果如图 6.11 所示，其尺寸（比例尺）由间距为 5m 的地震爆破点来表示。这些数据表明，地面测量技术能够用来确定地下空腔的发育程度，尽管这些结果还没有经过气化后的钻井验证。

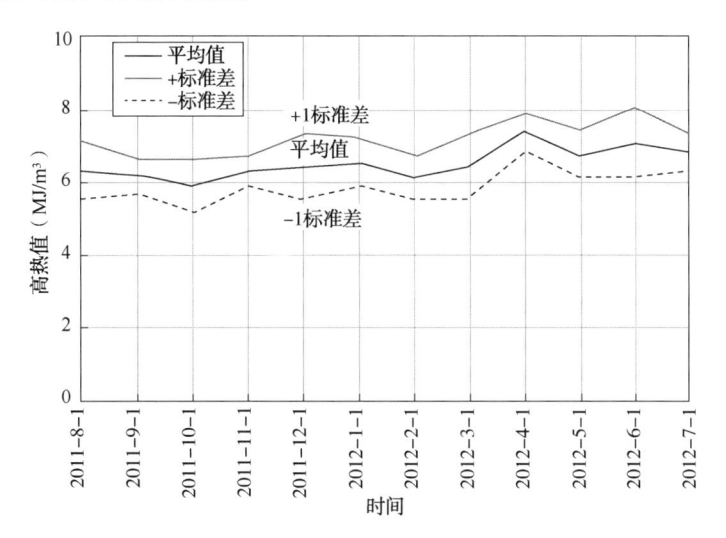

图 6.10　低碳能源公司 2 号盘区产出的合成气
红木溪 2 号签署区合成气的热值——空气吹扫

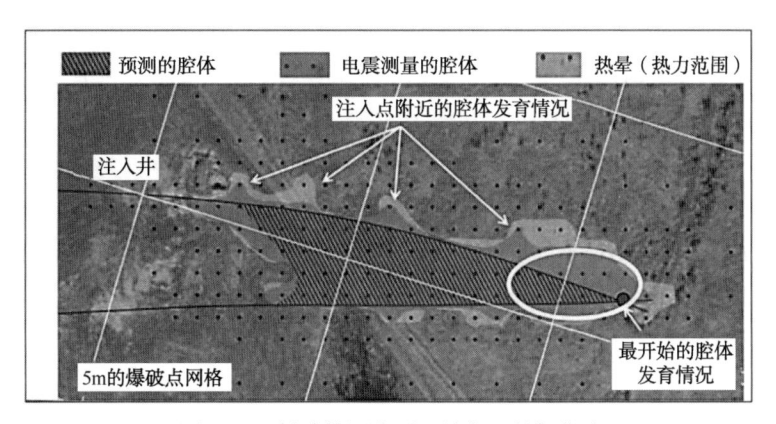

图 6.11　低碳能源公司 2 号盘区的气化腔

在对昆士兰州政府委托对 UCG 技术进行审查时，2 号盘区和红木溪项目的进一步开发被迫推迟（参见 6.7.3）。无论这份报告的结果如何，昆士兰州政府都将在 2016 年 4 月禁止 UCG 项目进一步发展，勒令低碳能源公司停止 UCG 项目的运营并对试验场地进行修缮。

低碳能源公司在红木溪的 UCG 试验项目和林克能源公司在钦奇拉的 UCG 项目都是在苏拉特盆地中进行的。我们有兴趣将钦奇拉的 1 号气化炉（使用直井，2002 年关停）和红木溪的 2 号盘区（使用改进的 CRIP 系统）这两个现场试验的公开数据进行对比。对比结果见表 6.4。

表 6.4 试验数据对比结果

对 比 项 目	钦奇拉(1 号气化炉)	红木溪(2 号盘区)
煤炭气化总量(t)	35000	12750
运行时间(d)	850(注入空气)	577(注入空气)
产品气的热值(低热值)(MJ/m³)	5.7	5.6
最大煤炭用量(t/d)	49	21
最大能量生成速率①(GJ/d)	750	325
生成气产量(m³/h)	5470	2420
每吨煤炭产生的能量(GJ)	15.0	14.7
试验盘区的面积(m²)	2300	850

① 一个发电量为 30MW 的发电厂需要的合成气供应量为 6600GJ/d。

表 6.4 中的数据证实，当将钦奇拉现场试验和红木溪现场试验进行对比时，运行时间延长了 50%；煤炭气化量增加了一倍，有效盘区面积约增加了两倍；平均日消耗煤量翻番，而最大产气量也提高了一倍以上。

据报道，1965 年苏联的安格林气化工厂的平均日气产量为 12900GJ/d(Gregg 等，1976)，大约是钦奇拉现场试验项目的 17 倍，是红木溪试验项目的 40 倍。

上述数据证实了原苏联开发的大规模 UCG 工艺的持续性，同时也说明了要达到适合商业开发的试验规模，必须大幅度提高气的产量。

6.4.1.3 猎豹能源公司

2006 年 10 月，Len Walker 博士成立了猎豹能源公司(Cougar Energy)，并在澳大利亚证券交易所成功上市，此时林克能源公司在钦奇拉成功实施的 UCG 示范项目已经结束了大约 4 年。该公司获得了一个 UCG 项目的开发权，该项目位于金格罗伊附近(位于昆士兰州布里斯班东北 150km 处)，并涉及苏拉特盆地和鲍恩盆地中其他潜在的深层煤矿。UCG 技术是由 Ergo Exergy 技术公司根据许可协议提供的。在金格罗伊试验场所选择的煤层为昆林煤层，该煤层的厚度为 7~17m，埋藏深度为 60~206m。煤炭的性质见表 6.5。

表 6.5 昆林煤层的煤物性参数

参 数	数 值	参 数	数 值
相对密度	1.59	固定碳含量[%(质量分数)]	32.6
固有含水量[%(质量分数)]	4.85	总含硫量[%(质量分数)]	0.25
灰分含量[%(质量分数)]	35.1	比能(MJ/kg)	19.1
挥发性物质含量[%(质量分数)]	25.2		

继资源界定和场地特征描述工作之后，金格罗伊项目的开发计划分以下阶段进行：(1)进行为期 6 个月的点火、合成气生产、净化和燃除工作；(2)用燃气发动机或燃气轮机发电，发电功率达 30MW；(3)将发电功率扩大到 200MW，然后再扩大到 400MW。

这个分阶段进行的项目与钦奇拉试验的设想并没有太大的不同；然而，在猎豹能源公司 UCG 项目的早期阶段，它的定义更加明确，并且得益于从过去的示范项目中所获得的技术经验和从澳大利亚证券交易所上市中所获得的资金支持,我们认为该项目是切实可行的。此外,还着重设计了一个试验性的生成气净化厂,以提供一种适合现有商业燃气轮机的气体。

项目现场布置方案如图 6.12 所示,气体处理厂如图 6.13 所示。

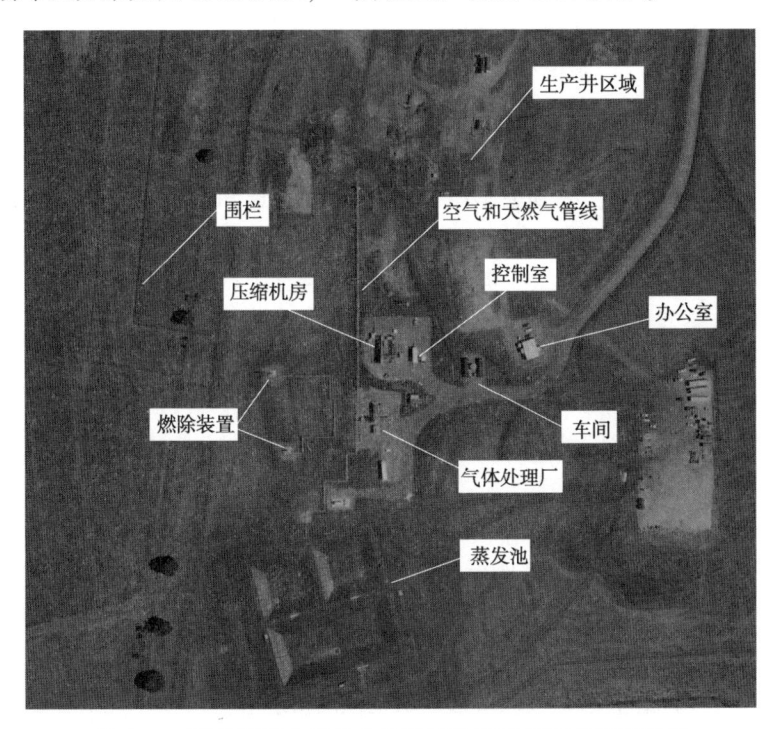

图 6.12 猎豹能源公司在金格罗伊的 UCG 项目的现场布局

图 6.13 猎豹能源公司位于金格罗伊试验场的气体处理厂

关于该公司在金格罗伊的项目进展的详细讨论载于另一章节;然而,该项目活动的时间线可以总结如下(Walker,2014):

(1) 2008年6月，完成了资源钻探工作。
(2) 2010年3月15日，进行了点火操作，并开始合成气的生产。
(3) 2010年3月20日，由于套管发生堵塞，停止注气(空气)。
(4) 2010年5月21日，在监测井中发现苯的含量达到了$2\mu g/kg$。
(5) 2010年6月30日，与政府官员讨论项目成果。
(6) 2010年7月初，钻新的生产井。
(7) 2010年7月13日，将错误的苯含量检测结果($82\mu g/kg$)提交给政府。
(8) 2010年7月14日，确认了提交给政府的错误结果。
(9) 2010年7月17日，收到关停相关UCG活动的通知。
(10) 2010年8—12月，准备环境评估报告。
(11) 2011年7月，收到永久关停UCG设施并对其进行修缮的通知。

总的来说，金格罗伊UCG设施只有效运作了5天，大约对20t煤进行了气化。尽管如此，金格罗伊UCG项目仍得到了在技术方面和环境方面有价值的成果，这些成果将在本书的另一章节进行讨论。

6.4.2 其他追随者

2006—2011年，涌现出了一大批UCG活动，其中就包括林克能源公司、低碳能源公司和猎豹能源公司正在开展的示范性先导试验项目。这三家公司由于已经在澳大利亚证券交易所上市，因此筹集了大量资金，并且每家公司都有具体的计划来着眼于重大商业项目的开发，而这些商业项目涉及柴油和喷气燃料(林克能源公司)、氨和甲醇(低碳能源公司)以及电力(猎豹能源公司)的生产。这些项目计划是在油价能够持续稳定在100美元/bbl左右的条件下制订的。

尽管昆士兰州政府在2009年初仅批准了三家公司的UCG示范项目(见6.6节)，但是其他在澳大利亚证券交易所上市的公司也看到了提高它们在UCG技术领域的市场份额的机会，他们也希望能够成功掌握已经运用在昆士兰州的UCG技术。以下概述了这些公司的UCG活动，其中一些提议可能会扩大现有的技术知识水平。然而，它们已经表明了对UCG技术的浓厚兴趣(特别是在2008—2011年这段时间)，以及在澳大利亚形成国家商业产业的潜力。与前文一样，本节中所提供的相关信息均来自这些公司的报告和澳大利亚证券交易所的公告。

6.4.2.1 自由资源公司(澳大利亚证券交易所代号为LBY，现在已经改名为CNW)

2008年9月，一家澳大利亚证券交易所的上市公司——自由资源公司(Liberty Resources)(LBY)宣布(Liberty Resources, 2008a)，该公司已签署一项期权协议来收购昆士兰州的煤炭开采许可权(EPCAs)，该煤炭开采许可权覆盖了面积为$6.4\times10^4 km^2$的煤矿资源，这些煤矿资源可能适合开展煤炭地下气化。2008年12月11日，该公司宣布(Liberty Resources, 2008b)加利利盆地煤炭许可区域内的推测资源量为$3.38\times10^8 t$，它们将对这些煤炭资源进行快速的UCG跟踪调查和选址。该决定已经顺利执行，并于2009年4月完成了收购工作(Liberty Resources, 2009a)。

2009年7月，自由资源公司与低碳能源公司签署了一份框架协议(HOA)，它们将成立一家合资企业,在加利利盆地许可区域内开发 UCG 项目(Liberty Resources,2009b)。与此同时,该公司还与全球清洁能源公司(Clean Global Energy)签署了另一份框架协议,其目标是在苏拉特盆地许可区域内开展类似的 UCG 项目。该公司还宣布,基于对油气井历史数据的回顾,其煤炭开采许可区域内的目标勘探潜力为 $(2800 \sim 3500) \times 10^8 t$ 煤炭。2009 年 9 月,该公司与总部位于英国的 UCG 公司建立了伙伴关系,从而巩固了它在 UCG 技术方面的利益。

2010 年 6 月,自由资源公司报告了(Liberty Resources,2010a)其在昆士兰州许可区域内的一项合成气生产经济性研究结果。该公司还证实,由于昆士兰州政府对 UCG 政策所施加的限制,它还无法开始这项技术的先导试验。自由资源公司继续专注于项目潜力分析,并于 2010 年 10 月宣布(Liberty Resources,2010b)利用 UCG 合成气来开展大规模的尿素和化肥的生产。该项目一直持续到 2011—2013 年,这段时间内该公司在 UCG 合成气生产试验方面没有明显的进展,同时该公司对常规煤炭的兴趣也越来越大。2014 年 10 月,自由资源公司宣布(Liberty Resources,2014 年),该公司的业务将有所变更,并于 2015 年 4 月开始处置该公司所有的采矿权益(Liberty Resources,2015)。

6.4.2.2 全球清洁能源公司(澳大利亚证券交易所代号为 CGV,现在已更名为 CTR)

全球清洁能源公司(Clean Global Energy)最初是一家私营公司,该公司利用 1997 年西班牙 UCG 现场试验的经验,在昆士兰州的煤炭开采许可区域内开展了一个 UCG 现场试验。2009 年 4 月(Clean Global Energy,2009a),该公司与另一家上市公司达成了一份框架协议,从而获得了在澳大利亚证券交易所上市的机会。2009 年 6 月签署了正式的股权出售协议,收购工作于 2009 年 10 月完成(Clean Global Energy,2009b)。当时,该公司宣布已经与昆士兰州的低碳能源公司以及维多利亚州和中国的多家公司达成了多项框架协议,这是该公司在这些地区以及昆士兰州租赁区内开发商业项目计划的一部分。到 2010 年底,该公司还确认了在美国和印度开展 UCG 项目的前景,并为其在昆士兰州开采许可区域内开展 UCG 项目积累了初步资源(Clean Global Energy,2010)。

然而,在 2011 年 5 月该公司的董事会发生变动后,全球清洁能源公司放弃了在中国和美国开展 UCG 项目的计划,并于同年的 11 月宣布(Clean Global Energy,2011)完全退出 UCG 项目开发活动,转而专注于传统的煤炭开采和其他能源开采活动。

6.4.2.3 埃尼亚巴天然气公司(澳大利亚证券交易所代号为 ENB)

2008 年 10 月,澳大利亚证券交易所的上市公司——埃尼亚巴天然气公司(Eneabba Gas)宣布(Eneabba Gas,2008),该公司正在与几家 UCG 技术供应商讨论在位于西澳大利亚佩斯盆地杰拉尔顿附近的煤炭开采许可区内应用该技术。该公司签署了几份天然气供应合同,并提议在其租赁区附近建造一座发电功率为 168MW 的发电站,以满足开采附近铁矿的用电需求。2009 年 5 月,埃尼亚巴天然气公司与低碳能源公司签署了一份框架协议,根据这份协议,低碳能源公司将获得部分煤炭租约,应用其 UCG 技术来生产气化气,并将其供应给埃尼亚巴天然气公司拟建的发电站(Eneabba Gas,2009)。经过双方一年的共同努力,该框架协议于 2009 年 12 月正式到期。

埃尼亚巴天然气公司对 UCG 技术的关注在 2010 年 3 月得到了证实,当时它加入了总部位于伦敦的 UCG 协会。随后,在 2010 年 4 月(Eneabba Gas,2010),该公司与猎豹能源公司签署了一份关于在其开发许可区域开展UCG项目的谅解备忘录(MOU),并在同年的6月初签署了一项具有法律约束力的协议。然而,猎豹能源公司在昆士兰州金格罗伊工厂发生的事件严重阻碍了该项目的进展,该协议于2011年2月被迫终止(Eneabba Gas, 2011)。

直到2015年7月,埃尼亚巴天然气公司才宣布有兴趣将UCG技术应用于其煤炭租约区,此前它建议(Eneabba Gas, 2015)停止这项活动,以专注于传统天然气的勘探工作。

6.4.2.4 地铁煤矿公司(澳大利亚证券交易所代号为MTE,现已更名为MMI)

2006年5月,迈泰利克矿业公司(Metallica Minerals,澳大利亚证券交易所代号为MLM)宣布与猎豹能源公司达成协议(在猎豹能源公司在ASX上市之前),以研究将UCG技术应用于昆士兰州煤炭租约的可行性,其中包括一个位于金格罗伊的煤层,该煤层后来成为猎豹能源公司UCG项目的所在地(Metallica Minerals, 2006)。猎豹能源公司于2007年初开始在金格罗伊进行钻井,并于2008年11月完成了对该煤矿的收购工作。

2008年5月,迈泰利克矿业公司宣布(Metallica Minerals, 2008)将开始进行钻探工作,以评估该公司其他煤炭租约的煤炭开采潜力,使其能够加入澳大利亚新兴的煤炭开采行业。到2009年1月,迈泰利克矿业公司积极在苏拉特盆地开展钻探活动,以建立一个可能的UCG项目,并提议让其子公司地铁煤矿公司(Metrocoal)单独上市。地铁煤矿公司已于2009年12月在澳大利亚证券交易所成功上市(Metallica Minerals, 2009)。

在2010—2011年,地铁煤矿公司一直保持着对UCG技术的浓厚兴趣,但到了2011年底,由于昆士兰州政府对UCG技术的支持力度有所下降,并且随后更热衷于铝土矿的开发,因此地铁煤矿公司逐渐开始将目光转向常规的地下采矿技术。

6.4.2.5 中央石油公司(澳大利亚证券交易所代号为CTP)

2011年6月,中央石油公司(Central Petroleum)宣布(Central Petroleum, 2011)利用UCG技术开发位于北部领地佩德卡盆地的煤炭租约。该公司提供了一份顾问报告,其结论是,中央石油公司的石油和矿产租约的埋藏深度均在1000m以上,总的目标勘探潜力为$(7300\sim8900)\times10^8$t。现有的测井结果显示,最浅的交点深度在400m左右。中央石油公司提议研发一套综合的UCG设施,以便在生产初期每天能够产出60000bbl液体燃料。

2012年4月,当董事会的控制权发生变化时,这项提议仍在逐步推进(Central Petroleum, 2012),但该公司的工作重点逐渐转向了常规油气资源的勘探开发。采用UCG技术进行开发的提议最终也没能被采纳。

6.4.2.6 野马能源公司(澳大利亚证券交易所代号为WHE,现已更名为SO4)

2009年9月,澳大利亚的野马能源公司(Wildhorse Energy, WHE)宣布收购尖峰煤矿公司(Peak Coal)(Wildhorse Energy, 2009),该公司在匈牙利拥有大量的煤炭开采权,并计划利用UCG工艺来开发这些油气资源。这次收购工作最终在2010年2月完成,公司还聘请了一些前萨索尔(Sasol)集团的员工来进行UCG项目的开发。

在接下来的几年时间里,该公司对其在匈牙利的特许地区进行了一系列UCG项目方面的研究,但没有开展相关的现场工作。2014年2月,该公司宣布将其UCG资产出售给林克能源公司(Wildhorse Energy, 2014a)。2014年8月,林克能源公司退出了这份出售协议，因此，作为2014年10月所宣布的公司重组的一部分，野马能源公司放弃了所有UCG方面的权益(Wildhorse Energy，2014b)。

尽管野马能源公司的总部位于澳大利亚，但它从未收购过在澳大利亚的任何资产，也从未表示过有兴趣在澳大利亚开发UCG技术。

6.4.3 学术研究

在澳大利亚开展UCG项目期间，澳大利亚的几所大学开展了一些学术研究工作。昆士兰大学的一些研究项目是在与Ergo Exergy技术公司进行密切合作的条件下完成的，Ergo Exergy技术公司主要为这些研究项目提供UCG技术，特别是钦奇拉UCG项目(1号气化炉，1999—2006年)和南非的马尤巴UCG项目。

开展了一项关于灰分的形成对气化后空腔中灰分浸出影响的研究，该研究主要关注残留灰分的浸出率和灰分试样物理条件之间的变化关系(Jak，2009)。由A. Klimenko博士领导的昆士兰大学燃烧课题组与Ergo Exergy技术公司和M. Blinderman博士密切合作，建立了反向燃烧和正向燃烧的连接理论，并将其用于气化区内火线传播过程的研究和气化工艺流程的模拟工作(Blinderman和Klimenko，2007；Blinderman等，2008a，2008b；Saulov等，2010；Chodankar等，2009)。将连通过程中火的利用效率优化作为研究的一部分，并将理论结果与钦奇拉UCG项目(1号气化炉，1999—2006年)中的现场连通数据进行对比，该UCG项目是在Ergo Exergy技术公司技术人员的指导下完成的。

新南威尔士大学的Greg Perkins开发了多种煤炭地下气化的计算模型(Perkins，2007，2008)。这些模型考虑了传热和传质效应，并将其纳入气化腔拓展过程的评价工作中。模拟结果与森特勒利亚(美国)的UCG现场试验结果进行了对比。

6.4.4 工艺流程总结

截至2009年底，共有6家澳大利亚证券交易所上市公司在昆士兰州积极开展了UCG活动，另外有两家公司分别在澳大利亚西部和匈牙利积极开展UCG活动。其中，三家公司也在昆士兰州积极开展了UCG生产业务。这些UCG活动当时的广泛传播可能与这项技术的发展史上比较独特有关，并使人们对这项技术在澳大利亚的商业化目标有了相当大的信心。

对实现这一目标的主要贡献因素可以总结为以下几点：

(1) 多家公司都积极采取各种各样的手段来使用这项技术。

(2) 与以往的国际发展战略相比，现在更多地利用私人资本来寻求发展，而此前几乎完全依靠政府的研究经费。

(3) 采用在证券交易所上市的方式来筹集资金，将投资风险分散到众多个人和投资基金中，并利用市场对技术的"刺激"来帮助融资。

尽管当时的行业势头很好，但这些参与者都没有达到它们的商业目标，如果新一批的UCG参与者不想遭受同样的命运，就需要进行仔细的分析。下面的分析过程着重强调了那些影响商业发展取得成功的因素，同时借鉴了澳大利亚的UCG活动经验。

6.5 煤炭地下气化和煤层气之间的相互作用

为了了解昆士兰州煤层气开发过程中所涉及的各项因素，特别是政治因素，有必要对该州涉及煤层气（CSG）产业的公司与那些努力发展商业化 UCG 产业的公司之间的利益竞争关系进行全面审查。

与这一认识相关的商业事实包括：

（1）昆士兰的煤层气产业由现有的大型国有油气公司[桑托斯公司（Santos）、起源能源公司（Origin Energy）]和一些发展中的创业公司[例如：箭牌能源公司（Arrow Energy），成立于 1997 年；昆士兰天然气公司（Queensland gas），成立于 2000 年]联合领导。

（2）昆士兰州的 UCG 产业实际上始于 1996 年林克能源公司的成立，以及 1999—2002 年钦奇拉示范项目的成功，但该项目最终由于缺乏资金而被迫关停。

（3）2006 年，林克能源公司在澳大利亚证券交易所成功上市，同年低碳能源公司和猎豹能源公司相继成立，在后续阶段，UCG 活动出现了 4 年的空白。

（4）在 2000—2006 年，苏拉特盆地中的瓦隆煤层的煤层气生产取得了重大进展，瓦隆煤层与林克能源公司在此期间为 UCG 项目所开发的煤层属于同一煤系。

2000 年初，苏拉特盆地中煤层气的勘探工作全面提速，昆士兰天然气公司也于 2000 年开始进行勘探，而箭牌能源公司（Arrow Energy）的煤层气勘探工作则始于 2001 年。据报道，2001 年 7 月（Arrow Energy，2001），瓦隆煤系中的煤层气井在 140m（较浅）的深度下成功产出了煤层气，也就是说，这与林克能源公司在钦奇拉所开发的煤层和深度是相同的。将产出的煤层气供应给 CS 能源公司（林克能源公司的合作伙伴）的合同是在 2000 年与桑托斯公司签订的，2001 年和 2002 年又分别与箭牌能源公司和昆士兰天然气公司签订了供气合同，当时商业规模的煤层气正在开发中。

通过回顾目前的提议，便可领会开发煤层气的意义所在。这些提议包括大量开采煤层气，并将其输往昆士兰州的东海岸，将其转化为液化天然气（LNG）用于出口。这些提议在概念上和成本上都非常大，并且需要大量的气体供应。这些公司的相关报告描述了为满足天然气供应目标而进行的大规模钻探活动。例如，箭牌能源公司宣布（Arrow Energy，2009）在苏拉特盆地中建立一个天然气项目，为东海岸的一个液化天然气项目和当地的发电厂提供天然气。该项目计划包括 1500 口新的煤层气井和天然气管道，预计将耗资 15 亿美元来将天然气输送到中央天然气处理设施和水处理设施中。此外，昆士兰天然气公司（Queensland Gas，2017）报告称，截至 2015 年 6 月，其苏拉特盆地项目一期已钻井 2520 口，目前正以每月 25 口的速度钻井，以采出与液化天然气项目等量的煤层气。桑托斯公司和起源能源公司也参与到了类似的大型项目当中。

苏拉特盆地中煤层气的勘探和生产过程不断提速，加剧了煤层气开发商与 UCG 开发商之间潜在的利益冲突。前者的开采许可是根据《昆士兰州政府石油与天然气法》发放的，而后者的开采许可则是根据《矿务法》发放的。到 2008—2009 年，也就是昆士兰州政府出台 UCG 政策时（下文将对此进行讨论），当时许可证重叠问题的影响已十分明显，如图 6.14 所示。图 6.14 显示了当时苏拉特盆地中所发放许可证的分布情况。

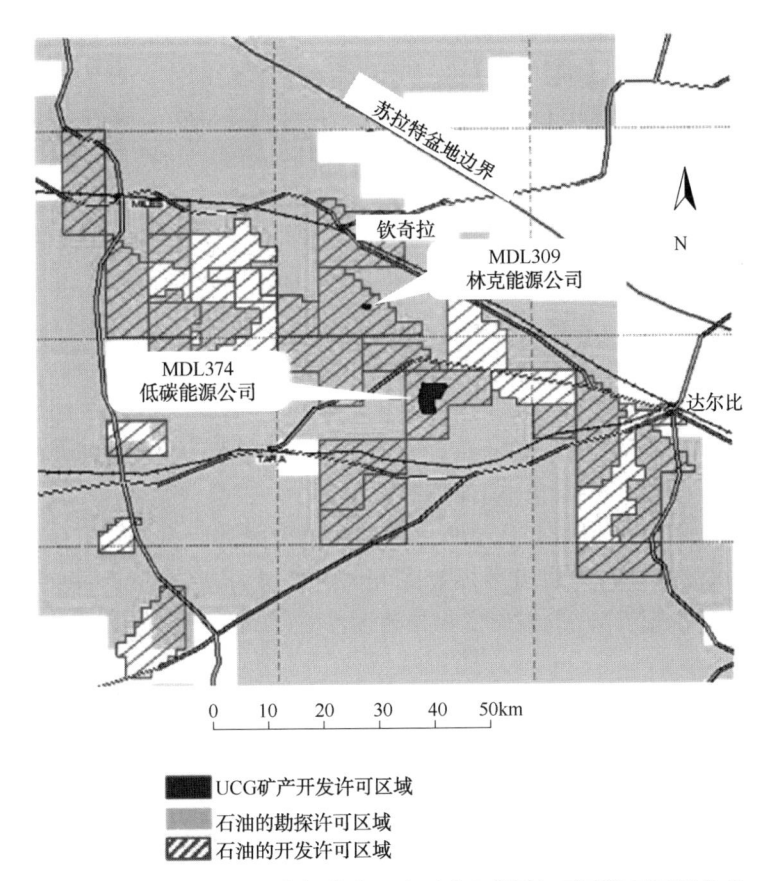

图 6.14　2008—2009 年苏拉特盆地中石油和煤层气开采许可区域分布

从图 6.14 中可以看出,几乎整个盆地都被石油/天然气勘探许可所覆盖,大部分浅层的煤层(深度小于 400m)被石油生产许可证所覆盖(交叉阴影部分)。煤层向西南方向倾斜超过 400m 深,此处对 UCG 项目的开发吸引力较小。林克能源公司和猎豹能源公司所获得的两个矿产开发许可区块(MDL)用黑色表示。经政府确认,考虑到 UCG 技术在该州未来的发展,这些开发区块仅仅是为了开展 UCG 先导试验而批准的,而不是为了商业化开发。

对于稳定的能源输出要求来说,两种技术需要的占地面积差距很大。Surat 盆地区域本身倾向于煤层气开发,而占地面积的差距加剧了两种技术在该盆地的不平衡。煤层气开采工艺是从煤层中回收任何游离的或可采出的甲烷气体,而 UCG 工艺则是将煤层中 70%~80% 的能量转化为气化气,并从消耗氧气的气化腔中回收游离的甲烷气。据估计(Carbon Energy,2013),与煤层气开采相比,在确定的煤层区块内,UCG 工艺从煤层中回收的能量是煤层气开采的 20 倍。

这种比较的结果是,对于固定的能源供应需求,煤层气运营商将需要 UCG 20 倍的煤层面积。这一要求解释了图 6.14 中所示的分配结果(存在大量的石油开采许可区域),这些区域是实现目标能源输出量所必需的,而该目标能源输出量通过一个面积小得多的 UCG 开发许可区块就可以实现。如果 UCG 技术是在商业基础上开发的,那么它也可以作为苏拉特盆地中巨大的潜在可采储量的评价指标。

一些技术操作方面的因素也影响着 UCG 和煤层气利益之间的相互作用。其中最重要的就是对地下水位的影响。煤层气的开采排出了煤层中大量的水,导致地下水位显著下降(可能是长期下降),从而降低了煤层中的地层压力。正是这种压力的降低,使得甲烷气体得以回收。相比之下,UCG 工艺则需要在煤层中保持一个较高的静水压力,以平衡(并超过)气化腔内所注入的空气或氧气的压力。

因此,如果不能对煤层气开采过程中地下水的水位下降(压力、横向延伸范围和随时间的波动情况)做出可靠的预测,这两种技术就不可能同时进行作业。这将是一项十分艰巨的工作,因为地下渗透率是可变的,并且在作业开始前或煤层气开采期间进行预测存在一定的难度,而这也可能会使邻井的 UCG 作业面临较大的环境风险。

在已经充分开展煤层气开发活动的煤层中进行 UCG 作业也会引起人们的担忧。煤层气的开采对煤层上覆岩层的结构和渗透性的影响,以及在煤层气井周围建立气体渗流通道的风险,都将给 UCG 作业带来相当大的不确定性。

虽然该问题在 21 世纪初还不是很明显,但从后面的经验来看,可以很清楚地知道,一些煤层气公司积极的发展计划和对开采许可区内煤层的有效控制,将使得羽翼未丰的 UCG 产业在昆士兰州任何短期的发展变得扑朔迷离。

6.6 昆士兰州政府的煤炭地下气化政策

1999—2008 年,UCG 和煤层气产业的发展历程大致可以概括为:

(1)林克能源公司 1999—2002 年所开展的钦奇拉试验项目为 UCG 气化气的成功生产提供了证据,随后 UCG 设施成功退役。

(2)从 2000 年起,林克能源公司的合作伙伴 CS 能源公司签署了多项协议,从现有的开发公司那里获得 CSG,并在 2002 年退出了 UCG 项目,同时将工作重心转向煤层气生产。

(3)从 2006 年开始,林克能源公司重新制订了发展计划,并且低碳能源公司和猎豹能源公司也积极投身于发展计划的制订,人们对 UCG 的兴趣日益浓厚。

(4)2002—2006 年,大大小小的公司在苏拉特盆地开展的煤层气勘探活动迅速扩大。

因此,到 2008 年,当三个关键 UCG 项目中商业化的气化气生产过程迫在眉睫时,6.5 节中所描述的技术冲突不可避免地达到了顶点。

政府行动的第一个迹象出现在林克能源公司(Linc Energy,2008c)做出回应的一份新闻报道中,该报道援引了矿业和能源部的一位匿名人士的话,"政府至少在 3 年内不打算为 UCG 技术提供生产许可"。部长随后发表声明称,政府不会将生产权授予任何没有在澳大利亚进行试验和测试的技术,但他没有特别提到是否有可能暂停 UCG 技术的开发。

2009 年 2 月 18 日,昆士兰州政府发布了一份关于煤炭地下气化的政策性文件(Queensland Government,2009),该政策性文件声明"其目的是为 UCG 先导试验项目提供展示该技术在技术、环境和商业方面可行性的机会"。该文件中没有提及 1999—2002 年林克能源公司所成功开展的示范项目。因此,UCG 技术的支持者不得不重新开始,以满足政府在 UCG 发展潜力方面的期待。

该政策还包括其他的一些条款：

(1) 任命一个独立科学小组(ISP)来协助编写一份政府报告,使其能够决定昆士兰州UCG产业未来的可行性。

(2) 成立产业咨询委员会(ICC),其成员包括来自UCG和煤层气两个产业的代表,他们负责考虑并向政府提供解决资源和技术冲突的方案。

(3) 在政府就这项技术的未来做出决定之前,不会再为UCG技术提供生产许可。

(4) 政府报告中关于UCG技术的相关成果将于2011—2012年提交内阁,并且一旦该政府报告中包含任何有关UCG技术的不利发现,政府可能就会建议继续限制甚至禁止UCG活动。

(5) 在对重叠的UCG和煤层气开采许可区进行讨论时,如果要求自然资源、矿山和能源部长在煤层气资源开发商和UCG资源开发商之间进行协调和选择,那么他将根据石油与天然气法案做出决定并永远支持CSG开发商,以允许CSG开发商继续推进煤层气的生产。

这项政策有效地暂停了UCG开采权的发放,并实现了前一年8月的新闻报道中所提到的目标。

该UCG政策对那些准备以发展UCG项目为主要目标的小型上市公司也会产生多多少少的影响:

(1) 昆士兰州UCG技术的未来掌握在政策制定者的手中,而不是商业发展所能决定的。

(2) 图6.14所示的现有开发许可表明,在任何发生重叠的许可权争议中,均优先考虑煤层气技术。

(3) 这项政策所带来的不确定性将会持续影响所有UCG公司的财政资源,以及它们未来向公众筹集资金的能力。

尽管存在这些不确定性,但是这三家活跃的公司从当时与政府的讨论中已经得到了足够的慰藉,得以继续它们的项目,并与独立科学小组和产业咨询委员会进行接洽。

6.7 煤炭地下气化技术发展的没落(2011—2016年)

6.7.1 背景

随着昆士兰州政府宣布其UCG政策,在昆士兰州积极开发UCG项目的三家UCG公司的发展遭遇了相当大的挫折。颁布这项政策的结果是,每家公司从先导试验到商业运营的快速推进计划被迫搁置,并且仍不确定政府最终是否会批准它们的任何项目。

随着时间的推移,以及围绕2011年7月决定永久关闭猎豹能源公司项目所发生的种种事件,人们对昆士兰州UCG项目商业化获得政府批准的信心逐渐减弱。

独立科学小组(Queensland Government,2013)于2013年6月发布了关于剩下的两个UCG先导试验的报告,其结论如下:

(1) 与其他广泛的现有资源利用活动相比,煤炭地下气化原则上可以社会和环境安全可接受的方式进行。

（2）按照惯例，必须先停止在昆士兰州所开展的商业化 UCG 业务，然后必须在基于风险的集成框架下设计出一套可接受的商业运作模式。

虽然第一条结论对 UCG 技术的商业化发展表示欢迎，但从第二条结论中可以明显看出，独立科学小组对企业提出了大量额外的要求，以确保它们对现有的先导试验项目进行全方位的修整（即它们不能继续扩大为商业化运作），同时如果企业要将现有的试验项目扩大到商业化规模，它们还提出了详细的设计要求。因此，商业化发展在获批过程中的不确定性仍然存在。

最终，昆士兰州这三家公司的商业运作都被迫终止，原因总结如下，这对处于萌芽阶段的 UCG 产业而言无疑是雪上加霜。

6.7.2 林克能源公司

2013 年 7 月，林克能源公司（Linc Energy, 2013b）对独立科学小组的报告做出了积极的回应，它们表示，这项技术仍可以在昆士兰州继续使用，前提是必须提供有力的证据来证明现有的气化腔已经得到了修复。2013 年 9 月，该公司确认（Linc Energy, 2013c）将对 3 号气化炉进行全面改造，以满足独立科学小组对商业化运作方面的要求。

然而，2013 年 11 月 5 日，该公司宣布（Linc Energy, 2010c）将停止在钦奇拉的业务，关停现有的试验场地，并将其业务转移到海外。该公司给出的理由是，到目前为止，政府还没有向 UCG 行业做出任何书面上的承诺来支持昆士兰州 UCG 商业投资。该公司的结论是，公司必须继续推进其海外的 UCG 业务，以确保未来将 UCG 技术部署到亚洲等地区。该公司估计，UCG 项目的总支出为 3 亿澳元。

就在上月，该公司表示，它们会将其证券交易所上市地点从澳大利亚迁至新加坡，这一举措已于 2013 年 12 月中旬成功实施。

在这些事件发生之后，昆士兰州政府以故意和非法造成严重环境损害为由对该公司提出了刑事诉讼——2014 年 4 月和 2014 年 6 月分别提出了四项指控和一项指控（参见 6.4.1.1）。面对这些指控，该公司将在 2015 年 10—11 月举行地方法官听证会，2016 年 3 月，该公司正式就所有指控接受审判。

6.7.3 低碳能源公司

低碳能源公司的 2 号 UCG 盘区一直运营到 2012 年底，当时它已经进入了昆士兰州政府所要求的关停阶段，这也是该公司获得商业项目开发批准的一个前提条件。该公司于 2014 年 10 月 1 日完成了这项流程并向政府提交了报告（Carbon Energy, 2014）。

该公司在 2014 年 12 月宣布，独立顾问（独立于政府）对这份报告的审查工作已经完成，预计将在 2015 年初获得批准。在整个 2015 年，该公司在许多场合公开表示，它们已经满足了政府所有关于修复 UCG 盘区的要求，同时也满足了独立科学小组的要求，并且在 2015 年 12 月（Carbon Energy, 2015），其矿产开发许可证应该可以得到更新，这样它们就可以继续在试验现场开展 UCG 活动。该公司也正在和政府讨论为其商业项目的建设提交一份环境影响报告书的相关事宜。

2016年4月16日，昆士兰州政府没有与该公司事先协商，单方面宣布（Queensland Government，2016a，2016b）全面禁止在该州开展UCG开发项目。低碳能源公司对这一决定表示十分惊讶（Carbon Energy，2016a），该公司满足了政府的所有要求，并确定将其技术转移到海外以寻求发展——尤其是中国。该公司在澳大利亚的UCG支出估计已经达到了1.5亿澳元。

6.7.4 猎豹能源公司

如6.4.1.3所述，昆士兰州政府于2010年7月发布了一份关于停止该公司相关业务的通知，并要求该公司对由于在一口监测井中短时间测量到较低浓度的苯而引起的一系列技术问题做出回应。这些问题在2010年8—12月所提交的一系列环境评估报告中得到了回答。2010年10—11月，该公司宣布了其在中国和蒙古的拟议开发项目的进展情况，并于2011年5月在北京开设了办事处。

最终，昆士兰州政府于2011年7月发布了一份关于永久关闭和修复金格罗伊试验场地的通知。该公司试图无视这一通知，并实现继续在亚洲开发UCG项目的目标，但最终没有取得成功。2013年初，随着公司董事会和管理层的变动，该计划最终被迫搁置，该公司也将UCG项目的开发计划从公司战略中移除。据估计，这项技术的投资为3000万澳元。

6.7.5 其他公司

昆士兰州政府决定延期对UCG技术在该州的未来发展方向进行决策，这也影响了其他州政府的态度，它们正在推迟对这项技术的研究，等待昆士兰州相关活动的结果。实际上，这给这项技术在澳大利亚全国范围内的发展带来了很大的不确定性。

在2010—2011年，澳大利亚UCG活动最为活跃，除了三家政府批准的UCG公司外，还有六家在澳大利亚证券交易所上市的公司也提出了类似的项目，其中三家在昆士兰州，一家在澳大利亚西部和北部领地，还有一家在欧洲（海外）。分别审查了这些公司对该技术的参与情况，以及它们退出UCG计划的情况，汇总结果见表6.6，它们要么将其UCG开发权益转移到海外，要么完全放弃这些权益。

表6.6 停止在澳大利亚进行开发活动的UCG公司

公司名称	开始时间	提出的开发活动	终止时间	终止原因
林克能源公司	1996年10月	燃气制油	2013年11月	由于政府政策的不确定性转移到海外
低碳能源公司	2006年7月	燃气制氨	2016年4月	由于政府禁止开展UCG业务而转移到海外
猎豹能源公司	2006年10月	燃气发电	2011年7月	由于政府关停UCG设施而转移到海外
自由资源公司	2008年9月	燃气制尿素	2014年10月	业务变更；煤矿资产出售
全球清洁煤炭公司	2009年10月		2011年11月	董事会变更；UCG项目减少
地铁煤炭公司	2008年5月		2011年12月	更倾向于常规的地下采矿业务
埃尼亚巴天然气公司	2008年10月		2015年7月	更倾向于常规油气的勘探业务

续表

公 司 名 称	开始时间	提出的开发活动	终止时间	终 止 原 因
中央石油公司	2011年6月	燃气制油	2012年4月	董事会表更；重回石油与天然气行业
野马资源公司	2009年9月		2014年10月	对澳大利亚失去兴趣

6.8 政府决策

在林克能源公司、低碳能源公司和猎豹能源公司在昆士兰州规划的商业运营的发展过程中，每家公司都依赖于快速的进展来有效地利用从公众那里筹集的资金，而延迟的政府决策，尤其是那些未经协商就做出的决策，对公司的发展产生了重大影响。

在21世纪初存在不确定性的环境下，昆士兰州政府所做出反应的例子如下：

（1）2009年2月宣布成立专家小组。小组成员名单已于2009年10月公布（推迟了8个月）。

（2）2009年8月，低碳能源公司向河床中排放了少量的废水。政府要求该公司提交一份关于该事件的报告，该公司于2010年10月提交了一份报告。2011年7月，政府以违反环境法的罪名向该公司提起刑事诉讼（推迟了9个月）。这些指控是在没有对环境造成损害的情况下，通过支付罚款的方式来解决的。

（3）低碳能源公司于2014年10月提交了关于红木溪先导试验项目的停运报告。2016年4月，在没有与UCG行业进行协商的情况下，昆士兰州政府单方面宣布全面禁止UCG技术在昆士兰州的应用（推迟了18个月）。

（4）猎豹能源公司于2007年12月在金格罗伊申请了矿产开发许可证。最终在2009年2月，也就是UCG政策宣布后的第14天，该申请获得了政府的批准（推迟了14个月）。

（5）2010年7月，猎豹能源公司在未经事先协商的情况下接到了临时停工通知，随后按要求向政府提交了一系列的环境评估报告。最后一份报告是在2010年12月提交的，并且在2011年7月11日，昆士兰州政府再次在未经事先协商的情况下单方面发布了永久停工的通知（推迟了6个月）。

（6）2011年7月1日，猎豹能源公司被指控违反了环境法，原因是在2010年3月，该公司的一口注入井发生了故障（延迟了16个月）。与低碳能源公司一样，该问题是通过支付罚款的方式来解决的，实际上并没有对环境造成什么危害。

2016年4月，昆士兰州政府宣布永久禁止UCG技术的应用，声称已经找到了UCG先导试验项目的相关证据，并考虑了现有技术与昆士兰州环境和经济需求的兼容性。昆士兰州的环境和农业生产所面临的潜在风险，远远超过了任何潜在的经济利益。

在回应这一声明时，低碳能源公司作为唯一一个在澳大利亚仍然活跃的UCG支持者，发表了几项声明，其中一项声明（Carbon Energy，2016b）就重申了独立科学小组对该技术的积极结论以及以下内容：

尽管政府最近与公司召开了很多次会议，政府也承认低碳能源公司与政府之间的合作是公开透明的，但这一出人意料的声明是未经过磋商就突然发布的。

虽然昆士兰州政府对林克能源公司环境指控的细节似乎比较严重，并且也有一些证据作为支撑，但对低碳能源公司和猎豹能源公司的指控都是一些与正常业务相关的小问题，这些问题仅仅局限于直接的项目操作方面，因此这些公司迅速解决了这些问题，并且在采矿和气化气生产设施中再也没有发生类似的问题。事实上，尽管政府已经承认了这些问题没有对环境造成危害，但是这些公司仍然受到了如此严厉的对待，并且政府还对这些问题大肆宣传，这也就证实了政治因素在当时情况下的重要性。

6.9 结论及展望

在过去40年中，澳大利亚对UCG技术的发展做出了重要贡献。这些重要贡献的主要特点可以概括如下：

(1) 自20世纪70年代以来的主要任务就是让现有的UCG技术实现商业化。

(2) 引入私人资本，通过证券交易所上市，提供了非常可观的投资资金。

(3) 作为商业项目开发的第一阶段，自1999年起，澳大利亚便一直从3个UCG开发现场生产气化气。在此期间，除了澳大利亚以外，全世界只有两个地方(分别在南非和新西兰)能够可靠地进行气化气的生产。

(4) 在这三家公司的项目计划的发展过程中，生产出了一系列的最终产品——液态燃料、氨和甲醇，以及发电。

(5) 据估算，在澳大利亚开展UCG项目的总支出约为5亿澳元。

在UCG技术方面所做的巨大努力最后付诸东流，很大程度上可以归因于昆士兰州的政治决策，这是由于煤层气技术和UCG技术在同一时期对同一煤矿资源进行开发时的冲突所造成的。试图在每种技术的支持者之间寻找共同点，但最终没能取得成功，煤层气产业的规模和已经确立的许可地位，导致当地政府决定在昆士兰州禁止UCG技术的应用。

这一决定实际上也使得澳大利亚其他州的UCG技术难以取得进展，特别是考虑到针对任何可能对地下水造成影响的技术的环境保护运动日益增加。提出和利用UCG技术的复杂性意味着，针对这些担忧建立一种技术上的理解是非常困难的，尤其是当批评者更倾向于将所谓的预防原则作为不支持发展该技术的理由时。

考虑到澳大利亚UCG项目中的经验教训，最重要的问题就是政府与UCG支持者之间的矛盾，它涉及苯和苯酚等潜在的地下水污染物的可接受限度。这一工艺过程与许多其他业务中所使用的工艺过程(如废物的处理或化学品的制造)没有什么不同。这些问题在其他文章中已经进行了详细的讨论(Walker，2014)，在进行任何重大的项目投资之前，必须对这些问题达成共识。

多年来，政府在UCG项目发展中的作用主要是为研发项目提供资金，苏联(20世纪30年代至60年代)和美国(20世纪70年代至80年代)在此方面付出了巨大努力。澳大利亚过去所取得的进展已经证实，可以将现有技术应用于满足当地能源需求的商业项目计划中，从而吸引来自私人资本的替代资金。然而，它同时也表明，政府具备选择性地利用环境法和社区对该技术的看法来支持它所选择的替代能源方案。

十分重要的一点是，如果未来UCG技术能够满足预期的能源短缺问题，昆士兰州也不会像之前一样对这种技术进行严格的资源控制，实际环境允许的项目，在执行过程中也能得到政府的全力支持，同时政府也会允许在可控的情况下进行项目开发，那么 UCG 技术将迎来商业化发展的机遇。

然而不幸的是，在可预见的未来，由于昆士兰州发生的种种事件所形成的技术观念，这些条件在澳大利亚似乎无法得到满足。只有当一个商业项目已经在国外得到充分证明时，现有的技术观念才有可能发生改变。鉴于之前活跃在澳大利亚的那些公司所提供的证据，这种情况最有可能发生在亚洲。

参 考 文 献

Arrow Energy, 2001. See www. asx. com. au/asx/statistics/announcements. ASX Code AOE (delisted in 2010), 9 July.

Arrow Energy, 2009. See www. asx. com. au/asx/statistics/announcements. ASX Code AOE (delisted in 2010), 14 October.

Austa Energy and Linc Energy N. L., 1997. Preliminary Feasibility Study, Underground Coal Gasification Fired Power Station near Ipswich, Queensland, November.

Beath, A. C., Wendt, M., Mallett, C. W., 2000. Optimisation of underground coal gasification for improved performance and reduced environmental impact. In: Ninth Australian Coal Science Conference, Brisbane, 26-29 November.

Beath, A. C., Mark, M. R., Mallett, C. W., 2003. An evaluation of the application of underground coal gasification technologies to electricity generation and production of synthesis gas. In: 12th International Conference on Soil Science, Cairns, Queensland, 2-6 November.

Blinderman, M. S., Fidler, S., 2003. Groundwater at the underground coal gasification site at Chinchilla, Australia. In: Proceedings of the Water in Mining Conference, Brisbane, October.

Blinderman, M. S., Jones, R. M., 2002. The Chinchilla IGCC project to date: underground coal gasification and environment. In: Gasification Technologies Conference, San Francisco, October.

Blinderman, M. S., Klimenko, A. Y., 2007. Theory of reverse combustion linking. Combust. Flame 150(3), 232-245.

Blinderman, M. S., Spero, C., 2002. UCG in Australia: development to date and future options. Report by Ergo Exergy Technologies Inc., Linc Energy Ltd., and CS Energy Ltd., Brisbane, April.

Blinderman, M. S., Saulov, D. N., Klimenko, A. Y., 2008a. Forward and reverse combustion linking in underground coal gasification. Energy 33(3), 446-454.

Blinderman, M. S., Saulov, D. N., Klimenko, A. Y., 2008b. Exergy optimisation of reverse combustion linking in underground coal gasification. J. Energy Inst. 81(1), 7-13.

Carbon Energy, 2006. See www. asx. com. au/asx/statistics/announcements. ASX Code CNX, 11 July.

Carbon Energy, 2007a. See www. asx. com. au/asx/statistics/announcements. ASX Code CNX, 24 May.

Carbon Energy, 2007b. See www. asx. com. au/asx/statistics/announcements. ASX Code CNX, 7 November.

Carbon Energy, 2008a. See www. asx. com. au/asx/statistics/announcements. ASX Code CNX, 15 July.

Carbon Energy, 2008b. See www. asx. com. au/asx/statistics/announcements. ASX Code CNX, 29 August.

Carbon Energy, 2008c. See www. asx. com. au/asx/statistics/announcements. ASX Code CNX, 17 December.

Carbon Energy, 2009. See www. asx. com. au/asx/statistics/announcements. ASX Code CNX, 3 February.

Carbon Energy, 2010a. See www. asx. com. au/asx/statistics/announcements. ASX Code CNX, 25 January.

Carbon Energy, 2010b. See www. asx. com. au/asx/statistics/announcements. ASX Code CNX, 30 April.
Carbon Energy, 2010c. See www. asx. com. au/asx/statistics/announcements. ASX Code CNX, 22 July.
Carbon Energy, 2011a. See www. asx. com. au/asx/statistics/announcements. ASX Code CNX, 28 March.
Carbon Energy, 2011b. See www. asx. com. au/asx/statistics/announcements. ASX Code CNX, 18 October.
Carbon Energy, 2013. UCG keyseam proof of concept. In: IEA Workshop—UCG Technology, Brisbane, November.
Carbon Energy, 2014. See www. asx. com. au/asx/statistics/announcements. ASX Code CNX, 1 October.
Carbon Energy, 2015. See www. asx. com. au/asx/statistics/announcements. ASX Code CNX, 10 December.
Carbon Energy, 2016a. See www. asx. com. au/asx/statistics/announcements. ASX Code CNX, 18 April.
Carbon Energy, 2016b. See www. asx. com. au/asx/statistics/announcements. ASX Code CNX, 19 April.
Central Petroleum, 2011. See www. asx. com. au/asx/statistics/announcements. ASX Code CTP, 27 June.
Central Petroleum, 2012. See www. asx. com. au/asx/statistics/announcements. ASX Code CTP, 18 April.
Chodankar, C. R., Feng, B., Klimenko, A. Y., 2009. Numerical modelling of underground coal gasification process for estimation of product gas composition. In: Proceeding of 26th International Pittsburgh Coal Conference, Pittsburgh, USA, September 20-24.
Clean Global Energy, 2009a. See www. asx. com. au/asx/statistics/announcements. ASX Code CGV(now CTR) 30 September.
Clean Global Energy, 2009b. See www. asx. com. au/asx/statistics/announcements. ASX Code CGV(now CTR) 27 October.
Clean Global Energy, 2010. See www. asx. com. au/asx/statistics/announcements. ASX Code CGV (now CTR) 7 October.
Clean Global Energy, 2011. See www. asx. com. au/asx/statistics/announcements. ASX Code CGV(now CTR) 24 November.
Dames and Moore, 1996. Leigh Creek coalfield: lobe B. Geotechnical and hydrogeological investigations—phase2. Report to Electricity Trust of South Australia, March.
Eneabba Gas, 2008. See www. asx. com. au/asx/statistics/announcements. ASX Code ENB, 3 October.
Eneabba Gas, 2009. See www. asx. com. au/asx/statistics/announcements. ASX Code ENB, 1 April.
Eneabba Gas, 2010. See www. asx. com. au/asx/statistics/announcements. ASX Code ENB, 15 April.
Eneabba Gas, 2011. See www. asx. com. au/asx/statistics/announcements. ASX Code ENB, 1 February.
Eneabba Gas, 2015. See www. asx. com. au/asx/statistics/announcements. ASX Code ENB, 29 July.
Gregg, D. W., Hill, R. H., Olness, D. U., 1976. An overview of the Soviet effort in underground gasification of coal. Lawrence Livermore Laboratory, University of California. Prepared for US Energy Research & Development Administration under Contract No. W-7405-Eng-48.
Jak, E., 2009. Gasification Ash Melting Effect on Leachability. Pyrometallurgy Research Centre, University of Queensland, Brisbane, p. 167.
Kinhill Engineers, 1989. Underground coal gasification—preliminary feasibility study. Report to WGN Ventures on Power Generation at Swanbank Power Station, January.
Liberty Resources, 2008a. See www. asx. com. au/asx/statistics/announcements. ASX Code LBY(now CNW), 24 September.
Liberty Resources, 2008b. See www. asx. com. au/asx/statistics/announcements. ASX Code LBY(now CNW), 11 December.
Liberty Resources, 2009a. See www. asx. com. au/asx/statistics/announcements. ASX Code LBY (now CNW),

22 May.

Liberty Resources, 2009b. See www.asx.com.au/asx/statistics/announcements. ASX Code LBY(now CNW), 27 July.

Liberty Resources, 2009c. See www.asx.com.au/asx/statistics/announcements. ASX Code LBY(now CNW), 15 September.

Liberty Resources, 2010a. See www.asx.com.au/asx/statistics/announcements. ASX Code LBY(now CNW), 29 June.

Liberty Resources, 2010b. See www.asx.com.au/asx/statistics/announcements. ASX Code LBY(now CNW), 4 October.

Liberty Resources, 2014. See www.asx.com.au/asx/statistics/announcements. ASX Code LBY(now CNW), 28 October.

Liberty Resources, 2015. See www.asx.com.au/asx/statistics/announcements. ASX Code LBY(now CNW), 28 April.

Linc Energy N.L., 1998. Prospectus lodged with Australian Securities Commission, June.

Linc Energy, 2006a. Prospectus lodged with Australian Securities and Investment Commission, March.

Linc Energy, 2006b. See www.asx.com.au/asx/statistics/announcements. ASX Code LNC, 4 December.

Linc Energy, 2007a. See www.asx.com.au/asx/statistics/announcements. ASX Code LNC, 3 September.

Linc Energy, 2007b. See www.asx.com.au/asx/statistics/announcements. ASX Code LNC, 11 October.

Linc Energy, 2007c. See www.asx.com.au/asx/statistics/announcements. ASX Code LNC, 28 November.

Linc Energy, 2008a. See www.asx.com.au/asx/statistics/announcements. ASX Code LNC, 28 July.

Linc Energy, 2008b. See www.asx.com.au/asx/statistics/announcements. ASX Code LNC, 14 October.

Linc Energy, 2008c. See www.asx.com.au/asx/statistics/announcements. ASX Code LNC, 7 August.

Linc Energy, 2009a. See www.asx.com.au/asx/statistics/announcements. ASX Code LNC, 10 March.

Linc Energy, 2009b. See www.asx.com.au/asx/statistics/announcements. ASX Code LNC, 27 November.

Linc Energy, 2010a. See www.asx.com.au/asx/statistics/announcements. ASX Code LNC, 4 February.

Linc Energy, 2010b. See www.asx.com.au/asx/statistics/announcements. ASX Code LNC, 19 May.

Linc Energy, 2010c. See www.asx.com.au/asx/statistics/announcements. ASX Code LNC, 5 November, 2013.

Linc Energy, 2013a. IEA Workshop—UCG Technology, Brisbane, November.

Linc Energy, 2013b. See www.asx.com.au/asx/statistics/announcements. ASX Code LNC, 8 July.

Linc Energy, 2013c. See www.asx.com.au/asx/statistics/announcements. ASX Code LNC, 3 September.

Metallica Minerals, 2006. See www.asx.com.au/asx/statistics/announcements. ASX Code MLM, 18 May.

Metallica Minerals, 2008. See www.asx.com.au/asx/statistics/announcements. ASX Code MLM, 22 May.

Metallica Minerals, 2009. See www.asx.com.au/asx/statistics/announcements. ASX Code MLM, 4 December.

Perkins, G., 2007. Modelling of heat and mass transport phenomena and chemical reaction in underground coal gasification. Chem. Eng. Res. Des. 85(3), 329-343.

Perkins, G., 2008. Steady-state model for estimating gas production from underground coal gasification. Energy Fuel. 22(6).

Queensland Gas, 2017. See www.bg-group.com/713/qgc.

Queensland Government, 2009. See http:/services.dip.gov.au/opendata/RTI/dsdip/rtip1415086/Documents-forrelease-RTIP1415-086.PDF.

Queensland Government, 2013. See www.dnrm.qld.gov.au/_data/assets/pdf/0006/990555/ispunderground-coalgas-pilot-trials.pdf.

Queensland Government, 2016a. See http: /archive. sclqld. org. au/qjudgement/2016/QMC16004.

Queensland Government, 2016b. See http: /statements. qld. gov. au/Statement/2016/4/18/under ground-coal-gasification-banned-in-queensland.

Saulov, D. N., Plumb, O. A., Klimenko, A. Y., 2010. Flame propagation in a gasification channel. Energy 35 (3), 1264-1273.

Shedden Pacific Pty Ltd, 1981. Pre-feasibility study of the in-situ gasification of the Anna lignite deposit, South Australia. Draft Copy to CSR Limited, December.

Shedden Pacific Pty Ltd. , 1983. Feasibility study. Underground coal gasification, Leigh Creek, South Australia. Report to Department of Mines and Energy, South Australia, August.

Stewart, I. McC. , 1984. In-situ gasification of coal for Australia. Report Number 297, NERDD Program, Dept. of Resources and Energy, May.

Stewart, I. McC, Wibberley, L. J. , Gupta, R. , Mai Viet, T. , 1981. Towards a high-output borehole system for hard coals. In: 7th Underground Coal Symposium, ERDA, USA.

Walker, L. K. , 1999. Underground coal gasification: a clean coal technology ready for development. Aust. Coal Rev. 8, 19-21.

Walker, L. K. , 2014. Underground coal gasification—issues in commercialisation. Proc. Inst. Civ. Eng. Energy (November), 188-195.

Walker, L. K. , Walker, A. L. , Beaver, F. W. , Schmit, C. R. , Young, B. C. , Groenewold, G. H. , Boysen, J. E. , McKeough, W. R. , Kuhnel, R. A. , 1993. The future role of underground coal gasification in the Asia-Pacific Region. In: Proceedings of CHEMECA Conference, Melbourne, Australia, pp. 417-422.

Walker, L. K. , Blinderman, M. S. , Brun, K. , 2001. An IGCC project at Chinchilla, Australia, based on underground coal gasification(UCG). In: Gasification Technologies Conference, San Francisco, October.

Wildhorse Energy, 2009. See www. asx. com. au/asx/statistics/announcements. ASX Code WHE (now SO4), 3 September.

Wildhorse Energy, 2014a. See www. asx. com. au/asx/statistics/announcements. ASX Code WHE(now SO4), 24 February.

Wildhorse Energy, 2014b. See www. asx. com. au/asx/statistics/announcements. ASX Code WHE(now SO4), 28 October.

7 气化动力学研究

H. Bockhorn

(卡尔斯鲁厄理工学院,恩格勒-邦特学院,德国卡尔斯鲁厄市)

7.1 概述

7.1.1 分子角度上的尝试

在一个封闭的容器中考虑以下类型的化学反应:

$$v_A A + v_B B + \cdots \longrightarrow v_C C + v_D D + \cdots \tag{7.1}$$

化学反应速率 R_{abs} 被定义为 i 组分物质的量随时间的变化 dn_i/dt 除以其化学计量系数,即

$$R_{abs} = \frac{1}{v_i} \times \frac{dn_i}{dt} \tag{7.2}$$

这种定义方式的优点是,对于任何一种反应物,都可以求得一个反应速率。在转换变量的帮助下,可以将物质的量的变化量表示为 $dn_i = v_i d\xi$,这样可以将化学反应速率的表达式写作:

$$R_{abs} = \frac{d\xi}{dt} \tag{7.3}$$

对于均相中的化学反应,其化学反应速率通常可以表示为一个特定(单位)体积下的量,即

$$r_{abs} = \frac{1}{V} \times \frac{d\xi}{dt} \tag{7.4}$$

单位体积下的化学反应速率 r_{abs} 取决于所涉及反应物的物质的量浓度 c_i,温度 T 和压力 p。这些依赖关系通常可以用一种可拆分的形式表示:

$$r_{abs} = \frac{1}{V} \times \frac{d\xi}{dt} = k(T, p) c_A^{\mu_A} c_B^{\mu_B} \cdots \tag{7.5}$$

式中,对温度的依赖性由反应速率系数 $k(T, p)$ 来控制,而对反应物浓度的依赖性则由 $c_A^{\mu_A} c_B^{\mu_B} \cdots$ 来反映。反应速率系数对压力也有一定的依赖性,而化学反应速率对压力的依赖从本质上来讲取决于反应物浓度对压力的依赖。

μ_i 表示反应物 i 的反应级数,$\sum_i \mu_i$ 表示整个化学反应的反应级数。如果写成式(7.1)那种基本的反应,也就是说,该反应方程能够表示出该反应的机理以及它在分子水平上进行的反应,而此时的反应级数 μ_i 也与其化学计量系数 v_i 相等。然而,这不是大多数反应的

真实情况，特别是在稍后将看到的煤炭地下气化的情况下。实验反应速率 r_{exp} 主要以下式评价：

$$\frac{r_{exp}}{c_A^{\mu_A} c_B^{\mu_B} \cdots} = k_{exp} \qquad (7.6)$$

在温度变化范围不太大的情况下，k_{exp} 对温度的依赖性主要由阿伦尼乌斯公式进行近似。

$$k_{exp} = k_0 \exp\left(-\frac{E_{A\,app}}{RT}\right) \qquad (7.7)$$

式中，$E_{A\,app}$ 为表观活化能。

实验反应速率系数可以借助适当的反应速率理论进行解释。对于一个双分子反应的 k_{exp} 最简单贴切的解释为碰撞理论：

$$A + B \xrightarrow{k_{exp}} C + D \qquad (7.8)$$

它给出了一个硬球分子模型，该模型的本征反应速率系数 $k(T)$ 可以表示为：

$$k(T) = \left(\frac{8 k_B T}{\pi \mu}\right)^{1/2} \pi d_{AB}^2 \left(1 + \frac{E_0}{k_B T}\right) \exp\left(-\frac{E_0}{k_B T}\right) \qquad (7.9)$$

式中，k_B 为玻尔兹曼常数；d_{AB} 为分子间距；μ 为降低的质量；E_0 为阈值能量，若要成功发生反应，碰撞分子的动能必须高于该值。不需要了解太多的细节，就可以看出，式(7.7)中给出的温度依赖关系只是一种近似的方法，它对实验反应速率参数处理中的近似处理十分有用。

更为复杂的化学反应速率过渡态理论给出了双分子反应方程式(7.8)中的反应速率，它被表示为反应轨道上所涉及分子的通量，其本征反应速率系数可表示为：

$$k(T) = k \times \frac{k_B T}{h} \times \frac{Q'_{AB^\#}}{Q'_A Q'_B} \times \exp\left(-\frac{E_0}{k_B T}\right) \qquad (7.10)$$

式中，h 为普朗克常数；E_0 为过渡状态 $AB^\#$ 下的振动基态与反应物 A、B 之间的能量差；$Q_i' = Q_i/V$，Q_i 是反应物 A 和 B 与过渡态 $AB^\#$ 的配分函数，而后者沿着反应轨迹方向没有振动自由度；k 代表传输系数，它描述了过渡状态下发生正向分解的概率。

对过渡状态理论的最新进展进行详细的讨论超出了本章的研究范围（Battin-Leclerc 等，2013；Steinfield 等，1989；Wright，2005）；但是，需要注意的是，反应速率系数简单的阿伦尼乌斯温度依赖关系仅在有限的实验条件下是一种有效的近似。过渡状态法的前提是所涉及分子的势能面依赖于原子间的距离和相互作用的方向。

通过林德曼所提出的双分子活化机理[式(7.12)]解释了单分子热解反应[式(7.11)]的反应速率系数对压力的依赖性，再现了反应速率系数随着压力上升而不断降低的特性：

$$A \xrightarrow{k_{exp}} C + D \qquad (7.11)$$

$$A + A \xrightleftharpoons{k_{act}} A^* \xrightarrow{k_{react}} C + D \qquad (7.12)$$

$$\frac{1}{k_{exp}} = \frac{1}{k_\infty} + \frac{1}{k_{act} c_A} \qquad (7.13)$$

式中，c_A 为反应物也是碰撞物 A 的浓度，反应物 A 同时也是碰撞对象；k_{act} 为活化过程的反应速率系数；k_∞ 为高压极限下的反应速率系数（$k_\infty = k_{act} k_{react}/k_{deact}$）。通过引入特定（单位）能量下的反应速率来描述该活化机理，可以得到：

$$k_{exp} = N_c c_M \int_{E_0}^{\infty} \frac{k_{react}(E) f(E)}{N_c c_M + k_{react}(E)} dE \quad (7.14)$$

式中，N_c 为硬球分子模型[式(7.9)]的气体动力学碰撞次数。

$$N_c = \left(\frac{8 k_B T}{\pi \mu_{AM}}\right)^{1/2} \pi d_{AM}^2 \quad (7.15)$$

而 c_M 为碰撞物的浓度。该拓展公式引入了反应物分子在特定（单位）能量下的反应速率系数 $k_{react}(E)$ 和在可能的能态下的分布函数 $f(E)$。近年来，该方法在统计学反应速率理论的帮助下得到了扩展（Olzmann，2013）。该方法使用了每种可能能态下的单位能量反应速率 $k_{react}(E)$ 的主方程和简化的统计学绝热通道模型，该模型可用于势垒和势阱下的反应。然后，通过在反应物的归一化能量分布上求得其单位能量下反应速率系数的平均值，得到稳态条件下单分子反应的宏观速率系数 $k(T, p)$。同时，该方法也是基于势能面知识建立的。

对于均相体系而言，这是一个通常很难进入的精妙的反应动力学领域，其问题主要是煤炭地下气化的动力学过程是否适合于这一体系，如果不适合，为什么？

煤炭起源于数百万年前的大量生物群落，并在生物化学和地球化学作用下形成。煤化程度决定了原始生物群落向碳转化的程度。转化程度与煤炭的许多性质有关，这些性质可以概括为煤炭的等级（煤阶），表 7.1 显示了不同煤阶的元素组成变化，以及这些煤炭的挥发性物质含量、水含量和热值。

表 7.1 不同煤阶的煤炭性质变化（Laurendeau，1978；van Krevelen，1961）

煤 阶	碳含量 [%(质量分数)]	氢含量 [%(质量分数)]	氧含量 [%(质量分数)]	挥发性物质含量 [%(质量分数)]	热值 (MJ/kg)	水含量 [%(质量分数)]
褐煤	65~72	4.5	30	40~50	<19.4	>15
次烟煤（A，B，C）	72~76	5.0	18	35~50	19.4~25.6	10~15
烟煤（C）	76~78	5.5	13	35~45	25.6~30.2	5~10
烟煤（B）	78~80	5.5	10	31~45	30.2~32.6	3~5
烟煤（A）	80~87	5.5	4~10	31~40	33.8	1~2
烟煤（MV）	89	4.5	3~4	22~31	34.9	<1
烟煤（LV）	90	3.5	3	14~22	36.8	<1
无烟煤	93	2.5	2	<14	35.4	<1

注：成分以不含矿物质的干燥煤样的质量分数表示。

煤炭化学结构的复杂性由元素组成的变化来进行记录，它主要反映在煤炭的模型分子上。图 7.1 为烟煤的一种模型分子。煤分子的特征是含有碳（C）、氢（H）、氧（O）、氮（N）、硫（S）等化学元素所组成的多种有机官能团，其基本碳结构为多环芳香族、氢化芳香族和脂肪族，它们占了碳和氢的绝大部分。此外，还存在羧基、羰基、醚基或羟基等含氧官能团以及杂环氧、杂环氮或含硫官能团。因此，煤炭是一种结构复杂的"分子"，不能期望煤炭气化过程中可以分解为明确定义的分子之间的简单反应序列[式(7.1)或式(7.11)]。此外，不同类型的化学键呈现出不同的键能，所以在煤炭气化过程中，煤炭的结构和反应活性会发生变化，因为化学键最弱的官能团会先发生断裂。因此，在整个气化过程中，反应机理和反应类型会有所变化。

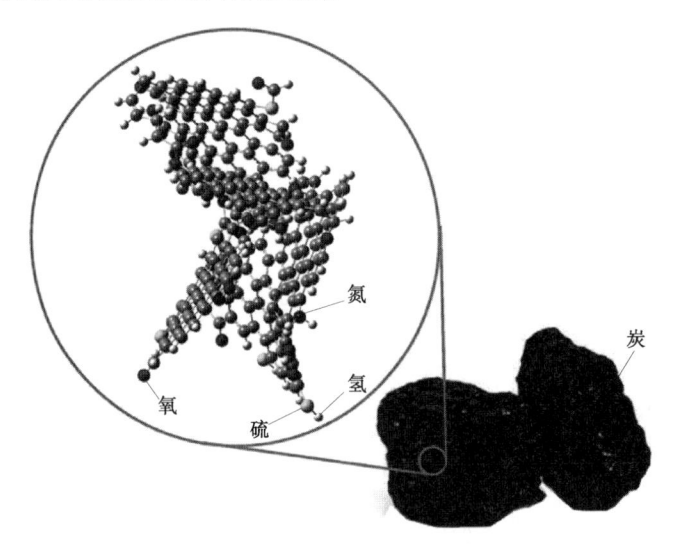

图 7.1 烟煤的分子结构(Mathews 和 Chaffee，2012；Solomon 等，1988)

因此，煤炭模型分子的简要介绍为前面所提出的问题提供了一些显而易见的答案：

(1) 对于煤炭气化过程中的动力学特性，不能指望从前面的简要(和先进的应用)的理论中得到一个独特的化学反应机理和独特的反应速率表达式。

(2) 此外，"煤分子"组成的不规则的固体颗粒，呈现出孔隙尺寸 d_p 各异的孔隙结构，孔隙尺寸 d_p 从 $d_p<2nm$ 的微孔隙/纳米孔、$2nm<d_p<50nm$ 的中孔隙到 $d_p>50nm$ 的大孔隙不等。大部分发生气化反应的固体煤表面位于这种孔隙结构的内表面，因此气化反应过程与通过该孔隙结构向内表面的输送过程是同时发生的。

(3) 根据输送速率和化学反应速率之比可知，表观反应动力学是本征反应动力学和输送速率通过叠加得到的。

7.1.2 技术规模的气化反应

煤层中煤炭地下气化过程是一个区域性的过程。这是煤炭气化过程中气—固非均质性所造成的结果，在煤炭地下气化过程中，不可能通过气化反应器来供煤。相反，"气化反应器"在煤层中不断移动，而且只有气态反应组分能够进出不断移动的反应器。因此，只有非常有限的操作条件能够自主地处理，这就意味着，煤炭气化反应所需的热必须来源于部分煤炭的燃烧，或者煤炭气化过程中所消耗的水由煤炭的含水量来确定。然后，"煤分子"必须经历完全不同的反应类型，以保持整个气化过程的持续进行。从这个观点出发，得到了最初那个问题的进一步答复：地下气化过程的表观动力学就是本征动力学与区域过程的能量和质量守恒作用的结果。

图 7.2 提出了一种采用可控注入点后退（CRIP）工艺的煤炭地下气化方案。该技术根据煤炭消耗的进度，通过改变生产井与注气井的距离，提供了一种更加可控的地下气化操作。通过观察气固界面上的剖面放大图，可以观察到这个简化的示意图共分五层，在这些层内分别发生了不同反应。湿区的冷端为煤层的原煤，根据水文地质条件和煤层的历史，该区带是含水的。根据这些条件，或多或少会有一些水分流入邻近区带中。整个煤炭地下气化工艺过程的问题在于，这种边界条件会随时间的变化而变化，并且通常是难以确定或未知的。

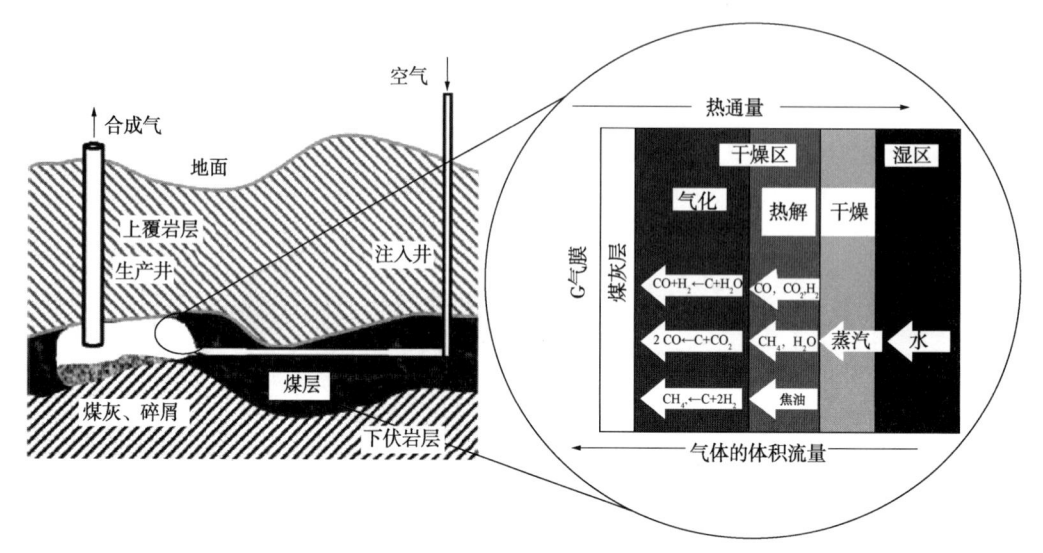

图 7.2 用可受控注入点后退（CRIP）气化工艺和气化腔壁面所发生反应的定性描述所得到的煤炭地下气化示意图，同时也与 Bell 等（2011）所提出的示意图进行了对比

沿着固气边界的方向，干燥区只有水发生汽化，并且所产生的蒸汽在通常条件下可能生成过热蒸汽。必要的汽化能量由热解区的热传导提供，汽化过程的动力学由传热及汽化过程的能量和质量守恒决定。再次出现的问题是，这些过程的边界条件不明确，而且与时间有关，例如，由于所含岩石的含量和材料性质的非均质及各向异性，煤炭的导热系数无法确定。

从表 7.1 中可以看出，烟煤中挥发性组分的含量最高可达 45%（质量分数），从式（7.16）所示的全局吸热反应来看，这些挥发性组分是在高温热解区释放出来的。

$$煤炭 \longrightarrow 焦炭(C) + 挥发性组分(VM) \tag{7.16}$$

煤炭中挥发性组分的演化过程是复杂的化学反应的结果，它消除了煤分子中所包含的不稳定官能团。从煤分子的单组成单元来看，这种反应的气态产物主要是高级烃，即焦油、轻烃、甲烷、氢气、一氧化碳、二氧化碳和水。脱挥发分和热解过程中所生成的固体产物为焦炭[在式（7.16）中表示为 C]，与表 7.1 进行对比可以发现，其碳氧比和碳氢比都比较高。热解产物与来自干燥区的蒸汽一起进入焦炭气化区，在那里进行进一步的非均相和均相的次级反应。

最终，焦炭气化区内焦炭的气化过程主要是通过两种高吸热气化反应的方式进行的：

$$C + H_2O \longrightarrow CO + H_2 \tag{7.17}$$

和
$$C+CO_2 \longrightarrow 2CO \tag{7.18}$$

同时，在一定程度上也会发生轻微的放热反应：
$$C+2H_2 \longrightarrow CH_4 \tag{7.19}$$

整个气化过程是吸热的，并且反应所需能量和汽化、脱挥发分所需能量必须由部分焦炭的燃烧过程提供并保持平衡：
$$C+O_2 \longrightarrow CO_2 \tag{7.20}$$

式(7.20)所示的燃烧反应是通过注入井提供空气，并在焦炭—空气相边界附近燃烧。燃烧所释放的能量通过热传导传入与气流反方向的热传导、热解和干燥，以维持该工艺过程的持续运行。

来源于内含或嵌入焦炭中矿物的无机物成分以煤灰层的形式覆盖在煤炭上。气化产物和反应物必须通过煤灰层，在一定条件下，传质速率决定了气化过程的动力学特性。

气相中，气化反应产物和脱挥发分产物与氧气之间可能会发生次级反应。

综上所述，从图7.2中可以识别出不同的化学反应类别：

湿煤的干燥(水分汽化)；煤的挥发和热解；焦炭的非均相气化；焦炭的非均相氧化；气化产物和热解产物的均相的(和非均相)次级反应。

下面各节将对输送过程和质量、能量守恒相关的动力学特性进行探讨。

7.2 气化过程中不同反应类型的动力学特性

如7.1.2所述，煤炭地下气化过程包含了与质量和能量输送相互作用的化学反应。与固相消耗相关的，大部分化学反应是不均匀的。因此，与式(7.5)不同，必须使用不同的方法来对表观反应速率进行表征，该方法中包含了与质量和能量转移速率相关的本征反应动力学特性。不同类型的输送过程和化学反应分布在煤层的不同层上，具有不同的物理化学性质，导致未知或没有明确定义的依赖于操作条件和边界条件，使所要考虑的因素更加复杂。

7.2.1 干燥过程的"动力学"

在干燥区，水从湿区条件被加热到周围条件下的沸点，并且蒸汽被过热到热解区相邻边界的条件，如图7.2所示。干燥和过热过程所需的能量由热解区的和水/蒸汽流动反方向热传导来提供。对于干燥区内 T_{vap} 温度下的汽化面，可以得到其能量守恒情况，它利用式(7.22)和式(7.23)平衡了最主要的热通量❶(即传导的热通量、流入汽化气和所含水的汽化热以及加热固体的热量)。

$$\lambda_{coal} A_{vap} \left(\frac{dT}{dx}\right)_{x_{vap}} = (\dot{m}_{H_2O\,i} + \dot{m}_{H_2O\,contained}) h_{vap} + \dot{H}_{heat} \tag{7.21}$$

---

❶为了简单起见，守恒方程将由一维的形式给出，这可能比较适合于本章的讨论。

$$\dot{m}_{\text{H}_2\text{O contained}} = y_{\text{H}_2\text{O i}}\rho_{\text{coal}}\left(A_{\text{vap}} \times \frac{\mathrm{d}x}{\mathrm{d}t}\right) \tag{7.22}$$

$$\dot{H}_{\text{heat}} = \rho_{\text{coal}} c_{\text{p coal}} T_{\text{vap}}\left(A_{\text{vap}} \times \frac{\mathrm{d}x}{\mathrm{d}t}\right) \tag{7.23}$$

式(7.22)和式(7.23)反映了引起汽化体积随时间变化($A_{\text{vap}}\mathrm{d}x/\mathrm{d}t$)的汽化不断向湿区移动。式(7.21)至式(7.23)中的$\dot{m}_{\text{H}_2\text{O i}}$为进入干燥区的水的质量流量;$h_{\text{vap}}$为通常条件下单位质量的汽化热;$y_{\text{H}_2\text{O i}}$为煤炭中水的质量分数;$A_{\text{vap}}$为汽化表面积。煤炭的材料特性,即导热系数$\lambda_{\text{coal}}$、比热容$c_{\text{p coal}}$和密度$\rho_{\text{coal}}$均取平均值。该公式假定所含的水与固体处于热平衡状态。在给定了汽化面的运移速率$\mathrm{d}x/\mathrm{d}t$下,式(7.21)可转化为:

$$u_{\text{migr}} = \frac{\lambda_{\text{coal}}}{y_{\text{H}_2\text{O i}}\rho_{\text{coal}}h_{\text{vap}}+\rho_{\text{coal}}c_{\text{p coal}}T_{\text{vap}}}\left(\frac{\mathrm{d}T}{\mathrm{d}x}\right)_{x_{\text{vap}}} - \frac{m_{\text{H}_2\text{O i}}h_{\text{vap}}}{(y_{\text{H}_2\text{O i}}\rho_{\text{coal}}h_{\text{vap}}+\rho_{\text{coal}}c_{\text{p coal}}T_{\text{vap}})A_{\text{vap}}} \tag{7.24}$$

式(7.24)表明,如果没有水从湿区流入,并且运移速率随热传导率(λ_{coal})和温度梯度($\mathrm{d}T/\mathrm{d}x$)$_{x_{\text{vap}}}$的增加以及煤炭含水率($y_{\text{H}_2\text{O i}}$)的下降而上升,那么汽化面将向湿区运移。不断增加的水的流入量降低了运移速率,并且影响了式(7.24)右边两项的平衡。如果右边的最后一项超过第一项,运移速率将改变方向,汽化面将向热解区移动。

将煤的导热系数λ_{coal}纳入前面所讨论的平衡方程。固体导热系数随温度的变化取决于材料的类型。大多数金属的电导率随着温度的升高而降低,而非金属的电导率则随着温度的升高而升高,导热系数的变化规律与电导率的变化规律基本一致。实验表明,煤的导热系数随温度的升高而升高,这主要是由于孔隙和裂隙间的辐射传热、热解引起的煤电导率的变化以及煤的固有电导率随温度的变化。煤可视为非金属,在600℃以下观察到的导热系数的上升可能是由于后者的影响。此外,还考虑了元素组成与煤的导热系数之间的关系,如 Merrick(1987)所提出的关系式:

$$\frac{1}{\lambda_{\text{coal}}} = \left(\frac{y_{\text{C}}}{1.47}+\frac{y_{\text{H}}}{0.0118}\right)\left(\frac{273}{T}\right)^{0.5} \tag{7.25}$$

式中,T 为热力学温度;y_{C}和y_{H}分别为碳和氢的质量分数,假定各元素的贡献是叠加的。

为了使其适用于煤层中的煤炭,必须对早期的关系式进行拓展,以反映矿物杂质和煤的多孔结构。与式(7.25)中的导热系数相比,有效导热系数较低。600℃时,为3W/(m·K)。

重新对能量守恒方程(7.21)进行整理,可得到:

$$(\dot{m}_{\text{H}_2\text{O g}})_{\text{influx}} + (\dot{m}_{\text{H}_2\text{O i}})_{\text{contained}} = \frac{\lambda_{\text{coal}} A_{\text{vap}}}{h_{\text{vap}}}\left(\frac{\mathrm{d}T}{\mathrm{d}x}\right)_{x_{\text{vap}}} - \frac{\dot{H}_{\text{heat}}}{h_{\text{vap}}} \tag{7.26}$$

式(7.26)表明,生成蒸汽的流量与汽化面的温度梯度($\mathrm{d}T/\mathrm{d}x$)$_{x_{\text{vap}}}$呈线性相关,因此与温度为"一级"相关。流入或含水的变化会导致温度梯度和运移速率发生变化。

汽化过程也会受到流入水和(或)生产蒸汽传质作用的影响。如7.1.1所述,煤炭具有不同孔径的多孔结构,如图7.3所示。孔隙直径从小于2nm到大于50nm不等。根据地质历史条件,煤炭中还存在宏观尺寸的裂缝和封闭的孔隙或孔洞。多孔结构中所含的水或从湿区进入干燥区的蒸汽所形成的水必定以对流的方式进入热流输送到热解区。根据孔隙大小的不同,这种输送过程可以通过黏性流动或扩散方式进行。

对于黏性流动，体积流量由达西定律给出，它与压力梯度成正比：

$$\dot{m}_{H_2O} = -\rho_{H_2O} \times \frac{K_{coal}}{\mu_{H_2O}} \times A_{vap} \times \frac{dp}{dx} \quad (7.27)$$

式中，μ_{H_2O} 为水的黏度；K_{coal} 为煤的渗透率。

与煤的导热系数相似，煤的渗透率也取决于当时的条件，且在干燥过程中会发生变化。

用经验公式推导得到的有效扩散系数 D_{eff} 从宏观上描述了多孔结构中物质的扩散输运过程，同时利用菲克扩散定律对质量流量进行表征：

$$\dot{m}_i = -D_{i\,eff} A M_i \times \frac{dc_i}{dx} \quad (7.28)$$

有效扩散系数 $D_{i\,eff}$ 以煤层的扩散阻力的倒数表示。从微观角度来看，扩散是通过单个孔隙而不是多孔颗粒进行。整个多孔颗粒是由单个孔隙的适当组合来描述的。由于等压流体在通过孔隙的过程中可能涉及分子扩散或努森扩散（Knudsen diffusion），因此可以用毛细管扩散理论来描述单个孔隙内的扩散过程。只要孔隙直径与扩散物质的平均自由程之比 $d_p/\lambda_i > 10$，分子扩散就会成为主要的输送方式。分子扩散系数是温度和压力的函数，根据气体动力学理论可以用下式表示：

$$D_i(T, p) = D_{i0}(T_0, p_0)\left(\frac{T}{T_0}\right)^{7/4}\left(\frac{p_0}{p}\right) \quad (7.29)$$

式中，指数 0 代表参考状态。

努森扩散是一种通过与孔壁发生碰撞的分子输送方式，它主要在孔隙直径与分子的平均自由程之比很小（$d_p/\lambda_i < 0.1$）的情况下发生。对于光滑孔隙，努森扩散系数可表示为：

$$D_{iKn} = \frac{d_p}{3}\left(\frac{8RT}{\pi M_i}\right)^{1/2} \quad (7.30)$$

式中，M_i 为 i 物质的摩尔质量，由式（7.30）可知，相对于分子扩散系数，努森扩散系数 D_{iKn} 与压力无关，与孔径呈线性正比关系。

扩散系数可以解释为归一化扩散阻力的倒数。因此，努森扩散效应和分子扩散效应的综合效应可以模拟为各自扩散阻力之和：

$$\frac{1}{D_{i\,eff}} = \frac{1}{D_{iKn}} + \frac{1}{D_i(T, p)} \quad (7.31)$$

如图 7.3 所示，由于煤炭中包含孔隙和矿物并且有热传导，因此煤炭的材料性质是各向异性的，例如，固体煤和孔隙中充满水的煤或岩石具有不同的导热系数，这必将导致三维导热/传热方面的问题。

尽管在这里进行了简化，但早期的讨论结果明确显示，热通量、扩展过程和干燥区的位置以及运移速率和水的通量及含量之间存在相互依赖关系。干燥区的蒸汽通量与干

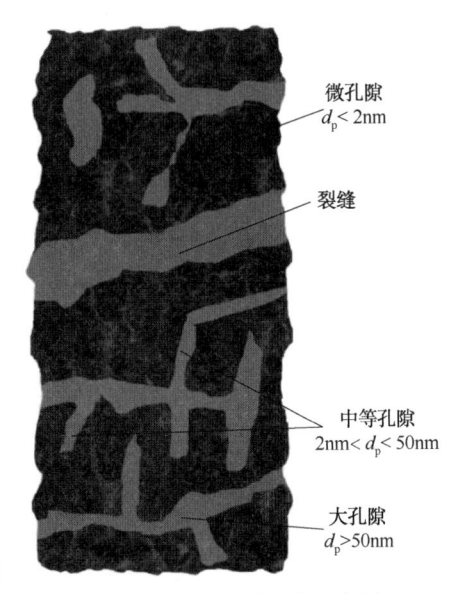

图 7.3 煤的孔隙结构示意图

微孔隙 $d_p < 2nm$
裂缝
中等孔隙 $2nm < d_p < 50nm$
大孔隙 $d_p > 50nm$

燥区汽化面的温度梯度是线性相关的。根据式(7.2)或式(7.5)，干燥区中水的物质的量随时间的变化代表了"干燥反应"的反应速率，从温度方面考虑该反应属于"一级"反应。

7.2.2 脱挥发分的动力学

如7.1.2所述，煤炭的整个吸热反应[式(7.32)]是在一系列复杂的反应机理下发生的，固相中有许多单一的化学反应，来消除图7.1中所示的煤分子中所含的不稳定官能团。该反应过程是不均匀的，反应过程中固相不断消耗，气相和液相不断生成。图7.4描述了煤在脱挥发分过程中所发生化学反应的一般定性描述（Solomon等，1988，1992）。这种煤分子代表了烟煤的化学成分和官能团（Solomon等，1988）。它由芳香族和氢化芳香族（包括由脂肪族连接的杂环化合物）组成，是脱挥发分反应的起始点。图7.4从原煤中的煤分子出发，显示了一次热解过程中焦油和轻烃的形成过程，以及二次热解过程中通过缩合和交联作用形成焦炭的过程。

$$煤炭 \longrightarrow 焦炭(C) + 挥发物(VM) \tag{7.32}$$

在一次热解过程中，最弱的分子键发生结构断裂，从而产生平均大小的分子碎片。这些碎片从氢化芳香烃或脂肪族中提取氢原子，增加了残渣的芳香性。形成的分子碎片如果小到足以发生汽化，就会从焦油中释放出来。在通常温度下，热解区发生的增长反应明显慢于断键反应。因此，在典型的热解条件下，较小的分子碎片被输送到热解区以外，它们在离开热解区之前不会发生热解生长反应。生长反应与甲烷的形成有关，并导致得到分子量更高的组分，这些组分由于分子量太大而不能发生汽化，从而导致焦油的形成，而这种焦油则有助于焦炭的形成。

一次热解过程中的其他反应包括官能团的分解，从而释放出气体，这些气体主要是二氧化碳、轻脂肪烃及部分甲烷和水蒸气。随着甲烷、二氧化碳和水蒸气的释放，随后将通过交联的方式进行生长反应。交联反应是由甲烷通过取代反应诱发的，在取代反应中，较大分子的结合将释放出甲基官能团。去除羧基后，分子环结构上形成了自由基，二氧化碳通过缩合作用诱导发生交联反应。随着两个羟基或一个羟基和一个羧基发生缩合，水分子开始发生交联反应。生长反应和断键反应之间的竞争关系决定了焦炭中的焦油含量。一次热解的漂移现象与煤中芳香族或脂肪族部分的一次性氢原子的消耗有关。

在二次热解过程中，还会生成较轻的气态分子：甲基生成甲烷气体，杂环氮化物生成氰化氢气体，醚键生成一氧化碳气体，环状缩合物生成氢气。

7.2.2.1 动力学描述

煤炭脱挥发分的动力学描述工作显然存在两大主要难点：首先，煤炭的脱挥发分作用是各相之间所发生的一个非常复杂的过程，它包含大量的断键反应，这些化学键的断键过程发生在位于不同分子结构（聚合物）的不同反应中心。固体脱挥发分的反应速率方程可以从分子作用机制推导出来，例如：单体聚合物的热解（Bockhorn等，1999，2000）；然而，为煤炭的脱挥发分反应找出一种类似的方法是不现实的。因此，不同热解产物的生成反应大多集中在单个全局反应中。由于在该过程中，断键反应占据了主导地位，因此一级反应动力学的假设往往是比较合理的。其次，反应产物涵盖了气态、液态和固态，为了得到合适的动力学描述，必须定义适当的转换变量。对于从固体煤结构演化而来的产物，其转化变量为：

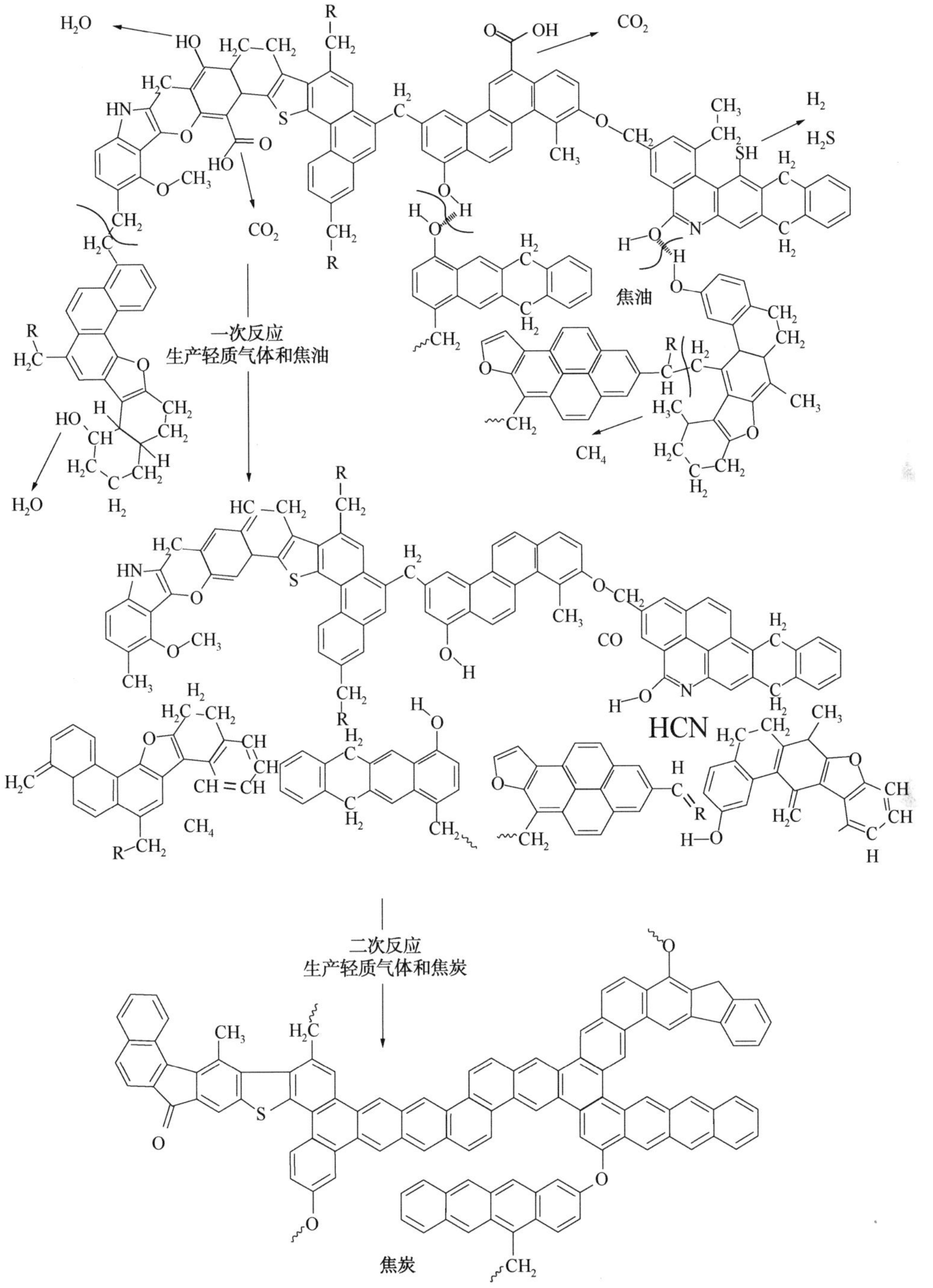

图7.4 煤炭脱挥发分过程中的化学反应概述(Solomon 等，1988，1992；Veras 等，2002)

～～表示最弱的分子键

$$\xi_i = \frac{m_i(t)}{m_{i0}} \mathrm{d}\xi_i = \frac{1}{m_{i0}} \cdot \mathrm{d}m_i \tag{7.33}$$

式中，$m_i(t)$为第i种生成物在t时刻的数量；m_{i0}为最终的生成物数量，该值为先验未知量，它与煤阶的关系较大(表7.1)。

在这种情况下，采用质量的转换变量似乎是比较可取的，因为挥发物(如焦油)的分子结构和摩尔质量是未知的。随着反应的不断进行，挥发物的演化速率逐渐降低，因此动力学反应速率方程与式(7.5)不同，它可以写成如下形式：

$$\frac{\mathrm{d}\xi_i}{\mathrm{d}t} = k_i(T, p)(1-\xi_i)^{\mu_i} \tag{7.34}$$

式中，$k_i(T, p)$代表各自的反应速率系数；μ_i为物质i的反应级数。

通过对实验转化速率进行评价，得到：

$$k_{i\exp} = \frac{\dfrac{\mathrm{d}\xi_i}{\mathrm{d}t}}{(1-\xi_i)^{\mu_i}} \tag{7.35}$$

然后利用式(7.7)和表观活化能，可以对表观反应速率系数$k_{i\exp}$及其对温度的依赖性进行表征。如果采用一级反应($\mu_i \approx 1$)，这个公式表示反应速率与瞬时反应物i成正比。因此，煤炭脱挥发分过程的动力学反应速率方程在大多数时候可以写成式(7.34)的形式，并且所有的反应共同生成了单一物质或某一类物质。

对于热解区中固定位置的升温速率保持恒定($\mathrm{d}T/\mathrm{d}t = \beta$)的情况(在煤炭地下气化过程中比较常见)，温度随时间呈线性上升($T = T_0 + \beta t$)，式(7.34)可以改写成：

$$\frac{\mathrm{d}\xi_i}{\mathrm{d}t} = k_{0i}\exp\left[-\frac{E_{Ai\,\mathrm{app}}}{R(T_0 + \beta t)}\right](1-\xi_i)^{\mu_i} \tag{7.36}$$

在反应级数为1，并且与时间和温度无关的情况下，通过对式(7.36)进行积分得到的典型的反应速率$\mathrm{d}\xi/\mathrm{d}t$和反应进度$\xi$如图7.5所示。图中显示了反应速率的变化轨迹，从低温下的低值开始，经过一个最大值，然后当i物质耗尽并完成脱挥发分作用时，反应速率接近于零。因此，反应进度ξ逐渐接近于1。反应速率与温度之间的关系是非线性的，增加升温速率可以缩短达到最大反应速率的时间。反应速率变化迹线中的上升部分是由于反应速率与温度之间存在指数关系，而降低部分则反映了反应物来源的限制。在热解区的固定位置，随着热解区在煤层中的移动，热解区内的反应进度和反应速率如图7.5所示。然而，热解带在移动过程中会连续产生脱挥发产物。

7.2.2.2 单一反应的一级模型(SRFOM)方法

式(7.34)中的热解产物生成速率$k_{\exp}$见表7.2(Serio等，1987；Solomon等，1992)。这些反应速率系数下的反应模型是一种"单一反应的一级模型"(SRFOM)，并且通过对实验数据的拟合，对这些模型参数进行了评价。

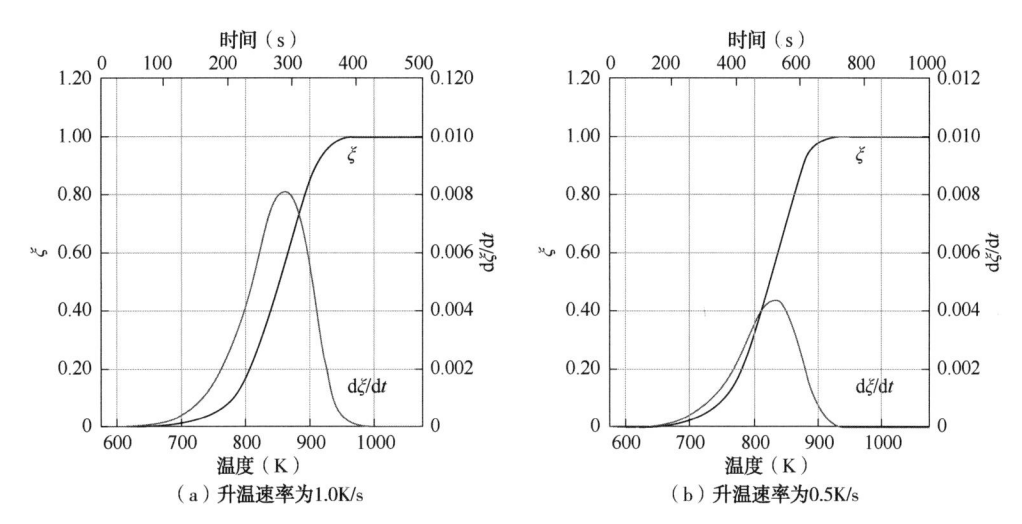

图 7.5 根据式(7.34)得到的反应进度 ξ 和反应速率 $d\xi/dt$ 随时间和温度的变化关系

该结果是利用烟煤中产生甲烷时的典型参数得到的(Serio 等,1984),这些参数见表 7.2

表 7.2 根据式(7.7)所示的热解产物生成过程,并利用式(7.34)和单一反应的一级模型方法所得到的反应速率参数 k_{exp}(Serio 等,1987;Solomon 等,1992)

生成物种类	煤型	$k_{0i}(s^{-1})$	$E_{A\,i\,app}$(kJ/mol)	$k(773K)(s^{-1})$
甲烷	烟煤	7.5×10^5	125.6	2.44×10^{-3}
乙烷	烟煤	3.0×10^6	134.0	2.64×10^{-3}
一氧化碳	烟煤	1.0×10^{13}	230.3	2.74×10^{-3}
二氧化碳	烟煤	1.0×10^{13}	167.5	4.80×10^1
水	烟煤	7.9×10^{13}	213.5	2.95×10^{-1}
氢气	烟煤	1.0×10^{17}	376.8	3.45×10^{-9}
氰化氢	烟煤	6.9×10^{12}	353.4	9.09×10^{-12}
氨气	烟煤	1.2×10^{12}	227.0	5.49×10^{-4}
焦油	烟煤	4.1×10^5	117.3	4.86×10^{-3}

需要注意的是,通过该过程所得到的结果可能会受到动力学补偿效应的影响(Zsako,1976)。动力学补偿效应是一种非常直观的效应,它是由阿伦尼乌斯公式的形式决定的。这种效应是由分解反应动力学参数之间的关系式构成的,因此表观活化能的增加通常伴随着指前因子的增加。表 7.2 还包含了不同热解产物在 500℃下的生成速率。根据这些数据,迄今为止反应速率最快的反应是二氧化碳和水的生成反应,而甲烷、乙烷、一氧化碳和焦油的生成反应速率要慢几个数量级。

7.2.2.3 分布式活化能模型(DAEM)或分布式反应速率模型(DRM)方法

为了研究煤分子中各种官能团形成单一产物的反应的多样性,通过引入活化能(E_A)的分布和可能的频率因子(k_o)[分布式活化能模型(DAEM)或分布式反应速率模型(DRM)]的方式,对根据式(7.34)得到的研究方法进行了拓展。该模型假设,由于煤分子中官能团的不同,相同热解产物的最终生成量 m_{i0} 存在一定的不均匀性。最终生成物的活化能用各生成组分活化能的生成量加权的平均值<E_A>来代替单一的活化能 E_A，分布函数通常以高斯分布函数的形式给出：

$$m_i(E) = \frac{m_{io}}{\sigma_i \sqrt{2\pi}} \times \exp\left[-\frac{(E_{Ai} - \langle E_{Ai} \rangle)^2}{2\sigma_i^2}\right] \tag{7.37}$$

式中，$m_i(E)$ 代表活化能 E_{Ai} 最终总量的部分；<E_{Ai}>为平均活化能；σ_i 为活化能分布宽度；E_{Ai} 的积分 $m_i(E)$ 代表生成物 i 的最终数量。

一些模型同时使用了分布式活化能和频率因子（也称为指前因子）。分布式活化能模型的反应速率见表7.3。在恒定的温度下，活化能 DAEM 和 DRM 的单组分的生成速率之比具有可比性。虽然这种方法往往能够与实验数据之间具有较高的拟合度，但无法解决与这种方法相关的主要问题。

表 7.3　根据式(7.37)所示的分布式活化能模型得到的热解
产物生成反应速率 $k_{\exp}$（Serio 等，1984，1987；Solomon 等，1992）

生成物种类	煤型	$k_{0i}(s^{-1})$	<E_{Ai}>(kJ/mol)	σ_i(kJ/mol)	$k(773K)(s^{-1})$
甲烷	烟煤	4.7×10^{11}	209.4	2.5	2.08×10^{-4}
轻质脂肪族	烟煤	8.4×10^{14}	247.4	3.0	5.97×10^{-4}
一氧化碳	烟煤	1.4×10^{18}	330.7	11.8	7.70×10^{-7}
二氧化碳	烟煤	5.6×10^{17}	247.0	4.0	4.30×10^{-1}
水	烟煤	2.2×10^{18}	251.2	3.0	8.30×10^{-1}
氢气	烟煤	1.0×10^{14}	234.9	12.5	3.80×10^{-11}
焦油	烟煤	4.1×10^{14}	228.6	3.0	1.00×10^{-2}

7.2.2.4　反应网络

关于煤炭脱挥发分作用的文献提供了多种将复杂的化学反应机理分解成一个较复杂的单一化学反应网络的方法。向这个方向迈出的第一步就是通过两个竞争反应[式(7.38)和式(7.39)]来对脱挥发分作用进行描述。其中，第一个反应的表观活化能较低，反映了低温条件占主导地位的情况；第二个反应的表观活化能较高，它反映了高温条件占主导地位的情况。

$$\text{Coal} \xrightarrow{k_1} (1-\alpha_1)\text{Char}_{s1} + \alpha_1 \text{Volatiles}_1 \tag{7.38}$$

$$\text{Coal} \xrightarrow{k_2} (1-\alpha_2)\text{Char}_{s2} + \alpha_2 \text{Volatiles}_2 \tag{7.39}$$

对于褐煤和烟煤的实验数据，当采用下列参数时：

$k_{01} = 2.0 \times 10^5 /s$，$E_{A1} = 100.5 \text{kJ/mol}$，$\alpha_1 = 0.3$

$k_{02} = 1.3 \times 10^7 /s$，$E_{A1} = 167.5 \text{kJ/mol}$，$\alpha_1 = 1.0$

得到了比单一反应方法更好的拟合结果（Kobayashi 等，1977）。通过考虑单一气体产物演化过程的广义脱挥发分模型，如焦油生成模型、生成物演化/官能团模型和化学网络模型，将该方法扩展到了复杂程度更高的水平。这些模型是基于对煤结构的描述和煤在脱挥发分过程中所经历的工艺过程建立起来的。焦油生成模型的一个典型例子就是化学渗透脱挥发分(CPD)模型(Jupudi 等，2009)。化学网络模型的一个典型例子就是官能团—脱挥发分汽化交联(FG-DVC)模型(Solomon 等，1988)。利用这些模型所得到的预测结果似乎适用于大多数的煤型和工艺条件，因为这些模型都是基于脱挥发分过程中所发生的基本过程建立起来的。

官能团—脱挥发分汽化交联(FG-DVC)模型中包含了在脱挥发分过程中演化而来的各种轻质气体产物的反应速率方程。这种方法的基础是：煤被视为各种官能团所形成的整体，它们被组织成紧密束缚的环状芳香族簇，并由化学键进行连接，如图 7.4 所示。焦油和轻质气体产物是由这些单个官能团的热解释放出来的，而该过程的动力学特性则依赖于官能团或断键性质(Solomon 等，1988)。这种方法的缺点之一是必要的结构数据并不是先验可用的。

化学渗透脱挥发分(CPD)模型考虑了官能团—脱挥发分汽化交联(FG-DVC)模型的物理特性，并将其与煤的结构特征联系起来，成为没有任何可调常数情况下的输入(Grant 等，1989；Jupudi 等，2009)。该模型利用渗流统计数据作为有限尺寸的轻质气体/焦油的生成过程，该过程是基于煤炭晶格中无限数量的化学链发生不稳定裂解完成的。依赖于煤的化学结构系数可以直接从实验中得到，例如，通过 ^{13}C 核磁共振(NMR)测量，或者通过几种煤的实验结果所得出的关系式。此外，该模型中还采用了与煤无关的动力学参数来形成反应网络中的不同组分。图 7.6 为最初的化学渗透脱挥发分(CPD)模型的简化反应流程(Grant 等，1989)。反应开始于不稳定连接结构(Br)中化学键的断裂，从而形成反应能力较强的连接结构的中间体(Br^*)。

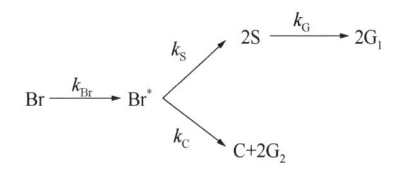

图 7.6 化学渗透脱挥发分
(CPD)模型的反应流程
(Grant 等，1989；Jupudi 等，2009)

活性连接结构的中间体可以轻质气体的形式被释放(G_2)，同时重新与反应笼内的两个相关点位进行连接，从而形成一种稳定或焦化的连接结构(C)。又或者，连接结构材料可能会稳定地产生侧链(S)，这些侧链可能通过后续的慢反应过程转化为轻质气体(G_1)。化学渗透脱挥发分(CPD)模型的参数见表 7.4(Grant 等，1989)。

表 7.4 中所给出的参数可以用来模拟气态组分 G_1、G_2 的演化过程和焦炭 C 的生成过程。模型中所采用的表观活化能分布与随着生成物的演化而发生变化的化学键强度分布相一致。计算过程中假设活化能符合正态分布规律，且其分布宽度为 σ。模型中输入的与煤炭结构相关的参数，以及通过对不同的煤样进行实验所确定的参数，都是基于归一化的位置总量所得到的。($\alpha+1$)为煤炭晶格中某一点处的配位数，它是通过核磁共振(NMR)数据确定的，并可用于 m_{Br}/m_{site} 的计算。

7.2.2.5 与热通量之间的耦合

进入热解区的热通量、热解区的扩展及位置、挥发分的演化速率以及热解区运移速率随着煤炭中挥发分含量和演化过程的变化而相互调节。详细的计算还需要对热解区的非稳态能量守恒和质量守恒进行求解。然而，热解区反应面上的能量守恒与热通量的关系密切，是可以得到的。也就是说，热解反应(吸热)的总反应热 $\sum_{i} \dot{m}_i \Delta_R h_i$、加热固体的热能量与通过热传导到达热解区反应面的能量存在以下关系：

$$\lambda_{\text{char}} A_{\text{pyr}} \left(\frac{dT}{dx} \right)_{x_{\text{pyr}}} = \sum_i \dot{m}_i \Delta_R h_i + \dot{H}_{\text{heat}} \qquad (7.40)$$

$$\dot{H}_{\text{heat}} = \rho_{\text{coal}} c_{\text{p coal}} T_{\text{pyr}} \left(A_{\text{pyr}} \times \frac{dx}{dt} \right) \qquad (7.41)$$

式中，$\dot{m}_i$ 代表组分 i 的物质的量；$\Delta_R h_i$ 代表给定条件下某组分的反应放热量；$\sum_i \dot{m}_i \Delta_R h_i$ 代表组分 i 在脱挥发分过程中的总反应热；$(dT/dx)_{x_{\text{pyr}}}$ 代表反应面上的温度梯度。

用式(7.34)中的反应速率表达式替换式(7.40)中的 $\dot{m}_i$，得到反应面运移速率的估计值：

$$u_{\text{migr}} = \frac{\lambda_{\text{coal}}}{\rho_{\text{coal}} \sum_i (y_{i0} \Delta_R h_i d\xi_i/dt) + \rho_{\text{coal}} c_{\text{p coal}} T_{\text{pyr}}} \times \left(\frac{dT}{dx} \right)_{x_{\text{pyr}}} \qquad (7.42)$$

式中，y_{i0} 为煤炭中挥发性组分 i 的最终质量分数，见表 7.5。

表 7.4 化学渗透脱挥发分(CPD)模型与煤型无关的反应速率参数(上半部分所示)和与煤型相关的参数(下半部分所示)(Grant 等，1989)

参　数	$k_{0i}(\text{s}^{-1})$	$E_{A\,i}(\text{kJ/mol})$	$\sigma_i(\text{kJ/mol})$	
k_{Br}	2.6×10^{15}	231.9	7.5	
k_G	3.0×10^{15}	288.9	33.9	
k_S/k_C		0.9		
煤型	(α+1)	$m_{\text{Br}}/m_{\text{site}}$	Br_0	C_0
Zap 褐煤	4.5	0.82	0.3	0.31
Rosebud 次烟煤	5.8	0.35	0.12	0.44
高挥发性烟煤	4.6	0.35	0.11	0.48

运移速率随煤炭的温度梯度和热导率的增大而增大，随着热解反应所需能量的增大而降低。对于挥发物的消耗源而言，其运移速率取决于固体的加热速率。

表 7.5 不同煤型的热解产物的最终质量分数 y_{i0}(Solomon 等，1992)

生成物	北达科他州褐煤	吉列地区次烟煤	蒙大拿州 Rosebud 烟煤	伊利诺伊州 6 号烟煤	肯塔基州 9 号烟煤	匹兹堡 8 号烟煤
甲烷	0.025	0.043	0.034	0.044	0.050	0.050
CH_x	0.095	0.158	0.127	0.081	0.183	0.190
一氧化碳	0.194	0.154	0.068	0.123	0.096	0.092
二氧化碳	0.100	0.099	0.100	0.074	0.011	0.011
水	0.094	0.062	0.102	0.045	0.022	0.022
氢(芳香族)	0.017	0.012	0.013	0.016	0.012	0.012
氰化氢	0.018	0.022	0.020	0.026	0.035	0.031
氢气	0.001	0.000	0.001	0.000	0.000	0.000

考虑到热解区的温度梯度,热解反应在热解区高端温度和较低的热解区低端温度条件下的发生,气体和液体热解产品的生成反应对温度的不同依赖性(图7.5和表7.2)和单一组分的不同最终数量 m_{i0} 导致热解区内不同产物的分布特征随着时间的推移而发生变化,并且从热端到冷端也有所不同。

热解区内单位体积挥发性物质的物质的量随时间的变化反映出热解反应的反应速率的变化,其反应速率表达式见式(7.34),并与热解区反应面上的温度梯度进行了耦合。如果 $\dot{m}_i$ 受煤炭多孔结构中组分扩散过程的控制,那么通过对比式(7.28)就可以发现,运移速率也应做出相应的调整,见7.2.1。

7.2.3 气化动力学

热解区内形成的热解产物以及从湿区和干区中以对流形式汇入水的热通量,最终都流向了气化区。单一组分生成过程的反应速率差异较大,对比表7.2和表7.3可以看出,单一组分热解产物随温度和时间的演化规律。在大约500℃下,二氧化碳的一级反应速率比水的一级反应速率大3个数量级,比甲烷、乙烷、氨气和焦油的一级反应速率大5个数量级。氢气和氰化氢的生成速率系数则更低。因此,与其他热解产物的生成过程相比,二氧化碳和水的生成温度较低,反应速率较高。然而,气化区内温度的升高和整个过程的大时间尺度下最终导致了热解产物的这种演化规律,这是由煤炭中 m_{i0} 组分的最终含量所决定的。对于不同类型的煤炭,不同热解产物源中挥发性物质的最终质量分数见表7.5(Solomon等,1992)。

表7.5显示了不同热解产物的最终质量分数随煤型的巨大变化。而煤炭热解过程中含量最高的组分是水、甲烷、一氧化碳、二氧化碳和脂肪族烃。这些组分与焦炭(C)之间的化学反应属于固体/气体非均相反应,反应过程中会不断消耗固相。凑巧的是,反应过程中固相提供了多孔结构且形态不断变化的固相。因此,气化反应可能会干扰固体和反应面之间的输送过程,而气化动力学则在很大程度上依赖于焦炭的形态。此外,固相可以通过不同的焦炭颗粒转化机制进行消耗。

一般来讲,非均相反应是通过图7.7所示的一系列步骤发生的:
(1) 由于流体的流动和扩散作用,反应气向固体表面移动。
(2) 反应气吸附在固体表面。
(3) 反应气依据反应机理从吸附点扩散到反应点。
(4) 吸附气和固体在反应位点开始发生反应。
(5) 气化气的表面依据反应机理从反应位点扩散到解吸位置。
(6) 气化气在固体表面发生解吸。
(7) 由于流体的流动和扩散,气化气进入主气流。

很有可能其中一个反应步骤比其他反应步骤要慢得多,该反应步骤就会成为控制整体反应速率的限速步骤,其余反应步骤则几乎处于平衡状态。早期反应流程中的步骤1至步骤3和步骤5至步骤7是由输送过程所驱动的,而不是由于化学性质而产生的差异,步骤4涵盖了大多数反应物和焦炭之间的化学反应过程。在对输送驱动的工艺过程进行讨论之前,在后文中将对这些反应进行更加详细的讨论。

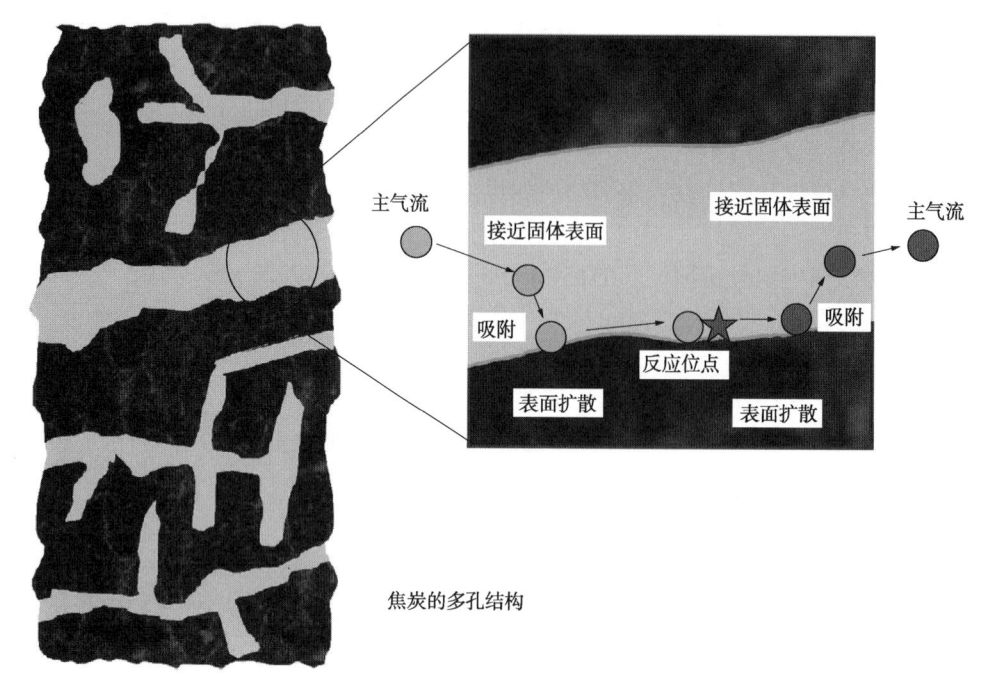

图 7.7 非均相反应的主要步骤

7.2.3.1 动力学描述

焦炭—气体反应的动力学描述需要详细考虑气体与固体之间的相互作用。热解过程中形成焦炭的气化特征为，焦炭的多孔结构和局部气体成分会随着时间和空间发生变化。焦炭内任何表面的局部非均相反应速率都是由气体组分的局部浓度和图 7.7 所示的反应序列中的不同步骤所决定的。如式(7.5)所示的反应速率表达式必根据正在发生的基本反应机理进行适当的扩展。该过程中用到了反应位点的概念。

反应位点的概念假定反应发生在固体表面的有利位置。这些位置可能是碳的边缘、氧、氢其他官能团附近的碳原子、煤炭中含有的自由基或无机组分的位置(图 7.4)。这些固体表面的不规则性导致了较强的相互作用力，从而诱导电子发生转移，导致气相与固相之间形成化学键或发生化学吸附。在每个反应点，反应物的吸附(化学吸附)、中间物、反应物的运移以及产物的解吸可能通过单点机制或双点机制发生。

为了确定反应速率的表达式，还需要进行更多的假设(Hayward 和 Trapnell, 1964; Frank-Kamenetzkii, 1969)。反应面应该是均质的，反应点也应该均匀分布，也就是说，整个表面的平均活性可以定义为均匀的。通过与空的反应点发生碰撞来发生局部的吸附作用。由于存在较强的价键，因此每个反应位点只吸附了一个分子或原子。反应面的覆盖范围不能超过完整的单分子层，并且化学吸附/运移/解吸的机理不会发生改变。吸附物之间不发生相互作用，也就是说，吸附物的数量对每个反应位点的反应速率没有影响。化学吸附是在气体分子先未被吸附的物质所覆盖的地方撞击反应面而发生的。如果 θ 代表被吸附物覆盖的反应位点所占的比例(N_{ads}/N_{react})，那么吸附物 i 的本征吸附速率可以表示为：

$$r_{ads} = k_{ads} p_i (1-\theta)^s, \quad s=1, 2 \tag{7.43}$$

式中，s 用来指示单位点吸附和双位点吸附。

根据气体的动力学理论可以得到：

$$k_{\text{ads}} = k_{0\text{ads}} \exp\left(-\frac{E_{\text{Aads}}}{RT}\right) = \frac{\epsilon \nu_i}{(2\pi RTM_i)^{1/2}} \times \exp\left(-\frac{E_{\text{Aads}}}{RT}\right) \tag{7.44}$$

式中，ϵ 表示碰撞有效性；ν_i 是一个化学计量系数。

同样地，对于解吸过程，其解吸速率的表达式可写成：

$$r_{\text{des}} = k_{\text{des}} \theta^s, \quad s = 1, 2 \tag{7.45}$$

$$k_{\text{des}} = k_{0\text{des}} \exp\left(-\frac{E_{\text{Ades}}}{RT}\right) \tag{7.46}$$

假设解吸过程是在稳态且局部等温的条件下进行的，$r_{\text{ads}} = r_{\text{des}}$，那么将导致：

$$\left(\frac{\theta}{1-\theta}\right)^s = \frac{k_{\text{ads}}}{k_{\text{des}}} \times p_i \tag{7.47}$$

在前面的假设条件下，$k_{\text{ads}}/k_{\text{des}} = a$ 仅仅是温度 T 的函数，而与表面覆盖率 θ 无关。由式 (7.47) 可以推导出表面覆盖率：

$$\theta = \frac{(ap_i)^{1/s}}{1+(ap_i)^{1/s}} \tag{7.48}$$

现在再将 s 设置为 1，并假设决定反应速率的步骤为吸附过程或解吸过程，那么实质的表面的反应速率(根据 Langmuir-Hinshelwood 动力学理论)可以表示为：

$$r = r_{\text{ads}} = r_{\text{des}} = k_{\text{ads}} \left(\frac{p_i}{1+ap_i}\right) \tag{7.49}$$

式 (7.49) 给出了基于反应位点方法所得到的非均相反应速率的一般特征。对于 $ap_i \ll 1$ 的情况，表观反应级数为 1，反应速率与分压 p_i 呈线性关系。增加 p_i，反应级数逐渐降低，直到 $p_i = 1$，在完全覆盖的反应位点，反应级数为 0，并且可以获得一个恒定的反应速率。这种结论同样适用于 s = 2 的情况。同样地，相比于式 (7.4)，式 (7.49) 还显示出了非均相反应的反应速率，它是以单位固体表面积的物质的量随时间变化的形式给出的。考虑到多组分吸附过程，该过程最有可能考虑从热解区发展而来的气体混合物的组成，对于多组分吸附，$r_{\text{ads}} = r_{\text{des}}$ 平衡有：

$$k_{i\,\text{ads}} p_i \left(1 - \sum_{j=1}^{n} \theta_j\right) - k_{i\,\text{des}} \theta_i = 0 \tag{7.50}$$

对于二元系统和单点反应可得到：

$$\theta_i = \frac{(a_i p_i)}{1 + a_1 p_1 + a_2 p_2}, \quad i = 1, 2 \tag{7.51}$$

物质 1 的 Langmuir-Hinshelwood 动力学特性可以由下式给出：

$$r_1 = k_{1\text{des}} \theta_1 = \frac{k_{1\text{ads}} p_1}{1 + a_1 p_1 + a_2 p_2} \tag{7.52}$$

因此，一个类似的速率表达式也同样适用于物质 2。由式 (7.52) 可知，反应过程受到物质 1 吸附作用的抑制，无论物质 2 是不是反应物，反应过程都会受到该物质吸附作用的抑制。这是非均相反应的另一个特征。

由于表面的反应过程和运移过程是决定反应速率的关键步骤,因此便产生了各种各样的动力学表达式。对于吸附物质的转化过程,可以得到:

$$r = k_{\text{chem}}\theta = k_{\text{chem}}\frac{ap}{1+ap}, \quad s=1; \quad r = k_{\text{chem}} \times \frac{(ap)^{1/2}}{1+(ap)^{1/2}}, \quad s=2 \tag{7.53}$$

式中,k_{chem} 代表化学反应速率系数或表面运移速率系数。

如果气相中的反应物 2 与吸附物 1 均发生单点反应,则反应速率可以由下式给出:

$$r = k_{\text{chem}}\theta_1 p_2 = k_{\text{chem}} \times \frac{a_1 p_1 p_2}{1+a_1 p_1 + a_2 p_2} \tag{7.54}$$

从式(7.52)至式(7.54)可以看出,非均相反应的不同分子作用机制(化学吸附、表面运移、表面反应)会得到相似的速率表达式。然而,它们的特点都是:随着反应物的分压不断增加,反应级数会发生变化;反应过程会受到惰性组分、反应物甚至生成物的抑制作用。这进一步地解答了 7.1.1 所提出的问题,并同时指出,对于煤炭气化动力学,不能像均相化学反应那样得到特定的化学反应机理和反应速率表达式。

对于 Langmuir 等温线,假设了一个均质的非相互作用面,它的活化能保持恒定。然而,焦炭的表面是非均质的,并且由于其反应位点的性质,它们通常会表现出不同的吸附活性和反应活性。首先覆盖的是活性最高的反应点,相邻覆盖点之间会产生排斥力,从而抑制分子的吸附,并促进后续分子的解吸。因此,随着表面覆盖率的增加,吸附和解吸过程的活化能逐渐降低。反映这种相互作用的活化能可以表示为:

$$E_{\text{Aads}} = E_{\text{A 0 ads}} + \omega_{\text{ads}}\theta \tag{7.55}$$

式中,$E_{\text{A 0 ads}}$ 表示表面覆盖率趋近于 0 时的活化能;ω_{ads} 表示表面能量常数。

吸附速率呈指数递减,其表达式如下:

$$r_{\text{ads}} = r_{\text{ads 0}} \exp\left(-\frac{\omega_{\text{ads}}\theta}{RT}\right) \tag{7.56}$$

利用活化能的分布特性也可以对这些位点在反应能力方面的不同性质加以研究,见 7.2.2.3。

7.2.3.2 水和焦炭之间的表面反应

热解区所产生的水和来自湿区和干燥区的水与焦炭发生反应,反应过程如下:

$$C + H_2O \longrightarrow CO + H_2$$
$$\Delta_R h_{500℃} \approx +135\text{kJ/molC} \tag{7.57}$$

该反应在 500℃ 的条件下是吸热的,吸热量大约为 135kJ/mol(C)。按照反应位点法,该反应是通过单点反应机理在分子水平上进行的,其反应机理如下(Laurendeau,1978; Roberts 和 Harris,2006):

$$C^* + H_2O_g \xrightarrow{k_1} H_{2g} + C(O)_s \tag{7.58}$$

$$C(O)_s + H_{2g} \xrightarrow{k_2} H_2O_g + C^* \tag{7.59}$$

$$C(O)_s \xrightarrow{k_3} CO_g + C^* \tag{7.60}$$

式中,C^* 表示碳结构中一个可参加反应的游离碳位;$C(O)s$ 表示一个充满原子氧的碳位。

7 气化动力学研究

开始气化时,气相中的水在反应碳位 C^* 上发生反应,同时将氢气释放到气相中,并在碳位上留下氧原子。该反应也可以按照相反的方向进行(可逆)。焦炭的质量损失是由碳原子从固体到气相的输送过程造成的,这种输送过程是通过消除 $C(O)_s$ 位点上的一氧化碳来实现的,而 $C(O)_s$ 位点又恢复了游离反应碳位 C^*。碳的摩尔损失速率由下式给出:

$$r_C = k_3 N_{react} \theta_{C(O)_s} \tag{7.61}$$

式中,N_{react} 表示总的反应点个数。

为了得到 $C(O)_s$ 位点的净生成速率,引入了拟稳态假设:

$$\frac{d\theta_{C(O)_s}}{dt} = k_1 \theta_{C^*} p_{H_2O} - k_2 \theta_{C(O)_s} p_{H_2} - k_3 \theta_{C(O)_s} = 0 \tag{7.62}$$

再结合 $\theta_{C^*} + \theta_{C(O)_s} = 1$,得到:

$$\theta_{C(O)_s} = \frac{k_1 p_{H_2O}}{k_1 p_{H_2O} + k_2 p_{H_2} + k_3} \tag{7.63}$$

$$r_C = \frac{k\, p_{H_2O}}{1 + a\, p_{H_2O} + b\, p_{H_2}} \tag{7.64}$$

式中,$k = N_{react} k_1$;$a = k_1/k_3$;$b = k_2/k_3$。

固相碳的摩尔损失速率[式(7.64)]表征了非均相反应的典型特征,即水的分压不断升高时反应级数的变化,以及析出物和生成物通过氧原子交换所产生的抑制作用。

对于一氧化碳分压较高的情况,特别是当温度高于1200℃时,二氧化碳似乎是下列反应生成的二次产物(von Fredersdorf 和 Elliott,1963;Ergun,1961):

$$C(O)_s + CO_g \xrightarrow{k_4} CO_2 + C^* \tag{7.65}$$

该反应过程也可以朝着相反的方向进行(可逆的):

$$C^* + CO_{2g} \xrightarrow{k_5} CO_g + C(O)_s \tag{7.66}$$

在足够高的温度条件下,随着蒸汽气化反应的进行,水相和气相之间可以达到平衡。如果采用之前的稳态近似条件对 $C(O)_s$ 进行处理,那么碳的摩尔损失速率可改写为:

$$r_C = \frac{N_{react}(k_5 p_{CO_2} + k_1 p_{H_2O})}{1 + \frac{1}{k_3}(k_5 p_{CO_2} + k_1 p_{H_2O} + k_4 p_{CO} + k_2 p_{H_2})} \tag{7.67}$$

式(7.67)说明了一氧化碳、氢气、二氧化碳和析出水对炭损失速率的抑制作用。

7.2.3.3 二氧化碳和焦炭的表面反应

在很大程度上,二氧化碳是在脱挥发分过程中生成的,它与焦炭之间的反应是按照以下形式进行的:

$$C + CO_2 \longrightarrow 2CO$$

$$\Delta_R h_{500℃} \approx +172 \text{kJ/mol}(C) \tag{7.68}$$

该反应在500℃的条件下是吸热的,吸热量大约为 172 kJ/mol(C)。按照反应点法,在分子尺度下所进行的反应如下(Ergun,1961;Menster 和 Ergun,1973;Strange 和 Walker,1976):

$$C^* + CO_{2g} \xrightarrow{k_5} CO_g + C(O)_s \tag{7.69}$$

$$C(O)_s + CO_g \xrightarrow{k_4} CO_{2g} + C^* \tag{7.70}$$

$$C(O)_s \xrightarrow{k_3} CO_g + C^* \tag{7.71}$$

对于水的汽化，当开始汽化时，气相中的二氧化碳在反应碳位 C^* 上发生反应，同时将一氧化碳释放到气相中，并在碳位上留下氧原子。该反应也可以按照相反的方向进行（可逆的）。最后，从 $C(O)_s$ 位点上演化而来的一氧化碳又恢复了游离反应碳位 C^*。这两个一级反应是与水进行汽化的过程中所发生的副反应，后一个反应也是与水进行汽化的最后一步。对于一氧化碳气体的生成，该反应体系中一共存在两个来源。然而，焦炭中碳的摩尔损失速率与用水进行汽化的情况相同，见式(7.61)。在这种情况下，采用拟稳态假设条件所得到的 $C(O)_s$ 位点的净生成速率可由下式[参考式(7.69)至式(7.71)]表示：

$$\frac{d\theta_{C(O)_s}}{dt} = k_5 \theta_{C^*} p_{CO_2} - k_4 \theta_{C(O)_s} p_{CO} - k_3 \theta_{C(O)_s} = 0 \tag{7.72}$$

再结合 $\theta_{C^*} + \theta_{C(O)_s} = 1$，可以得到：

$$\theta_{C(O)_s} = \frac{k_5 p_{CO_2}}{k_5 p_{CO_2} + k_4 p_{CO} + k_3} \tag{7.73}$$

对于焦炭中的碳摩尔损失速率，可以得到：

$$r_C = \frac{k' p_{CO_2}}{1 + a' p_{CO_2} + b' p_{CO}} \tag{7.74}$$

式中，$k' = N_{react} k_5$，$a' = k_5 / k_3$，$b' = k_4 / k_3$。固相碳的摩尔损失速率见式(7.74)，同样地，它表征了非均相反应的典型特征，即二氧化碳的分压不断升高时反应级数的变化，以及析出物和生成物的抑制作用。值得注意的是，气化反应受到抑制作用的过程不像单纯的 Langmuir-Hinshelwood 方法那样通过吸附作用来进行，而是通过充氧反应位点处的氧原子交换进行的。同样还需要注意的是，在二氧化碳和水同时存在时，气化速率并不仅仅是将式(7.74)和式(7.64)相加得到的，而是二氧化碳和水相互争夺反应位点的结果。先进行吸附的二氧化碳会阻碍水的吸附过程，因此，在存在二氧化碳的情况下，水的气化速率会有所下降。由于水的汽化速率比二氧化碳的气化速率要快得多，因此事实并非如此。水/二氧化碳混合物汽化的气化速率方程可由下式给出(Roberts 和 Harris，2007)：

$$r_C = \frac{k' p_{CO_2}}{1 + a' p_{CO_2} + b' p_{CO}} + \frac{k p_{H_2O}}{1 + a p_{H_2O} + b p_{H_2}} \left(1 - \frac{a' p_{CO_2}}{1 + a' p_{CO_2}}\right) \tag{7.75}$$

根据式(7.64)和式(7.74)，焦炭中碳的摩尔损失速率与反应位点的总数 N_{react} 成正比。不同煤炭类型的焦炭反应位点的总数差异很大。因此，如果不知道反应位点的总数，那么即使可以得到不同速率系数的可靠值，也无法准确预测碳的损失速率。但是，如果气化速率的变化是由反应位点的总数决定的，那么就可以获得各个步骤对温度的依赖性（与煤炭类型无关），从而可以在不考虑煤炭类型的情况下对不同反应的活化能进行测量。

7.2.3.4 氢气与焦炭之间的表面反应

在非常低的反应速率下炭的脱挥发分期间会生成氢气，参见表7.2，也可参考表7.5。

因此，焦炭的气化过程是通过下式所示的全局反应进行的：

$$C+2H_2 \longrightarrow CH_4$$

$$\Delta_R h_{500℃} \approx -86 kJ/mol(C) \tag{7.76}$$

该反应在500℃的条件下是放热的，放热量大约为86kJ/mol(C)，但形成甲烷的气化碳的贡献度很小。大部分甲烷气是在脱挥发分过程中生成的。表面反应的机理似乎比较复杂，因为含有5个原子的产物似乎不像与水或二氧化碳发生气化的情况那样，是在单点反应中形成的。该反应流程(Blackwood，1962)开始于氢气分子的吸附：

$$C^* + H_{2g} \rightleftharpoons C(H_2)_s \tag{7.77}$$

随后，被吸附的氢气发生解离：

$$C(H_2)_s + C^* \rightleftharpoons 2C(H)_s \tag{7.78}$$

被氢原子所充填的反应位点进一步吸收了气相中的氢原子：

$$2C(H)_s + H_{2g} \rightleftharpoons 2C(H_2)_s \tag{7.79}$$

并且最终将更多来源于气相的氢气转化为甲烷：

$$C(H_2)_s + H_{2g} \rightleftharpoons CH_{4g} + C^* \tag{7.80}$$

从该反应流程(可逆的单位点反应)中，可以推导出气化制甲烷过程中典型的非均相反应速率的表达式：

$$r_C = \frac{cp_{H_2}^2 - dp_{CH_4}}{1 + ep_{H_2} + fp_{H_2}^2 + gp_{CH_4}} \tag{7.81}$$

在较低的甲烷分压条件下，可以将式(7.81)简化为：

$$r_C = \frac{cp_{H_2}^2}{1 + ep_{H_2}} \tag{7.82}$$

并且在气化过程中氢气分压较高的最后阶段，其反应属于一级反应：

$$r_C = kp_{H_2} \tag{7.83}$$

与式(7.64)和式(7.74)一样，式(7.81)至式(7.83)给出了确定状态下的气化速率，这些反应状态包括反应物和生成物的温度、压力和分压。然而，这些气化速率方程也强调了煤炭地下气化过程中反应动力学方面的特殊问题：煤炭地下气化是一个区域性的工艺过程，其反应状态在时间和空间上不断变化。因此，煤炭地下气化过程中的反应动力学特性和反应机理也会随着时间和空间的变化而变化，气化反应速率在大小和顺序上也存在一定差异，产物的组成情况也会有所不同。

7.2.3.5 氧气与焦炭之间的表面反应

煤炭的整体吸热气化过程所必需的反应能，以及气化和脱挥发分所必需的能量，必须通过燃烧一部分的焦炭来提供和平衡，该反应过程如下：

$$C + O_2 \longrightarrow CO_2$$

$$\Delta_R h_{800℃} \approx -395 kJ/mol(C) \tag{7.84}$$

该反应在800℃下是放热的，其放热量大约为395kJ/mol(C)，与前面所讨论的气化反应相比，其反应过程明显比较快。对于典型的燃烧温度，基于反应位点的概念所得到的反应流程包括一氧化碳生成过程结束时氧气的解离吸附(Nagle和Strickland-Constable，1962；von Frederdsorf和Elliott，1963；Spokes和Benson，1967)，它对非均相反应(CO+O⟶

$CO_2+h\nu$)中二氧化碳的形成贡献较大：

$$C^* + O_{2g} \xrightarrow{k_6} O_g + C(O)_s \quad (7.85)$$

$$C^* + O_g \xrightarrow{k_7} C(O)_s \quad (7.86)$$

$$C(O)_s \xrightarrow{k_3} CO_g + C^* \quad (7.87)$$

在高温条件下，反应位点会沿着非活性点位方向发生加热退火现象：

$$C^* \xrightarrow{k_8} C_s \quad (7.88)$$

与水和二氧化碳的氧原子交换相比，氧气的解离吸附过程被认为是不可逆的。忽略反应式(7.88)，并将稳态假设条件应用于$C(O)_s$，得到了气化速率的表达式：

$$r_C = \frac{k p_{O_2}}{1 + a p_{O_2}} \quad (7.89)$$

式中，$k = N_{react} k_6$，$a = k_6/k_3$。

表观反应级数在0~1之间，对于非均相反应速率而言，其反应级数主要取决于氧气的分压。尽管气化速率的表达式很好地描述了所观察到的反应速率，但是即使在低温条件下，二氧化碳的快速生成也无法复现。该反应流程的一种拓展形式既考虑了氧气的双点吸附过程(Laurendeau, 1978)，也考虑了非均相反应步骤中二氧化碳的生成过程：

$$2C^* + O_{2g} \xrightarrow{k_8} 2C'(O)_s \quad (7.90)$$

$$C'(O)_s \xrightarrow{k_9} C(O)_s \quad (7.91)$$

$$C(O)_s \xrightarrow{k_3} CO_g + C^* \quad (7.92)$$

$$C'(O)_s \xrightarrow{k_{10}} CO_g + C^* \quad (7.93)$$

$$C(O)_s + C'(O)_s \xrightarrow{k_{11}} CO_2 + C^* \quad (7.94)$$

式中，$C'(O)_s$表示一个移动的反应位点。

将稳态假设应用于$C(O)_s$和$C'(O)_s$这两个反应位点，并引入不同温度范围和氧气分压范围下的相对反应速率的估算值(Laurendeau, 1978)，可以得到不同表观反应级数的反应速率的表达式。对于温度较低的情况：

$$r_C = N_{react} k_{10}/2 \quad (7.95)$$

其表观反应级数$\mu_{app} = 0$，移动反应位点的解吸过程取决于反应速率。对于中等温度条件，可以得到：

$$r_C = N_{react} k_9 \left(\frac{k_8}{k_{11}}\right) p_{O_2}^{1/2} \quad (7.96)$$

其表观反应级数$\mu_{app} = 1/2$，反应位点的移动过程由反应速率决定。最后，对于温度较高的情况，所求得的反应级数$\mu_{app} = 1$，并且氧气的解离吸附过程由反应速率决定。

$$r_C = 2 N_{react}^2 k_8 p_{O_2} \quad (7.97)$$

7.2.3.6 反应速率系数

正如前面指出的，在式(7.64)、式(7.67)、式(7.74)、式(7.81)至式(7.83)或

式(7.95)至式(7.97)E_{qs}中给出的反应速率定律都包含了焦炭反应位点的个数N_{react},对于不同来源的焦炭,这些反应位点的数量可能会因其大小的不同而有所不同。因此,任何对煤炭气化动力学数据的汇总或比较,都应该参照N_{react},或者至少将其与比表面积相当的焦炭进行比较(Laurendeau,1978)。由于同样的原因,全局反应速率的速率系数只能适用于相同的反应条件和焦炭类型,相关研究对这些速率系数已进行了评价。前面所讨论的气化反应中与煤型无关的一些速率系数列入表 7.6 中。Laurendeau(1978)、Mullen 等(1985)、Roberts 和 Harris(2000)、Kajitani 等(2006)和 Bell 等(2011)给出了更多的数据和充分的讨论。

表 7.6 焦炭气化反应过程中的反应速率参数

总反应	焦炭类型	反应速率表达式	活化能(kJ/mol)		
$C+CO_2 \longrightarrow 2CO$	石墨	$\dfrac{k' p_{CO_2}}{1+a' p_{CO_2}+b' p_{CO}}$	E_{A3} 364	E_{A4} 322	E_{A5} 415
$C+H_2O \longrightarrow CO+H_2$	石墨	$\dfrac{k p_{H_2O}}{1+a p_{H_2O}+b p_{H_2}}$	E_{A1} 55~140	E_{A2} 113~213	E_{A3} 343~468

反应	煤型	反应速率表达式	反应级数 μ	活化能(kJ/mol)
$C+2H_2 \longrightarrow CH_4$	椰子焦炭	$k p_{H_2}^\mu$	1.0	150~160
$C+O_2 \longrightarrow CO_2$	石墨	$k p_{O_2}^\mu$	0.0	63~83
			1/2	125~210
			1	290~335

7.2.3.7 与传质作用之间的耦合

表 7.6 显示气化反应的反应速率系数对温度有着不同且相对较强的依赖性。通过对不同反应速率表达式进行探讨,阐明了非均相气化反应的机理可能会随着气相组成和温度的变化而发生变化。总之,这可能会导致图 7.7 中所示的由反应速率决定的反应步骤发生变化。图 7.8 给出了当反应速率所决定的反应步骤发生变化时所造成的影响(Emig 和 Dittmeyer,1997)。

考虑到多孔焦炭层被灰层所覆盖,对比图 7.2 可以发现,多孔固相内部和外部反应物的分压主要取决于本征反应速率。在本征反应速率较低的低温条件下,传质和扩散速率足够大,能足以在整个固相与相邻的流体边界层中产生基本恒定的反应物分压剖面。在这种情况下,整体的反应活性将由非均相本征反应速率控制(图 7.8 中的区域)。随着本征反应速率的增加,多孔结构内的扩散速率始终不及化学反应速率,即便煤灰层和流体边界层较高的反应速率也是如此。因此,分压剖面的发展规律如图 7.8 中的 2 区和 3 区所示。从图 7.8 可以看出,在气体浓度较高的情况下,固相多孔焦炭的体积越来越小。对于 4 区,与扩散作用相比,孔隙结构内的化学反应非常快,以至于在多孔固体内部和表面的反应气体浓度都接近于零。在这种情况下,全局反应速率完全由煤灰层和流体边界层的扩散作用所控制。造成这种现象的原因是扩散输送作用[式(7.29)、式(7.30)]和化学反应速率[式(7.7)]对温度的依赖性有所不同。

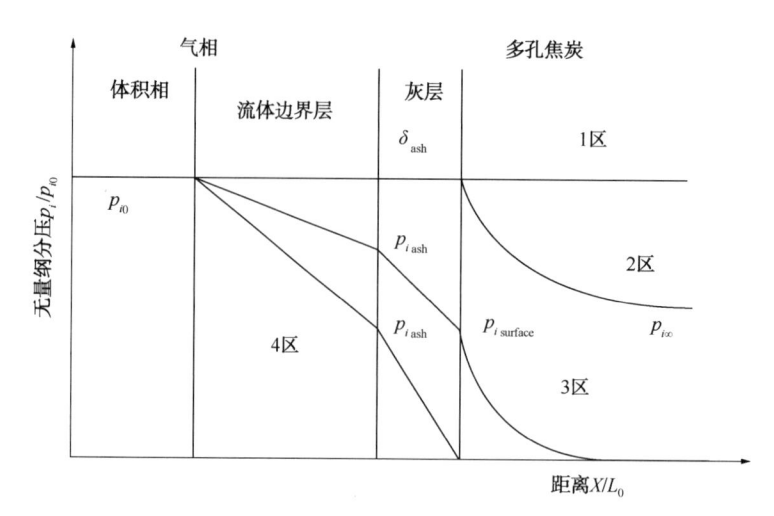

图 7.8 不同反应步骤(由反应速率控制)下多孔焦炭内部和外部的反应物分压剖面示意图

为了更深入地研究这些情况下的动力学特性,可以对图 7.8 所示的不同区域的总反应速率进行探讨。对于 1 区,本征动力学特性受反应速率限制,所以总反应速率由式(7.64)、式(7.67)、式(7.74)、式(7.81)至式(7.83)或式(7.95)至式(7.97)中的一个反应速率表达式来表示。该方法被指定为体积反应模型或修正的体积反应模型(Zogala,2014)。为了利用这种模型,必须得出反应位点的数量与总体积/总外表面积之间的关系。

对于图 7.8 所示的其他区域,总反应速率由反应物进入多孔固体的摩尔通量决定,而反应物进入多孔固体的过程又是由传质作用和扩散作用引起的。对于流体边界层,利用菲克定律的积分式可以得到:

$$\dot{m}_C = \nu_i A_{geo} h_g (p_{i0} - p_{i\,ash}) \tag{7.98}$$

式中,ν_i 代表气化反应的化学计量系数;A_{geo} 为几何表面积;h_g 为通常条件下的传质系数(Ghiaasiaan,2014 年);p_{i0} 和 $p_{i\,ash}$ 分别表示气相/流体边界层和流体边界层/煤灰层反应物的分压。

应用菲克定律对煤灰层的反应速率进行近似计算:

$$\dot{m}_C = \nu_i A_{geo} D_{i\,ash} \left(\frac{\mathrm{d} p_i}{\mathrm{d} x} \right) \tag{7.99}$$

积分之后得到:

$$\dot{m}_C = \nu_i A_{geo} \left(\frac{D_{i\,ash}}{\delta_{ash}} \right) (p_{i\,ash} - p_{i\,surface}) \tag{7.100}$$

式中,$D_{i\,ash}$ 代表煤灰层中的有效扩散系数;δ_{ash} 为煤灰层的厚度;$p_{i\,surface}$ 为固相多孔焦炭表面上的反应物分压。

最后,对于多孔结构内的扩散过程:

$$\dot{m}_C = \nu_i A_{pore} h_{pore} (p_{i\,surface} - p_{i\infty}) \tag{7.101}$$

式中,A_{pore} 为所有孔隙的横截面积;h_{pore} 为孔隙内的扩散传质系数;$p_{i\infty}$ 为孔隙端反应物的分压。

应该注意的是,必须提供 A_{pore} 和焦炭几何面积或体积的关系式,传质系数与孔隙内的扩散机制、孔隙结构（弯曲度）、孔隙大小（克努森数）和表面反应类型之间存在复杂的函数关系。为了简单起见，假设孔隙为圆柱形，反应物的分子扩散和化学反应过程是一阶的，这些假设可能适用于广泛的反应条件（请参考 7.2.3.1 至 7.2.3.5 中所讨论的反应速率表达式）和 $p_{i\infty}=0$ 的情况：

$$h_{\text{pore}} = \frac{D_{i\,\text{pore}}}{L_{\text{pore}}} \times \Phi \tag{7.102}$$

$$\Phi = L_{\text{pore}} \sqrt{\frac{2\,k_{\text{chem}}}{D_{i\,\text{pore}} R_{\text{pore}}}} \tag{7.103}$$

式中，Φ 为特定假设条件下的蒂勒模数。

对于前面的假设中所规定的其他条件，蒂勒模数具有不同的表现形式，因此，便可以得到孔隙中扩散过程的传质系数（Crank，1964）。结合式（7.98）、式（7.100）和式（7.101），消除内边界面上未知的分压，可以得到：

$$\dot{m}_C = \nu_i h_{\text{total}} p_{i0} \tag{7.104}$$

$$\frac{1}{h_{\text{total}}} = \frac{1}{A_{\text{geo}} h_g} + \frac{1}{A_{\text{geo}} \times \dfrac{D_{i\,\text{ash}}}{\delta_{\text{ash}}}} + \frac{1}{A_{\text{pore}} h_{\text{pore}}} \tag{7.105}$$

利用这种简化的方法，按照系列传质阻力相加为总阻力的方法对总的摩尔通量进行处理，它等于通过碳的物质的量随时间的变化所得到的反应速率。由式（7.105）可以清楚地看出，总反应速率是由最大阻力工艺过程控制的。值得注意的是，可以参考多孔焦炭的统计结构以及表面反应和孔隙扩散的适当机理对这种方法进行拓展。然而，随着不同输送过程的叠加，总反应速率会对表面反应的基本特征产生一定的影响，如式（7.104）和式（7.105）所示。进一步的讨论可参见 Laurendeau（1978）和 Bell 等（2011）发表的文章。

反应式（7.84）中焦炭燃烧过程所提供的其他吸热气化反应式（7.57）、式（7.68）以及脱挥发分和干燥过程中所需的大部分能量。燃烧反应和气化反应会消耗固相，从而使焦炭的气化区在煤层中不断运移。根据 7.2.2.5 中所介绍的适当反应速率和温度条件，便可以利用能量守恒来估算气化区的运移速率。来自气化区的热通量进入热解区，并进一步进入干燥区。不同区域的扩展过程和所处位置、气化产物和挥发性物质的演化速率，以及各区带的运移速率相互调整，从而适应当地状态和条件的变化，这方面的内容已在 7.2.1 和 7.2.2.5 中进行了讨论。

7.2.4 气化产物与热解产物的均相次级反应

煤炭地下气化的预期产物是一氧化碳和氢气的混合物。根据煤的组成，挥发性物质的含量和含水量，干燥、脱挥发分和气化过程所需的能量需要通过燃烧不同数量的煤来提供，从而使气化气中含有一定量的二氧化碳。当没有过量地通入空气/氧气时，脱挥发分和热解产物也可以在气化区存留下来。表 7.7 给出了煤炭地下气化中的典型气体组成。

气化气的组成构成了一种高度可燃的混合物，它通过均相反应与氧气发生反应，例如：

$$\mathrm{CO} + \mathrm{O}_2 \longrightarrow \mathrm{CO}_2 \tag{7.106}$$

$$\mathrm{H}_2 + \mathrm{O}_2 \longrightarrow \mathrm{H}_2\mathrm{O} \tag{7.107}$$

$$CH_4+2O_2 \longrightarrow CO_2+2H_2O \tag{7.108}$$

这些气体相互之间也会发生反应，比如：

$$H_2+CO_2 \longrightarrow H_2O+CO \tag{7.109}$$

$$CH_4+CO_2 \longrightarrow 2CO+2H_2 \tag{7.110}$$

表7.7 煤炭地下气化过程中产生的气化气的组成

单位:%(体积分数，干燥)

组　　分	通入空气	通入氧气	组　　分	通入空气	通入氧气
CH_4	5.4	10.6	CO_2	11.8	23.1
$C_2H_6+C_2H_4$	0.4	0.8	H_2	16.7	32.7
$C_4H_8+C_3H_6$	0.2	0.4	N_2	48.8	—
CO	16.1	31.5			

早期列出的均相燃烧和气化反应是通过复杂的平行连续反应机制发生的，这些反应包括自由基链引发、链增长和链支化反应。表7.8中给出了这种反应机理的示例，氢气的燃烧过程如反应(7.107)所示(Maas 和 Warnatz，1988)。表7.8中所列出的反应是在正向和反向两种模式下进行的。逆反应的反应速率系数可以通过热力学数据计算得到。一氧化碳与烃类的燃烧和气化反应机理，包括大量物质之间的数百种基本反应(Gardiner，2000；Battin-Leclerc 等，2013；Smith 等，2017)。

表7.8 氢气燃烧过程的反应机理及反应速率系数(Maas 和 Warnatz，1988)

反　　应		$k_{0\,for\,i}$	$b_{for\,i}$	$E_{A\,for\,i}$
链支化反应	$O_2+H \rightleftharpoons OH+O$	2.20×10^{14}	0	70.3
	$H_2+O \rightleftharpoons OH+H$	1.50×10^7	2	31.6
	$H_2+OH \rightleftharpoons H_2O+H$	1.00×10^8	1.6	13.8
	$OH+OH \rightleftharpoons H_2O+O$	1.48×10^9	1.14	0
三体重组/分解反应	$H+H+M \rightleftharpoons H_2+M$	1.80×10^{18}	−1	0
	$H+OH+M \rightleftharpoons H_2O+M$	2.20×10^{22}	−2	0
	$O+O+M \rightleftharpoons O_2+M$	2.90×10^{17}	−1	0
	$H+O_2+M \rightleftharpoons HO_2+M$	2.00×10^{18}	−0.8	0
水参加的反应	$HO_2+H \rightleftharpoons OH+OH$	1.50×10^{14}	0	4.2
	$HO_2+H \rightleftharpoons H_2+O_2$	2.50×10^{13}	0	2.9
	$HO_2+O \rightleftharpoons OH+O_2$	2.00×10^{13}	0	0
	$HO_2+OH \rightleftharpoons H_2O+O_2$	2.00×10^{13}	0	0
过氧化氢参加的反应	$HO_2+HO_2 \rightleftharpoons H_2O_2+O_2$	2.00×10^{12}	0	0
	$OH+OH+M \rightleftharpoons H_2O_2+M$	3.25×10^{22}	−2	0
	$H_2O_2+H \rightleftharpoons H_2+HO_2$	1.70×10^{12}	0	15.7
	$H_2O_2+H \rightleftharpoons H_2O+OH$	1.00×10^{13}	0	15
	$H_2O_2+O \rightleftharpoons OH+HO_2$	2.80×10^{13}	0	26.8
	$H_2O_2+OH \rightleftharpoons H_2O+HO_2$	7.00×10^{12}	0	6

注：反应速率系数的计算公式为$k_i=k_{0i}T_i^b\exp[-E_{Ai}/(RT)]$，它仅适用于正向反应。逆反应的反应速率系数可通过热力学数据进行计算。所用到的单位包括 mol、s 和 kJ/mol。

由均相反应所组成的这部分煤炭地下气化过程的反应速率在 7.1.1 中进行了简要介绍。参考式(7.5)，物质 i 的单反应 j 的正向反应速率可写为：

$$r_{ij} = k_{\text{for}j}(T, p) \prod_1 c_1^{\nu_{\text{for}l}} \tag{7.111}$$

由于表 7.8 所示的反应机理中所列的反应都属于初等反应，因此单反应物的反应级数为各自的化学计量系数。对于逆向反应，也存在类似的表达式，反应 j 中物质 i 的净反应速率可由下式给出：

$$r_{ij} = k_{\text{for}j}(T, p) \prod_1 c_1^{\nu_{\text{for}l}} - k_{\text{back}j}(T, p) \prod_k c^{\nu_{\text{back}k}k} \tag{7.112}$$

在这种多反应体系中，单组分 i 的转化速率是由所有特定组分的单一反应的反应速率之和给出的：

$$r_{i\text{total}} = \sum_{j=1}^{R} k_{\text{for}j}(T, p) \prod_1 c_1^{\nu_{\text{for}l}} - k_{\text{back}j}(T, p) \prod_k c^{\nu_{\text{back}k}k} \tag{7.113}$$

早期反应的进展在很大程度上取决于温度、压力和气体混合物中氧气的分压。将早期反应与发生在不同时间尺度下的煤炭地下气化过程中的不同工艺过程进行了对比。根据表 7.8 中所列的反应机制，燃烧过程中水的生成过程是在 0.1ms 的时间尺度下发生的。在 773K 的温度条件下，脱挥发分过程中生成水的时间约为 3.5s（见 7.2.2 和表 7.2）。在 1000℃ 的温度条件下，氧气对焦炭的气化时间为 30s(Laurendeau, 1978)，通过二氧化碳进行气化的时间为 4000s(内部比表面积, g/m²)，该结果可与 7.2.3 进行比较。由于不同工艺过程的时间尺度差异较大，因此煤炭地下气化过程中不同区域的温度梯度，其扩展过程和整个生产区域的运移速率以及产品气体的组成，将依据这些工艺过程的操作条件调整。

7.3 总结

本章对煤炭地下气化的动力学进行了分析和讨论。煤炭地下气化是一种区域性工艺过程，该工艺过程中存在一些与时间和空间相关的状态变量。这为不同的气化过程创造了边界条件，从而导致了反应机制的变化，因此最终也导致了动力学(反应速率)定律的变化。此外，由于这些反应过程的非均相性，可能会存在质量传输和能量输送方面的限制。

对于干燥过程，热通量、扩展、干燥区的位置和干燥区的运移速率会依据水的流入和含量的变化调整。干燥区的蒸汽通量与干燥区汽化面的温度梯度线性相关。因此，干燥区内水的物质的量会随着时间的推移而发生变化，它代表了"干燥反应"的反应速率，可以将其解释为温度的一阶反应。

在热解区内，挥发性物质生成过程的反应速率大多采用简单的反应速率表达式，将所有不同的生成反应集中在一个总反应中。生成速率与热解区反应面的温度梯度相耦合。

考虑到热解区的温度梯度，热解反应主要在热解区热端温度和热解区冷端温度条件下发生。单一气体和液体热解产物的生成反应对温度的不同依赖性，以及单一组分最终含量的差异，导致热解区内不同产物的分布特征随着时间的推移而发生变化，并且从热端到冷端也有所不同。

非均相反应中不同分子的作用机制(化学吸附、表面运移、表面反应)可表示为相似的速率表达式。它们的特点都是:随着反应物分压的不断增加,反应级数会发生变化;反应过程会受到惰性组分、反应物甚至生成物的抑制作用。

多孔焦炭结构的气化区内所发生的反应由多个输送过程叠加而成。反应速率可以用一系列的传质阻力来进行处理,这些传质阻力相加得到一个总阻力。总反应速率便受传质阻力最高的工艺过程所控制。

焦炭的燃烧过程提供了吸热气化反应及脱挥发分和干燥过程所需的大部分能量。燃烧反应和气化反应会消耗固相,从而使得焦炭的气化区在煤层中不断运移。来自气化区的热通量进入热解区,并进一步进入干燥区。不同区域的扩展过程和所处位置、气化产物和挥发性物质的演化速率,以及各区带的运移速率会相互调整,从而适应当地状态和条件的变化。

参 考 文 献

Battin-Leclerc, F., Simmie, J. M., Blurock, E., 2013. Cleaner Combustion. Springer Verlag, London.

Bell, D. A., Towler, B. F., Fan, M., 2011. Coal Gasification and Its Applications. Elsevier Inc., Oxford.

Blackwood, J. D., 1962. The kinetics of the system carbon-hydrogen-methane. Aust. J. Chem. 15, 397-408.

Bockhorn, H., Hornung, A., Hornung, U., 1999. Mechanisms and kinetics of thermal decomposition of plastics from isothermal and dynamic measurements. J. Anal. Appl. Pyrolysis 50, 77-101.

Bockhorn, H., Hornung, A., Hornung, U., Löchner, S., 2000. Pyrolysis of polystyrene as the initial step in incineration, fires, or smoldering of plastics: investigations of the liquid phase. Proc. Combust. Inst., vol. 28, pp. 2667-2673.

Crank, J., 1964. The Mathematics of Diffusion. Oxford University Press, London.

Emig, G., Dittmeyer, R., 1997. Simultaneous heat and mass transfer and chemical reaction. In: Ertl, G., Knözinger, H., Weitkamp, J. (Eds.), In: Handbook of Catalysis, vol. 3. VCI Verlagsgesellschaft, Weinheim, pp. 1209-1252.

Ergun, S., 1961. Kinetics of the reactions of carbon dioxide and steam with coke. US Bureau of Mines Bulletin 598.

Frank-Kamenetzkii, D. A., 1969. Diffusion and Heat Transfer in Chemical Kinetics. Plenum Press, New York.

Gardiner, W. C., 2000. Gas-Phase Combustion Chemistry. Springer-Verlag, New York.

Ghiaasiaan, S. M., 2014. Connective Heat and Mass Transfer. Cambridge University Press, New York.

Grant, D. N., Pugmire, R. J., Fletcher, T. H., Kerstein, A. R., 1989. Chemical model of coal devolatilization using percolation lattice statistics. Energy Fuel 3, 175-186.

Hayward, D. O., Trapnell, B. M. W., 1964. Chemisorption. Butterworths, London.

Jupudi, R. S., Zamansky, V., Fletcher, T. H., 2009. Prediction of light gas composition in coal devolatilization. Energy Fuel 23, 3063-3067.

Kajitani, S., Suzuki, N., Ashizawa, M., Hara, S., 2006. CO_2 gasification rate analysis of coal char in entrained flow coal gasifier. Fuel 85, 163-169.

Kobayashi, H., Howard, J. B., Sarofim, A. F., 1977. Coal devolatilization at high temperatures. Proc.

Combust. Inst. 16, 411-425.

Laurendeau, N. M., 1978. Heterogeneous kinetics of coal char gasification and combustion. Prog. Energy Combust. Sci. 4, 221-270.

Maas, U., Warnatz, J., 1988. Ignition processes in hydrogen-oxygen mixtures. Combust. Flame 74, 53.

Mathews, J. P., Chaffee, A. K., 2012. The molecular representations of coal—a review. Fuel 98, 1-14.

Mentser, M., Ergun, S., 1973. A study of the carbon dioxide-carbon reaction by oxygen exchange. US Bureau of Mines Bulletin 664.

Merrick, D., 1987. The thermal decomposition of coal: mathematical models of the chemical and physical changes. In: Volborth, A. (Ed.), Coal Science and Chemistry. Elsevier, Amsterdam, pp. 307-342.

Müllen, H. J., van Heek, K. H., Jüntgen, H., 1985. Kinetic studies of steam gasification of char in the presence of H_2, CO_2 and CO. Fuel 64, 944-949.

Nagle, J., Strickland-Constable, R. F., 1962. Oxidation of Carbon between 1000-2000°C. Proc. Fifth Carbon Conference, Pergamon Press, New York, p. 154.

Olzmann, M., 2013. Statistical rate theory in combustion: an operational approach. Cleaner Combustion, Springer Verlag, London. Chapter 21.

Perkins, G., Sahajwalla, V., 2008. Steady-state model for estimating gas production from underground coal gasification. Energy Fuel 22, 3902-3914.

Roberts, D. G., Harris, D. J., 2000. Char gasification with O_2, CO_2, and H_2O: effects of pressure on intrinsic reaction kinetics. Energy Fuel 14, 483-489.

Roberts, D. G., Harris, D. J., 2006. A kinetic analysis of coal char gasification reactions at high pressures. Energy Fuel 20, 2314-2320.

Roberts, D. G., Harris, D. J., 2007. Char gasification in mixtures of CO_2 and H_2O: competition and inhibition. Fuel 86, 2672-2678.

Serio, M. A., Peters, W. A., Sawada, K., Howard, J. B., 1984. Global kinetics of primary and secondary reactions in hydrocarbon gas evolution from coal pyrolysis. ACS Div. Fuel Chem. 29(2), 65.

Serio, M. A., Hamblen, D. G., Markham, J. R., Solomon, P. R., 1987. Kinetics of volatile product evolution in coal pyrolysis: experiment and theory. Energy Fuel 1, 138-152.

Smith, G. P., Golden, D. M., Frenklach, M., Moriarty, N. W., Eiteneer, B., Goldenberg, M., Bowman, C. T., Hanson, R. K., Song, S., Gardiner, W. C. J., Lissianski, V. V., Qin, Z., 2017. GRI-Mech™. http://www.me.berkeley.edu/gri_mech/.

Solomon, P. R., Hamblen, D. G., Carangelo, R. M., Serio, M. A., Deshpande, G. V., 1988. General model of coal devolatilization. Energy Fuel 2, 405-422.

Solomon, P. R., Serio, M. R., Suuberg, E. M., 1992. Coal pyrolysis: experiments, kinetic rates and mechanisms. Prog. Energy Combust. Sci. 18, 113-220.

Spokes, G. N., Benson, S. W., 1967. Oxidation of a Thin Film of a Carbonaceous Solid at Pressures Below 10-4 Torr, Fundamentals of Gas-Surface Reactions. Academic Press, New York, p. 318.

Steinfeld, J. L., Francisco, J. S., Hase, W. L., 1989. Chemical Kinetics and Dynamics. Prentice Hall, Englewood Cliffs, NJ.

Strange, J. F., Walker, P. L., 1976. Carbon-carbon dioxide reactions: Langmuir-Hinshelwood kinetics at intermediate pressures. Carbon 14, 345.

van Krevelen, D. W., 1961. Coal. Elsevier, New York.

Veras, C. A. G., Carvalho, J. A., Ferreira, M. A., 2002. The chemical percolation devolatilization model applied to the devolatilization of coal in high intensity acoustic fields. J. Braz. Chem. Soc. 13, 358-367.

von Fredersdorf, C. G., Elliott, M. A., 1963. Coal Gasification. Wiley, New York, p. 892.

Wright, M. R., 2005. Introduction to Chemical Kinetics. John Wiley & Sons, Hoboken.

Zogala, A., 2014. Critical analysis of underground coal gasification models, part II: kinetic and computational fluid dynamic models. J. Sustain. Min. 13, 29-37.

Zsakó, J., 1976. The kinetic compensation effect. J. Therm. Anal. 9, 101-108.

8 地下水在煤炭地下气化工艺过程中的作用

E. V. Dvornikova

(Ergo Exergy 技术公司,加拿大魁北克省蒙特利尔)

地下水在矿藏开采过程中发挥着十分重要的作用。在对煤炭矿床进行开发的同时,地下水会进入矿山巷道,即便是采用传统的开采方法,也会使矿山巷道的开发和采煤工作变得极为复杂。在煤炭地下气化过程中,过量的地下水流入气化床会彻底中断气化过程或导致较低的效益(即 UCG 气的热值和气化工艺流程的效率)。地下水在重力作用下的流入可能发生在煤层中,也可能发生在煤层上覆和下伏水层中。

进入气化床的地下水量不仅由煤层的自然条件决定,而且还取决于煤炭气化过程中所产生的特定(人为)因素:气化床中的高温条件;注入空气和其他气体的压力过高;气化腔上的顶板岩石所发生的变形。

在高温环境下,除了受重力作用的地下水(自由水)之外,气化过程还包括了束缚水。这些水分子受煤层底板和顶板表面分子作用力的束缚(Tsitovich,1983)。下文将详细讨论束缚水的类型及其在地下煤气化过程中的作用。

此外,高温会改变煤层底板和顶板岩石的物理和力学性质。黏土层在不受干扰的自然环境中作为一种弱透水层,在煤炭气化过程中会发生干燥和开裂,甚至在对某些深度进行压裂时,它也会变为透水层,也使其不再具备阻止地下水流入气化床的功能。相反的,通过注入过量的空气及其他气体(形成高压),可以防止地下水流入气化床。

如果满足以下条件,受重力作用的地下水(重力水)便有可能流入气化腔内:

(1)上覆含水层与煤层之间是水力连通的,前提是煤层的顶板岩层具有足够的渗透性,可以传导地下水。地下水的流入是煤层水和上覆含水层中地下水共同作用的结果。

(2)上覆弱透水层坍塌后,导水裂缝带会向上覆含水层扩展。地下水的流入量受煤层中的水和正在进行开采的上覆含水层的控制。

(3)当煤层下伏含水层的承压,其水位稳定在煤层底板标高以上时,由于热量渗透到底板岩石中从而导致的压裂作用,使下伏含水层与地下气化床之间实现了水力连通。地下水的流入受煤层中的水和下伏含水层中水的共同作用。

(4)当上覆含水层、下伏含水层都与煤层存在水力连通时。地下水的流入受煤层中的水和上覆、下伏含水层中水的共同作用。

为了成功实施 UCG 技术,比较有利的自然水文地质条件包括:

(1)煤层与上覆含水层之间充分隔离,上覆含水层与煤层之间的距离较远;这一距离应大于上覆岩层变形所形成的导水裂缝带的延伸范围。

(2) 下伏含水层与煤层之间应通过隔水层进行隔离，地下水位应稳定在煤层底板以下，煤层不会浸没于水中。

当处于活跃的气化作业现场的煤层没有与上覆含水层和下伏含水层实现充分隔离时，水文地质条件便会构成更大的挑战。此时下伏的岩层内有水体存在，或者盖层上方的水层通过岩石变形形成的断裂带流入气化炉区域。

值得注意的是，围岩的岩性对 UCG 技术的应用也会产生较大的影响。不同的围岩岩性组成将改变地下水流入气化通道的方式。例如，从砂岩中流入的地下水将是分散流型（从上覆岩层中通过渗流的方式进入气化腔），而来自裂缝性石灰岩、页岩等地层的地下水将是集中型流入。分散型的流入能够均匀地冷却煤层围岩，它们主要以蒸汽的形式进入气化腔。集中流入导致围岩冷却过程不均匀，它们甚至可能以液态水的形式流入气化腔中（Klimentov，1963）。

本章研究了地下水的流入对煤炭地下气化的影响机理；随着过量的地下水流入气化区，由于水受热汽化，热量损失急剧增加，降低了煤炭气化通道内的温度。

创造最有利的水文地质条件，并对流入气化床的过量水进行管理需要对气化区进行预排水处理（包括地下水抽提工艺）。地下水抽提意味着使用排水井将地下水（在重力作用下流入气化床中的地下水，包括进入气化通道和气化腔的水）泵出到地面。排水过程实质上是拦截流向气化区（气化床）和燃烧面的地下水，并通过排水井将这些地下水泵出到地面，从而实现含水层排水。

从地下气化床中的气化腔内抽提地下水的过程中经常遇到的主要挑战之一就是水的高温条件和煤炭热解产物所造成的污染，这些污染物主要是酚、苯、氨和硫化氢（Skafa，1960）。

关于原苏联 UCG 试验场（莫斯科、库兹涅茨克、顿涅茨克、第聂伯和安格林煤矿）在各种采矿、地质和水文地质环境中的排水问题，已有大量文献对其进行了研究（Troyansky 等，1961；Antonova 等，1967，1990a，1990b，1992；Shilov，1960；Bogoroditsky，1961），本章不再进行进一步的讨论。但值得注意的是，在地下气化炉排水过程中所采用的排水采矿开挖方式包括垂直排水井、与排水井连通的初始水平气化通道、水平定向井、与排水井连通的定向生产井、废弃气化床的气化腔、运行中的气化床。

排水活动一般分为两个阶段：煤层点火之前的排水活动和 UCG 作业过程中的排水活动。能够实现最佳排水效果的排水深度可达 200m。深层区间的排水过程相当复杂。这是因为随着深度的增加，地下水压头也会增加，而决定地下水开采效率的导水系数和地下水产量则会有所下降。

除了能够减少过量地下水流入气化床的排水作业外，下列活动还可以对与工艺相关的结果产生积极影响：

(1) 增加注入空气的量，从而增加水蒸气的离解率。

(2) 增加注入空气中的氧含量，从而提高水蒸气的分解速度。

(3) 增加空气的注入压力，从而将地下水从气化床中排出。

原苏联多年来成功的 UCG 经验已经证明，在高原和地槽煤炭沉积地区，进入气化床的地下水流量较低（约为 $1m^3/h$），现有的地下水开采措施已经足以满足要求。在某些条件下，地下水的开采过程并不需要过多地考虑排除地下水淹没燃烧面的可能性，而是要减轻和尽量减少对气化过程的不利影响，并防止注入井井底被水淹没的可能；否则，如果不进行排水，注入井中的空气会吸收大量水分，从而影响气化过程的正常运行。

当地下水流入气化床的速度比较低(低于 $0.5m^3/h$)时，地下水可能会完全被汽化，并与煤层气一同被产出，而不会影响气化床的正常运行。

然而，即使在地下水流入速率较低的煤田(顿涅茨克煤炭盆地和莫斯科煤炭盆地)，地下水也已经对 UCG 工艺过程产生了负面影响。例如，地下水流入利西昌斯克煤厂(位于顿涅茨克煤炭盆地)地下气化床的流量超过 $10\sim15m^3/h$，对气化过程造成了极其不利的影响，这往往会导致一个完整的 UCG 过程被迫中断(10 号、14 号和 15 号气化床，以及 3 号先导试验的气化床)。

地下水对 UCG 工艺过程的影响可以分为持续性和间歇性(重力水)两类。

第一类地下水的持续作用是它与煤炭和岩石之间发生物理和化学结合作用的结果，因此地下水不断地以特定的数量参与到煤炭地下气化过程中。

束缚水不断地参与其中，原因是它与岩石之间发生了密切的相互作用，并被一种大于重力的作用力束缚在岩石中。结合水还可以分为化学结合水(固有水和结晶水)和物理结合水(吸附水、薄膜水和毛细管水)。

在普通水文地质学中，对在 UCG 过程中地下水的参与(连续的或其他类型的)进行了详细的探讨。值得注意的是，在 UCG 过程中，几乎所有的束缚水都转化成蒸汽，形成气体/蒸汽混合物，并具有特定的化学成分。结合水的数量通常由岩石的最大分子储存系数决定。除了束缚水之外，UCG 过程中还包括氢气燃烧过程中形成的高温水。热解水和束缚水的含量占进入地下气化床总水量的 10%~20%(Bogoroditsky，1961)。连续作用的地下水量由岩石热穿透带的大小、煤层底板和顶板岩层的岩性决定，而煤层底板和顶板岩层的岩性又取决于煤炭沉积层的具体开采条件和地质条件。根据地下气化床在气化后的露天采矿结果，在高达 100℃的温度条件下最大的岩石热穿透深度在煤层底板为 4m，在煤层顶板为 7~8m(Dvornikova，2011)。

流入地下气化床的地下水的主要来源是间歇性活动的(自由)重力水，它与岩石之间没有任何明显的结合，并在重力作用下穿过岩石。重力水的流入量与煤层渗透率和与煤接触岩性的渗透率、厚度、地下水压力以及含水层与煤层和地表水流之间的水力连通程度有关。

如果重力水和连续活动的地下水的含量不超过煤炭燃烧的最佳含水量，那么气化过程将在正常的容许范围内进行。另外，气化床运行的中断、高温环境和气体质量恶化，都将减缓气化速度，直到气化过程完全停止。

当气化床中煤炭的含水量不足时，由于主要可燃成分(氢气)减少，气化气的热值将有所下降。

利用常规的水动力学方法来计算 UCG 过程中的最佳地下水含量是不可能的，因为气化腔参数在 UCG 过程中是不断变化的，水力导流系数也急剧变化；然而，在现有的计算公式中，水力导流系数是一个常数。此外，考虑到气化腔上方的岩石变形，计算煤层顶板岩层的间歇性流入量极具挑战性。鉴于上述情况，通常会采用气体化学计算公式和原苏联水文地质科学院(K. F. Bogoroditsky;A. I. Silin-Bekchurin;V. I. Kononov)和 VNII PODZEMGAZ(A. A. Agroskin;N. A. Fedorov;T. M. Sukhotinskaya;P. I. Kalashnikov;N. Z. Brushtein;V. S. Zagrebelnaya;G. O. Nusinov)所开发的方法来计算参加气化过程的地下水量。同时开发并计算了气化床的水分平衡关系。气化过程的最佳含水量取决于特定的自然条件及其变化。对于莫斯科近郊(Podmoskovnaya)的 UCG 设施，流入气化床的地下水量为 62kg/100kg(煤)，而对于顿涅茨克煤炭盆地的利西昌斯克的 UCG 设施，流入气化床的地下水量为 139kg/100kg(煤)(Bogoroditsky，1957)。

地下水进入气化区并与热煤发生化学反应，将分解的氢气释放到气相中，而部分则在不与碳发生反应的情况下被气化，从而参与到 UCG 工艺过程中。随着过量的地下水进入气化区，碳燃烧所产生的热量主要用于水分的汽化，从而降低了气化通道内的温度，但总的来说，该过程会对 UCG 工艺的热平衡产生不利影响。

在煤炭燃烧的过程中，煤炭燃烧产物的潜热(Q_{la})与显热(Q_s)可能的热量(Q_c)分布如下(Antonova 和 Kreinin，1975):

$$1 = \frac{Q_x}{Q_y} + \frac{Q_\phi}{Q_y} = \eta + \varphi \tag{8.1}$$

式中，η 代表气化效率；φ 为放热程度。

鉴于地下气化床中的热量损失(包括地下水的汽化，$Q_x \to 0$，$Q_\phi \to 0$ 且 $\varphi \to 1$)较高，因此，随着地下气化床中热量损失的不断增加，煤层气化逐渐转向燃烧和半燃烧过程。

尽管有多种可能的水文地质条件对气化煤层的沉积背景进行了表征，但在 UCG 工艺过程中，束缚水和重力水在气化通道内壁的所有区域内都会发生汽化。水的汽化最终导致煤炭表面和煤层气的温度有所下降。

在气化通道内的 UCG 过程中，气相的三个区域分别为注气区、产气区(非均相气化反应)和气体输送区(均相气化反应)(图 8.1)。

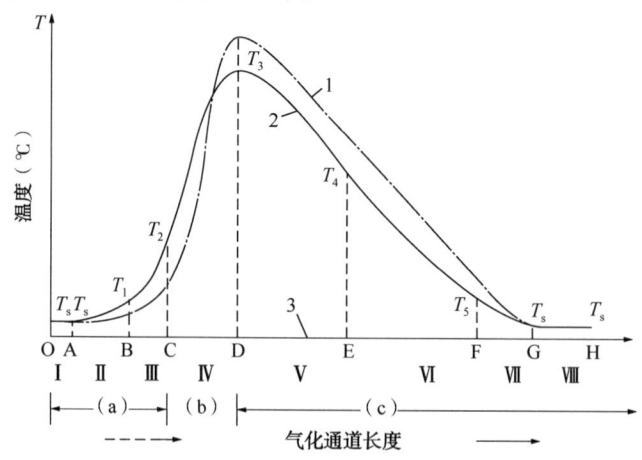

图 8.1 气化通道中的温度

Ⅰ—空气注入区；Ⅱ—注入流体干燥区；Ⅲ—点火准备区；Ⅳ—放热反应区；
Ⅴ—吸热反应区；Ⅵ—热解区；Ⅶ—气流干燥区；Ⅷ—气化气区；
1—气相温度的变化；2—煤表面温度的变化；3—煤表面进入气相的水分

在空气注入区内，注入的空气和煤表面的温度普遍升高，达到煤炭的自燃点。注入的空气通常会被气化腔内保存的热量加热。当注入的空气被加热时，它会由于水蒸气的存在而变得湿润。考虑到煤炭自燃时的临界温度在大多数情况下超过300℃，该区域末端的水蒸气含量可用 $1m^3$ 注入空气中的千克数来进行测量。在某些情况下，注入的气流可以携带空气中的水滴，并沿着气流路径来输送地下水。

水蒸气沿着气化通道内壁进入氧气区，降低了注入气和煤炭表面的温度。从空气注入区携带来的水滴也会产生类似的效果。

气体中水蒸气含量的增加也会导致燃烧速度有所减缓。这将导致氧气区扩大，增加了进入围岩的热量损失，最终导致气体温度下降。

为了对地下水参数进行分析，编制了如下地下水平衡核算程序：
(1) 形成气化气的水的平衡；
(2) 被气化气汽化的水分平衡(气化床中水平衡)；
(3) 地下气化床中的水分平衡；
(4) 正在发生气化区域重力水的水分平衡。

参与气化气形成过程的地下水的水分平衡用来确定进入非均相气化反应区的水分含量。这种平衡非常重要，因为研究表明，对气化气的热值造成最大不利影响的因素与进入非均相反应区的地下水有关，而可燃组分(一氧化碳和氢气)恰恰是在该区域内形成的(Zibalova,1956)。实验表明，在800℃下，产生一氧化碳的非均相反应更容易进行。在离开还原反应区时，气化气中一氧化碳和氢气的浓度，是由气化通道中800℃以上温度下的含热量所决定的，也就是说，它是由气化通道中氧化区的末段和还原区始段的最高温度所决定的(Shishakov,1948)。然而，在800℃以上的温度条件下，气流中过量的水蒸气会抑制非均相反应的反应速率，从而促进一氧化碳转化。非均相反应区域内主要可燃组分的形成与水蒸气进入该区域的气化通道的热量损失有关。在气化通道的不同区域内，使气体饱和的水分对气化气热值的影响各不相同。由于水分进入非均相反应区所造成的气化气热值的下降幅度是相同水分含量进入均相反应区所造成的气化气热值下降幅度的3~20倍。因此，通过计算参与气化气生成过程的水分平衡，就可以建立起气化气热值与进入非均相反应区水分含量之间的关系。

被气化气汽化的水分平衡通常可用来确定地下水离开均相反应区时所有区域内参与气化气形成过程的地下水量。后者的水分平衡与前者的唯一不同在于，离解水分的计算仅针对非均相反应区域，并且假设水气转化反应仅发生在该区域。后者的平衡过程包括了所有离解水分的总量(进入所有区域的水分)，而前者的平衡过程只包含了其中的一部分。

地下气化床中的水分平衡计算可对整个地下气化床的地下水参数进行评价。并非所有进入气化床的水分都被蒸发或携带(通过气流)出该区域。这些水分的一部分留在了液相中(特别是在向斜煤层煤炭地下气化过程中)，聚集在气化腔的下部，并通过地下水的抽提从气化床中排出。地下气化床的水分平衡考虑了所有进入气化床的地下水，无论是通过气流携带出去的水分，还是通过排水采气井或排水井泵出气化腔的水分。该平衡过程考虑了工艺水、冷凝水、泵出气化腔和聚集在气化腔内部的水。这种水分平衡的评价工作是正确选择排水设备和进行排水活动所必需的。

在排水充分的气化试验场地，水分平衡过程主要考虑了煤层以及加热的底板岩层和顶板岩层中的束缚水，而在排水不足的地区，水分平衡主要考虑重力水。

气化区重力水的平衡可对排水活动的效率进行评价。同时，该水分平衡计算过程也涵盖了动态和静态的地下水源。根据排水设备的效率对该平衡过程进行评价。气化试验场地被定义为一个或多个气化床和排水系统所占据的地面面积。

前两种类型的水分平衡包含在后续的水分平衡过程中。计算的目标决定了选择何种水分平衡来进行计算。下面介绍计算第二类水分平衡过程的方法。

8.1 气体蒸发过程的水分平衡

气化床的水分平衡数据由输入和输出两部分组成。

水分平衡的输入数据包括参与气化过程的承压地下水(重力水)、煤层和顶底板岩层中的束缚水以及注入空气中的水分。

尽管包含在大气中的水分含量和进入气化床地下水的水分含量相对较少(与地下水的侵入量相比)，但考虑到 UCG 工艺过程需要注入大量的空气，注入空气中的水分(空气的水分含量)对气化气的热值仍有一定的影响，因此地下气化床的水分平衡计算需要对其进行考虑。注入空气的水分含量是空气湿度的函数，而对于蒸汽/氧气/空气等不同注入过程，则由注入的水蒸气量来决定。在 UCG 站，注入空气的水分含量在一年中不断波动，从 $18\sim20g/m^3$ 到 $70g/m^3$ 不等。利西昌斯克 UCG 站注入的富氧空气的水分含量为 $250\sim300g/m^3$。

在高温环境下，随着 UCG 工艺过程的进行，在氢气的燃烧过程中也可能形成热解水。一般认为，煤炭中有 60% 的氧会与氢结合，从而形成热解水(A. I. Silin – Bekchurin 等，1960)。然而，Kalashnikov(1966)已证实，在计算过程中没有必要考虑热解水，因为气化气生成过程中的中间反应(在此期间生成热解水)并不决定最终的计算结果，即最终的气体成分。在计算热解水的含量时，假定煤炭中所有的可燃成分都转化成气体。

因此，是否应该在计算过程中考虑热解水是有争议的。一些研究者认为应该考虑热解水，而另一些人则不这么认为。

由于气化气是通过生产井产出并进行冷却的，因此用于冷却的工艺水也应包括在水分平衡的计算过程中。用于冷却处理的注入水含量是通过直接测量的方式得到的。

上述类型的地下水来源[流入(重力)水、煤层和顶底板岩层中的束缚水、注入空气中的水、热解水和工艺水]构成了气化床中水分平衡的输入。

水分平衡的输出数据包括：气化气中所包含的水分；离解的水分含量，它以化学方式发生离解，并转化为气化气。

对于气流所携带的水(气化气的含水量)，这种类型的水在 UCG 过程中不发生离解，而是与气化气一起产生。这类水的数量取决于流入火源的地下水流入特性，以及流入气化区的地下水总量。当地下水涌进气化床时(如顶板岩石发生坍塌时)，可以观察到气相中的含水量特别高。在这种情况下，气化气的含水量有时会超过 $3000\sim4000g/m^3$。任何气体水分含量的急剧变化，都表明煤炭气化过程的稳定性较差，必须通过调整气化床的运行方式来提高气化过程的稳定性。

离解水是通过热煤炭与水蒸气之间的相互作用形成的，该过程会形成中间络合物，然后再通过离解形成一氧化碳、二氧化碳和氢气。

该过程中氢气的生成量是评价离解水绝对数量的有效指标。

这类水的相对特性可以通过将离解水的含量除以进入火源的含水量来得到。这个比值称为蒸汽离解系数。

后者并不是一个定值，而是由地下水流入火源的程度和气化床的运行方式所决定的，并且它还会随着时间的推移而发生显著的变化。在波德莫斯科夫那亚的UCG设施中，蒸汽离解系数的变化范围在0.1~0.4之间，而在利西昌斯克的UCG设施中，蒸汽离解系数的波动范围很大。

8.2　蒸发过程水分平衡的计算方法

这些水分平衡的计算是采用生成$1m^3$气化气水的克数或气化1kg煤的水的克数来表示。该计算过程中用到了以下命名方式：W_c表示煤炭的水分含量；W_f表示底板岩石的水分含量；W_r表示顶板岩石的水分含量；W_i表示注入空气的水分含量；W_{gwi}表示地下水的流入量（来自含水层的重力水）；W_{dis}表示离解水的水分含量（在气化通道中发生的反应）；W_g表示被气流带走的未离解的水蒸气。

水分平衡方程可写成以下形式：

$$W_c + W_f + W_r + W_i + W_{gwi} = W_{dis} + W_g \tag{8.2}$$

如果气化气在生产井中进行冷却，那么用于冷却的工艺水也应该包含在水分平衡输入数据中（W_{cool}）。式(8.2)可以改写为：

$$W_c + W_f + W_r + W_i + W_{gwi} + W_{cool} = W_{dis} + W_g \tag{8.3}$$

利用上述公式，便可以对气化床中重力水的流入量进行计算，而该参数通过流体力学方法很难确定，这是由于开采过程中岩层的水相渗透率因高温的影响及气化腔参数的变化而不断变化。

该平衡方程没有考虑绕过燃烧面进入气化腔的地下水，这些地下水聚集在气化腔内，并通过两种方式排出到地面：通过排水采气井或通过位于气化床之外的排水井排出。泵出的地下水量既需要从地下水平衡的输入数据中考虑，也需要从地下水平衡的输出数据中考虑，并且它们不会对其他地下水平衡的计算结果产生任何影响。

下面给出了求解地下水平衡的具体项的计算方法，这些计算方程中的单位为g/m^3（气化气）：

（1）地下水流入的相关线项。

① 为了确定这类地下水平衡中的每一个线项，对气化气可燃成分的总量[以%（体积分数）表示]进行计算：

$$\sum C^g = CO_2 + CO + CH_4 + 2C_mH_n \tag{8.4}$$

$$\sum H_2^g = H_2 + H_2S + 2CH_4 + 2C_mH_n \tag{8.5}$$

$$\sum O_2^g = CO_2 + 0.5CO + O_2 \tag{8.6}$$

煤炭组成以%(质量分数)形式给出。

② 煤炭的水分含量(W_c)定义为风干煤炭的含水量(W^{ad})除以1kg气化煤炭所产出的气化气量(V^g)来得到的：

$$W_c = A\frac{W^{ad}\sum C^g}{C^{ad}} \tag{8.7}$$

式中，W^{ad}为风干的煤炭含水量，%(质量分数)；C^{ad}为煤炭中的碳含量，%(质量分数)；$\sum C^g$为气化气中的碳含量，%(质量分数)；A为由气化气的化学方程式计算的系数。

③ 顶板岩石和底板岩石中的水分含量是通过将100℃及以下温度的热穿透区域中的束缚水含量除以气化气输出量计算得到的：

$$W_{rfr} = B\frac{\omega_f l_f \sum C^g}{m\gamma_c C^{ad}} \tag{8.8}$$

式中，ω_f为单位体积底板岩石的地下水的储存系数，kg/m³；l_f为底板岩石热穿透区的热穿透厚度，m；m为气化煤层的厚度，m；γ_c为煤炭的密度，g/cm³；B为由气化气的化学方程式计算得到的系数。

④ 顶板岩石的水分含量可通过下式计算：

$$W_r = B\frac{\omega_r l_r \sum C^g}{m\gamma_c C^{ad}} \tag{8.9}$$

式中，ω_r为单位体积顶板岩石的地下水储存系数，kg/m³；l_r为顶板岩石中热穿透区域的厚度，m；m为气化煤层的厚度，m；γ_c为煤炭的密度，g/cm³；B为由气化气的化学方程式计算得到的系数。

⑤ 注入空气中的水分含量由注入空气的月平均绝对湿度计算得到：

$$W_i = \frac{w_a^o N_2^g}{N_2^i} \tag{8.10}$$

式中，w_a^o为空气的绝对湿度，kg/m³；N_2^g为气化气中的氮气含量，%(体积分数)；N_2^i为注入空气中的氮气含量(空气中的氮气含量为79%)。

⑥ 用于冷却气化气的地下水(W_{cool})是通过水位计测量的。

(2) 输出数据中的相关线项。

① 气化气中的水分含量(W_g)是用湿度计测量的，单位为g/m³。

② 离解水分是基于风干煤的组成、通过氧平衡方程和氢平衡方程所得到的参与煤炭气化过程的注入空气和产出的气化气计算得到的。

单位体积氢气中的水分含量为：

$$W_{H_2}^{dis} = 8.03\sum H_2^g - 48\frac{H_2^{ad}\sum C^g}{C^{ad}} \tag{8.11}$$

单位体积氧气中的水分含量为：

8 地下水在煤炭地下气化工艺过程中的作用

$$W_{O_2}^{dis} = 16.1 \sum O_2^g - 4.27 N_2^g - 6.02 \times \frac{\sum C^g O_2^{ad}}{C^{ad}} \tag{8.12}$$

式中，$\sum H_2^g$、$\sum O_2^g$ 和 N_2^g 分别表示气化气中氢的含量、含氧组分的含量和氮气的含量，%(体积分数)；O_2^{ad} 和 H_2^{ad} 分别表示风干的煤炭中氧和氢的含量，%(质量分数)。

③ 离解水蒸气的总量用平均值来计算：

$$W_{dis} = \frac{W_{O_2}^{dis} + W_{H_2}^{dis}}{2} \tag{8.13}$$

(3) 由地下水平衡的输出数据和输出数据与输入数据所有其他线项总和之间的差，计算得到进入气化区的地下水总量：

$$W_{gwi} = W_{dis} + W_g - W_c - W_f - W_r - W_i \tag{8.14}$$

计算结果以表格的形式给出。

将水分含量的单位从 g/m³ 换算为 m³/t 气化煤：

① 利用下式计算 1kg 煤炭的气化气产出量 (V^c)：

$$V^g = 1.87 \times \frac{C^{ad}}{\sum C^g} \tag{8.15}$$

式中，C^{ad} 为风干煤炭中的含碳量，%(质量分数)；$\sum C^g$ 为气化气中的碳含量，%(质量分数)。

② 在 1kg 煤炭进行气化的过程中，自由重力水的流入量(单位：kg/kg 或 m³/t)为：

$$W_{gwi\ total} = W_{gwi} V^g \tag{8.16}$$

(4) 为了确定地下水的比流入量(这是表示地下水流入气化床的一般标准)，通常利用如下公式来进行计算。

① 特定时间段内的气化煤总量 V^t 为：

$$V^t = \frac{V}{V^g} \tag{8.17}$$

式中，V 表示每个月气化气的体积，m³；V^g 表示单位质量的煤炭所产生的气化气量，m³/kg 或 m³/t。

② 气化速率 J(t/h) 为：

$$J = \frac{V^t}{T} \tag{8.18}$$

式中，T 表示时间，h。

③ 每月自由重力水的总流入量 w_{gwi}(m³/h) 为：

$$w_{gwi} = V W_{gwi} \tag{8.19}$$

式中，V 表示特定时间段内干气的体积。

④ 地下水的比流入量 q(m³/t) 为：

$$q = \frac{w_{gwi}}{J} \tag{8.20}$$

这样，就可以利用流入气化处的地下水比流入量来计算地下水流入气化床中的程度。

由于地下气化过程是在煤层自然赋存条件下进行的，除了技术因素外，UCG 过程的性质和过程还会受到大量不同自然因素的影响：岩石的地下水饱和度；煤层顶板岩石和底板岩石的岩性组成；煤层厚度；煤炭质量（灰分、孔隙度、水分含量和煤炭的最终分析结果）等。

为了确定这些因素对 UCG 工艺参数（主要是气化气的热值及其化学成分）的影响，并选择最优的气化操作模式。对长期生产数据进行了广泛的审查，该工作重点关注的是南阿宾斯克 UCG 站和利西昌斯克 UCG 站中的地下气化床的运行过程，在库兹涅茨克和顿涅茨克煤盆地中的大倾角煤层开展了煤炭地下气化试验，并对该工艺过程进行了系统的处理。这项分析工作还包括了安格林 UCG 站和波德莫斯科夫那亚 UCG 站在近水平褐煤煤层中的生产数据。

关于各种自然因素的影响，已有大量的文献对其进行了探讨。在某些情况下，人们通常会在实验室中研究煤炭的水分含量对气化气化学组成和热值的影响（Farberov 和 Yuryevskaya，1959；Nusinov 等，1960；Zvyagintsev，1962）。其他研究人员研究了自然原位条件下地下水流入量的影响（Antonova 等，1967；A. I. Silin-Bekchurin 等，1960；Kalashnikov，1966；Brushteyn 和 Zagrebelnaya，1957；Efremochkin，1964；Antonova 和 Kreinin，1975）。

描述高含水煤炭对温度剖面所造成影响的一个典型案例就是使用来自德普洛夫斯克盆地的褐煤样品进行的室内实验（Zvyagintsev，1962）。在该实验中，煤炭的水分含量从 5% 到 58% 不等（图 8.2、图 8.3）。

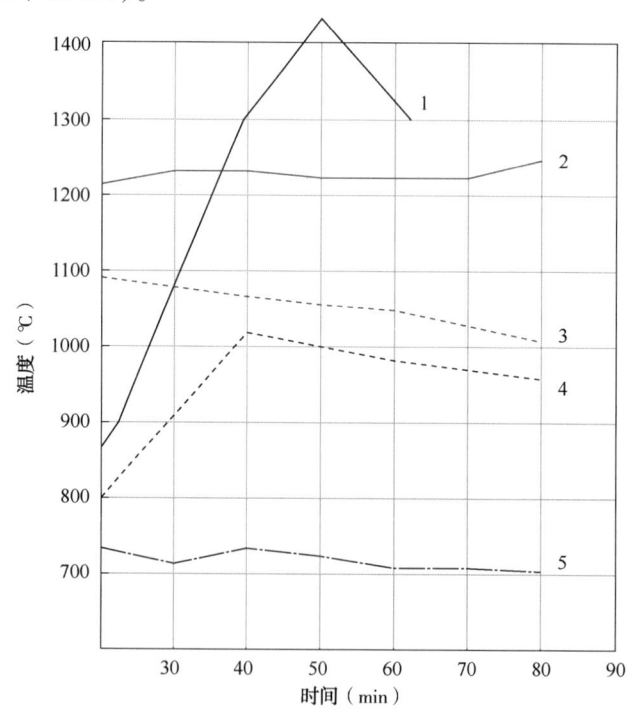

图 8.2 煤炭含水量对气化通道内温度的影响
1—水含量 5%；2—水含量 15%；3—水含量 46%；4—水含量 52%；5—水含量 58%

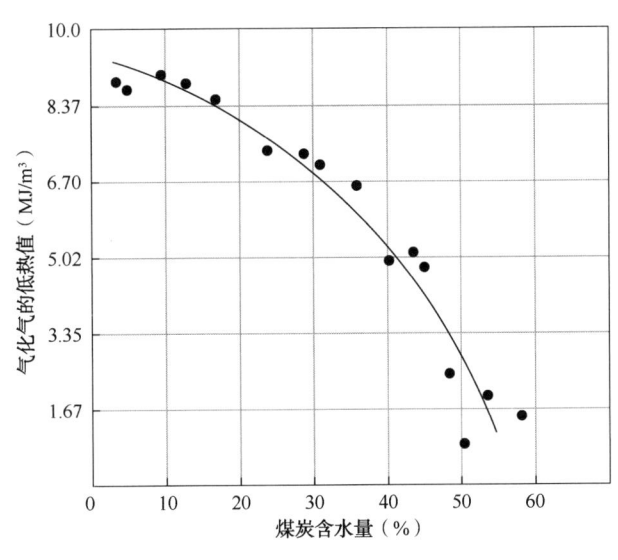

图 8.3 气化气热值与煤炭含水量的关系

从图 8.2 中可以看出，随着煤炭含水量的上升，温度从 1350℃下降到 700℃，而气化气的热值则从 9.66MJ/m³ 下降到 1.68MJ/m³（图 8.3）。这些实验都是在通入氧气的条件下进行的。

没有在自然原位条件下直接测量地下水流入量变化期间对应的温度剖面。然而，在较长时间的现场 UCG 作业中，收集了大量数据，这些数据反映了气化气热值与气化气的水分含量和进入气化区的地下水流量之间的变化关系。

在对 UCG 现场试验数据进行分析和解释的过程中，不仅需要确定主要工艺参数与地下水流入量和煤层厚度变化之间的关系，而且还需要建立这些参数之间的定量关联模式。

通过对 UCG 工艺参数和水文地质因素进行分组，揭示了不同煤型(褐煤和烟煤)自然原位条件的变化与煤炭气化的发生原因及重复规律。对大量数据进行了处理和分析，这些数据部分来自南阿宾斯克 UCG 站和利西昌斯克 UCG 站的 200 多种不同的设备运行模式，部分来自安格林 UCG 站中大约有 100 种运行模式(针对褐煤储层)，还有一些数据来自波德莫斯科夫那亚 UCG 站中的 50 种运行模式。同时，还对库兹涅茨克煤炭盆地中两个煤层(Ⅷ层，厚度为 2m；Ⅳ层，厚度 8.5m)的 UCG 站运行数据进行了最深入、最全面的分析，运行数据之间的经验关系式包括：气化气的热值、气化气的水分含量与地下水比流入量之间的关系；气化气的热值、气化速率与地下水流入量之间的关系；气化气的热值与煤层厚度之间的关系；气化气的化学组成与地下水比流入量之间的关系；离解水含量与地下水比流入量之间的关系。

8.3 地下水流入量和煤炭地下气化速率对气化气水含量的影响

气化气水含量(W_g)是地下水流入气化煤层过程中的初始参数之一，为了有效地管理和控制煤炭的气化过程，必须确定气化气的水含量。为此，首先需要确定气化气热值与其水含量之间的关系。然而，仅根据气化气的水含量来比较地下水流入气化区的速率，只能在具有相同 UCG 速率的气化方式下进行。在气化速率一致的情况下，对于那些气化气水含量较高的区域，其地下水的绝对流入量也相对较大。

由式(8.20)可以看出，气化速率(气化强度)对地下水的比流入量影响较大。随着 UCG 速率的不断增加，进入气化区的水的比流入量有所下降。

分析了南阿宾斯克 UCG 站不同运行模式下的运行数据，从而确定了气化气水含量与气化速率之间的关系；根据地下水绝对流入量($0.5m^3/h$、$2.5m^3/h$、$3.5m^3/h$、$6\sim7m^3/h$ 和 $8m^3/h$)的一致性，将整个数据集划分成两个子集(Antonova 等，1967)。数据处理结果如图 8.4 所示。由图 8.4 可见，气化气的水含量与气化速率之间存在幂律关系，且随着地下水流入量的增加，它们之间的变化关系可用如下近似经验公式来表示：

$$W_g = 186J^{-0.55} \tag{8.21}$$

$$W_g = 336J^{-0.81} \tag{8.22}$$

$$W_g = 705J^{-1.02} \tag{8.23}$$

$$W_g = 1120J^{-1.11} \tag{8.24}$$

$$W_g = 3929J^{-1.61} \tag{8.25}$$

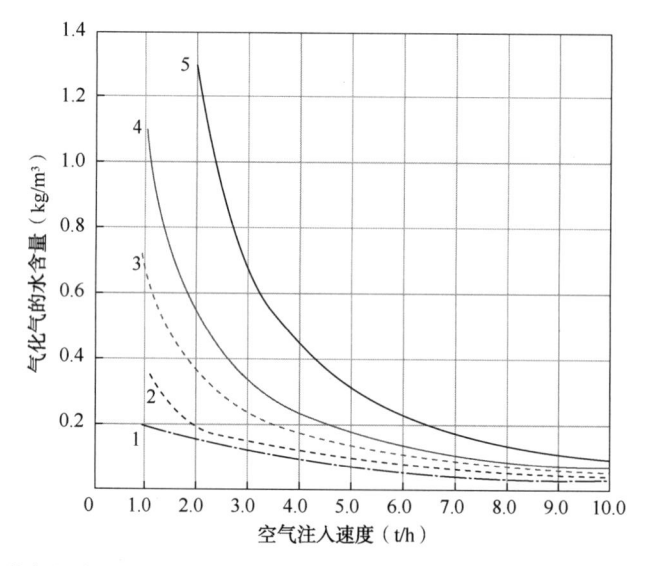

图 8.4　气化气的水含量与气化速率和流入气化区内的地下水流入量之间的关系曲线

1—$0.5m^3/h$；2—$2m^3/h$；3—$4m^3/h$；4—$6m^3/h$；5—$8m^3/h$

随着气化速率从 1t/h 增加到 5t/h，气化气的水含量急剧下降，并且随着气化速率的增加，各曲线之间也越来越接近(图 8.4)。当气化位置的地下水流入速率达到最低时，记录到的气化气的水含量也最低。在地下水的绝对流入量较高的情况下，提高气化速率的效果也最好。

确定造成这种结果的原因及其重复规律有助于 UCG 运行模式的优选，并且能够帮助人们在确定气化位置的地下水流入量时准确预测气化气的水含量。此外，很显然，降低地下水对煤炭地下气化影响的方法之一就是提高气化速率。

8.4 气化气热值与气化气水含量之间的关系

无论气化煤是何种类型，气化气的热值 Q_g 和气化气的水含量 W_g 之间均呈现出对数关系，它可以用以下一般形式的方程表示：

$$Q_g = A - B\lg W_g \tag{8.26}$$

式中，A 和 B 为常数，它们由气化煤层厚度和煤炭质量决定。

图 8.5 显示了莫斯科近郊 UCG 站中厚度为 3~4m 的褐煤层的这种相互关系。从图 8.5 中可以看出，随着气化气水含量的增加，气化气的热值有所降低。最高的气化气热值为 3.77MJ/m³（900kcal/m³），相应的气化气水含量为 150g/m³，当气化气的水含量增加 100g/m³ 时，气化气热值进一步降低了 0.54MJ/m³（130kcal/m³）。

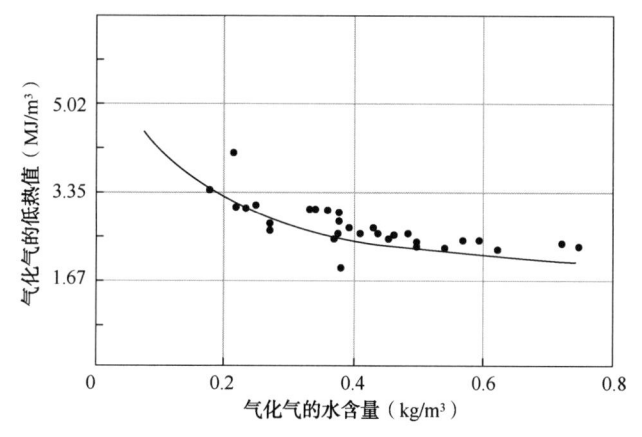

图 8.5 气化气的热值与气化气水含量之间的关系
（莫斯科近郊煤炭沉积层）

安格林 UCG 站的厚度为 10m 的煤层也存在类似的相互关系（图 8.6），并利用经验公式对这种关系进行了计算（Lavrov 等，1967）。

$$Q = 4202 - 1389\lg W_g \tag{8.27}$$

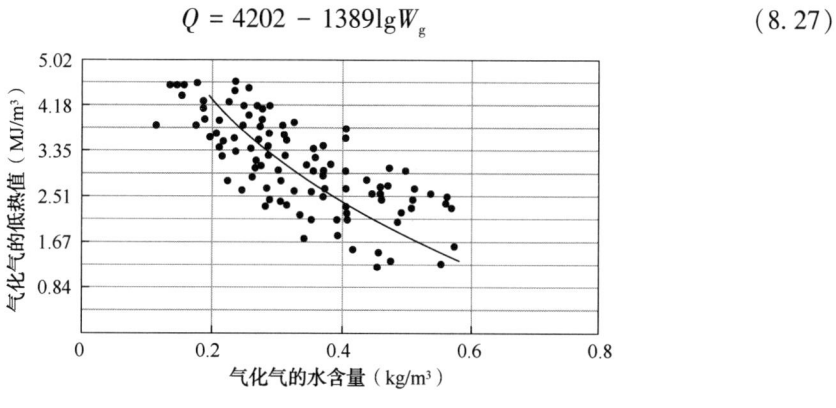

图 8.6 气化气的热值与气化气水含量之间
的关系（安格林煤炭沉积层）

当气化气的水含量为 150~600g/m³ 时,气化气热值与气化气的水含量之间呈对数关系。相关分析结果表明,当气化气的水含量为 200g/m³ 时,气化气的最大热值为 4.19 MJ/m³(1000kJ/m³);当气化气的水含量为 250g/m³ 时,气化气的最大热值为 3.77MJ/m³ (900kJ/m³)。

在对厚度为 2m 和 8.5m 的库兹巴斯煤层(烟煤)的 UCG 运作模式进行分析时,也发现了类似的相关趋势(Antonova 等,1967)。对于厚度为 2m 的煤层,气化气热值与气化气水含量之间的关系(图 8.7)可用下式表示:

$$Q = 2650 - 720\lg W_g \tag{8.28}$$

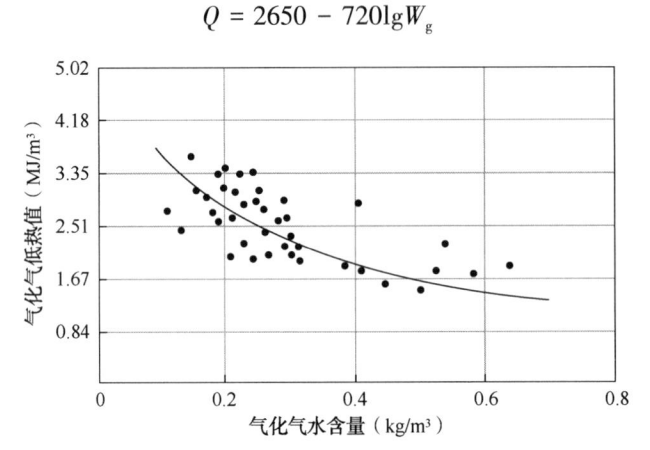

图 8.7 气化气热值与气化气水含量之间的关系
(南阿宾斯克煤炭沉积层)

而对于厚度为 8.5m 的煤层,气化气的热值与气化气的水含量之间的关系则可以用下式表示:

$$Q = 2650 - 695\lg W_g \tag{8.29}$$

从图 8.7 可以看到,对于厚度为 2m 的煤层,当气化气的水分含量不超过 200g/m³ 时,气化气的热值可达 3.77MJ/m³(900kcal/m³),而对于厚度为 8.5m 的煤层,相同水含量的气化气热值则为 4.4MJ/m³(1050kcal/m³)。这归因于煤层的厚度不同,煤层厚度越大,进入围岩的热损失就越小。

8.5 气化气热值与地下水比流入量之间的关系

气化气的物理水含量是 UCG 参数中比较容易测量的参数之一,它只代表蒸发水分的含量,而参与到 UCG 工艺过程中的总水量则等于气化水和离解水之和再减去束缚水。总的水含量以 m³/t(气化煤)来表示,它是一个比值,一般被称为地下水的比流入量。流入气化带的地下水的比流量,根据水和气化气的平衡计算表,它代表参与 UCG 过程的总水量,式中也考虑了气化速率的影响[式(8.20)]。

图 8.8 显示了气化床的整个运行过程中,厚度为 2m 的库兹巴斯煤层气化气的热值变化与地下水比流入量之间的关系。从图 8.8 中可以看出,两者之间存在一定的相关性,当气化气热值 1.88~4.19MJ/m³(450~1000kcal/m³)时,它们之间的关系可用幂律经验公式

来表示：

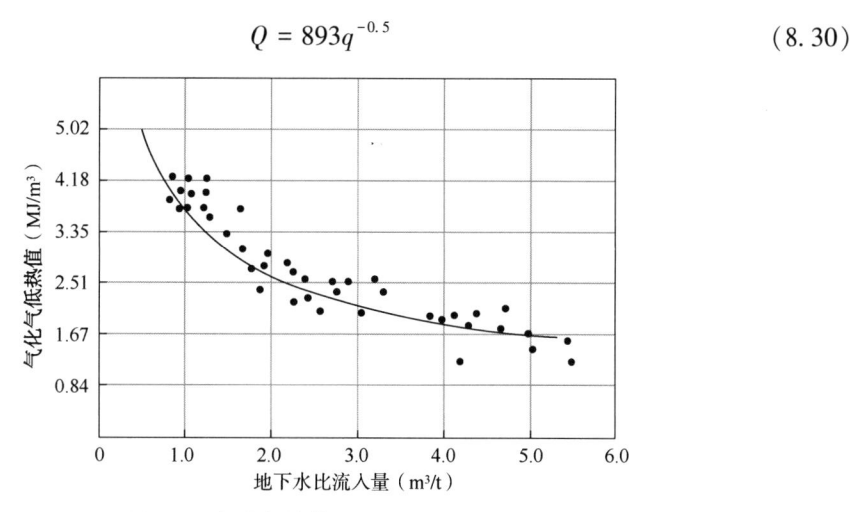

$$Q = 893q^{-0.5} \tag{8.30}$$

图 8.8 气化气热值与地下水比流入量
之间的关系（南阿宾斯克煤炭沉积层）

从上述表达式可以看出，在地下水的比流入量为 $0.8m^3/t$ 左右时，气化气的最大热值为 $4.19MJ/m^3$（$1000kcal/m^3$）。随着地下水比流入量增加到 $2.5m^3/t$，气化气的热值降到了 $2.09MJ/m^3$（$500kcal/m^3$）。

对于厚度为 2m 的煤层，在气化床的运行初期，这种相互关系可表示为：

$$Q = 1107q^{-0.465} \tag{8.31}$$

对于厚度为 1m 的利西昌斯克烟煤煤层，也具有类似的相互关系：

$$Q = 816q^{-0.395} \tag{8.32}$$

气化气热值与地下水比流入量之间的关系表明，地下水比流入量的增加将导致气化气热值急剧下降。

对于烟煤层，当气化气的热值为 $1.88\sim4.06kJ/m^3$（$450\sim1100kcal/m^3$）时，它们之间的相互关系可用幂律形式的经验公式来表示：

$$Q = Kq^{-a} \tag{8.33}$$

式中，K 和 a 均为常数，由气化煤层厚度决定。

由相关关系可知，在厚度为 1.0m、2.0m 和 8.5m 的煤层进行 UCG 时，将产生热值为 $4.19MJ/m^3$ 的气化气，地下水的比流入量分别不超过 $0.6m^3/t$、$1.0m^3/t$ 和 $1.6m^3/t$。

所揭示的原因和重复规律有助于确定流入煤层中的地下水量。这样，便有可能预测气化气的热值并实施所有必要的排水活动，同时选择合理的气化运作模式。

8.6 气化气热值、煤层厚度、气化气水含量与地下水流入量之间的关系

如上文所述，在不同煤层厚度下，尽管地下水的比流入量是等效的，但地下水的流入量对气化气热值的影响有所不同。随着煤层厚度的减小，气化气的热值也相应地有所降

低。图 8.9 给出了不同气化气水含量(W_g)和不同地下水比流入量(q)下煤层厚度(m)对烟煤 UCG 过程中气化气热值(Q)的影响。当煤层厚度为 1~8.5m 时，并且气化气的水含量为 100~600g/m³ 时，气化气热值(Q)和气化气的水含量(W_g)之间的关系用以下经验方程来表示：

$$Q = e^{1.54m}(1510 - 2.29W_g 0.001485W_g^2) \tag{8.34}$$

由图 8.9 可知，当煤层厚度为 1.0~4.0m 时，对气化气热值的影响最大。在此厚度范围内，气化气的热值增加了 1.0~1.5MJ/m³（238~357kcal/m³）。进一步增加煤层厚度对气化气热值的影响较小。

由图 8.9 可看出，在注空气进行烟煤气化的过程中，当煤层厚度小于 1~1.5m，且地下水的比流入量最小（如 1m³/t）时，煤层中所产出的合格气化气的热值可达 3.36MJ/m³（800kcal/m³）。利西昌斯克 UCG 站煤层的实际厚度分别为 0.85m 和 1.2m。气化气热值的变化范围为 2.93~3.36MJ/m³（700~800kcal/m³），地下水的流入量范围为 1~1.5m³/t。

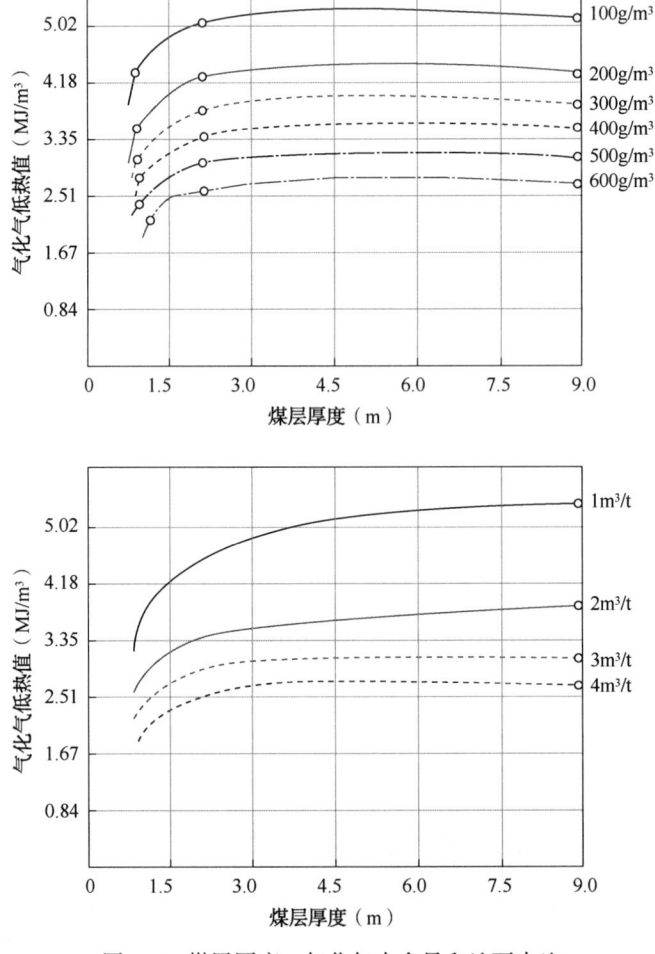

图 8.9 煤层厚度、气化气水含量和地下水比流入量对气化气热值的影响

为了产出合格的气化气,利西昌斯克 UCG 设施中的 UCG 工艺过程主要采用富氧注入剂(空气)。

在库兹巴斯—阿宾斯克 UCG 站的 UCG 工艺是在厚度分别为 2m、3.5m 和 8.5m 的煤层中开展的,地下水流入气化区的速率为 $2\sim3m^3/t$,超过了最大允许范围(图 8.8)。气化气的热值为 $600\sim700kcal/m^3$。

因此,上述各煤层中气化的热值往往低于 $4.2MJ/m^3(1000kcal/m^3)$。在煤层厚度分别为 1m 和 10m 的煤层中,UCG 工艺的冷气效率分别为 $45\%\sim50\%$ 和 $65\%\sim68\%$。

对于褐煤煤层,研究了煤层厚度对气化气热值的影响,在此过程中进入燃烧面的水分仅来自煤层、被加热底板及顶板岩层中的束缚水。对于厚度为 $2\sim10m$ 的安格林煤层而言,在没有重力地下水流入的情况下,UCG 工艺的气化气的热值可能会从 $3.362MJ/m^3$ ($800kcal/m^3$)增加到 $4.6MJ/m^3(1000kcal/m^3)$。在安格林 UCG 设施中,实际地下水的比流入量往往超过 $1.5\sim2.0m^3/t$,厚度为 $4\sim10m$ 煤层的气化气的热值有所降低,平均为 $3.14\sim3.56MJ/m^3(750\sim800kcal/m^3)$。应该指出的是,空气注入系统和气化气产出系统对 UCG 工艺过程有着显著的影响。鉴于此,所讨论的相关性只能在控制所有其他参数不变的情况下确定。

因此,地下水流入量与气化煤层厚度之间的关系对煤炭地下气化的产出有着显著的影响。因此,随着煤层厚度的减小,排水效率将有所提高,而 UCG 工艺应该在能够将进入气化区的地下水比流入量降到 $0.5\sim1.0m^3/t$ 的气化速率下进行。

8.7 气化速率对气化气热值的影响

根据气化气的热值、水含量和地下水比流入量之间的关系[式(8.26)和式(8.33)],得到了气化速率与 UCG 气化气热值的关系。气化气的热值(Q)与气化速率(J)或气化强度之间的关系可以用下式表示:

$$Q = a + b\lg J \tag{8.35}$$

其中,随着气化区中地下水绝对流入速率的不断增加,比值 a 不断减小,而系数 b 则不断增大。

举个例子,对于厚度为 2m 的煤层,考虑了该方程的一个特解(图 8.10)。在所研究的范围内(当煤层的气化强度为 $1\sim9t/h$ 时,气化区内地下水的流入量为 $1\sim8m^3/h$),气化气的热值有所增加,当气化强度被提高到 $5t/h$ 时,气化气热值的上升速度最快。当气化强度为 $9t/h$ 时,气化气的热值趋于最大值。

所揭示的原因和规律对于某些条件是有效的,在这些条件下,气化模式组织得当,在燃烧面生成气化气之后,不存在任何的气体燃烧。

对于安格林 UCG 站的褐煤层而言,气化气热值与气化强度之间的关系却属于另一种类型。它之所以与众不同,是因为它受到一定气化强度的限制,即气化气的热值在上升了一段时间之后会有所下降。根据这种相互关系可知,气化通道内的最佳气化强度范围为

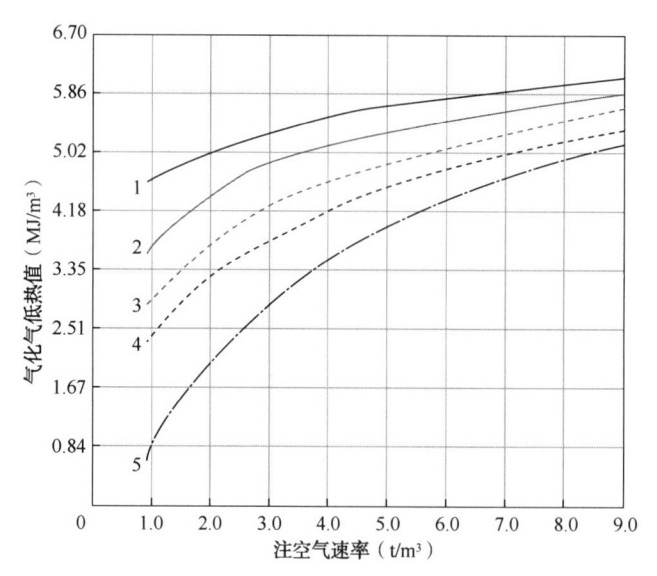

图8.10 在地下水流入量不同的情况下气化速率对气化气热值的影响

1—进入气化区的地下水流入量为 $0.5m^3/h$，$Q=1080+332lgJ$；2—进入气化区的地下水流入量为 $2m^3/h$，$Q=395+594lgJ$；3—进入气化区的地下水流入量为 $4m^3/h$，$Q=670+710lgJ$；4—进入气化区的地下水流入量为 $6m^3/h$，$Q=530+765lgJ$；5—进入气化区的地下水流入量为 $8m^3/h$，$Q=160+1200lgJ$

$6000\sim10000m^3/h$（每单位注入空气）（Lavrov等，1967）。

8.8 进入气化区的地下水的比流入量对气化气化学组成的影响

为了了解地下水对UCG工艺过程（特别是对产品气的化学组成）的影响机制，应该注意的是，煤炭气化过程中的主要反应是减少氧气区内大量形成的二氧化碳并将其转化为一氧化碳的反应：

$$CO_2 + C = 2CO \tag{8.36}$$

该反应是可逆的，由系统的能级决定。还原区温度的升高有助于提高一氧化碳的产量，而温度的降低则将导致一氧化碳产量降低（Chukhanov，1957；Lavrov等，1966）。在发生还原反应的同时，水蒸气与碳还会发生二次反应：

$$H_2O + C = CO + H_2 \tag{8.37}$$

根据Chukhanov(1957)的研究，这些反应的总体反应速率在很大程度上取决于二氧化碳和水的初始浓度。

根据库兹巴斯Ⅷ号煤层和Ⅳ号煤层UCG工艺过程中气化气的平均组成和地下水的比流入量的实际数据，对气化气中一氧化碳、氢气、二氧化碳和甲烷等主要组分的变化情况（随着地下水流入量的不断增加）进行了评价。由图8.11可以看出，一氧化碳和氢气浓度的下降过程呈现出不同的趋势，并由以下经验公式来表示。

气化气中一氧化碳浓度的下降过程可用下式表示：

$$C_{CO} = a - b\lg q \tag{8.38}$$

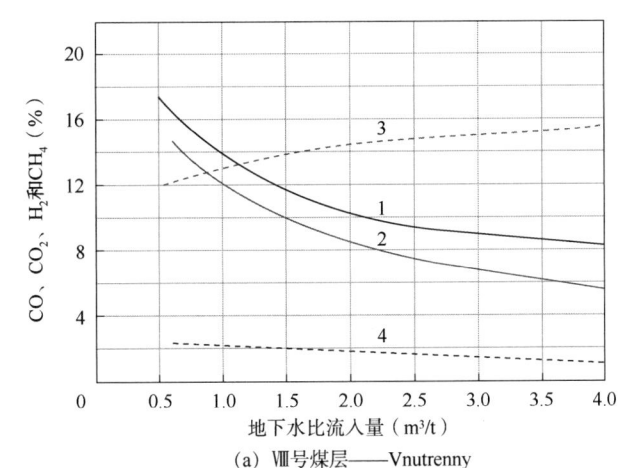

(a) Ⅷ号煤层——Vnutrenny

1—$C_{H_2}=13.8q^{-0.365}$；2—$C_{CO}=12.1-10.57\lg q$；3—$C_{CO_2}=13.6+3.65\lg q$；4—$C_{CH_4}=2.74-0.43\lg q$

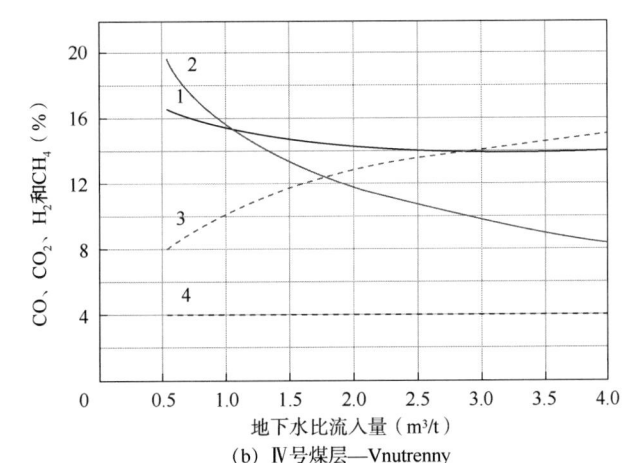

(b) Ⅳ号煤层——Vnutrenny

1—$C_{H_2}=15q^{-0.103}$；2—$C_{CO}=15.6-12.4\lg q$；3—$C_{CO_2}=10.82+6.97\lg q$；4—$C_{CH_4}=4$

图 8.11 气化气化学组成与地下水流入量之间的关系

而氢气的浓度变化过程则用下式来表示：

$$C_{H_2} = d\,q^{-n} \tag{8.39}$$

式中，a、b、d 和 n 均为常数。

式(8.38)和式(8.39)表明，在地下水的比流入量较低(0.5~2.0m³/t)的区域，水+碳的反应速率远大于二氧化碳+碳的反应速率。随着地下水流入量的增加，以及气化气中水浓度的增加，两者的反应速率变得比较接近。在对Ⅳ号厚煤层(8m)与Ⅷ号薄煤层(2m)中的一氧化碳和氢气含量下降过程的关系式进行对比时，可以很明显地看出，薄煤层中一氧化碳和氢气的浓度略低，而氢气随着地下水流入量的增加而降低的速率更大。后者由于是薄煤层，热损失相对较高，使得该过程的能量水平较低。随着地下水流入量的增加，二氧化碳的浓度也有所增加，这很容易解释，这是一氧化碳转化反应的结果。

根据对不同水文地质条件下烟煤和褐煤层中大量UCG工艺数据的处理结果，确定了UCG工艺参数(气化气的热值及其水分含量、气化气的化学组成、UCG工艺的冷煤气效率、气化速率、煤层厚度和煤炭质量)变化的主要原因和重复规律。

对式(8.26)、式(8.33)至式(8.35)进行的特殊数据处理和联合求解,得到了烟煤层的的普适方程,它描述了气化速率和气化气热值与气化区中地下水流入量和煤层厚度之间的关系:

$$J = \frac{W_{\text{abs gwi}}}{0.506\left(\frac{Q_H^g V_g}{Q_H^c}\right) - 1.9m^{\left(0.702 - 0.659\frac{Q_H^g V_g}{Q_H^c}\right)}} \tag{8.40}$$

式中,J 为气化速率(气化强度),t/h;$W_{\text{abs gwi}}$ 为气化区中地下水的绝对流入量,m^3/h;Q_H^g 为气化气的热值,kcal/m^3;Q_H^c 为气化煤的热值,kcal/kg;V_g 为从1kg煤炭中产出的气化气量,m^3;m 为煤层厚度,m。

由该方程可知,UCG工艺过程(用于产生具有一定热值的气化气)的气化速率(气化强度)取决于进入气化带的地下水绝对流入量、煤炭质量和煤层厚度(Antonova等,1990a,1990b)。

在图8.12中,这种相互关系用诺模图来表示,每条曲线分别代表了某一UCG过程中的某一冷煤气效率,计算式如下:

$$\eta = \frac{Q_H^g V_g}{Q_H^c} \tag{8.41}$$

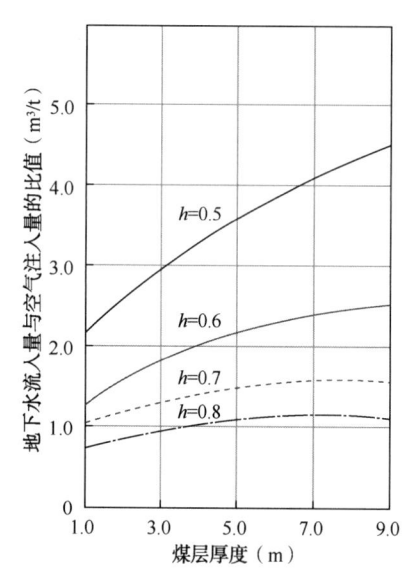

图8.12 相关关系总结图

在已知地下水流入量的预测值和煤炭质量,并给定UCG过程冷煤气效率的前提下,利用广义的相关关系可以确定最优的UCG运行模式,从而保证对复杂的煤炭地下气化过程进行有效的管理和控制。

8.9 煤层、围岩的渗透率和地下水压头

煤炭的气相渗透率对UCG工艺过程有着重要影响,对气化过程也有着显著的影响,因为煤炭脱水和干燥过程越快,煤炭的反应活性就越大,氧化还原反应的反应速率也就越快(Zibalova,1958)。

在这些UCG站中,对气相渗透率为0.001D到1~2D的煤层进行了气化处理。在褐煤层中,渗透率最低的是安格林煤层,其渗透率小于0.001D,而波德莫斯科夫那亚煤层的渗透率要高2~3个数量级,约为1D。而利西昌斯克煤层的最高渗透率达到了0.3~0.5D(Kreinin等,1982)。

煤层渗透率的变化对初始气化通道的建立方式有着重要的影响。在发育了天然裂缝系统的煤层中,活性煤炭气化通道的建立主要采用Aquasplitt™与燃烧连通相结合的方法,也可在煤层中钻气化通道。活性煤炭通道的建立过程受到围岩渗透率的影响:当围岩的渗透率较高时,由于注入空气的扩散作用,将导致注入空气不断流失,从而导致连通效果变

差。煤层及围岩的渗透率也会影响地下水进入气化位置和排水活动的有效性。然而，地下水的流入量也由地下水压头、岩层厚度(被水饱和的)和水层之间隔层厚度决定。因此，应该综合考虑这些因素的影响，同时还应该考虑到总体的水文地质条件。

  煤层中地下水压头的大小，一般决定着井燃烧的压力条件、运行方式和设备的选择。围岩的渗透性和水的饱和度决定了注入气的泄漏程度。莫斯科近郊的 UCG 站发生了大量的气体泄漏，其主要原因是煤层底板岩层中存在已被排水且渗透率较高的岩层。在选定的气化区内，泄漏到具有岩洞的石灰岩层中的气体分布范围很广，其扩散半径可达 3km。由于这个原因，在这类地层中的 UCG 作业被迫中止，并将开发目标转向了位于水下的煤层。后一种方法表明，气化床系统的完整性不仅取决于岩石的岩性和渗透率，还取决于地下水的饱和度。换句话说，它主要取决于煤层的水文地质学背景。在煤的地下气化工艺中的水文地质调查工作面临着一些独特的挑战，这是因为含水层可能被气体所饱和，气化腔内可能存在高温高压条件，并且受热的地下水可能发生运移。

参 考 文 献

Antonova, R. I., Bezhanishvili, A. E., Blinderman, M. S., Grabskaya, E. P., Gusev, A. F., Kazak, V. N., et al., 1990a. Underground Coal Gasification in the USSR. Central Research Institute of Economics and Scientific Information of Coal Industry, Moscow.

Antonova, R. I., Garkusha, I. S., Gershevich, E. G., et al., 1967. Investigation of causes and repeating patterns in underground coal gasification. Solid Fuel Chem. USSR Acad. Sci. 01, 86-96.

Antonova, R. I., Kreinin, E. V., 1975. Author's Certificate No. 710245 (USSR). The Underground Coal Gasification Methodology. Promgaz Research Institute (Inventor's Certificate). Filed: 02.04.1975, No. 2115205/03.

Antonova, R. I., Shvetsova, N. I., Dvornikova, E. V., 1990b. Experience with dewatering of underground gasifiers at the Yuzhno-Abinskaya UCG Plant. Nonconventional coal mining and coal utilization methods. Scientific Bulletin. Skochinsky Institute of Mining, Moscow, pp. 23-33.

Antonova, R. I., Shvetsova, N. I., Dvornikova, E. V., 1992. Dewatering methods in commercial underground gasifiers at the Yuzhno-Abinskaya UCG Plant. In: Collection of Reports: Seminar on Underground Coal Gasification, Kemerovo, pp. 89-96.

Bogoroditsky, K. F., 1957. The extent and nature of hydrogeological investigations in coal deposits under development as a UCG mining operation. Underground Coal Gasificat. 01 Promgaz Research Institute, Moscow, pp. 65-67.

Bogoroditsky, K. F., 1961. The role of groundwater in chemical component transport at underground coal gasification sites. Geochemistry USSR Acad. Sci. 01, 75-83.

Brushteyn, N. Z., Zagrebelnaya, V. S., 1957. The effect of moisture on UCG. Underground Coal Gasification. 03 Promgaz Research Institute, Moscow, pp. 33-38.

Chukhanov, Z. F., 1957. Gasification of Coke and Challenges of Coal Gasification. USSR Academy of Sciences, Moscow.

Dvornikova, E. V., 2011. Important features of chemical contaminant migration from the underground gasifier: mitigation of environmental impacts. Coal 11, 63-68.

Efremochkin, N. V., 1964. Investigation of Groundwater Influx and Dewatering of Coal Seams During UCG Mining

Operations (Extended Abstract of Dissertation for the Degree of Cand Tech Sci). Promgaz Research Institute, Moscow, p. 19.

Farberov, I. L., Yuryevskaya, I. P., 1959. An investigation of the impact of the moisture content of the Podmoskovny Basin coal on the composition of gas produced inside a gasification channel. Underground Coal Gasification. 01 Promgaz Research Institute, Moscow, pp. 39-42.

Kalashnikov, P. I., 1966. The Study of the Groundwater Setting in the Underground Part of the Gasifier and the Effect of the Hydrogeological Setting on the Process of Underground Coal Gasification in Lignite Deposits (Extended Abstract of Dissertation for the Degree of Cand Tech Sci). Promgaz Research Institute, Moscow, p. 21.

Klimentov, P. P., 1963. Hydrogeological investigations in underground coal gasification. izvestia news publication for higher educational institutions. Geol. Explor. 09, 104-119.

Kreinin, E. V., et al., 1982. Underground Coal Gasification of Coal Seams. Nedra Publishers, Moscow.

Lavrov, N. V., Kreinin, E. V., Revva, M. K., et al., 1966. The effect of the coal seam thickness on the calorific value of gas in underground coal gasification (UCG). Proc. Acad. Sci. USSR 171, 656-658.

Lavrov, N. V., Kulakova, M. A., Kazachkova, C. I., et al., 1967. Underground coal gasification atthe Angren lignite deposit. Solid Fuel Chem. USSR Acad. Sci. 01, 86-96.

Nusinov, G. O., Brushteyn, N. Z., Miringof, H. C., 1960. A study of the interrelationship between gas quality and moisture content of the coal undergoing gasification. Nauchnye Trudy [Scientific Works], vol. 3. Promgaz Research Institute, Moscow, pp. 13-18.

Shilov, Y. S., 1960. Gasifier dewatering diagram for the Yuzhno-Abinskaya Podzemgaz UCG Plant. Nauchnye Trudy [Scientific Works], vol. 3. Promgaz Research Institute, Moscow, pp. 91-96.

Shishakov, N. V., 1948. Basics of Fuel Gas Production. Gosenergoizdat, Moscow.

Silin-Bekchurin, A. I., Bogoroditsky, K. F., Kononov, V. I., 1960. The Role of Groundwater and Other Natural Factors in Underground Coal Gasification. USSR Academy of Sciences, Moscow, p. 125.

Skafa, P. V., 1960. Underground Coal Gasification. State Publishing House of Technical Literature on Mining, Moscow, p. 322.

Troyansky, S. V., Fisenko, N. E., Efremochkin, N. V., 1961. Evaluation of the applicability of various dewatering systems in underground gasifiers. Nauchnye Trudy [Scientific Works], vol. 04. 04 Podzemgaz UCG Research Institute, Gosgortekhizdat, pp. 79-83.

Tsitovich, N. A., 1983. Soil Mechanics. Survey Course. Course Manual, fourth ed. Visshaya Shkola Publishing House, Moscow, p. 288.

Zibalova, G. P., 1956. Further to the issue of gas formation over time in underground coal gasification at the Podmoskovnaya UCG plant. Underground Coal Gasificat. 08 Promgaz Research Institute, Moscow, pp. 65-67.

Zibalova, G. P., 1958. Changes in permeability characteristics of the Angren coal during drying and preheating. Underground Coal Gasification. 01 Promgaz Research Institute, Moscow, pp. 28-31.

Zvyagintsev, K. N., 1962. An investigation of the impact of the moisture content of Dnepropetrovsk coal on oxygen-blown UCG of the same. Nauchnye Trudy [Scientific Works], vol. 07. Promgaz Research Institute, Moscow, pp. 41-46.

9 煤炭地下气化中岩石变形的影响

G. V. Orlov

(Ergo Exergy 技术公司，加拿大魁北克省蒙特利尔)

9.1 常规煤矿开采中的岩石变形与沉降

9.1.1 地下开采对地下岩石变形和沉降的总体考量

矿藏上覆岩层原处于自然平衡状态。在地下开采期间形成的无支撑矿井空腔会导致岩层失去平衡，产生位移和变形。在地下矿井巷道附近产生的岩石位移，会向上扩展至较上层的上覆岩层。一旦地下巷道达到足够大的尺寸，岩层位移会扩展至地面，后者接着发生变形。早在 19 世纪中叶，在欧洲，人们就已认识到地层沉降对许多煤田中的建筑物、设施、运输系统和农业用地造成了严重破坏。有鉴于此，煤矿测量员安设了监测站，对地下岩石变形和沉降开展系统监测。基于这些监测结果的总结以及理论认识，在采矿学中诞生了一个新的分支——岩石变形。

煤田地下开采过程中岩石的变形和沉降，是最受广泛研究的课题之一。这里所展示的素材主要是基于独联体(CIS)煤矿开采区域开展的研究结果。

在煤炭地下气化中，直接顶岩层不仅会发生下沉和变形，导致连续性破坏，也会使其力学性质、化学和矿物组成以及聚集状态发生改变。导致气化腔的完整性受损，而且增加了氧气供给(注入空气)和气化气的损失及向围岩地层的热损失，同时，还可能发生破坏整个 UCG 工艺向外围泄漏空气的事故。

UCG 气化腔的形状以及上覆地层变形的本质，由技术工艺参数和煤矿开采作业的细节所决定；反之，又对过程的连续性和稳定性以及生产表现和经济可持续性有着直接影响。正是由于这个原因，在煤炭地下气化和常规煤矿开采中，对岩石变形和沉降进行监测，不仅预测这些行为对地面结构物的破坏及其保护有着重要意义，而且对改进这些开采方法也至关重要。

正如研究结果所示，在 UCG 作业或常规井下采煤中岩石变形的主要过程是由一套共同的机制所驱动。因此，从常规采煤中已明确的一般原理出发进行思考，是可行且有用的。

9.1.2 岩石变形的类型和模式

如何选择减缓岩石变形对地面结构物不利影响的预防措施，是由变形的本质所决定的，即由开采之后岩层的位移和应力—应变状态的变化所决定。

根据矿井开发的数据以及对多个煤田岩石变形监测数据的分析总结，发现煤层地下开采过程中岩石变形的主要形式是：岩层弯曲、崩落、沿层理面的位移、煤层坍塌、煤层蠕变（或塑性流动）以及沿层理面的滑移。

在以上形式中，岩体的弯曲、坍塌以及蠕变几乎一直存在，只是程度不同。在高倾角煤层开采中，会发生沿层理面的岩石位移。岩石崩落及滑移采用顶板控制方法进行处理，可通过对采空区巷道进行回填来预防。

以下是对主要岩石变形类型的简单描述。

岩石弯曲是指岩层有序地与地层分离，并向气化腔位移，但岩石层理上没有发生不连续。在地下煤矿巷道上面发生的岩石变形，总是以某些岩层沿层理面法向弯曲的形式开始。

岩石崩落发生在采空区上方的顶岩层。崩落以岩石从上覆岩层脱落，以分散的岩块和碎片形式随机坍塌为特点。在发生崩落前，岩层一定达到临界弯曲程度。随着岩石崩落，未崩落的岩石会发生体积膨胀，来减小上覆岩层变形的程度。

岩石沿层理面的位移，与倾斜煤层上岩层的弯曲同时发生。随着地层分离成层，岩体重力导致岩层沿层理面发生变形，同时随着岩层弯曲，产生切向应力，两者共同导致了岩石发生位移。

坍塌，这种煤层中发生的变形，是指静岩压力压碎部分煤层，导致其坍塌落入采空的空腔中。煤层坍塌伴随着岩石地层内以及采空区空腔边界外地面上开始发生的岩石变形过程。

蠕变变形即地层向采空区的塑性流动，表现为矿井巷道底板岩石膨胀。在塑性流动中，会导致空腔边界外的地层厚度减小，而空腔之上以及其下的地层中，岩层厚度则会增加。由于岩石的弹性恢复，应力松弛区内岩层厚度也会增加。塑性流动主要发生在黏土、泥质（碳质）页岩和煤层中。塑性流动发生在采空区边界之外，是未开采煤层边界上覆地层和地面发生变形的主要原因之一。

岩石滑移发生在倾斜煤层采空区空腔中，伴有煤顶板崩塌。随着岩石滑移，坍塌变得不连续的岩石会发生位移。

采煤作业会在岩体中产生数个具有不同性质和岩石变形程度的区域。这些区域是由被开采煤炭的地质和开采背景所决定的。基于人们当前对这一问题的认知，可区分出 3 个不同的影响带以及 16 个细分区域（在高倾角煤层中有 17 个细分区域），每一个细分区域均有不同的独属于这一区域的特征（图 9.1）。

岩石应力松弛区以沿层理法向的正应力降低为特征（与完整岩石相比），该区域位于采空空腔之上及其以下位置（图 9.1 中交叉阴影部分），在截面上形似两个半椭圆，两个椭圆共用的一根轴，长度等于开采空腔的宽度 D。椭圆半轴可表征地层底采和超采部分的半椭圆，其大小由地下巷道的尺寸、倾角、开采厚度和深度、为控制静岩压力所采取的措施、岩性结构以及岩石力学性质所决定。松弛区内岩体膨胀，向采空空腔发生位移。随着上覆岩层之下空腔的形成，由于岩石弹性恢复和分层效应，发生岩石膨胀。在上覆岩石的垮塌过程中，岩石条带状破裂和悬垂对岩石总体的破坏起到重要作用。因此，整个过程呈现出明显的不连续特征。

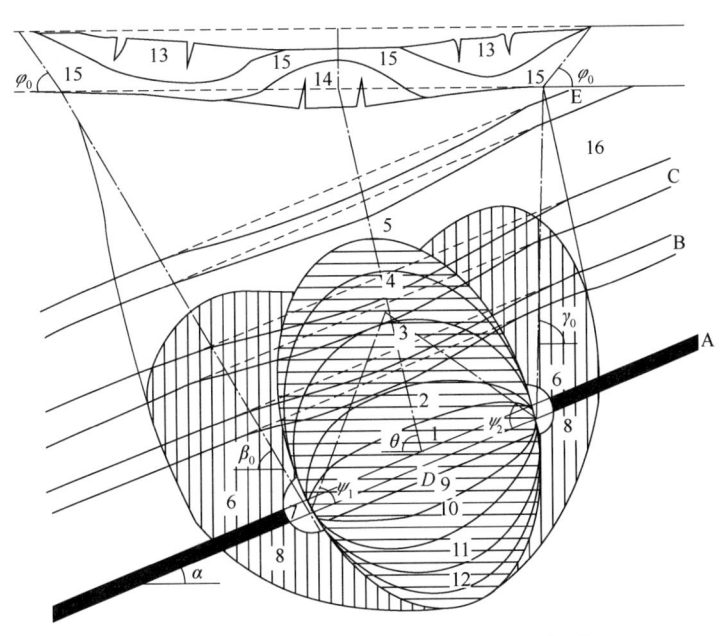

图 9.1 煤层开采过程中岩石变形的示意图

大部分不均匀变形发生在不同强度岩层的接触面上,特别是当较为坚硬的岩层位于易弯曲或坍塌岩层之上时。在上方开挖过程中,分层空隙相对来说少有形成,主要是在高倾角煤层中出现。

静岩压力增大区(Zone of Elevated Lithostatic Pressure,ELP),也称为岩石承压区,它被应力松弛区所界定,位于未受干扰的煤层上下,或煤柱上下。图 9.1 中用竖线阴影表示。在该区域,层理面法向的应力大于未扰动的岩石。岩石承压参数由开采作业深度、岩石的物理和力学性质、煤层厚度和倾角、采空空腔的尺寸和空间形态以及其他因素决定。根据监测数据,煤层面岩石承受的压力范围在 $0.1H \sim 0.3H$ 间变化(H 为开采作业深度)。

完全变形区,以岩层发生相对于原始平行层理面的位移为特征。该区域内,层内位移向量垂直于层理面,而且是这些条件下的最大值(即煤层厚度和倾角、控制静岩压力影响的措施等)。一旦变形停止,岩层就落在正在开采的煤层底板上。完全变形区位于采空空腔之上,在垂直剖面上(图 9.1)从采空空腔边界起,以完全变形角 ψ_1 和 ψ_2 画线所围成区域。而在平行剖面上为角度 ψ_3。

最大的岩石变形发生在区域 1,该区域直接位于巷道上方,岩石碎裂为碎屑和小块,通常称为崩落区。

采煤中,崩落区的高度通常为 3~6m。

区域 2,毗邻崩落区,其特点是发育沿层理面法向的裂缝以及弯曲岩层中的分层缝,使地层破裂成大块,形成气、水运移通道,在此类通道中,气体流动阻力较小,对气、液流动基本没有影响。该区域通常称为相连裂缝区。

在区域 3 中,层从上部和下部横切弯曲岩层,一直到分层缝,从而形成了一个水—气传导系统,此时气体流动阻力随与煤层距离的增大成比例增加。区域 3 可称为活动裂

· 211 ·

缝区。

在区域4,由弯曲岩层导致的拉伸变形在接近岩层顶面和底面微层内达到临界值。同时,弯曲岩层产生的剪切应力导致剪切变形,使分层缝增大。但是,由于区域4内近垂直缝的发育程度和深度较小,不会形成气、水运移裂缝。区域4可适当地称为非连续缝区域。

区域5以岩石弯曲但基本不存在连续性为特点,可称为塑性弯曲区。

区域6和区域7位于静岩压力增大区内。区域6主要表现为弹性变形,而区域7则表现为非弹性变形(不可逆)。区域6与岩石承压区特点相同通常称为岩石承压区。区域7传统上称为最大应力区,尽管露头的变形一般超过弹性极限。在该区域内,岩石物质将呈现变形的所有阶段,从弹性变形区边界处较大的均匀压缩,到暴露附近处的压力释放。岩石沿构造单元面的位移所产生的天然裂缝系统,会产生永久性变形。以上这些区域(除区域7)均位于其下方开采的岩层中。区域7在上方和下方空的情况中均有出现,但在正在开采的煤层中最为显著。在上方采空的岩层中,可区分出5个区域(没有崩落区),而区域9、区域10、区域11、区域12和区域8定性来看,可与下方采空情况中的区域2、区域3、区域4、区域5和区域6相对应。但所有在上方采空情况下形成的区域,与在下方采空情况下相比,均更为靠近煤层。

在弯曲应力作用下,在最靠近地面的岩层内(或在以单一单元形式发生变形的多层岩石单元内),形成拉伸应力区和压缩应力区。此时,拉伸应力区相互分开,而压缩应力区几乎相互融合。

区域13的特点是完全岩层(多层岩石单元)弯曲层上部微层内拉伸应力达到最大值,从上部微层向下部微层拉伸应力逐渐衰减。而在区域14,正好相反,最大拉伸应力出现在该层的下部微层(多层岩石单元),从下部微层向上部微层拉伸应力逐渐衰减。区域15以岩层(多层岩石单元)发生压缩为特征。该区域包括几乎融合的区域,在这些区域中,岩层(岩石单元)在弯曲作用下会发生与走向平行的压缩。

在一定的倾角下,会发生岩层滑移(主要是沿基底面),此时在地层中产生区域16,位于采煤层的上盘。在高倾角岩层(倾角较小的倾斜岩层也有出现,只是相对较少),该区域也会扩展至相应煤层的下盘。

根据开采条件、顶板控制方法以及其他因素的不同,区域的个数和位置可能与上述区域划分有所不同。因此,在采空空腔回填和采取顶板控制措施(如逐步拆除顶板支护等顶板)时,通常不存在崩落区。

地面基础设施以及自然地形的状态,由其所对应的变形区所决定。在地表水体以及地下含水层下方开采时,这些考虑因素尤其重要。如果水体位于区域1和区域2中,会发生灾难性的水侵,导致地下巷道完全水淹。如果水体位于区域3中,会发生强烈的水侵进入矿井巷道,此时水侵量与M/m值成反比,M为巷道顶板到水体底部的距离,m为垮塌区域的高度。

9.1.3 下沉槽主剖面位移和变形特征

监测数据表明,沉降呈现出复杂的非线性模式。对于地面不同点,位移向量及其垂直分量和水平分量大小不同，偶然情况下还会出现方向不同。下沉槽的位移向量可分解为3个分量：垂直（沉降）的 η、水平（水平位移）的 ξ 和垂直于截面的 ζ。由于第3个分量在下沉槽主剖面上的大小可忽略，因此，最后一个分量在实践中少有使用。

因此，表征下沉槽沉降的主要指标是沉降和水平位移。

相邻点的非均匀位移会导致下沉槽内地面发生垂直（倾斜或弯曲的）变形和水平（压缩和拉伸应力）变形。

地面某段的斜率，按下沉槽内两个相邻点之间沉降量之差与两点间原始距离之比进行计算（无量纲，10^{-3}）。

$$i_{1-2} = \frac{\eta_2 - \eta_1}{l_{1-2}} \tag{9.1}$$

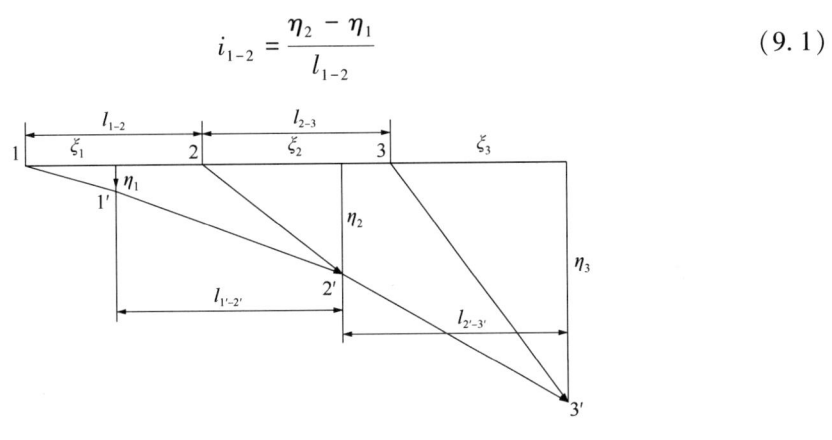

图 9.2 变形计算示意图

点 1、点 2 和点 3 分别代表下方开采前地面 3 个标记物的位置；
点 1′、点 2′和点 3′则分别为同一标记物在下方开采之后的位置；
η_1、η_2 和 η_3 —相应标记物向下的位移；
l_{1-2} 和 l_{2-3} —下方开采前标记物之间的水平距离；
ξ_1、ξ_2 和 ξ_3 —相应标记物的水平位移

所得斜率 i_{1-2} 的值为地段的平均值，应赋值给/标记在该地段的中心点处。注意，该斜率也是沉降函数 $\eta = f(x)$ 的一阶导数。在上倾和沿走向的斜率值被认为是正值，而相反方向的斜率值则设定为负值。

下沉槽中相邻区域的不均匀斜率会产生曲率。曲率按下沉槽内相邻地段的斜率之差与两段原始长度的平均长度比进行计算。

地段 1-2 和地段 2-3 边界处的平均曲率可由下式计算：

$$K_{1-2-3} = \frac{i_{2-3} - i_{1-2}}{\frac{1}{2}(l_{1-2} + l_{2-3})} \tag{9.2}$$

计算结果赋值给/标记在点 2。曲率是斜率函数 $\mathrm{d}i/\mathrm{d}x$ 的一阶导数，或沉降函数 $\mathrm{d}^2\eta/\mathrm{d}x^2$ 的二阶导数。

曲率半径 R 是曲率的导数，有 $R = 1/K$（m 或 km）。在有向上凸面的下沉槽区域内，定义曲率和曲率半径为正；而向下凸面区域内，曲率和曲率半径设定为负。

下沉槽内不同点的非均匀水平位移，会导致水平压缩和拉伸变形（图 9.2）。下沉槽地

段 l_{1-2} 内水平变形大小 ε，定义为该地段缩短或伸长量与原始长度之比，计算如下：

$$\varepsilon_{1-2} = \frac{l_{1'-2'} - l_{1-2}}{l_{1-2}} \tag{9.3}$$

式中，l_{1-2} 是该段的原始长度；$l_{1'-2'}$ 是该段变形后的长度。

应力符号规则为：拉伸应力为正，压缩应力为负，标记于各段中心。

下沉槽内产生的水平位移和垂直位移会对地面构筑物和自然地形产生影响，因此确定变形大小是非常必要的。

为了解决和选择相应措施，以减缓变形对位于开采作业上方影响区域内构筑物的影响相关的问题，在开采完成后和变形后，必须明确下沉槽主剖面上的变形分布模式(图9.3)。

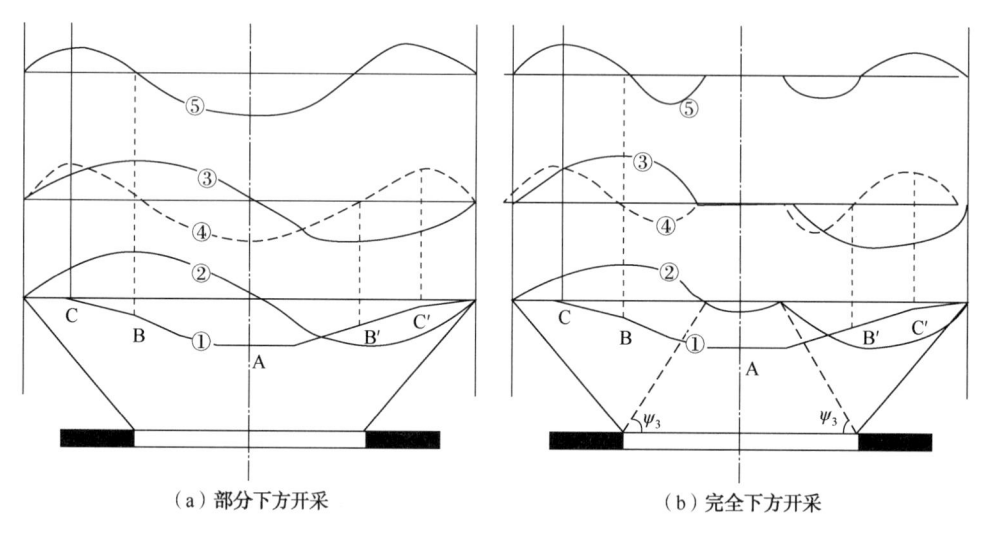

图9.3 部分和完全下方开采下矿井巷道上方变形分布模式示意图
①沉降位移；②水平位移；③斜率；④曲率；⑤压缩和拉伸量

在开采近平行煤层时，矿井巷道上方岩石变形的主要模式是上覆地层的有序弯曲。这是地表变形的预期变形模式。在高倾角煤层中，在垂直于撞击方向产生剪切变形。在相对较浅、倾角 $\alpha<45°$ 的高倾角煤层作业时，采用的开采方法导致矿井顶板坍塌，可能会引起空洞式或台阶式下沉。

9.1.4 岩石变形的主要参数及其实际应用(基于独联体国家研究的结果)

地层中由于地下开采所发生变形部分，一般称为岩石变形区，而位于该区域内的地表区域，则称为下沉槽。

在下沉槽主剖面中，会达到固有的位移和变形的最大值：沿走向的下沉槽垂直剖面和平行于煤层走向，过最大沉降点的剖面。所有的变形角均在下沉槽主剖面的垂直剖面中计算。

地下开采对地表影响区域的边界由边界角决定(β_0、γ_0 和 δ_0；图9.4)，该角度就是采空区域水平线和煤层采空区外侧地表变形程度不超过 $0.5×10^{-3}$ 的点的连线的外角。这些外角是采空区水平线和连接采空巷道边界与地表上斜率和弯曲不超过 0.5×10^{-3} 的点的线(按一定顺序在基岩、中生代岩层以及冲积层中标记)所围成。边界角也用于深竖井的煤柱设计。

变形角(β、γ 和 δ)是变形的主要参数之一。变形角的大小可用于下沉槽内沉降区破坏结界的描述,以及为保护地面构筑物。

沉降破坏区的边界定义为斜率 $i = 4 \times 10^{-3}$、曲率 $K = 0.2 \times 10^{-3} \mathrm{m}^{-1}$ 以及拉伸应力 $\varepsilon = 2 \times 10^{-3}$ 的区域(处于两标记物间的平均地段长 15~20m)。

为了建立变形角的度量指标,将采空巷道的边界与满足上述条件的地表点相连接。与边界角一样,用变形角来描述沉降槽中的破坏区,它们分别为下倾方向的 β、上倾方向的 γ、沿煤层走向的 δ 以及冲积层内的变形角 φ。应注意的是,变形角和边界角仅旨在提供所需信息,不应视为发生岩石变形活动的实际倾斜面。

变形角在地表充分破坏后计算,因为沉降最大值会随着采空区的增加而增加。在近水平煤层中,下沉槽底部平直,在剖面上凹槽形似茶托(图9.3)。地表下方部分开采,表现为下沉槽具有杯底的形状,随着采空区增大,最大沉降值增大。

下沉槽的形状决定了断面内变形值分布的模式。地下开采的程度用沉降系数 n 表示,它为实际开采区 D 与地伤害区的最小值 D_0 之比。有两个不同的沉降系数,下倾(上倾)系数 n_1 及沿煤层走向系数 n_2,$n_1 = D_1/D_{01}$,$n_2 = D_2/D_{02}$。在地下充分开采的条件下,沉降系数 n_1 和 n_2 大于等于 1。在后一种情况下,两个沉降系数都取值为 1。

完全变形角(下倾 ψ_1;上倾 ψ_2;沿煤层走向 ψ_3)是采空空腔的内角,由煤层面和将空腔边界与下沉槽平底边界相连的线段围成。用充分位移角来描述岩层内和地表的完全开采区。

当下沉槽未见平底部时(部分开采),最大沉降点的位置用最大沉降角 θ 确定,它为连接矿井巷道中心和最大沉降点的线段以及水平线的夹角中取下倾方向的角(图9.4)。

在计算沉降量时,要考虑半槽长度,即过煤层走向主剖面上的长度(L_1、L_2),或沿下沉槽边界与地表和最大沉降角边线交点之间走向线的长度(L_3,部分开采),或沿下沉槽边界与完全变形角边线的交叉点之间走向的长度(完全开采)。平底部的长度不包括在半槽长度值的计算中。

在地表水体(河流、运河、水库、含水层等)下方采煤以及对水体的保护,避免下方开采的破坏作用,是通过采取适当措施,允许一定的水侵入矿井巷道来实现的。在地下开采破坏范围内,地表可形成裂缝,在水体下方开采或地下留有矿柱的条件下,对地下水流动裂缝范围进行描述时应予以考虑。下沉槽内裂缝区的外边界以破碎角边线为界,是水平线以及连接采空区域边界和距离下沉槽边界最近的裂缝的线段所构成(β'' 和 γ'' 过剖面走向,而 β'' 沿剖面走向)。

及时实施设计用于保护地面构筑物,保证下方开采区域上建造设施能力的措施,需要全面认识变形随时间发展的细节。下方开采影响区内的岩石变形和沉降,随着时间的推移会不均匀产生,其特点是变形过程时间较长,变形期会产生不良影响。

总体长期变形时间是指地表会发生变形的时间。

不良影响变形时间是指活跃变形时期,此时,对于倾斜和高倾角煤层,沉降速率超过

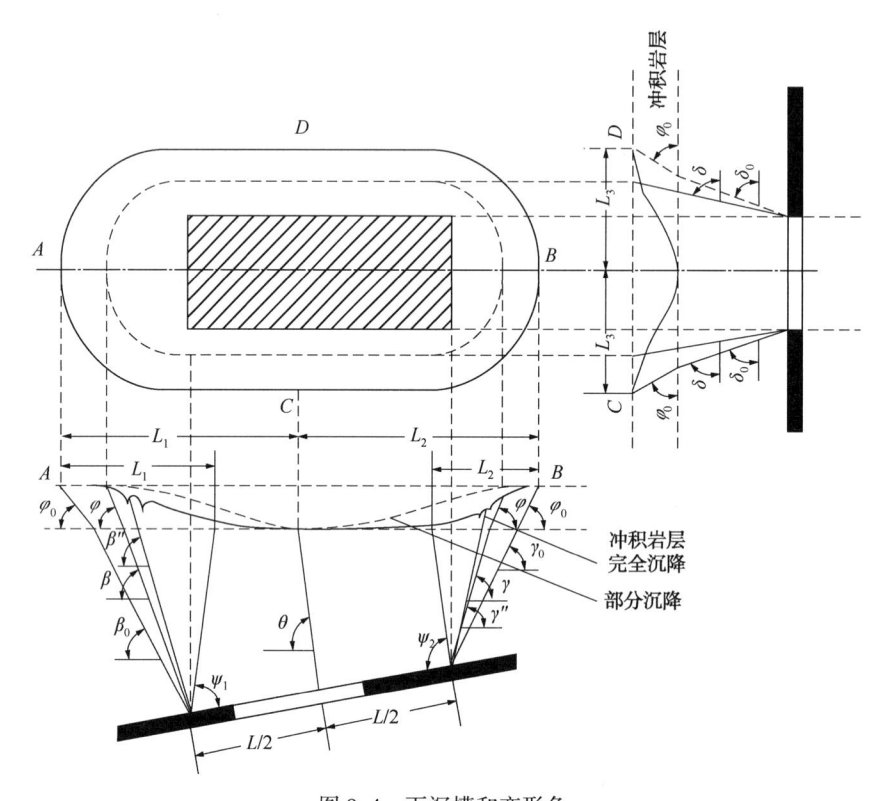

图 9.4 下沉槽和变形角

β_0、γ_0、δ_0 和 φ_0—边界角；β、γ、δ 和 φ—变形角；
ψ_1、ψ_2 和 ψ_3—完全变形角；θ—最大沉降角；β'' 和 γ''——破碎角（或沉降角）

30mm/mon；对近平行煤层，沉降速率超过 50mm/mon。尤其是在这一时期，地面构筑物会经历最严重的变形。

有害影响时期(t)是当实施开采作业超过了安全开采深度时开始：

当 H 较低，为 300m 时，$t = 0.65T$；当 $H = 500m$ 时，$t = 0.55T$。

沉降发生的起点设为地表下沉超过 15mm 时，终点是 6 个月后总沉降不超过最大值的 10%，并且不超过 30mm 的 6 个月后的日期。

采煤工作面推进前的沉降起点定义为平面图上采煤工作面到该点的距离 $l_1 = H_{\text{ср.}} \cot\delta_0$，而有害变形阶段的起始点定义为平面图上采煤工作面与该点距离达到 $l_2 = H_{\text{ср.}} \cot\delta$ 的日期。

9.1.5 影响岩石变形和沉降的本质和参数因素

自然和技术因素均可影响变形，而且决定着变形参数，影响下方开采层和地表变形区域的大小和位置。自然因素包括地层的地质构造，岩石的物理和力学性质，煤层的倾角、厚度和深度，煤藏的构造特征，水文地质背景以及地形特征。

主要因素的影响如下：

总开采厚度是决定岩石变形和沉降大小的主要因素之一。随着开采厚度的增加，上覆地层的崩落区扩大。一次开采的厚度越大，对地面构筑物产生不利的变形就越剧烈。

开采深度是决定下沉槽尺寸、地表变形的性质和程度的重要自然因素之一。随着开采深度的增加，沉降减小，但变形会在更长的时间内逐渐发生。因此，开采深度从100m增加到1000m，变形时间从5个月增加到44个月。

不同岩石的物理和力学性质、厚度以及夹层对变形的所有参数和性质都有重大影响。S. G. Avershin 教授将所有岩石类型归为四大类：（1）硬且致密的砂岩；（2）塑性砂岩；（3）疏松砂岩；（4）地下水饱和砂岩。

第一大类岩石是煤藏(砂岩)的典型特征，通常，在下方大面积开采后，短时间内就会有较大尺寸的岩体发生坍塌。属于第二大类的岩石(如黏土和泥岩)有利于下方开采岩层的平滑弯曲，下沉槽面积最大。第三大类和第四大类的岩石变形以塑性流动的方式发生。

地层内岩层的夹层和厚度对地表变形具有影响。坚硬岩层可悬挂空中，此时变形不会扩展到地表。地表疏松岩石的变形通常会产生沉降坑，而第四大类浅层岩石没有边界角和变形角。

煤层和上覆岩层倾角是决定地下岩石变形和沉降性质及参数的主要因素之一。开采煤层倾角的影响，不局限于其对变形角的影响。由于地层倾角的不同，地下岩石变形和沉降也相应变化。在高倾角煤层，水平位移会超过垂直位移，同时地表会发生变形，产生不连续性(地表出现地面凹陷或沉坑、台阶和裂纹)。在倾斜和高倾角煤层，相对于开采空腔的边界和中心，变形轨迹并不对称，会向下倾方向歪斜。在开采近平行煤层时，相对于开采空腔边界，下沉槽呈对称分布，其中心位于开采空腔中心的上方。

构造断层是弱化的面，某些岩层会沿其发生位移，导致变形角和边界角的大小发生变化。在断层附近，地表可能形成裂纹和台阶。

冲积层的存在及其厚度——较厚(超过5m)的冲积层对变形有正面影响，可消除非均匀位移，尽可能降低产生裂缝的概率。在冲积层，边界角和变形角消失。

对变形性质有影响的工艺过程(技术)因素存在于开采作业之中，且可能发生变化。所采用的开采方法类型有着特别重要的作用。在某些情况下，所采用的开采方法能使地下岩石变形和沉降速率较缓，而在另一些情况下，会产生导致地表不连续的沉降(地面凹陷、台阶等)。最后，也存在变形未发展至地表的情况。

为控制静岩压力的影响所采取的措施是决定变形大小和性质的主要技术因素。当有计划地采用防止矿井冒顶这样的措施来控制静岩压力影响时，在此时的所有长度和角度参数下，岩石变形会达到其最大值。在下方部分开采时，开采空腔的大小以及煤柱的存在，对变形的性质(下沉槽的形状和大小、变形量以及其他参数)有重大影响。而在下方完全开采时，开采空腔尺寸的变化对变形的性质和参数几乎没有影响。但是，当开采区留有煤柱时，下方开采的上覆岩层中的变形分布模式会改变。当煤柱尺寸与采空空腔尺寸之比达到一定值时，变形可能不会扩展至地面。留下较小尺寸的煤柱可使直接上覆岩层的变形性质复杂化，导致煤柱上方应力集中，形成局部变形区。

9.1.6 岩石变形研究方法

研究岩石变形和沉降通常使用的方法可细分为三类：现场监测和测量；物理和数学建模分析；理论研究。

原位现场监测是关键，因为如果不采取该措施，则无法确定变形的主要因素，并正确定义理论研究和建模的标准。原位现场监测需要视觉观察和仪器测量。

视觉观察允许人们在相对较短的时间内，对较大的区域，识别开采空腔内和地面上岩石出现变形的范围，获得必要的初步认识来选择适当的变形监测和建模方法。目测观察与仪器测量相结合，有助于选择测量位置，并确定结果的应用领域。现场观测和测量可确定变形参数，并用于解决具体问题。

物理和数学建模型广泛用于岩石变形研究。

对于由弹性、塑性和疏松岩石组成的岩层变形的物理模型，G. N. Kuznetsov 教授提出的名义等效材料方法在独联体国家获得了广泛应用。用二维和三维变形设备和名义等效材料开展了变形实验。名义等效材料即人造材料，它在模型所用的几何尺度上的机械特性满足要模拟的岩石类型的要求：$m_1 = l_M/l_N$

$$\sigma_M = \frac{l_M}{l_H} \times \frac{\gamma_M}{\gamma_H} \times \sigma_H \tag{9.4}$$

式中，σ_M 和 σ_H，l_M 和 l_H，以及 γ_M 和 γ_H 分别为模型和现场原位的应力、空腔尺寸和材料密度。

名义等效材料法具有较高的精度，可以了解岩层内的变形机理，并发现基于原位或理论方法无法获得的变形特征。

然而，模型不能再现地层的所有参数，如微裂缝和小块碎裂，变形建模只允许对原位条件做一定程度的表征，将定量模型结果推广到实际原位条件并不总是有保证的(考虑模型的尺寸)。

将数学建模分析用于对地下开采地层和位于开采作业、工艺井及其他井影响区内的采空腔的应力—应变状态进行预测。可通过使用下列数值方法来求解该问题：力学和数学模型，问题的离散化，算法开发以及基于编程和计算机来实现。

对于力学和数学模型，对研究区岩石的物理和机械性质进行测试。根据这些实验的结果，确定适合具体情况的岩石状态方程的类型和参数。

使用理论方法研究岩石变形和沉降问题，需要进行大量的数学处理和概括表征。不考虑岩石在不同方向上的碎裂、分层以及非均质力学性质的影响，这些因素会使得工程计算方法的发展及其在特定采矿和地质条件下的应用复杂化。对特定构造特征以及研究材料的强度参数数据进行一般化，使用理论方法进行研究，使预测变形和沉降的一般性质和初步参数变为可能，同时有助于引入新的理论概念。

需要注意的是，这些研究方法没有一种在岩石变形和沉降问题的研究中是普遍适用的。只有通过综合研究(原位、实验室和理论)才能成功解决这些问题。

9.2 常规地下煤矿开采中的岩石变形与沉降

9.2.1 岩石变形对煤炭地下气化期间生产过程的影响

煤炭地下气化是一个复杂的物理化学过程，在游离或结合氧的帮助下，将煤原位转化为可燃气体。UCG 工艺的主要阶段如下：

(1) 在煤层内钻直井或定向井，以供注入氧化剂(注空气)并产生气化气。

(2) 下套管并在煤层建立井间连通。

(3) 通过向一些井注入工艺空气，并从另一些井采出气化气，使煤燃烧，进行煤炭气化。

地下气化床是 UCG 站的主要现场系统，它包括许多工艺设备和监测工具，来实现煤层某个具体工作区域的气化。气化床由地面工厂和地下气化腔组成。地上工厂包括管道装置，用于供应注入剂(空气、水蒸气/氧气混合物等)和采出气化气。井口总成配有监控工具，用于操作、监督和控制 UCG 生产过程。气化床的地下部分由钻孔组成，其间通过通道和火源实现煤层中的连通。使用直井开展 UCG 作业如图 9.5 所示。为了建立初始气化通道并实现它们与井的连接，最常使用的是煤层 AquaSplitt 法(水力贯通)，以及煤层通道的燃烧贯通和水平钻井贯通。

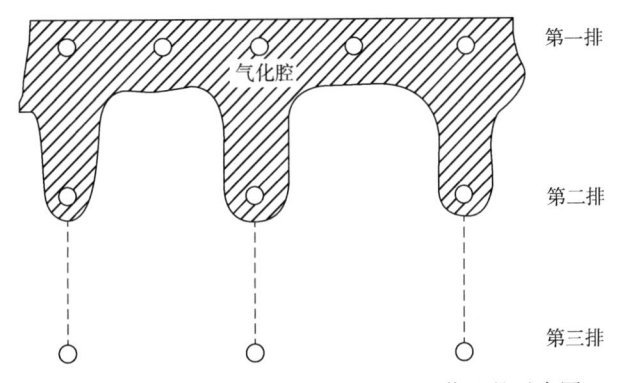

图 9.5 亚平行煤层中用直井开展 UCG 作业的示意图

在 UCG 特定阶段期间，岩石变形的影响如下：当钻井进入煤层并且形成初始气化通道前，钻井是在完整地层中进行的。随着气化通道的扩大，顶岩石崩落，导致上覆岩石变形。随后，作为持续进行的 UCG 作业的一部分，在推进火焰工作面(第二排和第三排)之前直井钻井是在破碎的岩石中进行的。

对随着时间的推移，气化气生产模式、燃烧区的位置和 UCG 期间对流的研究表明，通常在煤层底板附近会出现狭窄的气化通道，延伸到燃烧前缘正前方的区域，延伸距离不超过煤层厚度的 1/3。大部分煤炭储量位于气化通道上方。当其下方开始开采时，最先出现的变形迹象是岩层出现弯曲。达到煤层暴露面的最大稳定尺寸时，最近处顶部的煤和岩石开始崩落掉入空腔(图 9.6)。煤和岩石坍塌导致通道空间减小，气流阻力发生变化。随后的废气化床的露天开采显示，空腔边界轮廓朝向煤层顶板移动，并且均匀地延伸。实际发生气化的煤层厚度在中心处最大，向边界边缘逐渐减小。

直接顶岩层的随机崩落导致煤的反应表面积减小，注入剂(空气)和气体流失以及碎石内的热量损失，从而在地下气化床外围形成空气和气体的流动，对工艺效率产生不利影响。裂缝导致上覆含水层的水快速流入气化通道，破坏气化过程。

煤层工作区段的逐渐气化和煤层顶板的逐渐沉降，但不发生坍塌，使上覆岩层通过变形均匀地填充气化腔。这有助于气化床内灰分残余物的压实以及注入剂(空气)和气体沿反应面的流动，保持气体组分的一致性，促进剩余煤的更完全气化。因此，在最早的气化阶段，开采区的直接顶岩石的变形模式对气化气的生产有显著影响。

在直接顶岩石坍塌之后，当气化腔达到一定尺寸时，开始引起已发生弯曲的上覆岩层的变形。这导致岩石沿垂直层理方向发生位移，这有可能会产生岩层的不连续。岩层弯曲引起拉伸(压缩)应变，其应变是弯曲曲率半径和各单独岩层厚度的函数。当具有明显不同强度特性的地层发生弯曲时，在地层内可能形成分层空隙，这可能导致地下水或气体积聚。后一种现象可能对气化过程和环境产生负面影响。

一个 2~4m 厚、40~50m 深的煤层，气化过程中的岩石变形极少数情况下会导致井眼套管破裂。煤层深度和厚度越大，工艺直井的使用寿命越短，气化过程的稳定性、气体组分和煤储量开采的完全程度由下方开采中岩层变形的具体特征决定。对安格林 UCG 站 100~200m 深的厚煤层的研究表明，大量的直井因早期岩石变形引起破裂。

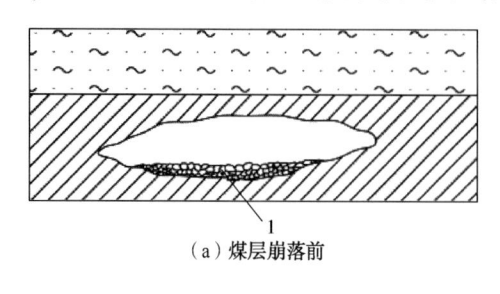

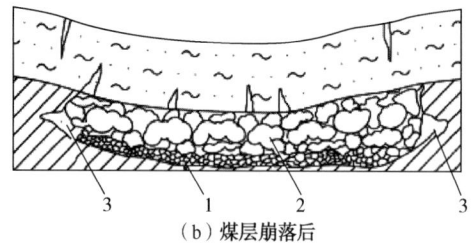

图 9.6 气化通道的剖面展示
1—煤灰和煤渣；2—坍塌煤块；3—空隙

(a) 煤层崩落前
(b) 煤层崩落后

预测与岩石变形有关的套管破裂不仅是 UCG 一直生产合规气化气成功运行的一部分，对于防止气化副产物通过生产井破损套管对上覆含水层造成污染也至关重要。

在厚层、高度倾斜的煤层(南阿宾斯克 UCG 站)进行的 UCG 活动期间，岩石变形的一个重要特征是煤层向上倾方向气化，且火焰工作面接近地面时，地面发生塌陷。地面塌陷通常会破坏 UCG 过程，因为注入剂(空气)增加，气体泄漏带走注入剂和气体，地下气化床完整性被部分破坏。UCG 活动中岩石变形决定了煤层的开采顺序。

因此，UCG 过程的工艺参数和细节决定了气化腔的形状和上覆岩石的变形性质，这反过来又直接影响气化过程的稳定性及其技术经济性。

9.2.2 研究岩石变形和沉降的目的、目标和方法

应确定 UCG 期间岩石变形和沉降的趋势和参数，以明确其对开采技术的影响程度，提高开采效率以及保护地面构筑物和地表，并尽量减少对环境的不利影响。

在近水平和高倾角煤层的 UCG 活动中，确定并实现了以下主要目标：

(1) 确定岩石变形和沉降的基本参数和重复模式，并将结果与可比的竖井采矿数据进行比较。
(2) 确定 UCG 开采作业不同阶段岩体下沉的机理。
(3) 建立控制煤层气化模式和程度的方法。
(4) 确定地下岩石变形和沉降对工艺井套管完整性和地表构筑物的影响程度。
(5) 确定地表塌陷的形成机理，决定必要的煤柱尺寸，以防止地面凹陷(在高倾角煤层 UCG 期间)。

利用包括地下岩石变形和沉降的原位观察，基于实验室的下方开采岩体变形模拟和理论研究的综合方法，实现了上述目标。

原位调查包括系统监测地面标记和井眼伸长深度位移，对失效井套管的检查，对露天矿和已废弃地下气化床的钻探，对作业中 UCG 矿上方的地表凹陷的监测，以及竖井煤矿空洞式沉降的数据收集。

与通常作为多个特定剖面安设于地表的、煤矿巷道上方的监测点相比，正在作业的 UCG 预期发生沉降区域的正方形的地表构筑物上。而由于在 UCG 期间气化腔边界轮廓在平面图和侧视图中的形状都是不规则的，因此要实现监测点的广泛覆盖，需要在面积和厚度上对煤层气化进行控制。

根据地面标记系统监测所收集的数据，绘制了沉降图、水平位移图和变形图，并绘制了沉降、沉降率和下沉槽曲率的平面轮廓图。利用这些图，生成了气化边界等高线，确定了 UCG 在平面和垂向上开采煤层的百分比。

借助伸长计，进行岩石变形深度剖面的监测，同时计算了开采下方岩体的膨胀系数。

通过下入铅印来实施失效井的套管诊断。开展了钻孔检查，确定套管破坏点的深度、套管变形的类型以及套管位移的大小和方向。

通过钻取岩心，进入已废弃的气化腔。钻井液循环排量的任何变化，或钻井液循环完全损失都表明存在空洞（钻柱突然下降），地层的不连续性使得有可能确定岩体的变形程度和性质，并对具有鲜明特征的区域进行总结描绘。

对冷却的地下气化床的挖掘是极其劳动密集、成本高昂的，但它是确定煤层区域和厚度上的气化性质和程度，气化腔的形状，加热岩石的区域，下方开采岩体的变形程度，气化通道截面的形状和面积，地下气化床内残余灰渣的分布模式，以及其他参数的最可靠的方法。该方法允许直接比较岩体内发生的气化作业工艺模式和地质力学过程的相互影响关系。在 Donetsk 和 Kuznetsk 煤盆地的高倾角煤层的 UCG 期间，开展了打开废弃气化炉的研究工作。

使用等效材料方法，利用二维和三维变形设备进行 UCG 引发的岩石变形的实验室模拟。采用二维变形装置研究了留在地下气化床中的煤柱对地下岩石变形和沉降性质的影响，以及煤层倾角对无支护顶板范围内初始坍塌的作用。利用三维变形装置研究了煤层厚度、气化腔尺寸、地层岩性以及高倾角煤层开采过程中岩石变形性质对将发生地表凹陷位置处煤柱尺寸的影响。

在模型中采用了以下决定下方开采地层中发生地质力学过程的主要因素：地层的层状、气化腔的大小、开采方向及其他参数。基于强度特性进行了等效材料的选择。使用等效材料的建模分析可以确定特定地质和采矿因素对层状地层变形的影响。

采用理论方法对工艺井套管的强度和回复性进行研究。

9.2.3 近水平煤层煤炭地下气化过程中地下岩石的变形和沉降特征及其实际应用

9.2.3.1 矿井开采和煤炭地下气化过程中沉降的一般原因和重复模式——决定气化腔实体煤边界线以及气化煤炭量

本节首先考虑煤矿巷道和地下气化床上方沉降的一般原因和重复模式。煤层气化面积和厚度百分数，气化通道、煤柱和气化腔边界的实体煤位置的详细数据是有效控制 UCG 过程的重要先决条件。在 UCG 的最后阶段，估算煤炭损失和资源回收百分数时，这些数据也是不可或缺的。

S. G. Avershin 教授提出了对已采尽气化腔的边界轮廓和气化速率进行确定的方法，后来 I. A. Turchaninov 教授针对莫斯科近郊褐煤盆地中，厚度为 2.5~3.5m、深度达 60m 的煤层的地下气化，对该方法进行了改进。该方法是基于煤矿巷道之上沉降发生的一般原因和重复模式建立的，需要对地下岩石变形和沉降进行附加调查，以确定这种方法是否适用于安格林商业 UCG 站，该站是在厚层（20m）褐煤煤层中进行煤炭地下气化作业。正在持续开展研究和开发工作，探索新方法，以便在更复杂的环境中对气化速率进行控制。

对安格林褐煤矿床岩石变形的研究主要集中在明确传统矿井巷道上方以及 UCG 场址（地下气化床）上方地表变形的原因和重复模式，以及两者之间存在的差异，UCG 场址位于煤矿附近（G. V. Orlov 教授）。研究目标包括确定变形的主要参数（落角、最大沉降和水平位移、变形等），确定沉降曲线相对于空腔边界峰值点的位置，并探索用 UCG 矿山测量员确定的这些原因和重复模式，通过计算厚层近水平煤层中 UCG 作业的产量来提供测量控制。

各监测点必须满足以下要求：首先，长壁巷道和地下气化床必须位于相似的地质条件下，并且相邻的是煤柱而不是采空的腔；其次，第一层和第二层的开采应该在长壁巷道开展。根据上述要求，在 Sredazugol 工业集团 9 号矿的两个长壁巷道和安格林 UCG 站的 5 个地下气化床上进行监测。

侏罗系沉积岩由一个含煤层和高岭石层序组成（图 9.7）。黏土和砂岩交替互层的含煤层序在 UCG 场址边界内的平均厚度为 10m，在矿井巷道附近则为 27m。高岭石层序基本均匀分布，具有相同的厚度（35~37m），由高岭黏土、高含砂黏土和砂岩组成。在 UCG 场址边界内，高岭岩层序的上覆岩层是白垩系和 Suzak 沉积岩，由砂层、砂岩和粉砂岩组成，总厚度为 38m。在长壁巷道之上则不存在这样的覆盖层。Alai 沉积层由厚度均匀的灰岩（约 18m）组成。在长壁巷道上方的地质剖面中，缺失 Turkestan 单元的泥灰

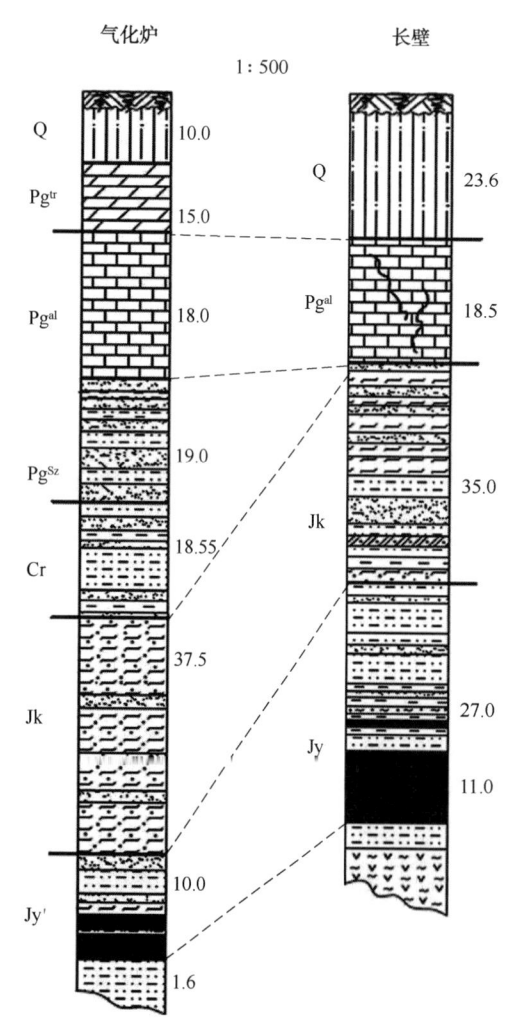

图 9.7 监测点处地层的地质结构

岩，而UCG场址的上覆泥灰岩层厚度为15m。研究地点的第四系沉积物由10~23m厚的壤土组成。

实验室测试表明，构成煤层的大部分黏土和砂样的单轴抗压强度在1.12~1.32MPa以下。硬岩类型(砂岩和石灰岩)的单轴抗压强度也相对较低，为7.4~14.9 MPa。石灰岩中裂缝高度发育，大大降低了其在地层中的强度。UCG场址煤层顶板深度为120~140m，而矿井的煤顶板深度为105~110m。因此，尽管上覆岩层厚度存在一些差异，但各监测点的地质和开采条件大致相当。

矿井煤层的厚度为18m，倾角为8°。在监测期间，正对两个2.6~3.0m厚的煤层进行开采。采煤时，沿煤层走向，按降序设置长柱。长壁巷道的长度为110m。每个周期的采面推进率为2.4m。顶板控制方法是完全垮落式。UCG场址的煤层厚度为3~6m，倾角为5°。采用UCG方法对煤层进行开采，此时气化面板(气化床)宽度为100~200m。首先钻出点火排的井眼，在它们之间燃起火焰工作面。接下来，在点火排的一侧或两侧推进火焰面。煤层气化在平面和垂向上逐渐展开。

沿着剖面安装了有效的地面标记物，水平间隔10m。为了实现对顶板沉降与时间的相关性1~3h次的高频监测，设置了一个专门的监测站。监测站设计了两个标志剖面，相互之间距离4~5m。UCG气化床上方的地面标记物安装在10m×20m或15m×15m的矩形网格上。

根据煤矿所记录的岩石变形值，确定了气化腔边界和气化速率。在这方面，在将常规采煤方法与UCG法相比较时，以及考虑这些差异对沉降记录值的影响程度时，应考虑物理、地质或与开采相关的差异。

在长壁开采的条件下，长壁面的宽度在100m的范围内，且具有直线的、阶梯状的较长的采煤面，与其自身推进方向相平行。在UCG作业期间，气化前缘(火焰工作面)的宽度通常不小于气化腔的宽度。在气化床内的整个气化前缘上，火焰工作面可能不会均匀地推进，从而形成非线性面。然而，不规则形状的火焰工作面也应该是相对平滑的，因为煤柱上的任何尖锐突起处的岩石应力集中均将导致该处岩石的破坏和气化。

(1)沿垂直方向的不均匀煤层气化。由于矿井开采是在连续层面中开展的，因此开采的厚度仅在相对较小的范围内变化。但在UCG中，气化的煤层厚度则可能发生相当显著的变化，且是煤层厚度、灰分含量、岩石脱落以及气化区不均匀分布的函数。

(2)气化腔的结构。在矿井开采中，与采煤面相邻的巷道部分始终用木柱保持支护。而开采作业，则在坑木支护区外，对煤层顶板实施受控垮落。在顶板垮落期间未被取回的支撑木柱仍留在崩落区(约为开采煤层厚度的10%)。

在地下煤炭气化期间，煤灰和煤渣以及未气化的煤块仍留存于空腔中。研究表明，煤渣的体积低于10%~20%(平均为13%)，而疏松灰分的产量则为气化煤炭总量的2%~12%(平均5%)。

(3)常规竖井开采中煤层的物理状态。近工作面部分煤层会被压碎，并且在静岩压力作用下，部分挤入巷道中。对初始开采中插入长壁巷道的支柱的状况进行检查表明，在长壁采煤推进面之前约10m处，静岩压力对煤层施加的力最大。

在煤炭地下气化期间，除了静岩压力之外，浅部预热脱挥发分(干燥和热解)带会进一步促进近工作面层的裂缝发育。

(4) 顶部岩石的物理和力学性质。在煤炭地下气化过程中，直接顶岩经过干燥和热解，其结构和化学成分发生变化。研究表明，由于导热系数的原因，岩石的热穿透深度不超过 1~2m。

在考虑这些因素对地下岩石变形的影响时，应注意地下采煤和煤炭地下气化过程中，岩石变形的主要因素是静岩压力。因此，作为一种物理过程，煤炭气化中岩石变形的原因和重复模式不会与地下采煤有明显差异。监测结果表明，地下气化床上方沉降曲线的垂直和水平位移、变形、拐点的位置和矿井巷道具有相同的特征。

当矿井巷道达到 10m 左右时，地面上可以观察到沉降的迹象。对长壁巷道进行的一系列监测证实，从地下长壁巷道向地表的变形传播，在初始开采后 4~5h 和二次开采不到 1h，上覆岩层发生变形。因此，由于地层内的变形传播速度较快，使得将沉降值用于煤层气化的实时操作控制成为可能。

在厚煤层煤炭地下气化期间，气化床内的气化作用在垂向是不均匀的。根据 UCG 作业模式的不同，有时会出现煤层垂向发生剧烈气化的区域在整个气化床平面上扩展，因此地面会经历反复沉降。这解释了在常规的地下采矿作业中，在初次和随后的(对第二个煤层进行开采)开采时，需要对上覆岩石的变形和沉降进行参数定义，确定重复模式。

长壁巷道上方的监测表明，相对于气化腔边界，最稳定位置位于沉降曲线的拐点处，对于安格林褐煤矿床，该位置几乎与气化腔(±5m)和还未气化的煤层之间的边界相重合。矿井开采和气化开采的沉降曲线拐点的位置应该是一致的(正如监测结果所显示的)，因为地下气化的沉降曲线比长壁开采更平滑。

值得注意的是，火焰面并不是气化腔与实体煤石之间的清晰的界面。它与经过预热的煤层的厚度有关，气化反应在该处已发生。拐点的位置由直接顶层开始发生弯曲的具体边界决定。

在地下采煤中，在采空区留有木柱支护巷道。矿井上方的直接顶层向下的弯曲幅度由多种因素决定。在这种情况下，与煤炭地下气化一样，变形从直接顶岩的弯曲处开始传播。在长壁开采和 UCG 中，从边界到还未开采或尚未气化的实体煤块的距离仅在很小的范围内变化。而两种采矿方法所得的位移参数(落角、边界角等)量值之间的良好一致，也证实了这一点(表 9.1)。

表 9.1 安格林 UCG 站和 9 号矿井的岩石变形参数

沉降趋势和参数		矿井开采		在煤炭地下气化期间，煤层厚度 3.0~6.0m
		初始下方开采(开采第一层)，煤层厚度 2.6m	重复下方开采(两层气化)，煤层厚度 2.9~3.0m	
边界角(°)	沿煤层走向，δ_0	57	57	57~58
	从下倾方向，β_0	57	57	57~58
	从上倾方向，γ_0	—	—	6~64

续表

沉降趋势和参数		矿井开采		在煤炭地下气化期间，煤层厚度 3.0~6.0m
		初始下方开采（开采第一层），煤层厚度 2.6m	重复下方开采（两层气化），煤层厚度 2.9~3.0m	
变形角(°)	沿煤层走向，δ	63	59	59~65
	从下倾方向，β	66	61	64~72
	从上倾方向，γ	—	—	65~74
崩落角(°)	空腔边界	75	—	59~65
	沿走向，δ''	66	—	64~72
	空腔底边界，β''	—	67	65~74
与最大沉降速率(mm/d)计算相关参数	最大沉降值 η_M (mm)	1800	2950~3000	1700
	最大水平变形 ξ_M (mm)	485	1450	400
	比率 $\alpha = \xi_0/\eta_0$	0.27	0.48	0.24
	比率 $q_0 = \eta_0/m$	0.68	1.0	0.3~0.85
	岩石变形从巷道传播至地表的时间(h)	4	1	—

9.2.3.2 气化腔边界轮廓和气化煤层范围的描绘

地下气化床顶板岩石在高温应力状态下，物理和力学性质发生了较大变化，但仅在崩落区内。因此，在长壁开采和 UCG 条件下，下方被开采的岩层和地表的变形和沉降原因与重复模式是相同的。也因此，正如在莫斯科近郊褐煤盆地(I. A. Turchaninov)和中亚安格林褐煤矿藏(G. V. Orlov)进行的调查所显示的那样，当 $D \geqslant 0.7D_0$（D 为气化腔的实际尺寸；D_0 为地表下方完全采空的最小巷道尺寸）时，沉降曲线的特征点——拐点相对于气化腔边界，位置保持稳定。随着气化腔边界的移动，拐点也发生移动。根据安格林煤矿巷道上方收集的监测数据，确定拐点位于长壁矿边界与煤柱间的边界上，同时在推荐采煤工作面的前方，拐点距采空腔方边界 2~4m。

在地下气化床关闭后，对其进行取心钻探核查，获得了类似的结果。确定拐点位置相对于空穴边界的距离误差小于±5m。

沉降曲线的斜率在拐点处最陡，此时曲率由凸变凹。沉降曲线的斜率可用变形函数 $i = \partial\eta/\partial x$ 最大 的一阶导数表示。

沉降曲线的曲率由下式计算：

$$K = \frac{\partial^2\eta/\partial x^2}{[1 + (\partial\eta/\partial x)^2]} \tag{9.5}$$

对于下沉槽曲线，当 $\partial\eta/\partial x$ 值较低时，计算中可省略 $\partial^2\eta/\partial x^2$；为了计算曲率，可用沉降函数的二阶导数。在拐点处，曲率等于零：$K = \partial^2\eta/\partial x^2 = 0$。

拐点不仅位于下沉槽的边缘，还可出现在中心部分，这反映了煤层沿垂直厚度的不均匀气化。连接下沉槽中心和下沉槽边缘的拐点，可反映煤层不同气化程度区域的位置。

除了确定描述 UCG 期间气化腔的边界轮廓外，还应明确采用 UCG 方法的采煤程度和特征以及气化通道的方向。解决这些挑战，可以实施运营管理和控制措施，以确保最大限度地回收煤资源，并实现气化床的过程控制。对地下气化床上方沉降的监测数据和过程数据，以及煤炭气化量的综合分析结果表明，地表沉降是由煤层气化的程度和性质(在平面和垂向上)决定的。不同的气化速率和持续时间下，沉降速率和变形大小不同。

通过沉降速率的等高线图，可以实现气化床中不同部分气化煤层厚度的定性化。每个监测期中的最大沉降速率中心，可反映煤层强烈气化的位置，而等高线拉长的方向和等高线间隔则标志着气化通道的位置，以及监测间隔期间煤层气化的程度和性质(在平面和垂向上)。使用叠加等高线图可显示整个监测期间的沉降速率，并描绘始终发生剧烈地表沉降的区域，获得气化腔边界的临时轮廓，在该处沿着煤层垂直高度的气化最为剧烈。

为了描绘煤层气化的边界轮廓和范围，生成了轮廓图，显示各个监测日的地表曲率。利用拐点相对于气化腔边界的相对趋势来描绘气化腔的外边界轮廓。当气化腔内含煤柱时，仅可获得煤炭气化的定性图，因为在煤柱处以及沿着煤层垂直高度方向部分气化位置，下沉槽的曲率均为正。根据轮廓线的分布、间隔和形状。可判断煤层气化在煤层垂直方向和气化通道方向上的范围和性质。

图 9.8 显示了一个沿着下沉槽曲率等值线绘制气化腔边界轮廓和煤层气化程度的示例，该曲线是在安格林 UCG 站的一个气化床上记录的。等高线的分布表明，煤层沿垂直厚度方向气化不均匀。在气化床的中心部分(钻孔 39—气体/空腔 6)，最完全的气化发生在较窄气化通道处沿着煤层垂直高度上。位于气化腔上方，下沉槽曲率为正的地面区域，表明下方存在煤柱，这一点通过钻孔核查进行了证实。

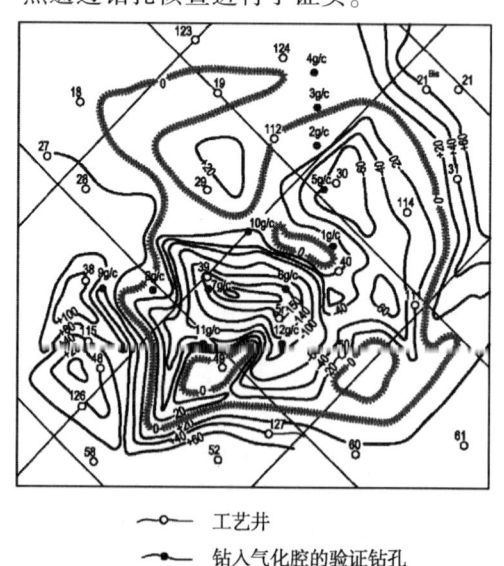

图 9.8 利用下沉槽等值线描绘气化腔边界轮廓

基于沉降曲率的等高线确定煤层气化的程度,有助于控制煤层 UCG 开采的面积和厚度、气化腔内煤柱的位置以及 UCG 运行期间气化通道的方向。人们需要这些信息来确定合理的作业模式,以确保最大限度的煤炭气化,并改善地下气化床设计。

长壁巷道上方的沉降监测分析表明,下沉槽的大小与采出煤量成正比,比率用系数 k_v 表示,对于初始开采和二次开采期间上覆岩层的变形,其活动和衰减期大小不同。在常规的地下采矿作业中,初始开采时,值为 0.65,反映了在长壁采煤工作面以 1.5~1.8m/d 的速度推进期间下沉槽的体积与采空腔的体积之比。一旦变形减弱,该系数的平均值为 0.73。在二次开采和相同的火焰工作面推进速度条件下,其系数的平均值 k_v 为 0.83。变形期间和二次开采期间,变形衰减后,系数 k_v 的大小变化可忽略不计(0.01~0.02)。一旦采空腔达到 $D \geq (0.7~0.8)D_0$ 的宽度(D_0 为下方开采的地表宽度/临界未支护宽度),系数 k_v 的大小就达到稳定。

在煤炭地下气化中,根据矿山测量数据确定了下沉槽的数量,同时,根据气化气的体积和碳含量,估算了气化煤炭量。岩心钻探数据表明,灰渣的平均体积为气化煤炭的 13%。在计算气化腔的体积时,考虑了 UCG 期间留下的灰渣体积 V_3 以及长壁巷道中支柱的残余物。

应该注意的是,在气化前沿较宽时,气化区的平均值与长壁巷道初始开采期间地表的平均值相近,$k_v^2 = 0.64$。在具有一些选择性主导气化通道的 UCG 面板上,k_v^2 值不超过 0.45。系数 k_v^2 大小的差异是由于气化腔形状的变化导致的。煤层顶板的稳定性取决于暴露面的形状和范围。在达到空腔的最大临界尺寸后,顶部岩石会崩落入空腔,并且变形将通过上覆岩层向上传播。

在煤炭竖井开采中,会形成连续的采空腔,其中充填有崩落岩石,形成下沉槽或导致下沉槽的变化。在煤炭地下气化中,除了完全气化的主要区域之外,还会形成狭窄的通道,这些通道某一方向尺寸小于最大稳定无支护宽度。这些区域的煤炭气化不会在地面上体现出来,或仅有微弱的表现。在狭窄的气化通道内,气化煤炭量可能仅通过理论方法计算,即气体化学和化学反应计算。在这种情况下,测量方法则会得出错误结果,其量值相对较小(即负偏离)。

因此,从下沉槽的体积 V_M、气化煤炭的体积 V_y(根据过程数据计算)、灰渣和煤渣的体积 V_3(对安格林煤层和莫斯科盆地一些煤矿的气化煤计算结果,$V_3 = 13\%$),以及长壁开采 k_v 的参数范围,可以计算各种 UCG 方法的地下气化床中的煤炭气化速率。

矿山测量员对整个地下气化床气化后且岩石变形停止后的煤炭损失进行计算。为了计算气化煤炭量,对矿井巷道上方以及试验 UCG 站的下沉槽体积 V_M 与采出煤量 V_y 之比进行了估算。

长壁巷道
$$K_v = \frac{V_M}{V_y}$$

地下气化床
$$K_v = \frac{V_M}{V_y - V_3} \tag{9.6}$$

式中，K_v 是开采期间上覆岩石的体积膨胀；V_3 是压实灰渣的体积。

压实灰渣的体积可由下式计算：

$$V_3 = K_3 A_B^c V_y \tag{9.7}$$

式中，K_3 是反映与煤中灰分质量含量相比，灰渣相对体积增加的系数（莫斯科近郊含煤盆地），$K_3 = 1.4$；A_B^c 是平均灰分含量（干基），%（质量分数）。

考虑式（9.6）和式（9.7），用于计算气化煤炭量的公式可表达为：

$$V_y = \frac{V_M}{K_v(1 - K_3 A_B^c / 100)} \tag{9.8}$$

所确定的褐煤矿中气化煤炭体积的相对误差为 10%～15%。

用于描绘气化腔边界及煤层开采的性质和范围的方法通常仅局限于近水平煤层，同时其上覆岩层可保证变形传播到地表而没有明显的岩层悬挂的现象。

为了确定地下气化床上方地表上点的位移值，安设了专门的区域监测网络。在上覆盖层深度为 30～200m、监测站标记之间的距离为 5～15m 条件下，所确定的气化腔的实体煤边界误差为 +(2～8)m。

对于气化通道作用位置的监测和控制。当通道尺寸不能引起沉降或上覆地层有明显悬挂现象时，建议采用莫斯科国立矿业大学（MSMU）开发的方法；使用近水平煤层在平面和垂向的高精度重力测量数据（平均二次偏差为 0.03mGal❶）。重力法是基于煤炭气化导致的地层压实降低对地球引力场的影响。当使用 UCG 方法开采煤层时，重力场重新分布，重力高点（正异常）出现在岩石承压区域上方，而重力低点（负异常）则发生在气化腔上方。这导致气化腔的边界轮廓重力异常范围增加，其位置由监测剖面重力变化曲线的拐点确定。该方法在煤层深度达 200m 条件下，所确定的气化腔边界的误差小于 5m。其他作业管理和火焰工作面推进及气化腔边界控制技术，如地球物理、地球化学和测温方法，由于需要为布设探头、接收器和反射器进行钻井，以及在活跃气化床上方安装设备相当困难（该区域难以消除噪声污染），因此没有得以实际应用。

9.2.3.3 气化腔上方岩石变形的机理

在本节中，将研究影响直井套管完整性的因素。

让我们着眼于气化腔上方岩石变形的机理。对煤炭地下气化和竖井开采过程中上覆岩层的地质力学响应进行了研究，以解决以下关键问题：在平面图中以及沿垂向投影，确定气化腔上方的岩石变形类型和相对于气化床边界的位移矢量分量的分布，明确推进火焰工作面前方岩石变形的机理。之所以提出这些问题，是因为需要保证地下气化床中 UCG 过程的稳定和高效，并延长位于岩石变形区域内工艺井的使用寿命。

利用安装在特殊钻孔中的伸长计进行垂直轴向岩石变形监测。用 150～180mm 的钻头钻孔，并安装表层套管。接下来，进行不下套管钻井，并在预计安装标记物的选定层段取心。一旦钻孔和地球物理测井完成，在井壁裸眼部分崩落前立即安装表层标记物。

---

❶ mGal 为重力场强度单位，1mGal = 0.001cm/s² = 0.001Gal。

在失效井的套管检查的基础上，对地层中发生的岩石变形类型进行了原位调查。调查方法如下：将失效井与系统隔离。测量岩石碎块形成障碍的深度。根据需要，进行井眼清理和冲洗。之后，下入铅印块。在钻柱底部连接一个0.3~0.5m长、底部带有铅板的木制筒体（直径比套管小2~3cm）。利用经纬仪对准铅印块在水平面的精确位置。所得印痕能够判断特定套管接头的变形程度、性质和大小以及位移方向。

上述调查方法使人们更加了解地层中变形模式随时间的变化以及开采过程中上覆岩体离散部分的变化。获得的数据可以与长壁开采的参数相关联：火焰工作面的位置、气化腔的边界、采出煤层的厚度百分比等。

如果不使用专门的方法来研究气化腔的结构并确定其形状和尺寸，就无法在UCG作业中实现这一点。为了开展这些活动，并对变形区域进行描绘，在废弃气化床场位置进行钻孔和取心。基于钻井期间钻井液循环排量、空隙的存在（表现为钻柱突然下降）和取出岩心的不连续性，对具有不同程度的岩石不连续性的岩石变形区进行了介绍。通过从地下气化床的废弃部分收取的岩样进行岩心分析研究，确定煤炭气化的程度和性质（在平面和垂向上）、碎石填充的气化腔的体积及腔的结构。

对地下采矿过程中岩石变形程度和类型进行实验室研究最简单、最有效的方法之一是使用等效材料进行建模。在水平、4.5cm×20cm变形装置进行了模拟。研究的目的是确定及长壁开采附近的UCG站的岩石变形类型进行比较。对采用煤柱分隔的UCG的气化通道和长壁开采进行了模拟。由于煤炭被气化，使用延时摄影监测岩石变形。

模拟实验表明，在长壁开采中（初次下方开采），位移矢量分量的分布与预期分布相一致：最大垂直位移发生在采空区域上方，并且越靠近尚未气化的煤炭，位移越小；水平位移在采空区中心上方最小，最大水平位移发生在地层的上部，在采空区与待气化区之间的边界。

分析模拟数据可以得出结论：第一块开始移动的岩石是采空腔中心上方的岩石。然后，周边区域上方的岩石在已发生变形的岩层的方向上发生位移。地层上部的变形路径最复杂，此处水平位移最为集中。

煤层开采过程中直接顶板的岩石变形具有以下显著特征：在岩层无序垮落（冒顶）区域，在其脱离采煤工作面切割面的初始时刻。崩落区的高度随开采煤层的厚度而变化，导致新的破裂。在厚度为2m的煤层中，崩落区高度小于煤层厚度的1~1.5倍。采煤工作面的进一步推进不会导致崩落区的高度增加，但顶板的弯曲变形，有可能导致不连续性。

水平位移会在固定边界和推进面前的地层中以及地面上产生裂缝。水平位移区域的稳定状态出现在静止边界处。在推进采煤工作面前方，最大水平位移区域的位置发生变化，产生新的裂缝。稳定边界附近的位移矢量的水平分量的值大于推进的采煤面的值。

在模型上的各个通道中模拟煤炭气化，巷道之间留下煤柱。在较小规模的地下巷道上方的岩石变形表现出与长壁"完全开采"中观察到的重复模式相同。在采空区域中心的上方，岩层沿法向位移。水平位移会导致开采巷道之间煤柱方向的位移。在煤柱中心部分正上方，没有水平位移。条带式开采和长壁式开采过程中上覆岩层的变形类型仅在上部相同；由于在开采区上方不连续变形区的形成和相互影响，在分层(或网状)煤层长壁开采中地层下部的变形更为复杂(图9.9)。

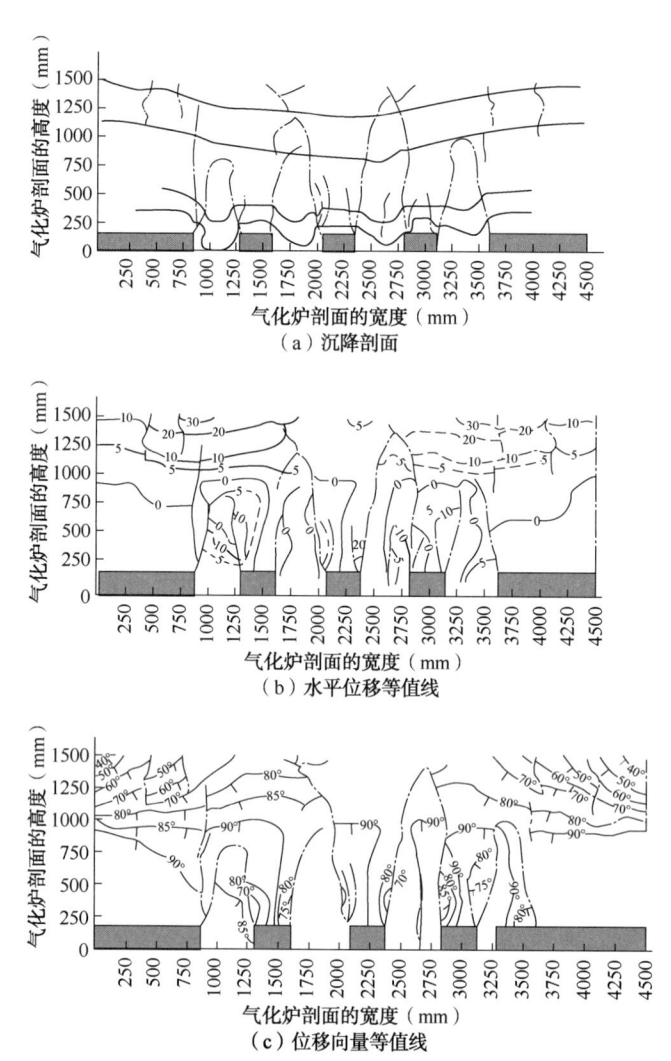

(a) 沉降剖面

(b) 水平位移等值线

(c) 位移向量等值线

图 9.9 条带式煤层开采中地下岩石变形的性质

随着长壁采煤工作面的推进，特定岩层水平位移和沉降的特征如下：最初，在推进的火焰工作面前方 5~10m 处，岩石向火焰工作面变形；然后，火焰工作面从岩石下方通过，水平位移反向。在采空区上方，随着岩石逐渐恢复到原始位置。最大的水平位移发生在地表及其相邻的石灰岩层。

在地层上部的其余岩石中，最坚硬的岩石类型(如粉砂岩)有着最明显的位移。粉砂岩的水平位移值是上覆疏松砂岩层的 2~2.5 倍。失效工艺井套管的井下测量结果，验证了推进的火焰工作面前方为最大水平位移的模拟结果。

9 煤炭地下气化中岩石变形的影响

采用取心筒钻井，向气化腔钻入对比井，以便描绘不同程度岩石变形的区域。因此，随机崩落带垂直延伸达 1.5~1.6m（是考虑灰渣存在的气化煤层的厚度），而在岩石变形区发生钻井循环液完全漏失，随机崩落带的垂直高度则为 5.5~6.6m。在气化腔上方 14.4~15.0m 处观察到钻井循环液的暂时漏失（以流体流动阻力为特征的破裂区域），这表明形成了不连续性的岩石变形。对气化腔结构的研究表明，煤层直接顶板的岩石填充了大部分空腔。灰渣和煤渣的厚度通常为气化煤层厚度的 10%~16%。

实验室研究和现场调查的结果可阐明，近水平煤层开采过程中，矿井巷道上方岩石的变形机理，具体如下所述：当火焰工作面进一步远离点火井排时，气化腔达到最大无支护宽度后，直接顶岩石垮落。该阶段的特征是岩层的垮落，最终形成稳定的拱形结构。在岩石垮落之后，上覆岩层发生弯曲而产生位移，从而导致沉降。在长壁开采和 UCG 中均常见岩石崩落的初始阶段。对于不同的具体的采矿方法，顶板岩石的进一步位移有其独有的特征。

另一种类型的岩石变形发生在地下气化床的上方。当在 UCG 中仅使用直井时，在点火井排之间形成气化通道之后，在垂直于点火井排的平面中形成贯通通道（图 9.5 和图 9.6）。当煤炭气化通道变大时，直接顶岩落入空腔。在 UCG 期间，在连续气化前沿（随点火井排通道扩大而产生）前方，在狭窄通道内形成不连续的直接顶岩垮落区。上覆岩层对下方长壁开采的主要响应是岩层弯曲，但并没有发生悬挂，这时可能导致煤柱上方岩层发生显著的水平位移。最大水平位移对较坚硬的岩石，即石灰岩和粉砂岩影响更大。

对影响直井套管完整性的因素进行研究至关重要。

考虑到其严苛的条件，UCG 工艺井有着特殊的井眼设计要求。首先，必须确保包括高压下的工艺井的完整性和良好密封性。这一前提对于贯通气化通道是必要的，气化通道是通过在高压下注入水或空气产生的。套管的水泥密封完整性的丧失可能会导致气体和注入空气的泄漏，地下水从含水层窜入气化床中，以及所需的水分平衡的破坏。工艺井的设计和建造，需保证煤层、裂缝发育岩层和地下水含水层相互隔离，以防止气化床中的气体和空气泄漏以及地下水通过环空窜入。工艺井应在向其暴露并需气化的煤炭资源的气化期间保持运行。

上述研究的结果已应用于地下气化床的工艺井设计中。在埋深 110~120m 的安格林煤矿 UCG 开采的经验中获得的教训，强调了井眼过早失效会引起严重后果。根据与地下气化床设计有关的厚度、倾角、煤层深度以及其他因素的不同，部署直井、水平定向井和定向井。在试验/商业安格林 UCG 站中，直井（在 12 个气化床中）占总井数的 92%，水平定向井占 5%，定向井小于 3%。

在 UCG 的所有阶段均可使用直井：钻入煤层，并提供进入煤层的初始通道，形成井眼之间的贯通（贯通通道），供应注入剂（空气）以及从地下气化床气化气体。直井通常使用 349mm、298mm 和 244mm 钻头钻孔，并装有直径 273mm、219mm 和 168mm，厚度不小于 7~8mm 的钢管。环空用水泥浆填充。

直井的主要优点是设计简单,具有较好的经济性。主要缺点是由于岩石变形,会过早失效。工艺井所需的使用寿命取决于其控制的煤炭储量和气化速率。例如,考虑到安格林UCG站的开采条件和煤层平均厚度(6m),工艺井相隔15~20m,单井控制煤炭储量为2200t。在约3000m^3/h的注入量(气化速率约25t/d)下,该总量煤的气化需要90天。井的总使用寿命应不少于300~360天,包括气化气生产井的使用时间。

由于结构的复杂性和高成本,水平定向井的应用有限。必须在变形区外钻井,以确保套管的完整性。定向钻井的缺点是水泥密封的厚度不均匀,定向钻井和套管的成本及技术复杂性高。表9.2为安格林UCG站钻井、完井关键操作和性能参数。

定向钻井速度仅为垂直钻井速度的一半,且成本较高。使用定向钻井时,作业寿命周期及气化煤量是直井的1.5倍。

表9.2 安格林UCG站钻井、完井关键操作和性能参数

参数名称	垂直井	水平定向井	定向井
钻机总作业速度(m/mon)	379	211	102
作业时间(d)	187	311	386
注入井(d)	69	74	352
生产井(d)	118	237	28
单井煤炭气化量(t)	1690	2440	9220
单位进尺费用(卢布/m)	17.9	33.7	52.6

定向井主要设计用于贯通通道和供应注入剂(空气),井眼钻入煤层,下套管,用水泥密封。这种井型的优点是贯通速度快和结构上的稳定性,因为井筒定向部分位于开采区域之外。缺点包括非垂直段和水平段难以钻孔,并且建造成本比直井增加近4倍。

地下气化床的平均使用寿命为5~7年。测量表明,生产井的实际使用寿命平均在几个月(4~6个月)内,在某些情况下为几周甚至几天。井筒使用寿命短的原因包括井的施工质量、UCG气体的高温和化学势的影响,以及开采层上方地层变形的影响。下面总结分析这些因素对井筒运行期间完整性的影响程度。

井的使用寿命的一个重要因素是套管和固井施工的质量:套管单根的接头安装和环空水泥密封的施工。在莫斯科近郊UCG站进行的井下调查反映了套管接头安装的不正确情况。在所调查的39个套管单根中,16个接头的连接安装完全正确(从插入到完成上扣7圈以上),13个接头的连接上扣基本满意(5~7圈),但有10个未完成的接头安装(2~5圈)。这种接箍在施加的最小载荷条件下不能保持其完整性。在安格林UCG站,钻柱中的单根数量是莫斯科近郊UCG站的数倍,因此这个因素具有更大的重要性。

对套管水泥施工质量的评估表明,固井达到了公认的行业标准。所使用的技术包括在固井作业期间振动水泥,确保水泥浆从煤层到地面的良好返高以及水泥浆沿套管长度的均匀分布,即良好的水泥密封。

因此，如果套管连接优良，遵守水泥固井标准程序，那么遵照工程规范建设的 UCG 工艺井则可在贯通、注空气（注入井）或整个寿命期间进行气化气生产，实现预期表现。

高温对套管完整性的影响已成为多项研究的主题。煤炭地下气化涉及的温度高达 1100~1300℃。生产井套管长期暴露在高温应力下，特别是当 UCG 过程在井底附近发生时。对气化后直接进入气化腔的井眼进行调查，多次发现套管的底部被烧坏。在绝大多数情况下，套管的底部会处于燃烧区域，但没有任何物理损坏。因此，虽然不太可能，但存在烧毁底部套管的可能性。

V. I. Sheinin 教授建立了井口气体温度与井底温度之间的相关性：

$$T_{(H)} = T_{(o)} e^{-KH} \tag{9.9}$$

式中，$T_{(H)}$ 为井口温度；$T_{(o)}$ 为井底温度；e 为自然对数的底数；H 为从顶部到底部测点的距离。

K 按下式计算：

$$K = \frac{\lambda}{r} \times 0.5 F_0^{-0.5} B_i^{0.5} \times \frac{2\pi r}{GC_p}$$

式中，$F_0 = \frac{a\tau}{r^2}$ 为傅里叶数，可据正常条件下井眼作业时间计算；$B_i = \frac{\alpha r}{\lambda}$，边界条件；$a$ 为井周岩石的温度传导系数（对褐煤矿藏，$a = 25 \times 10^{-4} m^2/h$）；$r$ 为井眼半径；λ 为热传导系数（褐煤矿藏）；α 为从气体向井壁的热输出系数，$kcal/(m^2 \cdot h \cdot ℃)$；$G$ 为单位时间通过井筒的气体量，m^3/h；C_p 为恒压下的气体热容 [$C_p = 0.27 \sim 0.32 kcal/(kg \cdot ℃)$]。

在火焰工作面，套管底部部分温度可达到 800~900℃。

估算数据与实际测量数据表明，在安格林 UCG 站，井口的气体温度为 100~400℃。

生产井套管承受着高温应力。气体高温的影响可表现为：钢质套管强度降低，水泥密封破裂，套管伸长。

套管钢材的强度性能受到高温的不利影响。已知当温度升至 350℃ 时，钢的屈服强度会大大降低；在高于 350℃ 的温度下，屈服强度降低的速率将低于拉伸强度。长时间在高温下，金属的应力会导致其逐渐发生塑性变形，同时钢对脆性断裂的抵抗力显著降低。

钢制套管在加热时的膨胀和伸长可用下式计算：

$$\Delta l = atl \tag{9.10}$$

式中，Δl 为管段延伸，mm；a 为线性膨胀系数；t 为平均加热温度，℃；l 为套管长度，m。

在安格林 UCG 站，套管的垂直伸长在 200m 深处可达 1.0m。

固井水泥和周围岩石的压力将阻止套管柱自由伸长，这可能导致应力超过套管钢材的屈服强度。研究表明，由于所处温度范围为 800~1000℃，套管中的应力值可能在某些条件下超过最大允许范围的 3 倍。这些结论是建立在水泥密封与套管和地层之间存在良好的胶结的假设上。然而，在废弃的气化床内（停工后）所钻的验证井的结果表明，生产井套管周围的固井水泥环高度破碎，裂缝宽达 3mm，几乎不与套管接触。在石油生产作业期间进行的实验研究还表明，水泥与套管和岩石的胶结很差（弱）。

根据井筒中套管所受的压缩性质，套管的热膨胀行为变化较大。如果在井口处通过弱岩层段压缩套管，套管的某些部分可能会变形，而大多数套管在井底部方向上伸长。如果环空水泥和套管之间的胶结失效，则整个套管柱将伸长并在地面凸出。

除了高温对生产井套管的影响外，还应考虑套管受气流中悬浮的固体颗粒侵蚀的可能性，以及氧化反应速率随温度升高而增加。

该因素对安格林 UCG 站的影响如下。

注入空气的安格林煤层气化气的平均组分为：H_2S 0.4%；CO_2 19.5%；C_mH_n 0.3%；O_2 0.6%；CO 5.4%；H_2 17.0%；CH_4 2.0%；N_2 54.8%。气体中水蒸气和二氧化碳的存在加剧了碳钢的腐蚀，而一氧化碳含量的增加，则对碳钢的腐蚀有所抑制。

悬浮在气流中的固体颗粒对套管具有冲磨作用。莫斯科近郊 UCG 站的套管明显受到气流中砂粒的影响。对产生气体中焦油含量和固体颗粒的数据进行分析（从安格林 UCG 站气化床中获得的数据），结果显示井眼工作的持续时间与产品中的焦油水平及其他污染物之间缺乏相关性。尽管 UCG 气体的化学势和固体颗粒被认为是套管内部磨损的原因，但它们并不是显著缩短井眼使用寿命的因素。

影响工艺井套管完整性的最重要因素可能是套管所在岩体的变形。煤炭气化区，地质材料的平衡受到干扰，岩层向气化腔位移，使套管沿着井的长度方向受到非线性应力。这些载荷的类型和大小取决于采出煤层厚度、顶板岩石的强度以及工艺井相对于气化腔的位置。

根据对工艺井的影响类型，在岩体内分出了三个区域，具体如下：

（1）在气化区域的中心部位上方，工艺井主要承受垂向位移所产生的应力（区域1）。

（2）在火焰工作面之前，将要气化的煤层上方，套管主要承受水平位移和可忽略的垂向位移（区域2）。

（3）中间区域，水平位移和垂向位移大小相当（区域3）。

在煤层的地下煤炭气化期间，工艺井相对于火焰工作面的位置会发生明显变化。因此，当涉及井的使用寿命时，提供在开采区上覆岩层三个区域中套管可能的受损情况是非常重要的。

根据原位状态监测的一般发现，对下方开采的分层岩层，有两种主要类型的岩石变形：岩石崩落，表现为离散岩块从地层分离，并进入气化腔；弯曲岩层，沿着垂直于层面的方向发生岩层的位移，有产生岩层不连续的可能。岩层弯曲引起拉伸（压缩）应变，该应变是弯曲曲率半径和离散岩层厚度的函数。岩石垮落发生在气化腔的中心区域和在连续气化区域的狭窄气化通道上方。除了在近水平和倾斜煤层开采过程中发生的两种变形类型之外，其他可能的变形类型还包括体积和位移变形引起的岩石和煤层的压缩。

基于沉降监测数据，在平面图中对气化腔的实体煤边界进行描绘，可更深入地分析井眼过早失效的原因。利用受损井的井眼测量结果以及气化场址的矿山测量数据进行了分析（表9.3）。

为了揭示井眼失效的原因和重复模式，收集数据并将其合并成相应集合，各数据集合反映了套管破坏点相对于平面图中气化腔边界的位置 d，以及沿着垂直高度的煤层顶板 H 的关系。研究发现，井眼最常（75%）在距离煤层顶部 50~90m 的深度处和在推进火焰工作面（区域2）之前 20~35m 处出现失效。第二组井（25%）在距离煤层顶板 10~47m 深度区间内出现失效，在距气化区实体煤边界（区域3）的 8~20m 处发生变形。

9 煤炭地下气化中岩石变形的影响

表 9.3 安格林 UCG 站 1-bis Ⅲ 1 号商业气化床中井的套管损坏位置

井号	从损坏点到井底的水平距离（dm）	损坏点到煤层顶板的距离 H(m)	井号	损坏点到井底的水平距离（dm）	损坏点到煤层顶板的距离 H(m)
第一组			78-Ⅲ	22	78
109-Ⅰ	25	52	118-Ⅰb	20	79
95-Ⅰb	20	54	16-Ⅲ	33	80
82-Ⅰb	25	59	77-Ⅲ	32	81
21-Ⅲ	28	63	86-Ⅰb	32	81
101-Ⅲ	30	64	6-Ⅰb	25	84
38-Ⅲ	28	65	159-Ⅰ	30	84
123-Ⅲ	25	67	72_2-Ⅰb	35	84
23-Ⅲ	20	70	7-Ⅰb	35	84
48-Ⅲ	30	71	158-Ⅰb	35	86
126-Ⅲ	30	71	71-Ⅰb	35	89
62-Ⅰ	35	73	第二组		
17-Ⅲ	20	74	117_1-Ⅲ	10	8
58-Ⅲ	30	74	134-Ⅲ	15	19
98-Ⅰb	27	75	72_1-Ⅰb	8	22
59-Ⅲ	32	75	141-Ⅲ	20	29
211-Ⅲ	29	76	44-Ⅲ	10	21
61-Ⅲ	25	76	56-Ⅲ	8	32
137-Ⅰ	32	76	115-Ⅲ	20	39
109-Ⅰb	28	76	119-Ⅰb	15	40
121Ⅰb-	35	76	147-Ⅲ	30	40
88-Ⅰ	33	77	103-Ⅰ	30	47

下入铅印块进行测试，结果表明，第一组井的套管上部位移发生在推进火焰工作面方向。该组中的所有井都是在有强弱差异的岩层的界面上发生失效。大多数套管柱失效发生在厚层石灰岩下面的弱砂岩中，而其他井则在粉砂岩和砂岩的界面上失效。在第一种情况下，石灰岩层下伏的砂岩厚度超过 5m；在后一种情况下，则小于 3m。石灰岩层被较厚的砂岩和粉砂岩层相隔开，独立发生位移，而井筒变形发生在石灰岩/砂岩界面上。如果砂岩厚度不超过 3m，则石灰岩和粉砂岩作为统一的岩石单元发生位移，在粉砂岩/下伏砂岩接触处发生最大套管变形。

下文对在推进火焰工作面前方 20~35m 处发生的井眼套管破裂进行了解释。如现场监测和建模分析所表明的，在该地段，地面出现最大水平位移。通过一定程度的近似，这些数据可用于地表附近发育的石灰岩层。根据岩石的地质力学响应机制，地层在气化腔中心上方产生最大垂直位移；水平位移集中在平面图上与空腔相邻地层的上部。岩体越深，水平位移越大。鉴于上述结论，显然所讨论的井组是由于岩石的水平位移而发生失效的。

利用统计数学，建立了一个方程来描述 $d(\mathrm{m})$ 和 H 之间的关系，可描绘在前进火焰工作面之前，岩石变形最具破坏性影响的区域：

$$d = 0.25(H + 10) \tag{9.11}$$

该公式的实际应用如下：已知特定硬岩层相对于煤层顶板的位置，即参数 H 的值，则可预计套管发生变形的位置——连续推进火焰工作面之前的水平距离 d。

与井组 1 不同，井组 2 在距离连续气化边界 8~20m 处，发生套管持续变形破坏，所在的气化位置是不连续的狭窄通道。在各个气化通道上方形成随机崩落区，上覆岩石沿着法线方向发生位移，同时拉动套管柱。如果井眼套管刚性灌浆固定于岩石中，则会发生套管失效。根据与邻近火焰工作面的距离来判断，相邻狭窄气化通道气化过程中岩石的水平位移也会引起井眼的损害。

建议套管采用部分固井，以延长井的使用寿命，包括在钢质套管中使用可吸收垂直位移的伸缩短节。根据煤田特定的地质结构和预期的岩石变形特征，可确定未固井套管段以及安装伸缩短节的位置。

9.2.4　高倾角煤层煤炭地下气化过程中岩石变形的具体特征

在近水平煤层的煤炭地下气化中，没有观测到地表凹陷。在莫斯科近郊含煤盆地的浅部(30~40m)煤层中，某些气化床上方的垮落区域以沉槽(地表凹陷)的形式扩展至地面。而 5~10m 厚的煤层(安格林煤藏)深度增加到 100~160m，在下沉槽边缘出现裂隙，留下 10~20cm 的小台阶。在 UCG 期间，在沥青质的 Kuzbass 煤层中经常观测到地表凹陷。

地表凹陷会导致剧烈的注入剂(空气)和气体泄漏，破坏工艺过程。识别并定义其形成条件是一项重要任务，而建立相应的解决方案是 UCG 站有效运行的先决条件。在 Kuzbass 煤层的 Prokopyevsko - Kiselevsky 区开展了 UCG 期间地表凹陷形成条件的综合研究 (V. N. Kazak 和 V. N. Kapralov)，包括对竖井采煤过程中凹陷形成条件的调查结果的分析，利用等效方法开展模拟，并在南阿宾斯科 UCG 站(Kiselevsk，Kemerovo 地区)进行现场研究。

通过对 UCG 场地的地表凹陷进行监测(利用仪器观测、引伸计以及气化后废弃气化床的验证性露天开采)，使用获得的数据建立气化腔上方的岩石变形与沉降之间的相关关系。向废弃气化床的气化腔中钻入控制井，以确定不同厚度煤层岩石变形的类型和程度，以及地面凹陷处附近煤柱的不同尺寸。

使用等效材料的三维和二维模型研究，侧重于研究特定因素对地表凹陷产生的影响，这些影响在原位条件下难以解释。

9.2.4.1　开采和地质因素对地面凹陷形成的影响

基于不同采煤方法开采期间产生的地面凹陷的程度、位置和时间数据的分析，确定了引起地层凹陷的数个关键地质、开采和技术因素。

地面凹陷的形状、大小、位置和形成时间取决于开采煤层厚度和深度，岩石的倾角、物理和力学性质及组成，采用的开采方法，煤层之间的距离以及煤柱尺寸。

煤层倾角对地表凹陷区域的位置具有显著影响。在开采上部煤层时，地表凹陷区域沿下盘的方向，被以煤层底板与冲积层以 75° 角相交的点为起点的线段和上盘方向沿长壁巷道底部边界的线段所圈定。对倾角超过 75°的煤层,地面凹陷区宽度大约等于其厚度的 5 倍。沿地面凹陷边界并不是由煤层的倾角决定的,而是由长壁巷道到冲积层边界的垂线,以及冲积层内与水平线呈 45°角的线段所确定。

在地面上形成的凹陷可能是由岩石向下倾方向滚落,使得空腔上部空置导致的。如果满足以下条件,则会发生垮落岩石的向下滚动[$\tan\alpha \geqslant f'$ (α 为倾角;f' 为垮落岩石沿着煤层底板移动时的摩擦系数)]。在 Kuzbass 煤田煤的气化中,如果 $f=0.7 \sim 0.8$,当 $\alpha =31° \sim 35°$时,可观察到崩落岩石的滚动。

构成含煤地层的沉积岩由交互的砂岩、粉砂岩和泥岩层组成,具有明显的分层构造。地层分层形成的各层厚度很大程度上决定了暴露区域的稳定性、变形的性质和程度,以及岩石崩落区的大小。如果煤层顶板中存在弱岩,则地表凹陷的轮廓与冲积层下方的弱岩露头相重合。如果煤层顶板由坚硬的岩石组成,垮塌有可能沿煤层发展至地面,在煤层底板强度更低且倾角超过 83°时,也可能沿着煤层底板向地面扩展。

如果顶板岩石由中等强度到弱岩石组成,厚度小于 1m,则不会观察到向煤层悬壁凹陷相关的位移。若顶板岩石不稳定或厚度 1m 以上的弱夹矸,地面凹陷会明显偏移。研究已经明确,在高倾角煤层开采过程中形成凹陷的决定性条件是崩落区的高度、尚未气化的煤的大小以及崩落区内的岩石量。

9.2.4.2 地面凹陷形成机理和煤柱的计算方法

开采薄(0.5~1.3m)和中厚(1.3~3.5m)高倾角煤层时,岩石变形的具体特征是顶板岩层沿着层理面法向发生位移,空腔区域过渡到有序岩石变形区域,以及随着采空空腔接近地面,岩层发生滑动。

根据在气化场地钻背景井的钻探数据,厚度为 2.2m 的煤层,倾角 64°,发现沿层面法向崩落区的高度是煤炭气化厚度的 4~5 倍。在该区域下部为气化煤层厚度 1~2 倍的区域内,存在空隙及岩石与煤炭和煤渣的混合物。这表明充填气化腔的不均匀性,部分垮落岩石进入空腔底部。

当开采厚层(超过 3.5m)高倾角煤层时,崩落区完全由随机垮落的岩石组成。当垮落岩石与暴露的顶板下倾方向的空间小于顶板垮落区时,崩落停止。也就是说,最大的空腔存在于巷道上部。

在垂直于煤层的方向垮塌区域不再扩展的条件由下式确定:

$$\frac{mH - H(k_p - 1) \sum_1^i h_i}{m + \sum_1^i h_i} \leqslant l_{oогр.(i+1)} \tag{9.12}$$

式中,m 为采出煤层厚度,m;H 为上倾巷道的尺寸,m;k_p 是垮落顶板岩石的膨胀系数;$\sum_1^i h_i$ 是垮落岩层厚度的累计之和,m;$l_{oогр.(i+1)}$ 是第 $i+1$ 层的崩落宽度。

式(9.12)可用于开采厚层高倾角煤层垮落区 $\sum_1^i h_i$ 值的近似计算。

基于模拟数据和原位研究,对地面凹陷发育前的状态进行了分析,为高倾角煤层 UCG 运行期间地面凹陷的机理提供了重要见解,具体如下:

在 UCG 的第一阶段，直接顶板地层发生弯曲，随后岩石崩塌并落入气化腔的底部。在此期间，在火焰工作面前的岩石垮落沿着崩落区内的弱岩层扩展。岩石承压，压碎弱岩层的边缘，可能是原因之一。

当采空腔的尺寸在上倾方向上增加到满足式(9.12)后，随着火焰工作面的推进，岩层崩落将以悬梁破裂的形式发生。

随着煤炭气化，尚未被气化的煤块和受崩落区影响的围岩达到其最大临界值，导致破裂和地表凹陷。

在形成地表凹陷之前，实体煤块已先从煤层上脱落下来。在煤柱断裂后，煤柱破落后向下倾方向位移，岩层分裂成不连续的块状，落入气化腔内。

在高倾角煤层开采过程中为防止地表凹陷，在计算煤柱尺寸时需要估算岩石垮落区的高度。在 Kuzbass 煤田，煤柱尺寸 h' 与岩石垮落区高度 $\sum h$ 的比值，以及开采煤层厚度 m 具有如下关系：

$$h' = 1.72(\sum h + m) \tag{9.13}$$

考虑到崩落区最大值 $\sum h = 5m$，此时煤柱的尺寸为 $h' = 10m$。

在煤炭地下气化过程中，保证地下气化床完整性的煤柱尺寸不仅取决于静岩压力，还受风化区内煤和岩石的裂缝发育程度影响。在计算用于防止气体或注入剂(空气)爆发或地下气化床泄漏的煤柱尺寸时，应在计算中考虑岩石和煤的风化深度和程度。

根据煤的风化程度、岩石承压能力和工艺模式，厚层高倾角煤层内最高气化程度发生在煤层顶板附近。通过向废弃气化床钻入竖井，开展了气化后验证调查，结果表明，在 9~10m 厚煤层的顶板，火焰工作面位于岩石风化带之前 12~28m。

煤层发生气化的反应表面向顶板倾斜。与水平方向的夹角 δ_H 在 65°~85°范围内变化。根据这些数据，当火焰工作面接近风化岩石区域时，可由下式对煤柱尺寸进行修正：

$$\Delta h' = m\tan(\delta_H - 90° + \alpha) \tag{9.14}$$

式中，δ_H 为煤层反应表面的坡度，(°)，$\delta_H = 85°$；α 为煤层倾角，(°)。

在 UCG 作业中，煤柱的大小可根据下式计算：

$$h' = 10m + \Delta h' \tag{9.15}$$

在高倾角煤层序列(不论气化顺序)的 UCG 作业中，煤柱尺寸计算方法步骤如下：

(1) 确定层序 M_1、$M_2 \cdots M_n$ 之间的夹层厚度。

(2) 计算夹层厚度与崩落区最大可能垮落高度之比：

$$\frac{M_1}{5m_1}、\frac{M_2}{5m_2} \cdots \frac{M_n}{5m_n}$$

(3) 如果 $M_1/(5m_1) > 1$，则按单层计算煤柱值，$h' = 10m$。

(4) 如果 $M_1/(5m_1) \leq 1$，且 $M_2/(5m_2) > 1$，那么考虑 m_1 和 m_2 的煤柱值的计算，有：$h' = 1.72(M_1 + m_1 + 5m_2 + m_2)$。

如果考虑多个煤层的共同崩落，煤柱值计算也类似。

拓 展 阅 读

Avershin, S. G. , 1947. Rock Deformation During Mining Operations. Ugletkhizdat, Moscow, p. 245.

Bukrinsky, V. A., Orlov, G. V. (Eds.), 1984. Rock Deformation and Subsidence in Conventional Underground Coal Mining. Nedra, Moscow, p. 247.

Kazak, V. N., Kapralov, V. K., 1986. Deformation of the Roof Rock During UCG Activities in Thick, Steeply-Dipping Coal Seams, vol. 244 Academic Association. The Skochinsky Institute of Mining, A. A. Skochinsky, pp. 55-60.

Kazak, V. N., Orlov, G. V., Popov, V. I., 1969. Rock deformation above the gasification cavity (based on data collected during post-gasification open-casting of Gasifier 3 at the Angren UCG plant). Use of Gas, Underground Storage of Liquid Gases, Oil Products, Thermal Mining of Minerals, vol. 4 Nedra, Moscow, pp. 162-165.

Orlov, G. V., 1969. The effect of rock deformation on well casing failure at the Angren coal field. Use of Gas, Underground Storage of Liquid Gases, Oil Products, Thermal Mining of Minerals, vol. 3 Nedra, Moscow, pp. 171-177.

Orlov, G. V., 1986. Mine surveying control of the extent and nature of coal seam gasification based on subsidence monitoring data. Rocks Deformation and Protection of Surface Structures During Mining. KarPTI, Karaganda, pp. 72-78.

Orlov, G. V., 2010. General Considerations of the Effects of Underground Mining on Subsurface Rock Deformation and Subsidence: Educational Manual for University Students. Gornaya Kniga Publishing House, Publishing House of Moscow State Mining University, Moscow, p. 198.

Orlov, G. V., Kisurkin, A. F., 1987. Use of gravimetric survey in mine surveying during mining mineral ore deposits using borehole-based mining techniques. Mine Design and Exploitation of Mineral Resources in Complex Mining and Geological Conditions. Moscow State Mining University, Moscow, pp. 89-92. Collection of Scientific Papers.

Orlov, G. V., Trost, V. M., 1988. Development drilling methods under the supervision of a mine survey or compilation of reports. In: VII International Surveyor Conference (Leningrad, 28.06-27.07.88), Collection XIII, pp. 119-124.

Orlow, G. W., Szewczyk, J., 1989. Geodezyjne metody kontroli resultato'w otworowej eksploatacyi surowco'w stalych. Prz. Go'r. T. 45 nr 10 S. 16-22.

Scheinin, V. I., 1963. Temperature distribution along the length of a production well casing. In: Proceedings of the Podzemgaz Institute, вып. 10, pp. 32-38.

Semenenko, D. K., Turchaninov, I. A., 1956. Mine surveying method for determining the location of the fire face in underground coal gasification at the Podmoskovny Coal Basin. Undergr. Gasific. Coals 7, 18-22. Ugletkhizdat.

Skafa, P. V., 1960. Underground Coal Gasification. Gosgortekhizdat, Moscow, p. 322.

Smirnov, V. G., 1959. Calculation of thermal stresses in casing pipes of production wells. Undergr. Gasific. Coals 4, 46-49. Ugletkhizdat.

Turchaninov, I. A., 1957. The nature and extent of coal seam gasification and overburden deformation during UCG operations in the Podmoskovny Coal Basin. Undergr. Gasific. Coals 2, 74-78. Ugletkhizdat.

10 煤炭地下气化的模拟与分析

M. A. Rosen, B. V. Reddy, S. J. Self

(安大略理工大学,加拿大安大略省奥沙瓦市)

10.1 概述

全球能源供应包括多种资源,具体包括化石燃料、核燃料与多种可替代能源及可再生能源。在2012年,化石燃料约占全球能源供应的82%,将来对其依赖性还将居高不下(García-Olivares 和 Ballabrera-Poy, 2015; IEA, 2014; World Energy Council, 2013)。随着全球人口的攀升和工业化的不断推进,全球能源需求量将持续增加(Birol, 2014; Energy Information Administration, 2014)。Birol(2014)预测,相比于现在,2040年全球能源消耗总量将提升约40%。考虑到全球能源需求量的持续攀升、对化石燃料的高依赖性及化石燃料总量的有限性,预测在未来将出现化石燃料短缺的现象(García-Olivares 与 Ballabrera-Poy, 2015)。

Hammond(2000)指出,化石燃料的不断衰减将成为影响可持续能源体系的关键因素。化石燃料(尤其对经济吸引力较高的化石燃料,如石油与天然气)属有限资源,且其被快速消耗(Aleklett, 2010)。在未来短期内,化石燃料的产量将达到峰值,并随后开始下降(Chapman, 2014; World Energy Council, 2013; Aleklett 等, 2010)。当化石燃料的需求量接近供应水平时,其成本将大幅度提升,从而促进研究的开展与技术的开发,以使更多的化石燃料资源转化为可采资源(Ghose 和 Paul, 2007)。

在2012年,煤炭是最主要的发电原料,其约占世界发电总量的40%(World Energy Council, 2013)。在所有种类的化石燃料中,煤炭的全球资源量最高,且分布广泛。世界已探明可采煤炭储量预计还可开发近150年(依据当前开采速度),但其仅占总资源量的20%~25%(IEA, 2014; Birol, 2014; World Energy Council, 2013)。预测表明,全球煤炭资源量约为$18×10^{12}$t(Couch, 2009),但可采资源量却仅为数百亿吨(Birol, 2014)。如果能将不可采的煤炭资源转变为可采资源,则可将资源寿命扩展数百年。为实现上述目标,需推广应用新型且经济的煤炭开采技术。与煤炭加工和使用相关的多方面研究已被公开(Rosen 等, 2015年; Mehmood 等, 2015; Mehmood 等, 2014; Gnanapragasam 等, 2010; Gnanapragasam 等, 2009)。

通常,开发煤炭资源所用的采掘方法包括地下开采与露天开采。这些煤炭开采作业耗费大量时间,消耗大量人力并浪费大量自然资源。煤炭资源通常埋藏较深,这导致传统开采工艺的高成本。传统开采工艺还面临其他多方面挑战,具体包括地面沉降、高机械作业成本、恶劣的工作环境、煤炭运输的需要、局部透水事故与邻近房屋地下室的甲烷聚集

(Blinderman，2015；Bhutto，2013)。

煤炭地下气化技术(UCG)是新型的煤炭开发技术，多个国家都对其进行了研究与应用。UCG集采矿、开发与气化为一体，可消除对煤炭采掘的依赖；可将煤原地转变为气化气，并将其用作发电燃料和化工原料(Brown，2012)。UCG可避免煤炭开采引发的多方面问题，并提高可采储量(Nakaten等，2014)。相比于煤炭传统开采的方法，UCG技术可缩减人员需求，降低伤害风险。可将发电厂与化工厂修建于煤炭资源的附近区域，直接使用UCG产出的气化气，避免了煤炭的运输。UCG技术可实现原先不可开发煤炭资源的经济高效开发，提取出其中储存的能量，因此其具有更为广泛的资源基础。UCG相关企业预测指出，UCG技术可实现$4×10^{12}$t不可开发煤炭资源的经济开发(Ghose和Paul，2007)。

UCG虽进一步扩展了可采煤炭储量，但所有的化石燃料的燃烧都会产生温室气体。在所有种类的化石燃料中，煤炭的单位热能CO_2的排放量最高(Roddy和Younger，2010)。如果在全球未来能源供应中煤炭仍是主要的贡献者，则需进一步引入CO_2捕集与封存技术。UCG具有极高的CO_2减排潜力。在煤炭气化过程中，有CO_2产出，但可于气化气中捕集，并被长期封存(Schiffrin，2015)。如果能将UCG和上述碳收集及储存技术(CCS)相结合，则可提取出先前不可开发煤炭资源中的能量，并满足CO_2减排标准。

本章将对UCG系统中煤炭地下气化，碳捕集的概念、技术和模型进行总结。本章还将进行实例分析，对UCG进行模拟与分析，调查分析辅助发电厂(使用气化产品冷却过程中产生的热能来发电，并将电能用于CCS，该过程通过UCG系统中以氨基为基础的化学吸附和压缩装置实现)的适用性。本章基于前人的大量工作(Self等，2012，Self等，2013)，介绍了一种使用CCS技术的UCG系统的分析方法，旨在提升读者对UCG技术与模拟的整体认识。

10.2 煤炭地下气化方法

UCG与煤炭地面气化相似，它们通过相同的化学反应来生产气化气(Pana，2009；Burton等，2006)。两者的主要差别为：地面煤气化发生于建造的反应器中，而UCG系统的反应器为含有未开采的煤炭资源的煤层(Pana，2009)。UCG技术与重油原地燃烧技术及油页岩干馏技术相似，它们具有相同的工艺(例如，盖层/底板的稳定性、夹层的连续性及渗透性、地下水的流入特性)(Lee等，2014；Pana，2009)。

10.2.1 煤炭地下气化方法综述

可通过多种方式实现UCG。最古老且最基本的UCG方法如图10.1所示，钻取两口井分别充当注入井和生产井。基本方法包括三个主要步骤。首先，钻取生产井和注入井(目的层为煤层)，并在井间建立渗流通道。当煤层的天然渗透性较差时，可使用正向燃烧法(FCL)、逆向燃烧法(RCL)、电连通、水力压裂和定向钻井等方法实现井间贯通，以提高地层渗流能力(Blinderman等，2008)。

在建立井间渗流通道后，即开始第二步——点燃煤层。在煤层点燃后，即开始气化，此时通过注入井向煤层注入氧化剂。这将引发煤炭的化学燃烧，产生气化气(Kempka等，

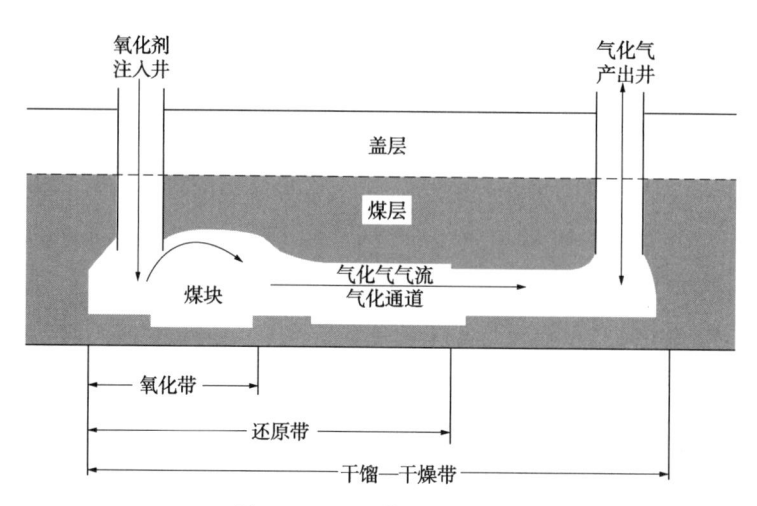

图 10.1 地下煤的气化方法

2011）。通过使用近煤层的线圈或气体点燃装置来实现煤层的点燃（Daggupati 等，2011a）。氧化剂可为空气、氧气、水蒸气/氧气和水蒸气/空气（Perkins 和 Sahajwalla，2007）。向注入井内连续注入氧化剂，以实现煤层的持续氧化（Daggupati 等，2011a）。

气化气通过生产井产出，并在使用前对其进行净化处理（Van der Riet，2008）。气化气的质量受多个参数的影响，例如，煤层内的压力、煤质、供给条件、动力、煤层内的热质传输特征。UCG 方法的产物为多组分、高温、高压的气化气（Daggupati 等，2011a）。当气化气到达地面后，对其进行净化处理，清除不需要的副产品（Perkins 和 Sahajwalla，2008）。净化技术与地面气化厂的相似。副产品被清除后，即可安全处理或使用气化气（Shafirovich 和 Varma，2009）。气化气的净化程度主要取决于它的具体用途，例如要满足燃气轮机燃料气（用于发电）的规格要求，或要满足合成燃料所需化学原料的纯度要求（Walker，1999）。

随着时间的推移，气化过程使煤层中形成气化腔。最后，注入井附近的煤炭完全转化为气化气，重复步骤一和步骤二来开发新煤层，并实现气化气的持续生产。一旦煤层被氧化完，则对腔体进行清洗与冷却，以使其恢复至原始状态（Imran 等，2014）。使用蒸汽和水来冲洗腔体，清除污染物，以免其污染当地的环境。

10.2.2 煤炭地下气化方法

两种被成功推广应用的煤层气化标准方法为无竖井气化法与有竖井气化法。依据煤层参数（例如，煤层的天然渗透性、煤的地球化学特征、煤层厚度、埋深、宽度与倾角、与城市的距离以及计划开发总资源量）来优选所使用的方法（Wiatowski 等，2012）。

10.2.2.1 有竖井气化法

有竖井气化法使用矿井来输送气化剂与产物，有时需要通过地下作业来建造矿井和钻大直径的井眼（Wiatowski 等，2012）。有竖井气化法是 UCG 系统最先使用的方法。考虑到经济性与安全性，该方法仅用于关停煤矿的气化开发（Wiatowski 等，2012）。常用的有竖井气化法包括室式法、钻孔法、气流法和长—大通道气化法。

(1) 室式气化法。

该方法需开凿竖井,并用砖石修筑墙体,来分隔煤层。气化剂从点火端鼓入,而气化气从另一端的竖井产出。室式法对煤层的天然渗透性有极强的依赖性,以确保充足的氧化剂流经整个系统。在作业过程中,气化气的组分变化较大,且气体产量较低。为提高系统的产量,在反应之前需对煤层进行爆炸作业,使煤层破碎化(Lee 等,2014)。

(2) 钻孔法。

该方法在煤层中修筑具有适当间距的平行巷道。通过钻孔将巷道连通(Wiatowski 等,2012)。向钻孔中下入远程点火装置,以启动气化过程。该方法主要适用于平缓煤层。还可用水力压裂、电连通等其他方法来实现巷道间的连通(Lee 等,2014;Wiatowski 等,2012)。

(3) 气流法。

该方法适用于大倾角煤层。沿煤层等高线修建相互平行的巷道,并使用平巷(火通道)将煤层底部连通。为开始气化,在平巷内点燃煤层。通过一个倾斜巷道注入氧化剂,且气化气从另一巷道产出,热煤面沿倾斜煤层上移。该方法的主要优势为:煤炭的灰分和顶部掉落岩块充填了气化形成的空间,这可以有效避免上倾方向煤层气化的终止。

(4) 长—大通道气化法。

该方法用已有的矿井巷道或修建的通道,来连通注入井与生产井(Roddy 和 Younger,2010)。典型的长—大通道系统(LLT)包含一个气化通道、注入井和生产井及两口辅助井(图 10.2)。辅助井部署于注入井与生产井之间,主要用途是实现气化进程的控制,它可注入空气和水蒸气,或用于排出气体。LLT 系统还包含用砖修建的辅助通道,当气化通道堵塞时可用它注入氧化剂。

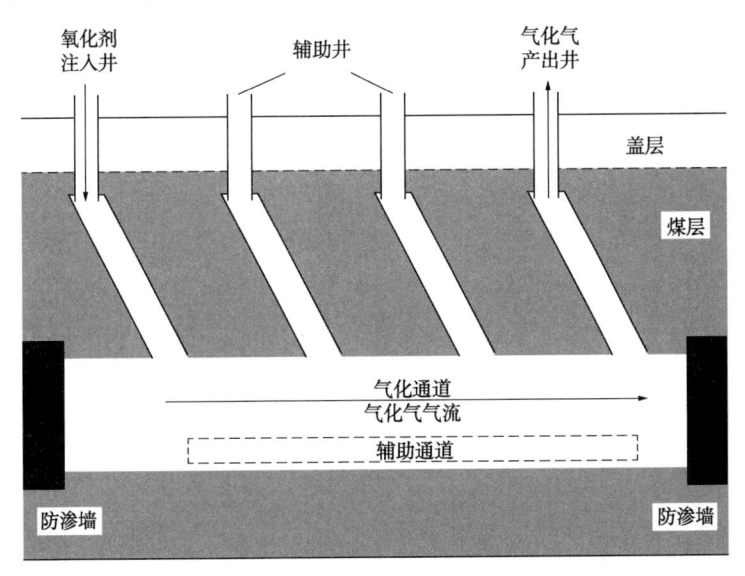

图 10.2 长—大通道地下气化系统的结构

使用防渗墙来隔绝矿井巷道,以避免可燃气体从气化床泄漏出来(Liang 等,1999)。可通过调节氧化剂注入点的位置和高度及气体的排出点,来实现氧化剂注入与气体产出的二维调控(Yang 等，2003)。

10.2.2.2　无竖井气化法

现在，关于 UCG 的研究主要集中于使用无竖井气化法(Hammond，2000)。通过使用无竖井气化法，所有的准备和施工过程为一系列的钻孔施工，无须地下作业，即可实现地面与煤层的连通。在建造无竖井反应床的过程中，需使用油气行业的钻井、完井技术，来钻取倾斜的煤层井眼，以实现氧化剂的注入和产物的产出(Wiatowski 等，2012)。该过程通常包括：钻取注入井与排出井；提高注入井与排出井间煤层的渗透率；点燃煤层；注入氧化剂实现气化；由排出井采出气体产物(Lee 等，2014)。

现在，无竖井气化法主要分为连通竖井法(LVW)和受控注入点后退法(CRIP)两类。

（1）连通竖井法。

LVW 法是最古老的 UCG 法之一，它是由原苏联所开发的(Shafirovich 和 Varma，2009)。直井钻至煤层，利用煤层中的内部通道来使氧化剂和气体产物由注入孔流至排出孔。内部通道可为天然通道或人工构建的通道(Liang 等，1999)。LVW 法的最简易形式为：在气化系统的生产周期内注入孔与排出孔的位置保持不变。在运营过程中，气化面不断移动，且随着气化面与氧化剂注入点距离的增大，系统的控制、性能与气化气的质量将受到不利影响(Roddy 和 Younger，2010)。该因素的影响使简易 LVW 系统的可行性显著降低。

而对于先进的 LVW 法，将倾斜的注入孔部署于煤层中(Lee 等，2014)。在 UCG 反应床的运行期内，气化面随着局部煤炭的消耗而逐步移动(Roddy 和 Younger，2010)。通过钻取多口注入孔，来有效地改善静态的工艺条件。也存在更为复杂的 LVW 法，通常钻取多个注入孔和排出孔，来形成注入孔组与排出孔组。将平行的注入孔组和排出孔组与钻孔相连通，为氧化剂和气化气的流动提供通道。各组注入孔与排出孔间的煤层形成气化区。当气化区内的煤层被耗尽之后，再在未开发区钻取新的钻孔，并形成新的气化区(Lee 等，2014)。

如褐煤等低阶煤具有较强的天然渗透性，无须使用贯通技术即可完成 UCG 开发。但是，无烟煤等高阶煤的渗透率较低，使用 UCG 技术将限制其气体的产量(Liang 等，1999)。为使用 UCG 法来开发高阶煤，则需使用贯通技术，来提高煤层的渗透性，并增加煤层内的裂缝(Blinderman 和 Klimenko，2007)。在传统的 LVW 气化床内，通过正向燃烧、逆向燃烧、火力渗透气化贯通、电力气化贯通、水力压裂和定向钻井等方法来形成大型气化通道，并实现钻孔的贯通(Blinderman 等，2008；Liang 等，1999)。

（2）受控注入点后退法。

在煤层分布范围内，其几何形态可能发生变化，从而导致 UCG 运行和系统性能的差异性(Nourozieh 等，2010)。过去，通过钻取多口注入孔和生产孔，使气化区向未开发的煤区移动，以解决静态运行的相关问题(Shafirovich 和 Varma，2009)。CRIP 提供了一种新方法，无须移动垂直注入孔，即可实现注入点向未开发煤层区的移动(Klimenko，2009)。

CRIP 法将常规钻井与定向钻井相结合，通过物理方式实现注入孔与生产孔的贯通(无须使用 LVW 法中的贯通技术)(Nourozieh 等，2010)。将注入孔钻至设计深度，随后使用定向钻井技术沿煤层底部来延伸注入孔，最终钻得一个水平注入孔(Wang 等，2009)。最初的气化腔形成于注入孔的端部，即煤层中的水平井段内，并形成局部的反应床。CRIP系统使用可伸缩的连续油管下入点火器，以实现煤层的点燃(Klimenko，2009)。点火器在套管内点燃，并点燃煤层。待反应床内的煤炭被耗尽后，将点燃点沿水平注入孔移至任意位置，以形成新的气化腔(Nourozieh 等，2010)。通常情况下，使用气体点火器来实现注入点的移动，可实现预定位置处套管内的点燃(Klimenko，2009)。通过这种方式，可实现气化过程的精确控制。该 UCG 法被欧洲和美国广泛应用，但 CRIP 法较为新颖，尚未被广泛应用(Roddy 与 Younger，2010)。

10.2.3 化学过程

UCG 与地面气化相似，通过相同的化学反应来生产气化气(Ludwik‑Pardała 和 Stańczyk，2015；Pana，2009)。煤气化的主要化学过程为：干燥、热解、燃烧和固态烃类的气化(Stańczyk 等，2012)。

温度、压力和气体组分沿气化通道不断变化。因此，通道内的化学反应也存在局部差异性。依据所发生的化学反应，气化通道被划分为氧化带、还原带和干馏—干燥带(Ludwik-Pardała 和 Stańczyk，2015；Yang 等，2010)，如图 10.1 所示。氧化带为气化剂所注入的区域(点燃煤层工作面)。在氧化带内，气化剂中的氧与煤中的碳发生多相化学反应。由于上述反应为放热反应，所以气化通道内的最高温度出现于氧化带内(Lee 等，2014)。该区内煤层工作面的温度达 900~1500℃(Bhutto 等，2013；Perkins 和 Sahajwalla，2008)。氧化带内的主要化学反应包括：

$$C+O_2 \longrightarrow CO_2+393.8kJ \quad (10.1)$$

$$2C+O_2 \longrightarrow 2CO+231.4kJ \quad (10.2)$$

$$2CO+O_2 \longrightarrow 2CO_2+571.2kJ \quad (10.3)$$

随着氧的不断消耗，气流进入还原带。还原带的起始位置与氧化带相同，其长度通常是氧化带的 1.5~2 倍。该区的温度为 600~1000℃。在该区内，高温促使水蒸气和二氧化碳被还原为氢气与一氧化碳(Bhutto 等，2013；Perkins 和 Sahajwalla，2005)。

还原带内发生下列吸热反应(Lee 等，2014；Yang 等，2003)：

$$C+CO_2 \longrightarrow 2CO-162.4kJ \quad (10.4)$$

$$C+H_2O(g) \longrightarrow CO+H_2-131.5kJ \quad (10.5)$$

气化床内形成煤灰与金属氧化物，它们可充当催化剂，来促使还原带内发生甲烷化反应：

$$C+2H_2 \longrightarrow CH_4+74.9kJ \quad (10.6)$$

由于还原带内发生吸热反应，则其内温度不断降低，直至还原反应停止。

温度降低后的气流进入干馏—干燥带。该区可扩展至整个气化通道，其内温度为 200~600℃。在该区内，煤内的水分被汽化，导致煤炭干燥破裂。在干馏—干燥带的初段，温度仍高于 550℃，此时 H_2、CO_2 与 CH_4 仍在不断生成。气流流经气化通道的过程中，它与周围煤岩发生热交换，使其温度不断下降(Yang，2008)。当温度降至 350~550℃时，可形成高度的焦油和有限量的可燃气体。当温度降至约 300℃时，化学反应、聚合反应仍在持续发生(Bhutto 等，2013)。在干馏—干燥带内，煤被分解为多种挥发分，包括

H_2O、CO_2、CO、C_2H_6、CH_4、H_2、焦油与炭(Lee 等，2014；Yang 等，2003)。随着温度的降低，上述部分挥发析出，且黏度增高。UCG 过程还会产生其他种类的副产物，包括 H_2S、As、Hg、Pb 及灰渣，副产物的种类主要受煤质、氧化剂和施工条件的影响(Yang 等，2010；Shu-qin 等，2007；Liu 等，2006a)。在气化通道的出口，气化气的温度为 200~400℃，且挥发性组分主要包括 CO、CO_2、H_2 和 CH_4(Liu 等，2006b)。气化通道终端的气化气组分主要受氧化剂、空气注入方法和煤组分的影响(Prabu 和 Jayanti，2012；Stańczyk 等，2011)。

在气化床运行过程中，三个气化区沿煤层移动，确保了气化通道内的持续反应(Lee 等，2014)。相比于地面的煤气化，UCG 的显著特点为：干燥、还原、热解和氧化反应在煤层中同时发生(Perkins 和 Sahajwalla，2005)，且在气化通道内各反应区相互重叠。

10.2.4 物理过程

UCG 产生的高温使煤层中形成温度场，并使岩体和地层产生局部差异性。这导致煤体和岩体的物理和力学性质发生变化。由于煤岩颗粒的热膨胀系数存在差异性，导致裂缝形成，裂缝覆盖整个气化腔，提升了气体的渗透性(Yang，2003)。

Yang 和 Song(2001)指出，温度和压力对煤和岩石的密度存在显著影响，且其密度在气化床运行过程中并不保持恒定。煤和岩石物理性质的小幅变化即会对温度场和地下水的渗透性产生影响。流体压力使煤和岩石发生变形并破裂。裂缝和孔隙中流体含量的变化对煤层的应力和应变存在影响，从而使煤和岩石的弹性模量及压缩强度发生变化(Bhutto 等，2013)。

整个过程被局限于煤层内，且通过天然地层或人造遮挡层来实现与地面的封隔；在某种程度上，煤层和地层可充当天然的地下水净化系统。通常，系统可实现压力控制，以使腔体压力等于或小于围岩压力(Van der Riet，2008；Shu-qin 等，2007)。促使气液流入反应床内，以避免气化产物从气化腔内逸散出去(Wiatowski 等，2012；Yang 等，2008)。

10.3 煤炭地下气化模拟

虽然 UCG 与地面气化进程相似，但在 UCG 过程中仍会发生许多化学和物理现象，具体包括燃烧、气化、流体渗流及岩石力学相关等现象，这些现象较难控制或检测(Khan 等，2015；Seifi，2014)。对于 UCG 而言，可量化的参数通常仅局限于：煤岩和煤层特性、气体的产量、气体组分、局部温度和施工条件，且各现场和系统的参数差异明显(Elahi，2016；Golec 和 Ilmurzyńska，2008)。相关现象的复杂性、测量参数的有限性与现场特殊性的结合，增大了 UCG 系统运行和控制的难度(相比于地面气化)。这些困难促进了量化模型的出现，以预测不同物理和运行参数对气化系统性能的影响。

Hamanaka 等(2017)、Bhaskaran 等(2015)、Stańczyk 等(2011)、Prabu 与 Jayanti(2011)、Daggupati 等(2010)、Yang(2003)、Yeary 和 Riggs(1987)、Poon(1985)针对煤块开展了多方面的室内实验。实验研究了气化剂类型、注入速率、温度、压力、汽氧比、燃烧时间与井眼间距对产物组分、采出速率和温度的影响。同时还研究了煤层和气化腔中的温度分布情况。虽然室内实验可针对UCG进程提供多方面信息，但其并不能代表所有与UCG相关的现象及其间的相互作用，从而使上述数据的使用及准确的UCG模拟的范围较为有限(Upadhye等，2006)。UCG模型主要分为过程模型和整体模型。过程模型主要针对特定的UCG过程或现象，而整体模型考虑了整个UCG进程。早期的UCG开发较为有限，研究主要针对个别的过程(包括热量传递、质量传递及燃烧速率)来开发过程模型(Gunn和Krantz，1987)。随着UCG研究的不断推进，使用整体模型来模拟UCG进程成为研究的特点。

囊括了所有与UCG相关的过程和现象的整体模型，包含多个子模型，这些模型分别表征注入/排出孔的连通、UCG反应床、地下水文、地面沉陷与地表设施以及气体加工。同时使用这些子模型，可实现UCG进程的完整描述，但这需要付出很大的努力。同样地，子模型用了多方面的简化假设，来对各方面特征进行独立分析(Khan等，2015)。总的来说，一个有效的整体模型需：

(1) 分析煤层中的动态温度场；
(2) 计算气体和煤的消耗速率；
(3) 分析煤体收缩或膨胀对UCG进程的影响；
(4) 确定已知孔隙度和渗透率煤层的气体产出压力和速率；
(5) 预测燃烧前缘的推进形状；
(6) 模拟气化腔随时间的变化情况；
(7) 分析反应床中的压力、氧化剂温度、注入速度、氧化剂的混合比及井距对产量、气体组成、热值和气化腔体积的影响；
(8) 预测煤层的尺寸、灰分和含水量对产量、气组成、热值和气化腔体积的影响。

模拟UCG有多种方法，具体包括充填床模型、煤体模型、通道模型(Khan等，2015；Seifi，2014)以及使用上述方法构建的数值模型。早期的模型都为一维模型，随着计算机软硬件条件的提升，二维和三维模型被相继研发出来。本节主要对不同的模拟方法进行介绍。

10.3.1 充填床模型

充填床模型为最早研发的UCG模型。该模型将UCG反应器设定为充填床反应器，且主要适用于实验室规模的项目。充填床模型可模拟高渗透、多孔介质的气化过程，并设定煤层保持相对静止(Seifi，2014)。早期的模型假设：通过逆向燃烧和水力压裂等方法，可在两个钻孔间建立渗透区(Uppal等，2014)。

Winslow(1977)和Thorsness等(1978)通过使用有限差分法，首次构建了一维模型。通过碎煤的室内实验，这些模型较好地预测了气体产量、气体组分和煤炭的消耗情况(Seifi，2014)。随后，Abdel-Hadi和Hsu(1987)及Thorsness和Kang(1986)开发出二维充填床模型，并将其模拟结果与Thorsness等(1978)的结果进行对比。Uppal等(2014)和Khadse等(2006)开发出先进的一维充填床模型。

充填床模型可准确表征实验室规模的煤气化过程；但它并不适用于现场规模的UCG进程的模拟。充填床模型多数为一维模型。现场规模的气化进程的模拟分析需用三维模型,且随着反应器尺寸的增大,计算时间也将显著增加(Khan 等,2015)。另外,充填床模型并未考虑岩石力学方面的因素。例如热力学破坏,对 UCG 的运行与气化腔的扩展存在显著的影响。Thorsness 等(1978)对现场规模的 UCG 进行预测,但并未将其预测结果与现场规模的 UCG 数据进行对比。

10.3.2 煤体模型

在部分模型中,将 UCG 的煤层表述为煤体。煤体模型假设:气化过程开始于半无限煤块的一端,且煤块的渗透率小于充填床模型中的渗透率。与其他模型不同,煤块模型考虑了煤体的多层性,且对各层进行独立的质量与能量平衡分析,得到分隔边界处质量与能量平衡的控制方程。该模型通过移动煤体内的特定区域,移动方向垂直于氧化剂流动的方向,来描述整个气化进程。这些区域通常包括气膜、灰层、焦化区、干煤和原煤区。UCG 的较低升温速率,导致了不同区域的存在。在升温速率极高的情况下,干燥和燃烧前缘可能同时存在(Tsang,1980)。质量流动被视为扩散的主导地位。

Tsang(1980)首次使用该方法来分析煤层渗流通道附近的干燥区、热解区和气体—焦炭反应区的形成过程。Tsang(1980)的方法以温度和饱和度场以及热量和质量传递的方向[Westmoreland 和 Forrester(1977)开展的热解实验而得到的结论]为基础。目前构建的煤体模型包括:Elahi(2016)、Khan 等(2015)、Seifi(2014)、Perkins 等(2003)、Perkins 与 Sahajwalla(2005,2006)、Beath 等(2000)、Van Batenburg 等(1994)。

煤体模型具有追踪干燥和燃烧前缘的能力。该模型可有效地确定大型煤块干燥和脱挥发分的特性;但是,该模型方法的准确性并未经过 UCG 现场试验数据的有效验证(Khan 等,2015)。煤体数值模型在大气条件下构建。但是,UCG 现场试验的压力明显高于大气压力(Seifi,2014)。另外,该模型假设煤体为半无限的,因此通常仅适用于厚煤层。多数的煤体模型仅进行一维分析,所以这些模型不能准确确定气化腔的形状参数(Seifi,2014;Khan 等,2015)。

10.3.3 通道模型

通道模型有效地解决了其他模型在确定 UCG 腔体的形状与尺寸方面的局限性。在通道模型中,煤层被假设为圆柱体,且假设煤层中部存在圆柱形或矩形通道。通道模型假设:渗透性通道四周的煤岩被气化,且所有的多相反应发生于通道壁面上(Seifi,2014)。在确定了气化腔的形状和尺寸后,通道模型即被优化(Khan 等,2015)。通道模型能够更好地计算出波及系数(Seifi,2014)。

通过使用通道模型,UCG 进程可被视作通道的不断扩展,且通道内存在碎石/焦化区和通道开启区两个独立的区域。在不同的 UCG 现场试验中,都观测到有通道开启结构的形成,故依据该种现象开发了通道模型(Van Batenburg 等,1994;Kuyper 和 Bruining,1996)。目前构建的通道模型包括:Plumb 和 Klimenko(2010)、Luo 等(2009)、Perkins 和 Sahajwalla(2007)、Pirlot 等(1998)和 Kuyper 等(1994)。

对于多数通道模型而言,与 UCG 相关的热量传递高度集中。在通道模型的构建过程中,自然对流被认为是主要的热传递方式之一。部分模型还成功考虑了水侵的影响(Elahi,

2016)。与其他 UCG 模拟不同,多数通道模型忽略了干燥和热解过程。只有少数模型考虑了热力学破坏现象。虽然通道模型没有考虑上述这些信息,但许多模型被现场试验数据所验证。现有的通道模型多数为二维模型;但也有少量三维模型,这些模型可明显表征气化腔的形状与尺寸(Seifi,2014)。

10.4 煤炭地下气化与 CO_2 的捕集和封存相结合

减缓全球气候变暖是现在急需解决的实质问题。化石燃料燃烧所导致的 CO_2 排放,是引发全球变暖的关键因素。能源行业消耗的大量化石燃料,是 CO_2 的主要排放源(IEA,2014)。碳捕集和封存技术可有效减少 CO_2 排放。CO_2 被捕集并输送至适宜的储集区,通常被注至地层中(Schiffrin,2015;Selma 等,2014)。煤炭是世界上最普遍使用的化石燃料;且在所有化石燃料的燃烧过程中,产生单位能量煤炭所释放的 CO_2 最多(Khadse 等,2007;Nag 和 Parikh,2000)。为保持并进一步扩展煤炭的应用,CCS 技术极为关键(Selosse 和 Ricci,2017)。国际能源署 2010 年预测,到 2050 年,CCS 的减排量约占全球减排总量的 19%。

CO_2 的捕集可分为燃烧前捕集、燃烧后捕集和富氧燃烧(Göttlicher 和 Pruschek,1997)。可采用一系列的技术来实现 CO_2 的捕集,具体包括物理吸附、化学吸附、膜分离和低温分离(Ho 等,2006;Göttlicher 和 Pruschek,1997)。在 UCG 系统中,排出孔生产的气化气组成、温度和压力与地面气化床相似,从而使用相似的方法来实现 CO_2 的捕集。由于 UCG 系统与地面气化具有一定的相似性,研究人员认为,可使用物理吸附剂来对 UCG 气化气中的 CO_2 进行加工和分离(燃烧前捕集),其成本与整体煤气化联合循环发电系统所通常使用的捕集技术的成本基本相当(Selosse 和 Ricci,2017;Roddy 和 Younger,2010;Burton 等,2006)。燃烧后捕集法也适用于 UCG 系统,且其成本和性能与发电厂常用的燃烧后捕集系统相当。富氧燃烧法也可用于 UCG 系统。针对发电的情况,空气分离装置可产生 O_2 气流,这些 O_2 可注入 UCG 系统内,并用于以气化气为燃料的富氧燃烧发电厂(Burton 等,2006)。

碳的地质封存(GCS)与 UCG 在空间方面的一致性表明,设计者可将 UCG 与 GCS 系统相结合,来实现 CO_2 的高效封存(Roddy 和 Gonzalez,2010)。一般而言,上述情况的储集目标层与常规的碳封存层相同,包括盐岩层和废弃的油气田(Friedmann 等,2009)。对于 UCG-CCS 系统而言,在选址和监控方面与 UCG 和 CCS 项目具有相似性,且在设计与运行阶段的相关工作可能具有一定的相似性。对 UCG 与 CCS 进行统筹设计,可提高两个项目的经济性。

如果将 UCG 与 CCS 结合,则可得到一种极具吸引力的碳管理方案,即使用现有的注入井与生产井,将产生的 CO_2 封存于煤层中的空隙(由 UCG 活动产生)内(Lee 等,2014;Khadse 等,2007)。在煤层中的空隙形成后,煤层将发生坍塌(这与长壁坑道采煤中所形成的空隙相似),形成高渗透人工角砾岩区。地下储气库通过低渗透地层(称为遮挡层或盖层,通常为泥页岩或蒸发岩)实现与地表的隔绝。适当的密封层可避免 CO_2 的垂向流动,防止其逸出到地面(Roddy 和 Younger,2010;Orr,2009)。对于可用于 CO_2 储存的已废弃的 UCG 系统，腔体埋深需大于 800~1000m(Budzianowski，2012；Friedmann 等，2009；Orr，2009)。在上述深度条件下，达到 CO_2 的超临界压力与温度，CO_2 的密度升高(500~700kg/m³)，以减小所需的储集体积(Orr，2009)。

如果 UCG-CCS 工艺被成功应用，则可形成能量循环与 CO_2 储集的综合系统，并对 UCG 运行过程所形成的封存资源进行开发。CCS 的主要挑战是 CO_2 的捕集与压缩过程需消耗大量能量(Gibbins 和 Chalmers，2008；Steinberg，1999)。CO_2 压缩处理后的压力极高，既可满足运输过程中的压力损失，还可确保其保持液体状态(Ghose 和 Paul，2007)。如果将 CO_2 储集于耗尽的 UCG 反应腔中，则可降低运输和压缩的能量需求。对于存在长距离输送的情况，CO_2 输送的成本占常规 CCS 总成本的 5%~15%。通过减少管输和航运的需求，UCG-CCS 项目的成本被显著降低(Roddy 和 Gonzalez，2010)。CO_2 储集的成本通常占 CCS 项目总成本的 10%~30%，主要用于地质和地球物理研究及钻注入井(Roddy 和 Gonzalez，2010；Gibbins 和 Chalmers，2008)。在 UCG 建设过程中通常已完成这些工作，在开展 CCS 的过程中无须重复上述工作，相比于传统的封存方法可显著降低系统的成本(Roddy 和 Gonzalez，2010)。

对 CCS 而言，比较重要的挑战为：从气流中分离 CO_2 并将其压缩至适于运输和封存的状态所消耗的大量能量。与地面气化床相似，通过使用现有技术，可实现燃烧前的 CO_2 捕集。对于传统的化石燃料发电厂而言，其能量需求占总发电量的 10%~40%，使发电厂的效率显著降低(Romano 等，2010；Thambimuthu 等，2005；Herzog 和 Drake，1998)。截至 2009 年，用 UCG 产生的腔体来进行 CCS 的可行性仍不明确(Friedmann 等，2009)。直到近年来，该方面研究才逐步引起业内的关注，但在技术挑战与环境风险方面仍存在大量的不确定性(Friedmann 等，2009；Khadse 等，2007)。为实现该工艺的全面商业化，仍需开展大量的研究，来缓解上述不确定性。现在，通过联合国政府间气候变化专门委员会与碳收集领导人论坛等组织的不断努力，全球的 CO_2 封存领域不断发展(Khadse 等，2007)。近年来，Yang 等(2016)、Kasani 和 Chalaturnyk(2017)、McInnis 等(2016)、Prabu 和 Geeta(2015)、Schiffrin(2015)及 Verma 和 Kumar(2015)开展了针对 CCS 与 UCG 的相关研究。

10.5 将煤炭地下气化与 CCS 及辅助发电厂相结合——实例分析

UCG 的一大优势为：其通过使用 CCS 技术可实现 CO_2 的减排。燃烧前 CO_2 的捕集通常使用物理吸附的方法，来对气化气中的 CO_2 进行捕集；氨基溶液体系的化学吸附法虽不常用，但可用于燃烧前的碳捕集(Padurean 等，2012)。氨基系统是目前市场上最古老也是最被深入认识的 CO_2 捕集技术，且由于其在低压条件下具有较高的效率，因此主要用于燃烧前捕集工艺中(Letcher，2008)。虽然在高压条件下，氨基系统的碳捕集效率较低；但 Padurean 等(2012)研究指出，相比于物理吸附法，这种系统的碳捕集速率仍相对较高，且特别适用于大尺寸、高气化气产量的 UCG 系统。当煤层(地下煤气化系统中)埋藏较浅、储气库的运行压力较低时，氨基系统的吸附效率提升。

在再沸器中，CO_2 从氨基液流中分离出来(压缩处理之前)，需消耗大量的热能

(Harkin 等，2010)。现有发展中的氨基碳捕集技术的热能需求量为 1.2~4.8GJ/t(CO_2)[1.2~4.80MJ/kg(CO_2)]，其由压力等于或高于 310kPa 的饱和蒸汽提供(Harkin 等，2010；Romeo 等，2008；Kvamsdal 等，2007)。通常，目前工厂所用的燃烧前捕集系统，可实现气流中 85%~95% CO_2 的捕集(Romano 等，2010；IPCC，2005；Thambimuthu 等，2005)。施加机械功[324~432kJ/kg(CO_2)]来压缩 CO_2，以使其压力升至适于运输的水平(Aspelund 和 Jordal，2007)。

UCG 运行中产生高温、高压的气化气，含有多种化学组分(由煤质和施工条件决定)(Liu 等，2006b)。发电厂在使用气化气之前，需将其冷却至适当温度(与所采用的处理工艺相一致)，采用一定的处理工艺排除其内不需要的气化产物，气体处理温度的范围为 150~600℃(Hamelinck 和 Faaij，2002；McMullan 等，1997)。

本实例研究意在分析辅助发电厂的适用性，通过使用 UCG 系统的氨基化学吸附和压缩，收集冷却气化气所放出的热能，并为 CO_2 捕集提供所需的能量。将辅助发电厂所产生的电能与 UCG-CCS 系统所需的能量(包括空气注入、CO_2 捕集与压缩、辅助发电厂内泵输工作等方面所需的能量)进行对比。开展参数分析，来研究注入量、CO_2 捕集、压缩及气化气冷却的能量需求对系统整体性能的影响。

10.5.1 系统概述

本章所研究的带有 CO_2 捕集和压缩的 UCG 系统，以 Newman Spinney P5 现场试验项目为基础，图 10.3 为该系统的示意图。如图 10.3 所示，Newman Spinney P5 现场试验项目在理论上将燃烧前 CO_2 捕集及压缩与辅助朗肯循环相结合。空气被压缩并注入地下反应床中，煤气化生成的气化气通过生产井产到地面。用单压余热蒸汽发生器(HRSG)来对气化

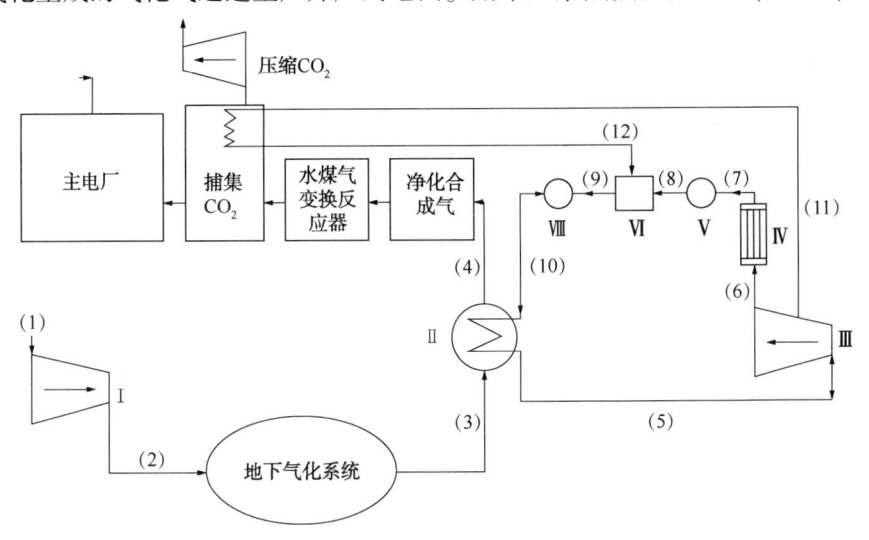

图 10.3 带有 CO_2 捕集和压缩及辅助发电的 UCG 系统示意图(Self 等，2013)

数值代表系统中的工况点

I—氧化剂注入压缩机；II—HRSG；III—蒸汽轮机；
IV—冷凝器；V—泵 I；VI—混合室；VII—泵 II；

气进行冷却。对 HRSG 产出的气化气流(冷却后的)进行处理(包括水煤气转换和 CO_2 捕集)。清洁的气化气被输送至发电厂，燃烧后产生电能。在水煤气转换反应器中，UCG 所形成的 CO 被转换为 CO_2。用以氨基溶液为基础的捕集工艺，对气化炉和水煤气变换反应器中所产生的 CO_2 进行捕集。在该过程中，从工作流体中分离再沸器中的 CO_2 需消耗热能。对 CO_2 进行增压处理，来制得易于管输的液态 CO_2。

在朗肯循环中用 HRSG 所产生的蒸汽，来驱动涡轮装置的运转。从涡轮机组中提取部分蒸汽，以充当中压饱和蒸汽，为再沸炉供应热能。剩余的蒸汽由涡轮机组中排出并冷却至液态。冷凝蒸汽的压力升高至提取的蒸汽压力。在混合室内将冷凝蒸汽与提取的蒸汽混合，且用二级泵将流体的压力升至 HRSG 的压力。

Newman Spinney P5 现场试验为浅层 UCG 试验，于 1958 年和 1959 年在 Derbyshire 郡的 Newman Spinney 开展。Newman Spinney P5 现场试验项目使用开启通道的气化床，共含 4 口注入井，单井的注气速度为 1.0~3.0kg/s，注气压力为 120~190kPa(Perkins 等，2003)。本研究中的标准注入条件为：单井的注入速度为 2.5kg/s，注入压力为 150kPa。起初，与 Newman Spinney P5 现场试验项目相连的发电厂的输出功率为 1~2MW，稳定状态的输出功率为 1.75MW(Gibb，1964)。

气化床产出的气化气的组成见表 10.1。

表 10.1　Newman Spinney UCG 试验厂气化气的组成(干气质量)(Perkins 等，2003)

种类	质量分数	摩尔分数
O_2	0.003	0.001
CO	0.080	0.037
CO_2	0.150	0.044
H_2	0.094	0.606
CH_4	0.008	0.006
N_2	0.665	0.306

10.5.2　数据与假设

对于基础系统而言，假设冷却后的温度为 400℃，这接近于气化气净化技术的温度上限(Hamelinck 和 Faaij，2002；McMullan 等，1997)。在这种情况下，传送至 HRSG 的热能较有限，这也证实了所分析系统的适用性。本实例研究所选用的系统参数见表 10.2。

表 10.2　分析所用的系统参数

参数		取值	工况点
等熵效率(%)	空气压缩机	80	n/A
	涡轮等熵	85	n/A
	泵等熵	90	n/A

续表

参数		取值	工况点
温度(℃)	高温气化气	727	3
	冷却后的气化气	400	4
	HRSG 产出的蒸汽	500	5
压力(kPa)	HRSG 蒸汽	10000	5, 10
	涡轮排出的气体	330	11
	压缩机	10	6, 7
气化气蒸汽中 CO_2 的清除率(%)		90	n/A
再沸器的热能需求量[MJ/kg(CO_2)]		1.60	n/A
CO_2 压缩的能耗[kJ/kg(CO_2)]		378	n/A

注：工况点参考图 10.3。

分析中有如下假设：
(1) 系统保持稳定状态。
(2) 忽略从处理组件向周围环境传递的热量。
(3) 忽略气化床、HRSG、冷凝室和管道内的压降。
(4) 在水煤气转换反应器中，气化气流中的一氧化碳全部转化为二氧化碳。
(5) 气化床中蒸汽/氧化剂的比例保持恒定。
(6) 气化床所产生的气体组分保持恒定(Daggupati 等, 2011b)。

10.5.3 分析

本节与下节中所涉及的工况点与图 10.3 一致。

供气压缩机的功率 $\dot{W}_{air,comp}$ 为：

$$\dot{W}_{air,comp} = \dot{m}_{air}(h_2 - h_1) \qquad (10.7)$$

式中，$\dot{m}_{air}$ 为空气进入压缩机的质量流率；h_1 与 h_2 为压缩机进口与出口处空气的比焓。

分析所用的气化气放热组分为 UCG 系统的实测值。假设产出气中的氮气完全来自所注入的空气，则可依据注入空气的速率来确定质量流量。依据大气的组分，可得到注入反应器中的空气与氮气的摩尔流量：

$$\dot{N}_{air} = \frac{\dot{m}_{air}}{M_{air}} \qquad (10.8)$$

$$\dot{N}_{N_2} = 0.79 \dot{N}_{air} \qquad (10.9)$$

式中，$\dot{N}_{air}$ 为注入空气的摩尔流量；$\dot{m}_{air}$ 为注入空气的质量流量；M_{air} 为空气的物质的量，mol；$\dot{N}_{N_2}$ 为注入氮气的摩尔流量。

假设在气化床中，氮气不发生反应，则在反应床出入口处的氮气流量保持不变，则氮气的质量流量为：

$$\dot{m}_{N_2} = \dot{N}_{N_2} M_{N_2} \tag{10.10}$$

式中，M_{N_2} 为氮气的物质的量，mol。

依据气化气中氮气的流量与质量分数，可估算得到气化气的质量流量 $\dot{m}_{syngas}$：

$$\dot{m}_{syngas} = \dot{m}_3 = \frac{\dot{m}_{N_2}}{x_{N_2}} \tag{10.11}$$

式中，x_{N_2} 为氮气质量分数。

混合气的比焓可表示为各组分比焓与其质量分数乘积的总和。气化床出口处气体的比焓为：

$$h_3 = \sum_{i=1}^{n} x_i h_{i,3} \tag{10.12}$$

式中，h_3 为工况点 3 处的总比焓；x_i 为组分 i 的质量分数；$h_{i,3}$ 为组分 i 在工况点 3 处的比焓。

可用相似的方法，来计算工况点 4 处的比焓。

需将进入 HRSG 的水温设定为高值，以避免 HRSG 低温端气体酸液的形成。设定 HRSG 出口处的蒸汽温度和压力，以确保所形成蒸汽的流量可满足蒸汽涡轮机组发电的需要，且使涡轮机组排出蒸汽的流速和温度满足再沸器的使用条件。依据能量平衡原理，可计算出生成蒸汽的流量：

$$\dot{m}_3 (h_3 - h_4) = \dot{m}_5 (h_5 - h_{10}) \tag{10.13}$$

式中，$\dot{m}_3$ 和 $\dot{m}_5$ 分别为气化气和蒸汽的质量流率；h_3 和 h_4 分别为气化气进出 HRSG 的比焓；h_{10} 和 h_5 分别为蒸汽在 HRSG 入口和出口处的比焓。

通过能量平衡，可计算出涡轮机组的功率 $\dot{W}_{turb}$ 为：

$$\dot{W}_{turb} = \dot{m}_5 h_5 - (\dot{m}_{11} h_{11} + \dot{m}_6 h_6) \tag{10.14}$$

系统包含两台泵。依据泵的压差和流体在泵入口处的比体积，可计算得到泵的功率。依据泵的比功率，可计算得到泵出口处的比焓值。

依据混合室内的能量平衡，可得到工况 9 的焓值：

$$\dot{m}_9 h_9 = \dot{m}_8 h_8 + \dot{m}_{11} h_{12} \tag{10.15}$$

式中，$\dot{m}_9$ 为混合室出口处水的质量流量；h_9 为混合室出口处的比焓；h_{12} 为再沸器所排出冷凝蒸汽的比焓。

依据氨基吸附的典型热能需求量，可得到从气化气流中捕集 CO_2 所需的热能率：

$$\dot{Q}_{cap} = q_{cap} \dot{m}_{CO_2, cap} \tag{10.16}$$

式中，$\dot{Q}_{cap}$ 为热能消耗率；q_{cap} 为消耗的比热容；$\dot{m}_{CO_2, cap}$ 为从气化气流中分离出的 CO_2 的质量流量。

在开展碳捕集之前，水煤气转换反应器将气化气流中的 CO 转化为 CO_2。水煤气转换反应器所涉及反应的化学方程式为：

$$CO(g) + H_2O(v) \longrightarrow CO_2(g) + H_2(g) \tag{10.17}$$

假设，气化气流中的 CO 100% 地转化为 CO_2。

捕集到的 CO_2 的质量流量则为一定比例的 CO_2（气化气流中）的总质量速率：

$$\dot{m}_{CO_2, cap} = y_{CO_2} \dot{m}_{CO_2} \tag{10.18}$$

式中，y_{CO_2}为气化气流中捕集的CO_2的百分比；$\dot{m}_{CO_2}$为水煤气转换反应器处理后气化气流中CO_2的质量流量。

压缩功的输入功率$\dot{W}_{CO_2, comp}$为：

$$\dot{W}_{CO_2, comp} = w_{CO_2, comp} \dot{m}_{CO_2, cap} \tag{10.19}$$

式中，$w_{CO_2, comp}$为压缩单位质量CO_2的比功。

总的输入功率为系统输入功率的总和，即

$$\dot{W}_{Required} = \dot{W}_{pump1} + \dot{W}_{pump2} + \dot{W}_{CO_2, comp} + \dot{W}_{air, comp} \tag{10.20}$$

式中，$\dot{W}_{pump2}$和$\dot{W}_{pump2}$分别为泵1和泵2的耗电功率。

整个UCG系统的净输出功率为：

$$\dot{W}_{UCG, net} = \dot{W}_{turb} - \dot{W}_{Required} \tag{10.21}$$

为量化评价辅助电厂供电量满足系统需求量的情况，引入一个新参数——覆盖率（CR）。CR为涡轮机组的输出功率与系统耗电功率的比值。

$$CR = \frac{\dot{W}_{turb}}{\dot{W}_{Required}} \tag{10.22}$$

CR<1，表示辅助发电厂的发电量不能满足系统的需求；CR=1，表示辅助发电厂的发电量刚好满足系统的需求；CR>1，表示辅助发电厂的发电量大于系统的需求。

辅助发电厂的能量效率（包括再沸器所需的热能）为：

$$\eta_{aux} = \frac{(\dot{W}_{turb} + \dot{Q}_{cap}) - (\dot{W}_{pump1} + \dot{W}_{pump2})}{\dot{m}_5 (h_5 - h_{10})} \tag{10.23}$$

10.5.4 结果与讨论

依据最初的假设与施工条件，研究发现：在水煤气转换反应后，捕集到的CO_2的质量速率为13.6kg/s。空气压缩、给水泵注入和CO_2压缩所需的功率分别为454kW、176kW和5.13MW，所需的总功率为5.76MW。捕集CO_2所需的热能功率为21.7kW。辅助发电厂的输出功率为12.1MW，系统的净输出功率为6.38MW，CR为2.11。通过中等压力下对蒸汽涡轮机组抽取蒸汽，来满足CO_2捕集过程中再沸器的热能需要。辅助发电厂的效率为77%。

总的来说，在UCG系统中，抽汽工艺的朗肯循环（可冷却气化气）较为适用，且可提供较为合理的净输出功。通过使用文中所述系统，可消除与CO_2捕集和压缩相关的能量损耗（原始的发电厂常存在该类损耗）。辅助朗肯循环的引入，还可增加UCG系统的净输出功；当UCG系统所产气化气的热值较低、发电厂的输出功较低时，该类系统将尤为适用。将朗肯循环与UCG结合，可提升UCG的经济实用性，并将降低对环境的影响，增大煤炭可采储量。

10.5.4.1 空气的注入速度对系统性能的影响

在单井的空气注入速度为1~3kg/s（总排量为4~12kg/s）的范围内，研究注入速度对系统性能的影响。假设气化床中的蒸汽/氧化剂比例及其他所有施工条件都保持恒定，以确保气化气组分稳定。空气注入速度的影响效果见表10.3。

表 10.3　空气注入速度对发电厂参数的影响①

$\dot{m}_{air}$(kg/s)	功率(MW)			$\dot{Q}_{cap}$
	$\dot{W}_{Required}$	$\dot{W}_{turb}$	$\dot{W}_{UCG,net}$	
4.00	2.30	4.86	2.55	8.68
4.89	2.82	5.94	3.12	10.6
5.78	3.33	7.01	3.69	12.5
6.67	3.84	8.09	4.25	14.5
7.56	4.35	9.17	4.82	16.4
8.44	4.86	10.3	5.39	18.3
9.33	5.38	11.3	5.96	20.3
10.2	5.89	12.4	6.52	22.2
11.1	6.4	13.5	7.09	24.1
12.0	6.91	14.6	7.66	26.1

① 所有流速下，CR 都为 2.11。

随着注入速度的升高，空气压缩、CO_2 捕集、CO_2 压缩和给水泵注入所需的总能量呈线性攀升（CR 值保持恒定）。这说明，空气注入速度与发电厂的发电功率及耗能过程所需的功率直接相关。辅助发电厂输出功率的变化主要归因于传送至 HRSG 的能量的变化。所需功及热能需求量的升高主要由 CO_2 的流速引发。虽然增大空气流量并不影响 CR 值，但系统的净输出功率也随之升高，这说明提高注入速度有利于输出功率的提升。相反，注入速度的提升暗示着系统内的各个组件型号都需增大，以适应不同的载荷，这将影响系统的经济适用性。

10.5.4.2　改变 CO_2 捕集与压缩的能量需求对系统性能的影响

CO_2 捕集与压缩的能量需求对 CR 值的影响情况如图 10.4 所示。再沸器的热能需求高于 CO_2 压缩过程的需求量。因此，对适用的 CO_2 捕集需求，CR 值的变化更为显著。随着以氨基溶液为基础的捕集工艺的热能需求量的攀升，高于涡轮抽汽点的蒸汽量降低。这导致涡轮机组输出功率及相关 CR 值降低。分析表明，当捕集过程的热能需求量达到 2.46MJ/kg(CO_2)时，朗肯循环的模式不能满足热载荷的需要。汽提所需流速需大于 HRSG 所产蒸汽的流速。通过升高涡轮机组抽汽过程中的中间压力和降低 HRSG 中的蒸汽压力，可提高辅助发电系统的最大热负载。采用上述方法的效果，还会导致涡轮机组输出功率和 CR 值降低。为降低涡轮机组的输出，还可通过降低抽汽流速，来使朗肯循环中抽汽的蒸汽仅满足部分的热能需求。

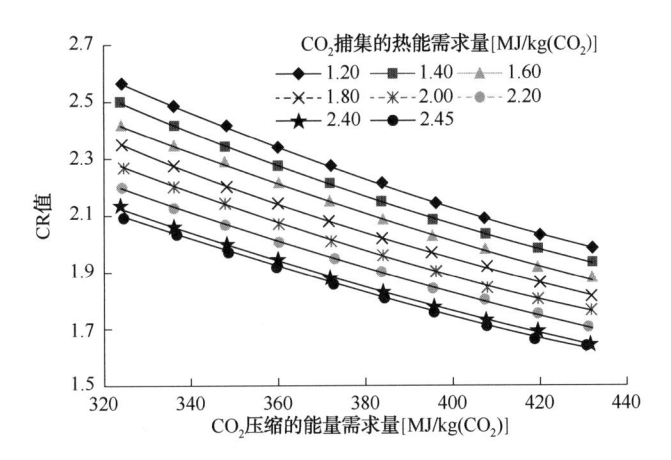

图 10.4　CO_2 捕集和压缩过程的能量需求对 CR 值的影响(Self 等, 2013)

在通常情况下，压缩对能量的需求大大小于 CO_2 的捕集过程，因此在对系统性能的影响方面，CO_2 捕集过程比压缩过程更为显著。改变压缩过程的能量需求量可得到完全相同的变化趋势，这说明压缩过程对 CR 值存在影响，而这种影响独立于捕集过程的热能需求量。与基础系统相比，当能量需求为最大值时，CR 值和净输出功分别降低 26% 和 44%。而当能量需求为最低时，CR 值和净输出功分别升高 19% 和 20%。为实现辅助发电厂涡轮机组功率和系统净输出功的最大化，应降低捕集和压缩过程的能量需求。虽在技术层面上能够实现能量需求量的降低，但这将导致过程复杂化和成本升高。

10.5.4.3　HRSG 排出气化气温度对系统性能的影响

HRSG 出口处气化气的温度对 CR 值和净输出功率的影响如图 10.5 所示。研究发现，随着 HRSG 出口处气化气温度的降低，UCG 系统的 CR 值和净输出功率都增高。Marrero 等(2002)对三重动力循环(与本章中的实例相似，包含 HRSG，且与朗肯循环相连接)的最佳运行条件进行了研究，得到相似的研究结果。通过降低 HRSG 出口气化气的温度，可提升 HRSG 的热能利用率，同时增大蒸汽产量和蒸汽涡轮机组的输出功率。

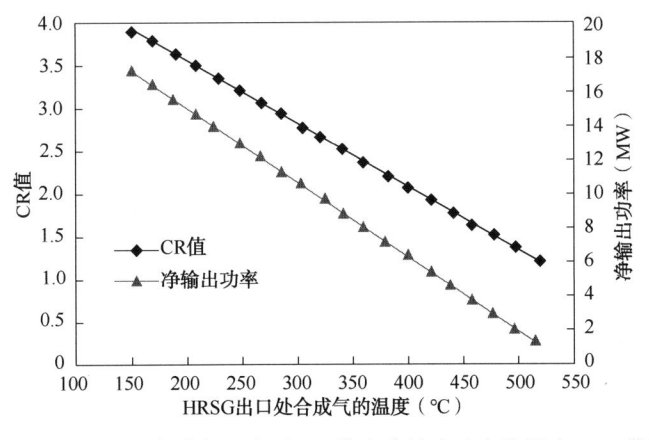

图 10.5　HRSG 出口处气化气温度对 CR 值和净输出功率的影响(Self 等, 2013)

HRSG 排出气温度的升高将导致蒸汽能量的降低,从而降低了涡轮入口处的蒸汽流速。虽然气体温度升高,CO_2 捕集中的热能需求保持稳定,但传输至辅助发电厂的能量降低(相比于 HRSG 产出的蒸汽量,用于 CO_2 捕集过程的蒸汽量增多)。随着从涡轮机组中提取蒸汽(中间压力)的增多,机组入口—出口的流速降低,从而最终导致涡轮机组输出功率降低。为实现发电功率的最优化,应选用低温气体处理系统。

系统配置与运行条件对上游 HRSG 排出气体的温度存在限制。为实现再沸器所需的蒸汽供应,气体温度必须低于 515℃。这是由于相比于再沸器的蒸汽需求量,HRSG 的蒸汽产量不足以满足需要。通过使用不同的涡轮抽取蒸汽条件和降低过程需求量,可使温度限制发生变化。在较高的压力下从涡轮机组中抽取蒸汽,可降低再沸器的流量,升高 HRSG 排出气体的温度限制。升高抽取蒸汽压力,将降低涡轮的输出功率。

HRSG 所排出气体的温度对辅助发电厂效率的影响如图 10.6 所示。升高 HRSG 排出气的温度,将使辅助发电厂的效率随之升高[式(10.18)]。在所分析的温度范围内,发电厂效率的变化范围为 59%~99%。由于在气化气温度升高的条件下,压缩机中的气流流量降低,散失的能量也随之降低,因此电厂效率随之升高。在排出气体的温度达到最高值时,冷凝器中的气体流速为零,且所有 HRSG 产出的蒸汽都被再沸炉所使用。这说明,辅助发电厂可使用再沸炉来替代典型的冷凝器单元,来对涡轮机组排出蒸汽进行冷却处理。基于本章所使用的模型假设,蒸汽所携带的热能可被相关进程全部使用,因此发电厂效率可达 100%。

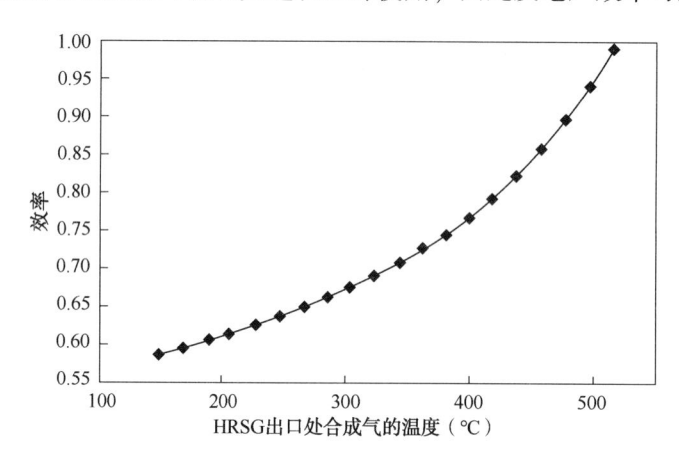

图 10.6 HRSG 排出气的体温度对发电厂整体效率的影响(Self 等,2013)

10.5.4.4 实例研究的总结评论

当从高温气化气中回收的热量被供应于辅助朗肯循环时,可为与 UCG-CCS 系统相关的进程提供充足的热能与电能。将 UCG-CCS 系统与辅助发电厂相结合,可降低 CO_2 排放量和能量需求量。将 UCG 与朗肯循环相结合,可实现 CO_2 的零排放,提高 UCG 的经济实用性,并增大煤炭可采储量。

针对调查分析的情况,辅助发电厂的涡轮输出功率大于用电进程的功率需求,这使得 UCG 系统的净输出功率大于未配备辅助发电厂的 UCG 系统。

空气注入速度对气化气产量和 HRSG 内的能量流量存在影响。同时,空气注入速度还

对 CO_2 产量及捕集和压缩能量的消耗速度存在影响。改变空气注入速度不会对辅助发电厂的 CR 值产生影响，且空气注入排量与发电厂的运行条件参数存在线性相关性。空气注入速度的升高将提升辅助发电厂的净输出功率。虽然空气注入速度的提升对处理能力和系统组件的规格提出了更高的要求，从而导致整体成本的提升，但在较高注入速度条件下运行上述系统仍较为有利（大型系统存在规模经济性效应）。通过调节空气的注入速度，可对系统的经济可行性进行优化。

使用高能量需求的 CO_2 捕集和压缩进程，将对辅助发电厂的 CR 值产生不利影响，并降低系统的净输出功率。在特定运行条件下，CO_2 捕集过程的热能需求量存在上限值；如果超过该限定值，系统不能满足总热能的需求量。当 CO_2 捕集过程的能量需求量小于该限定值时，辅助发电厂能正常运转，且在 CO_2 压缩过程所需能量范围内，都会有电量输出。

气化气冷却处理后的温度（在净化处理前）对系统的性能存在显著影响。冷却后气化气的温度是确定蒸汽热能的主要因素。当气化气被冷却至行业最低温度时，相比于基础系统，UCG 系统的 CR 值和净输出功率都显著提升。当超过限值时，蒸汽产量太低，不足以满足 CO_2 捕集的能量需要。当气化气的温度达到温度上限时，冷凝器中热损失减少，使辅助发电厂的整体效率提升。

10.6 结束语

虽然地球上的煤炭资源丰富，但大量资源难以用传统采煤工艺进行开发。许多国家仍将继续开发煤炭资源，这就需要开发新技术，来实现更为环保的开发和利用。通过使用 UCG 技术，可进一步扩展可采煤炭储量，产出的气化气可用作燃料或化工原料。发电厂所使用的化石燃料可用于其他用途，或显著降低消耗速度。

构建数值模型来模拟 UCG 及相关的进程和现象。充填床模型适用于高渗透多孔介质。基于实验与理论对比，多数充填床模型考虑了详细的物理和化学因素。充填床模型的模拟结果与室内气体组分的测试结果相一致，但将这些模型与现场试验建立联系的难度较大。基于一维特性，来开发充填床模型与煤体模型，难以获取气化腔的形状参数。通过二维或三维分析法的通道模型，可确定气化腔的形状与尺寸。

通过配备辅助发电厂并回收冷却气化气所产生的废热，可生成更多的电能，并为 CO_2 的捕集和压缩以及其他辅助进程提供能量。将 UCG 与 CCS 及辅助发电厂相结合，可实现 CO_2 减排，并可满足相关进程的能量需求，提高 UCG 的经济适用性。

UCG 过程中所形成的腔体可用于 CO_2 的储集，从而免去了输送和储集库选择等多方面工作。实际上，通过装配封闭式碳循环的独立系统，可提升 UCG 的经济性，并实现二氧化碳的零排放。

UCG 通过单一途径，即可实现煤炭的开发和转化，避免了常规采矿工艺的相关问题。由于煤炭地下气化与地面气化的相似性，可通过使用电力行业常用的传统方法，来实现与 CCS 的组合使用。虽然该技术尚未被广泛使用，但后续研究将进一步对模拟与分析方法进行改进提升，以进一步扩展 UCG 系统在全球的使用。

参 考 文 献

Abdel-Hadi, E. A. A., Hsu, T. R., 1987. Computer modeling of fixed bed underground coal gasification using the permeation method. J. Energy Resour. Technol. 109 (1), 11-20.

Aleklett, K., Hook, M., Jakobsson, K., Lardelli, M., Snowden, S., Soderbergh, B., 2010. The peak of the oil age: analyzing the world oil production reference scenario in World Energy Outlook 2008. Energy Policy 38, 1398-1414.

Aspelund, A., Jordal, K., 2007. Gas conditioning: the interface between CO_2 capture and transport. Int. J. Greenhouse Gas Control 1 (3), 343-354.

Beath, A., Wendt, M., Mallet, C., 2000. Underground coal gasification method for reducing the greenhouse impact of coal utilization. In: Proceedings of Fifth International Conference on Greenhouse Gas Control Technologies, Cairns, QLD, Australia, 13 August 2000, pp. 1307-1312.

Bhaskaran, S., Samdani, G., Aghalayam, P., Ganesh, A., Singh, R. P., Sapru, R. K., Jain, P. K., Mahajani, S., 2015. Experimental studies on spalling characteristics of Indian lignite coal in context of underground coal gasification. Fuel 154, 326-337.

Bhutto, A. W., Bazmi, A. A., Zahedi, G., 2013. Underground coal gasification: from fundamentals to applications. Prog. Energy Combust. Sci. 39, 189-214.

Birol, F. (Ed.), 2014. World Energy Outlook 2014. International Energy Agency, Paris.

Blinderman, M. S., 2015. Underground coal gasification: commodity: coal. Inside Mining 8 (2), 10-11.

Blinderman, M. S., Klimenko, A. Y., 2007. Theory of reverse combustion linking. Combust. Flame 150, 232-245.

Blinderman, M. S., Saulov, D. N., Klimenko, A. Y., 2008. Forward and reverse combustion linking in underground coal gasification. Energy 33, 446-454.

Brown, K. M., 2012. In situ coal gasification: an emerging technology. J. Am. Soc. Min. Reclam. 1 (1), 103-122.

Budzianowski, W. M., 2012. Value-added carbon management technologies for low CO_2 intensive carbon-based energy vectors. Energy 41, 280-297.

Burton, E., Friedmann, J., Upadhye, R., 2006. Best Practices in Underground Coal Gasification. Lawrence Livermore National Laboratory, Livermore, CA.

Chapman, I., 2014. The end of peak oil? Why the topic is still relevant despite recent denials. Energy Policy 64, 93-101.

Couch, G., 2009. Underground Coal Gasification. IEA Clean Coal Centre, London.

Daggupati, S., Mandapati, R. N., Mahajani, S. M., Ganesh, A., Mathur, D. K., Sharma, R. K., Aghalayam, P., 2010. Laboratory studies on combustion cavity growth in lignite coal blocks in the context of underground coal gasification. Energy 35 (6), 2374-2386.

Daggupati, S., Mandapati, R. N., Mahajani, S. M., Ganesh, A., Pal, A. K., Sharma, R. K., Aghalayam, P., 2011a. Compartment modeling for flow characterization of underground coal gasification cavity. Ind. Eng. Chem. Res. 50 (1), 277-290.

Daggupati, S., Mandapati, R. N., Mahajani, S. M., Ganesh, A., Sapru, R. K., Sharma, R. K., Aghalayam, P., 2011b. Laboratory studies on cavity growth and product gas composition in the context of underground coal gasification. Energy 36 (3), 1776-1784.

Elahi, S. M., 2016. Geomechanical Modeling of Underground Coal Gasification. Doctoral Dissertation University of Calgary.

Energy Information Administration, 2014. International Energy Outlook 2014. U. S. Department of Energy, Washington, DC.

Friedmann, S. J., Upadhye, R., Kong, F. M., 2009. Prospects for underground coal gasification in carbon-constrained world. Energy Procedia 1 (1), 4551-4557.

García-Olivares, A., Ballabrera-Poy, J., 2015. Energy and mineral peaks, and a future steady state economy. Technol. Forecast. Soc. Chang. 90, 587-598.

Ghose, M. K., Paul, B., 2007. Underground coal gasification: a neglected option. Int. J. Environ. Stud. 64 (6), 777-783.

Gibb, A., 1964. Underground Gasification of Coal. Sir Isaac Pitman and Sons, London.

Gibbins, J., Chalmers, H., 2008. Carbon capture and storage. Energy Policy 36, 4317-4322.

Gnanapragasam, N. V., Reddy, B. V., Rosen, M. A., 2009. Hydrogen production from coal using coal direct chemical looping and syngas chemical looping combustion systems: assessment of system operation and resource requirements. Int. J. Hydrog. Energy 34 (6), 2606-2615.

Gnanapragasam, N. V., Reddy, B. V., Rosen, M. A., 2010. Hydrogen production from coalgasification for effective downstream CO_2 capture. Int. J. Hydrog. Energy 35 (10), 4933-4943.

Golec, T., Ilmurzynska, J., 2008. Modeling of gasification process. In: Borowiecki, T., Kijenski, J., Machnikowski, J., Ściaiko, M. (Eds.), Clean Energy, Chemical Products and Fuels from Coal: Evaluation of the Development Potential Clean Energy, Chemical Products and Fuels from Coal: Evaluation of the Development Potential. Institute for Chemical Processing of Coal, Zabrze, Poland, pp. 170-187.

Göttlicher, G., Pruschek, R., 1997. Comparison of CO_2 removal systems for fossil-fuelled power plant processes. Energy Convers. Manag. 38, 173-178.

Gunn, R. D., Krantz, W. B., 1987. Underground coal gasification: development of theory, laboratory experimentation, interpretation, & correlation with the Hanna field tests. Final Report No. DOE/LC/10442-2545. U. S. Department of Energy, Morgantown, WV.

Hamanaka, A., Su, F. Q., Itakura, K. I., Takahashi, K., Kodama, J. I., Deguchi, G., 2017. Effect of injection flow rate on product gas quality in underground coal gasification (UCG) based on laboratory scale experiment: development of co-axial UCG system. Energies 10 (2), 238-259.

Hamelinck, C. N., Faaij, A. P. C., 2002. Future prospects for production of methanol and hydrogen from biomass. J. Power Sources 111 (1), 1-22.

Hammond, G. P., 2000. Energy, environment and sustainable development: a UK perspective. Trans. Inst. Chem. Eng. B 78, 304-323.

Harkin, T., Hoadley, A., Hooper, B., 2010. Reducing the energy penalty of CO_2 capture and compression using pinch analysis. J. Clean. Prod. 18 (9), 857-866.

Herzog, H. J., Drake, E. M., 1998. CO_2 capture, reuse and sequestration technologies for mitigating global climate change CO_2 capture, reuse and sequestration technologies for mitigating global climate change. In: Proc. 23rd International Technical Conference on Coal Utilization and Fuel Systems, Clearwater, FL, March 9-13, 1998, pp. 615-626.

Ho, M. T., Allinson, G., Wiley, D. E., 2006. Comparison of CO_2 separation options for geosequestration: are membranes competitive? Desalination 192, 288-295.

Imran, M., Kumar, D., Kumar, N., Qayyum, A., Saeed, A., Bhatti, M. S., 2014. Environmental concerns of underground coal gasification. Renew. Sust. Energ. Rev. 31, 600-610.

International Energy Agency, 2010. Energy Technology Perspectives, 2010: Scenarios and Strategies to 2050. International Energy Agency, Paris.

International Energy Agency, 2014. Key World Energy Statistics. International Energy Agency, Paris.

IPCC, 2005. IPCC Special Report on Carbon Dioxide Capture and Storage. Cambridge University Press, Cambridge.

Kasani, H. R., Chalaturnyk, R. J., 2017. Coupled reservoir and geomechanical simulation for a deep underground coal gasification project. J. Nat. Gas Sci. Eng. 37, 487-501.

Kempka, T., Plötz, M. L., Schlüter, R., Hamann, J., Deowan, S. A., Azzam, R., 2011. Carbon dioxide utilisation for carbamide production by application of the coupled UCG-urea process. Energy Procedia 4, 2200-2205.

Khadse, A. N., Qayyumi, M., Mahajani, S. M., Aghalayam, P., 2006. Reactor model for the underground coal gasification (UCG) channel. Int. J. Chem. React. Eng. 4 (1), A37.

Khadse, A., Qayyumi, M., Mahajani, S. M., Aghalayam, P., 2007. Underground coal gasification: a new clean coal utilization technique for India. Energy 32, 2061-2071.

Khan, M. M., Mmbaga, J. P., Shirazi, A. S., Liu, Q., Gupta, R., 2015. Modelling underground coal gasification: a review. Energies 8 (11), 12603-12668.

Klimenko, A. Y., 2009. Early ideas in underground coal gasification and their evolution. Energies 2, 456-476.

Kuyper, R. A., Bruining, J., 1996. Simulation of underground gasification of thin coal seams. In Situ 20, 311-346.

Kuyper, R. A., Van Der Meer, T. H., Hoogendoorn, C. J., 1994. Turbulent natural convection flow due to combined buoyancy forces during underground gasification of thin coal layers. Chem. Eng. Sci. 49 (6), 851-861.

Kvamsdal, H. M., Jordal, K., Bolland, O. A., 2007. Quantitative comparison of gas turbine cycles with CO_2 capture. Energy 32 (1), 10-24.

Lee, S., Speight, J. G., Loyalka, S. K., 2014. Handbook of Alternative Fuel Technologies, second ed. CRC, Boca Raton, FL.

Letcher, T. M., 2008. Future Energy: Improved, Sustainable and Clean Options for our Planet. Elsevier, Oxford.

Liang, J., Liu, S., Yu, L., 1999. Trial study on underground coal gasification of abandoned coal resourcerial study on underground coal gasification of abandoned coal resource. In: Xie, H., Golosinki, T. S. (Eds.), Proceedings of the '99 International Symposium on Mining Science and Technology. Beijing, August 1999. A. A. Balkema, Rotterdam, pp. 271-275.

Liu, S., Wang, Y., Yu, L., Oakey, J., 2006a. Thermodynamic equilibrium study of trace element transformation during underground coal gasification. Fuel Process. Technol. 87, 209-215.

Liu, S., Wang, Y., Yu, L., Oakey, J., 2006b. Volatilization of mercury, arsenic and selenium during underground coal gasification. Fuel 85 (10-11), 1550-1558.

Ludwik-Pardała, M., Stanczyk, K., 2015. Underground coal gasification (UCG): an analysis of gas diffusion and sorption phenomena. Fuel 150, 48-54.

Luo, Y., Coertzen, M., Dumble, S., 2009. Comparison of UCG cavity growth with CFD model predictions. In: Proceedings of the 7th International Conference on CFD in the Minerals and Process Industries, CSIRO, Melbourne, Australia, 9-11 December 2009.

Marrero, I. O., Lefsaker, A. M., Razani, A., Kim, K. J., 2002. Second law analysis and optimization of a combined triple power cycle. Energy Convers. Manag. 43 (4), 557-573.

McInnis, J., Singh, S., Huq, I., 2016. Mitigation and adaptation strategies for global change via the implementation of underground coal gasification. Mitig. Adapt. Strateg. Glob. Chang. 21 (4), 479-486.

McMullan, J. T., Williams, B. C., Sloan, E. P., 1997. Clean coal technologies. Proc. Inst. Mech. Eng. A: J. Power Energy 211 (1), 95-107.

Mehmood, S., Reddy, B. V., Rosen, M. A., 2014. Analysis of emissions and furnace exit gas temperature for a biomass co-firing coal power generation system. Res. J. Environ. Sci. 8 (5), 274-286.

Mehmood, S., Reddy, B. V., Rosen, M. A., 2015. Exergy analysis of a biomass co-firing based pulverized coal power generation system. Int. J. Green Energy 12 (5), 461-478.

Nag, B., Parikh, J., 2000. Indicators of carbon emission intensity from commercial energy use in India. Energy Econ. 22, 441-461.

Nakaten, N., Islam, R., Kempka, T., 2014. Underground coal gasification with extended CO_2 utilization: an economic and carbon neutral approach to tackle energy and fertilizer supply shortages in Bangladesh. Energy Procedia 63, 8036-8043.

Nourozieh, H., Kariznovi, M., Chen, Z., Abedi, J., 2010. Simulation study of underground coal gasification in Alberta reservoirs: geological structure and process modeling. Energy Fuel 24, 3540-3550.

Orr, F. M., 2009. Onshore geologic storage of CO_2. Science 325 (5948), 1656-1658.

Padurean, A., Cormos, C. C., Agachi, P. S., 2012. Pre-combustion carbon dioxide capture by gas-liquid absorption for Integrated Gasification Combined Cycle power plants. Int. J. Greenhouse Gas Control 7, 1-11.

Pana, C., 2009. Review of Underground Coal Gasification With Reference to Alberta's Potential. Energy Resources Conservation Board, Edmonton, AB, Canada.

Perkins, G., Sahajwalla, V., 2005. A mathematical model for the chemical reaction of a semiinfinite block of coal in underground coal gasification. Energy Fuel 19, 1679-1692.

Perkins, G., Sahajwalla, V., 2006. Numerical study of the effects of operating conditions and coal properties on cavity growth in underground coal gasification. Energy Fuel 20 (2), 596-608.

Perkins, G., Sahajwalla, V., 2007. Modelling of heat and mass transport phenomena and chemical reaction in underground coal gasification. Chem. Eng. Res. Des. 85 (3), 329-343.

Perkins, G., Sahajwalla, V., 2008. Steady-state model for estimating gas production from underground coal gasification. Energy Fuel 22, 3902-3914.

Perkins, G., Saghafi, A., Sahajwalla, V., 2003. Numerical modeling of underground coal gasification and its application to Australian coal seam conditions. University of New South Wales, Australia.

Pirlot, P., Pirard, J. P., Coeme, A., Mostade, M., 1998. A coupling of chemical processes and flow in view of the cavity growth simulation of an underground coal gasifier at great depth. In Situ 22 (2), 141-156.

Plumb, O. A., Klimenko, A., 2010. The stability of evaporating fronts in porous media. J. Porous Media 13 (2), 145-155.

Poon, S. S. K., 1985. The Combustion Rates of Texas Lignite Cores. Masters Thesis, The University of Texas at Austin, Austin, TX.

Prabu, V., Geeta, K., 2015. CO_2 enhanced in-situ oxy-coal gasification based carbon-neutral conventional power generating systems. Energy 84, 672-683.

Prabu, V., Jayanti, S., 2011. Simulation of cavity formation in underground coal gasification using bore hole combustion experiments. Energy 36 (10), 5854-5864.

Prabu, V., Jayanti, S., 2012. Integration of underground coal gasification with a solid oxide fuel cell system for clean coal utilization. Int. J. Hydrog. Energy 37, 1677-1688.

Roddy, D., Gonzalez, G., 2010. Underground coal gasification (UCG) with carbon capture and storage (CCS).

In: Hester, R. E., Harrison, R. M. (Eds.), Issues in Environmental Science and Technology. vol. 29. Royal Society of Chemistry, Cambridge, pp. 102-125.

Roddy, D. J., Younger, P. L., 2010. Underground coal gasification with CCS: a pathway to decarbonising industry. Energy Environ. Sci. 3, 400-407.

Romano, M. C., Chiesa, P., Lozza, G., 2010. Pre-combustion CO_2 capture from natural gas power plants, with ATR and MDEA processes. Int. J. Greenhouse Gas Control 4 (5), 785-797.

Romeo, L. M., Espatolero, S., Bolea, I., 2008. Designing a supercritical steam cycle to integrate the energy requirements of CO_2 amine scrubbing. Int. J. Greenhouse Gas Control 2 (4), 563-570.

Rosen, M. A., Bulucea, C. A., Mastorakis, N. E., Bulucea, C. A., Jeles, A. C., Brindusa, C. C., 2015. Evaluating the thermal pollution caused by wastewaters discharged from a chain of coal-fired power plants along a river. Sustainability 7 (5), 5920-5943.

Schiffrin, D. J., 2015. The feasibility of in situ geological sequestration of supercritical carbondioxide coupled to underground coal gasification. Energy Environ. Sci. 8 (8), 2330-2340.

Seifi, M., 2014. Simulation and Modeling of Underground Coal Gasification Using Porous Medium Approach. Doctoral Dissertation, University of Calgary.

Self, S. J., Reddy, B. V., Rosen, M. A., 2012. Review of underground coal gasification technologies and carbon capture. Int. J. Energy Environ. Eng. 3 (16), 1-8.

Self, S. J., Rosen, M. A., Reddy, B. V., 2013. Energy analysis of underground coal gasification with CO_2 capture and auxiliary power production. Proc. Inst. Mech. Eng. A: J. Power Energy 227 (3), 328-337.

Selma, L., Seigo, O., Dohle, S., Siegrist, M., 2014. Public perception of carbon capture and storage (CCS): a review. Renew. Sust. Energ. Rev. 38, 848-863.

Selosse, S., Ricci, O., 2017. Carbon capture and storage: Lessons from a storage potential and localization analysis. Appl. Energy 188, 32-44.

Shafirovich, E., Varma, A., 2009. Underground coal gasification: a brief review of current status. Ind. Eng. Chem. Res. 48, 7865-7875.

Sheng, Y., Benderev, A., Bukolska, D., Eshiet, K. I. I., Gama, C. D., Gorka, T., Green, M., Hristov, N., Katsimpardi, I., Kempka, T., Kortenski, J., 2016. Interdisciplinary studies on the technical and economic feasibility of deep underground coal gasification with CO_2. Mitig. Adapt. Strateg. Glob. Chang. 21 (4), 595-627.

Shu-qin, L., Jing-gang, L., Mei, M., Dong-lin, D., 2007. Groundwater pollution from underground coal gasification. J. China Univ. Min. Technol. 17 (4), 467-472.

Stanczyk, K., Howaniec, N., Smolinski, A., Świadrowski, J., Kapusta, K., Wiatowski, M., Grabowski, J., Rogut, J., 2011. Gasification of lignite and hard coal with air and oxygen enriched air in a pilot scale ex situ reactor for underground gasification. Fuel 90, 1953-1962.

Stanczyk, K., Kapusta, K., Wiatowski, M., Swiadrowski, J., Smolinski, A., Rogut, J., Kotyrba, A., 2012. Experimental simulation of hard coal underground gasification for hydrogen production. Fuel 91 (1), 40-50.

Steinberg, M., 1999. Fossil fuel decarbonization technology for mitigating global warming. Int. J. Hydrog. Energy 24, 771-777.

Thambimuthu, K., Soltanieh, M., Abanades, J. C., 2005. Capture of CO_2. In: Metz, B., Davidson, O., De Coninck, H., Loos, M., Meyer, L. (Eds.), Carbon Dioxide Capture and Storage. Cambridge University Press, New York.

Thorsness, C. B., Kang, S. W., 1986. General-Purpose, Packed-Bed Model for Analysis. Lawrence Livermore

Laboratory, Livermore, CA. UCID-20731.

Thorsness, C. B., Grens, E. A., Sherwood, A., 1978. One-Dimensional Model for In Situ Coal Gasification. Lawrence Livermore Laboratory, Livermore, CA. UCRL-52523.

Tsang, T. H. T., 1980. Modeling of Heat and Mass Transfer During Coal Block Gasification. Ph. D. The sisUniversity of Texas at Austin, Austin, TX.

Upadhye, R., Burton, E., Friedmann, J., 2006. Science and Technology Gaps in Underground Coal Gasification. Lawrence Livermore Laboratory, Livermore, CA. 222523.

Uppal, A. A., Bhatti, A. I., Aamir, E., Samar, R., Khan, S. A., 2014. Control oriented modeling and optimization of one dimensional packed bed model of underground coal gasification. J. Process Control 24 (1), 269-277.

Van Batenburg, D. W., Biezen, N., Bruining, J., 1994. New channel model for underground gasification of thin, deep coal seams. In Situ 18 (4), 419-451.

Van der Riet, M., 2008. Underground coal gasification Underground coal gasification. In: Proceedings of the SAIEE Generation Conference, 19 February 2008, Eskom College, Midrand, South Africa.

Verma, A., Kumar, A., 2015. Life cycle assessment of hydrogen production from underground coal gasification. Appl. Energy 147, 556-568.

Walker, L., 1999. Underground coal gasification: a clean coal technology ready for development. The Australian Coal Review 8, 19-21.

Wang, G. X., Wang, Z. T., Feng, B., Rudolph, V., Jiao, J. L., 2009. Semi-industrial tests on enhanced underground coal gasification at Zhong-Liang-Shan coal mine. Asia-Pac. J. Chem. Eng. 4, 771-779.

Westmoreland, P. R., Forrester, R. C., 1977. Pyrolysis of large coal blocks: implications of heat and mass transport effects for in-situ gasification. ACS Div. Fuel Chem. 22 (1), 93-101.

Wiatowski, M., Stanczyk, K., S wia drowski, J., Kapusta, K., Cybulski, K., Krause, E., Grabowski, J., Rogut, J., Howaniec, N., Smolinski, A., 2012. Semi-technical underground coal gasification (UCG) using the shaft method in Experimental Mine "Barbara." Fuel 99, 170-179.

Winslow, A. M., 1977. Numerical model of coal gasification in a packed bed. International Symposium on Combustion 16 (1), 503-513.

World Energy Council, 2013. Survey of Energy Resources 2013. World Energy Council, London.

Yang, L. H., 2003. Model and calculation of dry distillation gas movement in the process of underground coal gasification. Numer. Heat Transf. B: Fundamentals 43 (6), 587-604.

Yang, L. H., 2008. A review of the factors influencing the physicochemical characteristics of underground coal gasification. Energy Sources, Part A 30 (11), 1038-1049.

Yang, L. H., Song, D. Y., 2001. Study on the Method of Seepage Combustion in Underground Coal Gasification. China University of Mining and Technology Press, China.

Yang, L. H., Liang, J., Yu, L., 2003. Clean coal technology: study on the pilot project experiment of underground coal gasification. Energy 28, 1445-1460.

Yang, L. H., Pang, X. L., Liu, S. Q., Chen, F., 2010. Temperature and gas pressure features in the temperature-control blasting underground coal gasification. Energy Sources, Part A 32, 1737-1746.

Yang, D., Koukouzas, N., Green, M., Sheng, Y., 2016. Recent development on underground coal gasification and subsequent CO_2 storage. J. Energy Inst. 89 (4), 469-484.

Yeary, D. L., Riggs, J. B., 1987. Study of small-scale cavity growth mechanisms for UCG. In Situ 11 (4), 305-327.

拓 展 阅 读

Breault, R. W., 2010. Gasification processes old and new: a basic review of the major technologies. Energies 3, 216-240.

Mohr, S. H., Evans, G. M., 2009. Forecasting coal production until 2100. Fuel 88, 2059-2067.

Peng, F. F., Lee, I. C., Yang, R. Y. K., 1995. Reactivities of in situ and ex situ coal chars during gasification in steam at 1000-1400℃. Fuel Process. Technol. 41, 233-251.

Shackley, S., Mander, S., Reiche, A., 2006. Public perceptions of underground coal gasification in the United Kingdom. Energy Policy 34, 3423-3433.

11 煤炭地下气化的环保特征

E. V. Dvornikova

(Ergo Exergy 技术公司,加拿大魁北克省蒙特利尔)

11.1 概述

在各种现代工业应用中,随着生产和能耗的持续增长,人们在进行燃料和各种能源分析时,已经越来越重视与对环境影响(包括对地下水的影响)相关的各种问题。在过去几十年,保护地下水已成为当代社会亟待解决的任务之一。

仅凭现有的技术水平对固体燃料进行开采和使用,常常使一些煤炭矿区变成为生态灾区。

众所周知,露天矿在进行爆破作业时,每吨炸药(根据炸药的类型和比消耗率)会将 0.090~0.282t 粉尘、0.001~0.104t 碳氧化物送入大气中(A collection of methods for calculating air emissions in various industries, 1986)。

操作重型采矿机械(如挖掘机、推土机、运输机、带式升降机和翻斗车)时,粉尘的排放量为 200~3000kg/t(煤)(采用除尘措施时)。

煤矸石废渣在燃烧时会排放大量有害气体:CO,每天 0.8~1.0t;CO_2,每天 2.0~7.5t;O_2,每天 0.03~0.1t;H_2,每天 0.02t;O_x,每天 0.03~0.13t。

空气中这些气体的总浓度能达到 12~76mg/m³(Cheking,1994)。

在煤矿开采过程中,变质的地下水常会产生偏酸性且具有高浓度的总溶解固体排出液。这已经成为环境退化的主要原因之一。在废水中,总溶解固体浓度超过 1000mg/L 的占 44%,而从矿井集水井泵出的地下水中,总溶解固体值超过 3000mg/L 的水,占比甚至高达 34%。在俄罗斯,与煤矿开采相关的矿井排水占所有工业废水排放量的一半以上。美国的数据显示,从运营和废弃的煤矿中排出的酸性水,每年携带出来的酸液超过 400×10⁴t。煤矿出来的偏酸或偏碱性水,污染的河溪近 10000km,污染的水面约 12000ha。

在矿山和采石场作业中,主要的地下水污染物是总溶解固体和总悬浮固体的浓度(TSS)(Parakhonsky,1992)。根据 VNIIOS Ugol 研究所的数据,在地下和露天煤矿中,地下水总溶解固体浓度高达 1g/L 的仅有 5%(Technological schemes of cleaning from suspended solicls and disinfection of mine waters,1985)。在库兹巴斯煤矿,矿井水中的总悬浮固体浓度可高达 1500mg/L,总悬浮固体浓度的波动范围介于 0.5~1.5g/L 之间。

在矿井和采石场的水中,最常见的有机污染物是酚类和石油化合物。酚类物质的浓度高达 0.01mg/L,石油化合物的浓度可高达 13mg/L。在某些案例中,下面是一些微量元素超出关注浓度的倍数:镉 3~11 倍,镍 2~18 倍,铜 10~20 倍,锌和锰 2~200 倍,铬 5~

123倍，钴2~27倍(Technological schemes of cleaning from suspended solicls and disinfection of mine waters，1985)。

地表水和地下水都很容易受到污染。地下水资源枯竭的范围甚至还会进一步扩大。例如，在位于库尔斯克磁异常区的古布金斯科—斯托扬斯基州露天煤矿，当开采深度达到设计深度(500m)后，地下水的水位降落漏斗半径超过50km。

在提高煤炭开采环保性能方面，其中一个方向就是通过替代性非常规技术，将煤炭原位加工成更环保的燃料(液态烃和气态烃产品)。利用钻井技术进行煤炭开采就是一种比较有前景的发展方向，而煤炭地下气化就是其中一种非常重要的开采方法。

有些煤炭资源，因使用常规技术开采时经济性较差而被废弃，而UCG技术则往往可以用来开发此类资源，而且优势显著。

11.2 煤炭地下气化与环境

对特定的开采和地质背景而言，是否适合采用UCG方法，在很大程度上取决于UCG作业在各工艺阶段对环境产生的潜在影响有多大。

UCG运行期间的环境保护，就是对空气、土地、地表水和地下水进行保护。

毫无疑问，UCG技术的优势是可以保护地表，保护肥沃的表层土壤；它并不需要为煤或煤矸石提供额外的储存地。要知道，在使用传统的采矿技术时，煤或煤矸石的储存往往是造成环境污染的主要因素之一。

与传统采煤技术相比，UCG方法从本质上讲还具有社会效益，它不需要安排矿工下到地下采煤，避免了地下采煤时的各种危害和风险。

UCG产出的气化气，经过洗涤和冷却，通过闭环工艺对气体凝析物进行处理和利用，并不直接向大气中排放任何气体。在南阿宾斯卡亚地下气化站(位于库兹涅茨克煤盆地)，自1976年起便开始使用一套生物脱酚装置，可以将凝析液中99.5%的酚脱除，使凝析液中酚的浓度从2000mg/L降至5mg/L。生产污水经过稀释处理之后才排入城市污水总管。

为了防止发生地表下陷，人们开发了一种特殊的方法来计算煤柱的安全尺寸，用于确定原位必须留存的煤柱大小。另外，还确定了煤矿开采深度与煤层厚度之间的最佳比例，避免上覆岩层中发育贯通至地表的水、气裂缝，从而可以防止发生大量水和气体泄漏(或喷发)到地表和大气中。对于废弃的井，采用适当的方式进行封井弃置。

除此之外，在能源消费过程中，在对环境产生影响的各种因素中，气体燃料所带来的危害大多要比固体燃料小。

作为燃料使用时，UCG气化气对大气的污染远小于煤。表11.1列出了各种燃料在燃烧过程中产生的空气污染物浓度值。从表11.1中可以看出，气化气的燃烧产物中不存在固体颗粒，而氮和碳氧化物的含量低于固体和液体燃料燃烧时的含量。其氮氧化物的浓度不超过$0.2g/m^3$，碳氧化物的浓度为$0.15~1.1g/m^3$(Antonova和Dvornikova，1992)。

在对高硫煤进行气化时，硫被转化为硫化氢(气体)。硫化氢可以比较简单的方法分离出来，作为化学纯硫和硫代硫酸钠进行回收。在波德莫斯科夫纳亚地下气化站，人们通过UCG法开采的褐煤含硫量高达3%。经过多年运行，回收的硫黄量达到22000t，回收的硫代硫酸钠达 44700t(Antonova 和 Dvornikova，1992)。气体采用砷—苏打法净化(Antonova 等，1991)。

在俄罗斯，燃煤锅炉厂的硫氧化物排放量高达 7420mg/mJ，氮氧化物排放量达 4930mg/mJ(Chekina，1994)。数据(Chekina，1991)表明，在燃煤发电厂，硫的排放量在 720~2200mg/mJ 之间，氮氧化物的排放量在 245mg/mJ 之间。

此外，在燃煤火力发电厂，燃煤时会产生大量的灰渣(ASW)，会带来严重的生态问题。根据俄罗斯能源部的资料，燃煤火力发电厂每年产生的灰渣达 3040×10^4t。存有 17×10^8t 煤灰和炉渣的煤灰处置和储存场占地 28500ha(Kalachel，2016)。储灰设施内往往含有煤燃烧后的残留物(未燃烧的炭)，氧化化学反应仍在持续进行，经常导致煤灰场着火。受储灰场与大气降水的相互作用以及氧化作用的影响，出现矿物质浸出和多种成分的迁移，致使局部水域受到污染。

UCG 并不需要进行煤矸石储存，因此与传统的采煤方法相比有明显的优势。

但是，采用 UCG 技术时，需要保护地面不致出现地面塌陷，防止气化床密封完整性失效而使空气受到污染，地面工厂需要对水进行处理。这些都是 UCG 技术的重要组成部分。而地下水资源保护是该技术面对的最大挑战。由于地下水具有流动性，污染物可能会被水携带到很远的地方，跑到距离气化区很远的含水层中。

有没有防止水域污染，或使水域污染程度尽可能小的方法呢？不管怎么说，在煤炭地下气化期间，煤层中的地下水总会与燃烧源发生直接接触。

表 11.1　气体、固体和液体燃料燃烧产物中的有害成分

可燃物类型	有害成分的浓度					
	煤		液体燃料		UCG 气化气	
	%(体积分数)	g/m³	%(体积分数)	g/m³	%(体积分数)	g/m³
颗粒物、灰分、煤烟颗粒	—	1.45~4.5	—	0.2~0.3	—	—
硫氧化物	0.05~0.34	1.6~11	0.031~0.2	1.0~7.0	—	—
氧化氮	0.02~0.07	0.6~2.0	0.007~0.04	0.2~1.0	0.007	0.2
一氧化碳	0.035~0.35	0.44~4.4	0.035~0.35	0.44~4.4	0.01~0.09	0.15~1.10

不同的 UCG 工艺对地下水的影响也各不相同，其影响程度主要由煤层所处的具体地质构造和水文地质条件决定。在煤炭地下气化期间，气化的具体工艺条件也可能产生重大影响。

在 UCG 技术开发、技术应用，以及地下气化站运营的环境评估方面，原苏联积累了多半个世纪的经验。这些经验在世界上是独一无二的，十分珍贵。以前开展的原位煤气化项目，所在煤田的地质构造和水文地质条件的复杂程度各不相同。这些煤炭矿床有的平伏，有的近水平，如莫斯科近郊煤盆地的巴索夫斯克煤矿、戈斯特夫斯克煤矿和沙特斯科耶煤矿，第聂伯罗夫斯克煤盆地的榆中—辛尼科夫斯科耶煤矿，地槽型的顿涅茨克煤盆地的利沙肯斯科耶煤矿和库兹涅茨克煤盆地的基谢廖夫斯科耶煤矿(南阿宾斯克矿区)。中亚乌兹别克斯坦的安格林褐煤矿床在分类中处于中间位置。

沥青质煤中挥发性物质的含量比较低，人们对这类煤分别进行了两次短期 UCG 试验：一次是沙赫特市的无烟煤，另一次是卡门斯克的半无烟煤。由于地下气化通道受热反应面的岩石力学不稳定，两次试验的结果均表明，这些煤（无烟煤和半无烟煤）不适合采用 UCG 技术开发。

在美国（赫克里克、汉纳、卡本县、森特勒利亚和罗林斯）和西欧，也发起和实施了 UCG 的研究项目。

1999—2003 年，澳大利亚在钦奇拉煤田运营了一个商业 UCG 项目（Walker 等，2001）。

在南非的马尤巴煤田，人们至今仍在运营一个试验性规模的 UCG 项目。这是一个近水平的烟煤煤层，目前仍在为一个燃气—蒸汽联合循环发电厂提供气化气。这里新建的年产量约 3PJ 的 UCG 气化床已经完工并准备投用；已经完成煤炭地下气化的气化床正在按计划关闭。

人们根据多年的 UCG 项目运营经验，确定了 UCG 工艺的各项关键参数，并明确了 UCG 运行期间人为影响导致水域、岩石域变化的方式（表 11.2）（Dvornikova，1996a，1996b，1996c）。

表 11.2　UCG 运行期间对水圈人为影响的主要指标

人为影响的种类	人为影响的性质	人为变化的类型	人为变化的性质	物理化学过程的性质
用 UCG 法转化固体煤	热能（温压/温度）	开采固体化石燃料矿	地球动力学条件发生变化	上覆岩层导水系数增加（导水率、孔隙度）
			温压条件（温度和压力）发生变化	UCG 气化气溶解到地下水中（饱和度）
				热透入岩石和地下水，水的密度和黏度降低
				出现温泉
				岩石的地下水储水系数（吸附能力）增加，形成灰分、矿渣、煅烧或烧结岩石
	化学的	地球化学过程速度加快	地球化学条件发生变化	地下水化学势（溶解力）增加
				化学和物理性结合地下水、裂隙地下水以及重力地下水转变为蒸汽状态，水转变为过热蒸汽
				形成热原水
		气化产物对含水层中地下水的污染	地下水化学变化，污染物流入	固体岩石、气体、有机成分分解到地下水中
				地下水中总溶解固体、大分子和微分子浓度增加
				气化燃空区与透气岩层和含水层的连通性增高
				岩石的导水、储水和吸附能力增加
		人为地球动力学过程速度加快	潜蚀和岩溶化速度加快	岩石溶解或侵蚀

续表

人为影响的种类	人为影响的性质	人为变化的类型	人为变化的性质	物理化学过程的性质
地下水的抽采	流体动力学的	可用淡水资源减少	静水压力变化	含水层与含水层间的水力连通性发生变化
				地下水流动方向发生变化
				水压梯度增加、地下水流速增加
				氧化还原电位极限更低
				形成很深的地下水位降落漏斗
				出现脱水岩石区域
地面废液储存设施的运行	化学的	渗流带（充气带）岩石的污染	上覆岩层的化学成分和导水性能发生变化	岩石中粉砂和焦油含量增加
				澄清池底部出现污染物沉淀
				上覆岩层的渗透性和导水性发生变化
		形成人为水层	污染物渗透引起沉积层地下水化学成分发生变化	静水压力发生变化
			物理、化学和生化过程速率增加	岩石溶解速度加快
				地下水总溶解固体、污染物浓度增加
				有些组分发生分子扩散、分散、吸附

对水圈、岩石圈的人为影响主要有三种类型：

（1）在高温高压条件下，通过多种物理和化学反应，将煤原位转化为气体燃料，会引起地下水污染，减少煤炭资源总量，同时形成气化燃空区；（2）地下水抽取，可能导致淡水总储量下降，含水层静水压力发生变化；（3）运行地面凝析液储存设施，可能有利于形成人为含水层和沉积物。

明确了影响水圈、岩石圈的人为改变类型和性质，确定了UCG技术内在的物理—力学和物理—化学过程的性质，而地下水污染的程度在很大程度上取决于这些性质。后者包括气化区的地球动力学、流体动力学、温压和地球化学条件的变化，以及岩层中发生的各种物理化学过程。

UCG运行过程中产生的污染物是有害的副产物，会对地下气化站的环境产生不利影响。UCG工艺对环境的各种重要影响如图11.1所示。

地质背景，尤其是地下水的潜在污染源有：在役气化床中的燃烧源和气体泄漏；燃烧后气化床中的气化已燃区；地面上凝析液的排放、储存，以及整条气体管道范围内凝析液的排放。

主要污染源是煤层内的燃烧物和气化产物（CO_2、CO、H_2、CH_4、C_mH_n 和 H_2S）、

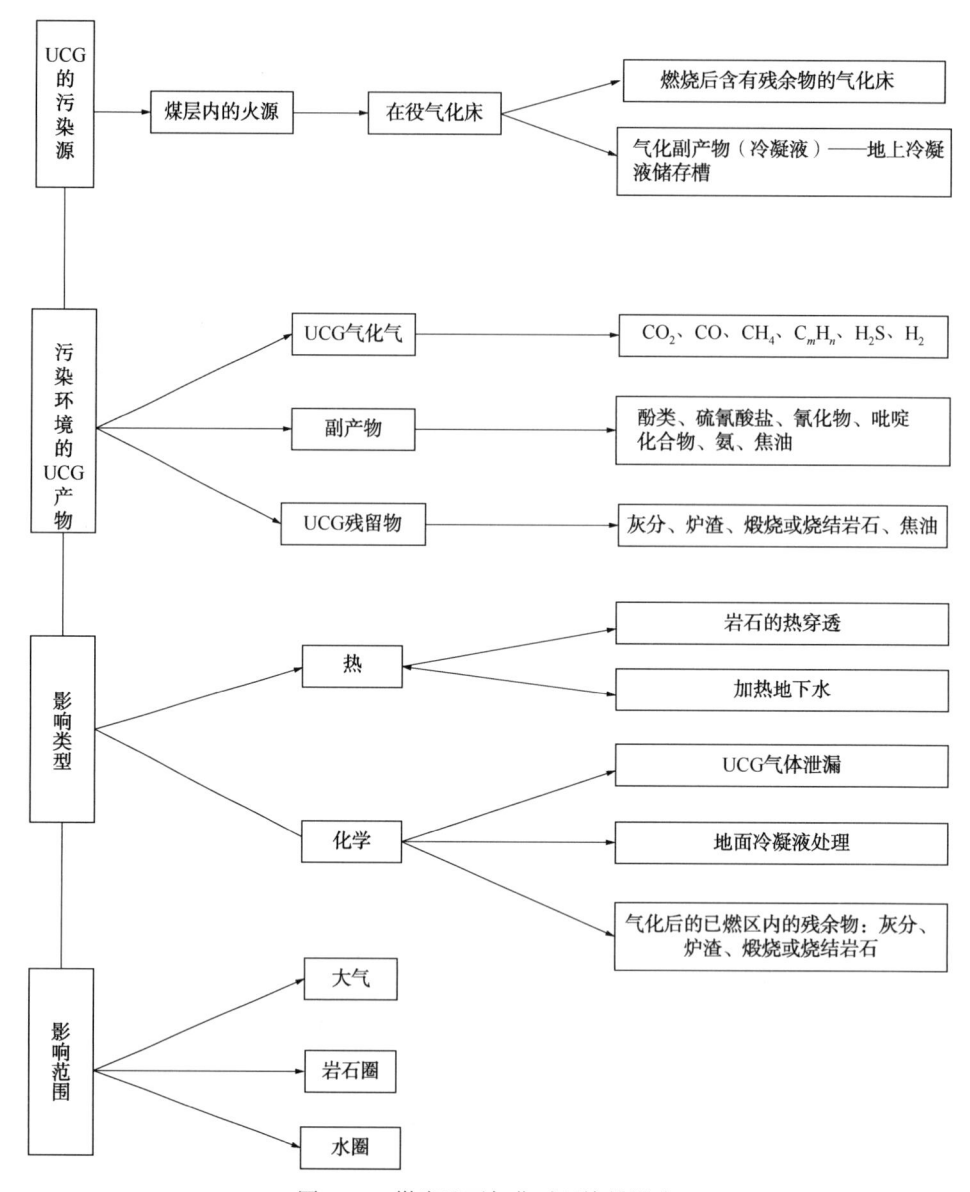

图 11.1 煤炭地下气化对环境的影响

气化过程的副产物(酚类、焦油、氨、氰化物、苯、吡啶化合物等),以及燃烧后的气化床里残余的气化产物(灰分、矿渣和焦油),它们会进入地下水并迁移相当远的距离。

从生产井产至地面的高温 UCG 气化气,在进行处理前是一种蒸气/水蒸气的混合物,来自煤的完全和不完全燃烧、二氧化碳与水蒸气的还原反应、煤的热解反应、水蒸气的转化反应和气体产物的燃烧反应。

上述反应不仅涉及从地表注入煤层的注入剂,还涉及煤层周围岩石中的地下水、水汽和含碳成分。

煤和岩石中的含硫化合物在与氧气、氢气和水蒸气接触时会转化为气态。

当蒸汽/气体混合物冷却后，会分离成液相(凝析液)和气相。在不流动时，会发生凝析，形成一种比焦油轻的水溶液层，里面含有多种化合物和焦油。有毒成分在气体凝析液中的浓度最高，包括酚类(1~2g/L)、氰化物(4~25mg/L)、溶解氨(2~5g/L)、焦油和吡啶化合物。

凝析液在地表储存期间，也会成为大气层和水圈的污染源。然而，如果凝析液储存设施安装规范，对凝析液加以处理和利用(凝析液的处理和利用并不复杂)，可将地面污染源造成的污染降至零。

UCG 的一个重要特征是大多数污染物是以凝析液的形式与高温气体一起被开采到地面。从表 11.3 中可以看出，同时采集的样品在凝析液样中的酚类、硫氰酸盐和氰化物的浓度比从地下气化床泵出的水样高几千倍。

表 11.3 从南阿宾斯科地下气化站(库兹涅茨克煤盆地)
17 号气化床采集的凝析液样和水样所含的污染物

编号	取样点及取样时间日期	酚类(mg/L) 挥发物	酚类(mg/L) 非挥发物	氰类化合物 (mg/L)	硫氰化物 (mg/L)	氨 (mg/L)
1	7G 井产出的凝析液，1991 年 5 月	1366.4	32.9	75.8	530.7	2602
2	地下水取自 39 号井(与 7 号生产井连通)，1991 年 5 月	0.09	未检测到	0.18	未检测到	8.2

不过，真正重要的问题是，地下气化床中残留污染物所占的百分比。要评估地下水的污染程度、确定污染的范围及其迁移速度，就需要对各种情况下的自然因素和人为因素(煤田的开采条件、地质构造和水文地质条件)同时进行评估。

11.3 影响煤炭地下气化地下水化学和地下水污染的主要因素

根据多年来不同煤盆地 UCG 气化站进行的煤炭气化经验，可以说 UCG 对含水层的影响程度各不相同，其影响不仅取决于 UCG 工艺的具体情况，还取决于煤矿自身的自然因素。

导致地下水污染的因素分类见图 11.2(Dvornikova, 1996a, 1996b, 1996c; Dvornikova 和 Kreinin, 1993)。

在煤炭地下气化期间，环境(包括地下水)受污染的可能性主要与地下气化床的气体漏失有关。运行中的地下气化站，其泄漏的气体通常介于 7%~30%之间。

对地下水影响较大的人为因素包括：煤层燃烧面(高达 1200~1300℃)和已燃区内的高温；地下气化床的超压；气化床设计和气化运行模式；煤层顶、底板因岩石变形和高温影响而发生的变形；对气化区的排水、从已燃区的抽水(Dvornikova 和 Kreinin, 1993)。

燃烧源处的高温剖面和长期的温度异常，对水文地球化学地下水条件及其在长时间内的变化有重大影响。

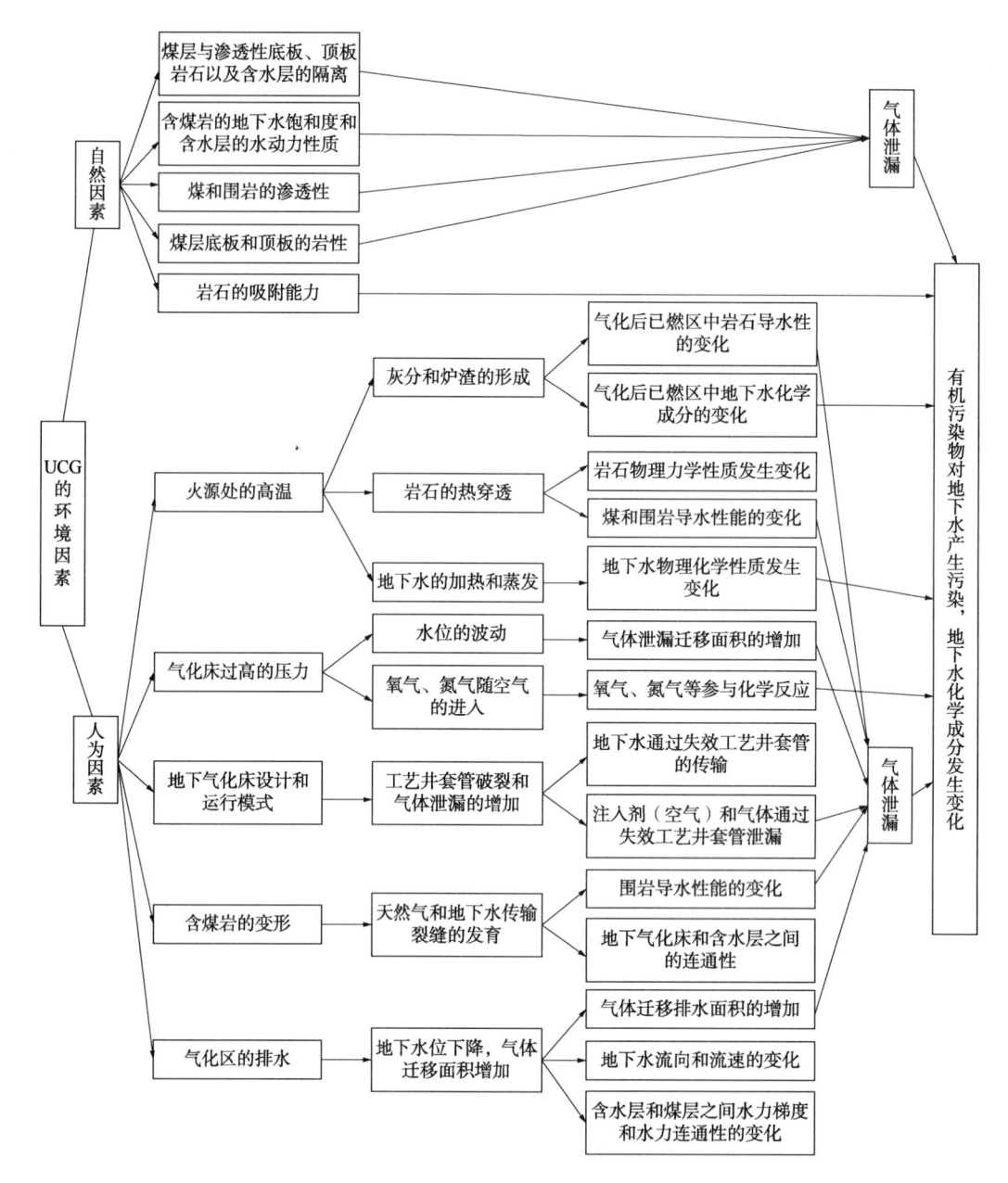

图 11.2　地下水环境影响的分类

高温会影响岩石和地下水的物理和化学性质，燃烧源四周会形成一个混合气体/蒸汽的区域，会形成热原水（热原水的特点是含有不同的化学成分）。其中，部分水从液滴相转变为蒸汽，蒸汽与气化床中的气体接触后被有机成分所饱和，之后又穿过岩层，经冷凝后进入含水层。

随着地下水温度升高，其物理和化学性质也在发生变化：水的溶解力（化学活性）增加；水密度降低（液体体积增加）；水的黏度降低；当气相水在受热岩石中迁移时，多种化学成分会被脱除。

高温影响上覆岩层和下伏岩层的物理和化学性质。岩石通常会出现裂缝，失去其原来弱含水层的特性。导水率增加，加热过的岩层，其渗透率会增加，储集性会增强，这可能会引起气体泄漏，并出现长距离迁移，增大了含水层污染的可能性。因此，UCG 工艺的一个组成部分是在煤层底板和顶板中保持一定厚度的弱渗透性地层，这有助于最大限度地减少对水圈的环境影响。

由于上覆岩层中的岩石发生变形，再加上受到高温的影响，形成了渗透性较高的层段和开放性地下水传输裂缝，这可能加重运移气体污染的扩散。地下水饱和的盖层岩石渗透性差，通常能阻止气体的漏失扩散。

环境污染程度的变化可能归因于地下气化床的超压，超压程度决定了气体泄漏量。

如果气化床中压力增加，气体漏失量就可能增加。渗透性弱、地下水饱和的岩石，其产生的流动阻力较大，气体漏失的上升速度较小。随着气化床中压力的增大、受热岩体导水率不断增加，如果脱水岩石区域受到气化区排水作业的影响而不断增大，气体泄漏量便会急剧增加。然而，UCG 场地附近进行的排水作业和抽水作业，会在 UCG 场地附近形成一个地下水位降落漏斗，这就可以阻止污染物向气化区边界以外迁移。如果将受到污染的地下水通过抽水井抽到地面，然后在地面通过合理的处理，就可以把地下水污染控制在抽水井附近。

UCG 的运行模式和气化床设计方案可能会对地下水污染产生重大影响。从表 11.4 中可以看出，同一气化区域但气化运行模式不同的情况下采集的凝析液样品，其化学性质是不同的(样品 1~3)。气化床的设计对水圈的潜在污染也有重要影响。如果气化床中钻了垂直井，当工艺井套管因上覆岩层变形而出现裂口时，就可能通过套管中的裂口对含水层产生污染。现在，新的地下盘区和垂直生产井的设计方案，已经可以成功地解决这方面的问题，并确保使用垂直工艺井建造的 UCG 系统具备优异的环保性能。

地下气化床是否发生泄漏，不仅可以通过相关的工艺参数、压力、漏失气体的黏度、已燃区的大小、温度等来检测。更重要的是，通过自然条件(即煤层的地质构造和水文地质条件，如已燃区至污染边界的距离、围岩厚度和渗透性、煤层的隔离程度、岩层的地下水饱和度)来检测。

如果开采环境和地质背景不同，UCG 对地下水条件的影响、对地下水污染的程度也会有所差异。决定地下水污染程度的重要自然因素包括：煤层与最强渗透性底板、顶板岩石及含水层之间的隔离情况；围岩和煤层的渗透性；含煤岩层的地下水饱和度和含水层的水动力性质；煤层底板和顶板岩石的岩性；煤和围岩的吸附能力。

其中一个重要的自然因素是煤层的隔离。当煤层的底部和顶部有一层致密的、不透水的岩层(黏土层)，走向和厚度保持稳定，并能起到隔离煤层的作用时，污染的可能性就可以得到有效地避免(Antonova 和 Dvornikova，1992)。

围岩和煤层的渗透性对地下水的污染有显著影响。如果煤层顶底板的岩石透气性高(如岩溶型裂缝性灰岩和砂岩)，就可能导致气化床中的气化气发生大量泄漏，引起大范围的地下水的污染。

表 11.4 凝析液的化学性质和气体成分

UCG 场地	样本号	取样日期	pH值	干固体残渣 (mg/L) 合计	干固体残渣 (mg/L) 煅烧后	硫含量 (mg/L)	O₂中的抗氧化性 (mg/L)	化学组成 (mg/L) NH₄⁺	Na⁺	K⁺	Ca²⁺	Mg²⁺	Al³⁺	Fe²⁺+Fe³⁺	Cl⁻	F⁻	SO₄²⁻	HCO₃⁻
莫斯科近郊(砂质泥岩)	1	1958年9月3日	6.6	2272	643.5	1056	1692.0	715.0	2.21	未测	25.8	2.41	15.0	240.0	2.0	2.0	1.0	738.0
	2	1959年6月22日	5.2	27810	2415.0	6325	5724.0	4112	11.0	25.0	55.0	21.0	120.0	681.0	248.0	18.0	4.0	—
利西昌斯克(砂质页岩)	3		6.4	14705	1388.0	3976	5317.0	4333	8.0	24.0	19.0	19.0	100.0	997.0	255.0	未测	4.0	227.0
	4		8.2	2342	2204.0	2480	1480	1258	14.0	未测	59.0	58.0	4.5	15.0	152.0	—	289.0	212.0

UCG 场地	S²⁻+HS⁻	SO₄²⁻	S₂O₄²⁻	化学成分组成 (mg/L) Si	Ti	Mn	Cu	Zn	Sr	Ba	Ag	Be	V	Sn	Cr	Pb	Ge
莫斯科近郊(砂质泥岩)	858.0	488.0	4598	11.0	0.02	12	0.1	1.0	0.5	15	0.03	无	无	0.005	0.001	未测出	—
	780.0													0.006	0.001	0.11	—
利西昌斯克(砂质页岩)	775.0	10.0	5604	28.0	0.3	1.1	0.03	0.45	未测出	未测出				未测出	1.1		
	微量	732	2461	13.0	0.05	0.11	0.05										

如果煤层的顶底板为低渗透性岩石(粉砂岩、泥岩和黏土),地下水受到的潜在污染就微乎其微。渗透性低的煤层和围岩,可以保持气化盘区地下系统的完整性,减少气体泄漏,从而降低 UCG 对环境(包括地下水)的影响程度。此外,还可以使受污染的流体在经过一定距离的流动后,迁移速率降至最低。

减轻 UCG 环境影响的关键是使地下水达到饱和。增大系统(整个含煤岩单元)的压力,使系统的导水率非常低(0.0001~0.01m/d),形成一种水力密封,防止气体泄漏。

含水层的流体动力性质、地下水补压区、地下水流动和排放等因素,都会随着时间的推移对潜在的污染产生影响,还会影响地下水流动的速度和方向,这些因素对污染物的迁移起着决定性作用。

煤层底板和顶板岩石的岩性决定了地下水的化学性质。如上所述,当考虑人为因素时,高温会导致围岩中化学元素浸溶到蒸汽相中,从而影响凝析液的化学性质和地下水的化学成分。

此外,底板和顶板岩石的主要岩性,还会影响上覆岩层和下伏岩层中气体输送裂缝的形成。当煤层顶板为致密和塑性岩石(黏土)时,上覆岩石的沉降会比较平衡,可以将裂缝充填起来,从而减少地下气化床中气化气泄漏的概率,降低地下水污染的风险。

煤和围岩的自然吸附能力对含水层污染程度有显著影响,并会影响地下水的自净效果。此外,气化床中燃烧产生的高温和煤层中发生的去压实,会导致岩石孔隙度、储水系数及吸附能力的增加。岩石渗透性和孔隙度的增加使反应比表面积增大,这又使岩石的吸附能力增加。

11.4 煤炭地下气化在苏联时期的环保性能

对各种地质构造和水文地质环境中的水文地球化学研究结果、对地下气化站的环境影响分析结果进行的比较分析表明,当煤层底板和顶板中没有厚度稳定的弱透水层,煤层底板中出现无压含水层,且该区域又位于岩溶型裂缝性岩石中,而这种岩石的上部 10m 不在水下时,那么就不可能防止地下水污染。在这种气化区,泄漏的气体会透过岩石发生迁移。根据记录,气体泄漏的迁移范围很广,并引起了含水层污染。气体泄漏平均高达 30%,但达到 40% 的较少。从图 11.3 中可以看出,乌平斯基的地下含水层中气化区附近的酚类浓度高达 0.04mg/L。监测井的位置离气化区越远,样品中酚类的浓度就越低,最远处的监测浓度低于最大容许浓度水平。因此,在半径 1.5km 范围内,酚类物质的浓度不超过 0.009mg/L;而在距离 3km 处,酚类物质的浓度不超过饮用水的最大允许浓度(MAC=0.001mg/L)。人们认为,莫斯科近郊地下气化站的这些 UCG 盘区不适合使用 UCG 方法开采。

对莫斯科近郊地下气化站的相邻盘区进行的地球化学研究和对比分析表明,所选研究区域的煤层底板和顶板中的黏土层足够厚,在承压地下水条件下发生了水淹(地下水来自下伏含水层),区域内的污染极小。下伏的乌平斯基含水层中的承压地下水,相当于一道天然的水力密封,阻止了污染物的迁移。通过从地下含水层抽水,使抽水井附近水的污染得到遏制。气化和抽水作业完成后,酚类的浓度会降至最高容许浓度以下。这一发现表

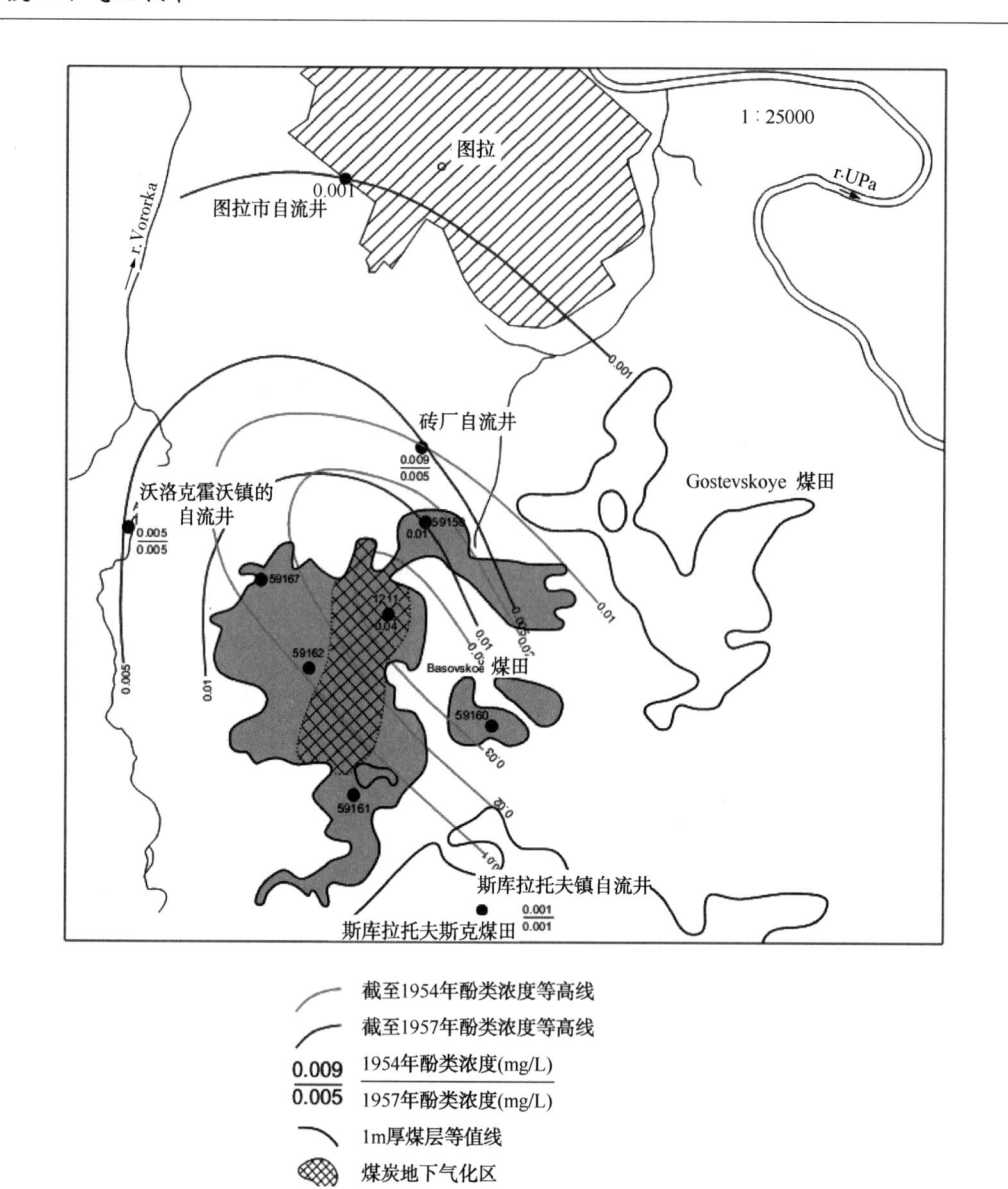

图 11.3 莫斯科近郊煤盆地巴索夫斯克矿区内的乌平斯基含水层中地下水酚类浓度示意图

明，污染可能仍然仅限于局部。

必须强调的是，与传统采煤方法相比，在莫斯科近郊煤盆地（露天开采）所应用的 UCG 技术是最安全和最环保的。在莫斯科近郊含煤盆地，地下气化区与露天煤矿的开采条件和地质条件相同。从表 11.5 可以看出，与露天开采相比，在燃烧后的气化盘区中，煤炭地下气化期间深层煤含水层中的地下水化学变化不太明显。在循环气体/蒸汽混合物区，以及与气化床相距 30~40m 处，地下水的酸碱度为中性（pH 值为 7.0~7.5），这与沉积物的基线值一致。然而，从生产井采集的凝析液样品却具有如下特点：总溶解固体浓度极高（12473mg/L），呈微酸性（pH 值为 6.4），含铁量高（997mg/L）。这表明，在煤炭地下气化期间，绝大多数污染物被携带到地面，并汇集到凝析液储液坝中。煤炭地下气化期间，在受 UCG 影响区域内的深部煤层含水层中，总溶解固体浓度有一定程度的增加，从 253mg/L（基线值）升至 1243~1373mg/L（Kononov，1965）。乌沙科夫斯基煤矿和基莫夫斯基煤矿均位于莫斯科地区，二者均为露天开采的褐煤矿，地质构造和水文地质条件相似。迄今为止，在那里的枯竭区（即开挖的矿沟）已经形成了几十个人为的"死"水库。在这种水库中，水的 pH 值为 2.7~5.0，属于高酸性，总溶解固体浓度为 1500~4460mg/L，铁含量（25~531mg/L）和 SO_4^{2-} 含量（1000~3100g/L）均极高（Dvornikova，2001）。微量元素成分显示，锂浓度极高，达到高度危险浓度；铍达到极其有害的浓度；锰、铁、铝、镍和钴达到危险浓度。硫含量高达 725mg/L。铁质沉积物和硫沉积物的情况如图 11.4 和图 11.5 所示。遇干旱年份，"死"水库水分蒸发，铁质沉积物和硫沉积物便会在岸边结晶，使这些废弃点呈现出一派"月球"景观，没有一丝生命迹象（图 11.6）。

表 11.5 莫斯科近郊煤盆地露天矿区和地下气化区中地下水的化学组成

水层	采煤方法	地下水条件的变化	通常温度（℃）	pH 值	TDS（mg/L）	HCO_3^-（mg/L）	SO_4^{2-}（mg/L）	Fe（mg/L）
煤层	地下气化	自然发生	6~8	7	252.2	147	—	6.8
		在 UCG 影响区内——距离气化床 30~40m	20	7.5	1373	703	346	—
		在 UCG 影响区内——气化床内，循环气/水蒸气混合区内	高达 114	7	1243	738	—	52
		生产井口出来的凝析液	400~600	6.4	12473.10	—	4	997
	露天煤矿开采（露天煤矿开采场地）	酸性和强酸性的人造"死"水池中	20	2.7~5.0	1500~4460	—	1000~3100	25~531
		中性和碱性的人造水库中	20	7.22~7.94	1480~1740	—	810~1010	0.05~3.2

从表 11.5 中可以看出，在露天矿开采中，甚至在中性和碱性 pH 值的人造水库中，都有高浓度硫酸盐、二价铁和总溶解固体的存在，与 UCG 运行期间相比明显更高。

在南阿宾斯卡地下气化站（库兹涅茨克煤盆地）和利西昌斯克地下气化站（顿涅茨克煤盆地）进行的研究也证明，UCG 引起的污染属于局部污染。从图 11.7 中可以看出，在抽水过程中，酚类浓度降低，随着气化后抽水作业的不断进行，酚类浓度降至最高容许浓度以下。事实证明，UCG 引起的地下水污染可以忽略不计，可以通过适当的工程设计和工艺措施将其降至最低。

再看另一个比较合适的实例：安格林褐煤地下气化区（乌兹别克斯坦）。褐煤矿床的最大特点是煤层渗透性低，围岩条件差，含煤地层中存在承压地下水系统。白垩系—古近系主含水层系统位于煤层上方，距煤层相当远。由一层不透水、不透气的高岭土厚层将其与煤层安全隔离。虽然如此，在安格林地下气化站运行的某些阶段，在通过垂直生产井生产气化气时，还是有气体穿过工艺井套管的裂口泄漏了出去。有时，气体泄漏量高达 24%。

图 11.4　莫斯科近郊煤盆地乌沙科夫斯基
露天矿的人为"死"水库水底二价铁的沉积物

图 11.5　莫斯科近郊煤盆地乌沙科夫斯基露天矿人为"死"水库岸边的硫晶体

气体穿过煤层上覆的白垩系—古近系含水层，迁移距离达到 100m。在气化盘区的地下水中，偶尔可检测到浓度低于 0.01~0.02mg/L 的酚类（Dvornikova，2005）。为此，在安格林地下气化站，人们对气化床的设计方案进行了调整。调整后，减少了因套管问题而漏气的直井数量，有效地消除了气体泄漏这一污染源。

图 11.6 莫斯科近郊煤盆地乌沙科夫斯科煤田的"月球"景观

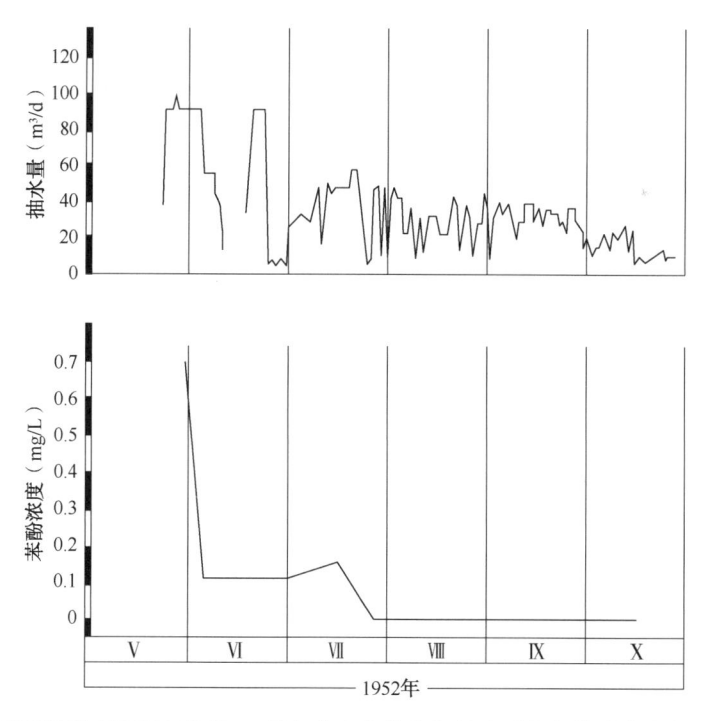

图 11.7 利西昌斯克地下气化站 29 号气化床在排水期间地下水中的酚类浓度呈下降趋势

上述例子表明，含水层污染程度不仅与自然因素有关，还与气化床的设计、工艺井条件和 UCG 运行模式有关。

在库兹涅茨克煤炭盆地，自 1990 年开始，人们用了 6 年多时间，对南阿宾斯卡亚地下气化区(地质构造和水文地质条件比较理想)进行了大规模的环境研究。为了开展该项研究，通过钻井建立了地下水监测井网，井网长度合计2906m。在此基础上，又建立起系统的监测流程，用以记录地下水的温度、水位、化学成分和溶解气浓度等变化情况。这些研究项目是为了确定：随着时间的推移，污染物在气化区边界外的迁移范围与变化情况。同样令人非常感兴趣的是，在气化之后，地下气化床中多少仍然有污染物，而不知随地下水流走的又有多少。除了完成地下水监测项目的研究目标外，人们还利用前几年的监测结果对地下水的污染情况进行了评估和分析。

需要注意的是，在研究展开的时候，南阿宾斯克地下气化站这一矿区相当复杂，这里已经有21个气化床，分布在不同厚度、不同深度的煤层中，且那里的原位气化已经运行了37年。此处的含煤单元由大倾角煤层以及互层泥岩、粉砂岩和砂岩组成，渗透率和地下水饱和度均非常低。这里介于弱含水层和含水层之间。一个凝析液储集槽就布置在壤质土中，也没有配塑料衬里，并已经投用了很长时间。有时，人们利用气化后的气化床收集凝析液。

研究人员分别对在运行的气化床、气化后的气化床、地面凝析液存储区周围和矿区边界外不同位置进行了研究。其中，在运行气化床的监测期为9年，已燃盘区的监控期为4.5年。

研究结果如下：

(1) 水圈的主要污染源是凝析液储液槽。在离凝析液储液槽12m的地方，酚类和铵离子的浓度分别为15mg/L和225mg/L，而在60m以外，二者的值分别降至0.9mg/L和21mg/L[图11.8和图11.10(b)]。研究表明，壤质土既不能作为屏障，也不能阻止污染物迁移(Dvornikova, 1996a, 1996b, 1996c, 2011)。凝析液必须要排入专门设计的储液坝中，或者排到带有合适衬里的凝析液储液池中。

(2) 煤炭地下气化期间，整个气化床盘区中的地下水均有显著变化。二氧化碳浓度高达90～150mg/L；地下水(从气化床中泵出的)中的总溶解固体浓度增高(从400～600mg/L增至1700～2000mg/L)；铁离子(高达2.0mg/L)和硫酸盐浓度增大(从20mg/L升至800mg/L)；酸碱度下降。酚类浓度不超过0.02mg/L(平均浓度为0.001mg/L)，铵离子浓度为40～60mg/L(图11.9)。在UCG工艺的生产高峰期，泄漏到周围岩层中的气量最大，其间的污染情况也最为严重。与此同时，由于地下水的汽化和抽水作业，正在运行的气化床区持续存在着深层地下水位降落漏斗。受污染的地下水流向抽水井和流向压力下降的区域。

在气化过程中，在使用特别设计的塔式实验时，发现酚类物质会发生快速氧化。分别通过泵抽和空气气举两种方法，通过两口相距10m的井从已燃区中抽水。在用空气对地下水气举的过程中，酚浓度急剧下降[图11.9(a)]，这表明酚类物质出现了活化氧化。在用泵抽的抽水井中，酚浓度高达0.017mg/L，而在离泵抽井10m地方的气举井中，酚浓度不超过0.0045mg/L(Dvornikova, 1996a, 1996b, 1996c, 2011)。后来，利用这些实验结果建立了一种清洁UCG的方法。

在与运行的气化床相距约90m的气相水冷凝区，酚类和铵的浓度分别不超过0.006mg/L和4.5mg/L[图11.10(a)]，而在距气化床350～500m处，没有出现超过最高

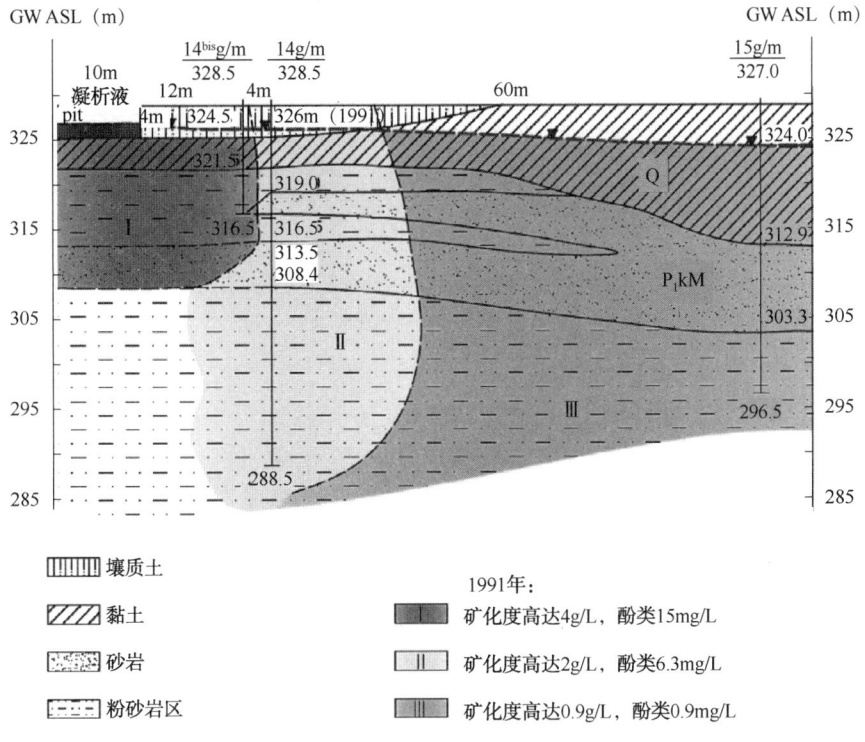

图 11.8　从凝析液槽流入的一些成分所引起的地下水的变质动力学
GWASL—海平面以上的地下水

容许浓度值的情况。这表明，地下水汽在燃烧源周围 250m 半径范围内发生凝结，变为冷凝液。而正是在这一区域，泄漏气体的迁移最为强烈，并形成了一个地下水降落漏斗。事实证明，在南阿宾斯克地下气化站这样的条件下，正是由于地下水降落漏斗的形成，才使地下水污染被控制在气化床附近的局部范围内。

众所周知，UCG 引起的污染与气体泄漏直接相关。气体泄漏分析表明，在煤炭地下气化期间，气体泄漏平均为 7%~10%，但在其中的某些阶段会高达 15%。当地下气化床中的压力(p)与该区域中的静水压力(H)之比超过 1.1 时，泄漏值最大。分别按照不同的 p/H 值(0.5~1.1)，对运行的气化床进行了一系列实验。从对生态系统影响最小的角度出发，对气化床的运行模式进行了优化设计，优化后的气化床采出气的热值约为 1000 kcal/m³(Dvornikova，1996a，1996b，1996c)。后来，这一发明获得了专利(专利号 2090750)(Kreinin 和 Dvornikova，1997)。为了减少气体泄漏(Kreinin 和 Dvornikova，1997)，也有人推荐使用 LPUCG 方法(Blinderman，1995)。利用该方法可以使地下气化床系统中的压力降至最低，从而使水圈污染降到最小。有一种综合工艺解决方案被开发出来，用于最大限度地减少地下水污染。该技术后来获得了专利(Karasevich 等，2009a，2009b)。大规模、多目标环境研究项目得到的结果已经证明，通过对气化床设计、运行条件的优化，完全有可能在煤炭地下气化期间减小对环境的影响。

(3) 在煤炭地下气化结束后(抽水作业仍在进行)，可把污染物浓度降至最高容许浓度以下[图 11.9(a)]。

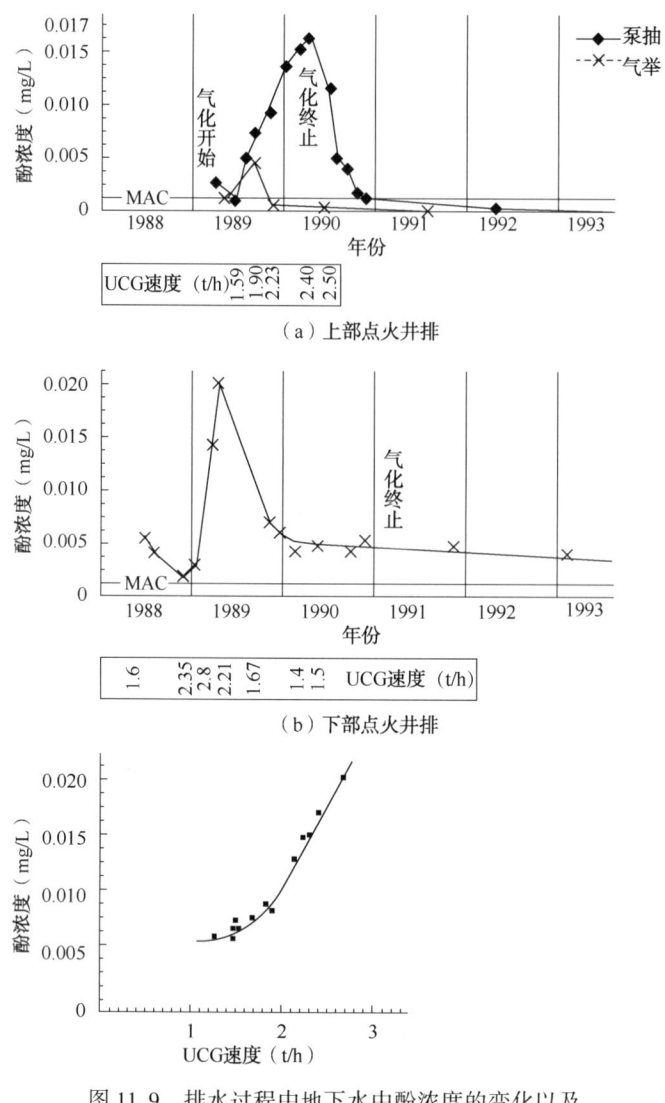

图 11.9 排水过程中地下水中酚浓度的变化以及酚浓度与气化速度之间的关系

(4) 在煤炭地下气化结束，并停止从气化后的已燃区中抽水后，地下水位会随着时间的推移自然恢复。其间总溶解固体浓度逐渐降低：气化结束 3 年后，总溶解固体浓度从初始的 2000mg/L 降至 1100mg/L，5 年后降至 800mg/L(基线值 400~600mg/L)。在没有地下水强制流入的情况下(不进行抽水作业)，气化后的已燃区中的酚浓度不超过平均浓度的 4 倍(0.0037mg/L)，而铵离子的浓度为 7.3mg/L。

(5) 废弃气化床内已燃区中的地下水发生变质。其中一种常见情况是：二氧化碳的浓度增加(平均浓度为 70mg/L)，铵离子 4~8mg/L，酚类 0.002~0.005mg/L。根据记录，污染最严重的位置位于厚煤层(4m 和 8m)UCG 盘区内。在气化后的 UCG 盘区边界外，污染成分的浓度没有超过最高容许浓度。这表明，受到岩层内发生吸附的影响，地下水可以实现自净(图 11.10)。

图 11.10 化学污染物的迁移

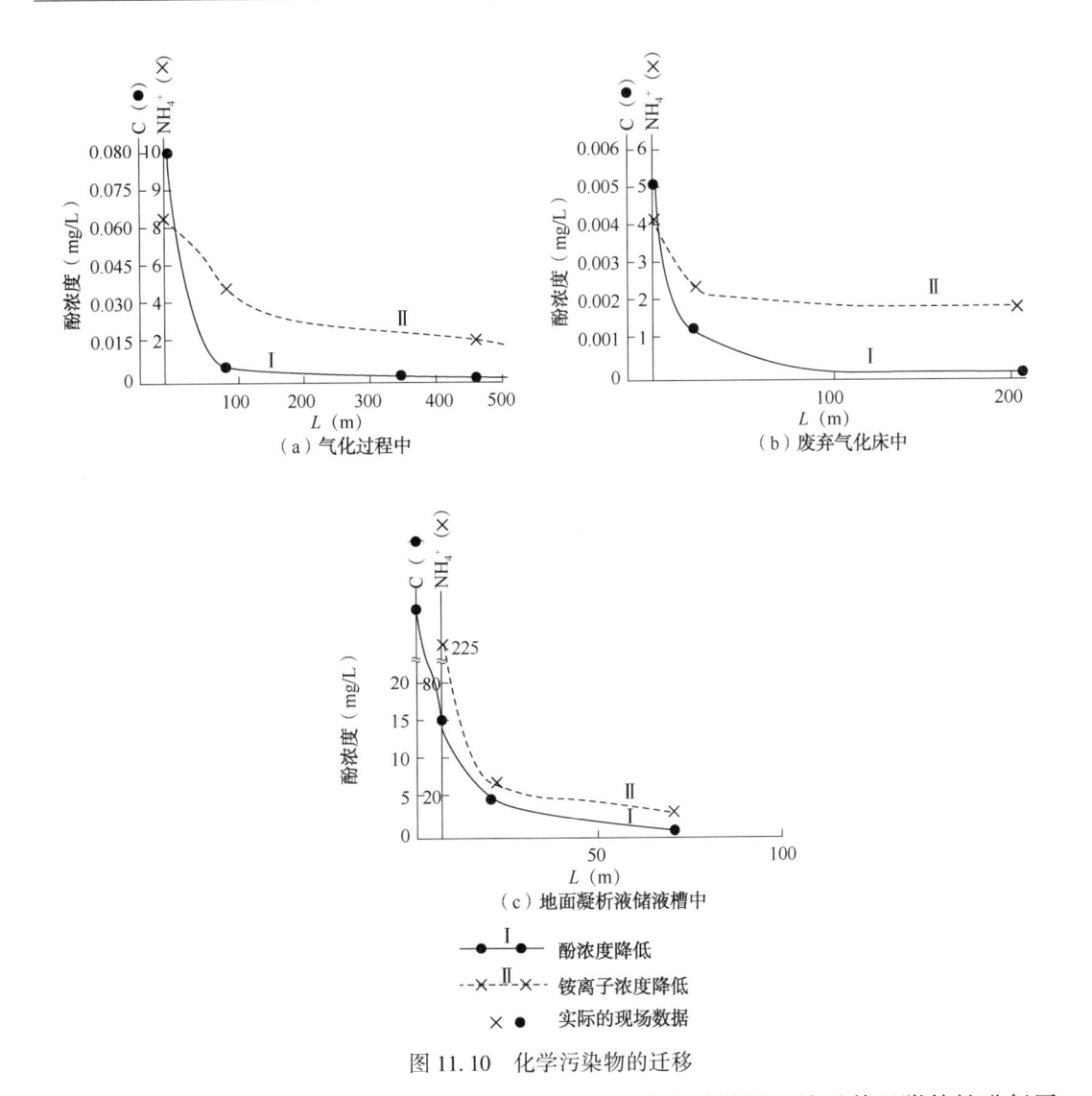

为了评价和验证地下水自净理论，从 300m 深处取来了煤样，并对其吸附特性进行了专门的实验室研究。研究证明，以前的假设是正确的，南阿宾斯克的煤具有很高的吸附能力。对于初始浓度为 0.04mg/L 的溶液，加热过的煤和原煤的吸附能力分别为 9.0μg/g 和 2.5μg/g。可以拿活性炭作为参考，活性炭的吸附容量为 13μg/g。酚类的平衡浓度为 0.7~0.8mg/L，加热的煤和原煤的吸附能力分别为 0.22mg/g 和 0.13mg/g（Dvornikova，1996a，1996b，1996c）。

煤层中受到污染的地下水（来自气化后的 UCG 盘区）基本是穿过加热过的煤（易于水汽进入）流动。由于地下水流动穿过了吸附活跃的区域，最终使地下水实现了自净化。在南阿宾斯卡亚地下气化站，燃烧后气化盘区中的地下水污染仅局限于局部范围，污染物会在加热的岩石中发生吸附（受热岩石的吸附能力会急剧增加）。

亨利等温线常数和分布系数是高挥发性烟煤实验室研究的结果，用于计算和预测污染物的迁移。计算时使用的是已燃后的气化床和冷凝物排放现场的导水率剖面模型(Conductivity Profile Model)"ρo"。计算过程中,考虑了岩层的流体动力学和导水率特性,以及燃烧后气化床的情况(这里的吸附能力更高)(Dvornikova,1994)。

图11.11(a)给出了不同时期地下水中酚浓度的计算曲线,包括从气化床出来后的迁移过程中酚浓度在污染物中心的下降模式。经过数据分析证明,随着时间的推移,酚浓度沿着污染物的迁移路径不断下降(Kreinin和Dvornikova,1999)。基于导水率剖面模型"ρo"得到的计算结果,与长期地下水监测记录的实际数据相当一致。图11.11(b)显示的是不同区段(分别距燃烧后的气化床30m、90m和210m)酚类物质的计算浓度。随着时间的推移,酚浓度变化曲线的波动幅度很大。气化结束8年后,在距废弃气化床90m处的酚浓度略有增加(0.0017mg/L)。

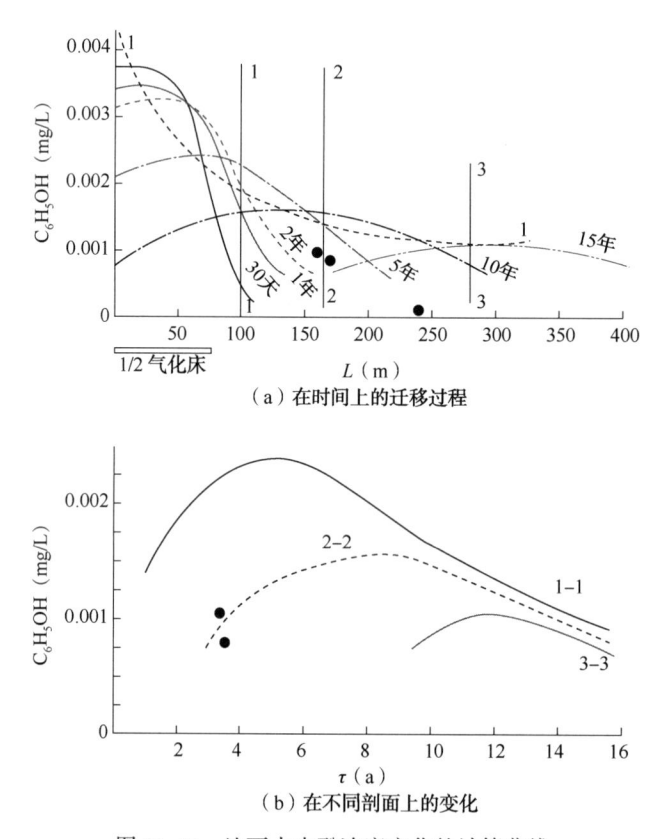

图 11.11 地下水中酚浓度变化的计算曲线
1-1,30m;2-2,90m;3-3,210m;● 90m 处 3.5 年的实际监测井的数据

为了尽可能地减少气化后已燃区中的残余污染物(酚类物质),有人开发出了一种地下水处理方法。该方法是在碱性条件下利用有机化合物的生化氧化,通过工艺井注入特殊细菌和空气(利用其中的氧气)(Karasevich 等,2009a,2009b)。

在南阿宾斯克地下气化站(位于基谢廖夫斯克煤矿区)进行的研究表明:

(1) 在 UCG 气化床运行期间,地下水污染局限于气化区域内。

(2) 几种重点污染物(酚类、焦油、硫氰酸盐、氰化物和铵)具有挥发性,成为气体混合物，到达地面时成为冷凝液。

（3）研究发现，污染物在气化期间浓度达到最大，同时在气化床周围会形成一个地下水降落漏斗，这可以防止污染物扩散。实验证明，在气化停止后持续抽水的情况下，3个月后酚浓度不超过最大容许浓度。

（4）在应用煤炭地下气化技术时，应使用气化床的最佳运行模式（对生态系统的损害最小），使地下气化床中的压力（p）与静水压力（H）之间保持一定比例。

（5）UCG 工艺运行一定时间后，需要将已燃区中的地下水抽到地面，通过地面处理确保污染物彻底清除。

（6）抽水作业结束后，应通过注水激活酚类的氧化和分解过程来消除局部污染源。

（7）气化后，废弃场地的地下水污染程度可以忽略不计（2~5 MAC）。

（8）当污染物迁移到气化后的 UCG 盘区边界之外时，由于煤和岩石的吸附作用，它们的浓度水平降低到接近最大容许浓度值。接下来就是地下水的自净化。在矿区之外，没有地下水污染方面的记录。

（9）在进行 UCG 选址时，首先从环境可能受到的影响这一角度出发，主要评估煤田的开采条件、地质构造和水文地质条件。

长期生态研究（研究地点在南阿宾斯卡亚地下气化站，部分在利西昌斯克、莫斯科近郊和安格林地下气化站）结果表明，UCG 诱发的环境影响是可预测的，可以使用相对简单的工程措施对其加以控制和缓解。制定了一套保护地下水、防止地下水污染的措施，从而有可能把 UCG 的影响降至最低。

11.5　最近煤炭地下气化项目的环保性能

在美国，第一次 UCG 试验是在亚拉巴马州的戈尔加斯进行的。1975 年，得克萨斯公用事业公司获得了苏联的 UCG 技术许可证，其子公司基础资源公司在苏联专家的协助下，在得克萨斯州进行了第一次 UCG 试验。后来，人们在进行理论和实验室研究以及现场测试时，都以这次 UCG 试验结果为基础，并把它作为比较标准。1992 年之前，在自然条件下，人们在怀俄明州、西弗吉尼亚州、伊利诺伊州、新墨西哥州和得克萨斯州进行了大约 30 项试验。

其中，规模最大的研究项目是在汉纳煤矿的"落基山一号"现场实施的。这里的煤层厚度为 10m，深度为 130m。煤层为近水平的。该试验项目历时 100 天。为了评估地下气化对环境的影响，专门设计了一套特殊方案，包括以下内容：

（1）在开始进行地下气化作业前，对地下气化区的水文地质条件进行深入研究。

（2）对试验进行密切监控。

（3）抽出燃烧后已燃区中的水。

（4）开展地下水和凝析液的地球化学研究。

试验于 1988 年成功完成。

通过这些研究，证明了苏联报告中的一些结论：

（1）UCG 引起的地下水污染仅局限于燃烧后的已燃区内。

（2）已燃区附近仍然存在地下水降落漏斗，地下水流向已燃区。

（3）气化后的已燃区注水后，借助潜水泵把水从两个已燃区中抽出来，在地面通过三级水处理系统对抽出的水进行处理，然后排掉。

（4）根据记录，在抽水作业期间，酚浓度下降（图 11.12），硼和氨的浓度也降至检测极限 0.02mg/L 以下。

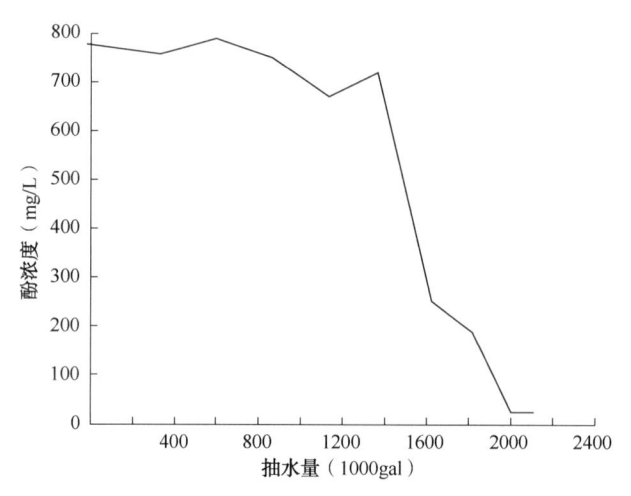

图 11.12 抽水作业期间燃烧后已燃区地下水中酚浓度随时间的变化

（5）由于受到 UCG 影响的地下水大部分已经从已燃区中抽了出来，因此减少或消除了含水层污染的可能性（Seeight 和 Covell，1989）。

（6）这里选用的去除氨和酚的水处理系统非常成功，但是为了去除其他污染物，该水处理系统仍需要进一步改进。

（7）选址时，应注意场地的开采条件、地质构造和水文地质条件。

因此，UCG 技术环境的有利影响得到确定。

澳大利亚苏拉特煤盆地开展了一项地下水污染（怀疑是由 UCG 引起的）的研究。1999 年，林克能源公司和 Ergo Exergy 技术公司在距离布里斯班约 350km 的钦奇拉附近启动了 UCG 先导试验项目。该项目的地下气化站运行了 30 多个月。2002 年 1 月，开始对气化床进行有序的关停工作。钦奇拉的 UCG 项目是西方规模最大、运营时间最长的项目。需要说明的是，由于钦奇拉的 UCG 项目是第一个有别于原苏联技术的项目，而且是在商业基础上进行的，因此采取了严格的保密标准，对外披露的信息非常有限（Blinderman 和 Fidler，2003）。

该矿床的各种条件对 UCG 十分有利。这里的煤层厚度为 10m，深度 140m，周围是黏土、黏土砂岩、泥岩和粉砂岩组成的低渗透岩层。气化床的外形尺寸为 200m×150m。

为了了解地下气化对地下水的影响，对该煤矿开展了地下水系统的环境监测研究——在试验气化床开始 UCG 运行前，先钻了 13 口地下水监测井，监测的区域分为内区和外区两个。

内区距气化床中心半径 300m 内，配置了 6 口地下水监测井，其中 2 口在 50m 内，其余介于 130~180m 之间。内区钻了 5 口井，并安装了压力计（图 11.13）。外区距离气化床

350~1750m，配置了7口地下水监测井。

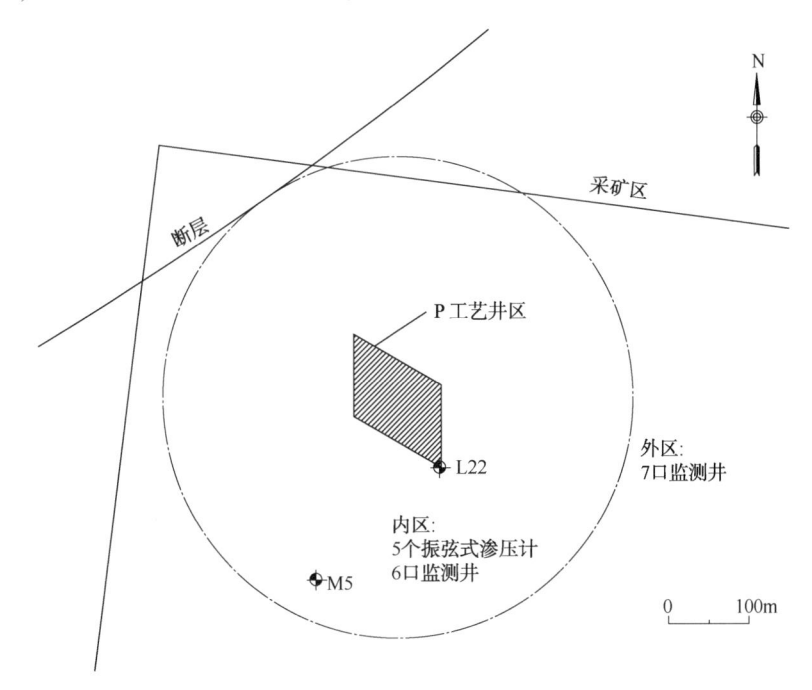

图 11.13 澳大利亚钦奇拉煤炭地下气化场的地下水监测

在气化床的整个生产期内，始终将气化运行压力控制在静水压力以下。

为了使气化床停止运行，开发了一套特殊的可控关停程序。该程序包括一个持续减压的气化阶段。该气化床于2002年4月中旬停止空气注入，并于2003年4月终止了UCG运行。

地下水的水动力和地球化学条件监测结果支持了以前苏联和美国总结的下述结论：

(1) 在煤炭地下气化期间，地下水的流动方向朝向地下气化床部位。污染是局部的。

(2) 在冷凝液中发现了最大污染物浓度水平(图11.14)，这证实了在UCG运行期间，大多数污染物是被气体混合物裹挟着带到地面(在地面进行处理)。

(3) 仅在与已燃区连通的井中发现污染物浓度有所增加，地下水监测井中未检测到污染物。UCG运行结束后，已燃区内的污染物浓度持续下降。

重要的一点是，该项目使用的是一种专有的地下水保护系统，系统中包含由Ergo Exergy技术公司开发的水力循环系统。该地下水保护系统由几口层内互连的井组成。利用这种技术，可以通过向其中一口井中注水或注入生物制剂来清除燃后气化床中的污染物。

2002年，Eskom Holding(南非)与加拿大技术提供商Ergo Exergy技术公司达成协议，在姆普马兰加省开发马尤巴煤田。矿区用地的水文地质和环境调查始于2005年，目前仍在进行中。

在UCG试验点，厚度为4.2~5.35m的亚水平煤层在266~300m等处与煤层底板相交。在研究地点发现的含水层有4个，分别为离地面最近的浅部含水层、中部含水层的上层和下层，以及深部煤层中的含水层。这4个含水层内分别布置了地下水监测井。

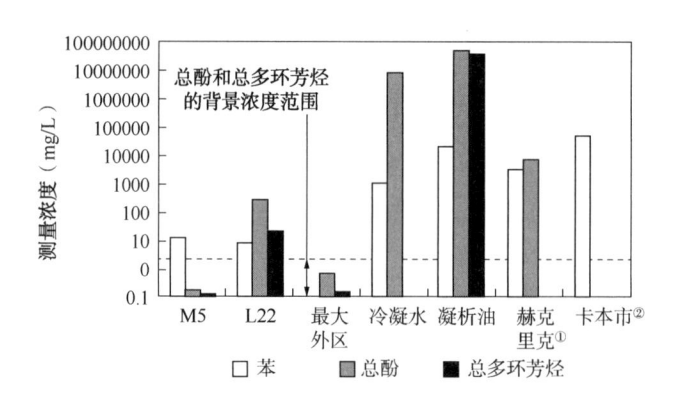

图 11.14 地下水质量监测结果

①气化后 6 个月气化床附近的实测酚浓度(不知位置和时间)；②气化后 3 年的最大实测浓度

这些调查证实了以前苏联、美国和澳大利亚的研究结果：

（1）煤炭地下气化期间，地下水降落漏斗持续存在，使污染被控制在局部范围内。

（2）UCG 运行终止后，地下水位逐渐恢复。虽然水位在恢复，但气化床附近的地下水压头很长时间都偏低。地下水不断向燃烧后的气化床已燃区流动。监测的污染物浓度不断下降。

（3）由于制定了环境保护措施(包括对含水层的水动力影响)，使控制地下水污染成为可能。

在各种开采条件、地质构造和水文地质条件下进行的大规模研究(包括在原苏联的商业性地下气化站，以及在美国、澳大利亚和南非开展的实验和研究项目)均表明，如果采用合理的 UCG 气化床运行模式、气化床设计、气化和排水方式以及采取适当的环境保护措施，完全有可能在不损害环境的情况下利用 UCG 方法进行煤矿开采作业。

11.6 结论

目前，世界上发电用煤的消耗量很大：在中国占 70%，在美国占 56%，在西欧占 40%~60%。煤炭资源量明显超过石油和天然气资源总量。考虑到天然气正日益短缺，在不久的将来，煤炭作为能源的使用量将会进一步增加。然而，正如前文所述，传统的采煤方法存在很大的环保问题。现代环保煤炭技术，特别是 UCG 技术，将有助于缓解煤炭矿区对环境的影响。

本章讨论了影响水圈、岩石圈的人为影响区域的形成过程，以及主要参数的确定。确定了影响水圈、岩石圈的人为变化类型和性质，确定了 UCG 技术内在的物理—力学和物理—化学过程的性质，而地下水的污染程度在很大程度上取决于这些性质。本章还对地下水化学成分和污染物的主要决定因素进行了分类，这些因素共同构成了 UCG 的主要环境影响因素。为了方便起见，把各种因素细分为人为因素和自然因素两大类。对每个因素及其对水圈的影响都单独进行了介绍，当然，在 UCG 气化床的实际运行过程中，这些因素并不是相互孤立的,而是相互关联的。应该强调的是,在不同的自然环境条件下,有些因素可能对地下水的化学性质起着关键(或次要)的作用,而另一些因素则可能没有任何明显的作用。随着温度、压力、水动力和地质力学条件的不断变化,在不同条件下,一些因素的影响可能会让位于其他更主要的因素,这在煤炭地下气化领域很常见。

针对原苏联(曾有许多商业性和先导试验性地下气化站运行)曾开展的大规模环境研究以及美国、澳大利亚和南非的部分先导研究进行的分析表明,煤的原位气化产物对地下水的潜在污染仅限于局部区域,可以完全消除或减小到最低限度。

预测污染物扩散使用的导水率剖面模型考虑了岩石的各向异性和导水率的不均性、重力差异以及被污染流体与岩石的物理化学相互作用(吸附),这一模型得到了长期研究结果的有效支持。

大多数污染物以冷凝物的形式随着气流被带至地表。根据记录,污染物在原位气化期间浓度达到最大,同时在气化床周围会形成一个地下水降落漏斗,这可以防止污染物扩散。在 UCG 运行结束后,通过持续抽水可以将污染物浓度降至饮用水最大容许浓度以下。地下水位恢复后,气化后气化床中的污染物主要通过加热的煤迁移,这种煤的吸附能力很高,有助于地下水的自净。专门针对加热的煤和原煤的吸附性能进行的研究显示,它们的酚类物质吸附值很高。

UCG 选址应首先考虑对环境的潜在影响。在选择合适的 UCG 开采方法、气化床设计、排水和气化运行模式以及制定环境计划需求时,应在环境影响因素分类的基础上进行。

各种研究结果也特别强调,要在 UCG 运行过程中防止地下水污染,就需要从多方面加以考虑。未来应在以下几方面开展进一步的研究:

(1) 在实验室条件下,研究加热和燃烧后的岩石和煤在不同溶液通过时溶液的迁移规律,并确定其吸附特性。

(2) 对特定地质力学含水层的地下水流动和输送进行现场研究,进行专门的示踪测试。

(3) 研究煤层的各种物理和化学参数,这些参数对于预测污染物扩散速度和制定环境保护程序是非常必要的。

为了提供有效的消除 UCG 技术可能带来的不利影响的方案,需要在现场评估和勘探阶段以及气化床设计和运行阶段密切关注科学和方法方面的问题。

在使用 UCG 方法开采时,不同地质构造和水文地质条件的煤矿会遇到一系列挑战:在确定对水圈的潜在影响程度和影响规模时会遇到挑战,在开发不同的预测方法(以寻求具有成本效益的环保解决方案)时也会遇到。

参 考 文 献

A collection of methods for calculating air emissions in various industries, 1986. Leningrad: Gidrometeoizdat.

Antonova, R. I., Dvornikova, E. V., 1992. Effects of underground coal gasification on the environment. Seminar reports. In: Seminar on Underground Coal Gasification, Kemerovo, pp. 52-59.

Antonova, R. I., Dvornikova, E. V., Kreinin, E. V., Guryanova, E. V., 1991. Underground Coal Gasification and Environmental Protection. Izvestia. vol. 1. Skochinsky Institute of Mining, Moscow, pp. 199-201.

Blinderman, M. S., 1995. Underground coal gasification in abandoned mines. Coal Sci. 1, 739-743.

Blinderman, M. S., Fidler, S., 2003. Groundwater at the underground coal gasification site at Chinchilla, Australia. In: Proceedings of the Water in Mining Conference, Brisbane, Australia.

Chekina, V. B., 1994. Environmental assessment of underground coal gasification in comparison with conventional coal mining methods. Scientific Bulletin, 295, Skochinsky Institute of Mining, pp. 112-123.

Corazon, M., 1991. Energy Policy and Planning Seminars. Training Material. Economic Development Institute, The World Bank.

Dvornikova, E. V., 1994. Investigations of specifics of interaction of products of underground coal gasification and groundwater. Science Bulletin, vol. 295. Skochinsky Institute of Mining, Moscow, pp. 48-56.

Dvornikova, E. V., 1996a. Analysis of the formation and prediction of the distribution of groundwater contamination zones during underground coal gasification (Ph. D. thesis). Moscow, p. 251.

Dvornikova, E. V., 1996b. Major factors impacting the groundwater conditions and contamination of groundwater during underground coal gasification. Scientific Bulletin, vol. 304. Skochinsky Institute of Mining, Moscow.

Dvornikova, E. V., 1996c. Role of sorption capacity of high volatile bituminous coals in self-purification of groundwater. Ugol 5, 45-47.

Dvornikova, E. V., 2005. Ecological aspects of underground coal gasification. Scientific Bulletin, vol. 330. Skochinsky Institute of Mining, Moscow, p. 330.

Dvornikova, E. V., 2011. Specifics of contaminant migration from the underground gasifier: mitigation of environmental impact. Ugol 11, 63-69.

Dvornikova, E. V., Kreinin, E. V., 1993. On the interaction of groundwater with the fire source during underground coal gasification. Physical and Process-Related Challenges in Researching Fossil Fuels, 5, Academy of Sciences of the Russian Federation, Novosibirsk, pp. 73-78.

Dvornikova, E. V., Strock, N. I., Bankovskaya, V. M., 2001. Specifics of man-made metamorphosing of surface water in open-pit coal mining in the Moscow coal basin. Mining Bulletin, vol. 2.

Kalachev, A. I., 2016. Problems and solutions for the conversion of coal-fired power plants to SSZHShU-100 (system of dry ash and slag waste removal) designed for optimal utilization of ash and slag waste. In: UgolEco Conference, Moscow, September 27-28.

Karasevich, A. M., Kreinin, E. V., Dvornikova, E. V., Streltsov, S. G., Sushentsova, B. Y., Zorya, A. Y., 2009a. Method of environmentally friendly underground coal gasification. Patent (Russian Federation) No. 2360106.

Karasevich, A. M., Kreinin, E. V., Dvornikova, E. V., Streltsov, S. G., Sushentsova, B. Y., Zorya, A. Y., 2009b. Method of cleaning groundwater in the depleted cavity of an underground gasifier. Patent (Russian Federation) No. 2358915.

Kononov, V. I., 1965. Effects of Natural and Man-Made Heat Sources on Groundwater Chemistry. Nauka, Moscow, p. 146.

Kreinin, E. V., Dvornikova, E. V., 1997. Method of underground coal gasification. Patent No. 2090750.

Kreinin, E. V., Dvornikova, E. V., 1999. Distribution prediction of zones of interaction of the contamination source with groundwater. In: Proceedings of the Academy of Sciences, Part 365. vol. 3. pp. 371-373.

Parakhonsky, E. V., 1992. Protection of Water Resources in Underground and Open-Pit Mines. Nedra

Publishers, Moscow, p. 191.

Speight, J. G., Covell, J. R., 1989. Rocky Mountain 1 groundwater restoration: first treatment. In: International Underground Coal Gasification, Delft University of Technology, October 9-11. pp. 515-533.

Technological schemes of cleaning from suspended solids and disinfection of mine waters, 1985. Catalog. Central Research Institute of Economics and Scientific Information of Coal Industry, Moscow, p. 120.

Walker, L. K., Blinderman, M. S., Brun, K., 2001. An IGCC Project at Chinchilla, Australia based on Underground Coal Gasification (UCG). In: Paper to 2001 Gasification Technologies Conference, San Francisco, October 8-10.

12 煤炭地下气化技术商业化还应做好什么准备？

M. S. Blinderman, A. Blinderman, A. Taskaev

（Ergo Exergy 技术公司，加拿大魁北克省蒙特利尔）

12.1 概述

煤炭地下气化（UCG）技术最早是由威廉·西蒙斯（William Siemens）于 1868 年提出的，它是一种大规模的工业生产方法（用于煤炭资源的开采），可以替代传统的煤炭开采工艺，但经过近 150 年的发展，到目前为止该技术还没有得到广泛的商业化应用。该观点或许可以通过指出几个商业规模的 UCG 站来进行反驳，这些 UCG 站已经在苏联运行多年，其中，安格林 UCG 站于 1960 年正式投产，至今仍在正常运行（Saptikov，2017）。在认可苏联几十年来在设计、建造和运营大型 UCG 站方面经验的价值的同时，还应该强调，这些 UCG 站的投资决策是在苏联中央计划体制下做出的，很难与现代的、经济驱动的投资决策相关联。表明 UCG 技术是否已经准备好进行商业化应用的重要标志就是，在过去的 50 年里，全世界范围内还没有哪一个地区有任何的商业化 UCG 站投入使用。本章将讨论 UCG 技术之所以没有取得商业化进展的技术、环境和监管方面的原因，以及如何改变这种趋势，使该技术更适合商业化应用。

首先，本章将简要探讨 UCG 这一新兴行业的现状。UCG 技术在全球范围内经历了一段较长的发展机遇期，它始于 1973 年的能源危机，结束于 1988 年的美国"落基山一号"现场试验和 1992 年西班牙的 UCG 现场试验。在经历了几年的沉寂期和犹豫期之后，澳大利亚的钦奇拉 UCG 项目标志着 UCG 技术开始在澳大利亚、新西兰、南非、欧洲、加拿大和美国迎来了新的发展机遇期。在近 20 年的时间里，UCG 技术所取得的新进展主要是一些私人资助的项目，这些项目在股票市场所筹集的资本中占据了相当大的份额。

由于国家市场化石燃料价格大幅度下跌，以及全球商品交易市场的普遍放缓，UCG 技术的最新发展阶段似乎受到了相当大的影响。石油和天然气价格的下降通过煤炭产品销售价格降低的方式对新开发的和现有的 UCG 项目造成了巨大影响，而煤炭价格的急剧下跌使得许多 UCG 技术的支持者遭受了巨大损失（这部分收入原本将用于新 UCG 项目的开发）。后者的一个典型案例就是新西兰西亨特利的 UCG 站被迫关停。

商品市场放缓导致南非的马尤巴 UCG 项目的进度也有所放缓。商品市场（比如北美市场）的经济效益不佳以及能源价格的下跌也导致天鹅山煤炭就地气化（ISCG）项目被迫关停，并使得加拿大帕克兰县 UCG 项目的启动受阻。

另一个限制全球 UCG 活动的因素是缺乏对环保法规的准备，以及环保团体对 UCG 技术的严重误解和错误认识，这无疑是由于缺乏有关 UCG 项目的真实信息所导致的。这种令人遗憾的公众意识形态导致地方政府不愿意在几个司法管辖区内批准新的UCG项目，特别是在澳大利亚的昆士兰州和英国的苏格兰。

除了这些客观原因会导致全球UCG技术的发展势头放缓之外，还有一些其他可能更为主观的技术因素会导致人们普遍期待的几个UCG商业化项目受阻或终止。

12.2 商业化煤炭地下气化技术的相关要求

UCG技术的商业化必须处理与任何其他以化石燃料为基础的新的大规模能源技术相类似的问题，这些问题包括：资本密集度问题；碳排放问题；缺乏长期的、大规模的示范性项目；是否有合格的技术供应商；是否有技术精湛的工作人员；专家团队的意识性和成熟度；缺乏行业标准；没有或缺乏相应的规章制度；对技术、环保和财政风险的认识不足；缺少政治支持。

然而，这些相似之处并没有掩盖UCG工艺过程中固有的特征：UCG反应炉是通过远程控制的方式在地表以下几百米的地方操作和运行的，操作人员无法采取有效的手段来监控其形状或反应炉内部的工艺流程。操作人员对UCG工艺流程的控制和干预在规模和可用性方面的差异如图12.1所示。

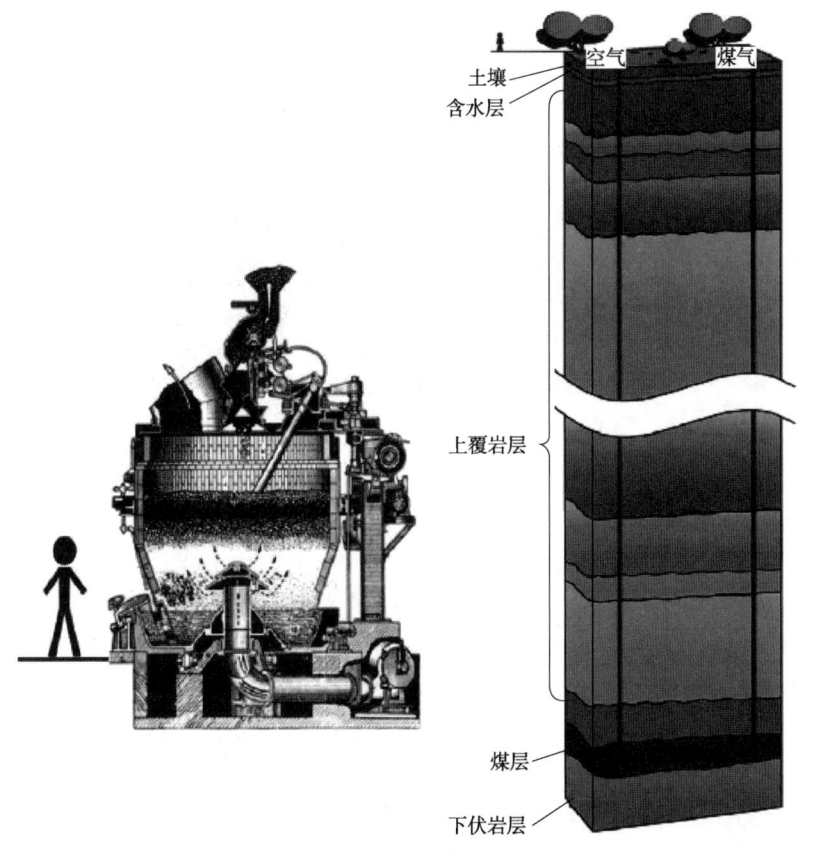

图12.1 UCG工艺流程与常规气化反应床在规模和可用性方面的差异

尽管存在这些差异，但如果要应用于商业项目，UCG技术必须能够满足商业化技术的通用标准。这些标准至少包括下列标准，所有这些标准必须始终满足：

(1) 产品(气化气)的质量必须始终如一。例如，对于CCGT技术的应用过程，气化气的质量参数不断变化，但其沃贝指数不应超过5%。很显然，对于任何应用过程，气化气质量必须始终满足工业客户的进口标准。

(2) 如果使用气化气的工厂能够在入口容量允许的情况下运行，则必须将UCG站的能量输出变化限制在1%以内，才能满足产品输出量保持恒定的要求。

(3) UCG技术的运作规模必须足够大，并且可继续拓展，从而满足全球规模的消费工厂的输入要求，例如，每年至少需要$100×10^4$t。需要持续25~30年的这种能源输出能力，以便为偿还资本和获得投资回报争取一定的时间。

(4) UCG技术的实施过程必须是环境清洁的，并且其碳利用效率必须足够高，从而保护地下水、空气及其他潜在环境受体不会受到污染。

12.3 气化气的质量

UCG技术供应商所面临的主要问题始终是，UCG技术能否为现代发电厂或化工厂提供可靠的煤气供应，换句话说，煤气的质量是否始终如一并保持稳定？除了关注UCG反应炉的可用性和可控性之外，还有一个简单的技术原因很好地解释了为什么UCG技术具有产出质量始终如一的煤气的能力。图12.2中显示了UCG反应炉的反应条件。

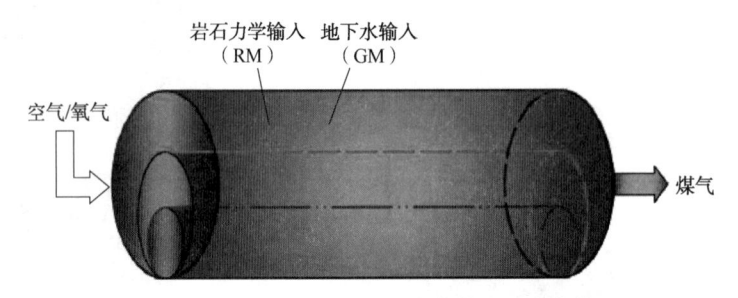

图12.2 UCG反应炉内反应条件的固有变化

造成线性(一维)UCG反应炉内部气化气质量不一致性的机理很好理解。与传统的气化反应床不同，UCG反应炉没有钢质容器外壳来容纳这些化学试剂和气化产物。UCG反应炉是在煤层中形成的，而煤层则作为反应床的外壳(壁面)。煤是主要的反应原料，它是从反应床的壁面开始消耗；而反应过程中的水则来源于反应床壁面所渗入的地下水。随着气化反应的进行，反应床的煤炭壁面被消耗，反应床的横截面不断变大。由于注入剂的流量是恒定的，因此随着反应床直径的增大，反应床内的气体相对流速不断降低。气体流速的降低与雷诺数的降低相对应，而雷诺数是湍流的判定标准。随着湍流度的减弱，反应床内部的质量交换和热交换作用也不断减弱，这就意味着注入剂中的氧气不能有效地输送到反应床的煤炭壁面上，而这些煤炭壁面上的氧气则会在非均相反应中被消耗掉。这一原位反应过程将导致地面气化气的质量明显下降。在进行现场作业时，该过程只能维持10~15天，气化气的质量就会开始下降，并且气化气中还会出现未参与反应的氧气。在产出的气化气中未反应氧气的浓度开始接近危险水平之前，必须停止进行气化。

为了减轻上述过程的影响，美国劳伦斯·利弗莫尔国家实验室的研究人员提出了一种受控注入点后退（CRIP）的气化技术（Hill 和 Shannon，1981）。该技术如图 12.3 所示。注入井与生产井之间的水平通道内装配有射孔的钢管并安装了点火器，点火器装在从注入井中伸出的软管上，通过起出软管的方式点火器移回到注入井中。注入井通常为定向井，其水平井段与垂直生产井相连（这种受控注入点后退气化技术也称为线性受控注入点后退气化技术）。初始反应床是通过燃烧器点燃煤层的方式来启动的。当反应床的尺寸扩大到气化气质量出现恶化迹象时，点火器就被收回到第一个点火位置上游的某一点，通过第二次点火来产生一个新的反应床（这种作业方式被称为受控注入点后退工艺）。为了延长产气时间，应实施多次注入点后退气化作业。这样，正在运行的反应床的规模就是可控的，这一点通过稳定的气化气质量得到了证实。

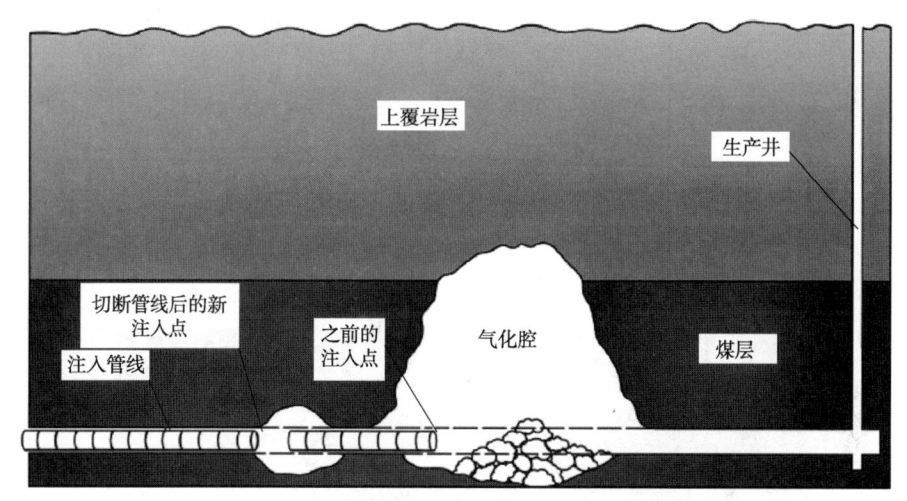

图 12.3　受控注入点后退（CRIP）气化技术

迄今为止，受控注入点后退气化技术的最佳示范项目是 1986—1988 年在怀俄明州开展的"落基山一号"现场试验（RM1，1989）。为了突出受控注入点后退操作的优点，该运营商同时运行了两个 UCG 模块——其中一个采用受控注入点后退气化技术，另一个采用连通井拓展（ELW）技术。两种技术气化气的热值随时间的变化关系如图 12.4 所示。

图 12.4 中实线代表气化气热值的实际变化，虚线代表气化气热值的平均变化趋势，罗马数字Ⅰ、Ⅱ和Ⅲ表示进行受控注入点后退操作的次数。很明显，尽管受控注入点后退模块中气化气的质量几乎总是高于连通井拓展模块的气化气质量，但尽管只进行了三次受控注入点后退操作，随着时间的推移，气化气的质量也会显著下降。对这种现象的解释是显而易见的：在具有最佳气化条件的受控注入点后退气化反应床中所产生的气化气，必须经过所有旧的、已经枯竭的受控注入点后退气化反应床才能进入生产井中。这些反应床已经冷却，充满了煤灰、煤渣和冷凝液或水蒸气，所以气化气在经过这些反应床时会持续恶化（气化气质量下降）。气化气在产出之前所必须流经的旧反应床个数越多，对气化气质量所产生的负面影响就越大。在"落基山一号"现场试验取得成功之后，这个突出的缺点似乎

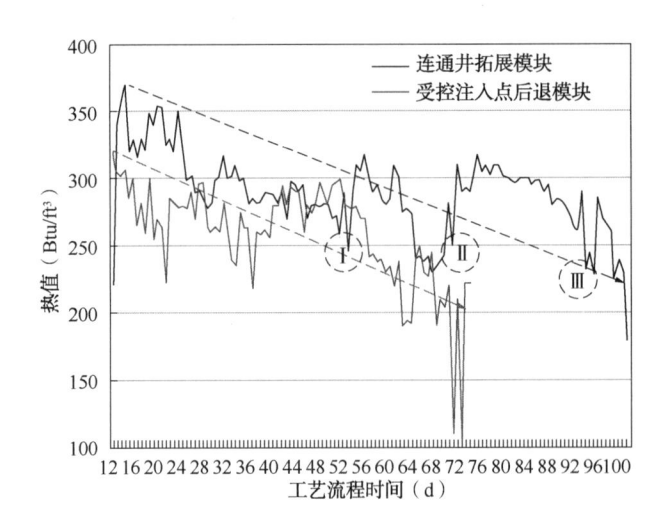

图 12.4 "落基山一号"UCG 现场试验中，受控注入点后退模块和连通井拓展模块的气化气热值随时间的变化关系

阻碍了以受控注入点后退气化技术的商业化进程。

为了克服受控注入点后退气化技术中的这种缺陷，人们又提出了一种"平行受控注入点后退气化"的概念。在这种技术中，生产井并不是直井，而是采用了定向井，它在煤层内部的井段很长，并平行于注入井（Davis，2012）。平行受控注入点后退气化反应床的主视图如图 12.5 所示。

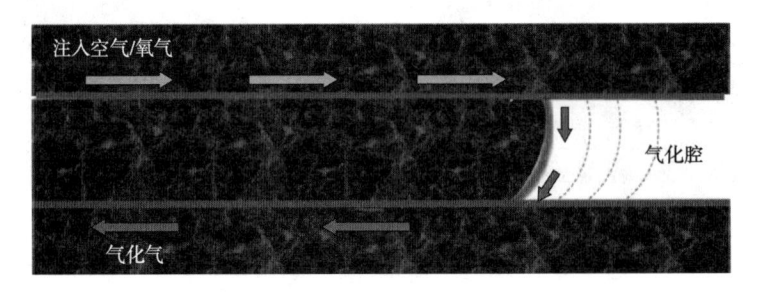

图 12.5 平行受控注入点后退气化反应床的主视图

平行受控注入点后退气化技术背后的想法是避免较长的气体通道（通过多个枯竭的受控注入点后退气化反应床），同时让气化气有机会通过水平井进行生产。人们认为注入的氧气会沿着注采点之间的煤炭壁面流动，并与地下煤炭发生非均相反应，从而产生优质的气化气。通过沿着注入井回撤点火燃烧器或在注入井中安装由一次性组件构成衬管的方式，可以实现注入点的回缩。

澳大利亚昆士兰州的低碳能源公司和林克能源公司已经尝试过采用平行受控注入点后退气化技术来进行煤炭地下气化（Davis，2012）。昆士兰大学和 Ergo Exergy 技术公司的研究人员对这一工艺流程进行了数值模拟研究（Blinderman 等，2016）。数值模拟结果如图 12.6 和图 12.7 所示。

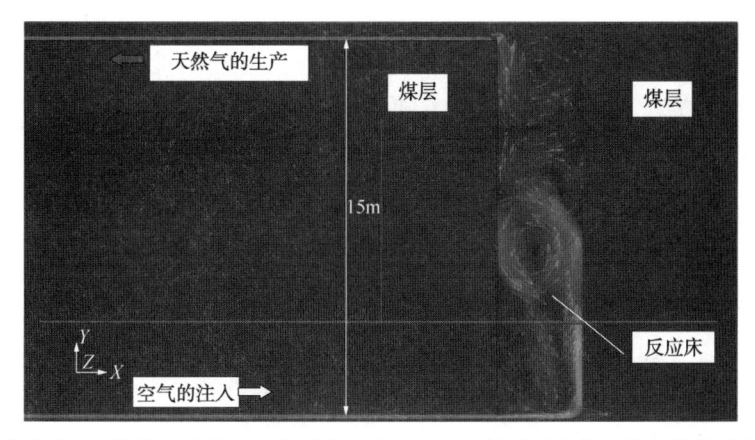

图 12.6　宽度为 3m 的平行受控注入点后退气化反应床中的质量交换和能量转换过程（主视图）

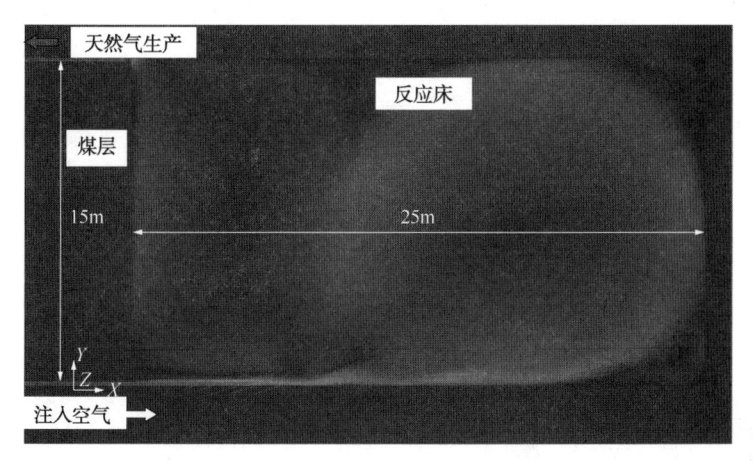

图 12.7　宽度为 25m 的平行受控注入点后退气化反应床中的质量交换和能量转换过程（主视图）

研究人员对压力、流量、温度等一系列参数以及开发人员报告的反应床的几何形状进行了建模。结果很明显。在宽度为 3m 的反应床中，注入的氧气与煤炭表面的接触较强，且煤炭表面的非均相反应在该工艺过程中占据了主导地位。然而，当反应床的宽度拓展为 25m 时，注入的氧气将流入反应床的空腔内部，直到与充满反应床的气化气发生充分的反应后，氧气才有机会到达煤层表面。事实上，氧化剂的这种流动模式在 10m 以上的反应床中是非常典型的。通过数值模拟可以发现，对于宽度大于 10m 的反应床，只有氧化剂的流量满足雷诺数小于 50，氧化剂才能与煤炭获得较好的接触，只有当氧化剂流量对煤层保持不变且不通过气化腔时，才没有什么特别明显的其他限制条件。当然，这些流量与实际的 UCG 工艺流程无关。

另一种评估氧化剂在煤炭表面上的非均相反应和在不同反应床宽度下与重整气之间均相反应的有效性的方法就是计算这些反应过程中的一氧化碳产量。与煤炭之间的反应所消耗的氧化剂越多，生产井中一氧化碳的产量就越高。在反应床内与一氧化碳的均相反应中，氧化剂消耗得越多，产品气中的一氧化碳含量就越低。图 12.8 绘制了生产井中一氧化碳/二氧化碳的浓度比与反应床宽度的变化关系，图中曲线是在 3 个指前因子（通过该反应的阿伦尼乌斯方程得到)(指前因子 $A = 1\text{mol}^{-1} \cdot \text{s}^{-1}$,$5\text{mol}^{-1} \cdot \text{s}^{-1}$ 和 $10\text{mol}^{-1} \cdot \text{s}^{-1}$)下绘制的。对于反应速率较慢的情况,随着反应床宽度的增加,产品气中一氧化碳浓度下降得十分明显:当指前因子 A 为 $1\text{mol}^{-1} \cdot \text{s}^{-1}$ 时,随着反应床的宽度从 0.5m 扩大到 20.0m,产品气中一氧化碳/二氧化碳的浓度比显著降低(从 6.07 下降到 0.97)。对于反应速率较高的情况(指前因子 $A = 5\text{mol}^{-1} \cdot \text{s}^{-1}$ 和 $10\text{mol}^{-1} \cdot \text{s}^{-1}$)下,这种现象不那么突出,但依然比较明显:在这些条件下,气化过程是由反应动力学而不是扩散作用所控制的,因此质量交换的影响受到了抑制。这一结果印证了一个直观而明显的结论:在气化过程中,煤炭消耗量的不断增加必然导致气化腔不断增大,从而导致产品气质量大幅度下降。

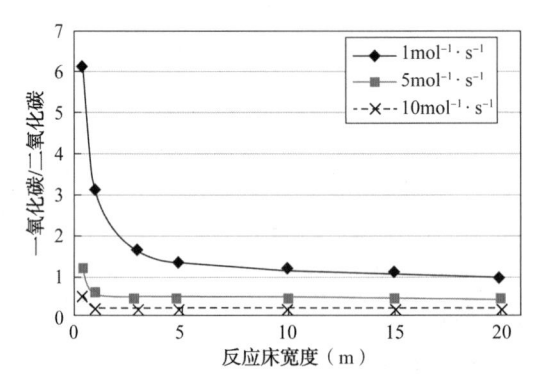

图 12.8 在三种反应速率下产品气中一氧化碳/二氧化碳值与反应床宽度的变化关系

在气化气质量对现代气化站的适应性方面,包括现场试验和示范项目在内的大量工作已经证实,使用注空气或注氧气的 UCG 工艺所得到的气化气进行高效发电是可行的(Blinderman,2006;Blinderman 和 Anderson,2004)。注空气和注氧气所得到的气化气都适用于各种类型的发电设施,包括燃气发动机、带有蒸汽轮机的传统锅炉,以及带有热回收蒸汽发生器和蒸汽轮机的燃气—蒸汽联合循环(CCGT)燃气轮机等。这些设备可以由各种信誉良好的国际供应商提供。从最近的 UCG 项目中的气化气质量来看,这些气化气可以作为各种化学制品的原料(Blinderman 等,2011)。

12.4 气化气的产量

通过一个 UCG 项目所能产出的气化气的产量为多少,才能满足标准商业化工厂的需求?对于这个问题,表 12.1 或许提供了一种被认为可能比较适用的 UCG 生产规模的概念。

表 12.1 世界级 UCG 站对气化气产量的要求

产品	生产能力	气化气产量要求($10^4\text{m}^3/\text{h}$)
合成汽油	10000bbl/d	38
IGCC 发电厂	300MW	45.6
尿素	3500t/d	39
合成甲烷	$250 \times 10^8 \text{ft}^3/\text{a}$	38

续表

产品	生产能力	气化气产量要求($10^4 m^3/h$)
合成柴油	10000bbl/d	49

表12.1中每小时的气化气产量要求相当高,并且由于气化气和天然气的成分不同,热值也比天然气低得多,因此它比同一气化站所需的天然气产量要高得多。

这些气化气的产量要求为UCG生产规模、注入井和生产井的数量、空气分离装置(ASU)的规模或总的压缩机容量、净化装置的要求等设定了标准。举个例子,一口生产井可产出的气化气数量会受到套管直径、气化气的生产压力、套管材料的冶金方式、冷却系统的设计、井下反应床与生产井底距离等因素的限制。在按照API标准进行建造,并且没有强制进行气体冷却的情况下,典型生产井(无论是直井还是定向井)的产能将被限制在$2000 \sim 5000 m^3/h$的范围内(Blinderman等,1995)。将这一产量与表12.1中所示的产量进行比较可能是开发人员需要考虑的事情,因为他们正考虑建造一套生产井数量有限的UCG系统,而该系统的特点就是采用了基于受控注入点后退气化技术的设计。

表12.2中列出了限制UCG站生产能力最常见的关键因素。它们包括气化效率、气化工艺过程中煤炭的可用性、氧化剂供应的可靠性和生产能力。在获得了这些参数之后,可以找到有助于控制这些参数的因素,从而确保气化站实现稳产。

表12.2中所列出的大多数因素的作用是不言而喻的。在UCG站的设计和运行过程中,必须全面考虑这些因素,以提供必要的冗余度并最大限度地提高整个系统的灵活性,从而满足气化气的产量要求。据估计,这些影响因素中最重要的是与工艺井完整性相关的参数。工艺井的冗余度和灵活性是影响UCG设施保持稳定运行的关键因素。可以说,最近的UCG项目(如埃尔特瑞米达尔项目、金格罗伊项目、红木溪的第一个盘区,天鹅山项目和林克能源公司在钦奇拉(2006年以后)的部分盘区等最终被迫关停或终止试验的项目)中大多数的运行故障都与注入井或生产井发生故障有关,这些井筒故障使得运营商无法接触到地下反应床,并向地下反应床中注入氧化剂或从中产出气化气。

表12.2 影响UCG站生产能力的关键因素

目标参数	主控因素
气化效率	单位氧化剂所产出的气化气;工艺强度;注入点的控制;气化气的输送路径
煤炭可用性	及时调试新的反应床;注入井的可用性;注入点的控制
氧化剂供应的可靠性	压缩机和空气分离装置的冗余度;注入井的可用性;及时的井间连通
生产能力	生产井的完整性;凝析液的管理;及时的井间连通;温度控制;修井作业能力

需要注意的是,表12.2中所列出的因素是在不断变化的条件背景下发挥作用的:煤层和围岩的地质学条件、地下水的流入、上覆岩层的塌陷和围岩的变形。因此,只有使用适当的地质模型、水文地质模型和岩石力学模型,并应用一个全面的、经过实际验证的气化工艺模型,才能有意义和有效地控制这一工艺过程,从而确保气化气产量的稳定性和一致性。即便已经获得了这些辅助工具,有效的UCG过程控制仍然是一门艺术;工艺设计人员和操作人员的经验对于保证气化气供应的可靠性而言至关重要。

12.5 开采效率与煤炭资源

规模和开采效率的判定标准对于 UCG 技术的商业化应用的决策过程也是至关重要的。表 12.3 给出了一个以 UCG 气化气为原料的世界级 UCG 站煤炭消耗量的案例,它是基于得克萨斯褐煤来进行计算的(Blinderman 等,2011)。考虑到地质结构的不确定性,这一资料表明,有必要考虑建造一座煤炭资源量超过 $5000 \times 10^4 t$ 的世界级 UCG 站。这就要求 UCG 技术具有很高的开采效率。对于一个 300MW 的整体煤炭气化联合循环(IGCC)发电厂,表 12.3 中所假设的开采效率为 95%。如果开采效率下降到地下采矿的典型水平(低于 50%),那么该发电厂每年的煤炭资源需求量将从 $170 \times 10^4 t$ 增加到 $350 \times 10^4 t$。

表 12.3 通过 UCG 技术来供应气化气的世界级发电厂的煤炭资源需求量

世界级 UCG 站的产能	UCG 工艺过程的煤炭消耗量($10^4 t/a$)
合成汽油的产量为 10000bbl/d	300
300MW 的 IGCC 发电厂	170
尿素产量为 3500t/d	200
合成气化气的产量为 $2500 \times 10^4 ft^3$	300
柴油产量为 10000bbl/d	400

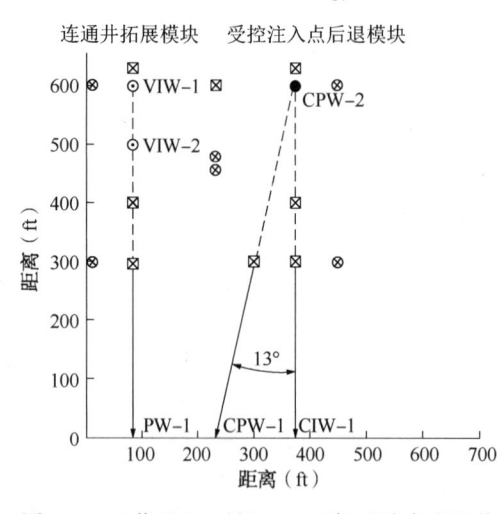

图 12.9 "落基山一号"UCG 现场试验中连通井拓展模块和受控注入点后退模块的主视图

考虑到基于受控注入点后退气化工艺的 UCG 系统的开采效率和资源需求量,让我们再次将目光转向"落基山一号"试验(RM1,1989)。图 12.9 给出了受控注入点后退模块和连通井拓展模块的主视图。被 100m 左右的原煤分隔开的两个基本相互平行的模块同时运行,其中受控注入点后退模块总共运行了 100 天,连通井拓展模块则提前 24 天完成了整个气化过程。

天然气研究所的报告(Boysen 等,1990)详细考虑了"落基山一号"试验的物料平衡和热平衡关系。连通井拓展模块总共消耗了 3961t 煤,而受控注入点后退模块则消耗了 10155t 煤。尽管各模块间存在约 100m 宽的隔离煤柱,但物料平衡的结果显示,各模块之间的氧化剂与气化气存在明显的交叉流动,在本案例中该比例可达到 2%~3%。据报道,在 1 号盘区和 2 号盘区之间的红木溪试验以及林克能源公司在钦奇拉进行的一系列现场试验中也观察到了类似的现象(2006 年之后)。氧化剂和气化气在相邻气化腔之间的相互作用和交叉流动在原苏联的商业规模的 UCG 站中是十分常见的。

对一个基于受控注入点后退气化技术的 UCG 站的平均开采效率进行了评估。该气化站将包括多个受控注入点后退模块，这些模块并行运行，各模块之间为不可开采的隔离煤柱，它可以防止氧化剂和气化气之间发生交叉流动。根据最近的评估结果，单个线性受控注入点后退模块的开采效率约为 28%(McVey，2011)。该模块的宽度为 30m；这与平行受控注入点后退墙板模块的宽度是相同的(Mallett 和 Haiins，2015)。假设受控注入点后退模块之间的防护性隔离煤柱的保守宽度为 100m(根据原苏联 UCG 项目的经验，隔离煤柱的宽度必须至少是气化腔宽度的 10 倍)。在此条件下，其平均开采效率可达 9.2%。如图 12.10 所示，它显示了两种版本的受控注入点后退气化矿区平面，其中一种是由其支持者所提出的，另一种即这里所描述的则更符合实际。

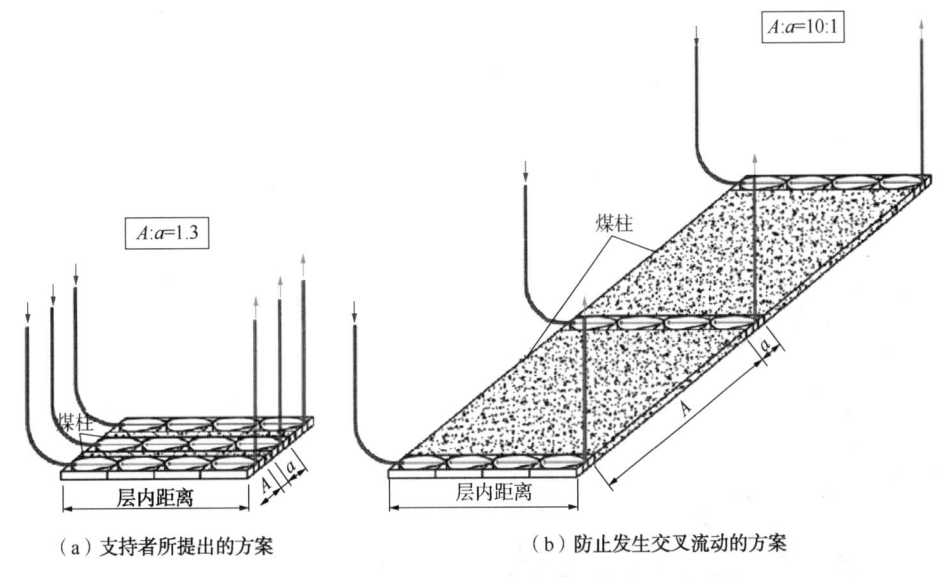

(a) 支持者所提出的方案　　　　(b) 防止发生交叉流动的方案

图 12.10　受控注入点后退气化项目的矿区平面图

再对表 12.3 中商业化 UCG 站的煤炭需求量进行分析，很显然，由于受控注入点后退气化方案的开采效率较低(低于 10%)，因此在采用基于受控注入点后退气化法的 UCG 工艺为一个发电量为 300MW 的整体煤炭气化联合循环(IGCC)发电厂供应气化气时，每年所需的煤炭资源分配量将超过 1600×10^4t。在 25 年的开采周期内，这一数字将超过 4×10^8t，这显然是不可能的。应该注意的是，这对于线性受控注入点后退气化工艺和平行受控注入点后退气化工艺设计而言都是不可能的。这似乎表明，以受控注入点后退气化工艺为基础的气化系统还需要在采矿规划方面(特别是将控制注入点技术纳入更广泛的 UCG 技术的实施过程中时)开展进一步的工作。

为了使 UCG 技术在商业化应用方面更具吸引力，UCG 技术的开采效率应该接近或超过传统煤炭开采工业的开采效率，那么 50% 的开采效率将是一个很好的基准值。

图 12.10 中所示的开采方案之所以不能(也不应该)在 UCG 工艺过程中使用，还有一个非常重要的原因。由于它与煤炭资源需求量和 UCG 站的环保性能有着同等的重要性，因此将在下一节中进行讨论。

·303·

12.6 环保性能

除非对其环保性能有充分的了解和证明，否则任何技术都无法进行商业化应用，其理由很简单，因为这种工厂不会获得环境许可。此外，这些工厂还将面临当地社区和环保组织的强烈反对，这将使其无法发展。

因此，UCG 技术必须表现出良好的环保性能，并提供令人信服的证据，以证明该技术在商业规模上的环保性能是比较好的。

对于其他工业工厂中也会存在的常规环境问题（如空气污染、土壤污染和噪声污染的预防、有害物质的管理以及废水的处理），UCG 站会采取与其他行业相类似的手段来进行处理，而除此之外，UCG 工艺过程中还存在两个特有的环境方面的关键问题，即地层下陷和地下水的保护。

UCG 工艺过程中的地层下陷问题在原则上与常规地下采矿中的地层下陷问题有一定的相似之处，尽管它们之间存在一些重要区别（在本书的第 9 章中进行了讨论）。对于传统采矿过程中地层下陷问题的管理，常用的方法一般分为两种：

（1）对部分煤层进行开采，留下煤柱来支撑上覆岩层，以防止采区的顶板岩层发生塌陷，并限制上覆岩层的变形向地表扩展，即防止地层下陷；这种方法的一个典型例子是"房柱式（bord-and-pillar）"采矿法，如图 12.11 所示。

（2）连续开采的方式。该方法要求对整个煤层进行连续开采并不留煤柱（会引起上覆岩层塌陷，最终导致地表完全塌陷）。该方法中采用了广泛应用于高产地下煤矿的长壁采矿法。

图 12.11 "房柱式"采矿法

上节中所述的基于受控注入点后退气化工艺的采矿方法似乎是一种典型的"房柱式"采矿法。这种采矿方案的目的是通过在相邻的受控注入点后退模块之间留下足量煤柱的方式来防止地面下沉。采用这种方法来防止地层下陷的治理是不可靠的，并且它很有可能导致严重的环境问题。

大量的资料表明，在世界各地的许多现有的和废弃的采煤区（例如，南非的威特班克、澳大利亚昆士兰州的伊普斯维奇、印度贾坎德邦的加利亚中，原来煤矿中所留的煤柱是主要环境问题的来源之一：

（1）煤柱的机械失效会导致上覆岩层发生随机的、不可预测的地层坍塌，发生危及生命财产安全的突然性的地层下陷。

（2）坍塌的煤柱很容易发生自燃，从而导致持续的地下火灾，这些地下火灾在很长一段时间内不可能被扑灭。

这些都是防止地层下陷管理方法失败的典型案例。对于那些原来采矿过程所留下的保护性煤柱，无论其尺寸和工况条件是否一开始就不满足条件，或者在设计过程中有没有适当考虑时间对煤柱的影响，其结果都是显而易见的——煤柱将失去支撑顶板岩层的能力，从而造成重大的环境事件。在大多数情况下，老矿区的拥有者早已离开，处理环境影响的责任留给了当地社区和地方政府。应该注意的是，这些煤柱是地下采矿过程中所留下的，地下采矿工人很容易对这些煤柱的尺寸和工况条件进行监测和控制。

UCG 技术控制保护性煤柱的尺寸和工况条件的能力是有限的，而且只有通过远程控制才能做到。此外，已经枯竭的 UCG 气化腔废弃时的温度仍然较高，通常这些气化腔中充满了地下水和煤灰，这也有可能对煤柱的工况条件产生一定的影响。尽管 UCG 技术发挥了受控注入点后退气化工艺的优势，它对煤柱形状、尺寸和机械强度的控制能力依然比较有限。从长期来看，煤柱的强度通常会逐渐下降，但无法对其进行直接的检查，只能对煤柱的强度进行有限的监测。所有的这些都证实了对煤柱长期稳定性的负面预测是正确的，它所导致的上覆岩层的变形，地层下陷的时机、位置和严重程度均无法预测。监管者对试验场地气化后的长期环境性能是否有信心？在这种情况下，运营商又应该通过何种途径来完成气化场地的修复和废弃工作？

出于这种考虑，应该清楚的一点是，由于 UCG 所留下的煤柱的可靠性甚至不及传统地下采矿所留下的煤柱，因此不应该依靠它们来防止商业 UCG 站可能造成的地层下陷。UCG 煤柱是在没有操作人员在场的情况下通过燃烧和气化过程所形成的，因此很难确定它们的确切形状、工况条件和所处位置。

这样，UCG 运营商似乎只有一种切实可行的选择，那就是采用连续开采的方法来对地层下陷问题进行环境治理。在这种情况下，含有煤灰、煤渣、地下水和少量残余焦炭的地下气化腔将被塌陷的上覆岩层所填充，而地层的变形则将朝着地表不断传播。如果该过程引起了地层下陷，那么在气化腔的修复过程中地层将全面下陷，而 UCG 设施仍在继续运行。商业化规模的 UCG 站中任何可行的地层下陷治理方法都应该基于以下两点：

（1）对整个煤层进行连续开采，而不留任何隔离煤柱。

（2）在 UCG 站的整个运行周期内保证可控的、可预测的并且彻底的上覆岩层（枯竭的气化腔上部）的变形。

很显然，基于受控注入点后退气化工艺的开采方案（图 12.10）并不适用于这种地层下陷治理方式。

在保护地下水方面，UCG 站可以看作是煤矿和化工厂在地下岩土环境中的复杂组合。就其本身而言，它没有明确的边界，因此气化区周围的地层可能会直接暴露在气化过程的气化气和副产品中。UCG 工艺无法在干燥的环境中进行，实施 UCG 工艺的地质构造必须是被地下水所饱和的。由于操作人员不便直接进入地下，因此难以对 UCG 工艺过程与地下水之间的相互作用进行监测。如果地下水的确发生了污染，那么受限于气化站的本身特点，很难缓解或消除地下水污染所造成的后果。UCG 站与地下水之间相互作用的另一个重要方面是：UCG 站在气化过程中消耗了大量的地下水；这些地下水应该被考虑在内，并且在某些行政区域，监管机构应该对 UCG 站进行明确授权。

在 UCG 设施的运行过程中，地下水的主要保护机制如图 12.12 所示。

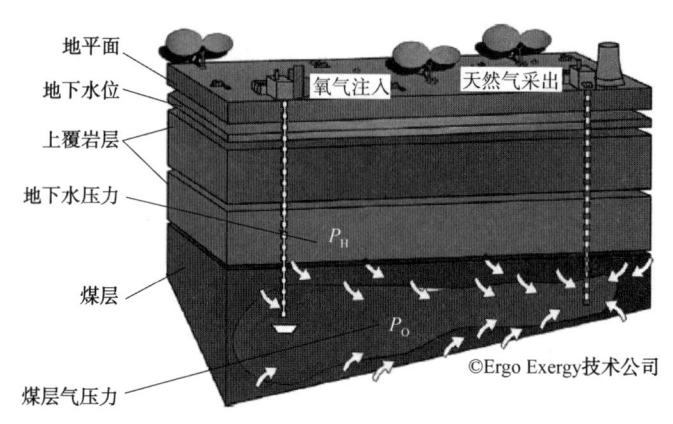

图12.12 UCG运行过程中地下水的保护机制

现役气化腔内的气化压力必须维持在低于周围含水层静水压力的条件下，才能使地下水的压力梯度方向始终指向气化腔，从而导致地下水流入气化腔，在那里，地下水与煤炭和气化气发生反应，从而在产品气化气中形成氢气及其化合物。此外，该压力梯度还能防止气化气和副产品从气化腔中逸出，从而进入周围的含水层。水力梯度的大小与煤层和岩石的渗透率和深度、工艺需水量等诸多因素有关。

表12.4中列出了潜在的地下水影响以及相应的控制和缓解因素(Blinderman和Fidler，2003)。第一个潜在影响是地下水的开采。举个例子，为了给一座发电量为300MW的整体煤炭气化联合循环发电厂供应原料，UCG工艺过程每年需要消耗约$50×10^4$t的地下水。

表12.4 地下水保护因素

潜在影响	控制和缓解因素
当地地下水的消耗	对地下水资源进行规划和许可 重复利用净化后的凝析液(UCG是水的唯一来源)
气化气和凝析液所造成的地下水污染	选址和特性描述——保护含水层； 地下水压力梯度指向气化腔，煤层开采、凝析液处理； 可靠的地下水循环系统； 气化腔注蒸汽冲洗；强制性的或自然的生物修复； 自然衰减作用
气化后的灰分浸出	围堵政策、除渣，胶凝和限制地下水的流动； 强制性的或自然的稀释作用； 吸附在残留的煤焦和注入的吸附剂上

其中很大一部分地下水来自原位煤固有的含水，而平衡过程必须有地下水从围岩流入UCG反应炉。虽然在许多情况下，这些地下水是含盐的，或者不适宜于有益用途，但我们必须将其考虑在内，并且在某些情况下，还必须得到许可。幸运的是，热气化气输到地表后凝析的水可以从气流中分离出来进行净化，并在此过程中重复使用，从而大大降低了地下水的总消耗量。

到目前为止，UCG工艺中关于地下水的最值得关注的问题是它可能受到气化气和凝析液的污染。有两个著名的案例涉及UCG运作过程中的气化副产品对地下水造成污染的情况(Carbon County UCG Inc., 1996；FETC, 1997)。虽然这两个气化场地均已完全修复，地下水的污染问题也得到了解决，但人们从这些试验中吸取了许多重要的教训。如图 12.12 所示，防止地下水污染最重要的控制因素是在运行过程中始终保持地下水梯度(正的)指向气化腔。与此同时，必须通过生产井将凝析液(与热气化气一起)彻底且连续地开采出来，并将其输送到地面设施，从而进行分离和处理。如果没有一套完善的地下循环系统，那么就无法保证地下水梯度(正的)始终指向气化腔，也无法连续地从气化腔中排出凝析液。该地下循环系统应由一组注入井、阻力较低的地下反应床和一组生产井相互连接而成，这样，大量流经该系统的气化气才能保持整个地下气化设施中的压降处于一个较低的水平。当所有可用的煤都被消耗完后，反应床的使用寿命将接近尾声，必须在受控状态下进行关停和修复，以确保没有与 UCG 工艺相关的有机污染物残留。已经证实，向气化腔内注入蒸汽、利用气体和液体对气化腔进行冲洗、泵出地下流体并在地面净化装置中进行处理，以及对已枯竭的气化腔进行生物修复等方法在这一阶段是非常有效的。人们还注意到，在已经枯竭的气化腔内，污染物会发生一定程度的自然衰变，这可以通过它们的吸附和稀释(区域性的流动过程对气化腔内的水进行了稀释)解决。如果煤灰的物理、化学性质使其成为无机污染物的潜在来源，那么可能需要考虑气化后空腔(充满地下水)内灰分的浸出问题。该过程可以通过在有利于除渣的模式下开展 UCG 试验，在气化腔内添加可能会降低渗滤液流度的化学试剂，以及使用自然或人为的限制地下水在已枯竭反应床中的流动等方式来进行控制和缓解。此外，浸出效应可能会因为地下水在气化腔内的稀释和渗滤液在煤焦或注入的吸附剂表面的吸附而有所减弱。

与其他基于化石燃料的技术一样，UCG 技术也必须关注其自身的碳足迹。在特定的地质条件并且采用 εUCG™ 技术的前提下，UCG-IGCC 发电厂在整个生命周期(LCA)内的温室气体排放评价结果表明，其温室气体排放量要明显低于其他燃煤发电厂的排放量(BHP Billiton, 2002；Blinderman 和 Anderson, 2004)。本书第 13 章将对该问题进行进一步的分析。

一项可进行商业化应用的 UCG 技术必须能够在气化过程中和气化完成后对其环保进行可靠的控制。因此，一项可进行商业化应用的 UCG 技术至少需要符合以下标准(同样也适用于煤炭开采技术)：较大的规模和可拓展的、环境可接受的、原料供应的可靠和产品质量一致的。就这一点而言，UCG 技术可被视作一种同时生产气态烃和液态烃的煤炭开采技术，这种解释对于其他与该工艺相关的因素而言也是合理的。

12.7 可行性及先导试验设施

对于任何其他的商业项目，需要进行某种形式的银行融资可行性研究，以获得关于建造一个商业化 UCG 站的投资决策。考虑到 UCG 站可能被视作煤矿、化工厂和发电厂的"联合体"(至少应该满足 UCG 技术本身的需求)，而且由于 UCG 技术并不是一项被广泛理解的技术，因此证明 UCG 站的可行性可能是一项艰巨的任务。

UCG 站的可行性研究应完成以下几项任务：
(1) 明确煤炭资源储量和技术储备情况。

（2）明确地质和水文环境条件。

（3）为商业化运行设计提供基础参数。

（4）证明其环保性能。

（5）为商业化工厂的环境影响评估（EIA）工作提供数据。

（6）为商业化工厂的环境监测设计参数和方案提供建议。

（7）评估和证明商业化工厂的经济可行性。

总而言之，可行性研究必须充分证明商业化工厂在产品质量和一致性、工艺效率、二氧化碳排放和环境保护方面的表现。如果没有开展示范项目或先导试验项目，这一切都是不可能实现的。

为了使 UCG 技术商业化，通常必须在先导试验的规模上证明其性能能够满足要求。先导试验工厂应演示该技术的技术参数，如单位质量煤炭的气化气产量、单位注入剂流量下气化气的产量、冷煤气效率、碳转化率、工艺过程中总的热效率等。此外，先导试验工厂应通过证明该技术对环境的影响是受控的或有限的，以及经营者具备控制和减轻环境风险的能力，从而充分证明该技术的环境性能。先导试验工厂还可以被用来显示该技术在资本及运营成本方面的竞争力，并为商业化工厂的财务建模提供成本数据。要实现这一点，假定先导试验工厂在其设计、规模和持续时间上都能够代表在商业规模上的使用过程，并且能够在其技术、环境和财务方面展示出全尺度工艺过程的主要显著特征。

在前面的章节中，我们认为只有一个大规模的、连续的、气化气的质量和数量始终如一的 UCG 站才有可能适用于商业化应用。对于一个先导试验工厂的运行过程，这就意味着该先导试验工厂的规模、设计和测试持续时间应能够达到在商业规模上占主导地位的运行条件。需要重点关注的是，岩石变形的影响和随之而来的地下水流动模式的变化，以及地下水流入正在运行的反应床的情况。举个例子，如果商业化工厂的设计要求采用长壁型 UCG 盘区，那么它将不可避免地导致上覆岩层发生变形，然后先导试验工厂的规模必须足以观察到并管理与之相同的岩石力学效应，这将导致地下水流动模式的变化，而这些过程将通过特定的方式影响气化过程和盘区的环保性能。换句话说，先导试验工厂的性能和结果应该以一种清晰而有意义的方式放大到商业化规模。

这一要求与在原苏联以外地区所进行的绝大多数 UCG 试验形成了鲜明的对比。这些 UCG 试验中的绝大多数是为了证明气化气的产量比较可观，同时也会对相关技术进行一定程度的研究。例如，受控注入点后退气化技术或反向燃烧连接技术，它们都没有达到一定的持续时间或试验规模，因此不足以说明岩石变形对气化过程或地下水流动过程的影响。先导试验工厂的规模一般限制在 2~3 口工艺井；作业面积一般不会超过几公顷，总的煤炭开采量几乎从未超过 $1×10^4$t，截至 1997 年，在原苏联以外的所有 UCG 试验中的总煤炭转化量不足 $7×10^4$t（Walker，2007）。这就解释了为什么这些现场试验项目不仅没有找到商业化规模的 UCG 作业问题的答案，而且从来都没有机会去了解这些问题的确切内容。

原苏联的 UCG 项目也有其自身的局限性，它与扭曲的中央计划经济体制有关，有时也与缺乏对环境性能的关注有关，但至少不能归咎于其规模太小：通过 UCG 项目开采了大约 $2400×10^4$t 煤炭，其 UCG 设施每年的装机容量为 $(10~75)×10^4$t。我们坚信，正是如此巨大的规模决定了原苏联项目在实现 UCG 商业化运作方面的成功；原苏联的几家 UCG

站已经商业化运作了几十年,其中一家 UCG 站于 1960 年投产,至今仍在进行商业化运作。

除了先导试验工厂可扩展性的一般性要求之外,先导试验工厂在运行过程中还需要完成许多技术任务,其中一些已经在表 12.5 中列出。为了使试验结果能够应用于商业化的 UCG 运作,设计出一套先导试验测试程序是非常必要的。这实际上意味着,在对先导试验进行设计和规划之前,必须充分了解商业化工厂的所有显著特征。在实践过程中,项目开发的工作流程应包括(按显示的顺序):煤炭资源的筛选;商业化项目的业务范围;商业化和先导试验工厂的选址;事先进行可行性研究;场地描述;先导试验工厂的设计、建造、测试、退役,对试验场地和气化腔进行修复;银行融资方面的可行性研究;商业化工厂的建造。

在这一系列的工作中,目前缺少的是获得监管权和环境批准,以及融资方面的工作。

先导试验规模的选择是一个非常重要的决策。从上面的讨论中可以很清楚地看出,一个更大规模的先导试验工厂能够更好地复制商业化规模的 UCG 项目的预期特征和效果。然而,先导试验的规模越大,与之相关的环境风险也就越大。短时间运行的小型先导试验工厂对环境的潜在影响最小。此外,先导试验工厂的资本成本和运营成本与试验规模和使用寿命成正比。由此得出的必要结论是,先导试验规模的选择是一个非常重要的决策,应该基于专家的意见以及对项目的技术、环境和财务方面的仔细分析后谨慎选择。

12.8 近期基于受控注入点后退气化工艺的先导试验站

2009—2011 年,加拿大艾伯塔省进行了天鹅山 UCG 试验。该煤层为 7m 厚的次烟煤层,煤层的埋藏深度为 1450m。采用的 UCG 技术为线性受控注入点后退气化技术。该地下系统由 1400m 长的煤层定向井和垂直生产井组成(Swan Hills Synfuels,2012)。

表 12.5 一些先导试验的部分技术目标

优化目标	变量
气化气的组成及其一致性 (不凝性、液体、烃类、微量元素等)	氧化剂的成分、流量、压力和注入点;煤层厚度、煤炭质量、断层和侵入体;地下水的流入;生产温度、流量和压力;生产点;周围岩石塌陷或隆起
钻井,工艺井的 设计、建造和运作	钻井技术,井径与操作压力的关系;套管的类型及数量;水泥的配方及固井程序;冷却过程及凝析液的处理;井筒完整性检测;修井的方便性;井下仪器;井口的设计
点火方法	点火处的地下水;高压与低压点火管的选择;外加的与复合的氧化剂选择;废气和产品气的排出
相关方法的选择	速度与成本的选择;氧化剂的组成、流量、压力、注入点;煤层厚度、煤炭质量、断层及侵入体;地下水的流入;开始/结束时的压降
注入点的控制	引爆装置的选择;驱替距离;连续步长和离散步长的选择

项目经营者所报道的资料很少。产出气化气的数量、质量、温度、压力、流量、液体组成、机械杂质等方面均无数据。同样地,它们也没有提供关于气化气生产持续时间或注

入剂的相关参数，如氧水比、流量和压力的数据。更没有提到工艺效率、采收率和煤炭的总消耗量。报告中也没有考虑其环境性能，除了一口似乎用于过程监测的微地震监测井外，并没有提到任何的环境监测系统。

在开始气化之前，似乎并没有进行详细的场地特征描述，而且在建站许可条款中也没有对监测潜在地下影响的义务做任何要求。正如从报告中所了解到的那样，整个气化过程的持续时间不超过几天，也不清楚一共进行了多少次气化方面的尝试。部分项目运行信息可以从政府监管机构的事件调查报告中获得（AER，2014）。这一工艺过程开始后的第六天，定向注入井发生了井喷、爆炸和火灾，导致井口损坏，气体和液体进入大气，附近的树林起火。这家 UCG 站已被关停，最终被废弃。

如前所述，本次 UCG 试验中所用到的线性受控注入点后退气化系统具有以下固有的局限性：

（1）尽管进行了受控注入点后退气化操作，但是气化气的气化效率和质量会不可避免地随着后续操作的进行而有所下降，这主要是由于运行中的反应床下游的多个已枯竭的受控注入点后退所造成的不利影响，而气化气必须通过这些已反应区才能到达生产井。

（2）在天鹅山进行现场试验的一个线性受控注入点后退模块的规模太小，不足以支持气化气的商业化应用。一个标准尺寸的发电厂或化工厂需要多个受控注入点后退模块来提供气化气原料。这些模块必须用隔离煤柱隔开，以保证各个模块能够独立运行，从而防止注入剂和气化气的交叉流动。根据最近的估计结果，一个线性受控注入点后退模块的开采效率约为28%（McVey，2011）。考虑到隔离煤柱的必要宽度，由多个带有隔离煤柱的受控注入点后退模块所组成的采矿方案的总体开采效率将低于10%，远低于煤炭开采行业的平均水平。

（3）由于气化气质量下降和极低的开采效率的综合作用，导致气化气资源的可靠性低、资源利用率低。线性受控注入点后退气化方法作为一种商业化的煤炭开采和转化技术是不可接受的。

虽然项目支持者声称天鹅山先导试验项目的结果在实现 UCG 技术（在较大深度下）的商业化方面可能是十分有用的，但鉴于已知的运行结果（不是很理想），并且在过去3年内没有该项目任何的消息，因此认为，对天鹅山现场试验中所采用的气化工艺进行商业化应用是不可取的。

钦奇拉二期工程于2007年正式启动，一直运行到2013年。与在开发和运行过程中均采用 εUCG™ 技术的钦奇拉一期 UCG 工程（1997—2006年，在相同的煤炭租约中进行）不同（Walker 等，2001；Blinderman 和 Jones，2002），钦奇拉二期工程在设计、建造、运行和管理过程中都没有 Ergo Exergy 技术公司参与，也没有使用该公司的相关技术。

钦奇拉二期先导试验工厂位于澳大利亚昆士兰州东南部的钦奇拉镇附近。它的开发目标是一个深度为135m、厚度为10m的次烟煤煤层。虽然有关操作的技术方面信息非常有限，但该项目似乎同时尝试了线性受控注入点后退和平行受控注入点后退这两种气化方法（Davis，2012）。在同一煤矿资产内的4个不同地点，进行了4次连续的 UCG 尝试。这些现场试验中具体工艺过程的细节尚未公开，所以没有与注入剂的组成相关的信息（空气/氧气流量比和压力），也不会有任何明确的与流量、压力、温度、成分、杂质或气化气产量的稳定性相关的信息,因此无法对其工艺效率进行评价。4 次先导实验所转化的煤炭资源总量明显不足 8000t。从 2013 年开始,昆士兰州政府宣布对钦奇拉二期气化站的环境性能进行重点调查。环境及文物保护署(DEHP)报告称,在这次的调查过程中,共钻了 230 口井眼,并从周围 13 个农场中收集了水和土壤的样本;实验室测试结果证实了所收集样本中含有一氧化碳、氢气、硫化氢、苯系物及其他化学物质;有科学证据表明,在静水压力以上的条件下进行作业,会破坏地貌,并引起污染物的扩散。

昆士兰州环境及文物保护署(DEHP)还声称,工厂所有者未报告数起生产事故,这些事故包括:2007 年,火灾引起气化现场撤离;2007—2011 年,有毒气体持续泄漏到大气及地下水中;2007—2013 年,工人们声称他们的健康状况不佳,原因是现场"不受控制地释放"有害气体。

由于这次调查,昆士兰州环境及文物保护署指控该公司对不止一个环境受体(大气、植被、水和土壤)造成了不可逆转的伤害,并对工厂所有者提起了 5 次刑事诉讼。在一个面积约为 1km² 的工厂周围建立了面积约为 320km² 的禁止区域,限制了该处的一切农业活动(据报道,该禁止区域的面积进一步扩大)。根据最近的报告,该公司的 5 名高管也在接受类似的指控(DEHP,2017)。与此同时,拥有和运营该 UCG 站的公司也宣布破产,目前正在清算过程中。

综上所述,人们更倾向于认为,在钦奇拉二期现场试验项目中所采用的 UCG 工艺不太可能进行商业化应用。

红木溪项目是 2008—2012 年在澳大利亚昆士兰州所进行的另一个 UCG 先导试验项目(Mallett 和 Hains,2015)。该项目的开发目标是一个深度为 200m、厚度为 8~9m 的次烟煤煤层。在煤层内长达 500m 的定向井中,应用了平行受控注入点后退气化工艺。目前已经进行了两项气化试验,第一个盘区是早期已经废弃的,这显然是由于注入井的不可逆问题,导致爆炸和堵塞所造成的。据报道,第二次试验在很长一段时间内产出了质量稳定的气化气。在该试验的运行过程中,已经报道了一起地下水污染的情况。在该盘区关闭后,残留的污染物仍留在气化腔内的地下水中。

根据流体动力学气体流动模型(CFD),对平行受控注入点后退气化技术的演示过程中的物质平衡问题表示了密切关注(Blinderman 等,2016)。基于已报道的运行参数的模拟结果表明,在上述条件下,注入空气中的氧气无法与靠近注入点的煤层发生有效的反应。氧气更倾向于进入已形成的气化腔,与已形成的气化腔中所生成的气化气发生均相反应,从而导致气化气的气体质量大幅度下降(通俗地说,这一过程被称为气化气的同型消耗)。这意味着受控注入点后退气化方法存在的理由——在增加地下气化腔规模的同时并提高了工艺流程的稳定性——在线性或平行的受控注入点后退气化方式下似乎是无法实现的。此外,上面所讨论的关于线性受控注入点后退气化工艺开采效率的所有问题同样适用于平行受控注入点后退气化工艺。气体质量和气体产量的变化(不可控)以及较低的开采效率,似乎是基于受控注入点后退的 UCG 方法在商业化道路上仍需克服的技术障碍。

12.9 基于 εUCG™ 技术的先导试验工厂

澳大利亚的几个气化站在过去的 20 年中都是基于 εUCG™ 技术进行运作的。Ergo

Exergy 技术公司的 εUCG™ 技术是由一套特殊的方式、手段、工具、技术、方法、设备、仪器、模型、算法、程序、标准、配方、剂型、规格和规范所组成的，其作用是通过地下气化过程将化石燃料转化成气态烃和液态烃，从地下不可开采的化石燃料沉积层，如煤炭、褐煤、泥炭、原油、焦油或页岩等提取能量和资源。其中，已钻井眼主要用于输送气化工艺过程所需的氧化剂，并将气化产物输送到地面，从而对其进行加工处理并用于其他有益用途。εUCG™ 技术是 Ergo Exergy 技术公司研发的，目前已经在一些国际化的 UCG 项目中进行了应用。

εUCG™ 技术是一种大规模、可拓展和模块化的采矿技术，单个盘区典型的煤炭处理能力约为 $30×10^4$ t/a，油气产量为 2.0~5.5PJ/a（在某些情况下，采用煤炭处理能力较小的气化盘区也是可行的）。每个盘区的使用寿命通常为 3~5 年，尽管在某些地质条件下，单个盘区的使用寿命与一个典型的消费工厂（消耗产出的油气）的寿命相当（为 20~30 年）。

与前面所介绍的 UCG 技术不同，εUCG™ 工艺的设计意图不是为了避免顶板岩层崩塌。相反，它的设计目的是将控制的岩石变形过程和地下水的流入有机地结合起来。根据煤的质量和所需产品的规格，该工艺可能包括注入压缩空气、氧气、蒸汽和水、二氧化碳及其他氧化剂。氧化剂的注入和气化气的产出是通过钻井井眼进行的，井眼的设计要适应地质条件，这些井包括直井、斜井和定向井。控制和改变注入点的技术是 εUCG™ 技术中不可或缺的一部分。

表 12.6 说明了 εUCG™ 技术的用途十分广泛，表中显示了气化设施所处位置的煤炭质量和地质条件，而就是在这些地方，各种 εUCG™ 技术都被成功应用。

在表 12.6 所列的项目中，简要地考虑了原苏联以外最大和第二大 UCG 站。对基于 εUCG™ 技术的项目的更详细的讨论可以在本书的其他章节中找到。

12.9.1 钦奇拉一期项目（澳大利亚）

钦奇拉一期 UCG 项目开始于 1997 年，当时 Ergo Exergy 技术公司的专家们选择了位于布里斯班以西约 300km 的钦奇拉镇作为澳大利亚的第一个 UCG 先导试验工厂（Walker 等，2001；Blinderman 和 Jones，2002）。

该项目旨在显示出 εUCG™ 技术在技术方面和环境方面的性能，钦奇拉气化场地的地质条件为：一个厚度为 10~11m 的次烟煤煤层，埋藏深度为 135~250m，平均的低位热值（LHV）为 21.7MJ/kg。该先导试验场地在一个大型断层附近（相距 40m）。先导试验工厂的设计、建造、调试、运行和关停都是在 Ergo Exergy 技术公司的监督下进行的。

该气化站为一个单一的盘区，它由 9 口垂直工艺井通过反向燃烧连接（RCL）的方式组成。设计产能可达到 80000m³/h。该工厂连续 30 个月不间断地生产气化气。其结果是，该气化站将约 35000t 的煤炭转化为约 $8000×10^4$ m³ 质量稳定的气化气：气化气的平均低位热值（LHV）为 5.0MJ/m³，最大变化 4.7%，井口平均气体温度为 120℃，气化气的压力稳定在 1100kPa 左右。该气化站在目标资源范围内的开采效率为 95%，冷煤气效率为 75%。在 30 个月的运行时间内，气化腔内的压力一直维持在低于含水层静水压力的水平，因此，地下水压力梯度总是指向气化反应床，这对于保护地下水免受潜在的污染而言一直是至关重要的。

2001年底，由于资金短缺，为产出的气化气创收而兴建的发电厂被迫取消，钦奇拉UCG盘区被勒令关停。Ergo Exergy技术公司设计并监督了2003年三段式逐步关停程序的实施。受控关停阶段结束时，通过地下水的流入将气化腔冷却至47℃，因此不需要进行强制冷却。气化腔在关闭后没有继续发生气化或热解。

运行、关停和关停后的环境监测结果符合昆士兰州环境保护局的严格要求；高达集团（Golder Associates）编制的季度环保性能报告已提交给昆士兰政府。独立审计员Sinclair Knight Merz进行了年度环境审计，在7次审计过程中，没有报告任何的环境问题（Sinclair Knight Merz，2004）。

表12.6 εUCG™技术的应用条件

UCG站	煤阶	煤层厚度（m）	埋藏深度（m）	倾角（°）	低位热值（MJ/kg）
利西昌斯克	烟煤	0.4~2.0	60~250	38~60	20.1~23
南阿宾斯克	次烟煤	2.2~9.0	130~380	35~58	28.9~30.7
莫斯科近郊	褐煤	2.5	30~80	<1	11.8
安格林	褐煤	3~24	110~250	7	15.3
夏斯克	褐煤	2.6	30~60	<1	11
西林尼科沃	褐煤	3.5~6	80	<1	8
钦奇拉	次烟煤	10~11	135	<1	21.7
马尤巴	烟煤	3.5~4.5	285	3	20.3
金格罗伊	次烟煤	17	200	5	23.5
西亨特利	烟煤	4~22	220~540	0~75	24.5
艾伯塔省	次烟煤	7	150~260	6	20.5~23
阿拉斯加SHR	次烟煤/褐煤	1~12	50~1650	0~75	11.0~16.5

2006年11月，Ergo Exergy技术公司停止为钦奇拉一期项目的所有者供应εUCG™技术，并永久地退出了钦奇拉UCG试验场地。当时，钦奇拉一期UCG试验现场及周边地区均未检测出环境方面的问题，气化腔完全淬火，气化站全面关停。

如前所述，在Ergo Exergy技术公司退出该项目后，林克能源公司在同一地点又进行了几次UCG项目的尝试，据称这几次UCG试验导致林克能源公司试验场地周围大片区域的几个环境受体受到了严重的污染（DEHP，2017）。这些UCG试验是在Ergo Exergy技术公司不知情或没有参与的情况下进行的。

12.9.2 马尤巴项目（南非）

马尤巴UCG项目（Van der Riet等，2006）是由南非国家电力公司开展的，该项目中使用了εUCG™技术，得到了Ergo Exergy技术公司持续和全面的支持。它位于普马兰加省，紧邻马尤巴发电厂，目标煤层的厚度为3.0~4.5m，埋藏深度为280~300m，常规的地下采矿手段无法采出该层段中的煤炭资源。该气化站自2007年1月起一直持续运作。目前，该气化站包含两个εUCG™盘区，其产能为1.0~3.7PJ/a。这两个气化盘区是通过钻一口层内定向井和数口垂直工艺井建造而成的，这些井眼之间通过Aquasplitt™和反向燃烧连接

（RCL）的方式进行贯通。目前，第一个气化盘区正在被关停（在受控状态下）。另一个气化盘区已经全面建成，敷设了管线，并安装了仪表，同时还通过 7km 长的气化气专用管道与马尤巴发电站的燃气锅炉相连接，该气化盘区已经通过了冷态调试，正在取得用水许可证，并准备开始气化气的生产。

第一个气化盘区在 2007 年 1 月至 2011 年 9 月满负荷运行，之后开始进行受控关停操作。它展示了 εUCG™ 技术在非常复杂的煤层地质条件下的性能，该煤层中存在多条未确定的断层和火山岩侵入体。马尤巴 UCG 站的第一个气化盘区是原苏联以外运行时间最长的 UCG 设施；在运行期间，它消耗了 5 万多吨煤炭。该气化站证实了气化气在燃煤电厂锅炉中发电的适应性。在第一个盘区的运行过程中所进行的测试得到了商业规模的工厂设计所需的宝贵信息，这使得为商业化工厂准备设计规范成为可能。

大量的地下水监测程序已经证实，监测井中的地下水是干净的，而这些监测井是在 UCG 气化腔周围具有代表性的含水层中进行钻井和完井的。

钦奇拉一期项目和马尤巴 UCG 项目展示了 εUCG™ 技术中各个关键要素的性能——最优化的工艺井设计、气体组成、工艺效率、开采效率、贯通技术等。与 εUCG™ 技术的核心内容（地下气化盘区的设计和气化反应床的几何形态）一起，这些试验的结果对于特定地质条件下的商业气化站可靠设计来说是非常必要的，也是非常充分的，设计的特征参数在本节的开始部分就进行了介绍——单个盘区的产能为 3~5PJ/a，且开采效率为 95%。

12.10 对煤炭地下气化运作过程的监管

商业化 UCG 站发展过程的监管框架应该是关乎气化站建造和存在的关键问题，它与以下内容相关：
（1）矿产和石油资源的许可。
（2）UCG 作业的最低勘探要求。
（3）工厂设计、建造、调试及运营过程中的技术及安全条例、规范、标准和程序。
（4）使用费制度。
（5）环境监测和许可。

12.10.1 石油开采权和矿产开采权

在 UCG 勘探运营权的许可方面，存在一个关键性问题：UCG 是作为以可开采资源为基础的煤矿开采活动，还是作为以气化产品为基础的油气生产活动来进行监管？此外，还应该注意的是，在许多司法管辖区，对相同的煤炭沉积层而言，存在两种可授予的权利——用于开采煤矿的矿产开采权和用于开采煤层气（CBM）的石油开采权。UCG 技术的开发商究竟需要哪种权利？在许多情况下，开发商同时被赋予了两种权限，从而导致两个项目之间发生冲突并陷入僵局，最终迫使政府进行干预。一些监管机构试图解决这一争议，他们将同一租赁区域内的煤炭和石油的开采权分别授予了两家开发商，并宣布商业许可证将以"先到先得"的方式发放，也就是说，谁先准备申请商业许可证，谁就可以获得商业许可证。为了避免这些可能存在的复杂情况，最安全的办法是在项目所在区域同时获得矿产开采权和石油开采权,尽管有关部门需要对每一个项目单独做出这一决策。

12.10.2 勘探方面的要求

UCG 项目的勘探过程不同于地下煤炭开采过程,因为 UCG 项目的勘探过程要求对煤层的地质条件和水文地质条件有着更好的认识。在煤矿开采的勘探过程中,相关的规则和规范取决于当地的地质条件。其主要区别在于对水文地质测试的需求。UCG 项目需要一个综合的水文地质模型来计算商业规模的运作中反应床的地下水流入量。在煤炭开采过程中,则很少需要这种细节。在特定的 UCG 规程出台之前,必须与监管机构协商确定项目所在区域内进行充分勘探的需要。已经证实,勘探力度不足是 UCG 项目在技术或环境方面未能取得成功的首要原因之一。

12.10.3 对煤炭地下气化运作过程的监管

为了方便进行监管,可以认为 UCG 运作是由地下设施(地面以下的所有设备)和地面设施两部分组成的(图 12.13)。

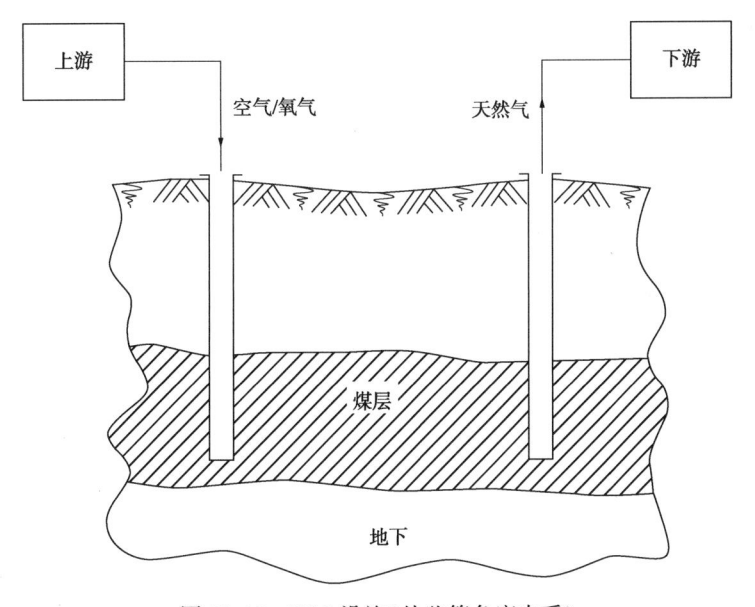

图 12.13 UCG 设施(从监管角度来看)

UCG 设施的各个部分可能适用于多个相互重叠的规章制度。例如,地下站煤炭的开采是煤矿最方便的开发方式。该气化设施的注入井、生产井和监测井可能需要应用石油和天然气法规,因为它需要处理高温、高压问题,有时甚至还需要对有毒流体进行处理。地下水监测和消耗可能需要建立环境保护和地下水许可方面的规章制度。注水井上游的地面设备可能由空气压缩机、蒸汽发生器、自给式地面采集装置(ASU)、盘区和注入井管线及仪表组成。这些设备将作为工业厂房和气体加工厂进行管理。在生产井的下游,相关的设施包括集气管线、净化装置和终端用户设备,将其视为一个化工厂进行监管似乎最为合适。空气、土壤和地表水的保护将受到环境法规的约束。如果有输送氧化剂、气化气和副产品的管道,则应采用管道管理条例进行监管。所有的这些似乎都是十分明显且直观的,但经

验表明,其中仍有许多持续存在的不确定性,例如:

(1) 当该气化站只生产气化气时,需要找到准确测量气化站煤炭开采速度的方法;

(2) 油气井规范难以实施,UCG 工艺井具有独特的设计和操作方面的要求;

(3) 在对地下水进行许可时,UCG 工艺过程中所消耗的地下水大多来自无法确定的水源,而这些来源通常不会被视作含水层。

所有的这些都引出一个结论,那就是在每一个司法管辖区,制定出一套新的、完整的 UCG 监管制度对于 UCG 产业的正常运作是非常有必要的;否则,UCG 产业可能将无法发展。

12.10.4 矿场使用费制度

由于显而易见的原因,矿场使用费制度可以决定一个新兴产业的成败。这里要考虑的问题如下:

(1) 计算使用费的基准是什么?应该以资源(煤炭)还是产品(气化气)为基准?

(2) 既然煤炭地下气化过程实际上就是煤矿的开采,那么使用煤矿的使用费制度是合理的,但在生产油气资源(气化气)的情况下,如何衡量采煤量?

(3) 由于气化气的能源含量(内能)和热值要比天然气低得多,因此天然气使用费制度很难适用。

(4) 副产品中包含了液态烃,其性质非常类似于石油,如何收取这些副产品的使用费?

(5) 凝析液水相中所含的副产品包括酚类、氨、萘及其他可以销售的产品,而这些产品可能经过大量的检测和加工,那么这些产品的使用费应该是多少?

(6) 由于气化气本身通常是一种滞销产品,其使用费是否应该基于可销售的最终产品(如电力和化学制品)的价值来确定?

(7) 实际税率对一个新兴行业来说是非常重要的,这或许反映了 UCG 资源(不可开采的煤炭)的价值与石油和天然气市场价值之间的巨大差异。

12.10.5 环境许可

环境许可对于保护地下水、管理地层下陷(预测、监测和缓解)和更传统的气体排放方面(包括温室气体)、噪声污染预防、地表溪流保护、植物和动物方面是至关重要的。煤矿的开采、石油和天然气业务、化工和制造业方面的监管经验肯定会有所帮助;然而,鉴于监管机构对 UCG 技术的认识较浅,以及该技术本身的复杂性较高,因此做到以下几点是至关重要的:

(1) 应提供关于项目条件和气化站运作过程的大量数据。

(2) 监管机构的特殊培训和教育是非常有益的,这些监管部门应该与获准实施 UCG 技术的司法管辖区进行磋商。

(3) 当监管机构获得早期的环境及项目运作数据,以便监管机构可根据前一阶段的研究结果批准下一阶段的项目时,采取合作的方式。

12.11 煤炭地下气化项目的投资

为了开发一个商业化的 UCG 项目，除了运营商的胜任能力和拥有可行技术专家提供者的可用性之外，还必须考虑许多其他因素。如果没有政府和社区的支持，没有地方和国际环保组织的善意和理解，没有消耗气化气工业的利益，没有社区某种程度的胜任能力和洞察力，一切都只是空谈(什么也不会发生)。此外，如果没有不断壮大的 UCG 技术人才的强大基础，那么建造一个商业化的 UCG 站便不可能实现。这些技术人员包括具有化工、煤炭开采、钻井和水文地质学方面的知识，以及设计、建造和运营商业化 UCG 站所需的技术专家。

然而，如果投资者不愿意投资新技术，所有的这些可能都是徒劳的。投资决策将取决于可行性研究的质量，看这些可行性研究是否能够清楚和可靠地回答与气化设施性能相关的问题(在技术、环境和财务方面)。即使所有的这些先决条件都到位，第一次、第二次或第三次向某项目投入大量资金时的问题仍然存在，并且这样做的风险是真实存在的。每一项创新性和颠覆性的技术在发展过程中都会面临这个问题(Moore，1991)，而这些问题最终可以通过以下任何一种或多种方式来回应：

(1) 参与政府资助的项目(UCG 项目)对许多国家具有重要的战略意义。
(2) 满足以下客户的迫切需求：
①陷入困境的终端用户(如甲醇厂失去了专门的天然气供应)；
②能源严重短缺的国家(如 1948 年的南非和第二次世界大战期间的德国)。
(3) 分散风险：
①国际发展机构(国际货币基金组织、世界银行等)；
②证券交易所的参与；
③公私伙伴关系。
(4) 利润的推动力——UCG 项目必须提供非常可观的投资回报。
(5) 每一项颠覆性技术之所以会取得成功，首先应该吸引那些狂热爱好者。幸运的是，UCG 技术似乎并不缺少忠实信徒。

12.12 结论

为了完成所需特征属性的讨论，从而达到 UCG 技术作为现代商业规模的油气供应技术(为发电和化工行业提供原料)的验收标准，我们想要指出，现阶段 UCG 技术在商业化过程中所做出的努力，从原苏联商业规模的 UCG 业务经验中获益匪浅，而许多这样的 UCG 站已经运行了数十年。然而，目前对商业化 UCG 站在技术、环境和财务方面的性能要求已经发生了比较明显的变化，还需要开展更多的工作来提高商业项目对 UCG 技术的接受程度。人们应该把工作重心放在增加 UCG 示范项目的规模上，同时还应该以不增加成本为目标，甚至在测试和演示该技术的同时获得一定的商业回报。Ergo Exergy 技术公司和劳鲁斯能源公司最近在美国完成的工作已经证实，利用一个非常小的 UCG 盘区为一个小型(发电量为10MW)发电厂供应原料，可能具有一定的商业可行性。这种规模的UCG项目有助于为建造更大规模的气化站增强信心，这将有助于说服投资者、监管机构和公众相信UCG技术具有良好的气化性能和经济潜力。

UCG技术的适当监管对其成功商业化过程的价值是不可估量的，但制定新的规章制度通常需要很长时间。因此，计划将UCG作为新的本土能源之一的国家必须在监管机构内部成立专项工作组，在与公众、工业界和国际专家不断磋商的情况下，尽早开始编写规范性文件。

在世界上的很多地方，除了对UCG技术进行大规模的商业部署外，似乎没有其他的备选方案。大力发展(制定)UCG监管条例，应该能够使UCG技术实现更加果断的商业化进程成为可能。

参 考 文 献

AER, 2014. AER Investigation Report. Swan Hills Synfuels Ltd., Well Blowout, 10 October 2011 (Calgary: Alberta Energy Regulator).

BHP, 2002. Case study B20: Electricity Production Using Underground Coal Gasification(UCG). BHP Billiton, Newcastle, Australia.

Blinderman, M. S., 2006. The Exergy underground coal gasification technology as a source of superior fuel for power generation. In: Proc. ASME 2006 Power Conference, Atlanta, Georgia, USA, 2-4 May, pp. 437-444.

Blinderman, M. S., Anderson, B., 2004. Underground coal gasification for power generation: high efficiency, and CO_2-emissions. In: Proc. ASME 2004 Power Conference, Baltimore, Maryland, USA, 30 March-1 April, pp. 473-479.

Blinderman, M. S., Fidler, S., 2003. Groundwater at the underground coal gasification sit eat Chinchilla, Australia. In: Proc. Water in Mining Conference, 13-15 October 2003, Brisbane, Australia. Australasian Institute of Mining and Metallurgy, Carlton.

Blinderman, M. S., Jones, R. M., 2002. The Chinchilla IGCC project to date: underground coal gasification and environment. In: Paper to Gasification Technologies Conference, San Francisco, USA, 27-30 October.

Blinderman, M. S., Shifrin, E. N., Taskaev, A. V., 1995. Gas flow and pressure loss in a UCG reactor. Izv VUZov-Gorniy Zhournal (Min. J.) 1, 1-5.

Blinderman, M. S., Gruber, G. P., Maev, S. I., 2011. Commercial underground coal gasification: performance and economics. In: Proc. 2011 Gasification Technologies Conference. Gasification Technology Council, San Francisco.

Blinderman, M. S., Dvornikova, E. V., Orlov, G. V., Sundaram, B., Klimenko, A. Y., 2016. Overburden collapse as defining factor in performance of large underground coal gasification reactors. In: Proc. 8th Int. Freiberg Conference on IGCC & XtL Technologies. Bergakademie Freiberg, Cologne, p. 64.

Boysen, J. E., Covell, J. R., Sullivan, S., 1990. Rocky Mountain 1: Underground Coal Gasification Test, Hanna, Wyoming. Results From Venting, Flushing, and Cooling of the Rocky Mountain 1 UCG Cavities. Gas Research Institute Report GRI-90/0156. 87 pp.

Carbon County UCG, Inc., 1996. Carbon County UCG Site Reclamation Interim Report. Received by the WY Department of Environmental Quality, Land Quality Division on 13 February 1996.

Davis, B., 2012. UCG technology developments. In: Proc. 2012 Gasification Technologies Conference. Gasification Technology Council, San Francisco.

FETC, 1997. Environmental Assessment, Hoe Creek UCG Test Site Remediation, Campbell County, WY. Report DOE/EA-1219, October 1997.

Hill, R. W., Shannon, M. J., 1981. Controlled retracting injection point (CRIP) system: a modified stream method for in situ coal gasification. In: 7th Underground Coal Conversion Symposium, Fallen Leaf Lake, CA, USA, 8 September.

Mallett, C., Hains, J., 2015. Carbon Energy's underground coal gasification pilot in Queensland, Australia. In: Proc. the Seventh Int. Conference on Clean Coal Technologies. IEA, Krakow.

McVey, T., 2011. Final Report: Technoeconomic Evaluation of Underground Coal Gasification(UCG) for Power Generation and Synthetic Natural Gas. Lawrence Livermore National Laboratory, Livermore.

Moore, G. A., 1991. Crossing the Chasm: Marketing and Selling Technology Products to Mainstream Customers. Harper Business, New York, NY.

Queensland DEHP, 2017. http://www.ehp.qld.gov.au/management/linc-energy/ (accessed 20.04.17).

RM1, 1989. Rocky Mountain 1: Underground Coal Gasification Test, Hanna, Wyoming. Volume 1. Operations. Summary report, United Engineers and Constructors, Inc., Denver, CO Stearns-Roger Div.

Saptikov, I. M. L., 2017. History of UCG development in the USSR. In: Blinderman, M. S., Klimenko, A. Y. (Eds.), Underground Coal Gasification and Combustion. 1st ed. Elsevier, London.

Sinclair KnightMerz, 2004. Chinchilla Underground Coal Gasification EMP Audit— December 2003. Environmental Performance Report, 04 January 2004.

Swan Hills Synfuels LP, 2012. Swan Hills In-Situ Coal Gasification Technology Development—Final Outcomes Report. Swan Hills Synfuels LP, Alberta, Canada.

Van der Riet, M., Gross, C., Fong, D., Blinderman, M., 2006. Underground coal gasification at Majuba. In: Proc. Workshop on Potential for Underground Coal Gasification, Houston, June.

Walker, L. K., 2007. Commercial development of underground coal gasification. Proc. Inst. Civ. Eng. Energy 160 (EN4), 175-180.

Walker, L. K., Blinderman, M. S., Brun, K., 2001. An IGCC project at Chinchilla, Australia, based on underground coal gasification. In: Proc. 2001 Gasification Technologies Conference. Gasification Technology Council, San Francisco.

拓 展 阅 读

Blinderman, M. S., Shifrin, E. I., 1993. Flow of fluids through a UCG reactor. Gorniy Vestnik(Min. Herald) 1993 (3), 33-45.

Skafa, P. V., 1960. Underground Coal Gasification. Gosgortechizdat, Moscow.

13 从煤炭地下气化到产品
——设计、效率和经济性

S. Maev[1], M. S. Blinderman[2], G. P. Gruber[3]

(1. Laurus 能源公司，加拿大埃德蒙顿；2. Ergo Exergy 技术公司，加拿大魁北克省蒙特利尔；
3. Black & Veatch 公司，美国堪萨斯州堪萨斯市)

13.1 参考成本

关于煤炭地下气化(UCG)生产出来的气化气的用途，相关的讨论已经很多，也很全面。气化气的用途很广，既可以作为多种产品的生产原料，也可用作锅炉、燃气轮机的燃料，还可以转化为甲醇、汽油、柴油等。

单从技术层面讲，要使一项 UCG 项目达到成功，应该满足一定的条件，包括煤层深度、厚度、煤质、上覆岩层结构、水文地质条件等。

现在，与 UCG 项目(包括用户工厂)有关的各种经济参数，通过文献很难找到。迄今为止，所有商业规模的 UCG 气化站都是在苏联时期开发的，从现代会计学角度很难理解，也难以在现代项目中得到应用：苏联时代的气化站是在与现在完全不同的经济体系中发展起来的。现在可以确定的一点是，无论开发任何 UCG 项目，都要确保投资的合理性，必须要确保生产出来的产品是一种具有成本优势的适销的产品。如果做不到这一点，则项目就失去了开发的基础。

而气化气的各种终端用户，无论是发电厂还是化学品合成工厂，各种经济参数大部分早已为众人所熟知。可供参考的、现在仍在运行的终端用户非常多，人们对这些工厂的设计、运行和效益也都有充分的了解，而且有不少技术提供商和工程公司也都可以帮助人们进行推广复制。

然而，一旦涉及地下气化站时，无论是关于其设计、气化效果还是经济效益，整个西方都找不到相关资料可供参考。只有很少几家从事 UCG 的公司，如 Ergo Exergy 技术公司，对 UCG 项目开发和 UCG 气化气生产成本的实际情况有比较深入的了解。但在现实中，由于各个地方的地质条件存在差异，使每个 UCG 项目都有其自身的独特性，因此每个具体项目会各不相同，至少存在局部的差异。

关于 UCG 气化气处理厂(属于 UCG 项目的组成部分)，人们可能会在技术、效率和成本方面有更多的了解。地下气化站井口产出的粗气化气，还需要经过处理才能满足终端用户的要求。尽管气化气处理技术(如气液分离、硫化氢脱除和颗粒过滤等)的原理已经为大家所熟知，且可供参考的设施已经非常多，但是，如果涉及相关处理设备的类型、规格以及各种设备配套等，仍需要由气化气的具体组分和参数决定。由于每个地方的气化气组分和参数又各不相同,因此,气体处理厂必须根据特定的气化气成分、项目位置和终端用户的要求进行量身定制。

现在,有关 UCG 气化气成本方面的信息极少,且这些成本是在没有 UCG 商业项目开发和运营的相关经验的情况下预估出来的,因此使用这些预估成本时务必谨慎。

其他方面的各项难题不说,无论如何,成本(如资本、运营、最终产品的成本等)终究是决定项目成败的关键,只有成本方面厘清之后,大量资金才能投入。

2011 年,有三家对 UCG 项目感兴趣的公司,在经过长时间的准备后决定对几种以 UCG 气化气为原料制造的适销产品开展一项研究,希望获得一些可靠性较高的参考信息。开展研究的这三家公司分别是 Ergo Exergy 技术公司(UCG 技术提供商)、Laurus 能源公司(UCG 项目开发商)和 Black & Veatch 公司(它是一家美国著名的工程公司,在煤气化和石化项目方面经验丰富)。

13.2 εUCG 技术

UCG 是一种在无法开采的煤层中进行气化的工艺,其中注入井和生产井均从地面钻进,使煤在煤层内就地转化为气化气。通过该工艺,人们生产出了可用于化工厂和发电厂的气化气,且已达到商用规模。

图 13.1 是 UCG 工艺示意图。

与常规煤气化(CG)法一样,在 UCG[1] 中,煤与氧化剂在地层内发生反应,释放出的部分显热用于煤的干燥和热解,与煤发生吸热反应也会消耗一定量的燃烧产物。合成的气体混合物称为 UCG 气体或 UCG 气化气(简称气化气)。与传统气化床相比,二者的主要区别为:

(1) 这些煤不用开采出来,整个化学反应都是在未开采过的煤层中就地发生的。

(2) 利用从地表钻入煤层的注入井使煤与氧化剂保持持续接触,再通过其他井将产出的气体输送到地面。这些井分别称为注入井和生产井,统称为工艺井。

(3) 工艺井必须通过流动阻力较低的贯通通道在煤层内与其他工艺井连通起来,使产出的气化气达到商业应用的气量。

(4) 气化工艺用水通常来自煤和围岩,但水的涌入量必须小心控制。

(5) 气化工艺必须控制在煤层内的气化床系统范围内,避免出现气体漏失或造成地下环境污染。这种反应器系统称为地下气化床。地下气化床的设计是 UCG 运营中最关键的部分。

气化工艺的各种参数,如工作压力、出口温度和流量等,取决于煤和岩石特性,而这些特性又会随时间的推移、位置的不同而发生变化。在气化床运行期间,必须不断地对其运行情况进行监控,跟踪各种工艺条件的变化情况,并持续进行数据更新。还需要根据气化条件的不断变化,对各种工艺参数进行相应的调整。

与 CG 法的不同之处在于,UCG 不仅是一种煤炭转化技术,而且还是一种将煤从煤层

---

[1] 自本处起,如果没有特别说明,凡是提及 UCG 的地方均是指 εUCG 技术。

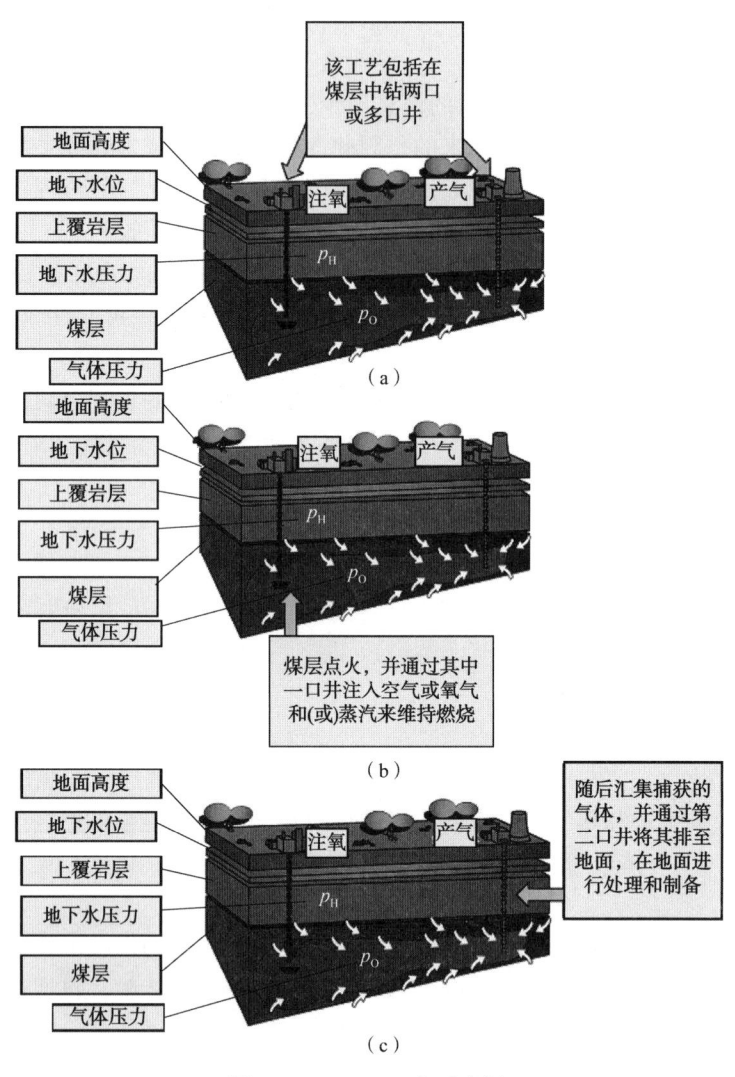

图 13.1 εUCG 工艺示意图

中开采出来的方法,即它属于一种采矿技术。UCG 与地下采矿技术之间存在许多相似之处。例如,UCG 会涉及采矿方面的典型问题,如波及系数、顶板稳定性和地下水涌入等。作为一种采煤方法,UCG 是常规开采方法的一种补充,适用于那些通过常规开采方法无法开采,或能开采但经济性较差的煤层。

由 Ergo Exergy 技术公司开发、完善并经过实践的 UCG 工艺,称为 Exergy UCG 技术或 εUCG 技术。这种技术有别于一般的 UCG 技术,其工艺效率更高,环境耗散量更低。εUCG 技术的一些突出特点包括:产品为气化气的采煤技术;规模大(转化煤量至少 $30×10^4$ t/a);适用的地质条件和水文地质条件广泛;波及率高(约 95%);定向、倾斜和垂直钻进;井间贯通方式为 RCL 贯通、Aquasplitt 贯通、定向钻井贯通、电力贯通;受控多点注入;可以在地下水压力较高的条件下对煤层点火;大产量生产井设计方案;综合性环境管理;可以保护地下水,控制已燃区的涌入水量;对沉降和岩石变形进行管理;空气/

氧气/二氧化碳等多种气体灵活注入；根据终端用户的要求，提供专用的气化气成分；气化气产量、质量稳定；煤炭自燃管理；有综合性εUCG工艺模型；CO_2自主管理；适用于埋深2000m的煤层。

现已证明，εUCG技术是一种成功而且高效的能源生产技术。这是唯一一种不是来自原苏联的UCG技术，且该技术已经证明能够保持生产的连续性和产量的稳定性，且质量稳定。

在1997—2006年，曾开展了钦奇拉一号UCG项目。通过该项目，εUCG作为一种煤气生产技术，第一次得到了验证（Blinderman和Jones，2002）。该项目位于澳大利亚昆士兰州布里斯班以西350km处的钦奇拉。Ergo Exergy技术公司为该项目提供了εUCG技术，并负责εUCG气化站的设计和运营。

在过去16年中，εUCG技术已经在4个气化气生产项目中得到应用：1999—2006年，钦奇拉（澳大利亚）；2007年至今，南非国家电力公司（Eskom）；2010年，金格罗伊（澳大利亚）；2012年，西亨特利（新西兰）。

Exergy UCG技术以商业性UCG气化站的实际运营经验为基础，非常具有实用性。该技术利用了当今所有可用的钻井技术，包括高精度定向井以及常规、垂直和倾斜井。它涵盖了多种多样的技术——多种井间贯通方法、各种氧化剂（空气、O_2/H_2O等）注入方式以及各种地下气化床的设计方案，适用于各种地质和水文地质条件的煤层。它可以根据每一处煤层不同的地质环境，量身定制出特定的εUCG设计方案，以适应目标煤层自身的独特条件。

13.3 不同煤型、不同地质条件的经验

世界上每一座煤矿的地质背景和煤质特性各不相同。即便在同一个煤田，即便相距仅数百米，不同位置的煤质和地质参数也可能会有非常显著的差异。

由于εUCG技术设计非常灵活，且Ergo Exergy技术公司可以采用多种方法和技术，因此可以在各种煤质和地质环境中应用。

对于不同地理位置的各种煤型，Ergo Exergy技术公司的专家们在UCG技术的应用方面具有丰富的实践经验，表13.1中列出了其中一些项目的设计和运行情况。

εUCG技术几乎可应用于所有的煤阶——从褐煤一直到烟煤。

该技术已成功实施地下气化的煤层情况如下：

（1）厚度范围：从利西昌斯克的0.44m一直到安格林的25m。
（2）埋深范围：从莫斯科近郊和夏斯克的30m一直到西亨特利的370m。
（3）倾角范围：从水平倾角一直到大倾角（如西亨特利的倾角介于0°~75°）。
（4）热值范围：从锡涅利尼科沃的8.0MJ/kg一直到南阿宾斯克的30.5MJ/kg。

表13.1 εUCG在各种煤层条件下的应用情况

地下气化站	等级	厚度（m）	深度（m）	倾角（°）	低热值（MJ/kg）
利西昌斯克（乌克兰）	烟煤	0.44~2.0	60~250	38~60	20.1~23.0
南阿宾斯克（西伯利亚）	烟煤	2.2~9.0	130~380	35~58	28.9~30.7

续表

地下气化站	等级	厚度(m)	深度(m)	倾角(°)	低热值(MJ/kg)
莫斯科近郊(莫斯科地区)	褐煤	2.5	30~80	<1	11.8
安格林(乌兹别克斯坦)	褐煤	3.0~24.0	110~250	7	15.3
夏斯克(莫斯科地区)	褐煤	2.6	30~60	<1	11
锡涅利尼科沃(乌克兰)	褐煤	3.5~6.0	80	<1	8
钦奇拉(澳大利亚)	次烟煤	10	135	<1	21.7
马尤巴(南非)	烟煤	3.5~4.5	285	3	20.3
金格罗伊(澳大利亚)	次烟煤	17	200	5	23.5
西亨特利(新西兰)	烟煤	4.0~22.0	220~540	0~75	24.5
艾伯塔省 CC(加拿大)	次烟煤	7	150~260	6	20.5~23.0
阿拉斯加州 SHR(美国)	褐煤/次烟煤	1.0~12.0	50~650	0~75	11.0~16.5

Ergo Exergy 技术公司的专家曾参与过原苏联 UCG 计划中的地下气化站运营，而且自 1994 年以来，一直在位于加拿大蒙特利尔的公司总部从事国际项目中 UCG 技术的商业化工作。

13.4 εUCG 生产单元的概念生命周期——A 盘区

与传统采煤方法中的长壁开采法类似，εUCG 技术也是在模块化的独立 εUCG 盘区中进行的。其中，A 盘区是一个独立的生产单元，每年转化为气化气的煤量大约为 300000t。

长壁开采属于一种地下采煤方式，它是以单一薄层方式对长壁工作面上的煤进行开采。长壁盘区(正在开采的煤体)通常长 3~4km，宽 250~400m(图 13.2)。

长壁采煤机械由多个采煤机组成，其中各个采煤机安装在一系列自进式液压架棚支护上。整个采煤过程为机械化作业流程。大型采煤机将煤从采煤工作面上切削下来，落煤掉到传送带上后经传送带运出。当长壁开采机沿着盘区向前推进时，在开采机后面，允许沿其行进路径上方的顶板垮落。

εUCG 工艺的工作方式与此类似，只不过该工艺使用的不是采煤机，而是通过高温热能，将盘区范围内整个工作面上的煤一层层地消耗掉，同时将其转化为含有气化气的气体混合物。

εUCG 盘区在其生产期间经历以下几个阶段：

(1) 勘查钻探阶段。

(2) 建模和设计阶段。

开发人员根据目标煤层的地质、水文地质和岩石力学模型模拟结果，设计出一套工作参数，使盘区的产量达到计划产量，充分发挥系统中各盘区的作用。然后根据这些设计参数，确定生产井和监测井的数量、位置和设计方案。在这一阶段，还要就 UCG 作业对环境的影响情况进行预测。在设计每个新盘区时，还要全盘考虑以前盘区的构造和运行效果。

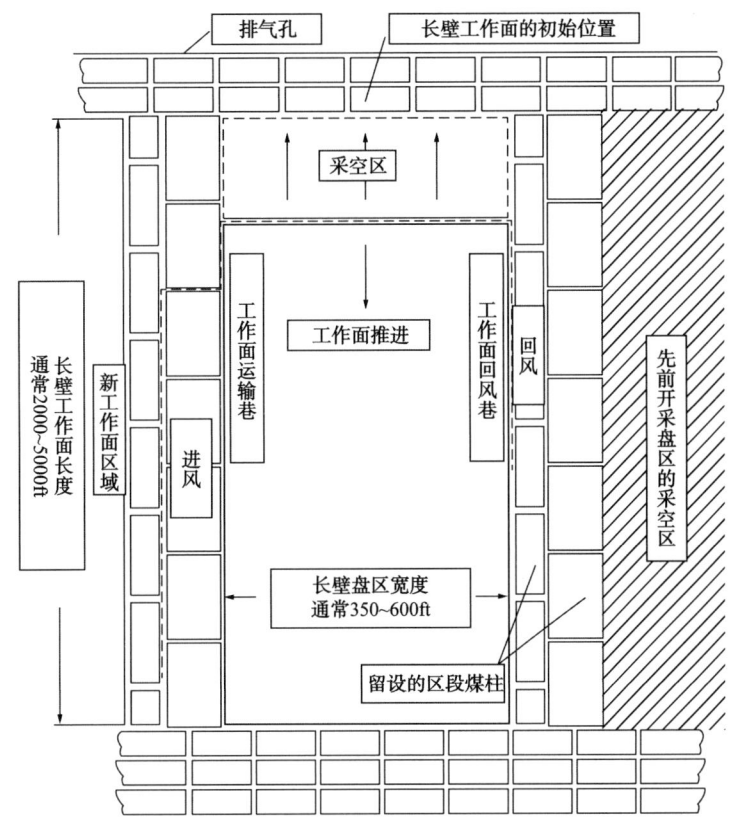

13 从煤炭地下气化到产品——设计、效率和经济性

图 13.2　长壁开采煤矿的平面图实例(Meyers，1981)

（3）开发阶段。

钻生产井和监测井及完井。安装地面管道，建立控制系统。进行生产井煤层内贯通，完成贯通通道调整。这一阶段会产生一些气化气。

（4）联合调试。

对盘区进行调试，并根据投产计划中气化气的质量和产量要求，开始独立生产气化气。逐步提高产气量，补充其他因接近使用寿命正逐步淘汰的盘区的产量损失。当一个生产盘区停止气化气生产时，另一个新投用的盘区已达到其总设计能力，并过渡到下一阶段。

（5）投产。

同一系统中有些盘区已经接近使用寿命并正逐步停用。投产过程中，采用逐步提高产气量的方式，以弥补因其他盘区停用造成的产量损失，保持整个系统产量的稳定。新盘区产出的气被引入气化气生产总流程中，使其产出的气化气(包括质量和产量)与其他盘区产出的气化气汇到一起。

这样，当一个生产盘区停止气化气生产时，另一个新投用的盘区便已达到满负荷运行阶段。

（6）满负荷开采。

盘区以设计能力满负荷进行气化气的生产。

· 325 ·

(7) 逐步停用。

停用的盘区规模通常与新投用的盘区规模一致。停用一个盘区时采用的办法是：使两个盘区的总产气量始终与单个盘区的满负荷产量相当，使输出的气化气总量保持稳定。

(8) 盘区关闭。

在关闭盘区的过程中，要对盘区进行冷却，让气化气生产完全停止下来，还要将气化后余下的所有产物从地下已燃区中清除掉。运营商要确保气化后已燃区中不留下污染源。

对于不再需要使用的井进行封填并弃置；将地面管道拆掉，供重新利用或做废物处理。经过一段时间，当沉降过程（如果有）结束，地面达到稳定之后，盘区上方的土地便可以恢复正常使用。

(9) 岩石力学和地下水监测。

在气化盘区从开发到弃置的整个过程中，以及关闭后若干年内（取决于当地的环境法规），会持续对盘区进行监控。

13.5 煤炭资源的筛选

现在，UCG 技术及其发展前景已在全球各地引起了多方面的关注。为此，有必要创建一套能应用于不同的位置、不同的国家和地区的国际公认标准。有一个地点比较适合建立这样的标准，那就是美国墨西哥湾沿岸（USGC），那里已经有许多建成并运行的各种能源和化工工厂。得克萨斯州和路易斯安那州的墨西哥湾沿岸及其附近地区之所以为人们所接受，是因为在过去的 100 年里，这里已经建设了许多天然气加工、化学、能源等工业工厂。鉴于这里悠久的建设和运营历史，各个行业的材料、设备、劳动力和生产力成本等相关资料都可以在这里找到。既然可以通过已经实施的大量项目收集到充足的资料，那就可以利用收集到的平均值，获得经济性的预估结果。行业出版物中公认的标准，如 Compass International[全球建筑成本年鉴（Global Construction Costs Yearbook）、理查森区位因子（Richardson Location Factors）等]，都会对其分布在全球各地的项目数据库进行持续跟踪和不断更新，同时还会发布不同地区的区位因子。评估人员可以利用这些因子，基于计算出的 USGC 基本成本，对某个特定地点（例如，另一个国家）的成本进行评估。

为了获得评估结果，作者决定以得克萨斯州设立一个假想的地下气化参考项目，利用当地煤炭资源生产气化气和终端用户产品。

按照 Ergo Exergy 技术公司和 Laurus 能源公司的预估，在得克萨斯州，适合实施 UCG 的深层煤炭资源大约 350×10^8 t。这些煤炭埋深介于 60~600m，煤层厚度超过 1.5m，属于褐煤。

主要褐煤资源以 Wilcox 组和 Jackson 组为代表，得克萨斯州内的沉积呈带状展布，由东北向西南延伸。

在得克萨斯州的深层褐煤资源中，Wilcox 组约占 70%，Jackson 组约占 30%（图 13.3）。

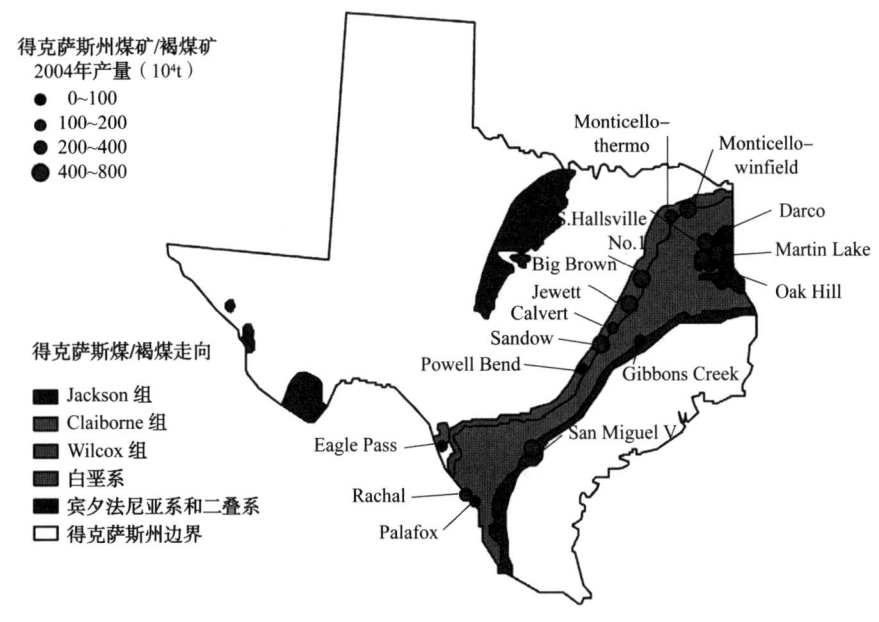

图 13.3 得克萨斯州褐煤矿分布图
注：有些地方有不止一座矿

13.6 采用的方法

13.6.1 方法、技术和产品

本项目进行的成本评估，是在相同地理位置和运行条件（如生产能力、产品组合和褐煤煤质）下，分别对基于 UCG 和基于 CG 的终端产品工厂进行对比，然后根据对比的结果完成成本评估。

本研究选择的位置是得克萨斯州。之所以选择这里，出于多种原因：

（1）得克萨斯州拥有大量褐煤资源。

（2）得克萨斯州的基础设施、电力和石化工业都很发达。

（3）在过去 100 年间，该州建设了大量各种各样的工厂，其中大部分靠近墨西哥湾，因此，这里有大量的资本成本、劳动生产率，以及工厂建设和运维成本方面的数据。

（4）将 USGC 作为各种工业工厂的建设和运营成本、材料成本、设备交付成本、劳动力成本以及劳动生产率的参考地，可以得到人们的普遍认可。

（5）这里有许多出版物（如 *Compass International Index*）在不断跟踪和更新成本及其相关数据，不断进行区位因子计算。这些因子每年出版一次，作为评估人员准备各种项目评估的指南。利用区位因子，人们可以很容易地将 USGC 地区的建筑或产品成本调整为其他任一地方（美国国内或美国以外）的成本。

在本项评估研究中，煤炭地下气化以 Exergy UCG 技术（即 εUCG 技术）作为代表。在 CG 技术方面，使用的数据来自通用的干式送料技术（例如，Shell 公司、Siemens 公司或

Uhde 公司的技术）。

此外，电力、合成天然气（SNG）、甲醇、合成汽油、合成柴油、合成石脑油、尿素、氨气及合成液化石油气（LPG）也在研究范围之内。

13.6.2　褐煤和褐煤煤层参数

研究中所有产品的生产用燃料（原料）均是得克萨斯褐煤，这种煤有以下特征：

地质：煤层厚度 21ft（7m）；煤层底板深度 600ft（200m）。

煤质：湿基高热值 6500Btu/lb（15119kJ/kg）；干基高热值 10000Btu/lb（23260kJ/kg）；56.2%（质量分数）干碳；21.7%（质量分数）干灰分；2.9%（质量分数）干硫。

13.6.3　财务参数

财务状况假定为独立的电力生产商使用相对较新的技术建造第二个或第三个项目的财务状况。

资本成本参数：债务权益比为 40%~60%；债务利息为 10%；资本成本为基础价。

13.6.4　合成燃料和化学品生产的电力成本

无论什么化工厂，电力成本都会是其关键的运营参数之一，因为电力成本可能会在最终的生产成本中占据相当大的比例。

在本研究中，基于 εUCG 产品的电力成本假定为其相邻 εUCG-IGCC 发电机组的发电成本。本项研究从一座独立的 εUCG-IGCC 电厂（位于本研究所在位置）的供电成本开始评估。

CG 生产运行的电力成本假定为其相邻 CG-IGCC 发电机组的发电成本。在本研究中，最先估算出来的就是此项成本。

CG-IGCC 发电机组的发电成本相对较高。事实证明，这种电力比得克萨斯州电力市场购买的更贵。为了使对比较为公平，基于 CG 的产品生产工厂，同时使用自有电力和市场供电两种成本，其中由市场供电的案例称为"CGM"。

13.6.5　工厂规模

在确定生产单位规模时，考虑了以下因素：

（1）为了充分利用工厂各主要装置的规模经济效益，工厂应采用标准的单套工艺。

（2）出于同样的原因，这套工艺中最大容器的尺寸不应超过现有制造商的制造能力，也不应超出各种运输限制要求。换句话说，工厂规模不应该特别大，也不应该使用很特殊的设备。

用来发电的发电厂，其规模取决于现有最大的气化气燃气轮机。在得克萨斯州市场上使用的是 General Electric Frame 7FB 型燃气轮机，外加一台额定功率 300MW（净）的 1×1 型蒸汽轮机（ST）。

在确定各化学制品厂的规模时，按照与 10000bar/d 合成汽油相当的产能选择。根据煤的低热值计算，相应的气化气产量为 30PJ/a。

13.6.6 二氧化碳排放

在提供发电功能的各种案例方案中,会对二氧化碳排放量实施管制,要求满足加利福尼亚州 1080lb/(MW·h) 的排放标准。将气化气中多余的二氧化碳除去,压缩至 2000psi(138bar),准备运输到附近位置用以提高石油采收率(EOR)。

13.6.7 其他研究参数和假设

通过销售二氧化碳(用于提高石油采收率)及其他可销售的副产品,例如石脑油和液化石油气,可以抵消一定年度生产成本,因此可以影响最终产品的成本。各副产品的销售价格假定为当地市场价格。

在这项研究中,一些冷凝液衍生副产品的价值,例如硫、氨和苯酚,没有计入生产成本。假定将这类产品完全免费地交与第三方处理,因此不会影响到成本。

13.7 粗气化气生产

图 13.4 是粗气化气生产的简化示意图。

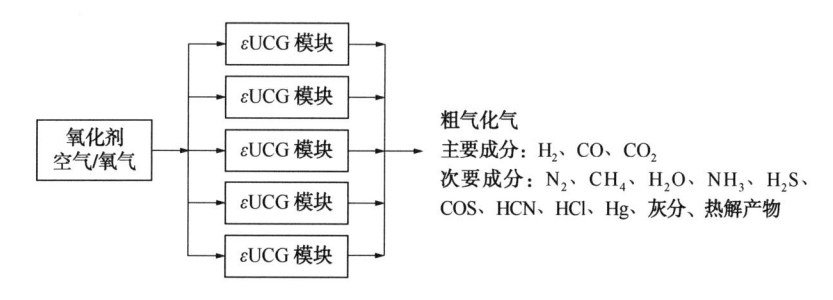

图 13.4 粗 εUCG 气化气产量(Blinderman 等,2011)

生产过程的第一步是在适当的压力下,将氧化剂(例如,空气、氧气或富氧空气)连续注入地下 εUCG 模块。每个 UCG 模块都是独立的气化气生产单元,称为盘区。一个 εUCG 气化站可同时动用许多个盘区(数量根据需要而定),以达到其设计能力。在气化过程中,每个盘区的注入和产出参数都是独立的。运行过程中,每个盘区生产的气化气的产量和质量,都可以与其他盘区不同。生产井口排出的粗气化气中,除气体组分外,通常还含有水相和油相蒸气。粗气化气的主要成分是氢气、一氧化碳和二氧化碳。除这些主要成分外,粗气化气中还含有某些微量组分:氮、甲烷和一些高级烃、水、硫化氢、硫化羰、氰化氢、氯化氢、汞、灰分、热解产物等。运营商可以对每个盘区的生产参数单独进行调整和控制,以获得特定的生产参数,例如气化气的体积或质量。多个独立盘区的气化气可以混合在一起,使产出的气量稳定、气化气质量一致。

13.8 气化气处理(净化和调质)

为了满足各种下游产品的原料需求,为其生产出最理想的气化气原料,为了减少生产对环境的影响,地下气化床产出的粗气化气应该进行一定的处理——净化和调质,然后才能输送到终端产品生产单位。

气化气处理的工艺流程如图13.5所示。

在本项研究中,拟用以下气化气处理阶段,并对其进行了模拟:

(1)气化气洗涤。从气流中去除液体和颗粒物质。脱除出来的液体又被分成水相流和油相流两路。水相流会被引入污水处理厂,并在那里通过氨气提塔和脱酚设备进行处理。经充分处理后,清洁的水可以在生产过程中重复使用。如上所述,油相液体、氨和粗酚的利用在此不做赘述。在基于CG的各种案例方案中,产生的灰渣送至灰坝处理。

(2)气化气压缩。为了优化气化气处理设备的尺寸,需要将采至地面的粗气化气(压力为11bar)再压缩至33bar。

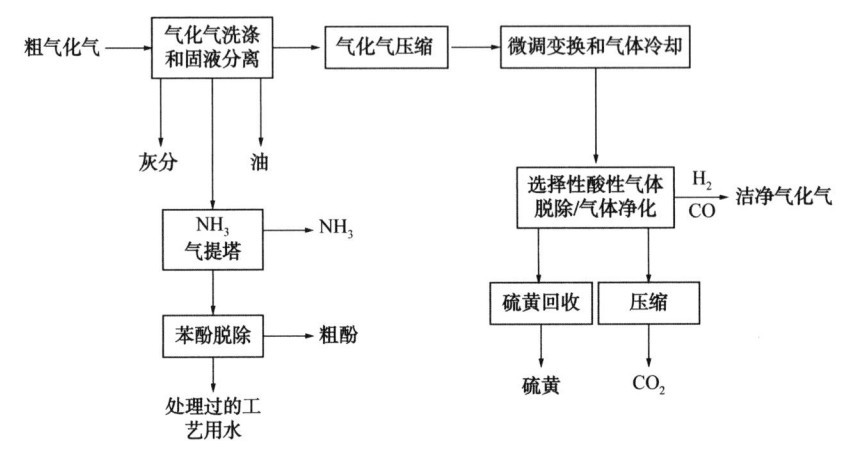

图13.5 气化气处理厂(Blinderman等,2011)

(3)微调水—煤气转换和气体冷却。

根据应用,可能需要对气化气进行调质,调节氢与一氧化碳的比率(H_2/CO),以满足下游工艺要求。气化气流通过变换反应过程,将使气流中的H_2/CO值达到所需水平。完成水—煤气变换后,再对气化气进行冷却。

(4)干燥和冷却后的气化气将通过选择性酸性气体脱除(AGR)设备,将其中的硫化合物和CO_2从气流中脱除。H_2S将被转化为纯硫,二氧化碳将被压缩到2000psi(138bar),为地质埋存或EOR作业做好准备。由于褐煤赋存深度较浅,本研究未考虑在εUCG盘区压力衰竭后就地埋存CO_2这一选项。

(5)处理后的气化气,其H_2/CO值已经符合要求,另外还含有一些其他成分。这种气化气将被输送至下游工厂,供其进一步转化为终端产品。

13.9 合成产品

在εUCG气化气生产的众多产品中,只有电可以利用以空气作氧化剂生产的气化气。本研究中涉及的其他产品均是通过化学合成生产的,虽然空气气化气化气比较经济,但它们不能使用这种气化气生产。因此,这些产品需要使用氧气气化气化气作原料。在上游

εUCG气化站，生产气化气所采用的不是空气压缩机，而是隔绝空气的设备。空气分离设备将根据所需压力，为地下气化提供氧气；在这种情况下，不再使用空气压缩机进行空气注入。

在本研究中，为适应各种具体的工艺需求，进行了气化气组分优化。尽管假设所有合成产品所用的气化气成分都是单一的，但应该注意的是，每种下游产品都将从这些优化中受益。对气化气的优化，一部分可以在地下气化床生产粗气化气的过程中进行，另一部分可以在气化气地面处理过程中进行。通过这些优化，可以提高合成工艺的效率，并能进一步降低生产成本。

图13.6为气化气工艺流程框图，显示了所生产的各种组分气化气，以满足不同下游产品的生产需求。

气化气中参与化学合成的主要成分是H_2和CO。生产氨和尿素时用到的只有气化气中的H_2，因此，应该通过水—煤气变换反应将CO转化为CO_2，并从气流中除去。

当H_2含量与CO的比例为1∶1至2∶1时，通过费托合成生产柴油、石脑油和液化石油气最为理想；当H_2/CO值为2∶1时，比较适合二甲醚、汽油和所有酒精合成产品（如甲醇和乙醇）的生产；当H_2/CO值为3∶1时，最适合生产SNG。

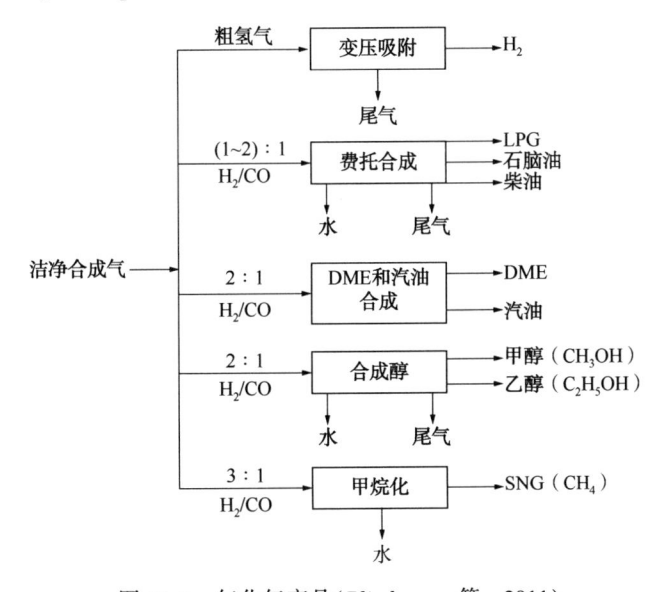

图13.6 气化气产品（Blinderman等，2011）

13.10 电

煤最常见的用途是发电。在本研究中，对用煤发电的各种情况进行了调查：
（1）UCG-IGCC，采用空气气化气化气并脱除部分CO_2。
（2）UCG-IGCC，采用空气气化气化气并最大限度地脱除CO_2。
（3）UCG-IGCC，采用氧气气化气化气并最大限度地脱除CO_2。
（4）CG-IGCC，采用氧气气化气化气并最大限度地脱除CO_2。

13.10.1 案例1

案例1代表资本支出方面投入最小的方式,是一套基于UCG气化气的IGCC。

这种工艺先用空气压缩机将压力为11bar的空气注入地下气化床,为气化工艺提供氧化剂。地下生产的气化气到达地面后,在地面进行冷却,并输送到气体洗涤装置和油水分离装置。将油相和水相液体全部从气体中分离出来。接着再对气体进行洗涤,并将颗粒物质、冷凝焦油脱除。经处理出来的水相液体被送到污水处理厂处理。

再次对处理后的气化气进行压缩,使压力达到酸性气体脱除装置(在本案例中为MDEA溶剂)所需的压力,在该装置中将硫化物和部分CO_2从气体中去除。

本案例之所以选择MDEA溶剂,是因为酸性气体脱除装置的主要作用是除去硫和极少量的CO_2,处理后的气化气就可以供燃气轮机使用。在本案例中,脱除的仅为煤中所含CO_2当量的11.6%,这样,煤中所含CO_2当量的88.4%在发电过程中被排放出去。由酸性气体脱除装置中脱除的H_2S将在硫回收装置中进一步处理(在本案例及其他案例中拟用的均是KLAUS设备)。捕获的二氧化碳被再压缩到2000psi,可用于提高石油采收率。

清洁气化气被输送至GE Frame 7FB燃气轮机(CT)用作燃料,该燃气轮机装机容量为232MW(气化气用作燃料时)。由燃气轮机排出的高温废气被引至废热回收蒸汽发生装置(HRSG),该装置配有锅炉给水,可产生过热蒸汽。从HRSG出来的蒸汽,再输送给一个100MW的通用蒸汽轮机。

这套装备与传统的燃气轮机联合循环(CTCC)不同,它有一个特点使其成为真正意义上的整体煤气化联合循环(IGCC)。从燃气轮机压缩机出来的空气,又通过循环返回到空气注入供气管线,可以为地下气化工艺提供部分或全部空气用量。这将减少所需的空气压缩机数,在情况理想时甚至可以完全不必使用该设备,因此可以显著降低资本性支出(CAPEX)。

本案例的资本性支出总额是4个案例中最低的,在本案例中,发电的电力成本为33.3美元/(MW·h)。

13.10.2 案例2

这个案例基本与案例1相同。其工艺流程与案例1基本相同,如图13.7所示。与案例1的不同之处是,在本案例中,通过酸性气体脱除装置从气化气中脱除的CO_2量不同。本套装备的目的是,在发电时确保CO_2排放量满足加利福尼亚州500kg/(MW·h)[1100lb/(MW·h)]的标准要求。

为了实现这一目标,酸性气体脱除装置中使用了另一种类型的溶剂:用Selexol替换掉MDEA。在捕获CO_2方面,使用Selexol工艺比MDEA工艺更有效,但成本是后者的3倍左右。随着这一变化,酸性气体脱除装置捕获的CO_2占煤中所含CO_2当量的57.4%,这样,使CO_2排放量达到443kg/(MW·h)[974lb/(MW·h)]。此外,由于工艺有所变化,废热回收蒸汽发生装置有可能产生更多的蒸汽能,因此使用更大的112MW燃气轮机,可以使总发电量达到344MW。

在本案例中,资本支出比案例1高出10%,原因是CO_2处理设备的处理容量增加了,再加上投资和生产费用也更高一些。但尽管如此，本案例发电的电力成本却低于案例1，仅29.9美元/(MW·h)。一部分原因是发电量增加，而主要原因是用于提高石油采收率的CO_2量大幅度增加，从而抵消了更多的电力成本。

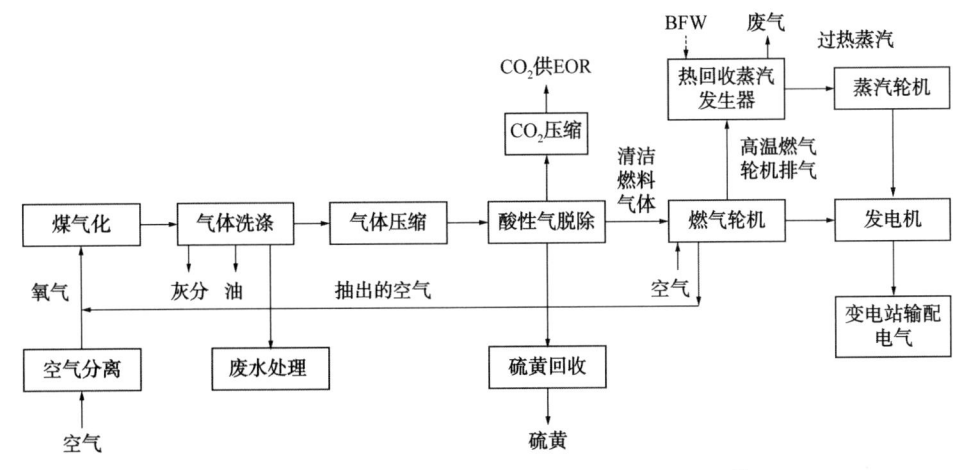

图13.7 空气气化 εUCG-IGCC 发电工艺流程（Blinderman 等，2011）

13.10.3 案例3

在本案例中，在地下气化过程中用氧气代替空气，对使用氧气气化气化气发电的情况进行研究。与案例1和案例2相比，本案例的这套装备有很大的变化（图13.8）。

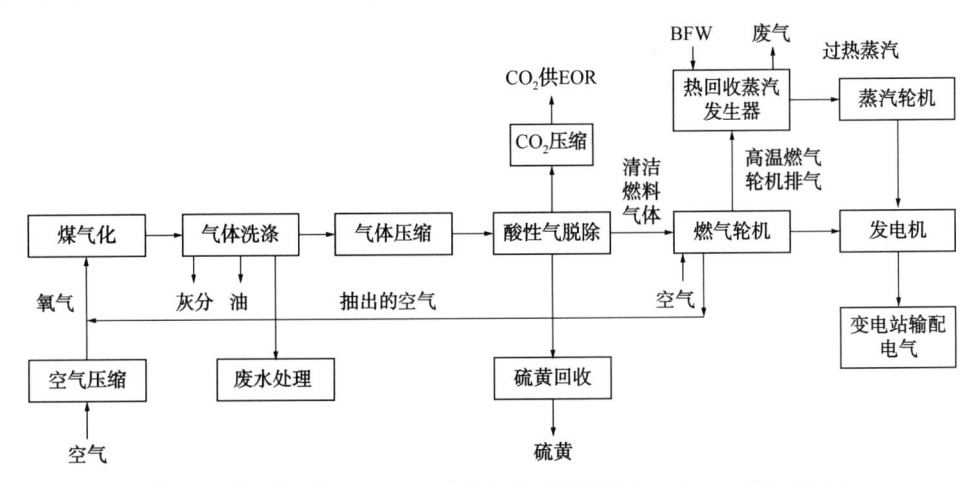

图13.8 注氧气的 εUCG-IGCC 发电的工艺流程（Blinderman 等，2011）

由于地下气化需要供氧，因此需要用隔绝空气的设备取代空气压缩机。空气分离设备产出的氧气用于向地下注入。在气化气进入燃气轮机中燃烧之前，空气分离设备还可提供氮气，作为一种气化气添加剂，用于控制燃气轮机的燃烧温度和氮氧化物排放。

工厂的环境问题比案例1小得多，但仅略好于案例2。捕集的CO_2占煤中所含CO_2当量的63.1%，而在案例2中，这一占比仅为57.4%。

由于气化气生产和处理过程发生了变化，使总发电量得以增加，但内部负荷也随之增大，这样，案例3的净发电量反而小于案例1和案例2中的净发电量。由于使用了不同设备，导致气化气生产和处理的CAPEX和OPEX均大幅度增加（分别比案例1增加67%和43%），导致最终产品（电力）的成本明显上升（图13.9）。

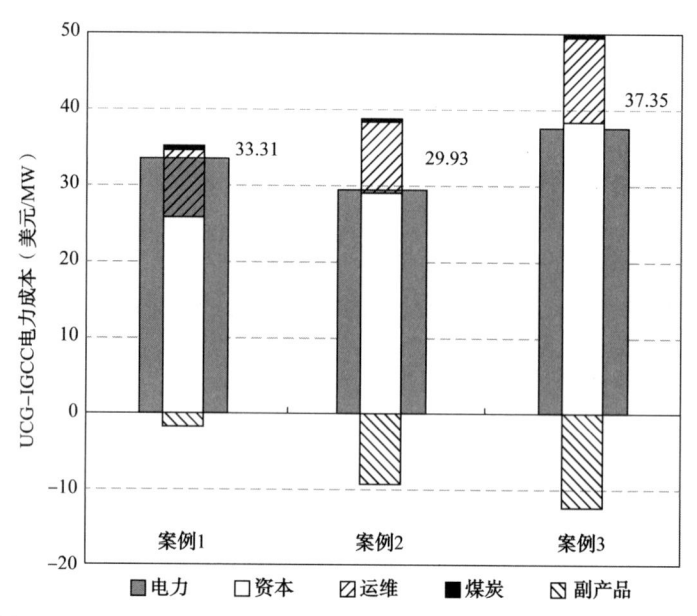

图13.9 基于UCG的不同案例电力成本的比较（Blinderman等，2011）

对比用UCG气化气原料发电的这三个案例，很明显，案例2在成本和环境足迹方面表现最佳。下一步将用它与代表UCG-IGCC技术的CG进行比较。

13.10.4 案例4

在本案例中，研究了常规地面气化结合CTCC动力岛的运行性能和经济效果（图13.10）。

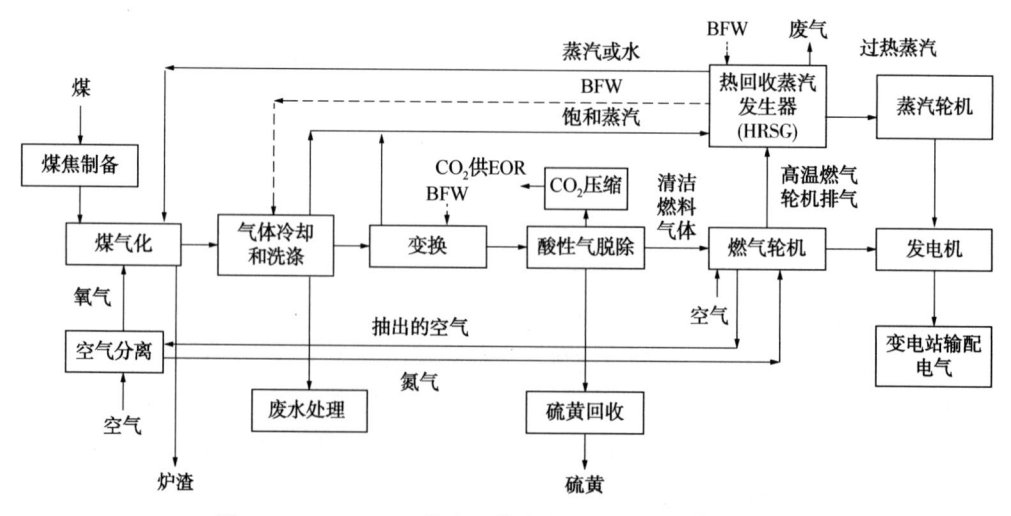

图13.10 CG-IGCC发电工艺流程（Blinderman等，2011）

13 从煤炭地下气化到产品——设计、效率和经济性

这个流程的个别方面与案例3类似,但变化幅度很大。最显著的变化是,本案例中的所有工艺装置都在地面上。UCG气化气生产工艺的煤、水是原位利用,但本工艺则是从储煤和选煤开始,所用煤已经从煤矿采出并运来,接着把煤、氧气和水送入气化床气化。产出的气化气先经过冷却洗涤装置,然后进行水—煤气变换,用以调节H_2/CO值。由于气化气从气化床出来时压力已经很高,因此不需要像案例1、案例2和案例3那样对气化气进行再压缩。

其余装置与案例3中的相同。

本案例的环保性能不及案例3,煤中所含CO_2只有43.2%当量被捕获。净发电量比案例3高20%,但由于资本性支出大幅度增加(比案例3高35%),气化气成本(图13.11)是案例3的6倍以上,电力成本也是案例3的2.3倍(图13.12)。

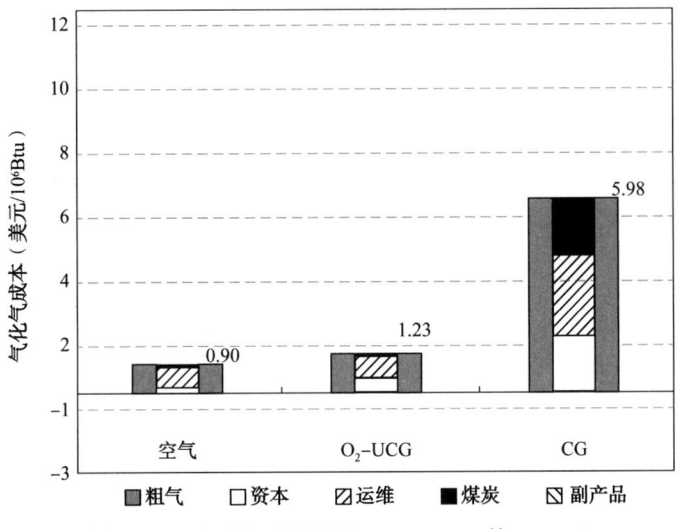

图13.11 气化气成本比较(Blinderman等,2011)

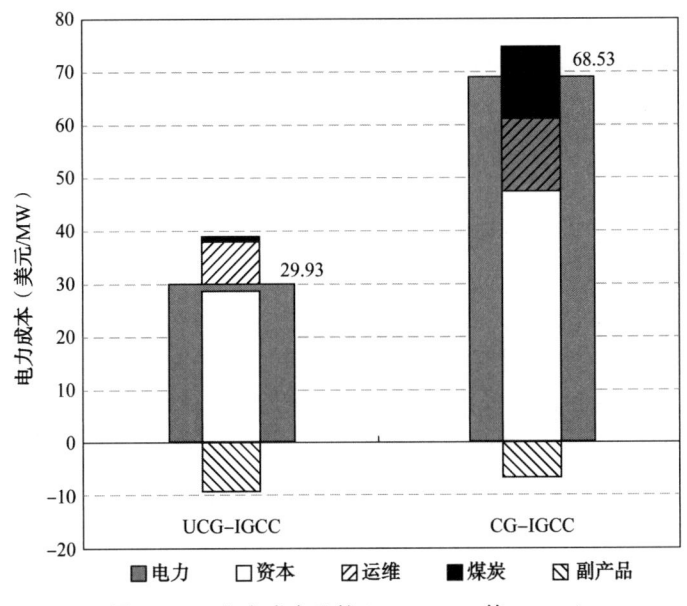

图13.12 电力成本比较(Blinderman等,2011)

从图 13.12 中可以看出，电力成本的最大驱动因素是资本成本，其次是煤炭成本(就 CG-IGCC 案例而言)。

13.11 合成天然气(SNG)

合成天然气(SNG)是一种让各种实体一直感兴趣的产品。在世界上许多地方，在没有其他油气源时，拥有用煤制造这种大宗原料的能力非常重要。

在本研究中，模拟了一个年产 $260 \times 10^8 \text{ft}^3$ 的 SNG 生产厂(图 13.13)。

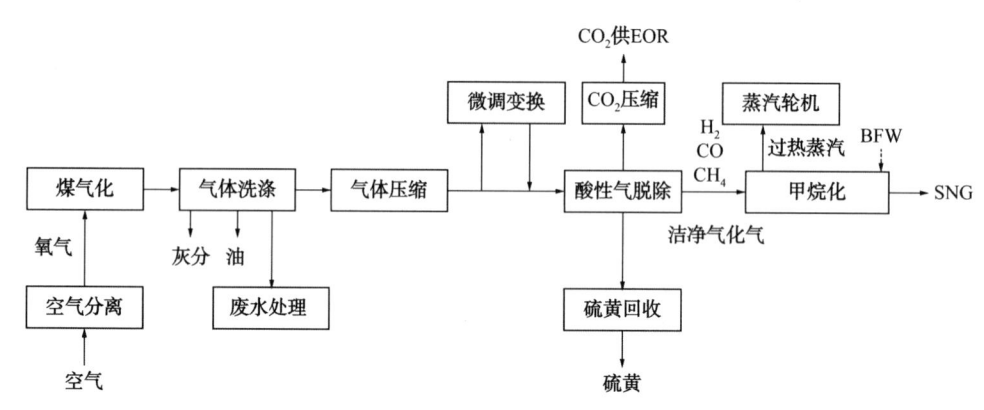

图 13.13　εUCG-SNG 生产工艺流程(Blinderman 等，2011)

首先，应该注意的是，该模拟工厂的设计规模几乎达到发电需用规模的两倍。为了满足生产更多能源(30vs16PJ/a)的要求，煤炭用量也出现了相应的增加，资本成本全方位增加。

在其他方面，该模拟案例的工艺流程与注氧气生产气化气发电(案例3)非常相似。该模拟工艺的特别之处如下：

(1) 通过对变换装置微调，调整 H_2/CO 值。用于发电时，并不需要这种微调，但在化学合成工艺中这一步却是必不可少的。

(2) 酸性气体脱除装置中的 Selexol 装置用低温甲醇洗装置替代。

(3) 处理、生产、使用或释放的废气(如 H_2S 和 CO_2)量增加一倍。

(4) 酸性气体脱除装置出来的清洁气化气将被输送到甲烷化反应器，而不是去燃气轮机。

(5) 甲烷化是一个放热过程，释放出来的热量会产生大量蒸汽。因此，利用这些蒸汽通过蒸汽轮机发的电量，可以供应该模拟工厂总电量的 60% 左右。

(6) 电力缺额从邻近的 UCG-IGCC 发电机组购买(案例2)，并计入成本。

SNG 生产的资本成本相对较低。与生产电力的案例 2 相比，虽然合成天然气的生产规模大约是案例 2 的两倍，但二者的资本成本基本相同。

其产品为低成本的合成天然气，生产成本为 3.06 美元$/10^6$Btu。

可以回顾一下利用 CG 生产气化气的类似工艺，该工艺流程与发电案例 4 中的工艺非常接近。酸性气体脱除装置出来的洁净气化气被送至甲烷化反应器处理，采用此工艺生产出来的合成天然气，生产成本为 9.10 美元(图 13.14)。

在本案例(包括下文的所有案例)中，认为得克萨斯州当时的实际市场电价约为 50.00 美元/(MW·h)，这比预计的 CG 电价 68.50 美元/(MW·h)低得多。因此，可以将基于 UCG 的工艺与备选的两种 CG 工艺进行比较，所需电力的缺口要么以成本价[68.5 美元/(MW·h)]从邻近的 CG-IGCC 厂购买，要么以 50.0 美元/(MW·h)在市场上购买。采用市场价电力使成本有所改善，但幅度很小，不到 3%(图 13.15)。

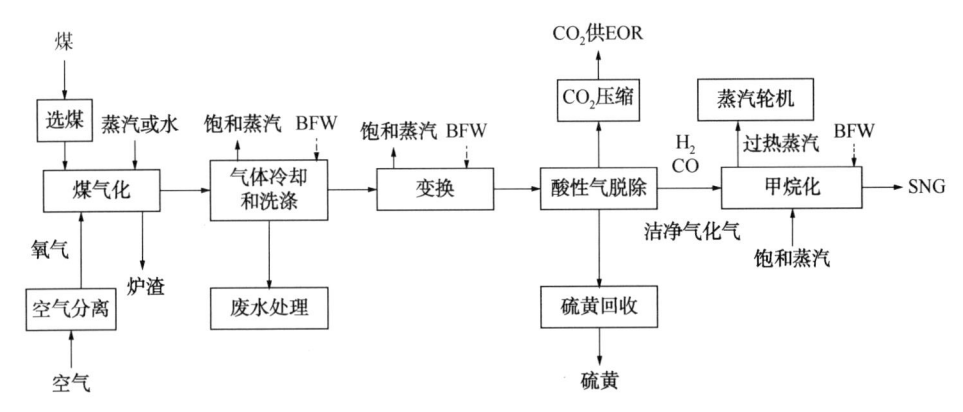

图 13.14 CG-SNG 生产工艺流程(Blinderman 等，2011)

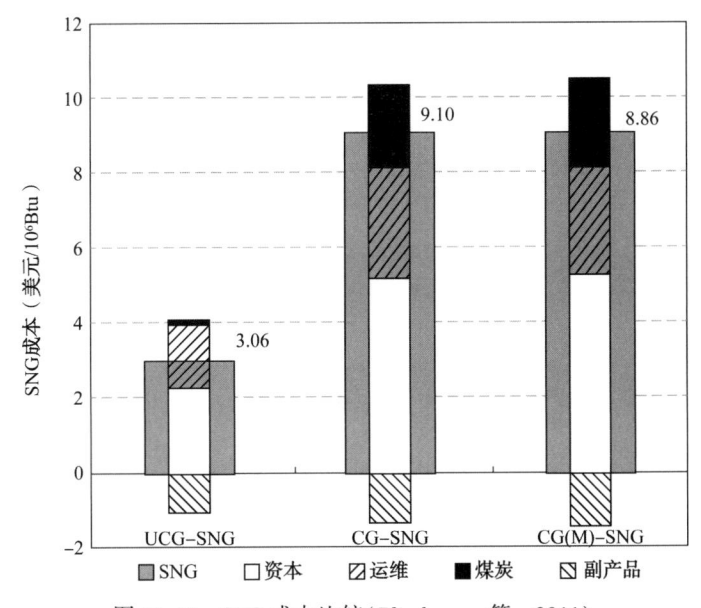

图 13.15 SNG 成本比较(Blinderman 等，2011)

13.12 甲醇

甲醇是世界上最常见的一种工业用碳氢化合物商品。它可以直接使用，也可以作为原料生产其他产品，增加附加值。

甲醇合成所用洁净气化气的制备工艺与生产合成天然气所用的相似制备工艺没有什么差别。只是用一套甲醇装置取代了合成天然气装置，并在蒸汽轮机上游安装了一套燃气蒸汽过热器，以提高蒸汽轮机的输出功率。燃气蒸汽过热器所用的原料是饱和蒸汽和甲醇装置产生的工业尾气(图13.16)。

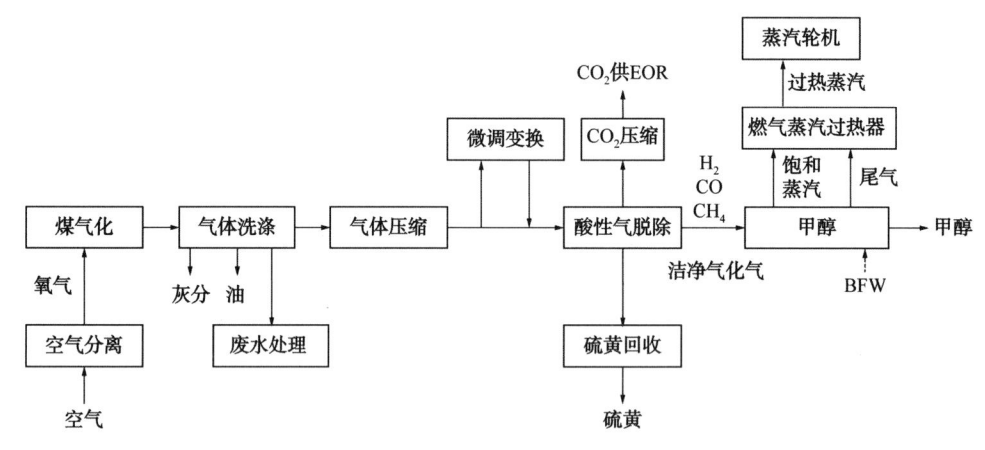

图13.16　εUCG-甲醇生产工艺流程(Blinderman 等，2011)

然而，二者的能量平衡和成本是完全不同的。尽管二者在规模上相近，但要满足甲醇生产的工艺需求，需要再增加12%的用电量，而在生产SNG的案例中，通过内部发电可以满足57%的用电需求。由此产生的用电缺口，会增加购买的电量，提高生产成本。在UCG生产气化气的方案中，这种成本增加并不太明显，但如果考虑发电时的电力成本差异，在通过CG生产气化气的方案中，这种成本增加就非常明显。

CG工艺方面的变化与UCG案例的情况完全相同，但是内部电力负荷比UCG高17%(图13.17)。

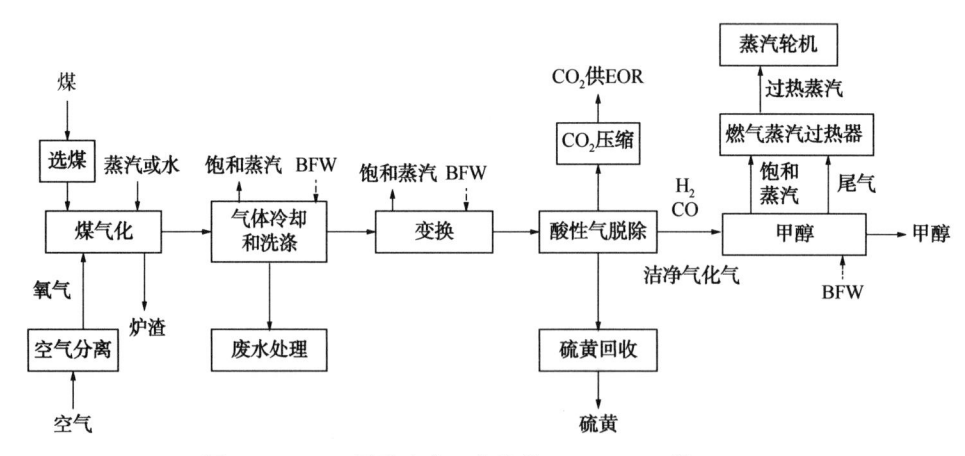

图13.17　CG-甲醇生产工艺流程(Blinderman 等，2011)

甲醇的最终成本反映了工艺参数和成本方面的差异。

用CG生产的气化气生产甲醇的成本比用UCG生产的气化气生产高2.5倍以上，在换成市场供电时显示有7%的小幅改善(图13.18)。

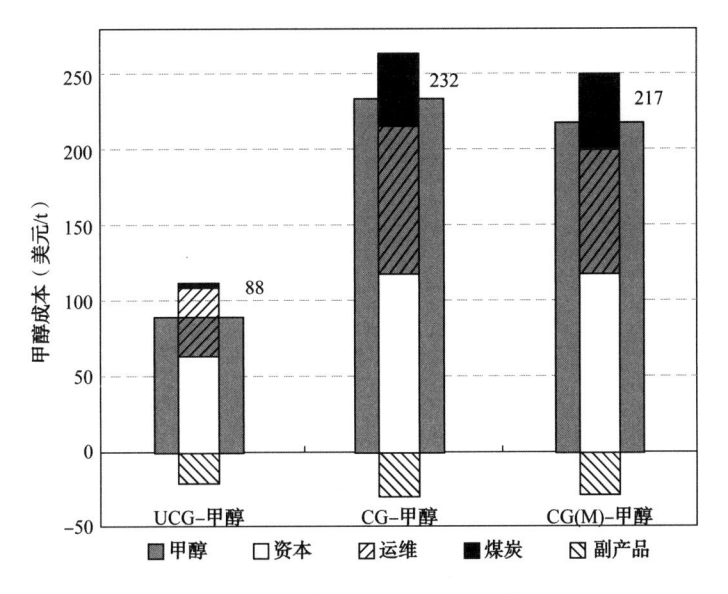

图 13.18 甲醇成本比较(Blinderman 等，2011)

13.13 汽油

汽油生产采用埃克森美孚甲醇制汽油(MTG)工艺，因此就工艺流程而言，这是在甲醇合成工艺(在前面的章节中对其进行过分析)中增加了一个甲醇制汽油装置。与生产甲醇的 UCG 工艺案例相比，因增加了 MTG 装置，使资本支出增加约 30%；与生产甲醇的 CG 工艺案例相比，增加约 17%(图 13.19 至图 13.21)。

在所有案例中，汽油成本都比当时的市场价格低得多。CG 气化气生产的汽油成本比 UCG 气化气生产的高两倍以上。CG 和 CG(M)之间的成本差异很小，大约 5%。

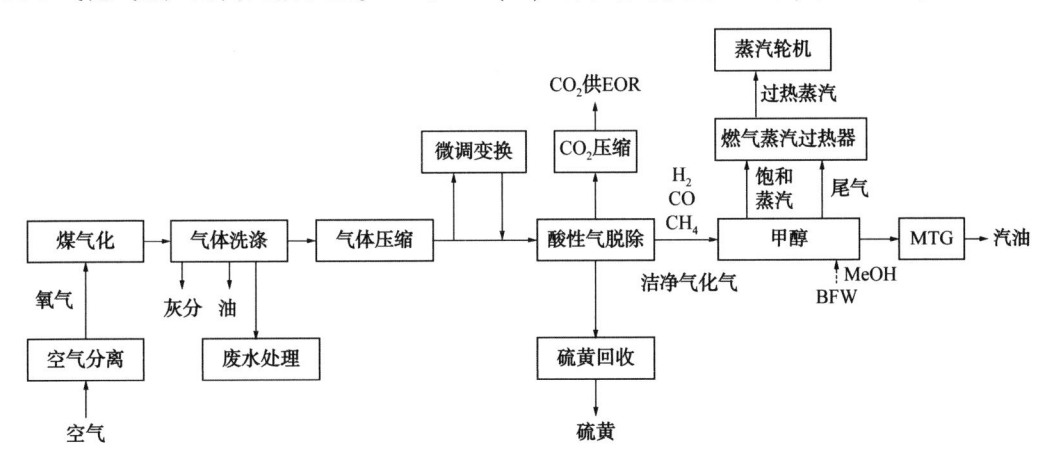

图 13.19 εUCG-汽油生产工艺流程框图(Blinderman 等，2011)

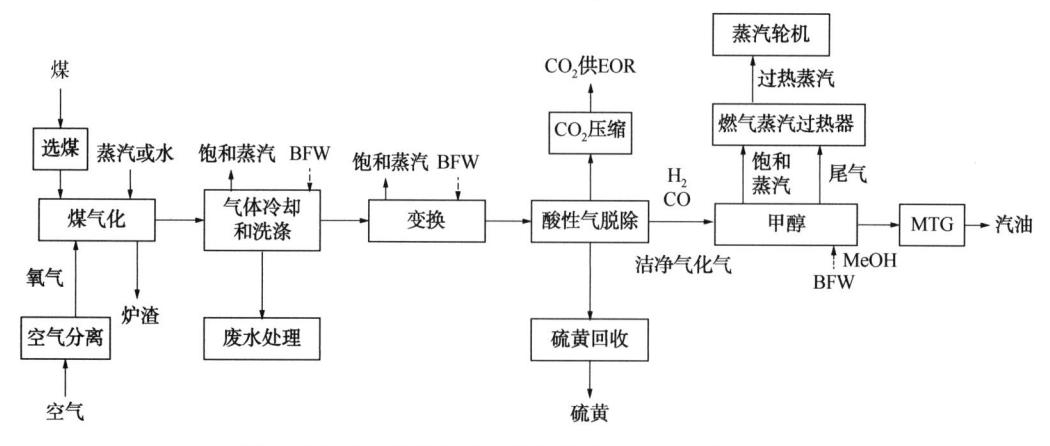

图 13.20　CG-汽油生产工艺流程(Blinderman 等，2011)

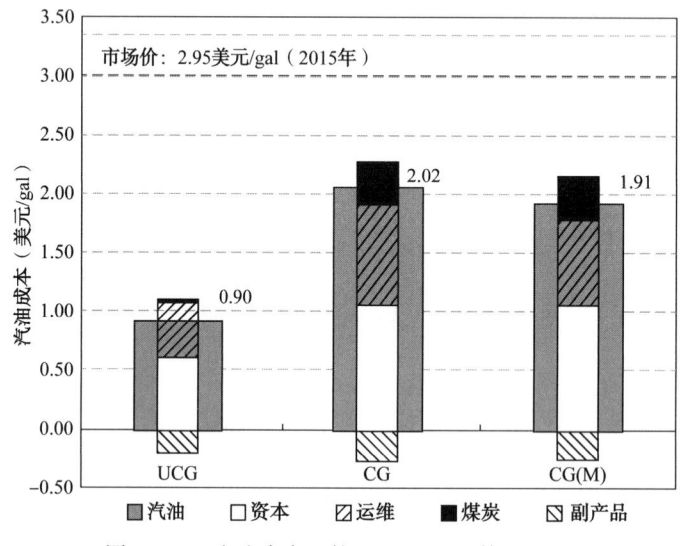

图 13.21　汽油成本比较(Blinderman 等，2011)

13.14　超低硫柴油

超低硫柴油(ULSD)的生产基于费托反应。气化气被转化成超低硫柴油和液化石油气两种产品。

该工艺流程与其他几种合成工艺案例的基本相同。终端用户模块是一个费托装置。

该工艺中多了一道特殊的工艺步骤，通过部分氧化(POx)工艺在部分氧化装置中回收尾气。如果安装这套装置，就需要为其供入氧气和尾气来保证装置运行。氧气来自隔绝空气设备，尾气来自费托反应器的尾端。生产的气化气在进入气化气压缩装置前，先将其加入初级气化气流。

UCG 气化站和 CG 气化站都需要安装 POx 装置(图 13.22 至图 13.24)。

· 340 ·

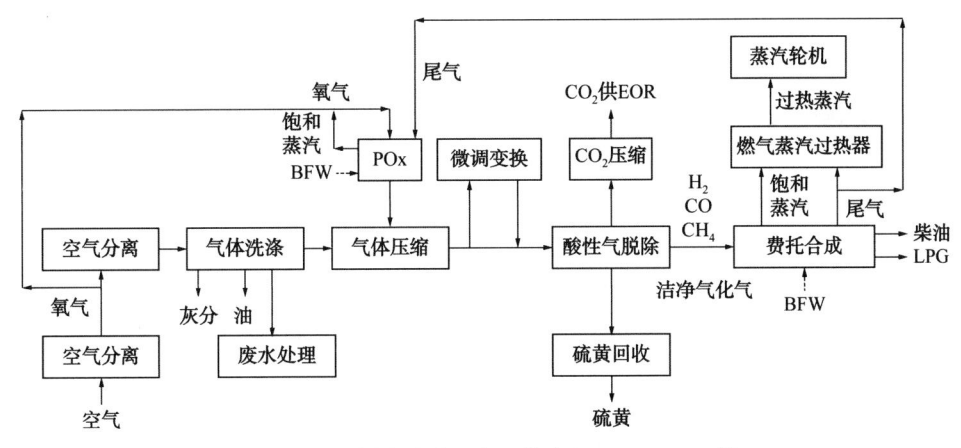

图 13.22　εUCG-超低硫柴油生产工艺流程（Blinderman 等，2011）

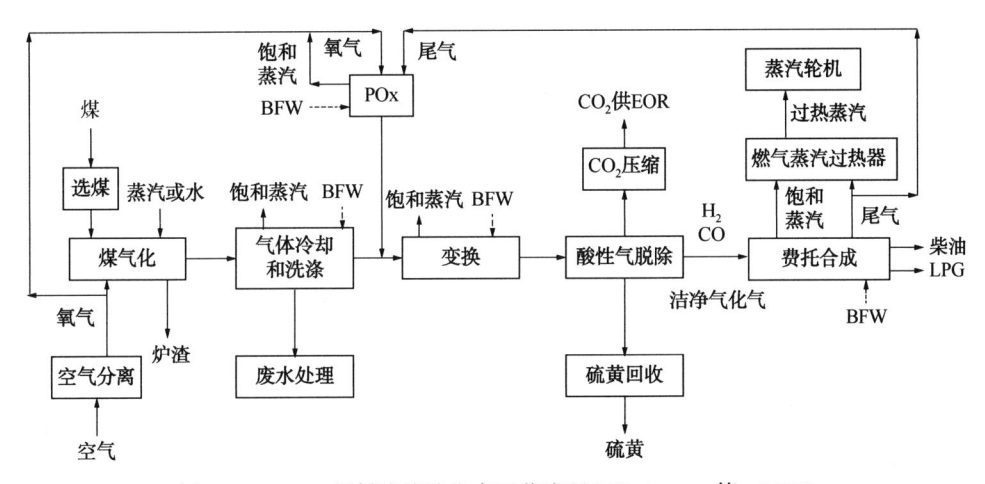

图 13.23　CG-超低硫柴油生产工艺流程（Blinderman 等，2011）

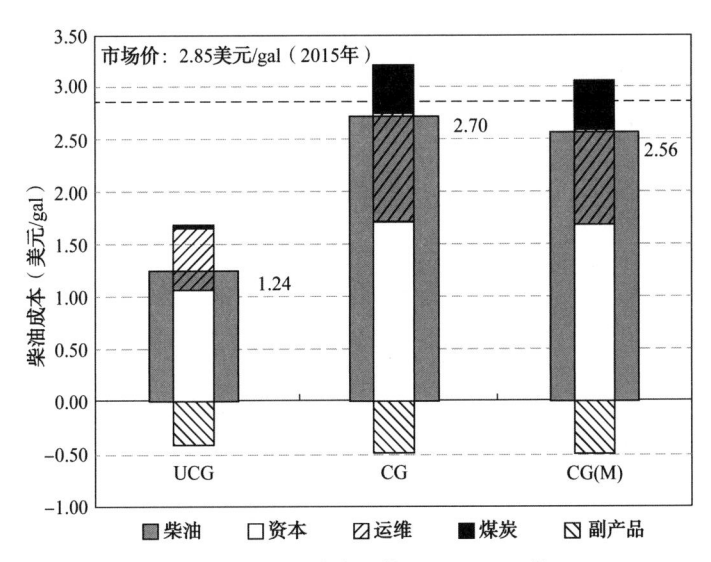

图 13.24　超低硫柴油成本比较（Blinderman 等，2011）

超低硫柴油厂是本次研究中造价最高的工厂,资本性支出接近20亿美元。这是基于 UCG 生产合成天然气案例的两倍,是基于 CG 生产气化气案例的 1.5 倍。柴油的最终成本,在 UCG 案例中为 1.24 美元/gal,在 CG 案例中为 2.70 美元/gal(贵了 220%),在 CG(M)案例方案中为 2.56 美元/gal(贵了 210%)。

有一种技术性备选项是,将工厂设计为生产 3 种产品,比如 ULSD、石脑油和液化石油气,这样可以减少资本支出、降低产品成本,但这种方法需要通过减少柴油产量、相应增加石脑油产量来实现。

13.15 氨/尿素

尿素及其他原料氨的生产以合成天然气的生产为基础。对于基于 UCG 的工厂,其生产工艺与生产 SNG 的工艺大致相同,但还有以下重要变化:

(1)氧化剂。

该工厂需要使用富氧空气,而不像前文分析过的合成产品那样注入的是纯氧。由于要合成氨,必须要有一定量的氮参与合成反应,因此需要使用富氧空气;氮与氢气应该一起供入反应器中。氮气是空气(用作氧化剂)的组成部分,在进入工艺流程后与氧气分离。开始并不参与反应,当进入氨合成装置后,将会在催化剂作用下与氢气发生反应,形成无水液氨。该步骤被称为氨合成回路(也称为 Haber-Bosch 工艺):

$$3H_2 + N_2 \longrightarrow 2NH_3$$

(2)变换。

在之前分析的合成产物的案例中,所有基于 UCG 的工厂都采用了微调变换装置,以调整 H_2/CO 值。氨合成工艺不需要 CO,因此,所有 CO 必须在酸气脱除装置(AGR)装置分离 CO_2 前将其转化为 CO_2 和 H_2。

(3)AGR 装置捕获 CO_2。

合成尿素的成分是 NH_3 和 CO_2。其中,NH_3 由合成氨装置送入尿素合成装置,而 CO_2 则是在通过 AGR 装置捕集后,由 AGR 装置送入尿素合成装置。

(4)SNG 生产工艺中的甲烷化反应器是一个大型装置,能够将所有气化气原料转化为 SNG。在合成氨厂中,甲烷化反应器的作用是对 H_2 气流中的碳氧化物进行最后去除,这些碳氧化物对氨催化剂有害。因此,合成氨厂中的甲烷化反应器的尺寸要小得多,用途也不同(图 13.25)。

基于 CG 的氨合成的工艺流程则不同:

(1)常规气化床不是为富氧空气设计的,基于 UCG 的生产工艺中所使用的氧化剂在这里不能使用。正如前文的各种合成工艺案例那样,煤气化工艺应当采用纯氧供入。

(2)它的转换与基于 UCG 的工艺原理一样,但不是调整 H_2/CO 值,而是必须将里面所有的 CO 转换为 H_2。

(3)对于基于 CG 的合成氨工艺,变压吸附(PSA)装置比甲烷化装置更适合 H_2 的最终净化,因此,气化气从 AGR 装置出来后被输入变压吸附单元。

(4)从 PSA 装置中经提纯分离出来的纯 H_2,与从空气分离设备中出来的纯氮气混合,混合后进入氨合成装置。

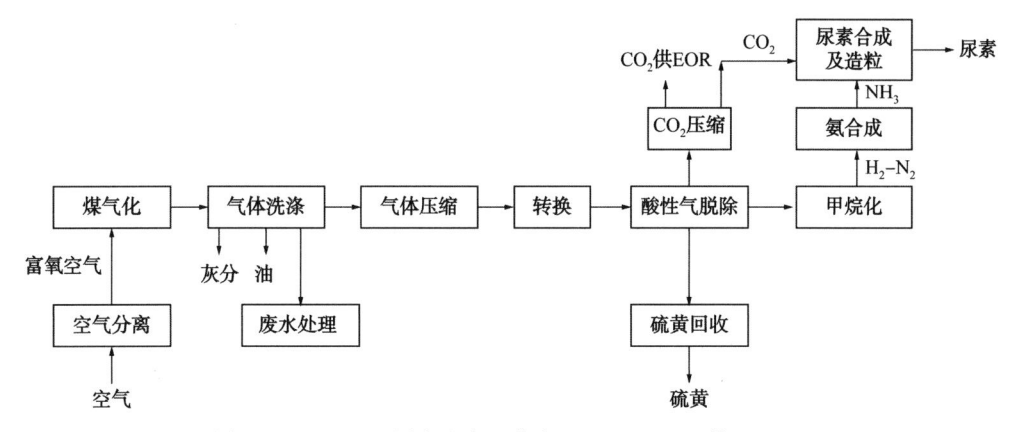

图 13.25　εUCG-尿素生产工艺流程(Blinderman 等，2011)

（5）部分工业尾气作为燃料气体输送给燃气蒸汽过热器。过热器出来的过热蒸汽将供应给蒸汽轮机，蒸汽轮机可以满足内部负载约12%的动力需求。变压吸附装置出来的剩余工业尾气经循环、再压缩、与初级气化气流混合，并送入变换装置（图 13.26）。

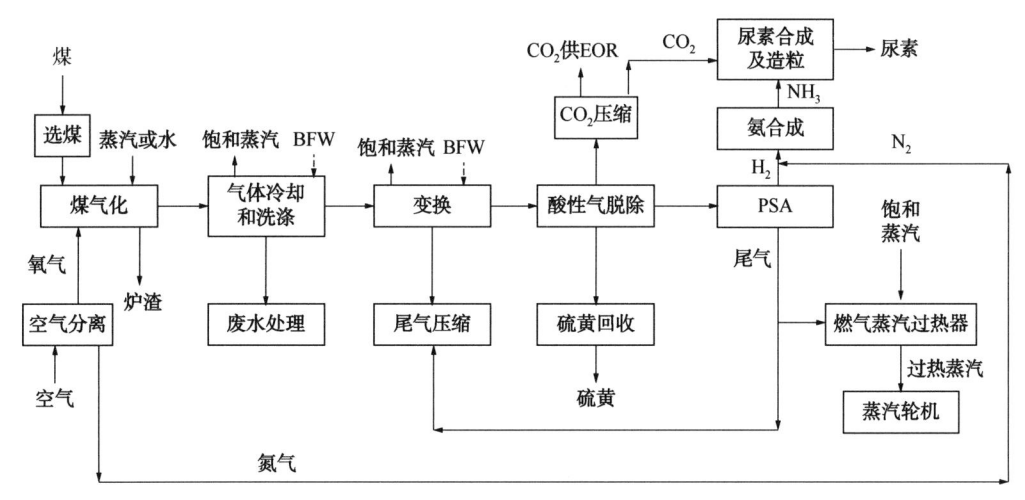

图 13.26　CG-尿素生产工艺流程(Blinderman 等，2011)

基于 CG 的尿素装置资本支出接近 20 亿美元，比基于 UCG 的尿素装置高出 27%，而且前者的运营维护（O&M）成本也比后者高出 73%。生产尿素的成本也反映了 UCG 工厂和 CG 工厂在安装和运营的复杂性及成本上的差异。在 CG 和 CG(M) 两种情况下，CG-尿素成本比 UCG-尿素的成本分别高 80% 和 67%（图 13.27）。

13.16　εUCG 与 CG 的成本降低对比

针对基于 UCG 和基于 CG 两种工厂所涉及的主要经济和环境参数进行的直接比较表明，采用基于 UCG 的工厂具有显著的优势。

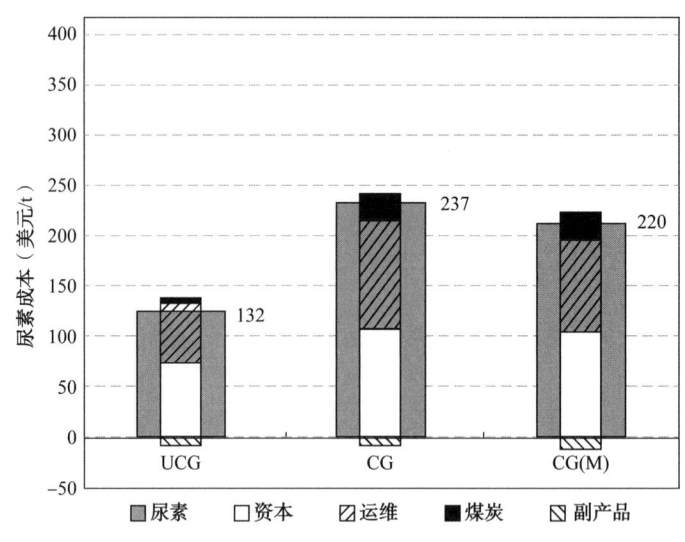

图 13.27 尿素成本比较(Blinderman 等,2011)

与基于 CG 的生产资本需求量相比,基于 UCG 的生产资本需求量要低 29%~55%,其中合成 SNG 时的成本减幅最大,合成尿素时的成本减幅最小。

原因在于,对于各种地面设备(包括用于生产气化气的地面处理设备和终端用户设备),生产尿素时的资本成本最高,生产 SNG 时的资本成本最低。

运营维护成本减幅 28%~49%,其中生产电力时的成本减幅最小,生产甲醇时的成本减幅最大。

在所有审查的案例中,原料成本方面的减幅相同,均为 98%。

最后,尿素的生产成本降低了 44%,SNG 的生产成本降低了 66%。

就 CO_2 排放而言,除了生产电力以外,基于 CG 的所有工厂捕获 CO_2 的量均更多一些(表 13.2)。

表 13.2 εUCG 与 CG 相比成本降低情况

参数	资本(%)	运维(%)	煤(%)	产品(%)
电力	39	28	98	56
SNG/CH$_4$	55	43	98	66
甲醇	52	49	98	62
汽油	42	44	98	55
柴油	36	44	98	54
尿素	29	42	98	44

13.17 下步工作

本工作中审查的每种生产装置均包括气化气生产、气化气处理和最终产品制造三大部分。

在有关气化气处理和最终产品的所有建模用例中，所用的设备均是标准工程设备。它们是多年来为众多项目设计的，已经安装在世界各地的许多地方，并经过了长期的现场考验，属于真正意义上的工程解决方案。但并不是说，这就是 UCG 气化气最经济或最佳的解决方案。该设备的设计尚不能反映 UCG 气化气的具体参数，没有进行过优化。因此，还有进一步改进的空间，比如说通过改进显著降低气化气的处理成本。

为了确定哪些方面在改进后最为有效，以便在下步工作中予以关注，对每个 UCG 案例的成本构成及其在总资本成本中所占的份额进行了研究。各案例中三大生产环节的平均 CAPEX 分布情况为：UCG 气化气生产占 12%；气化气处理占 33%；最终产品制造占 56%。

很明显，虽然 UCG 工厂可以进一步改善，成本也可以降低，但这只会使整个项目成本略微降低。最终产品工厂所使用的已经是比较成熟的设计，如果对其进行成本优化，很可能是渐进性的优化，会比较缓慢。而气化气处理部分占总资本成本 1/3，在已审查的各种案例方案中都是基本相似，因此这部分应该是通过设计优化而使成本显著降低的重点目标。在本研究中，这一部分全部由 AGR 模块、SRU 模块和酸性气提模块组成。这一部分是最有希望通过技术改进使成本最终得到降低的领域。例如，研究了一种新的酸性气体处理和硫黄回收解决方案，与本研究中模拟的传统低温甲醇洗装置和 Klaus 装置相比，该方案可以降低高达 50% 的净化成本。这项技术由一家大型国际技术提供商提供，为各 UCG 终端产品工厂带来了降低资本成本的良机。

另一个具备改进潜力的领域是最终用户的生产设备。在本研究中，对不同规模的大型（世界级）工厂进行模拟，采用单套生产工艺以及现有的最大设备规格，模拟目标是实现规模经济的最大效益。与此同时，也有许多新制造商提供了较为小型的模块化橇装式设备。在使用廉价的 UCG 气化气作为原料时，与大型（世界级）工厂相比，其最终产品的单价可能更贵，不过仍低于市场价格。工厂的总成本仅为大型设施的 1/15~1/10，易于管理，尤其适用于入门级项目。

下一步工作的另一个重点是基于 UCG 气化气进行新产品开发。现在已经出现了许多与能源应用无关的高附加值产品，这些产品可能会成为 UCG 项目走向现代市场的推动力。

13.18 结论

电力和大多数基于碳氢化合物的商品，如 SNG、甲醇和汽油，都可以煤为原料生产。

除了使用燃煤锅炉的那种传统发电厂外，各种能源类或化学合成类工厂在使用煤时，都需要先通过煤气化过程将煤转化为气化气，然后对气化气进行净化，并使用适当的技术再转化为其目标产品。

把煤转化为气化气时，比较常见的方法是通过专用的地面气化器进行常规煤气化。进行常规煤气化时，在将煤送入气化床之前，需要把煤先开采出来，再运输到气化床所在位置进行储存和备煤（调节）。气化过程中还需要提供大量的水，煤气化的所有废渣、废液（如灰渣、熔渣和水）都需要进行收集、处理和处置。

UCG 技术则是对煤和水进行原位利用，无须收集、处理和处置废渣和废液，因为灰烬和炉渣留在地下，不会在地表产生。

在本研究中，研究了用 UCG 替代 CG 生产气化气的经济效果。这一转变也为气化气净化以及下游工艺和设备带来了某些变化，由此产生的经济影响和结果也会发生变化。

本项目对电力、燃料和化学制品 SNG、甲醇、汽油和柴油以及化肥(尿素)进行研究。

使用 CG 和 UCG 对每种产品的工艺流程、设备和操作参数进行建模、评估和成本计算。

除气化方法外，其他条件对每个比较案例基本都是相同的，特别是工厂位置、生产能力、褐煤质量、融资指标参数等。

在所有研究案例中，当与 CG 技术进行对比时，基于 UCG 的最终产品工厂，效率更高，资本需求量更少，运营和维护费用更低，产品最终成本更低。

研究结果表明，在制造相同产品时，基于 UCG 气化气的产品比使用 CG 的产品要便宜 44%~66%。更重要的是，利用 UCG 气化气生产的产品(包括本研究中所有的最终产品)，其成本远低于市场价。

该研究清楚地表明，与基于 CG 的技术相比，基于 UCG 的能源和化学合成厂具有优异的经济表现。所有基于 UCG 的产品都足够便宜，能在当前的市场价格下成功竞争。足以在当前市场价格下成功竞争。

参 考 文 献

Blinderman, M. S., Jones, R. M., 2002. The Chinchilla IGCC project to date: underground coal gasification and environment. In: Proceedings of 2002 Gasification Technologies Conference, San Francisco, USA.

Blinderman, M. S., Gruber, G. P., Maev, S., 2011. Commercial underground coal gasification performance and economics. In: Proceedings of 2011 Gasification Technologies Conference, San Francisco, USA.

Meyers, R. A., 1981. Coal Handbook. Marcel Dekker, New York, NY.

14 马尤巴煤炭地下气化项目

S. Pershad, J. Pistorius, M. van der Riet

(Eskom 研究、测试与开发公司，南非约翰内斯堡)

14.1 概述

南非拥有丰富的煤炭、太阳能、风能和核能资源，但相对而言，水力、气化气和石油资源并不丰富。随着新的发现，例如南非 Karoo 地区页岩气的潜力，这种情况正在发生变化。在区域范围内，南非拥有更广泛的能源多样性，气化气和水电的比例要高得多（包括刚果民主共和国因加河的巨大潜力）。所有这些本土能源都具有竞争力，它们的竞争力是通过获得性、成本、环境问题和市场距离等因素来判断的。此外，进口能源（如液化石油气、液化气化气和核燃料）可能具有一定的竞争力。

煤炭地下气化（UCG）为南非提供了一个重要的未来能源机会。在南非，有两份重要的能源文件确认了这一点，即《2030 年国家发展计划（NDP）（2012）》和《2016 年综合资源计划（IRP）》草案。

《2030 年国家发展计划（NDP）（2012）》中特别提到煤炭、UCG 和电力能源，声明如下：

通过在超超临界燃煤电厂、流化床燃烧、UCG、综合气化联合循环电厂、碳捕集与封存等领域的研发和技术转让协议，支持清洁煤技术。

《2016 年综合资源计划（IRP）》草案（2016 年 11 月 25 日）规定：

UCG 技术使那些拥有煤炭的国家能够继续以经济上可行和环境上更安全的方式使用这一资源，将煤炭转化为高价值产品，如电力、液体燃料、气化气、化肥和化学原料。尽管这一工艺曾因产生大量氢气而受到诟病，认为氢气是一种无用的副产品，但目前氢气作为化工原料的需求量很大，并显示出作为汽车替代燃料的潜力。这项技术的发展及其实施的可行性仍处于初级阶段，需要不断地进行研究。

研究与发展：

研究与发展应着重于创新的解决办法，特别是太阳能，因为对于短时间内解决小规模能源消费者面临的电力挑战而言具有巨大的潜力。太阳能也有潜力解决偏远地区获取能源、创建半熟练的工作岗位以及提高本地化水平等需求。应该把更多的资金用于清洁煤炭技术的长期研究重点领域，例如 CCS 和 UCG，因为这些领域对于确保南非继续负责任地和可持续地开采本国矿产至关重要。应继续进行勘探，以确定页岩气的可开采程度，这需要法律和监管制度的支持。

能源部负责编写《南非综合能源计划》草案。2016 年发布了一份（IEP）草案（DOE，

2016），征求公众意见，以取代2010版本的IEP，其中包含许多要素，如图14.1所示。这些因素决定了所有能源技术的需求和时机。在提出任何能源技术时，考虑的主要因素将是其商业成熟度、成本和排放。诸如，用水量、本地化、创造就业和技术转让等次要因素也决定了技术的适宜性。

南非IEP(特别是电力的IRP组成部分)为包括UCG在内的所有能源技术制定了准入标准。

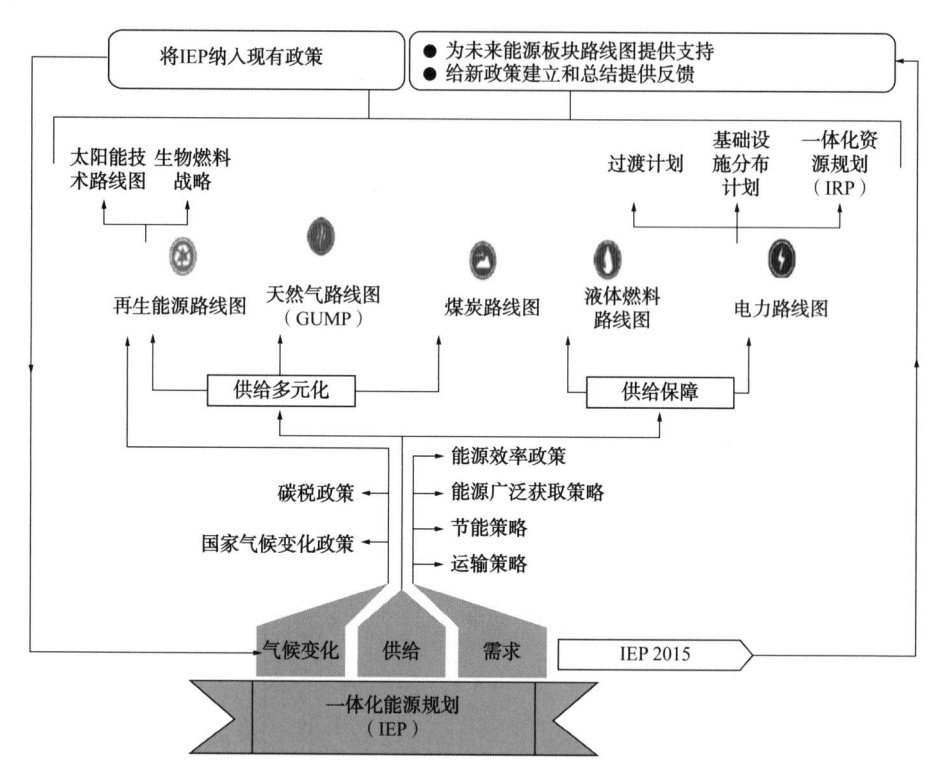

图 14.1　综合能源计划(IEP)（DOE，2016）

Eskom控股SOC有限公司是南非一家垂直整合的公用电力公司，一次能源由煤炭、核能、水电、风能、光伏和生物能提供。Eskom控股SOC有限公司是南非的主要电力供应商，是2008年《公司法》中定义的一家国有公司。该公司由南非政府通过公共企业部（DPE）全资拥有。南非90%的电力由Eskom公司提供，非洲大陆40%的电力由Eskom公司提供。

南非的电力供应工业包括发电、输电、配电和销售以及电力的进出口。尽管独立电力生产商(IPPs)正在努力扩张市场份额，但Eskom公司仍是电力行业的关键角色，因为它运营着大部分的基本负荷和峰值容量。Eskom公司拥有28座电站，总装机容量42810MW，包括36441MW的燃煤发电厂、1860MW的核电站、2409MW的燃气电站、600MW的水电站、1400MW抽水蓄能电站和100MW的Sere风力发电场。

其中包括4个小型水电站，它们已经安装并运行，但不考虑用于容量管理目的（Eskom Holdings SOC Ltd，2016）。

UCG是Eskom公司正在研究和开发的几种潜在的清洁煤技术之一，以配合南非IRP发电。

14.2 Eskom 公司的马尤巴 UCG 项目概述

Eskom 公司的 UCG 研究项目是由南非 UCG 先驱 Mark van der Riet 博士于 2002 年发起的，旨在建立符合现代标准和法规的 UCG 技术体系。Eskom 公司煤炭地下气化技术强调 2002 年内部煤炭技术概念研究中的技术潜力，促成了 2003 年的选址和可行性研究，2005 年开展了一项合理场址的研究，2007 年 1 月在马尤巴煤田进行了先导试验设备的成功调试，以及 2010 年 10 月在马尤巴电站锅炉成功地测试了煤炭地下气化气对设备的适应性。Eskom 公司的先导试验设备成功运行至 2011 年 9 月，在此之后，由于试验成功地证实了技术的可行性，随后停止运行，接下来的步骤是用一个示范装置对性能进行量化（表 14.1）。

Eskom 公司批准使用 Ergo Exergy 技术公司（加拿大）的 εUCG 技术。Ergo Exergy 技术公司的 UCG 专家自马尤巴 UCG 项目开始以来，一直密切参与该项目所有层次的技术；成功完成了 εUCG 技术和专有技术的过渡转移，协助建立了 Eskom 公司煤炭地下气化的研究团队。

不幸的是，这一漫长的技术孕育期发生在南非，当时该国的发电能力从过剩发展到严重短缺。在同一时期，国际社会从对碳排放漠不关心发展到目前迫切需要脱碳。这些演变对环境问题影响 Eskom 公司的 UCG 项目意义重大，因此该项目也需要改变其战略目标。

表 14.1 Eskom 公司马尤巴 UCG 项目的阶段

活动	阶段	里程碑/KPI 的结果
技术扫描	2001 年	确定 UCG 的潜力
概念研究	2002 年	突出 UCG 技术的潜力
选址及可行性研究	2003 年	将马尤巴煤田列为候选
煤田特征研究	2005 年	量化 UCG 潜力
马尤巴煤田建造了一个 5000m^3/h 示范装置	2007—2010 年	首次成功生产 UCG 气化气，并提供了定性的结果
前期工程（40MW）	2009—2010 年	因为没有合适的 40MW 涡轮尺寸，认为有必要将示范工程规模扩大到 100~140MW（要求的开采容量为 $25\times10^4 m^3$/h）
先导试验设备产能提高到 15000m^3/h	2010—2011 年	证明了马尤巴锅炉共燃气体的概念，并证明了能发电，即证明 UCG 作为基本能源的选择
示范阶段研究，基础工程研究 100~140MW 示范电厂	2010—2013 年	得出的结论是，虽然概念气体规范在技术上是可行的，但由于马尤巴的地质环境（相对较浅的煤炭深度），它在具体的碳排放方面存在局限性。2002 年研究开始时，碳排放并不是最初的目标，但随着国家重点和立法的发展，2010 年有必要将其纳入研究。这是由于 2009 年 12 月在哥本哈根举行的《联合国气候变化框架公约》第十五次缔约方会议后，南非致力于低碳发展，随后加入 IRP2010 和 IRP2016，财政部 2018 年提出的碳排放税，因此需要改进气化气规范，需要更大的试验规模证明可行性

续表

活动	阶段	里程碑/KPI 的结果
由外部独立第三方对共燃安全进行尽职调查	2011 年	由 VGB PowerTech(德国)完成的一项专家评审得出的结论是，先导试验设备的安装能力和点火准备就绪
气化床 G1 开始关闭	2011 年 9 月	在进一步支出之前，这是必要的监管和研究动机
持续关闭 G1，规划重点研究问题和活动；成本和规划；场址法律合规；气化后的钻井	2013 年 5 月至今	这些活动在 Eskom 公司试验和演示项目生命周期模型(PLCM)的连续体上以不同的复杂性级别继续进行，例如概念、基本设计和细节设计

2007—2012 年适用的战略驱动因素如图 14.2 所示。

2012 年，该项目的战略目标再次改变，以与当地因素和南非在电力生产降低碳排放方面的国际承诺保持一致。新的战略动力和进展情况见表 14.2。

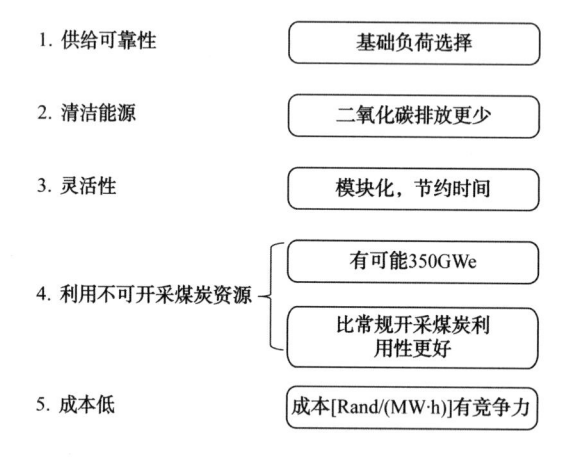

1. 供给可靠性 —— 基础负荷选择
2. 清洁能源 —— 二氧化碳排放更少
3. 灵活性 —— 模块化，节约时间
4. 利用不可开采煤炭资源 —— 有可能350GWe / 比常规开采煤炭利用性更好
5. 成本低 —— 成本[Rand/(MW·h)]有竞争力

图 14.2　Eskom 公司 UCG 的战略驱动力(2007—2012 年度批准)

表 14.2　Eskom 公司的 UCG 战略驱动力(2012 年批准实施直到现在)

UCG 战略驱动力	进展	UCG 战略驱动力	进展
独立，长期燃料来源	已经在概念阶段经过证实	技术转让	正在进行
总的环境足迹(包括碳)	正在进行	开采安全	已在先导试验阶段证实
低成本能源	正在进行	新的产源有更广的地理分布	已经在概念阶段经过证实
开采效率	已在先导试验阶段证实	在偏远地区创造就业	已在先导试验阶段证实
供给保障——基础负荷或中负荷选择	正在进行	有价值的副产品	已在先导试验阶段证实
		灰渣留在地下	已在先导试验阶段证实

表 14.1 说明了 Eskom 公司的马尤巴 UCG 项目的各个阶段。

Eskom 公司最初的意图和先导试验的目标是首先在马尤巴 UCG 现场生产 UCG 气化气，然后将其与邻近的马尤巴电站锅炉共燃。这自然不会给电网增加新的发电能力，而仅仅是将燃料来源由煤炭转换为煤制气化气。然而，由于 21 世纪初南非发电量明显变得短缺，Eskom 公司的煤炭的商业目的变为将煤炭燃烧产生的气体用于开式循环燃气轮机（OCGT）

或联合循环燃气轮机(燃机)，根据负荷要求增加新的发电量。

2015年，南非国内和公司内部遭遇变故，影响了所有非核心业务，导致公司范围内该项目的预算受限。由于UCG项目的成功及其持续的战略重要性，Eskom公司董事会批准了一项修订任务，寻求伙伴关系，并将现有的UCG基础设施改造成商业上可行的发电厂。该阶段意图目前仍在内部商业和监管过程中，将与新合作伙伴一起确定最终目标和规模。

14.3 选址及预可研阶段(2002—2003年)

2002年，Eskom公司完成了一份项目概况研究报告，其中介绍了技术审查、与UCG技术供应商的沟通以及考虑了潜在选址（Van Eeden等，2002）。研究确定并推荐加拿大Ergo Exergy技术公司作为技术供应商。Ergo Exergy技术公司吸取了原苏联UCG研究和运营中的经验教训对UCG技术进行了改进，并成功地在澳大利亚钦奇拉一期UCG项目(1997—2006年)及其他几个国际项目中进行了试验。因此，Ergo Exergy技术公司的UCG改进技术被称为Exergy UCG或εUCG。在Ergo Exergy技术公司的帮助下，6个潜在的地点被列入适合UCG的候选名单。马尤巴位于南非姆普马兰加的Amersfoort区Roodekopjes 67HS农场，最终从候选名单中胜出的原因如下：

(1) Eskom公司拥有采矿权。

(2) 毗邻马尤巴发电厂，因此可以考虑将煤制气与锅炉共烧，降低煤炭进口。

(3) 马尤巴煤层平均深度250m，平均厚度3m，满足UCG概念技术要求。煤层的渗透性较低，这被认为是适合UCG工艺的有利条件。

(4) 人们认识到，白云石侵入已将煤炭分成较小的块体，预计这将是一种好处(从工艺范围受控角度来看)，也可能是一个问题(从干扰UCG煤炭开采的角度看)。

(5) 马尤巴煤田储量丰富，相邻区块众多，可支持大型煤炭联合开发发电。

煤田地质条件十分复杂，是Ergo Exergy技术公司值得关注的一个问题。Eskom公司指出了这一点，但他的结论是，从研究的角度来看，这对UCG来说是一个挑战，这意味着，如果它在这个煤田取得成功，那么它可以在任何其他更有利的煤田发挥作用。

在对马尤巴的研究开始后，许多其他有利的特征变得明显，如下列所示：

(1) Eskom公司获得了一个庞大的地质数据库，其中包括已关闭的马尤巴煤矿在煤田钻的400多个勘探钻孔。

(2) Eskom公司还获得了广泛的水文地质研究数据，并在现场进行了地球物理学研究。

(3) 现有的马尤巴煤矿具有丰富的基础设施，包括大量未使用的建筑物、车间、生活区等。

(4) 由于邻近的马尤巴发电厂经常提供援助和支持，从使用它们的医疗和紧急服务，到借用移动起重机等重型设备，邻近的马尤巴发电厂的帮助十分巨大。

(5) 发电厂经过几十年的编纂，对周围的水体形成了广泛的水文普查报告，而且定期更新。附近还有两个环境空气监测站，有几十年的数据。此外，还有一个已有几十年的气

图 14.3 濒危物种瞪日蜥蜴（*Cordylus giganteus*）

象数据库。

（6）在马尤巴发电厂的建设过程中，一项详细的动植物研究发现了生活在该地区的濒危物种——瞪日蜥蜴（*Cordylus giganteus*）。在马尤巴发电厂附近成功地建立了一个特别保护区，以便重新安置这种动物及其他动物（图 14.3）。

（7）没有发现任何文化遗产或考古发现。马尤巴地块随后被批准将项目开发到下一阶段，进行选址和预可行性研究（Blinderman 和 Van der Riet，2003）。

14.4　煤炭地下气化选址介绍

南非干旱台地高原拥有南非所有煤矿，范围从晚石炭纪到中侏罗世（320~180Ma）。它形成于大冈瓦纳盆地，由南非、南极、澳大利亚、印度和南美洲的部分地区组成。南非的煤炭矿床局限于 26°E 以东地区，与马尤巴地区有关，属于下 Ecca 组的 Vryheid 层系（Snyman，1998）。

马尤巴煤田位于南非姆普马兰加省 Amersfoort 区，紧邻 Eskom 公司的 4100MW 马尤巴电站。该地区的地表由起伏的山丘组成，泄洪过程偶尔形成悬崖特征。海拔 1593~1775m。北部地形起伏较大，河道切割较深，偶尔出现较大的悬崖地貌和岩石地形。通过许多间歇的溪流排水通常是好的。年平均降雨量为 490mm，雨季一般在 10 月至次年 3 月，而降雨峰期则在 1 月。一天的降雨量可能在 125~150mm 之间。

该地区大部分是牧区，为绵羊和牛提供了牧场。有小部分土地正在种植，一般是玉米。

马尤巴煤田是 Ermelo 煤田的一部分，面积 $11.5 \times 10^4 km^2$。煤田常规开采的煤炭资源估计在 $80 \times 10^8 t$，大部分资源尚未开发。

煤系由三个层序组成：（1）下伏 Dwyka 组为冰碛岩，不整合地位于基底岩石上，厚度为 1~25m；（2）Pietermaritzburg 组，一个约 20m 厚的巨大黑色泥质粉砂岩；（3）Vryheid 组是最厚的单元，为一个被煤层所覆盖的反旋回。唯一具有经济开采价值的煤层是 Gus 煤层，它是一种亚沥青煤层，最大厚度接近 5.0m。

Gus 煤层底板为层状碳质粉砂岩，顶板为粗粒砂岩，解释为冲蚀河流河道，但侧向变化为层状粉砂岩和细粒砂岩，代表河间地带。

在 Gus 煤层的上方为 Alfred 煤层，如果有 Alfred 煤层发育，厚度可达到 1.5m。Gus 煤层和 Alfred 煤层之间的距离从 0~10m 以上不等。

侏罗系和下白垩统白云岩单元对煤炭资源具有严重的侵入作用。这些侵入性事件可分为近水平滑移、贯层侵入基岩和近乎垂直的堤坝三类。

马尤巴煤田简化的地层剖面如图 14.4 所示。

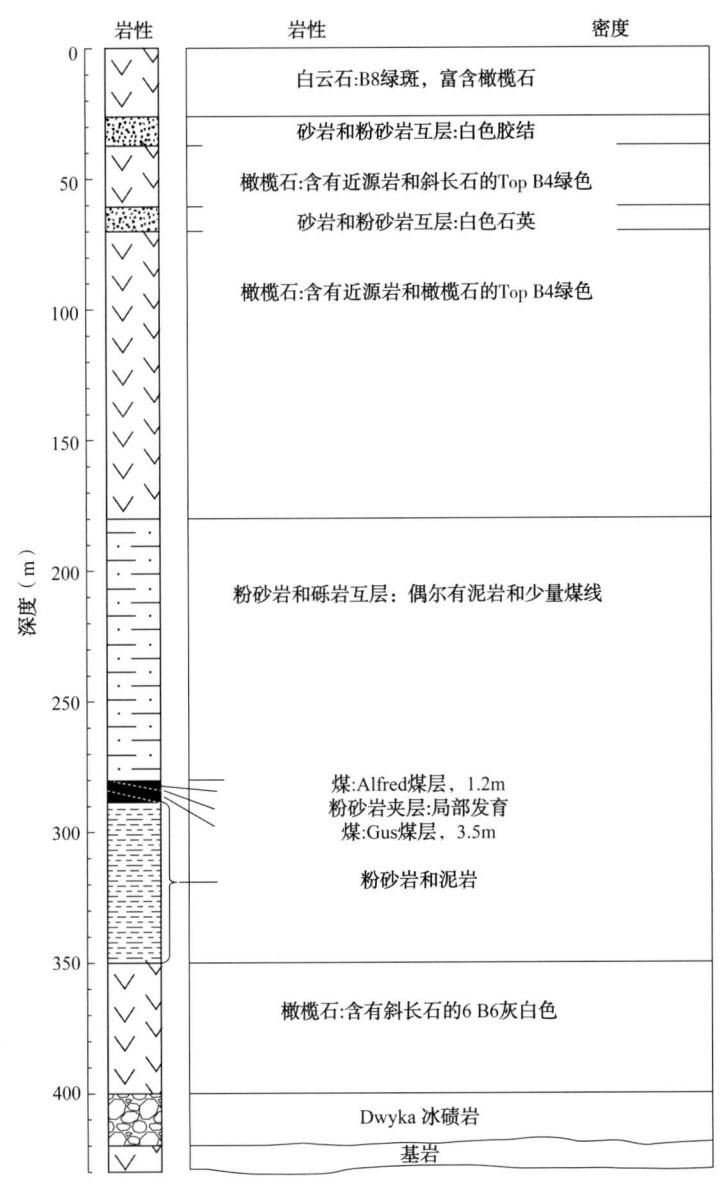

图 14.4 马尤巴地区简化地层柱

堤基的侵入主要受岩石静压的控制,沿受拉伸力作用形成裂缝和裂隙侵入。这些白云岩侵入体在 Ecca 组的 Vryheid 含煤层内形成一个复杂的网络,使这些沉积岩在结构上和变质上受到了扰动。煤层的构造破坏主要是由于白云岩岩脉和基板的侵入。然而,煤层内部也存在小型地堑型断裂(Du Plessis,2008)。

研究发现,马尤巴煤田,特别是所选区域,在技术上适合应用 UCG 技术。经计算,Roodekopjes 67HS 农场 UCG 选区蕴含的储量为 1.06×10^8 t,足够供马尤巴发电厂 43 年(或 $6 \times 10^8 m^3$ 28 年)供应 $4 \times 10^8 m^3$ 的 UCG 气化气;马尤巴电站的剩余寿命为 28 年。

将 UCG 技术应用于该矿床 Alfred/Gus 煤层,在技术上是合理可行的。考虑到马尤巴煤田的特殊条件,如多套白云岩侵入,并没有给煤层气开采带来不可克服的问题。关于UCG应用和适应的许多技术问题计划在下一个研究阶段解决,即在选定的场址上进行场址表征和试验操作。

通过对UCG气体与煤在马尤巴电站锅炉内的混烧进行了详细的工艺建模,分析了UCG气体与煤的混烧过程,并对气化工艺进行了净化、运输和锅炉性能分析。研究结果表明,该方法在技术上是可行的。

研究发现,在选定的地点,煤的赋存条件有利于在250m以下Alfred/Gus煤层开展UCG作业,而不会对地下水资源造成影响。为了最大限度地减少地表扰动,避免对地表水源和含水层的破坏,必须对沉降进行控制。

14.5 选址特征研究阶段(2005年)

在2005年,对该选址点进行了详细研究(Blinderman等,2005)。

场地特征研究阶段包括勘探、地质和水文地质调查,以及目标UCG场地盖层特征的岩石力学建模。同时对工艺区煤层进行了"冷"条件下的注气注水试验,评价了煤样的UCG潜力,完成了煤样室内气化实验的大量UCG具体流程(图14.5、图14.6)。

选址特征研究的结果表明,马尤巴区域应用εUCG技术是可行的,它们为煤炭地下气先导试验技术的设计和建造打下了坚实的基础。它们亦证实了2003年编制的选址及可行性报告的调查结果及建议如下:

(1) 马尤巴煤层,特别是选定区域,适合应用εUCG技术。

(2) 认为εUCG技术应用于Alfred/Gus煤层是合理的和可行的。马尤巴煤田的特殊条件,如多套白云岩侵入,不会给煤层气化开采带来无法克服的问题。

图14.5 马尤巴UCG现场注"冷空气"试验   图14.6 马尤巴首次"冷空气"测试的UCG井

研究发现,在选定的位置,煤赋存条件有利于在250m以下Alfred/Gus煤层开展UCG作业,且不会对宝贵的地下水资源造成影响。应尽量减少地表沉降扰动,排除破坏地表水源和冲积含水层的可能性。

综上所述,从技术角度出发,Ergo Exergy技术公司建议充分利用目标区域新建井进行工艺和监测的建设以及试运行。

商业内部审查的结论是，能源成本与 Eskom 厂以粉末状燃料发电相比非常有利。εUCG 井的间距和电力化被确定为影响能源成本的主要技术风险，后续阶段侧重于优化这些因素。

选区特征研究阶段建议采取下列具体工作：

（1）在评价煤层和上覆盖层或下伏岩层中含水层的水质方面，还应做进一步的工作。

（2）今后的封隔器试验应在较高的注水压力下进行，以获得更广泛的煤层渗透性数据。

（3）对钻井和测井的监督以及任何重大事件的报告都是至关重要的。

（4）水和岩石力学监测系统将是必不可少的。

（5）实验室煤热解实验得到的大量多芳烃（PAH）化合物表明，在处理 UCG 焦油和凝析油时应谨慎，因为此类化合物可能有毒。

（6）进一步研究煤的热解行为需要使用更大质量的样品。

（7）从技术和环境的角度来看，该项目是可行的。建议将该项目进行到先导试验运作。

以下的发现导致马尤巴 εUCG 项目的先导试验阶段请求批准：

（1）新增 8 个井完钻之后，UCG 区域的地质认识与前期一致。钻井困难点包括白云岩变形和覆盖层的裂缝，这就要求必须在 10 天内完成钻井、扩孔和下套管等工序，避免井眼变形和坍塌。直井钻探和取心取得了岩石和煤的样品，通过详细的分析和测试，可以评价煤层和盖层的性质。

（2）定向钻井钻遇了一条几乎垂直的白云岩岩脉，从对其微地质的一般认识来看，该岩脉对 UCG 作业是有利的。报告发出时定向井仍在钻进。预计它将成为未来先导试验设计的重要组成部分，并协助未来更大的 UCG 操作。

（3）除了众所周知且容易进入的上冲积含水层外，旧的水文地质研究对该地区现有的含水层资料非常稀少。当时关于煤层地下水赋存情况及上覆盖层和下伏岩层含水层的资料不足。地下水监测系统应在下一阶段的先导试验设备安装前完成。该阶段的主要调查结果为：上冲积含水层的水位与选址和可行性与以前报告的预测没有差别。

（4）几天之内，井筒就充满了水，水位达到了离地表 50m 的高度。这一证据表明存在与煤层相连的承压含水层。

（5）用常规采矿勘探的标准方法进行封隔器试验与 UCG 试验无关。测试需要在注入压力下进行，更大的流量使结果更具代表性。

（6）没有足够的数据表明区域地下水流动趋势、煤层和上含水层渗透性的各向异性。

（7）在盖层中，特别是在上覆白云岩中，曾发生过多次钻井水循环漏失的情况。人们认为，重要的是要了解储层裂隙带的构造和范围，该裂隙带是明显的漏失区域。

基于岩石力学的解析和数值模拟，得出以下结论：

（1）预计顶板将从 UCG 气化腔扩展 20m 后（最多）很快开始坍塌。然而有迹象表明，崩落将从（最多）气化床 8m 范围内开始。

（2）最坏的情况是，覆盖在上面的厚而完整的白云岩层会在超过气化床 100m 跨度内发生破坏。

（3）坍塌的最大高度最多可能达到110m（对于250m跨度的气化床）。

（4）如果"完整"的白云岩层不包含节理或地质构造弱点，预计不会发生地表塌陷。

（5）当UCG气化床的跨度达到10~15m时，第一个直接的顶板层将会坍塌。随着跨度的增大，采空区的范围将达到15~40m的高度。当气化床达到80~100m高时，上覆盖层将倾向于沿着已有的节理移动，并落在采空区上，重新压缩采空区。由于存在厚而坚固的砂岩层和白云岩基底，预计不会发生明显的地表沉降。基台下方的空洞会随着基台的长期破坏而逐渐被填满，这种破坏会持续数月或数年。

（6）εUCG使用三个流程井及周边勘探和监测井进行了空气和水压的冷测试。试验的主要目的是获得煤层及周围地层的透气性和透水性数据。空气测试结果表明，在工程区域内煤层具有相当大的气测渗透率。这说明反向连通（RCL）可用于先导试验工艺井的连通。注水测试结果证实了井间煤层具有很高的渗透率。由于抽水设备的限制以及工艺区内煤层可能存在的高渗透带，不需要压裂所需的高压。

（7）标准测试对比了马尤巴的钦奇拉变质煤的气化与Ergo Exergy技术公司在澳大利亚昆士兰应用εUCG技术的煤质。用热重分析（TGA）测定的钦奇拉煤的CO_2气化反应活性是马尤巴煤的4倍。然而，在Ergo Exergy技术公司的固定床反应器中，钦奇拉煤沿反应器长度燃烧相同距离所需时间是前者的两倍以上。澳大利亚煤的峰值燃烧温度比马尤巴煤低160℃左右，马尤巴煤的燃烧速度比其快2.6倍。与澳大利亚煤相比，马尤巴煤的CO和H_2含量较高，但CH_4含量较低。澳大利亚煤产生更多的脂肪族挥发性有机化合物（VOCs），而马尤巴煤产生更多的多环芳烃化合物和轻气体（H_2和CH_4）。

（8）总之，从技术角度来看，马尤巴现场测试的εUCG技术结果证实了煤炭地下气化技术的适用性。

14.6 先导试验阶段（2007年至今）

14.6.1 引言

在制定先导试验的战略目标时，考虑了初步调查和选址特征研究的结果和建议。图14.7展示了试验工厂的意图和研究范围外的项目。重要的是要理解范围之外的项目（其他），因为这些项目常导致对技术开发结果的过高期望。

试验阶段的目的是定性确定在南非的经济和法律环境下，马尤巴煤田εUCG技术应用的可行性。整个程序包括试验场址上εUCG设备的安装、调试、操作和控制关闭。

为了证明εUCG技术性能合格，先导试验目标如下：

（1）利用UCG生产气化气。主要的次级活动如下：

① 钻井、下套管、注入井完井、生产井完井。

② 连通注入井和生产井。

③ 点燃煤层。

④ 建立并维持气化反应。

⑤ εUCG气体收集和进一步分析。

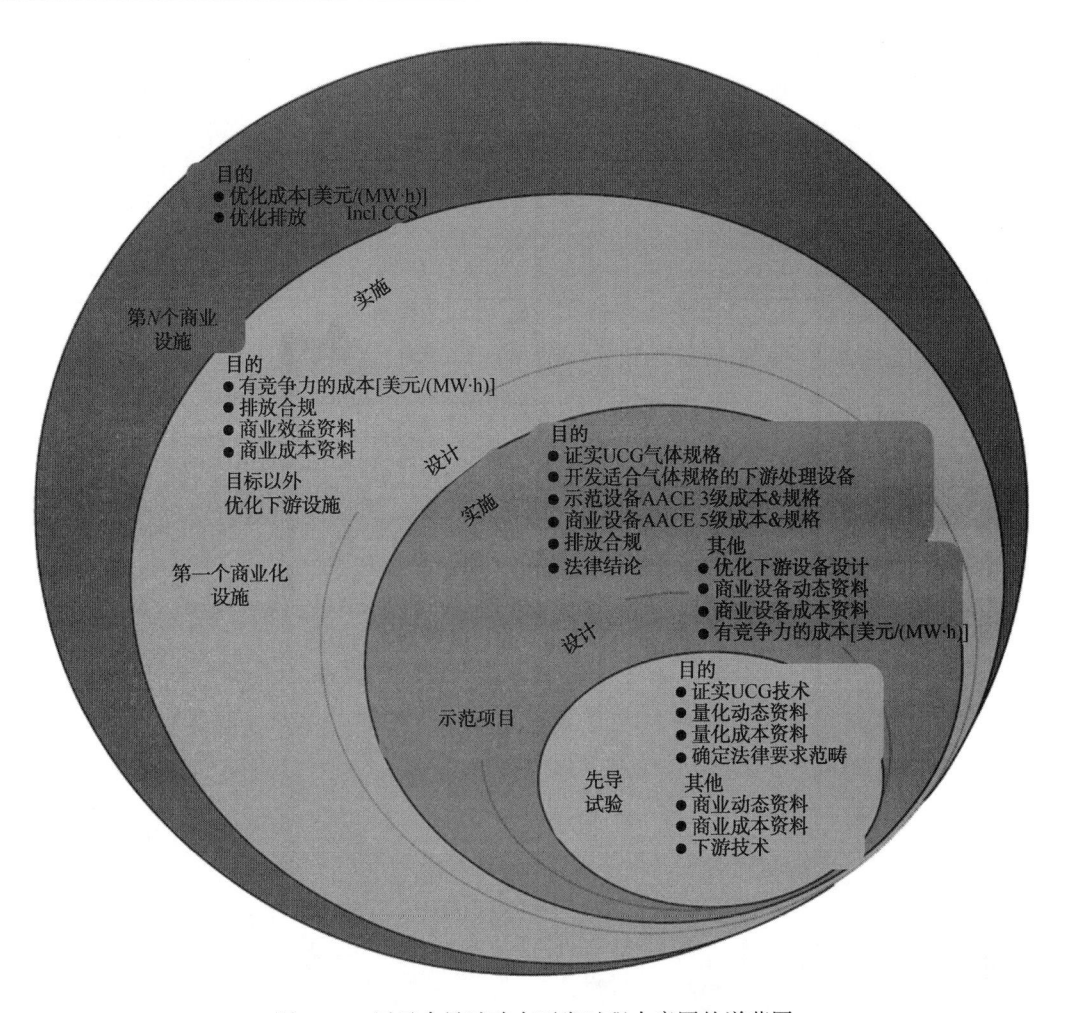

图 14.7　展示先导试验在开发过程中意图的洋葱图

（2）确定气化床运行响应和参数。

① 确定气态和液态产物的性质。

② 可控的气化炉关闭过程，包括气化后钻井和影响因素分析。

③ 证明该技术的环保和安全性能。

④ 开发和维护先导试验设施，用于培训、实验和生成数据。

14.6.2　研究方法

由表 14.1 可见，先导试验分成三个阶段，从而在项目的整个生命期内达到不同阶段和规模的目标。先导试验阶段 1a 和 1b 的工作范围分别为 5000m³/h 和 15000m³/h εUCG 先导试验设备的安装、调试和运行（图 14.8）。UCG 试验设备一般可分为 UCG 地下设备和 UCG 地面设备两个操作领域。

图14.8 Eskom公司马尤巴εUCG先导试验俯瞰图(2006年10月)

图14.9 立式钻机

地下作业由不同的井组成,经过钻井和套管固井形成井眼,确保气化床与周围环境隔绝。这些井有的为注入空气井(为气化过程的氧化剂),有的为产气井(图14.9至图14.11)。

地面厂房基础设施包括空气压缩机厂、气化气和空气管网、气液分离厂、凝析水处理厂、水坝、凝析物蒸发池。

图14.10 以马尤巴电站为背景的定向钻机

图14.11 套管固井装置

为了进行地面装置的设计和施工,基于马尤巴煤田特征,如煤炭质量、地质、水文地质、岩石力学,Ergo Exergy技术公司使用专有的εUCG模型,建立了气化气预测模型。$5000\sim15000m^3/h$ 试验装置的规范包括非冷凝气体(C_nH_m、CO_2、CO、H_2、H_2S、Ar 和 N_2)、可凝物(H_2O、NH_3、C_6H_6O、C_7H_8O、$C_{10}H_8$ 和 C_7H_8)和颗粒物(煤粉、灰分和固化焦油)。该模型预测井口和气体处理厂(GTP)的气体成分。该模型显示,该气体的颗粒物含量明显较低($1.5mg/m^3$),而实际上要低得多。

14.6.3 研究结果

2007年1月,经过充分的现场准备工作,成功点燃煤层。点火后数小时,马尤巴煤田生产出第一批εUCG气化气。

在第一年的运行中,气化气产量稳定,证明εUCG技术应用于马尤巴煤田生产气化气的可行性。

在现有装置和设备的范围内,改变操作参数,以确定各种操作条件下的气体性能,从而优化气化气的质量和产量。2007年6月,一台100MW的发电机被改装成使用80%的气化气和20%的柴油。柴油主要用于润滑;然而,发电机在两周内100%使用气化气。这是一个典型使用气化气发电的例子,在技术上非常简单,成本效益非常高(图14.12、图14.13)。

图14.12　2007年1月20日在非洲大陆的第一次 εUCG 工程点火

2008年,需要扩大 UCG 的规模。在没有中断气化气生产的情况下完成了规模扩大,方法是在 G1 平台上钻更多的生产井,并系统地将它们与现有的地下反应腔连通起来。

在大范围、多注采点的条件下,再次对气田运行参数进行了测试。在较长一段时间内,UCG 气化气产量和质量保持稳定。马尤巴 UCG 项目的最初战略目标是将气化气与马尤巴电站的710MW 煤粉锅炉共燃。2010年10月,第一批气化气成功地共燃了一段时间。在此期间,对气化气与煤共燃的基础设施和控制进行了测试(图14.14)。

图14.13　修改柴油发电机操作以适应 εUCG 气　　图14.14　至马尤巴电站的 UCG 气化气管道

在2007—2011年先导试验开始停止的运行期间,回答了包括先导试验的性能和规模范围等关键研究问题(表14.3)。

此外,还遇到了一些操作问题,并已成功解决:

(1) 钻穿水平层状白云岩，穿透垂直侵入体，气化床进入燃烧状态，煤层自燃。

(2) 共燃试验成功地证明了所安装设备的性能。随后，由 VGB（德国）进行的专家审查得出了安装先进性和准备点火的结论。

(3) 在先导试验设备运行期间，没有记录到与 UCG 相关的安全和健康事故。在安全方面，先导试验证明了它是一个陡峭的学习曲线。

表 14.3 研究中的关键问题和答案

关键问题	答案
马尤巴煤田对 UCG 的适应性	煤炭总消费量 5×10^4 t
UCG 气体的质量和一致性	每千克煤平均产气量 4.2 m^3； 最大流量实现和持续 11000 m^3/h； 发热量可持续维持在 4.2 MJ/m^3
UCG 生产的副产品	气化床在启动、正常运行和关闭过程中，生产速率变化较大； 由于产品分析的复杂性，开发了分析方法； 产量和成分的变化导致气体处理厂的并发症
点火	在地下由护墙隔除的两个独立点进行点火
连通	成功连通了 10 口生产井； 证明了反向燃烧连通的可行性。在低透气性煤层中，Aquasplitt 连通与反向燃烧连通联用效果较好； 在 400m 煤层中钻孔，由于煤层的微断层和频繁的位移，导致连通效果不理想
UCG 气的燃烧	在柴油发电机与煤粉可以共燃，在煤粉锅炉中共燃需要更多的测试
环保性能	在该先导试验报告了几起土壤污染事件，原因是柴油和石油地表的意外泄漏，其中一起土壤污染事件是由于生产套管失效，气体渗入附近的土壤。套管失效被诊断为由于使用了不当的套管。已经进行了彻底修复

图 14.15 地面管道结垢—凝固的有机凝析油沉积

UCG 本质上结合了三个行业（采矿、石化和电力）及其相关标准和适用法律。Eskom 公司的 UCG 试验是南非的第一个，也是西方世界运行时间最长的。UCG 很容易与现有的采矿法规和法令相违背，监管机构要求谈判、宽松条件并做出让步。南方政府对这项技术的总体反应和支持非常积极。由于它在适应法规要求的同时展示了巨大的潜力，人们愿意让它作为一项研究工作继续下去。这对于任何先导（FOAK）试验都是必需的（图 14.15 至图 14.17）。

图 14.16 换热器的腐蚀　　　　　　　图 14.17 因腐蚀而更换火炬筒

从 UCG 试验研究站学到的具体技术经验包括：

(1) 在概念级别(包括地质、水文地质、岩石力学和岩土技术)评估 UCG 可行性时，完整的选址评估是必不可少的。

(2) 基线环境测试是开展任何现场 UCG 活动之前必不可少的。这些包括土壤、水(地表和地下)、空气、动植物和噪声的测试。

(3) 为了确定煤田应用 UCG 技术的潜力，确定现场特征和试验装置是绝对必要的。

(4) 在进行任何 UCG 活动之前，水监测系统是必不可少的，以便建立基线和生产数据。马尤巴 UCG 的水监测策略将在下一小节中详细介绍。

(5) UCG 通常为每项活动提供一份方法清单，并不是所有的方法都适用于特定的领域或特定的位置。它们的选择是基于技能的，而且必须在试验阶段进行试验，为每个站点选择合适的方法。

从马尤巴 UCG 先导试验学到的经验非常丰富：

(1) 由于 UCG 的技术跨越许多不同的学科和传统上独立的行业，一个由能力强的多专业背景人员和支持人员组成的核心团队对 UCG 的试验是必不可少的。

(2) 由于某一特定煤炭资源的产权许可证(如煤层气)相互重叠，人们会严重关切矿业权问题。

(3) 由于法律法规变化速度快(特别是在南非范围内)，需要一名高级专业人员关注，不断监测法规遵守情况。即使对 UCG 的试点工厂来说，这也是必不可少的。

(4) 在 UCG 试验期间法律法规的不断演变非常重要，其足以改变研究范围和战略目标，并带对预算和进度产生影响。

(5) 利益相关者的参与对于提供信息和咨询至关重要。利益相关者包括员工、管理层、社区、非政府组织、学术界、监管机构、立法者，甚至包括国内和全球的其他 UCG 开发商。

(6) Eskom 公司 UCG 项目旨在证明几个战略驱动因素，该项目的研究结果证实了该技术对 Eskom 公司和南非政府具有战略意义的有效性和可操作性。

(7) 任何 UCG 开发商都需要在自己独特的煤炭地质条件下，完成技术商业化所带来的固有挑战。虽然国际上许多场址都证明了这一点，但在没有大量研究、试验和先导试验的情况下，这一技术不应转向其他区域。

(8) 这项技术的潜在价值远远超过了它的不确定性。

(9) 基于 εUCG 的技术可行性在试验期间进行了研究,该技术经过 Ergo Exergy 技术公司特殊的 MFS 许可,Eskom 公司从此获得 Ergo Exergy 技术公司的通用 εUCG 授权,可以在南非进行以 εUCG 为基础的商业电力项目开发(图 14.18)。

14.6.4 推荐

图 14.18 15000m^3/h 气化气处理厂

2012 年 12 月,Eskom 公司董事会启动并批准了一座升级的 $7×10^4m^3$/h 的试验工厂(并于 2013 年 1 月批准),以继续研究和量化 UCG 的表现,使其具备足够的规模供商业使用。

这个规模的试验,其目的是证明后续商业工厂开发的技术性能。具体原因如下:

5000~15000m^3/h 试验厂作为一个线性(一维)气化床运行。随着煤的消耗,空腔增大,气体质量下降。质量下降的原因是大空腔降低了气流速度,气流形态不再是湍流;空气不会接触到新鲜的煤炭表面,因此所有的空气都不能有效被消耗。从本质上讲,需要一个利用多个注入点和生产点的三维反应床。确保新的氧化剂和瓦斯产出点可以按需调整,并保证新鲜煤层表面湍流要求的气体流速。一旦煤被消耗,必然需要促进顶板塌陷,以保持空腔最佳尺寸促进空气/煤接触。没有塌陷,随着时间的推移,气化反应会随着消耗自身产物而恶化,这是由于在更大的空腔内不断扩大的"死区"以及高温下大量未使用的游离氧化剂和气化气的存在。

图 14.19 以马尤巴电站为背景的 15000m^3/h 燃气火炬塔

概念工程设计的完成为 70000m^3/h UCG 电厂的运作提供已经做了什么和仍需做什么的指示。该设计包括 UCG 井、气化气和凝析油处理以及发电。该电厂计划利用往复式发动机发电,其设计发电容量 28MW(粗发电量)(图 14.19)。

14.6.5 水监测策略

在开展任何 UCG 活动、建立基线数据和生产之前,建立水监测系统是必不可少的。煤炭地下气化技术的马尤巴水监测和保护策略是由 εUCG 设计技术提供商在早期的可行性和选址研究时提供的水文地质信息指定的。在水文地质咨询公司 Golder Associates、Ergo Exergy 技术公司和 Eskom 公司(Love 等,2015)的合作下,应用在中试工厂运行期间收集到的新的水文地质信息,进一步对其进行调整,以适应现场条件。

马尤巴 UCG 站的地下水系统由深煤层含水层、下中含水层、上中层含水层和浅层含水层组成（图14.20）。预先做的UCG基础水质研究证实，煤层的含水不适合家庭或农业使用。地下水压力源头位于煤层含水层内，主要的污染对象是浅含水层，可用于农业用途——尽管不是在马尤巴UCG范围内。上部的白云岩隔层被认为是发生气化的煤层含水层与浅含水层之间的天然屏障。理论上，从污染源到浅层水的通路可以在准备气化或气化过程中形成，从而实现煤层含水和浅层的互连。

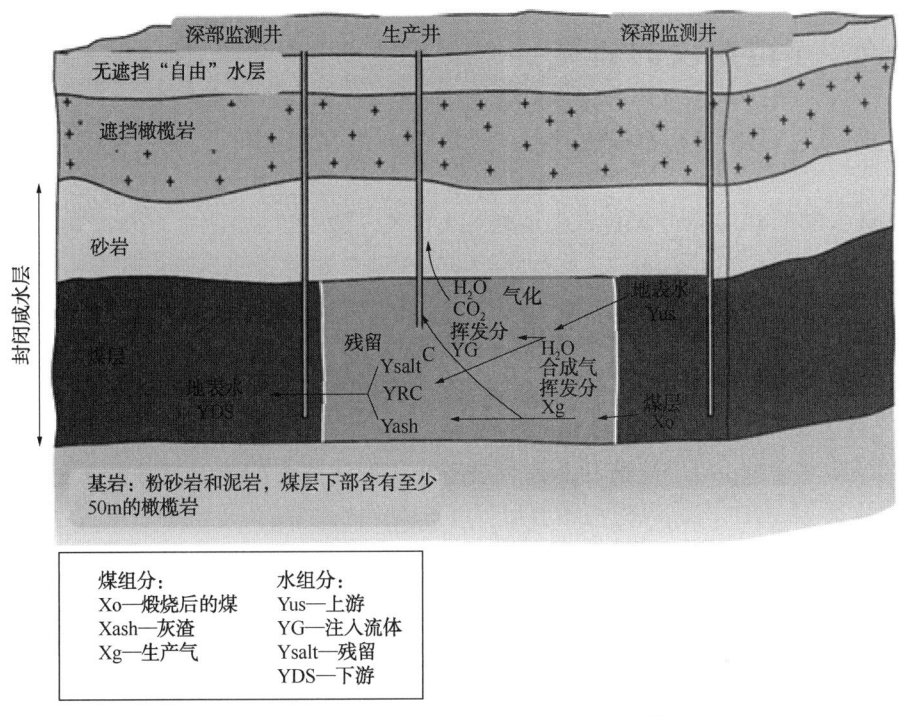

图14.20　马尤巴UCG概念水文地质模型(Love等，2015)

确定不同的水文地质监测区域，见表14.4。

表14.4　马尤巴UCG水文地质监测区

作业期间的UCG区域	相当的常规矿	概念基础	监测目标	浅部和中部水层区域	煤层水层区域
生产	地下采矿或露天矿"工艺"水	作业区域	根据作业总结观察"工艺用水"的水位	生产井周围150m内	生产井井底周围500m区域
工艺控制	矿井或露天矿周围的安全区	任何问题的预警缓冲区	监测预警指标的重大变化	生产区外150m到距生产井井底300m	生产区外500m区域到距生产井井口1000m
邻近区域	外部环境	预计不受UCG作业影响的区域	符合约定的Wul质量标准	工艺控制区外150m区域至距生产井井底450m	工艺控制区外500m区域至距生产井井口1500m

随着UCG生产的发展，这些监测区域的布局显然需要扩大。在作业控制区内，监测

可能污染的迹象,并立即查明和减轻这种污染。临近的含地下水区域,应受UCG作业的影响最小,并符合使用标准。一旦UCG停止,在停止生产后的阶段将需要继续监测。在此阶段,地下水质将会恢复(反弹),并且由于稀释,生产区内的水质有望得到恢复。建议在此阶段,生产区域成为作业控制区的一部分,周边区域保持不变。一旦场地进入关闭和长期监测阶段,监测的划分和方法将取决于法律监管机构批准的关闭计划。

14.7 示范阶段的研究

14.7.1 引言

Eskom公司的UCG先导试验成功运行了4.5年,特意在全国地质情况最为复杂的煤田进行试验以测试该技术的适用性。先导试验取得的良好成效也使得随后批准了示范项目的可行性研究。在2010—2012年,Black & Veatch(美国)开始对一个一家100~140MW示范项目(250000m^3/h)进行了前端工程设计(FEED)。

Eskom公司示范项目证明了可以利用马尤巴煤田持续地生产足够的UCG气化气,为2100MW(总电量)综合气化联合循环(IGCC)工厂提供燃料。如此大规模的FOAK技术投资所带来的风险将通过设计、建造和运营一个商业化的示范工厂,以及对燃气轮机(仅在开式循环模式下)和GTP等高风险机组的运行进行验证来缓解。

14.7.2 方法

对某电厂的基础工程设计和GTP进料进行了研究。GTP将处理250000m^3/h的UCG气化气作为100~140MW OCGT示范规模项目的燃料。

在电厂基础工程设计过程中完成的任务如下:
(1) 示范工厂的现场布置图,包括电厂、GTP、公共区域和蒸发池。
(2) 几种负荷工况和较低气化气热值的热平衡计算。
(3) 水的物质平衡图,描述设施内各种水及废水的用量及流量。
(4) 工厂主要系统的初步工艺流程图,描述典型的系统配置、设备冗余、主要流程和阀门等。
(5) 整个示范工厂电气单线图显示发电机,变压到400V水平的变压器和辅助电力系统。
(6) 一份主要设备的清单,以显示开式循环发电厂所需的设备。
(7) AACE 3级成本估算和计划。
(8) 在适当的水平上进行工程设计研究,充分了解项目的整体复杂性、风险性和项目总成本,这是至关重要的。

14.7.3 煤炭地下气化气体规格

示范项目中先导试验装置的气体规范是在前人研究成果和试验运行结果的基础上,采用Ergo Exergy技术公司的模型建立的,并根据大型示范工程的运行条件进行了调整。通过建模得到的最佳气体组成在表14.5中给出的范围内。

表 14.5 εUCG 示范站气化气的特征

气体组分	数值[%(体积分数)] 最小	数值[%(体积分数)] 最大	干凝析气组分	数值(mg/m³) 最小	数值(mg/m³) 最大
C_nH_m	3.10	4.89	NH_3(液)	300.00	1000.00
CO	7.36	11.57	C_6H_6	10.00	22.50
H_2	14.72	18.93	C_7H_8	1.00	4.25
H_2S	0.21	0.21	C_8H_{10}	0.50	1.25
O_2	0.10	0.10	$C_{10}H_8$	10.00	36.25
H_2O	0.10	0.10	C_6H_6O	2000.00	4000.00
NH_3(气)	0.11	0.11	C_7H_8O	300.00	1050.00
N_2	54.63	46.52	其他	0.10	50.00
Ar	0.11	0.11	有机阴离子和阳离子	0.10	151.57
CO_2	19.45	17.35			

14.7.4 成果

图 14.21 中 GTP 的作用是在满足环境和安全要求的前提下，对原 UCG 气化气及其伴生凝析油进行处理，以满足 OCGT 进料要求。

Level 1 里程碑是基于工程、采购和构造(EPC)执行方法开发的。从初步的工程活动开始，到第 44 个月工厂的最终验收结束，整个项目的工期为 44 个月。根据现有信息的准确性水平，为 OCGT、GTP 和公共设施开发了误差约 25%投资成本估计。由 OCGT 和 GTP 共同承担的设备、系统、材料等费用属于共同类别。

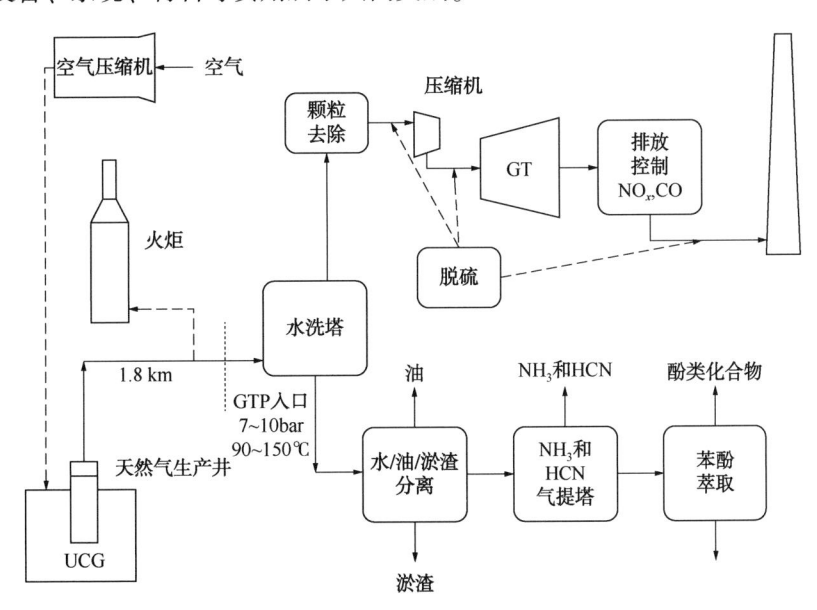

图 14.21 拟建 OCGT 发电厂的示意图

以下为设计过程提出的主要风险：

（1）UCG 气化气和凝析油的特征和一致性：示范项目的设计是基于模拟的气体特征完成的，该模型气体特征的可持续性在先导试验运行期间没有得到充分的验证。最初的试验工厂是作为一维反应床运行的；然而，在商业运作期间，UCG 将是一个三维反应床运行。这将对气化气和凝析油的特征和稳定性产生重大影响。因此，模型气体特征的偏差将直接影响示范工厂的工艺效率。由于这种不确定性，示范工厂的设计必须考虑到最坏的情况，因此存在过度设计。

（2）技术描述：二级处理厂给出的具体技术中以前没有经过 UCG 的凝析流程具体测试。具体问题是根据选择的微生物不同，用于烃类物质的生物处理的顺序批次反应器不同。这种选择取决于冷凝液中氨、硫、氯和苯酚的数量和质量以及通风要求。

（3）辅助功耗：GTP 和 OCGT 辅助工艺耗能较高，在未来的工厂设计中需要优化。

为 100~140MW UCG OCGT 示范站进行了电厂基础设计。确定了电厂基础工程设计的以下风险：

①UCG 气化气和凝析油的特征及一致性描述：水和盐的物质平衡是基于模拟模型并没有得到充分的测试。因此，如果凝析油成分在运行过程中发生显著变化，示范工厂将无法有效处理生产的凝析油。

②辅助电源要求高，优化可导致更高质量的气体规格。

随着 FOAK 技术的发展，将得到预期的上述研究结果。

14.8　马尤巴气化床 1——关停与验证钻井

14.8.1　引言

在"从摇篮到坟墓"的矿业开发模式中，验证钻井和 UCG 气化后系统的环境监测是证明废弃气化床水文地质完整性的最后一个关键部分。为了将煤炭地下气化技术得到商业应用需要证明，使用 UCG 气化床在水文地质上处于稳定、长时间内不会发生试验气化床到周围地下水的污染(由南非水和矿业监管机构确定)。气化炉控制性关停工艺的一个重要的长期恢复和监控策略是要证明煤边界、焦炭、空腔中的灰渣可以吸收所有剩余污染物(如果有的话)，从而逐渐降低污染物水平。

即使有关于 UCG 空腔中实际残留物质的现有经验，以及这种物质对周围环境的长期影响，但是对任何特定地质和水文地质环境的预测也必须在特定地点进行测试。

Eskom 的公司 UCG 项目成功地完成了马尤巴电站附近的一个试点站的运行。正在开展进一步的研究活动，并进行环境监测，以便充分了解安全关闭的要求，并协助最后确定今后 UCG 工厂的关闭程序。最初的方法是让空腔通过周围地下水的自然流入冷却下来。这一关闭过程比最初预计的时间要长，最后不得不辅以补充注水。注水需要一个漫长的过程，并要有详尽的对应措施，才能获得南非水监管机构的必要批准。UCG 气化床于 2015 年 6 月正式宣布关闭。

14.8.2 验证钻井的目标

作为气化后研究方案的一部分，核查钻井随后开始进行（目前仍在进行中），调查气化区并确定下列事项：

（1）通过确定气化腔的边界来确定气化腔的范围。这将表明对气化床的生长、方向和大小是有控制的，采矿不是"盲目的"。还需要这些资料为探矿权和开采权提供规章反馈，以确定使用的储量范围和支付的使用费。

（2）研究了不同位置气化后空腔的物理化学性质。这些信息将用于验证对驱动 UCG 过程的主要机制、开采效率和总体性能的理解。

（3）上覆地层岩性的物理化学性质的变化。这些资料将用于验证为商业作业的安全和成功所需的初步地质、水文地质和岩石强度模型。

正在钻探的验证井随后也将作为环境监测井，以充分了解 UCG 空腔的长期影响。

14.8.3 验证钻井的中期结论

本节介绍了核查钻井计划的中期结论，因为在编写本章时，验证钻井计划仍在进行中。到目前为止的主要结论如下：

（1）验证钻井计划已经成功启动，以解决"从摇篮到坟墓"的 UCG 技术的运行和环境的关键问题。

（2）前 3 口井已成功验证了气化腔边界，并能可靠地控制煤层内燃烧区域。这些资料将用于与南非矿物、环境和水管理机构的讨论，以便澄清今后统一管理矿物排放标准所需的新的立法。

（3）测试中上部岩性岩样的变形和软化表明，将从随后的 3 口井中获得验证岩石强度模型的足够信息。这些模型在矿井规划阶段和 UCG 的运行中具有重要意义。因此，在气化结束时对它们进行验证对未来的使用至关重要。

（4）迄今为止，封隔器测试未能确定不同岩性的孔隙度和渗透率的变化。该方法已经进行了修正，将钻机的使用纳入剩余井的测试中。这些资料对于验证和最后确定项目的水文地质模型至关重要。

（5）液体样品的化学结果提供了未来 UCG 技术可行性的信心，因为没有流体迁移出空腔。这意味着气化过程和随后积聚的水体都被安全地限制在废弃的 UCG 空腔内。

（6）与典型的气化反应的化学品和污染物相比，验证井分析的液体样品相对干净。人们一直认为，一些污染物气化后会被保持在废腔内；然而，估计这些保留程度是非常困难的。这一结果为人们提供了双测 UCG 空腔内剩余物质的第一个可以量化的方法，让人们了解到在一个衰竭的 UCG 腔内究竟还保留着什么。关停时间延长也促进了某些化学物质的分解、稀释和吸收，从而导致观察到的水平非常低。这对于 UCG 技术的持续发展具有极其重要的意义。作为长期用水许可证要求的一部分，这些井的成分随时间的变化将继续监测。

（7）综上所述，UCG 气化后空腔的条件稳定，无扩散迹象。空腔内剩余液体的组成与典型的煤层含水层相一致，在进行 UCG 活动之前，对现场进行了基础分析。随着时间的推移，水质监测将继续进行，以改进和确保用于预测长期影响的水质模型。

（8）到目前为止，还没有发现任何气化后的 UCG 技术污染风险。结果表明，控制关停和恢复设计是充分的和成功的。

应完成验证钻井程序，以充分证明突出的关键 UCG 技术结论（图 14.22）。

图 14.22 验证钻井和取样

14.9 商业开发阶段

14.9.1 引言

由于 Eskom 公司资金紧张，已授权 UCG 项目与下列各方建立伙伴关系：
（1）充分利用马尤巴 UCG 中试工厂的大量资产和知识产权及已完成的商业模块设计。
（2）确保完成当前项目的资金。
（3）协助技术的商业化。

假定的指导原则是，合伙企业的目标是盈利，第一阶段的发展将提供可接受的股本回报率，以吸引合适的伙伴。

14.9.2 方法

在准备签订伙伴关系时，有必要组成一个团队，在通过 Eskom 公司的商业流程寻找合作伙伴之前分析和评估业务主张。该团队还包括外部业务分析专家，以批判性地评估项目状态。分析考虑了以下方面：

（1）市场态势分析描述了 UCG 价值链、法规要求、竞争对手的技术和南非（SA）的

UCG开发竞争对手。

（2）战略一致性概述了环境中的变化，这些变化对战略驱动程序、项目生命周期模型以及这些驱动程序与Eskom公司战略的一致性产生的影响。

（3）市场环境和机会分析强调了UCG项目开发的好处和机会。

（4）UCG的竞争定位旨在证明UCG在气化气供应和发电成本上具有与其他技术相当的竞争力。

（5）UCG的发展现状和研究意图，为从开始到现在的发展提供了背景、研究方法和潜在的发展选项。

（6）马尤巴UCG的资产评估提供了迄今为止的成本和可提取的潜在价值的信息。

（7）介绍了用于从开发中提取最大价值的高端选项的业务模型。

（8）马尤巴UCG合作伙伴工厂的估算成本，为UCG合作伙伴工厂提供了高水平的资金和运营成本，基于一组假设形成了基本情况。

（9）商业上的考虑突出了在继续发展道路或路线图上需要阐明的一些关键因素。

（10）倡导战略为伙伴关系选项提供高级别的指导，这些选项将在伙伴关系和采购战略中进一步探讨。

（11）风险和时间尺度。

14.9.3 关键成果

伙伴关系评估的关键是，从马尤巴UCG项目中获得足够的信息，证明该项目和技术具有吸引力，应该进行商业开发。

基于以上发现，Eskom公司将与合作伙伴共同致力于UCG技术的发展。

14.10 结论

Eskom公司14年来在UCG研发上的投入可以得出以下结论：

（1）2007—2010年的先导试验成功运行证明了UCG技术可在马尤巴煤田应用，最大规模可达15000m^3/h。

（2）论证可行性研究证明，UCG气体在发电上是可行的。然而，如果没有进一步的、充分的UCG规模示范，则大规模示范项目的设计将无法进行优化。

（3）已经提议并完成规模更大（70000m^3/h）的气化气生产项目，以完成技术能力的量化，并为大规模商业化准备技术。

（4）内部完成的初步经济和财务计算表明，从气化气生产和发电的角度看，与竞争技术相比，该技术在商业上是可行的。

（5）UCG可以与传统煤矿建立协同关系，因为该技术要在传统煤矿认为经济上不可行的煤炭资源上实施。由于经济原因，传统的采煤者将煤层深度控制在300m以内，而UCG正好相反，因为它可以在更深的煤层实施，而且实际上需要一定深度来提高工艺效率。

（6）Eskom公司已从加拿大Ergo Exergy技术公司手中收购了εUCG技术在南非的许可，使它用于尽可能多的发电厂。鉴于Eskom公司在马尤巴先导试验积累的经验和在学习曲线上的进展，可以与 Eskom 公司合作，更快地开发后续项目。

（7）UCG 带来了几个不同行业使用 εUCG 气化气的机会（如联合发电），并具有充分利用两者之间协同效应的显著能力。

参 考 文 献

Blinderman, M., Van der Riet, M., 2003. Majuba UCG Site Selection and Prefeasibility Study. Eskom Holdings SOC Ltd., Johannesburg.

Blinderman, M., Van der Riet, M., Fong, D., Beeslaar, M., 2005. Site Characterisation Report. Eskom Holdings SOC Ltd., Johannesburg.

DOE, 2016. www.energy.gov.za. Retrieved from Department of Energy—South Africa.

Du Plessis, G., 2008. The Relationship Between Geological Structures and Dolorite Intrusions in the Witbank Coalfield, South Africa (M. Sc. Thesis). University of Bloemfontein, Bloemfontein.

Eskom Holdings SOC Ltd, 2016. Integrated report. 31 March 2016. http://www.eskom.co.za/IR2016/Documents/Eskom_integrated_report_2016.pdf.

Love, D., Beeslaar, M., Blinderman, M., Pershad, S., Van der Linde, G., Van der Riet, M., 2015. Ground Water Monitoring and Management in UCG. South African Underground Coal Gasification Association. SAUCGA, Secunda.

Snyman, C. E., 1998. The Mineral Resources of South Africa. In: Handbook, sixth ed. vol. 16. Council for Geoscience, Cape Town.

Van Eeden, F., Keir, J., Van der Riet, M., 2002. Scoping Report: Underground Coal Gasification. Eskom Holdings SOC Ltd., Johannesburg.

15 煤炭地下气化技术的商业化应用与猎豹能源公司在澳大利亚昆士兰州 Kingaroy 的项目

L. Walker

(Phoenix 能源公司，澳大利亚维多利亚州墨尔本)

15.1 概述

猎豹能源公司成立于 2006 年，其成立初期主要为昆士兰州供应电能，现主要致力于 UCG 技术在澳大利亚的商业化推广应用。Kingaroy 项目即由该公司开发。在 1999—2013 年，该公司的相关活动促进了澳大利亚国内对 UCG 技术关注度的提升，同时也产生了相似的全球性效应。

虽然 Kingaroy 项目为短期项目(如本章中的后文所述)，但却重点关注了将初始的"试验项目"扩展为商业化可行性项目的相关因素。历史上，除原苏联(50 年前达到峰值)之外，尚未有其他国家实现 UCG 的商业化应用。如政府法规条例、项目融资等因素在商业项目规划设计阶段就被充分解决，而如商业 UCG 设施的设计、气体组分的匹配等技术则要求在项目结束后才能解决。

为深入理解 Kingaroy 项目的起源与其在更广阔背景下对 UCG 技术商业化推广应用的影响，需首先对澳大利亚 UCG 相关活动的历史与其对该项目规划的影响进行回顾。该方面历史的回顾分析对后续项目的成功开发极为重要。

15.2 澳大利亚的历史背景

虽然在 20 世纪 80 年代，澳大利亚对 UCG 技术及其潜力进行了许多研究，但仅有林克能源公司(该公司于 1996 年由笔者成立)进行了首次现场试验。商业规模的 UCG 是原苏联长期 UCG 项目规划的一部分，并于 20 世纪 60 年代达到顶峰。在澳大利亚推广应用 UCG 技术同样参考了原苏联的经验。位于安格林的 UCG 设施(现在位于乌兹别克斯坦)的气化气产量(1965 年)约达 $1.2×10^{12}$ kcal/a(Gregg 等，1976)，联合循环电厂的发电量约为 60MW，且超 $1000×10^4$ t 煤炭实现就地气化(Burton 等，2006)。而直到 20 世纪 90 年代末，世界范围内(除原苏联以外)UCG 试验的煤炭气化量还不到 $10×10^4$ t(Burton 等，2006)。

通过上述评估及赴安格林现场的数次调研，林克能源公司与加拿大 Ergo Exergy 技术公司签订了技术服务协议，以在林克项目中分享相关经验。这在澳大利亚首次现场试验

(昆士兰州钦奇拉附近)时达到高潮。

依据现行的采矿法,在颁发煤炭勘探许可证后,还需申请矿产开发许可证(MDL)。1999年6月,林克能源公司与CS能源公司(昆士兰国营电厂)签订协议,同时在澳大利亚政府研究基金的资助下,在钦奇拉开发UCG示范电厂。如果试验成功,将对该UCG项目进一步扩大产能,以满足约40MW发电量的燃气轮机的燃料需求(Walker等,2001)。

在那时,初始目标主要集中在实现合格的气化气产量。考虑到在美国主要UCG研究项目结束后搁置了该方面研究达10年,且3年前欧洲也停止了相关研究,可知:如不能保证气化气的持续生产,则澳大利亚开展UCG的兴趣也将渐渐减弱。在与CS能源公司签订协议后,公司先后完成了初期的厂址描述、现场调查、空气注入与煤层点燃等工作,并于1999年12月首次实现气化气的生产(Walker等,2001)。钦奇拉的产气情况如图15.1所示,且该段时间内所产出气体的平均热值为5MJ/m^3。煤炭气化总量达35000t,成为当时最大的UCG示范项目(除原苏联国内的项目)。

或许更重要的是,该项目未对环境产生任何不利影响,尤其是气化气未对地下含水层系统产生污染。Blinderman与Fidler(2003)的研究指出,在与UCG气化区相距50m的煤层内,苯的浓度约为10μg/kg;虽然煤层的节理结构具有较强的各向异性,在渗透方向上相距200m的范围内也测得相似的数据。这些数据获取于该项目关停后(2002年)。但针对苯浓度长期递减的情况,Blinderman和Fidler(2003)未公布后续的分析数据,且未报道示范项目残余苯的情况。那时作者引用原苏联的经验,表示:煤层中化学物质的浓度"在气化反应结束3~5年后,逐渐恢复至基准水平",这就有效支撑了煤层污染的恢复理论。

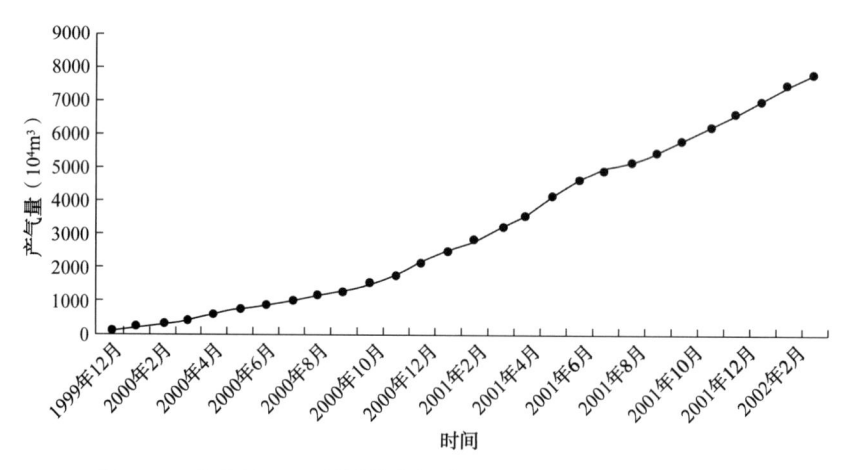

图15.1 钦奇拉UCG项目的产气量(Blinderman和Jones,2002)

到2000年中期,在实现了UCG项目的初始产气目标后,林克能源公司与CS能源公司开始讨论如何实现试验项目的发电。CS能源公司以最低成本钻取附加工艺井,且针对与发电项目相关的技术与经济问题开展调研。在2002年初编制联合调研报告时,上述讨论达到高潮,且有效证实了技术的可行性;但是,CS能源公司要求林克能源公司寻求第三方资金资助,以维持协议。CS能源公司所要求的资金资助未被有效落实,随后CS能源公司于2002年中期收回了林克能源公司的管理权,有序关停了示范项目,并寻求新的投资者。2006年11月,针对钦奇拉项目,Ergo Exergy技术公司终止了与林克能源公司的相关协议。

当时未能实现项目集资，主要归因于：2001年美国"9·11"事件后不利的投资环境；低油价（20~30美元/bbl）；在察觉到投资风险的情况下，林克能源公司是开展商业化UCG项目的首家公司；未开展气化气的纯度分析，不能确定其是否适用于燃气发动机和燃气发电机；昆士兰州的低电价导致首期40MW发电厂的回报率明显低于大型的燃煤发电厂；煤层气项目（CSG）的持续竞争；尚未颁布与UCG项目开发的相关法规。

虽然有关示范项目的相关论文（Walker等，2001；Blinderman和Jone，2002）的发表，进一步提升了西方国家对UCG技术复兴的信心，但在上述因素的组合作用下，其在全球范围内的发展受到一定阻碍。循环燃气联合发电系统的环境影响和经济效益主要受示范工程的规模与寿命的影响（Walker等，2001）。钦奇拉的经验表明：在澳大利亚国内的UCG开发中，政府法规、项目融资等商业因素扮演着重要角色。

基于钦奇拉项目的经验，作者于2006年初成立了猎豹能源公司，并继续与Ergo Exergy技术公司合作开发以UCG气化气为燃料的新型商业化发电项目。新公司获得了昆士兰州Kingaroy镇附近煤炭资源的开发权，并采用如下方法实现其商业化开发：

(1) 为更好地获得资本支持，公司准备在澳大利亚证券交易所（ASX）上市。
(2) 为400MW的发电项目制订长期性计划，以提高经济规模，进一步吸引投资。
(3) 设计小型的气化气处理厂，以证实该过程可产生清洁的气化气，并适用于燃气轮机。
(4) 证实Kingaroy镇的煤炭资源不可用于CSG项目。

在完成资源评价与现场特征描述后，针对Kingaroy项目计划开展如下工作：
(1) 持续开展煤层点燃、气化气生产、气体净化和燃烧6~12个月。
(2) 燃气发动机（即燃气轮机）的发电功率达30MW。
(3) 进一步将发电能力提升至200MW，随后升至400MW。

该阶段性项目的预期目标虽与钦奇拉项目差别不大，但其初期定义更加明确，且通过使用先前示范工程的技术经验与ASX资金支持，使其更易于实现。

15.3 现场特征描述

15.3.1 资源评价与站址优选

Kingaroy项目（图15.2和图15.3中的MDL385）位于昆士兰州Kingaroy镇以南10km处，为煤炭勘探区EPC882的一部分。基于数口煤层钻井得到的煤层深度信息，优选该区作为UCG施工区。

在2007年末至2008年初，猎豹能源公司在Kingaroy镇开展了新的勘探钻井。共完成钻井23口，总深度达4933m，取心336m，取心层段主要为煤层。共识别出两个主力煤层——Kunioon和Goodger层，其被泥岩夹层分隔，层间距为30~100m。Kunioon煤层厚度为7~17m，埋深为60~206m；Goodger煤层厚度为3~13m，埋深为160~270m。

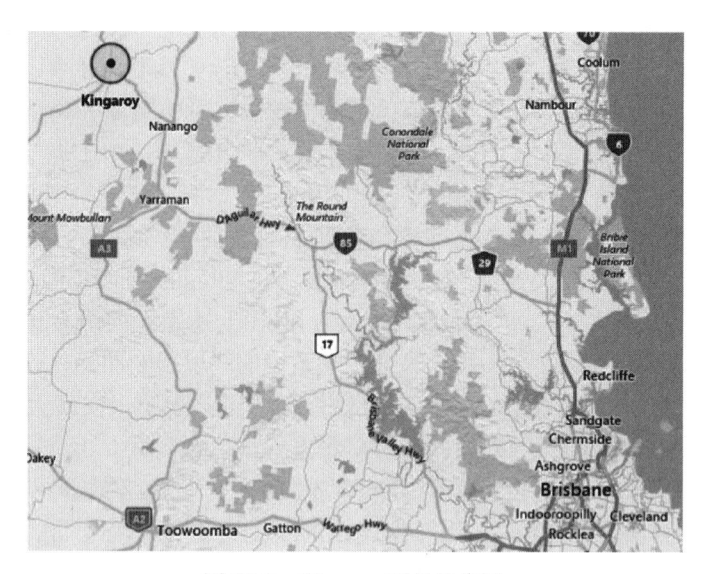

图 15.2 Kingaroy 项目的位置

图 15.3 Kingaroy 项目的位置

典型的地质剖面如图 15.4 所示，Tarong 层埋藏于古近—新近系玄武岩之下，两个主力煤层(Kunioon 与 Goodger)稳定分布在该层的沉积岩层中。

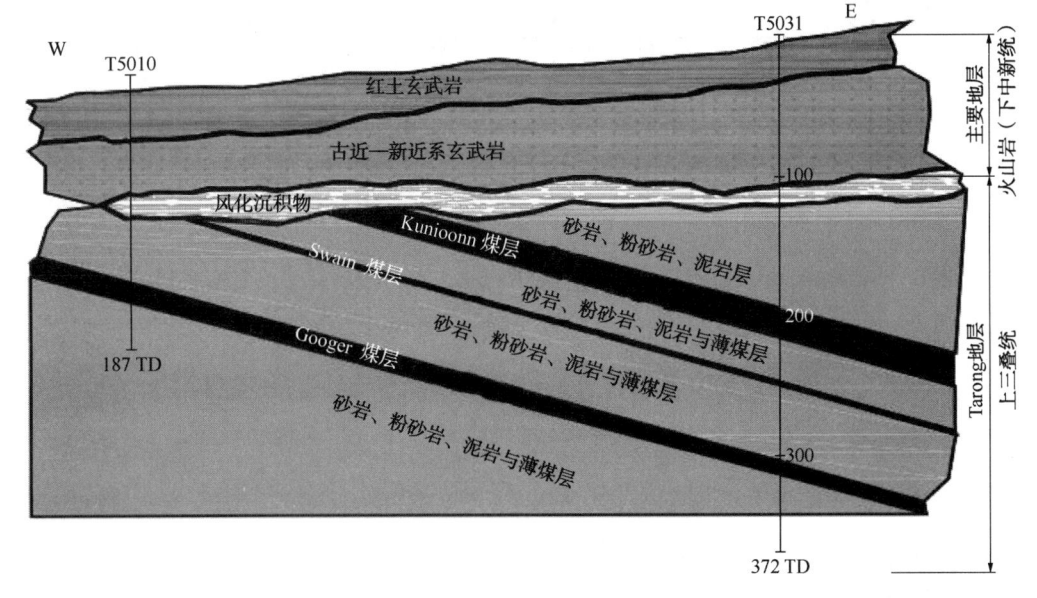

图 15.4 Kingaroy 的典型地质剖面

2008 年 7 月，Cougar 能源公司完成联合矿产储量委员会(JORC)的储量报告，控制与预测煤炭资源量分别为 4500×10^4t 与 2800×10^4t，且 Kunioon 煤层的资源量占比达 70%。上述资源规模足以满足 400MW 发电厂运行 30 年的气化气需求量。Kunioon 煤层性质参数的平均值见表 15.1。

表 15.1 Kunioon 煤层的性质

参数	数值	参数	数值
相对密度	1.59	固定碳[%(质量分数)]	32.6
水分[%(质量分数)]	4.85	全硫[%(质量分数)]	0.25
灰分[%(质量分数)]	35.1	比能(MJ/kg)	19.1
挥发分[%(质量分数)]	25.2		

在对钻井资料数据进行详细分析后，猎豹能源公司将 UCG 开发的初始位置设置在勘探区的东南角，该区域距离居民区较远，区域海拔较高，煤层埋深较大。

图 15.5 展示了点火区内的钻井位置，其中包括水样钻井与早期的警报钻井。同时，图中还包括最初的 3 口注入孔/生产孔(标号 1、2、3)。

在点火区内，Kunioon 煤层顶的埋深为 185~200m。煤层厚度通常为 15m，且其内有多层夹矸，进一步增大了煤层厚度，避免上覆岩层破裂，从而防止施工中气体逸散至地表。

15.3.2 水文地质研究

Kingaroy 项目 UCG 现场的早期评价中，猎豹能源公司于 2007 年 4 月对该区域的水文地质进行了研究。该研究加深了对地质剖面、区域地下水条件、地下水化学成分及区域水流方向的认识。

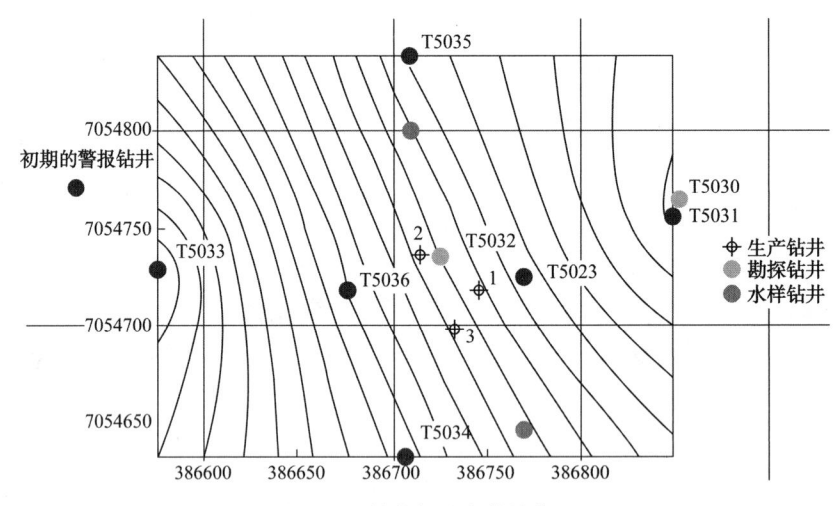

图 15.5 钻井与生产井的位置

通过 2008 年初期的探井钻探，可得到如下结论：
(1) 该区地下蕴藏着丰富的煤炭资源，满足 UCG 工艺的使用需要。
(2) 地质剖面未有重要的含水层显示。
(3) 优选确定了项目第一阶段的施工位置。

按照与昆士兰州环境与资源管理部 (DERM) 签订的协议条款及 2008 年 4 月 DERM 颁布的环保条例 (EA) 中的相关要求，猎豹能源公司于 2008 年末启动了详细的水文地质调查项目。项目要求编写独立的水文地质报告，在现场与室内工作完成后开展，并于 2010 年 3 月完成。

在计划燃烧区附近区域开展的水文地质研究工作包括：
(1) 整理与回顾所有的钻井和地下水资料数据。
(2) 编制地质剖面，并构建三维地质模型。
(3) 在勘探井内优选井段进行分层测试，以推导出特定岩层/煤层的水力参数。
(4) 在点火区附近部署 6 口水质监控井。
(5) 在抽水试验井附近部署的 5 个钻井中，安装了由 23 台振弦式压力计组成的在注入和生产过程针对 Kunioon 煤层的压力监测网络，其后续还可用于吸气能力测试中。
(6) 对专门构建的井进行抽水试验，以获取开采情况下局部地下水系统的水力响应。
(7) 吸气能力测试，以获取 Kunioon 煤层在注气情况下的响应。
(8) 构建地下水模型，以评价 UCG 运行过程中所产生的响应，例如，燃烧下腔体中地下水的消耗情况。
(9) 于 2009 年 12 月开始基础水质监控程序。

15.3.3 水文地质剖面图

依据图 15.4 所示的地层剖面，可确定 Kingaroy 试验场的水文地质情况。

(1) 地下水产出量较少的古近—新近系火山岩层,包含沉积岩内的多个火山岩夹层,与 Tarong 岩床基底接触层内含低渗透蒙脱石黏土。该黏土层具有"致密、脱水黏土"的特征,并且有可观膨胀性的重要特征,其给钻井施工带来难题,一些钻井技术难以钻穿该类岩层。

(2) 三叠系 Tarong 岩床内含有地下水产出量较少的砂岩和砾岩层与产出量较高的煤层交互。对 Tarong 岩床的产水试验数据进行了详细分析,得到 Kunioon 煤层与上覆岩层的渗透率分别为 $(5\sim10)\times10^{-6}$m/s 和 3×10^{-6}m/s。

针对水文地质特征而言,依据数口监测井观测到的干燥情况,以及在钻井取心过程中观测到的不同收率,可确定火山岩层具有不连续性。这是由岩体结构中含水层的尺寸、连续性、充填情况及方位差异引发的。

一系列的地下水监测结果表明,在火山岩层与 Tarong 岩床间存在着明显的水压下降梯度,且玄武岩层下部的不渗透黏土夹层中也存在这种下降梯度。对于水平方向的地下水流而言,Kunioon 煤层向南倾斜,这被解释为煤层中的地下水流方向,而测试结果表明火山岩中的水流方向为西向。

UCG 试验场所涉及的三个水文地质单元的水文地质特征如下:

(1) 红土型黏土层——Cu 与 Ni 含量高,碳酸氢盐含量低(通常低于 50mg/L),弱酸性(pH 值为 5.5~6.5),有咸味(TDS 为 1500~2500mg/L)。

(2) 玄武岩层——Cu 和 Ni 含量低,碳酸氢盐含量高(通常为 700~750mg/L),弱—强碱性(pH 值为 7.3~11),有咸味(TDS 为 1500~2000mg/L)。

(3) Kunioon 煤层——Cu 和 Ni 含量低,碳酸氢盐含量中等(通常为 150~300mg/L),弱碱性(pH 值为 7~8.5),味淡(TDS 为 500~1000mg/L)。

由于红土型黏土层具有相对较高的 Cu 与 Ni 含量、较低的 pH 值和低碳酸氢盐含量的特征,因此必有别于其他地层单元。玄武岩含水层具有高碳酸氢盐含量和高 pH 值的特征。Kunioon 煤层含水层具有低盐度(TDS 和 EC)的特征。地质化学特征方面的差异表明,各水文地质单元间存在一定的水力分隔性。

15.3.4　水文地质条件对 Kingaroy 燃烧试验的影响

水文地质研究表明,燃烧试验不会对地下水系统产生显著影响。以下因素可有效支撑上述结论:

(1) Kunioon 煤层的渗透率较上覆岩层高出 2~3 倍。
(2) 玄武岩层下部不渗透黏土层可有效阻隔地下水的流动。
(3) 在地质剖面上,煤层以上不存在明显的渗透性含水层。
(4) 上覆岩层中的水质呈微碱性,并可用作饮用水。

按照昆士兰州政府颁布的 EA,燃烧试验的规模需予以限制,其气化的煤炭总量最大不应超过 20000t。基于该限制,公众无须担忧 UCG 会引发地陷的可能性(引发上覆岩层破裂,裂缝延伸至地面,并向近地面水层中泄漏化学副产物)。

但是,Kunioon 煤层的厚度(最高达 17m)较大,今后应对燃烧腔体尺寸、与煤层厚度及埋深的相互影响进行详细评价,以充分解决拟建商业规模的 UCG 系统的上述相关问题。

15.4 政府与社区的影响

15.4.1 政府的许可与批准

为开始 UCG 项目第一阶段的准备工作，同时也作为勘探许可的一部分，猎豹能源公司需获政府的相关许可。昆士兰州的申请许可程序包括如下步骤：

(1) 申请 MDL，以获得小型非商业规模的气体生产许可；猎豹能源公司于 2007 年 12 月提交了 MDL 的相关申请，并最终于 2009 年 2 月 22 日获得许可证。

(2) 在此期间，猎豹能源公司就 DERM 于 2008 年 4 月颁布的 EA 进行了商谈讨论。

(3) 在获得 MDL 后，需依据 1989 年颁布的矿产资源法中相关条款[第 6 章(2)(f)节]对所谓"矿产(f)"的相关规定，进一步申请将 MDL 用于 UCG 施工，2009 年 3 月提交了对"矿产(f)"的申请，并于 2009 年 8 月获得相关许可。

(4) 进一步增大气体产量需申请采矿许可。此外，开展发电业务也需申请其他许可。

2007 年末，调查研究发现，Kingaroy 地区蕴藏着丰富的煤炭资源，猎豹能源公司于 2007 年 12 月提交了 MDL 申请，20 个月后该公司获得第一阶段气体生产的许可证。

15.4.2 政府政策

针对 UCG 行业，2009 年 2 月 18 日发生了意义重大的事件（猎豹能源公司获得 MDL 前 4 天，已提交申请 14 个月）。那一天，昆士兰州政府颁布了地下煤气化的指导文件（Queensland Government，2009），要求：自然资源、矿产与能源部长如被要求对 CSG（煤层气）资源开发者和 UCG 资源开发者进行协调或决策时，其应依据 P&G 法优先支持 CSG 的开发商，以促进 CSG 进入生产阶段。事实上，昆士兰州的所有含煤盆地都被 CSG 矿权所覆盖，而上述政策的影响也被该事实所放大。

该政策文件也证实，政府将对 UCG 项目的发展进行审查，以确定昆士兰州 UCG 行业的未来发展。2008 年 8 月，有新闻报道指出，"未来 3 年内，政府不计划授权任意 UCG 开发权"。虽然当时对这些报道的准确性存在异议，但颁布的指导文件却达到了相同的效果。

指导文件还成立了"科学专家小组"，以协助政府编制 UCG 技术的相关报告（供内阁审阅）。指导文件指出"如果政府报告发现，UCG 技术存在不利影响，则建议对 UCG 活动进行限制或禁止"。遗憾的是，虽然成立了技术小组，但其成员并无 UCG 相关工作经验且非行业协会的全球代表，对多个海外示范工程与 10 年前的钦奇拉试验项目不熟悉。

需要注意的是，在指导文件颁布之前，猎豹能源公司已完成其资源情况的评价、完成 EA 的商谈讨论，且在水文地质测试项目与试验工厂设计方面取得重大进展。尽管新颁布的政策存在多方面的不确定性，但公司仍选择继续推进原先计划的项目。

15.4.3 社区关系

钦奇拉项目的燃烧测试始于 1999 年末，该项目的开展获得了昆士兰州政府中的相关部门及土地所有者（项目距其房屋不足 500m）的支持。

在 Kingaroy 项目准备阶段，猎豹能源公司着手开展增进社区关系的相关工作，具体包括：组织与规划开发区内土地所有者的座谈会及邀请当地居民参加项目表演晚会。2009 年 10 月，在完成项目燃烧试验的准备工作后，猎豹能源公司举办了面向当地所有居民的工地开放日，向其讲解该项目规划的开发进程。

但是，由于下列原因，Kingaroy 项目不可能获得与钦奇拉项目相当水平的支持。

(1) 1999 年是 CSG 行业的起步阶段，政策对其的影响不断攀升。

(2) 在 2009 年 UCG 政策文件中，昆士兰州政府对 UCG 技术是否应用于该州提出了建议，改变了州政府对 UCG 行业的态度。

(3) 反对该技术的当地团体的组建及其对当地州议员的影响。

虽然在当时各项条款看似可控，但在点燃后的情形将其叠加起来，最终导致项目终止。

15.5 点火准备

在 2008 年 4 月完成资源评价、厂址优选和收到 EA 后，猎豹能源公司着手开展 UCG 试验设施的设计工作。设计需满足后期扩大至商业设施的要求，具体包括：充足的气化气产量与加工能力，以满足 30MW 的发电要求；气体加工厂产出的清洁气化气，能满足燃气轮机的相关要求；场地布局(气体生产与气体加工厂)需采取模块化的形式，以便于增大产能；中期设计实例(名义上具有 200MW 产能的气化气/发电项目)的可行性初步研究。

2008 年初，公司开展了处理厂的初期设计工作，并于 2008 年 5 月委派咨询工程师开展试验工厂项目的整体设计工作。该项工作完成于 2008 年底，同时开始了长期项目的启动工作(与其他工作相关的合同包签订于 2009 年 1 月)。

公司预计 MDL(于 2007 年 12 月提交申请)会立马颁发，所以开展了上述所有工作；但实际上，MDL 最终颁发于 2009 年 2 月，即昆士兰州 UCG 政策文件颁布后不久。虽然猎豹能源公司正在等待政府授权"矿产(f)"的附加开发许可(针对现有的 MDL)，但经深思熟虑后，决定继续推进该项目，并针对合同包发出了投标邀请，公司于 2009 年 8 月收到投标文件，并在数天后确定了承包商。截至目前，已完成了首批 3 口 UCG 生产井的施工与测试工作，并计划于 2010 年 2 月完成电厂的投产工作。

在 2009 年下半年，公司指派布里斯班办公室的设计人员开展针对具有 200MW 产能的 UCG/发电厂的初步可行性研究，多数工作完成于 2010 年中期，且得到令人满意的经济评价效果。因此，到 2010 年初，猎豹能源公司已基本完成试验工厂的设计和施工工作、扩大试验项目的可行性分析工作。

15.6 气化气的生产和终止及引发项目关停的事件

15.6.1 气化气生产运行

Kingaroy 项目的前期 3 口生产井(P1、P2、P3)完工于 2009 年 4—5 月，其位置如图 15.5 所示。第四口井(P4)完工于2009年10月,其距离P1井最近,且从该井开始UCG进程。

2010年3月15日下午点燃煤层,使用逆向燃烧法来实现井间连通,该过程完成于3月17日晚。在那时,压缩空气从P1井注入,气化气从P4井产出。

间接且不间断地监控地下气化床的运行条件。所有井都安装了流量、温度和压力测量装置,将它们随油管一并下入井内。使用气相色谱仪测得干气的组分,并在测量前移除气体中的水分和重烃。

使用23台振弦式压力计测取多口井处及不同地层的地下水压。在正向气化和反向气化连通过程中,需使用上述测量数据来确保气化腔体内压力低于该区域的地下水压,以保持水流流向气化腔体。

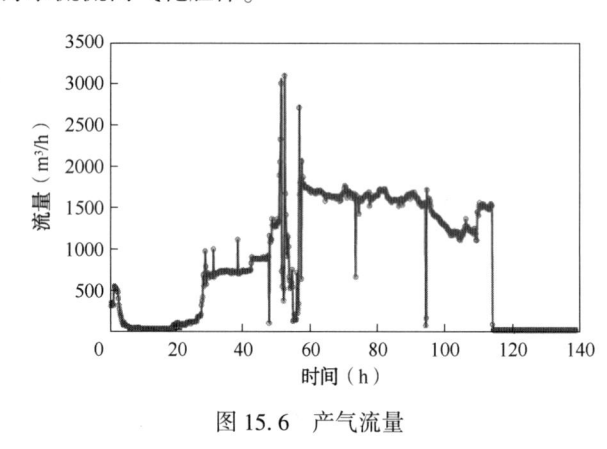

图15.6 产气流量

P4井持续生产至3月20日早晨(图15.6中的113h)。当P4井停止生产时,数据显示P1井和P4井都发生了堵塞,此时停止注入空气,并拆除P4井的地面管线,解除堵塞。向P4井中持续注空气3周,直至距P4井250m处的地下水取样井(T5037井)出现冒泡现象且有水产出地面(4月9日)。这时立刻停止P4井的注气作业,并回顾分析所收集到的信息。

随后对P4井进行详细调查分析(包括使用井下摄像),发现:在井深62.5m处,套管接箍处脱节,该深度以下套管发生变形。

15.6.2 套管柱设计

在P4井完井施工过程中,共下入3种尺寸的套管,见表15.2。对各级套管注水泥进行固井。14in和10in的套管固井使用标准波特兰水泥,水泥浆相对密度为1.72;而7in套管固井使用含硅砂粉的水泥。

表15.2 下套管设计

套管尺寸(in)	井眼尺寸(mm)	套管壁厚	材料	连接方式	下深(m)
14	404	9.53 mm	A53B CS	焊接	5
10	333	9.27 mm	A53B CS	齐口螺纹	13
7	254	API 5CT 26lb/ft	API 5CT K55	锯齿螺纹	205.8

考虑到其地质条件,故使用多级套管的设计。猎豹能源公司的地质学家在钻井队(具有2年以上勘探钻井的经验)的全力配合下,对钻取煤层的最优技术进行了评估。施工遇

到的主要问题为：在玄武岩层的上部和下部钻遇了较厚的黏土层。经验表明，如果上述黏土层不使用套管进行隔离（使用表15.1所示的一级套管和二级套管），则黏土层将发生膨胀，并堵塞孔眼。随后，将勘探钻井施工技术扩展应用于生产钻井的施工中。

事实上，使用多级套管增加了固井施工的复杂性。对P4井的所有潜在故障机理进行了详细评估，结果表明：在井深63m处，7in与10in套管外部遗留有残余水，这些水受热膨胀，导致内部套管的损坏。吸取上述经验教训，在两口新井（P5井和P6井）的设计与施工中，使用更大型号的钻井和单一、连续的套管。这些井的施工极为顺利，并计划于2010年7月将其重新投入运行。

15.6.3 引发项目关停的事件

在发现P4井套管失效与监控井T5037出现地层水响应（冒泡）后，猎豹能源公司增加了监控井取水样与测试的频次，尤其关注苯和甲苯的含量。水样监控主要关注T5037（筛选的井段为35~47m）和相距10m的井（T5038）（筛选的井段为64~76m），它们距离气化区的距离都约为250m。

钻井T5037提取地下水样的苯浓度分别为2μg/kg（2010年5月11日和27日）为1μg/kg（实验室测量极限）（2010年6月6日与16日），且后续的测量值都小于测量极限。在该检测孔中未测得甲苯的存在。在T5038井中，测得的甲苯浓度远低于触发值，而未监测到苯的存在。两口井观测结果的差异增大了数据解释的不确定性。

对于触发值，适用于Kingaroy燃烧试验项目的EA指出：

如果出现下述情况，污染物浓度超过其触发值（地下水监测项目确定），或地下水监测项目监测到保护水系统中材料失效，或监测到煤层中原有或气化所产生的污染物移动，矿权人需及时评估，并将潜在环境影响、产生原因与采取的补救措施等情况及时上报相关管理部门。

对于较浅的监测井而言，猎豹能源公司地下水咨询顾问建议，将地下水中苯的触发值设定为1μg/kg（满足澳大利亚饮用水标准要求）；而对于澳大利亚和新西兰颁布的《淡水和海水质量导则》（2000年）中所规定的较深监测井而言，苯的触发值设定950μg/kg。世界卫生组织所建议的苯浓度的极限值为10μg/kg。

在收集初始数据（取样后10天）并进行审核后，公司于6月10日向DERM提交了报告。在6月下旬，DERM相关人员就这些数据进行了会议讨论，得出结论：上述事件并未产生环境威胁，尤其在假定监测井的基础水质不满足饮用要求的情况下。因此，2010年7月下旬，DERM批准公司按照早期计划开展煤层点燃作业。但是，DERM基于该次事件的情况，要求公司进一步缩短超过触发点事件的上报时间间隔。

2010年7月13日，猎豹能源公司收到的T5038井水样中苯的浓度为84μg/kg，而先前该井未监测到苯的存在。公司将数据迅速上报至政府部门，并认为该数据为误读数据；2010年7月14日在同一口井进行水样测试，未检测到苯的存在，这也有效地证实了公司的想法（Cougar Energy Ltd，2011a）。

7月16日，猎豹能源公司将独立测试实验室的信件转发至DERM，该信件证实：水样弄混导致了该异常读数，而正确的样品未监测到苯的存在。虽然上述结果也被DERM的水样实验所证实,但 2010 年 7 月 17 日,DERM 仍向该项目下发了关停通知。有证据(Cougar Energy Ltd,2011b)显示,这是当地居民向地方议员施加压力的结果。在后续几年,公司扩大了水质监控范围,都未监测到高于监测极限的苯浓度,但关停命令仍被确认并实施。

15.7 环境问题

15.7.1 环境评估程序

关停通知启动了一个漫长的过程,其中,猎豹能源公司需按照 DERM 的要求并参考环保法相关条款来编写报告。这些报告需回答 DERM 提出的一系列问题。报告的主题包括:井堵塞前的作业施工,分析套管失效的原因和地下水的活动机理(包括化学物质的运移机理)。在 2010 年 8—12 月,16 份独立的环境评价报告被上交政府,涉及详细数据与分析的页数达 650 页。

在此期间,DERM 还邀请独立的专家小组(ISP)对猎豹能源公司在 Kingaroy 项目中的运营表现进行评价。该专家小组成立于 2009 年 10 月,其任务是对昆士兰州所有现有的 UCG 项目进行评估,并对 UCG 技术未来在该州的发展提出建议。2011 年 1 月,ISP 发布了一份公开报告,对猎豹能源公司所做的多方面工作进行了批评。

随后,公司对该报告中的批评内容进行了回应(Cougar Energy Ltd,2011b),指出了错误读数的实际情况,对报告中的部分内容进行了反驳,同时提供相关证据,以证实在报告编写中并未参考公司前些年提交过的其他报告。例如,ISP 报告指出"公司未明确说明,为何不将试验项目设在水文地质环境较为简单的区域(该类区域距离项目选址不远)"。没有证据或技术讨论来支持上述结论。

最终,在 2011 年 7 月初,DERM 通知公司将修改公司现有的 EA,以避免公司重启 UCG 项目,并限制其复原与检测活动。

尽管所有的组织都认为,所报道的局部的苯浓度(时间与空间)不会对环境产生损害,但政府仍于 2011 年 7 月依据环保法对生产井失效、检测井有苯和甲苯显示及数据上报不及时等事项进行了处罚。2011 年 10 月,猎豹能源公司向昆士兰州最高法院提起诉讼,要求政府及其相关部门赔偿 3400 万美元的损失。随着事件的不断推进,2013 年 7 月通过各方签订协议,向最高法院提起的诉讼被最终终止。

很明显,在可预见的将来,UCG 技术在昆士兰州的发展与猎豹能源公司在该发展中所扮演的角色将很难进一步推进。实际上,2016 年 4 月,州政府针对 UCG 技术发布了永久性的禁令。

15.7.2 环保授权

在昆士兰州政府编制 EA 时,指派玛丽伯勒(位于州政府布里斯班北部 250km)地方办事处来开展相关工作。猎豹能源公司管理人员与环保工作人员就 UCG 技术及项目开发规划(以试验燃烧阶段为起点)进行了讨论。最终的 EA 发布于 2008 年 4 月,其限制试验气化的煤炭总量不超过 20000t。后续发生的事件凸显出 EA 所存在的缺陷,且相关条款推进了 Kingaroy 项目的最终终止。

EA 中的某条款表述如下：

在开展所批准的相关活动时，施工方需采取所有合理且有效的措施，以避免或消除潜在的环境损害。

该条款及其所使用的术语"潜在的环境损害"为其多种解释提供了机会。如果参考 EA 中条款 15.6.2 所涉及的术语"触发值"被超出后所需采取的行动，则该术语所涉及的一般情况将被加重。EA 中未设定触发值，且公司和 MEMR 采纳了公司水文报告中的一般建议，即

对于"较浅的监测钻井：饮用水标准（ANZECC 2000）"与对于"较深且相邻的监测钻井：水生态系统的保护水平达 95%"。

这些一般建议并未解释为特定化学物质的触发值，也未对应特定监测钻井的某一位置和深度，可用于所监测的含水系统中的任意水层。从这些事件可以明显看出，在 Kingaroy 项目的苯浓度读数超标的事件中，针对依据 EA 的相关要求应采取的行动，公司和 DERM 的解释存在明显差异，从而引发了重大的经济和财务后果。

15.8 修复与检测

按照修订后的 EA，猎豹能源公司需对 UCG 现场进行修复，修复的内容包括地面与地下。包括传统的工作，例如，封堵生产井、拆除管路、关停并拆除气体处理厂、清洁并回填储水库。上述工作于 2015 年中期完成。

气化区相邻区域的地下水修复工作极为复杂，这主要是由于 EA 中未明确规定允许的化学残留物（苯与甲苯）的浓度范围。公司一直认为，在地质剖面内未有可被视作饮用水的含水层，故不可使用澳大利亚的饮用水标准来对化学物质的残余浓度（苯的浓度下限为 1μg/kg）进行限定，但可使用《淡水和海水质量导则》（苯的浓度上限为 950μg/kg）。当然，该问题尚未被有效解决。

之前，猎豹能源公司在煤层中部署了 3 口地下水监测钻井，这些井距离气化区较近（4~10m）。84μg/kg 的读数取自 3 口钻井中的 1 口，被错误地归因于 250m 开外的 T5038 井的室内测试，并最终导致 DERM 下发了项目的关停通知。从 2010 年 7 月至今（2015 年 12 月），公司都持续监测这些钻井中的苯浓度，监测到的最高浓度只有 2μg/kg。

针对煤层中苯浓度的衰减，猎豹能源公司开展相关研究，以建立自然衰减的原理，即由于微生物活动而产生的降解作用，使苯浓度随时间的不断衰减。上述针对 Kingaroy 项目的研究进程如图 15.7 所示，其展示了与气化区相邻的 3 口井的苯衰减曲线。这些曲线都为对数衰减曲线，是理论上希望得到的曲线类型。由曲线可知，当苯浓度低于 10μg/kg 时，浓度随时间的降低速度将进一步减慢。但是，考虑到世界卫生组织的饮用水极限设定为 10μg/kg，且煤层不可能兼作饮用水层，故认为苯浓度降低至该极限值以下后，将不会对环境产生影响。

图 15.7 苯浓度衰减曲线

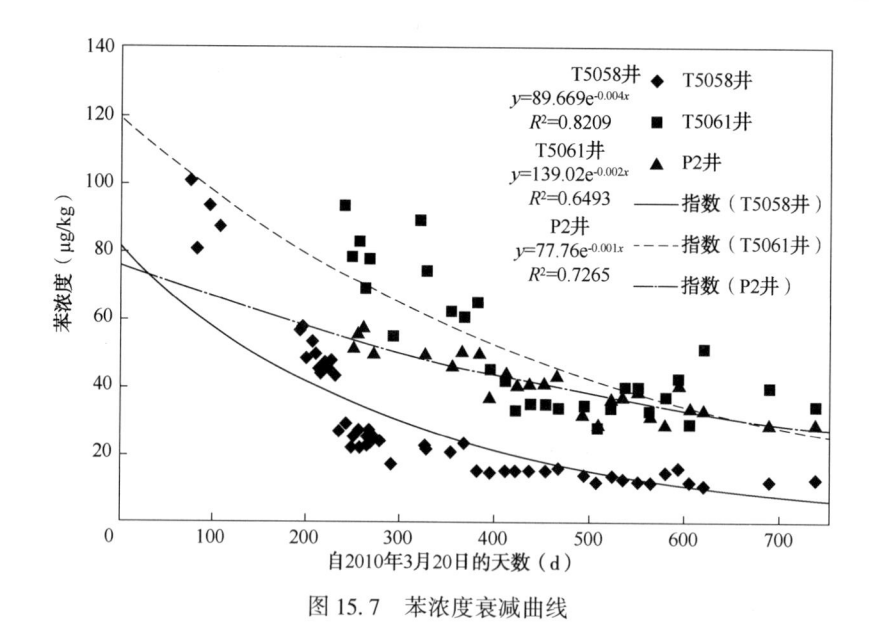

15.9 煤炭地下气化 Kingaroy 项目的结论

15.9.1 概述

Kingaroy 项目的初始概念包括分阶段地完成 400MW 发电项目的建设工作，在开始修建发电厂前，初期阶段的产气量可等价于 2~5MW 的发电量。该概念提出于 2006 年末，技术方面主要借鉴猎豹能源公司在钦奇拉项目的长期产气经验，经济分析方面的内容主要包含在猎豹能源公司初步的可行性研究报告中。后续的分析也证实了该观点（Walker，2014）。在 Kingaroy 项目的开发初期，受到昆士兰州政府的极大支持。

在 2010 年 3 月 20 日，生产井堵塞与失效前，项目仅持续产气 5 天，估计煤炭气化量约为 20t。随后，2 口监测钻井内的苯浓度为 $2\mu g/kg$，略高于监测极限 $1\mu g/kg$。当时政府认为这些数据无关紧要，但在 1 个月后的错误读数（由于实验室将水样弄混）却被政府用作项目关停的依据，尽管公司后续花费很长时间来编写报告，查明了评价井的失效原因，并介绍了采取的预防措施，但仍于事无补。

因此，猎豹能源公司发生了 200 万美元的项目直接支出（且不说其他的余部支出）。虽然猎豹能源公司与其他两个活跃在昆士兰州的 UCG 公司投入了大量资金（总投资量超 3000 万美元），但与 15 年前在钦奇拉的现场试验相比，该项目对 UCG 技术在该州的商业化推广并未获得任何进展。由 Kingaroy 项目得到的结论可划分为技术与制度问题。

15.9.2 技术问题

在影响初始目标方面，Kingaroy 项目流露出两方面的技术问题——生产井 P4 套管柱的失效与对潜在的地下水污染相关的监测、报告和补救方面准备不足。

15 煤炭地下气化技术的商业化应用与猎豹能源公司在澳大利亚昆士兰州 Kingaroy 的项目

虽然依据先前钻井施工经验可知，"三级套管"的设计较为合理，但这种设计方法增加了完井和固井程序的复杂度。虽然这些问题本可被解决，但却导致 P4 井套管处压力升高，并最终引发套管失效。P5 井和 P6 井使用的完井管柱，证实了较简单的套管柱设计的优势。失败的经验使公司提升了对套管柱系统优选的重视程度，其既需符合所钻遇的地质条件，还需满足固井的相关要求。

但是，对该项目而言，更为重要的意义在于通过地下水监测和数据解释而得到的新认识。由于公司与管理部门就地下水的指导方针尚未达成明确的共识，因此导致双方在采集到的数据解释方面存在明显分歧，即便所有的组织都认为该项目并不存在环境污染的威胁。

为避免 Kingaroy 地下水数据的使用所产生的各类问题，实用的地下水协议应包含如下内容：

（1）明确腔体附近区域开发过程中的化学反应将使其内的地下水浓度升高。

（2）在气化区附近，明确地下水监测孔内环与外环的水质触发值。

（3）明确化学物质浓度超过触发值时公司所应做的响应，包括：水质重复测量以确定变化趋势，采取补救措施或最终关停项目。

（4）相关化学组分的长期标准（例如，WHO、ANZ《淡水与海水水质指南》）。

上述要求如图 15.8 所示，具体细节由项目的实际情况来确定。

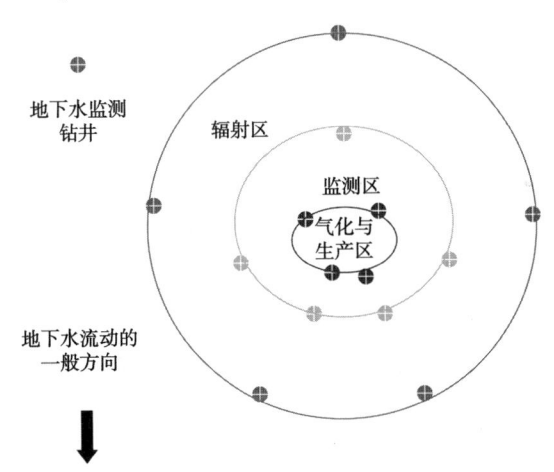

运行期间的UCG区域	概念基础	监测目的
气化与生产区	施工区域	观测水位与水质是否超过限定值
监测区	能够对相关问题进行早期报警的缓冲区	监测水质是否有明显变化，以作为相关问题的早期报警指示
相关区（由项目的边界确定）	预计不受UCG运行影响的区域	EA标准所要求的安全区域

图 15.8 地下水制度的示意图

对于苯而言，评价可接受长期浓度的出发点为：对上覆水层进行分类/分区。当水源为居民饮用水水源时，需参考饮用水的可接受浓度水平。该浓度的测量单位为克/升或十亿分之一。针对饮用水的标准，不同国家的要求不同，WHO使用10μg/kg作为极限浓度。该标准值的设定基于：假设人每天饮水2L，持续70年，其患癌概率增加十万分之一（WHO，2011）。

对于受UCG项目影响的煤层，并不将其划为含水层，评价其内苯的可接受的长期浓度难度较大。常用的参考规范为《淡水和海水质量导则》（Australian Government，2000）。依据该导则，保护95%以上物种的苯的建议触发值为950μg/kg（淡水）和700μg/kg（海水）。

由于地下水中苯的可接受浓度范围为10~950μg/kg，因此对于每一个特定的UCG现场，其苯的触发值需予以单独考虑。相关的影响因素包括：

（1）水资源位于煤层内还是其上部地层。如果位于煤层内，则在施工结束后苯浓度可能随时间不断衰减。

（2）在项目运行期内或长远来看，水资源是否正被用作或可能被用作饮用水。

（3）区域地下水水文系统。如果污染物的确会发生逸散，则需收集数据来确定其逸散的位置、逸散速度和浓度是否降低。

（4）观测到污染物的浓度与被认可的触发值之间的关系。

（5）如果观测到污染物，则需采取什么措施处理，如何处理？

通过将监测系统（图15.8）与报告及行动响应方案相结合，监管机构可建立起落实执行环境管理计划的机制，并为向利益相关方实现合规报告的公开透明打下基础。

15.9.3 制度问题

国内监管者接受UCG技术所存在的主要问题为，其准备接受别国技术经验的程度。虽然过去的经验多数处于示范水平，但许多国家得到的试验数据可被用于吸收技术的价值，并支持商业项目相关制度的制定。这可以有效避免"重复开发"的监管模式，并降低开发商的金融风险，在允许商业开发之前无须再开展示范项目（与昆士兰州的经验相一致）。

1999—2004年，政府与开发商本着合作的精神共同推进了钦奇拉示范项目，采取定期上交环境报告的方式来避免环保风险。对Kingaroy项目而言，在许多UCG公司做出多种财政承诺后，政府对UCG技术的态度于2008年末发生转变。基于如下证据，可推测政治因素引发了上述态度的变化。

（1）当CSG项目与UCG项目发生冲突时，优先发展CSG项目（2009年2月）。

（2）当时在昆士兰州的所有含煤盆地内，CSG的终端应用存在一定优势。

（3）Kingaroy一期项目（22个月）所要求的MDL的授权批准被推迟。

（4）建立专家小组来对UCG技术进行全方位的评价，以确定其是否应准许在昆士兰州推广应用（2009年10月）（尽管其在国际上被成功应用）。

（5）昆士兰州政府的技术部门与政策部门的观点不一致。技术部门接受可忽略且短期的苯浓度读数，而政策部门仅依据一个高浓度的苯读数，即提出了关停项目的建议。

对昆士兰州的UCG开发商而言，遗憾的是在昆士兰州相关部门的支持下，其诚心实意地推进其项目,但政府的政策部门却选择(2009年初)增加该州UCG行业发展的不确定性。在2016年4月政府决定在该州禁止UCG项目后,给开发商造成了巨大的技术和财政影响。

15.9.4 结论

就UCG工艺而言,Kingaroy项目的经验教训,主要与建立具有实效的政府监管制度相关,而并非特定的技术问题。相关经验结论可总结如下:

(1) 对于与钻井作业活动而言,部分井失效的情况是预料之中的。落实做好现场、健康、安全与环保方面的控制工作,这是其他行业的监管方应该学习的。

(2) 针对地下水的问题,类似于传统的采矿/化工项目,环保规则需明确施工项目的区域,同时明确其内短期可接受的污染物浓度。

(3) 规则还需明确地下水中污染物的触发值与复原浓度,同时考虑相关的化学物质及其测量位置、地下水的最终用途与复原所需的时间。

(4) 与政府准许开发的其他煤炭项目相似,在相关法规中需对UCG工艺开发煤炭资源进行明确定义,同时政府应对UCG公司进行适当支持,且公司应加深与当地社区的合作。

除了上述因素外,政府监管人员应使用已公开的大量数据,来加深对UCG工艺的学习,这也是解决许多UCG运营问题(未来UCG项目商业开发中遇到的问题)不可或缺的一部分。

参 考 文 献

Australian Government, 2000. Australian and New Zealand Guidelines for Fresh and Marine Water Quality, The Guidelines, Australian and New Zealand Environment and Conservation Council, Agriculture and Resource Management Council of Australia and New Zealand, vol. 1, pp. 3.4-6, October.

Blinderman, M. S., Fidler, S., 2003. Groundwater at the underground coal gasification site at Chinchilla, Australia. In: Proceedings of the Water in Mining Conference, Brisbane, October.

Blinderman, M. S., Jones, R. M., 2002. The Chinchilla IGCC project to date: UCG and environment. In: Gasification Technologies Conference, San Francisco, October.

Burton, E., Friedmann, J., Upadhye, R., 2006. Best practices in underground coal gasification. Contract No. W-7405-Eng-48, Lawrence Livermore National Laboratory, University of California.

Cougar Energy Ltd (renamed Moreton Resources Ltd), 2011a. AGM address and slide presentation, released to Australian Securities Exchange 28 October, p. 5.

Cougar Energy Ltd (renamed Moreton Resources Ltd), 2011b. Cougar Energy challenges Queensland Government shutdown—independent scientific panel report disputed. Presentation released to Australian Securities Exchange, 1 March 2011 (accessed 11/1/2016).

Gregg, D. W., Hill, R. W., Olness, D. U., 1976. An overview of the Soviet effort in underground gasification of coal. USERDA Contract No. W-7405-Eng-48, Lawrence Livermore Laboratory, University of California.

Queensland Government, 2009. See http:/www.services.dip.qld.gov.au (accessed 11/1/2016).

Walker, L. K., 1999. Underground coal gasification: a clean coal technology ready for development. Aust. Coal Rev. (October), 19-21.

Walker, L. K., 2014. Underground coal gasification—issues in commercialisation. Proc. Inst. Civ. Eng. Energy (November), 188-195.

Walker, L. K., Blinderman, M. S., Brun, K., 2001. An IGCC project at Chinchilla, Australia, based on underground coal gasification (UCG). In: Gasification Technologies Conference, San Francisco, October.

World Health Organisation, 2011. Guidelines for Drinking-Water Quality, fourth ed., WHO Geneva Switzerland, p. 38.

16 油页岩的地下气化

A. Reva, A. Blinderman

(Ergo Exergy 技术公司,加拿大魁北克省蒙特利尔)

16.1 概述

油页岩是一种有机成因的沉积岩,主要含有无机成分和被称为干酪根的有机质。不要混淆油页岩与致密油/气,致密油和致密气可能会出现在油页岩中,经过压裂和钻井后进行开采,但干酪根只能通过油页岩热解过程产出。

干酪根是在自然条件下由多种植物和动物物质转化而成的,形成腐殖泥和腐殖质沉积。

油页岩作为化石燃料的一种,需要研究其中泥炭、页岩和褐煤的性质(表16.1)。

表16.1 泥炭、油页岩、褐煤的化学构造对比

参数	泥炭	油页岩	褐煤
固定碳[%(干基)]	最高58	60~65	64~77
灰分(%)	5~10	50~60	15~25
水分(%)	40~50	15~20	20~35
挥发分(%)	最高70	最高90	最高40
LHV(MJ/kg)	8.38~10.47	5.87~10	10.6~15.9

油页岩为层状,大部分质地较软,沉积规模大,它可以分裂成薄片,颜色为深灰色或各种色调的棕色;如果页岩油被点燃,会产生有浓烟的火焰(Rudina 和 Serebryakov, 1988)。

油页岩的一大特点就是硬度差异较大,但莫氏硬度不超过3。有时构造会非常松散。饱和水的油页岩不会膨胀,但水会使岩石松动。

含有天然水分的油页岩颜色较深,当暴露于空气中时,它们容易出现裂缝,分裂成薄片。

在大多数情况下油页岩呈现均质特征,但可能含有相对较大的非有机岩石包裹体或含有非常少量有机物质的岩石。由于硫化物的存在和页岩中高度还原的环境,有时可以发现各种铜、锌及其他金属(硫化物)矿石。

页岩的密度由干酪根含量、页岩矿物组分、孔隙度和含水量决定。纯干酪根的密度约为 $1200kg/m^3$。

所有化石燃料(固态、液态和气态)都源于植物或动物的遗骸,统称为可燃性有机岩(源自希腊语"kaustus"可燃、"bios"生命、"lithos"岩石)。

矿物成分(非可燃性生物岩)与有机沉积物(可燃性有机岩)结合形成油页岩。生物岩组分常与矿物化合物混合。非可燃性生物岩(油页岩中存在的矿物)主要由石灰岩、白云岩、一些砂岩和通常含有大量硅酸盐的黏土组成。其中主要由石膏、磷矿、马氏体、氧化铁和黄铁矿组成。

页岩的有机成分可分为腐殖质和腐泥质可燃性有机岩两大类。

源自陆地植物的固体化石燃料被称为腐殖质(拉丁词"腐殖质"特指的是由植物分解形成的植物土壤)。腐殖质的水溶性成分很可能被冲入大海,最终形成沉积物。

在静水中形成含有微藻和浮游生物的生物化学转化产物的沉积层。这些化石的残骸形成了称为腐泥岩的固体化石燃料的沉积。

通常,油页岩的干酪根含量(纯的、无灰分的有机质含量)由不同比例的腐泥岩成分组成。根据油页岩的组成变化,区分了油页岩的主要类型(Arens,2001):

(1) 泥炭、褐煤和烟煤。
(2) 腐泥、腐泥岩、泥煤、沥青、石油。
(3) 混合类型——泥炭腐泥、褐煤腐泥和沥青腐泥。

高碳(碳酸盐)含量是波罗的海盆地油页岩的主要特征。其他沉积盆地的页岩碳酸盐岩含量为2%~12%。

同一盆地油页岩层中干酪根含量存在差异。从浅层到深层含碳量增加。干酪根中的氮通常存在于油页岩中。在某些情况下,其含量可能高达5%。硫(1%)实际上也一直是油页岩的组成部分。

爱沙尼亚油页岩(kukersite)在波罗的海盆地,该盆地位于爱沙尼亚以及俄罗斯的彼得格勒、普茨克夫和诺夫哥罗德地区。盆地面积$6×10^4 km^2$;然而,该盆地只有$1×10^4 km^2$含有商业开采的油页岩。爱沙尼亚和塔帕(Tapa)矿床产于盆地西部(图16.1)。

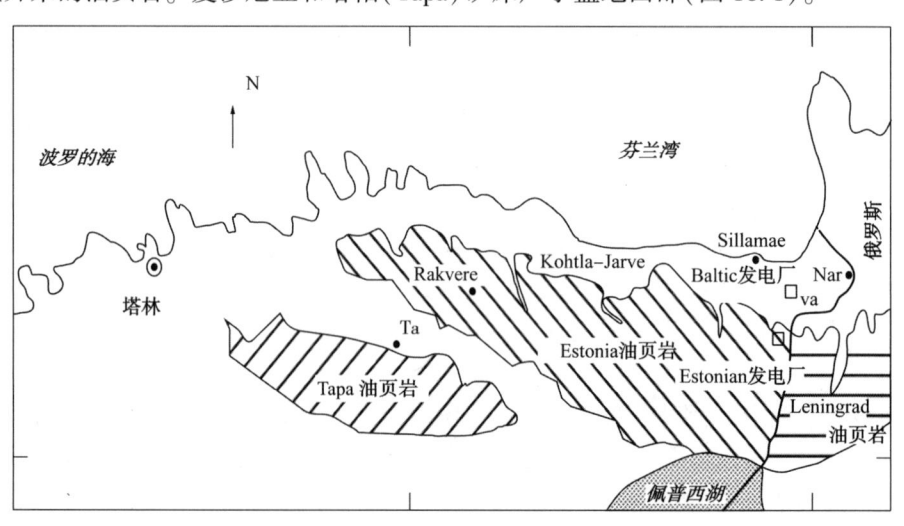

图16.1 爱沙尼亚油页岩沉积(Dyni,2006)

库克油页岩产于中奥陶统沉积物中。厚度大、分布集中、分布最稳定的区域和沿走向出现在 Kukruse 阶的下部，在那里形成了一个商业开采的油页岩层。

在爱沙尼亚的矿场正在开采一种比热容值为 7.2~9.7MJ/kg 的原矿。

图 16.2 是根据 V. V. Levikin 提供的数据绘制的爱沙尼亚油页岩多层单元开采的剖面图；表 16.2 至表 16.4 总结了它们的属性特征、有机物组成以及半焦结果。

由剖面可以看出油页岩地层从底部开始发育：

(1) 油页岩(A 层)，局部黏土含量高，含有一些沥青灰岩结核。

(2) 灰绿色的石灰岩，底部有一薄层黏土(4~5cm)。

(3) 油页岩(层 B)的颜色比油页岩层 A 浅，含有较大的沥青灰岩结核和较薄的(5~10mm)的蓝色半晶灰岩夹层。其底部含有大量的有机残渣。油页岩中存在大量的黄铁矿化带。

(4) 沥青灰岩。

(5) 油页岩(C 层)上部有大量白色石灰岩虫状痕迹；油页岩中含有大量的沥青灰岩结核。

(6) 石灰岩呈蓝灰色，分两层，致密。

(7) 油页岩(D 层)呈黄绿色，石灰岩脉非常细；该油页岩的密度($1.7g/cm^3$)大于其他层油页岩的密度($1.5g/cm^3$)。

(8) 沥青石灰岩。

(9) 油页岩(层 E)有机质含量高，重量轻，化石少。与其他层的页岩相比，页岩的颜色较浅，大多为红色。

(10) 油页岩(F 层)下部含有大量结核(高达 40%)，上部为沥青灰岩夹层。

(11) 石灰石，局部含沥青。

(12) 油页岩(层 G)。

(13) 这种致密石灰岩呈蓝灰色。

(14) 含石灰岩结核的油页岩(H 层)。

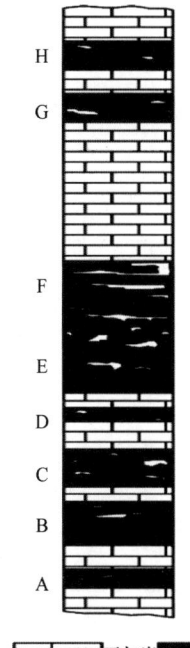

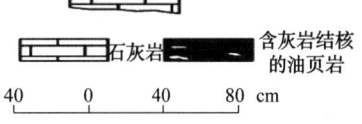

图 16.2 爱沙尼亚矿藏商业开采多层单元剖面
油页岩层用字母 A 至 H 表示

表 16.2 油页岩品质(爱沙尼亚油页岩沉积)

油页岩层	密度(t/m^3)	矿物灰分(%)	CO_2(%)	S(%)	含油量(Fischer 实验)(%)
A	1.53	40.7	10.6	0.7	55
B	1.5	37.9	13.4	1.5	69
C	1.5	44.9	10.4	0.6	66
D	1.66	54.0	12.8	0.4	56
E	1.34	30.4	8.4	0.8	66
F	1.5	37.9	11.7	0.5	66

表16.3　油页岩中有机质的最终组分

油页岩层	含量(%)		
	C	H	N+O
A	74~75	9.5	15
B	74	9.3~9.4	15~16
C	74~75	9.4~9.6	14~15
D	74	9.5~9.7	15~16
E	75	9.7~9.9	14~15
F	74	9.6~9.8	15~16
G	75~76	9.7	13~15
H	76~77	9.8~9.9	14~15

表16.4　油页岩结焦测试结果　　　　　　　　　　　　单位:%

油页岩层	水分	沥青	半焦炭	气体和损失
A	1.52	24.29	69.6	5.59
B	2.04	33.0	57.0	7.92
C	1.24	20.2	73.9	4.69
D	1.32	17.36	75	6.32
E	1.43	20.67	70.5	7.5
F	1.21	17.47	76.8	4.52
G	1.44	24.86	68.0	5.73
H	1.26	20.55	74.5	3.69
工业设备	1.39	21.63	71.39	5.29

商业开采单元由 A、B、C、D、E 和 F 层组成。

由于黏土含量高(表16.5)，Kiviyli 矿区附近没有开采 A 层。

表16.5　部分页岩沉积物中干酪根的最终组分(Pitin，1957)　　　单位:%

油页岩沉积层	C	H	N	S	O
Pushtos	56.7	5.8	0.9	—	36.4
波罗的海	59.2	6.5	2.8	—	31.5
Kenderlik	66.5	7.8	1.8	—	24.6
Tereglitau	66.0	7.8	—	2.4	23.1
Baysunsky	68.0	7.7	—	2.3	21.0
Pulkovo	68.2	6.6	2.2	2.4	20.5
Dergunovsky	70.4	8.4	—	7.4	13.8

续表

油页岩沉积层	C	H	N	S	O
Torbanit	75.3	10.5	—	—	14.2
Gdovsky	75.5	8.5	0.9	1.8	13.2
Weimar	75.8	9.1	—	1.5	13.6
Green River(美国)	80.5	10.3	2.4	1.0	5.8

16.2 国际油页岩分类

油页岩根据其地质性质，可分为含碳酸盐油页岩、硅质页岩以及碳质含量较高的油页岩，俗称粗油页岩。

16.2.1 碳酸盐油页岩

一些高阶油页岩含有大量的碳酸盐矿物。细粒方解石和白云石是油页岩形成时可能析出的主要矿物成分；然而，其中一些可能是在残留有机质发生变化后形成的。Milton 在怀俄明州和犹他州始新统绿河油页岩层的油页岩和泥灰岩中发现了 20 多种富含碳酸盐岩的矿物。

特别有价值的是油页岩的湖相沉积。含有大量有机物质的油页岩层与以碳酸盐为主的部分交互层。

一般来说，这些油页岩沉积物非常坚固，承受住了大气和机械力的侵蚀，使这些用于商业用途的固体燃料的粉碎和制备更加复杂。

16.2.2 硅质页岩

碳酸盐矿物含量低的油页岩可以含有碎屑矿物(石英、长石和黏土)作为其主要有机成分，但硅质石灰岩或蛋白石并不罕见，有些作为硅藻化石及其他化石。硅质油页岩一般呈深褐色或黑色，与富含碳酸盐的油页岩相比，其抵抗压应力能力较差。一些中生界和古近—新近系沉积物中含有大量的页岩油，而古近—新近系沉积物中含有少量的原油。压实变形过程可能导致液体组分运移和硅质页岩的脱挥发分作用。

16.2.3 粗油页岩

碳质页岩(也称为粗油页岩)燃烧时火焰明亮，由完全包裹矿物颗粒的有机物质组成。这些岩石通常被分类为半碳化页岩、藻煤页岩和形成于古代海底的煤页岩。这些页岩主要由海藻遗骸组成，通常含有大量的矿物成分，因此被排除在商业煤的范畴之外。碳质页岩的颜色一般为深褐色或黑色。在正常焦化条件下，相当比例的有机质转化为页岩油，油页岩半焦残留在岩石基质中(Lee，1991)。

另一种油页岩分类方法是由 A. C. Hutton 建立的。Hutton 提出了一种主要基于有机质来源的油页岩分类方法。这一分类有助于将油页岩中不同类型的有机物质与油页岩中烃的化学成分进行比较。Hutton(1991)将页岩分为腐殖煤、含沥青岩和油页岩三大类有机富集沉积岩。他进一步根据沉积背景将油页岩划分为陆相、湖相和海相三类。此外，Hutton 还确定了6种特定类型的油页岩，即粗油页岩、湖成油页岩、海相油页岩、藻类油页岩、塔斯曼油页岩和库克油页岩(图16.3)。

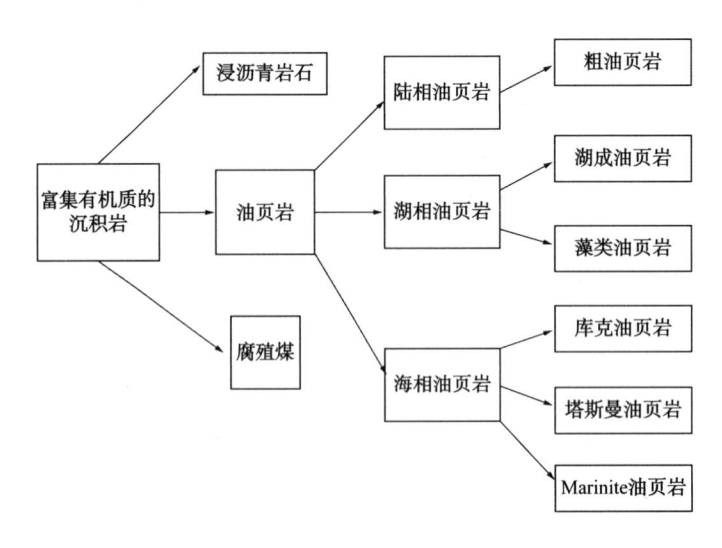

图 16.3 基于 A.C. Hutton 的油页岩分类(Dyni，2006)

为了 UCG 的研究，通常使用原苏联建立的煤的分类标准。在讨论油页岩时，使用了 Arens 著作中引用的基于干酪根含量的油页岩分布。

Dobryansky 油页岩分类是基于元素组成(碳、氢、氧、氮和硫)，所有页岩都被分成具有以下性质的几个组：

(1) 第一类：含碳量达60%的页岩；氢含量高达7.3%；焦化过程中焦油的产率可达25%，热解水的产率可达18%~40%，焦炭的产率可达28%~40%。这类油页岩含氮量高。发热量为24~26MJ/kg。

(2) 第二类：含碳量为60%~65%，含氢量为7.3%~7.8%，含氮化合物的页岩。焦油产率25%~35%，热解水为15%~18%，焦炭为22%~28%。发热量为26~28.5MJ/kg。

(3) 第三类：碳含量65%~75%，氢含量7%~8.3%。焦油产率35%~45%，热解水10%~15%，焦炭18%~22%。

(4) 第四类：高碳化油页岩。碳含量70%~75%，氢含量8.3%~8.9%。焦油产率45%~47%，热解水产率7%~10%。发热量为31.5~35.5MJ/kg。

(5) 第五类：碳含量75%~80%，氢含量9%~9.3%。焦油产量增加到67%，有时更高；热解水低于7%，页岩炭产量为8%~13%。发热量为35.5~38.5MJ/kg。

表16.6总结了上述5类油页岩的性质。

由 A.F. Dobryansky 建立的上述油页岩分类根据油页岩干酪根的元素组成确定。然而值得注意的是，这种元素组分并不能完全反映油页岩的化学和与工艺有关的性质。此外，碳含量和氢含量之间的直接相关性并不总是存在。另外一个参数是焦油收率。

I.M. Ozerov 及他同事建立了最通用的油页岩商业分类(表16.7)。

16 油页岩的地下气化

表 16.6 油页岩分类

油页岩分类	C(%)	H(%)	焦油(%)	热解水(%)	煤焦(%)	Q(MJ/kg)
第一类	<60	<7.3	<25	18~40	28~40	24~26
第二类	60~65	7.3~7.8	25~35	15~18	22~28	28.5
第三类	65~75	7.0~8.3	35~45	10~15	18~22	N/A
第四类	70~75	8.3~8.9	45~47	7~10	N/A	31.5~35.5
第五类	75~80	9~9.3	67	<7	8~13	35.5~38.5

注：依据 Dobryansky 数据编制。

表 16.7 另一种油页岩分类方法

成因类型	类别 Q_O^C(kJ/kg)	子类	组 T/Q_6^C	子群	类型	变化	相关组分	主要商业应用
腐泥	高 CV 值 12500	高焦油含量；焦油产率与干酪根大于 50% 有关，与油页岩相关的在 30% 以上；低灰分（最高 6%）	1.42	叶状体藻类体叶状体胶磷灰石	碳酸盐（CaO+MgO 20%）碳酸盐铝硅酸盐（CaO+MgO 10%~20%）	低硫 S_t^d = 2% 或更少	稀土和微量元素的浓度升高，商业化合物，钾、钠、钙、磷等	化学（气体、化工产品），燃料（加热和电、液体燃料）
腐泥腐殖质	中等热值 8400~12500	中焦油含量；焦油产量与干酪根 40%~50% 有关，与油页岩有关的在 10% 以上；灰分 61%~70%	1.2~4.2	叶状体藻类体腐殖质钠质假镜质岩—胶藻灰岩	铝硅酸盐（CaO+MgO >10%）	中硫 S_t^d = 2%~4%		建筑和水泥材料的原材料
腐殖—腐泥型	低热值 6300~8400	低焦油含量；与干酪根有关的焦油产率为 30%~40%，与油页岩相关的在 30% 以上；高含灰量（>70%）	1.2	镜质组山梨醇正长岩、胶藻土	硅酸盐（$SiO_2+Al_2O_3$ >70%）	硫 S_t^d > 4%		化学燃料（天然气、化工产品）（液体燃料）

分类参数如下：

（1）油页岩的类型是由其成因、子类和半焦/焦油产量决定的。它决定了油页岩的商业应用。

（2）根据半焦/焦油产量与热值的比值 T/Q_c，油页岩中有机物质的岩石学成分确定组分。它取决于原始组分的来源，影响其微量元素含量的转化程度和干酪根的化学性质。

（3）页岩的类型取决于灰分的含量，特别是碱土金属（CaO+MgO）的碳酸盐含量，这是在页岩燃烧和热处理过程中形成的。这个参数将决定灰分的应用类型。

油页岩可分为以下几种类型：

（1）（CaO+MgO）%；
（2）碳酸盐（c）>20；
（3）碳酸盐—铝硅酸盐（b）19-10；
（4）铝硅酸盐（a）<10。

油页岩的种类由硫的质量分数确定。

油页岩的性质表示为类号、组和类型。为此，使用了一个分类图，其中所有油页岩被细分为 6 类（Glushchenko，1990）。

波罗的海页岩，具有以下性质：Q^c = 12600kJ/kg，T = 22%，$\dfrac{T}{Q^c}$ = 1.75，25%灰分中含有 CaO+MgO。该油页岩的编号为 3.5b。

16.3 油页岩资源

世界上许多地方都有油页岩矿床（Dyni，2006）。这些沉积物的年龄从寒武纪到古近—新近纪不等。它们形成于各种海洋、大陆和湖泊沉积环境中。已知最大的油页岩矿床是美国西部的绿河储层；绿色油页岩层的页岩油资源总量估计为 $2130×10^8$t（$1.5×10^{12}$bbl）。

33 个国家（表 16.8）的油页岩总储量估计约为 $4090×10^8$t，相当于 2.8 万亿美元的页岩油储量。这些只是近似数量，因为若干矿床没有得到广泛的研究，因此无法做出准确的估计，而有些矿床没有列入本总结中。

表 16.8 部分油页岩矿床的原位页岩油资源

国家、地区和矿床[①]	年代[②]	原始页岩油资源量[③]（10^6bbl）	原始页岩油资源量[③]（10^6t）	评估时间[④]	数据来源
阿根廷		400	57	1962 年	
亚美尼亚					
阿拉莫斯	T	305	44	1994 年	Pierce 等（1994）[⑤]
澳大利亚					
新南威尔士州	P	40	6	1987 年	Crisp 等（1987）
昆士兰	P	80	1	1987 年	Matheson（1987）[⑥]
阿尔法	T	249	36	1999 年	Wright（1999，学术论文交流）[⑥]
Byfield	T	9700	1388	1999 年	Wright（1999，学术论文交流）[⑥]

续表

国家、地区和矿床①	年代②	原始页岩油资源量③ (10^6bbl)	原始页岩油资源量③ (10^6t)	评估时间④	数据来源
Condor	T	4100	587	1999 年	Wright(1999,学术论文交流)⑥
Duaringa(上部地层单元)	T	1530	219	1999 年	Wright(1999,学术论文交流)⑥
Herbert Creek 盆地	K	1700	243	1999 年	Wright(1999,学术论文交流)⑥
Julia Creek	T	740	106	1999 年	Wright(1999,学术论文交流)⑥
Lowmead	T	72	10	1999 年	Wright(1999,学术论文交流)⑥
Mt. Coolon	T	3170	154	1999 年	Wright(1999,学术论文交流)⑥
Nagoorin 盆地	T	2600	372	1999 年	Wright(1999,学术论文交流)⑥
Rundle	T	3000	429	1999 年	Wright(1999,学术论文交流)⑥
Stuart	T	4100	587	1999 年	Wright(1999,学术论文交流)⑦
Yaamba	T_R	600	86	1999 年	Wright(1999,学术论文交流)⑥
南澳大利亚州	P	48	7	1987 年	Crisp 等(1987)
Leigh Creek					
Tasmania					
Mersey River					
奥地利		8	1	1974 年	
白俄罗斯					
Pripyat 盆地	D	6988	1000		
巴西					
Iratí Formation	P	80000	11448	1994 年	Afonso 等(1994)
Paraíba Valley	T	2000	286	1969 年	Padula(1969)
保加利亚		125	18	1962 年	
加拿大					
Manitoba-Saskatchewan	K	1250	191	1981 年	Macauley(1981,1984a,1984b,1986)⑧
Favel-Boyne Formations	P-IP	1174	168	1989 年	Smith 等(1989)⑧
Nova Scotia	M	531	76	1990 年	Smith 和 Naylor(1990)
Stellarton 盆地	M	269	38	1988 年	Ball 和 Macauley(1988)
Antigonish 盆地	M	14	2	1988 年	Ball 和 Macauley(1988)
New Brunswick	M	3	0.4	1988 年	Ball 和 Macauley(1988)
Albert Mines	M	?	?	1984 年	Hyde(1984)⑨

续表

国家、地区和矿床①	年代②	原始页岩油资源量③ (10^6bbl)	原始页岩油资源量③ (10^6t)	评估时间④	数据来源
Dover	O	?	?	1988 年	Davies 和 Nassichuk(1988)⑩
Rosevale	D	12000	1717	1986 年	Macauley(1986)
Newfoundland		?	?	1986 年	Macauley(1986)
Deer Lake 盆地					
Nunavut					
Sverdrup 盆地					
Ontario					
Collingwood 页岩					
Kettle Point Fm					
智利		21	3	1936 年	
中国		16000	(2290)	1985 年	Du 和 Nuttall(1985)⑪
茂名	T	(2271)	(325)	1988 年	Guo-Quan(1988)
抚顺	T	(127)	(18)	1990 年	Johnson(1990)
刚果共和国		100000	14310	1958 年	
埃及					
Safaga-Quseir 区域	K	4500	644	1984 年	Troger(1984)
Abu Tartur 区域	K	1200	172	1984 年	Troger(1984)
爱沙尼亚	O	3900	594	1998 年	Kattai 和 Lokk(1998)⑫
Dictyonema 页岩	O	12386	1900		
法国		7000	1002	1978 年	
德国		2000	286	1965 年	
匈牙利		56	8	1995 年	Pápay(1998)⑬
伊拉克					可能很大
Yarmouk	K	?	?	1999 年	参见约旦
以色列		4000	550	1982 年	Minster 和 Shirav(1982)⑭
意大利		10000	1431	1979 年	
西西里		63000	9015	1978 年	
约旦					
Attarat Umm Ghudran	K	8103	1243	1997 年	Jaber 等(1997)⑮

续表

国家、地区和矿床①	年代②	原始页岩油资源量③ (10^6bbl)	原始页岩油资源量③ (10^6t)	评估时间④	数据来源
El Lajjun	K	821	126	1997 年	Jaber 等(1997)⑮
Juref ed Darawish	K	3325	510	1997 年	Jaber 等(1997)⑮
Sultani	K	482	74	1997 年	Jaber 等(1997)⑮
Wadi Maghar	K	1409	2149	1997 年	Jaber 等(1997)⑮
Wadi Thamad	K	7432	1140	1997 年	Jaber 等(1997)⑮
Yarmouk	K		大	1999 年	Minster(1999)⑯
哈萨克斯坦					
Kenderlyk field		2837	400	1996 年	Yefimov(1996)⑰
Luxembourg	J	675	97	1993 年	Robl 等(1993)
Madagascar		32	5	1974 年	
蒙古					
Khoot	J	294	42	2001 年	Avid 和 Purevsuren(2001)
摩洛哥					
Timahdit	K	11236	1719	1984 年	Bouchta(1984)⑱
Tarfaya Zone R	K	42145	6448	1984 年	Bouchta(1984)⑱
缅甸		2000	286	1924 年	
新西兰		19	3	1976 年	
波兰		48	7	1974 年	
俄罗斯					
St. Petersburg kukersite	O	25157	3600		
Timano-Petchorsk 盆地	J	3494	500		
Vychegodsk 盆地	J	19580	2800		
Central 盆地	?	70	10		
Volga 盆地	?	31447	4500		
Turgai 和 Nizheiljisk deposit	?	210	30		
Olenyok 盆地	ϵ	167715	24000		
其他矿床		210	30		
南非		130	19	1937 年	
西班牙		280	40	1958 年	

续表

国家、地区和矿床①	年代②	原始页岩油资源量③ (10^6 bbl)	原始页岩油资源量③ (10^6 t)	评估时间④	数据来源
瑞典					
Narke	∈	594	85	1985 年	Andersson 等(1985)
Ostergotland	∈	2795	400	1985 年	Andersson 等(1985)
Vastergotland	∈	1537	220	1985 年	Andersson 等(1985)
Oland	∈	1188	170	1985 年	Andersson 等(1985)
泰国					
矿床和(地区)	T	6400	916	1988 年	Vanichseni 等(1988)
Mae Sot(Tak)	T	1		1988 年	Vanichseni 等(1988)
Li(Lampoon)					
土库曼斯坦和乌兹别克斯坦					
Amudarja 盆地⑲	P	7687	1100		
土耳其					
矿床和(地区)	T	35	5	1993 年	Güleç 和 Önen(1993)㉙
Bahcecik(Izmit)	T	398	57	1995 年	Sener 等(1995)
Beypazari(Ankara)	T	28	4	1993 年	Güleç 和 Önen(1993)
Burhaniye(Bahkesir)	T	126	18	1993 年	Güleç 和 Önen(1993)
Gölpazari(Bilecik)	T	804	115	1995 年	Sener 等(1995)
Göynük(Bolu)	T	203	29	1995 年	Sener 等(1995)
Hatildag(Bolu)	T	349	50	1995 年	Sener 等(1995)
Seyitöomer(Kütahya)	T	42	6	1993 年	Güleç 和 Önen(1993)
Ulukisla(Nigde)					
乌克兰					
Boltysh 矿床		4193	600	1988 年	Tsherepovski
美国					
Eastern Devonian 页岩	D	189000	27000	1980 年	Matthews 等(1980)㉑
Green River Fm	T	1466000	213000	1999 年	这个报告
Phosphoria Fm	P	250000	35775	1980 年	Smith(1980)

续表

国家、地区和矿床①	年代②	原始页岩油资源量③ (10^6bbl)	原始页岩油资源量③ (10^6t)	评估时间④	数据来源
Heath Fm	M	180000	25758	1980 年	Smith(1980)
Elko Fm	T	228	33	1983 年	Moore 等(1983)
乌兹别克斯坦					
Kyzylkum 盆地		8386	1200		
合计(四舍五入)		2826000	409000		

① 表中的资源按国家、按字母顺序列出。对于某些国家,矿场列在州或省下面。

② 已知的矿床年龄由以下符号表示:ϵ,寒武纪;O,奥陶纪;D,泥盆纪;M,密西西比纪(早石炭纪);IP,宾夕法尼亚纪(晚石炭纪);P,二叠纪;TR,三叠纪;J,侏罗纪;K,白垩纪;T,古近—新近纪。

③ 页岩油资源以美国桶(bbl)和吨(t)为单位。粗体类型的资源编号来自引用;非粗体类型的关联编号是为此表计算的。在一些情况下,括号中的资源编号包含在国家的总资源编号中。为了根据体积数据确定资源量,有必要了解页岩油的密度。在某些情况下,原参考中给出了该值;如果没有,则假定密度为 $0.910g/cm^3$。

④ "评估时间"是源引用的发布时间。如果没有列出矿床的参考,则资源数据来自 Russell(1990)。表中仍然列出了一些未给出资源编号的矿床,因为它们被认为具有很大的规模。

⑤ 假设 7 层油页岩总厚度为 14m(面积 22km²),平均油页岩体积密度为 $2.364g/cm^3$,然后估算资源量。

⑥ 假设页岩油密度为 $0.910g/cm^3$。Matheson(1987)提供的资源数据通过 Bruce Wright 博士于 1999 年 3 月 29 日与 J. L. Qian 教授的个人交流进行了补充。

⑦ McFarlane(1984)将 Yaamba 矿床定为 $29.2×10^8$bbl 页岩油。

⑧ 假设页岩油密度为 $0.910g/cm^3$。

⑨ 盆地西侧大部分未勘探,可能含有油页岩矿床。

⑩ 在 Sverdrup 盆地的几个地区,下石炭统 Emma Fiord 组中发现了富含褐藻岩的油页岩。在 Ellesmere 岛上,页岩在地热条件下过度成熟,但在 Devon 岛上,油页岩从未成熟到将要成熟。

⑪ 中国的油页岩资源总量由 Du 和 Nuttall(1985)给出。

⑫ 使用 10%(质量分数)的页岩油产量和 $0.968g/cm^3$ 的页岩油密度计算资源桶(Yefimov 等,1997)。Kogerman(1997)给出了爱沙尼亚 Kukersite 的石油产量范围为 12%~18%(质量分数)。

⑬ 假设页岩油产量为 8%(质量分数),页岩油密度为 $0.910g/cm^3$。

⑭ Fainberg 和 Hetsroni(1996)估计以色列的油页岩储量为 $120×10^8$t,相当于 $6×10^8$t 页岩油。

⑮ 假设页岩油密度为 $0.968g/cm^3$。

⑯ 油页岩矿床位于几百平方千米以下,厚度达 400m(Minster,1999)。

⑰ 假设页岩油密度为 $0.900g/cm^3$。

⑱ 假设页岩油密度为 $0.970g/cm^3$。西方石油公司对 Timahdit 资源进行了估算,Bouchta 对 Tarfaya 资源进行了估算;这两个估算的细节在 Bouchta(1984)中。

⑲ 阿姆河盆地横跨土库曼斯坦和乌兹别克斯坦边境。

⑳ Gülec 和 Önen(1993)报告了 7 个矿床中的 $5.196×10^8$t 油页岩,但没有页岩油数量。Graham 等(1993)估计英国油页岩资源约 $90×10^8$t 油页岩。Sener 等(1995)报告了 4 个土耳其矿床中油页岩资源约为 $18.65×10^8$t 油页岩。

㉑ Matthews 等(1980)估计的泥盆纪油页岩资源是基于加氢蒸馏分析。为了使这些结果与本表中的其他资源数据兼容,这些数据主要基于 Fischer 分析,Matthews 等(1980)给出的资源数量减少了 64%。

独联体国家和波罗的海沿岸国家的油页岩矿藏有 50 个，商业上可开采的油页岩储量至少为 $1950×10^8 t$(其中 $585×10^8 t$ 是有条件开采的)。预测(推断)油页岩资源超过 $3000×10^8 t$。世界各地发现的油页岩资源含油量最高(从 13%到 25%)，而含硫量同样最高。焦油含量最高的是伏尔加矿床，如 Kashpirskoye 矿床(硫含量 5.3%)。

在西伯利亚(奥勒内克河流域)、哈萨克斯坦(Obshesyrtovskoye)、中伏尔加(Kashpirskoye)、乌克兰(Boltyshskoye 和 Zakarpattya 的硅乳石油页岩)以及白俄罗斯(Lubanskoye 和 Turovskoye)都发现了大的油页岩矿床。

在波罗的海沿岸国家发现的油页岩具有最好的品质和经济可采性。

大多数油页岩盆地和油页岩矿床还没有得到广泛的研究，这就是世界油页岩资源数据存在很大矛盾的原因。大约一半的潜在页岩油资源(20%)属于美国，其余分布在巴西(20%)、独联体和波罗的海沿岸国家(10%)、中国和澳大利亚(各 5%)、摩洛哥(2.5%)、加拿大(2%)等国。储量最大的矿床位于西半球，其中探明储量最大的是绿河矿场(美国)和 Irati 矿场(巴西)。世界页岩油潜在资源分布情况见表 16.8。

油页岩作为一种固体燃料，也应被认为是天然气的沉积物，即所谓的页岩气。页岩气的开发具有悠久的历史。早在 1821 年，美国就开始了页岩气生产。Tom Ward 和 George Mitchell 是美国首批扩大页岩气开发的创新者之一。页岩气是从页岩中提取的。页岩气主要由甲烷组成。沉积岩中蕴藏的天然气资源总量不大。目前主要的挑战是如何开采页岩气资源。水力压裂是一项涉及页岩气开发的技术。水力压裂的本质是先钻井的垂直段，然后造斜钻水平段。下一阶段是通过高达 1500bar 注入压力将压裂液注入页岩中来实现的。这个过程使岩层破裂，从而释放出天然气。水力压裂完成后，注入砂粒支撑剂来支撑裂缝，从裂缝中开采天然气。除了页岩气外，还有页岩油需要考虑。然而，页岩气实际上可以成为一股颠覆世界能源平衡的力量。

16.4 油页岩利用方法

以下是作为固体燃料开发油页岩的方法。开采方法的选择是由油页岩层在地表以下的深度决定的。

露天开采是一种经济有效的解决方案。它对矿工的危害很小，甚至没有。但露天开采对环境是有害的，在这片土地上留下了不可磨灭的印记。

地下开采的资本密集度更高，对人员安全的威胁也更大。但它对环境的破坏较小。这种开采方法保留了覆盖层。然而，在地下开采过程中，硬岩矿山废弃物在地表堆积，易受风雨侵蚀。

露天开采和地下开采都需要大量的资金和劳动力。

大多数矿床的就地开发在经济上是不可行的，因此人们对利用 UCG 或焦化进行就地土工技术处理的兴趣更大。

在利用现有的采矿方法时，很难在不损害环境的情况下提高生产力和降低成本。

岩土采矿技术正引起更大的兴趣，因为它们不会将废石带出地表。岩土工程被理解为一套化学、物理化学、生物化学和微生物学的原位采矿方法。与传统采矿方法相比，岩土方法具有以下优点：采矿作业通过井进行；工质（发热剂、溶剂）是采矿的主要手段；消除了破坏环境下的繁重工作（从地面进行过程控制）；自然资源的加工一般是就地进行的。

岩土工程方法包括钻孔水力采矿、地下冶炼、地下煤气化和蒸馏/升华等。

在露天开采和地下开采油页岩的主要用途有：发电（火电厂的燃料）；能源和加工（为热电厂生产液体和气体燃料）；热能及化工产品（经过加工后部分生产化工产品及电厂原料）。

在20世纪70年代和80年代，60%的油页岩被用作发电的原料；然而，油页岩作为燃料具有热值低、灰分高的固有缺点。

油页岩的加工过程是基于它的特性，即当加热产生比其他任何燃料更多的高级液体和气体产品。焦油和煤气不仅是高热值燃料，而且是制造化工产品（乙醇、氨、氯仿、燃料油、汽油、煤油、酚类等）的化学原料。

油页岩加热过程中发生的热化学反应一般具有正的热平衡（从一定的初始加热温度开始）；因此，越来越多的初始产物参与到反应中，直到被消耗掉。反应产物的比例及其质量不仅取决于原组分的组成，而且还取决于它发生转化的条件。因此，通过改变外部影响参数，可以得到比例和质量不同的最终产品。

油页岩加工技术有两种基本类型：气化［把有机成分的固体或液体燃料在高温下转换为液态和气态的碳氢化合物和一个氧化剂（氧气、空气、水蒸气、二氧化碳或一些混合物）］及用各种方法（气化炉、燃烧室和固体传热剂的炉灶）干馏（包括缺氧下加热矿物燃料的固体颗粒）。例如，自1948年以来，在爱沙尼亚的 Kohtla-Järve 进行了石油页岩的地面气化，生产出的页岩气的热值为 $16750J/m^3$。生产 $1000m^3$ 的天然气需要 3.29t 油页岩（Arens，2001）。

与生产家用天然气一样，爱沙尼亚和彼得格勒地区的油页岩加工厂也生产液体燃料、铁路枕木涂层用油、电极焦炭、页岩清漆、酚类等产品。矿渣被用作农业肥料的添加剂。

气体脱硫是用砷化合物进行的。采用该方法生产了单质硫和硫代硫酸钠。

随着露天矿开发方法的实施，掌握油页岩层、燃气，甚至液体产品的原地技术具有重要的现实意义。

油页岩干馏是油页岩原位转化为气态和液态产物的热化学过程。

地下油页岩气化依赖于注入含氧剂时发生的一系列过程，油页岩层中的高温环境主要由放热反应维持。通过注入空气中的氧气与油页岩中的有机物质发生化学反应，得到了气化产物。

原位干馏包括在不接触空气的情况下在矿床内进行的一系列工艺过程，并在油页岩层中注入化学惰性传热剂，以确保温度剖面保持较高；碳氢化合物主要是热解的产物，而不是油页岩中有机物与氧的化学反应的产物。

原位干馏在本质上非常类似于煤炭地下气化。

然而，这两种工艺之间存在着明显的差异，这是由于煤和页岩的化学成分不同造成的。

美国的地质条件非常有利于油页岩的原位热处理(Rudina 和 Serebryakov, 1988)。例如，科罗拉多州 Piceance Creek 盆地的油页岩层最大厚度为600m，犹他州 Uinta 盆地的油页岩层总厚度为300m。具有稳定分布和高质量的油页岩层(实验室测量的焦油产率高达11.4%)大于60m。

改进的油页岩原位热处理方法是油页岩原位热处理最有前途的方法之一。改进的原位方法的实质是利用地下开采(20%~40%的油页岩采用这种原位技术处理)和爆炸压裂相结合，有效地将剩余油页岩层磨碎，形成油页岩处理的原位干馏。

自1972年起，西方石油公司在皮切斯河盆地进行了现场试验，为油页岩就地处理技术的发展做出了重大贡献。在此基础上，开发了工业级油页岩原位加工技术；然而，该技术尚未在商业规模上得到应用。

在450m深的地层中，设计了60m×60m×10m尺寸的原位油页岩干馏井网。相邻干馏床之间的天然墙体厚度为9~15m。在不同的蒸馏组中依次进行处理。图16.4为现场油页岩原位干馏的示意图。

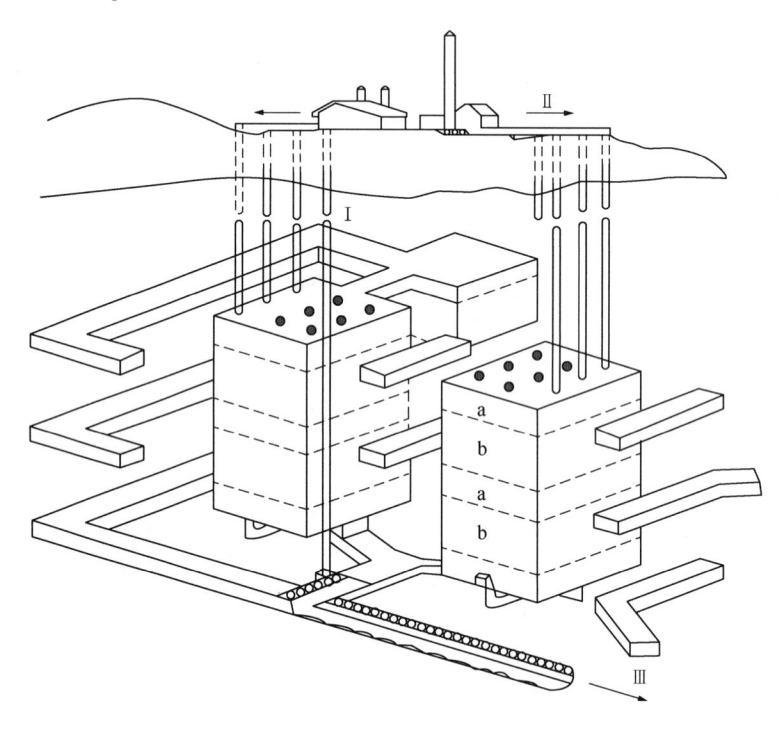

图16.4　原位干馏示意图
Ⅰ—气化床气体；Ⅱ—水蒸气/空气混合物；Ⅲ—焦油/水的冷凝物

第一阶段是通过注入油页岩燃料来处理油页岩的可燃性。在温度上升到480℃使得干酪根热裂解后，停止从外部注入燃料，并将空气和水蒸气的混合物送入干馏床。热分解所需热量的优势来自加工过程中页岩中残余碳的燃烧，而其余热量来自工艺过程中产生的气体的再循环。燃烧前缘沿垂直方向的推进速度由喷射的空气量决定，平均为0.3m/d。焦油蒸气通过油页岩团块迁移并冷凝，冷凝液向下流入干馏床的底部并泵送至表面。气体通过单独的管道升到地面。

被采到地面的油页岩在地面处理设施中进行处理。除技术考虑外，油页岩就地处理与地面处理的比例还取决于油页岩的质量：在 A 段中，油页岩的焦油产率（高达 12.7%）高于 B 段；在 B 段中，这里的油页岩计划原位处理（焦油收率低于 10%）。

与煤相比，油页岩具有较高的灰分含量和无灰有机质部分，而无灰组分（干酪根）是 2/3 的挥发性碳氢化合物，因此在油页岩气化过程中，当油页岩受热时，极低比例的油页岩物质参与燃烧（像焦炭一样的残渣），挥发性物质与气体一起带出。此外，油页岩含有大量的束缚（高温）水，这会进一步降低燃烧温度。

16.5　油页岩地下气化实例介绍

地下油页岩气化介于煤的地下气化和原油的原位燃烧之间。

油页岩原位气化工艺流程分为以下几个阶段：

(1) 现场预调试（储层准备工作）。

(2) 油页岩层点火。

(3) 油页岩气化。

(4) 捕获产品气体和蒸汽冷凝液。

(5) 将气化产品处理至要求的水平。

早在 1910 年，美国就进行了油页岩原位气化和干馏的首次试验。1958—1959 年，在德国进行了 Württemberg 油页岩原位气化的半商业试验，类似于苏联科学院化石燃料研究所在波罗的海地区进行的试验。由于油页岩质量较低，仅含 3.5%~4.5% 的焦油，因此产生了热值低于 1930kJ/m³ 的天然气。

自 1974 年以来，能源危机对美国在这一领域的进一步发展起到了关键作用。由于从油页岩加工的液体燃料的成本仍然远远超过传统原油的成本，因此这些活动的规模不会超出半商业范围。从那时起，地下气化技术的各种改造应用（主要在美国）的数量有所增加。

荷兰皇家壳牌公司在油页岩原地开发历史上占有特殊的地位。壳牌在油页岩领域拥有约 200 项专利。然而，目前还没有关于这些专利大规模试验或商业部署的信息。

固体燃料原位处理技术的发展加大了对其性质进行调查的需要，这些性质在原位处理过程中起着关键作用，例如，储层厚度、储层深度、灰分量、含硫量及油页岩层序中存在的颗粒和厚度。

沉积物中液体和气体的移动对固体燃料原位处理及其结果的管理和控制具有重大影响。

用于原位处理的固体化石燃料的研究应包括确定气体和液体移动介质的特性。气体或流体通过介质的最重要的特性之一是渗透率，即多孔介质传输液体和气体的能力。

20 世纪 50 年代，苏联科学院化石燃料研究所（IFFAS）在爱沙尼亚的 Kiviyli 工厂进行了油页岩原位处理研究。在 Kiviyli 油页岩加工厂进行的油页岩原位处理工业试验之前，设计在接近自然条件下油页岩固体块加热的试验。

油页岩渗透率的第一个实验研究，当库克孜油页岩样品加热到 200~400℃ 时，它的渗透率显著增加。

当温度达到500℃时,平行于层理面的油页岩样品的渗透率增加了数千倍。

固体燃料原位处理的一个显著特点是其非平稳性。随着时间的推移,沉积物中某一点的温度和成分会发生变化,材料的结构和渗透率也会发生变化。

需要进行实验研究,以获得沉积材料渗透率随温度变化的数据。根据这一目标,苏联科学院化石燃料研究所开展了库克思特页岩渗透率研究。

从 Leybenzon 方程出发,对于稳态一维气体流动和等温条件下的气体质量流量,得到了确定样品渗透率的表达式:

$$K = \frac{\mu Q L}{F(p_1 - p_2)}$$

式中, μ 为气体的黏度, mPa·s; Q 为气体的体积流量, cm³/s, 修正为平均压力 $\bar{p} = \frac{p_1 + p_2}{2}$; L 为样品长度, cm; F 为样品横截面面积, cm²; p_1 和 p_2 分别为进口端绝对压力和出口端绝对压力, bar; K 是渗透率, D。

上述公式仅在线性渗透率条件下有效。

为了测定油页岩样品的渗透率,使用了氮气。知道实验温度后,可以很容易地从相应的参考表中获得氮气的动力黏度。

采用圆柱形油页岩样品,通过测量样品尺寸确定样品长度(L)和横截面面积(F)。

制备油页岩样品,并将其固定在内径略大于样品直径的圆柱形筒中。样品侧面与药筒内壁之间的环形间隙用伍德合金填充,如图 16.5 所示。

为了测定样品的渗透率,在给定的压降下测量实验过程中的气体流量。

渗透率测试装置如图 16.6 所示。氮气通过减压器从气缸输送到缓冲罐。将装有样品的样品筒夹在渗透率测试装置的框架上,氮气从缓冲罐中通过样品。然后把氮气收集到一个容器中,将水置换到一个量筒中。在整个容器内保持大气压力。用压力计测量样品前面

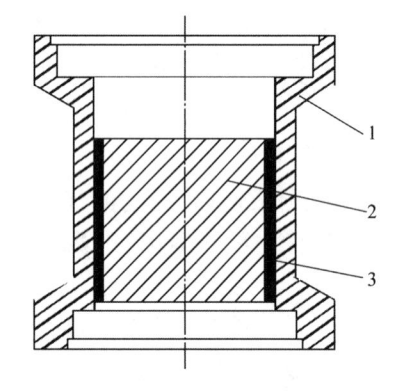

图 16.5 样品筒内样品设置示意图
1—筒壳;2—样品;3—伍德合金

的压力。在每个压力降下,再次测量通过氮气的流量。为了了解样品中的气体流动模式及其与线性渗流定律的一致性,在不同压差下测量了氮气流量。气压是用水银气压计测量的。

根据实验获得的实际数据,建立了压力梯度(bar/cm)与流速[cm³/(s·cm²)]之间的相互关系图,计算了样品的平均渗透率 $\frac{p_1 + p_2}{L} \bar{q}$。Estonian 矿床的 Kukersite 页岩用于本研究。

表 16.9 总结了根据 V. V. Levykin 数据(风干样品为基础)整理的油页岩品质数据。

16 油页岩的地下气化

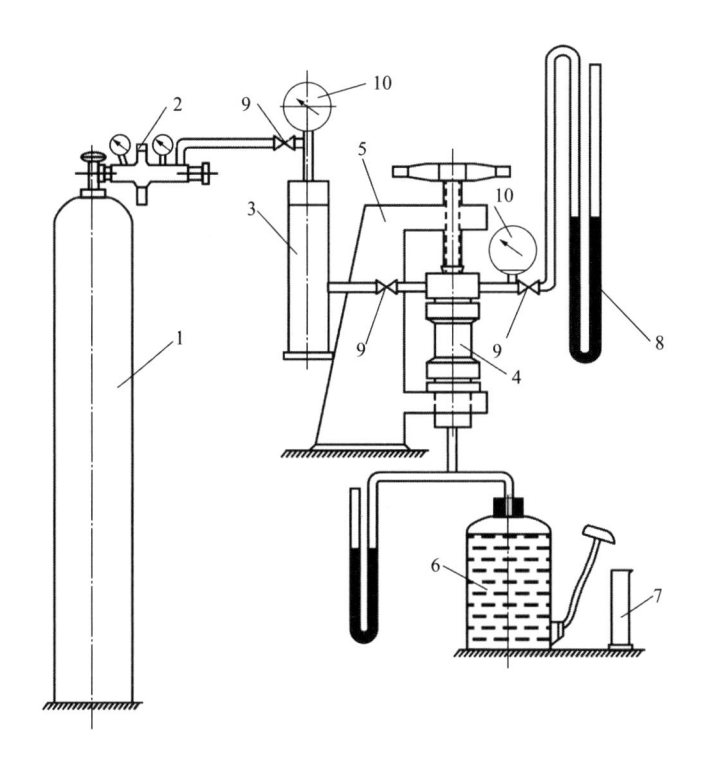

图 16.6 油页岩样品气体渗透率测试装置示意图
1—压缩气瓶；2—减压器；3—缓冲罐；4—筒体；5—装置架；6—充水容器；
7—刻度瓶；8—压力计；9—针阀；10—弹簧压力表

表 16.9 V. V. Levykin 汇总的油页岩质量数据

油页岩层	密度(g/cm^3)	矿物灰分(%)	CO_2(%)	硫(%)	Fischer法测定的有机物质的产油率(%)
A	1.53	40.7	10.6	0.7	55
B	1.5	37.9	13.4	1.5	69
C	1.5	44.9	10.4	0.6	66
D	1.66	54.0	12.8	0.4	56
E	1.34	30.4	8.4	0.8	66
F	1.5	37.9	11.7	0.5	66

油页岩的密度为 1.30~1.80g/cm^3，而油页岩干酪根的密度略高于 1.0g/cm^3（1.08g/cm^3）（表 16.10）。

表 16.10 根据 P. Kogerman 提供的数据改编的 Kukersite 页岩的平均成分

Kukersite 油页岩	水分(%)	灰分(%)	CO_2(%)	灰分+CO_2(%)	有机质(%)	热值(kcal/kg)
新鲜样品	18.2	30.0	7.9	37.9	49.9	3000~3500
风干后样品	1.5	36.1	9.5	45.6	52.9	4200~4500

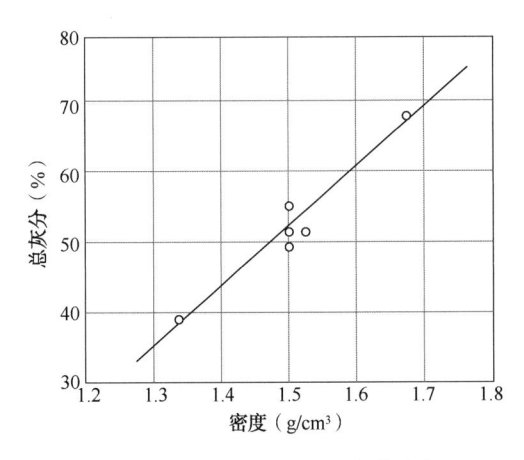

图 16.7 Kukersite 油页岩密度与总灰分的关系

以上所讨论的爱沙尼亚库克尔特油页岩的数据支持这样一个结论,即矿床不均匀,表现为不同油页岩层有机质含量的波动,也表现为其密度值的波动。图 16.7 显示了油页岩总灰分与其密度之间的关系(数据来源于表 16.9)。

沥青化石灰石中的混凝土和颗粒的存在对每种特定油页岩样品的总灰分有着相当大的影响。

因此,某些样品中油页岩的灰分及其密度可能超过表 16.9 所示的值。

Kiviyli 油页岩加工厂的工作人员在该矿挑选了用于测试的油页岩样品,用板条箱包装并运至莫斯科。一些样品一次成型成圆柱形,直径 35~46mm,长 15~47mm。

在一个样品中,圆柱的轴线与层面平行,在有的样品中,垂直于层面。

考虑到油页岩的复杂性和非均质性,即使来自同一块,样品在石灰岩的含量和颗粒分布方面也可能不同。

利用石灰岩含量相似的样品可以清楚地比较不同方向上每个油页岩层的渗透率值,石灰岩含量可以通过样品的体积密度值间接推断出来。

表 16.11 为来自 F 油页岩层的两个油页岩样品的渗透率测试结果。

表 16.11 F 油页岩层油页岩样品渗透率测试结果

测试序列号	时间	编号	尺寸(mm) 直径	尺寸(mm) 长度	质量(g)	圆柱形样品轴线相对于层面的方向	渗透率(mD) 测试结果	渗透率(mD) 平均值
9	1948 年 3 月 16 日	1	40	24	49.35	垂直的	0.0571	0.0594
10	1948 年 3 月 16 日	1	40	24	49.35	垂直的	0.0616	
8	1948 年 3 月 16 日	2	35	43	79.1	平行的	0.148	0.142
7	1948 年 3 月 16 日	2	35	43	79.1	平行的	0.137	

从样品渗透率测试序列中获得的数据如图 16.8 至图 16.11 所示。

结果表明,在压力梯度范围内,油页岩样品中氮气的流动遵循渗流线性规律。

平行试验中渗透率平均偏差为 4%。

所得值与该矿床油页岩渗透率下限一致。

表 16.12 总结了平行于层理面方向不同油页岩层油页岩样品的渗透率测试结果。

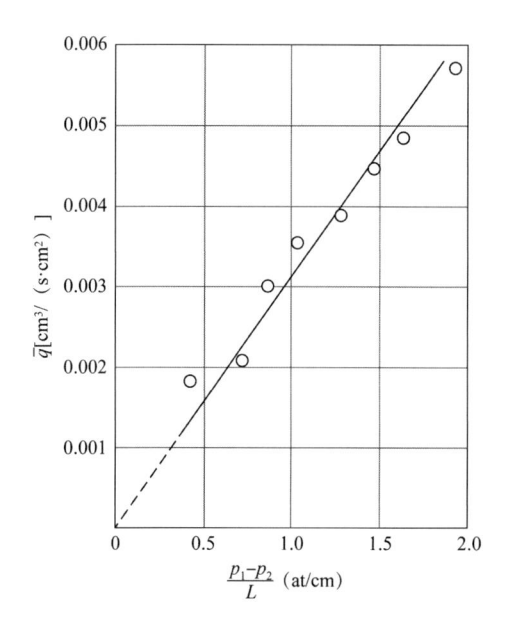

图 16.8　油页岩 F 层(垂直于层理面)流速与压力梯度的关系(试验 9)

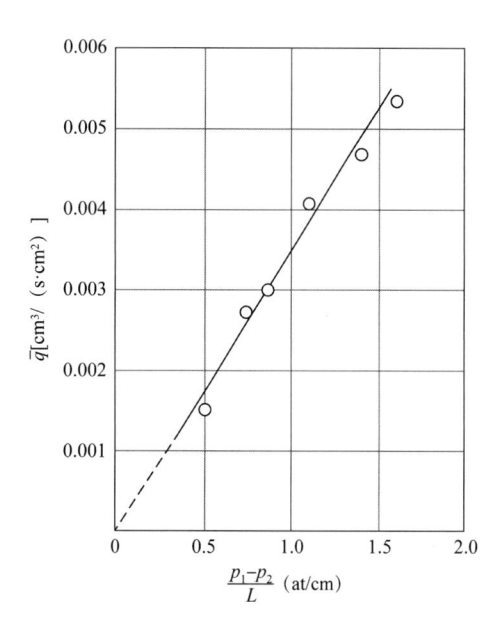

图 16.9　油页岩 F 层(垂直于层理面)流速与压力梯度的关系(试验 10)

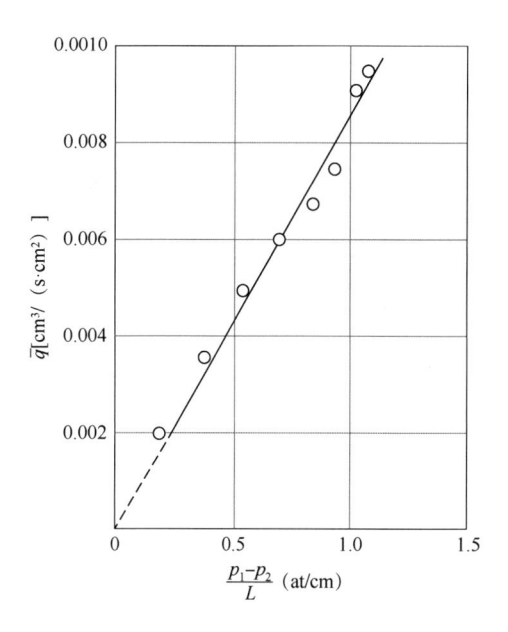

图 16.10　油页岩 F 层(平行于层理面)流速与压力梯度的关系(试验 7)

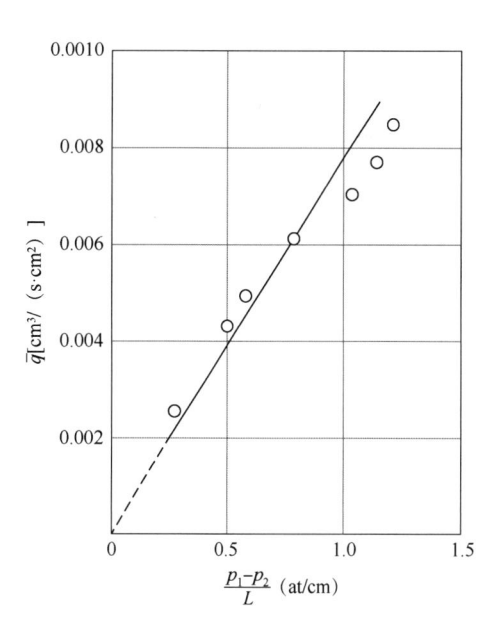

图 16.11　油页岩 F 层(平行于层理面)流速与压力梯度的关系(试验 8)

表 16.12　平行于层理面的不同油页岩层油页岩样品渗透率测试结果

油页岩层	渗透率(mD) 风干样品	渗透率(mD) 在干燥器中干燥	密度(g/cm³)
B	—	2.99	1.36
C	0.055	0.187	2.19
D	0.0228	—	1.70
E	—	0.337	1.26
F	0.00707	0.0125	2.26
G	0.109	0.152	1.96

表 16.13 为同一油页岩层但垂直于层面方向的油页岩样品的渗透率测试结果。

表 16.13　同一油页岩层垂直于层理面的油页岩样品渗透率测试结果

油页岩层	渗透率(mD) 风干样品	渗透率(mD) 在干燥器中干燥	密度(g/cm³)
B	0.0269	0.0395	1.24
C	0.0103	0.0111	2.32
D	0.0113	—	1.65
E	—	0.0498	1.23
F	0.0035	0.00533	2.32
G	0.0397	—	1.84

同一油页岩层的样品渗透率值不同。可能是由于特定油页岩层在有机质含量和石灰岩颗粒上的不均匀性引起的，这也会影响密度的波动。

表 16.14 和表 16.15 中的数据表明，干燥样品的渗透率高于空气干燥样品的渗透率。还应注意的是，密度较高的油页岩样品，即石灰岩含量较高的样品，其渗透率值较低；而密度较低的样品，其渗透率值较高。

表 16.14　样品的渗透率

预热温度(℃)	B 垂直于层理	B 平行于层理	C 垂直于层理	C 平行于层理	E 垂直于层理	E 平行于层理	F 垂直于层理	F 平行于层理	G 垂直于层理	G 平行于层理
空气风干	0.7	—	0.9	0.3	—	—	0.6	0.5	0.2	0.7
100	1.0	1.0	1.0	1.0	1.0	1.0	1.0	1.0	1.0	1.0
200	24.8	32.2	1.3	0.7	4.2	119	2.2	1.6	1.8	4.4
300	6200	1350	2.2	506	11200	2830	1.7	3.9	14.5	140

续表

预热温度 (℃)	不同油页岩储层的渗透率(mD)									
	B		C		E		F		G	
	垂直于层理	平行于层理	垂直于层理	平行于层理	垂直于层理	平行于层理	垂直于层理	平行于层理	垂直于层理	平行于层理
400	44000	3790	5.5	1240	95000	19800	7.6	10.8	153	1375
500	122000	7860	68.8	1350	277000	54000	48.7	—	449	4460
600	20800	—	111.0	—	393000	72000	—	—	472	—
密度(g/cm³)	1.3	1.4	2.3	2.2	1.2	1.3	2.3	2.3	1.8	2.0

表16.15 预热样品的渗透率

预热温度(℃)	在平行和垂直层理面方向测量的渗透率(mD)				
	B	C	E	F	G
空气风干	—	5.3	—	2.0	2.5
100	75.0	16.8	6.8	2.3	—
200	98.3	10.0	190	1.7	2.0
300	16.6	3830	1.7	5.3	7.6
400	6.5	3820	1.4	3.3	7.1
500	4.8	3310	1.3	—	7.8
600	—	—	1.2	—	—

在原位处理中，查明油页岩渗透率的变化与热应力的大小有关。

在加热油页岩时，挥发分释放出来，这与其物理状态的变化有关。在干馏过程中，孔径增大，油页岩层可能出现裂缝。

随着油页岩处理温度的升高，这些因素会导致渗透率增加。

为了确定油页岩渗透率变化与热应力之间的相关性，采用以下程序对各种油页岩样品进行了一系列试验。在测定100℃下干燥的油页岩样品的渗透率后，将其从渗透率测试筒中取出，放在用盖子覆盖的坩埚炉中。

在所有试验中，炉内的温度上升率稳定在5℃/min。样品在相同温度下保持4h。最初，样品被加热并保持在200℃。冷却后的样品被密封在筒内，测量其渗透率。第二次将样品放入炉中，加热并保持在300℃；再次测量冷却样品的渗透率。这样连续对加热到100℃、200℃、300℃、400℃、500℃和600℃的样品测定渗透率。

不同油页岩层油页岩样品的渗透率测试结果如图16.12至图16.16所示。

这些图表显示了油页岩样品的渗透率随预热温度的升高而变化。

在渗透率发生显著变化的情况下，图表显示了油页岩样品渗透率随温度对数的变化。

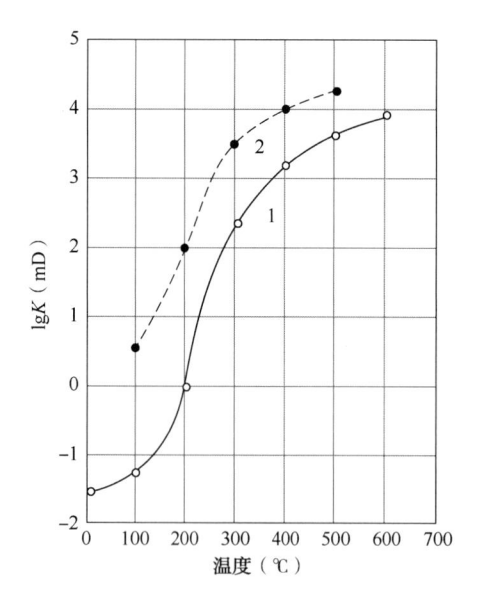

图 16.12　油页岩 B 层渗透率 K 随温度的变化
1—垂直于层面；2—平行于层面

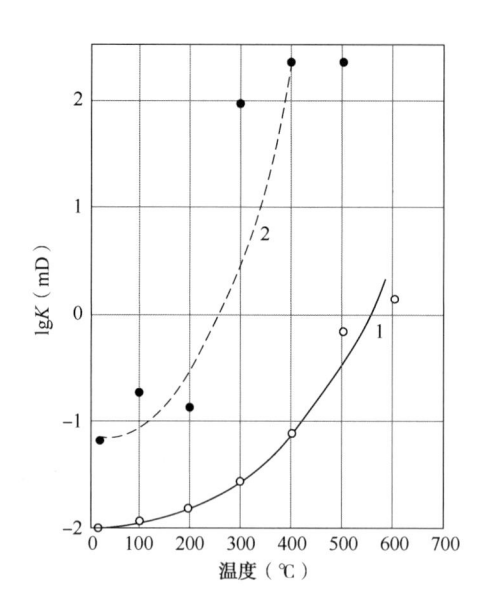

图 16.13　油页岩 C 层渗透率 K 随温度的变化
1—垂直于层面；2—平行于层面

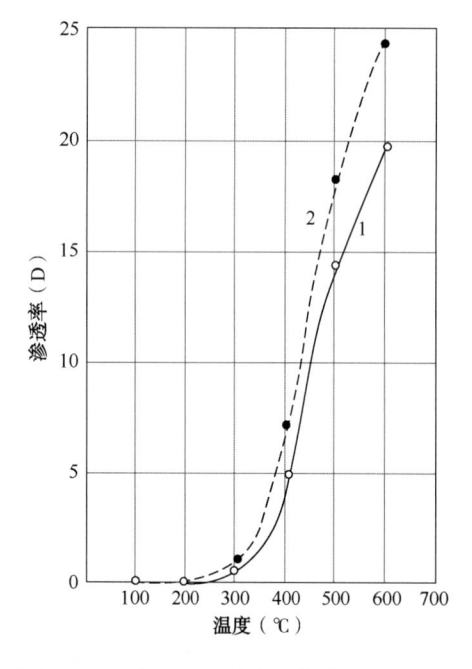

图 16.14　油页岩 E 层渗透率随温度的变化
1—垂直于层面；2—平行于层面

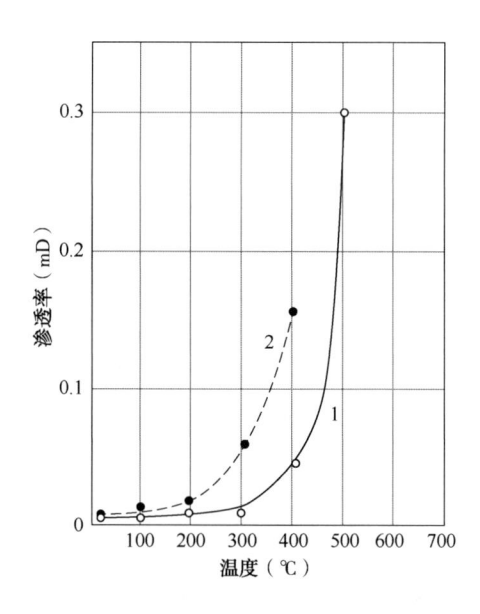

图 16.15　油页岩 F 层渗透率随温度的变化
1—垂直于层面；2—平行于层面

为了更清楚地说明问题，表 16.14 显示了油页岩渗透率随处理温度的变化与样品的干燥方式相关。表 16.14 中的数据表明，风干油页岩样品的渗透率平均值比烘干后渗透率低一半。

将页岩加热到200℃通常会导致渗透率增加数倍,进一步加热伴随着更大的渗透率增加。将油页岩样品加热到较高的温度会产生裂缝,大大增加它们的渗透率。裂缝沿层面和垂直于层面形成,通常在石灰岩结核脉络与油页岩的边界形成。

干页岩样品的绝对渗透率很小,只有几百分之一或十分之一毫达西。

然而,在加热过程中,样品的渗透率增加了成百上千倍,这可以通过微裂缝来解释。

表16.15给出了在平行和垂直层理的样品测量的渗透率的相关数据,这些方向与经过预热的不同油页岩层的油页岩样品的层理面平行和垂直。

从表16.15中可以看出,油页岩样品在层理方向的渗透率远高于垂直于层理的渗透率。

当油页岩样品加热时,这两种渗透率趋于增加,这表明当样品加热时,裂缝主要沿层理形成。

随着油页岩样品加热温度的进一步升高,这种相互关系减小。在垂直于层理面的方向上,高温下的压裂作用明显。

上述信息支持以下结论(Pitin,1957):

(1)对不同油页岩层的油页岩样品在风干和烘干条件下的渗透率试验表明,渗透率值在0.0035~3.0mD范围内变化,主要取决于样品中油页岩和石灰岩组分的相关性。烘干样品的渗透率大约是风干样品的两倍。

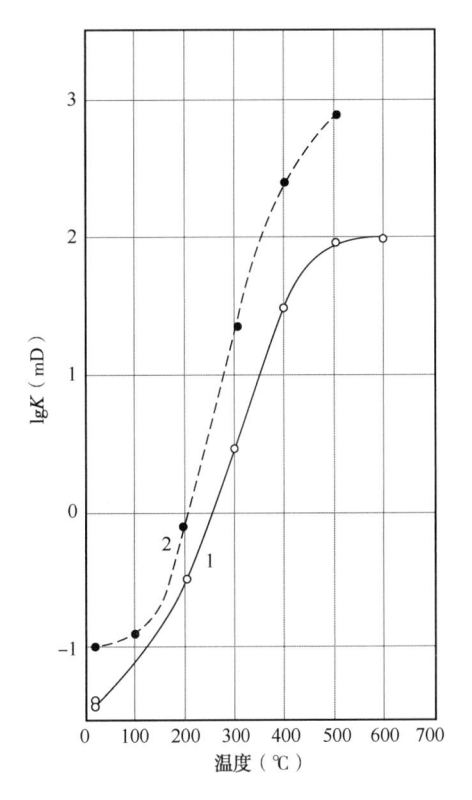

图16.16 油页岩G层渗透率K随温度的变化
1—垂直于层面;2—平行于层面

大量油页岩样品的实测渗透率与其预热温度之间的相关性表明,将油页岩样品加热到200℃会导致其渗透率比SA风干后样品的渗透率增加数倍。

(2)油页岩进一步加热导致渗透率急剧增加,这是由于样品中形成了裂缝。

(3)比较平行和垂直于层理面测量的油页岩样品的渗透率表明,沿层理面方向的渗透率要大几倍。当油页岩样品加热时,其平行和垂直于层理面的渗透率相关性增大;随着温度的进一步升高,这种相关性减小。

实验室模拟研究证明油页岩原位处理的可行性,特别是采用有空气注入和无空气注入的操作模式。这使得用实验装置对油页岩原位气化进行实验研究成为可能。油页岩原位气化的理论研究和实验研究,使油页岩原位气化工艺的可行性原则上得以确立。

随后,苏联科学院化石燃料研究所和爱沙尼亚油页岩工业部研究所共同设计了一个用于研究油页岩原位处理的试验站(小组)。该试验站的建设和安装由Kiviyli油页岩处理站进行。

16.5.1 先导试验平台BSH-1(Pitin等,1957)

试验站所在地的Kiviyli矿山的油页岩划分为两个单元,由8个局部被石灰岩隔开紧密相邻油页岩组成，这些油页岩层与石灰岩互层。下部试验区域由油页岩层（自下而上计算）A、B、C、D、E和F组成，含石灰岩颗粒。上部单元由油页岩层G和H组成，并由一层石灰岩与下部单元隔开。

试验站由56口直井组成，包括19口工艺井（注采井）、16口通风井（"通风环"）和21口自然通风井。

工艺井，直径270mm，从地面钻至下部油页岩层（油页岩层A）的底部。用150mm的管道下至F油页岩层顶部，即商业油页岩单元顶部。在套管的下端是焊接法兰（壳体），防止水泥浆侵入井内。

最初用一薄层黏土进行固井，防止水泥浆泄漏，然后用水泥浆和耐火黏土粉的特殊混合物固井（图16.17）。在套管顶部焊接了一个法兰，以容纳一个四通接头，该接头将套管与注入和生产管汇连接起来。

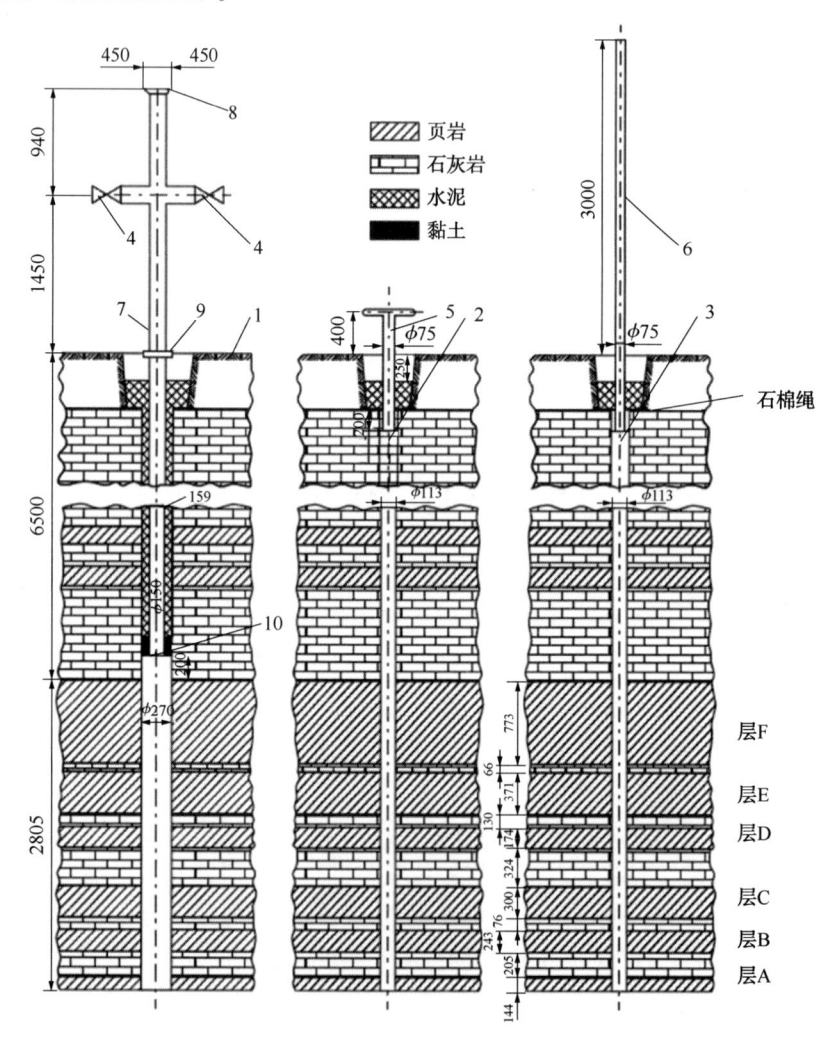

图16.17 Kiviyli油页岩地层的截面（通过工艺井）
1—工艺井；2—"通风环"井；3—自然通风井；4—工艺井阀门；5—"通风环"管道；
6—自然通风井管道；7—套管；8—套管上法兰；9—膜；10—法兰（壳环）

工艺井的设计确保了后续冷试和热试运行期间的充分完整性。

图 16.17 显示了通风井的横截面。

19 口工艺井分布在三角形网格上。钻井如图 16.18 所示。

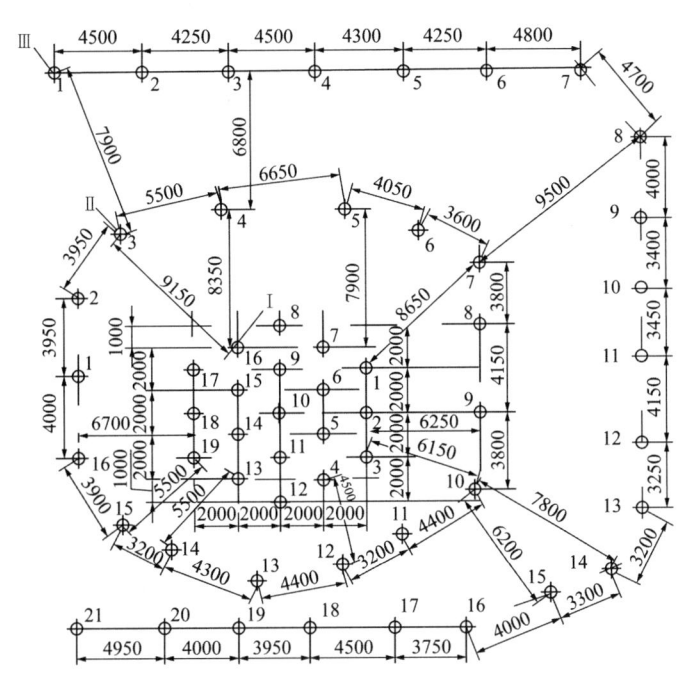

图 16.18　BSH-1 试验平台平面图

Ⅰ—工艺井(1-19)；Ⅱ—"通风环"井；Ⅲ—自然通风井

每排中的井之间以及每井排之间的距离为 2m。这一相对较短的距离是因为在油页岩块中的这种测试是同类测试中的第一次，还没有足够的关于其性质的数据。

钻井面积 50m², 油页岩资源总量约 200t。19 口工艺井的井身设计允许在井口交替注入或生产，其数量由注入和抽吸设备的参数及试验现场的水动力特性决定。

在 6bar 的压力下，用最大为 600m³/h 的 CFM 压缩机向井内注入空气。

用 RMK-4 真空泵以高达 1200m³/h 的速度产气。RMK-4 泵的安装方式使其可以作为真空泵和 250mm Hg 压力的排风机运行。

通过两条管道将平台与压缩机连接起来，压缩机注空气，排风机排出气体或空气。地面管道系统可以向每口井注入空气或从每口井排出气体。每口井通过两个阀门与管汇隔离。两条管线装有配阀门的火炬。平台管汇的末端装有特殊的爆炸阀。在主管道上安装了隔离阀，对注气或采气进行总体调节。工艺空气管道上安装了接收器。在主输气管道上安装了膨胀过滤器，以去除灰尘和焦油。在生产管线上设置了两个制冷装置来冷凝焦油。

试验平台距 Kiviyli 矿井 85m，距 V 区 13 号过道仅 35m。

人们对气体渗入矿井活动区的可能性提出了担忧。采取的预防措施是钻两排井，将平台与矿井分开。其中，16 口井直径 113mm。围绕着这些井的套管连接到配备有抽风机的公共管道上，从而形成一个"通风环"(图 16.19 至图 16.22)。

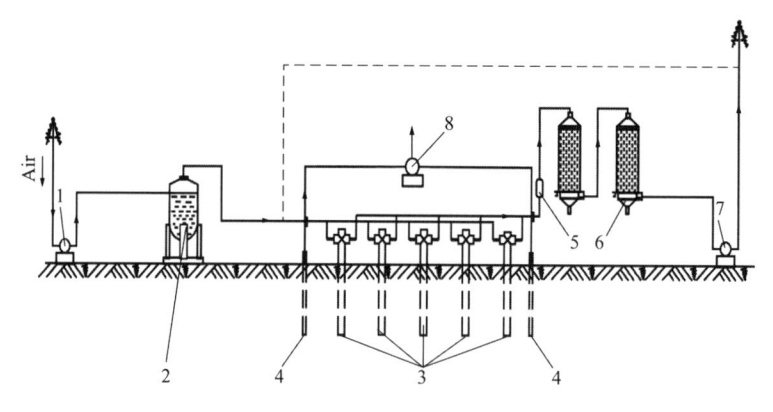

图 16.19 爱沙尼亚页岩地下气化试验平台工艺图
1—空气压缩机；2—储气罐；3—工艺井；4—"通风环"井；5—过滤器；
6—制冷机组；7—RMK-4 真空泵；8—排风机

图 16.20 排风管

图 16.21 井口装置

图 16.22 抽风机

每口井都装有节流阀。"通风环"的真空调节可通过安装在风扇抽气机旁路上的闸锁进行。

另一组21口井，直径113mm，钻在"通风环"周围，间距3.5~4.0m，有管道通入井内，高出地面3m。这些井的设计也旨在防止气体渗入附近的矿井，并作为该油页岩区块的自然通风。

为了确保现场安全，安装了一个自动关闭开关，用于在排气扇或RMK-4泵因任何原因停止时关闭压缩机电动机并切断面板的空气。

为了测量注入和排出空气/气体总量，在主管道上安装了两个隔膜流量计，一个安装在工艺空气管线的接收器之后，另一个安装在生产线上的RMK-4泵之前。压力和压差以及温度的测量借助于水和水银U形压力计。

在冷测试期间，测量每口井的空气流量(注入或排出)。流量计安装在套管和四通接头之间的垂直部分。在每口井的井口，用U形压力表测量压力(生产井)。

使用1.5m长的铝铬合金热电偶测量井中的温度，该热电偶通过四通接头上的顶盖下入井中。利用9m长的铝铬合金热电偶，在一些井底部进行了周期性温度测量。

在气化站平台附近，安装了带开关的45mW电流计。在通风环的每口井上，都安装了U形压力计来测量压降情况。

16.5.2 冷试

冷试包括获得实验数据来表征油页岩层的性质，因为它们会影响油页岩层内气体的运动。

油页岩气运移研究旨在阐明以下主要问题：
(1) 确定与实验井周围油页岩的有效渗透率。
(2) 制定和测试试验场地外的水动力封闭措施，防止气体窜入试验区以外。

进行的冷态试验旨在回答以下基本问题：确定试验场地油页岩含油层位(商业多层单元)的有效渗透率。

为了能够评估空气注入速率、在油页岩地层内形成气流的能量需求以及它们的传播方向，必须根据试验结果确定试验区域的有效渗透率。

16.5.2.1 试验方法

确定油页岩层平均有效渗透率的一般程序如下：

准备两口井，两口井的储层相交 b cm。

假设 r_1 和 r_2 是第一和第二口井的半径，S 是井之间的距离。

将气注入第一口井，由第二口井生产，第一口井和第二口井每1cm油页岩层厚度的质量流量分别为 Q_1 和 Q_2(kg/s)。

第一口井和第二口井底部的压力分别为 p_1 和 p_2(kgf/cm^2)。

油页岩层的边界位于 R cm 的距离处；边界轮廓处的压力恒定，等于 p_k = 1bar。

假设 $p_1 > p_2$ 和 $p_1 > p_k$，则 $Q_1 < 0$，即第一口井，是向油页岩层注入气体的来源。

$$\varphi = \frac{Q_2}{|Q_1|} = \left| \frac{(p_1^2-1)\ln\left(\frac{R}{S}\right) - (p_2^2-1)\ln\left(\frac{R}{r_1}\right)}{(p_1^2-1)\ln\left(\frac{R}{r_2}\right) - (p_2^2-1)\ln\left(\frac{R}{S}\right)} \right| \qquad (16.1)$$

流量 Q_2 与 Q_1 的绝对值之比表征了油页岩层中的气体泄漏：

$$\lg R = \frac{\varphi(p_1^2-1)\lg r_2 - (p_1^2-1)\lg S - \varphi(p_2^2-1)\lg S + (p_2^2-1)\lg r_1}{(1-\varphi)(p_2^2-p_1^2)} \qquad (16.2)$$

根据该表达式，定义了边界轮廓 R 的半径。

在确定了油页岩层边界轮廓半径的值后，可确定渗透率值，为此将使用油井产量的表达式：

$$Q_1 = -\pi \frac{K\gamma_0}{\mu p_0} \times \frac{(p_1^2-1)\ln\left(\frac{R}{r_2}\right) - (p_2^2-1)\ln\left(\frac{R}{S}\right)}{\ln\left(\frac{R}{r_1}\right)\ln\left(\frac{R}{r_2}\right) - \ln^2\left(\frac{R}{S}\right)} \qquad (16.3)$$

$$Q_2 = -\pi \frac{K\gamma_0}{\mu p_0} \times \frac{(p_1^2-1)\ln\left(\frac{R}{S}\right) - (p_2^2-1)\ln\left(\frac{R}{r_1}\right)}{\ln\left(\frac{R}{r_1}\right)\ln\left(\frac{R}{r_2}\right) - \ln^2\left(\frac{R}{S}\right)} \qquad (16.4)$$

式中，K 为渗透率，D；γ_0 为压力 p_0 为 1bar 时 1cm³ 气体的质量，kg；μ 为气体的黏度，mPa·s。

如果表示：

$$\frac{Q_1}{\gamma_0} = q_1; \quad \frac{Q_2}{\gamma_0} = q_2 \qquad (16.5)$$

式中，q 是单位厚度页岩气在大气压力下的气体体积流量，cm³/s，用第一口井中流量（产量）的绝对值计算。

$$\frac{|Q_1|}{\gamma_0} = |q_1| \qquad (16.6)$$

根据式(16.3)和式(16.4)，得到确定平均有效渗透率的表达式：

$$K = \frac{|q_1|\mu}{\pi} \frac{\ln\left(\frac{R}{r_1}\right)\ln\left(\frac{R}{r_2}\right) - \ln^2\left(\frac{R}{S}\right)}{(p_1^2-1)\ln\left(\frac{R}{S}\right) - (p_2^2-1)\ln\left(\frac{R}{r_1}\right)} \qquad (16.7)$$

$$K = \frac{q_2\mu}{\pi} \frac{\ln\left(\frac{R}{r_1}\right)\ln\left(\frac{R}{r_2}\right) - \ln^2\left(\frac{R}{S}\right)}{(p_1^2-1)\ln\left(\frac{R}{S}\right) - (p_2^2-1)\ln\left(\frac{R}{r_1}\right)} \qquad (16.8)$$

由式(16.7)和式(16.8)得出的渗透系数值表征了所考虑的两口井之间油页岩层的平均有效渗透率。

16.5.2.2 试验结果

在冷试过程中，空气被注入一口井，从另一口井中产出。一旦达到稳定气流，测量通过第一和第二口井的气流量以及这些井的井口压力。这项测试使用了18对井。测试结果见表16.16。

表 16.16 试验结果

序号	操作模式 注入	操作模式 生产	井距 S(m)	井口压力(mmHg) 注入压力 p_1	井口压力(mmHg) 生产压力 p_2	流速(m³/h) 注入速度 Q_1	流速(m³/h) 生产速度 Q_2	套管半径 (m)	储层边界半径(m)	渗透率 (D)
1	12	11	2	276	55	732	101	0.135	3.2	12.9
2	12	10	4	240	77	782	117	0.135	8	20.6
3	12	9	6	228	13	791	48.7	0.135	8.05	22.6
4	12	8	8	223	16	788	55	0.135	11.4	25.4
5	18	10	4	208	27	795	70	0.135	5.7	22.9
6	18	2	8	206	10.5	796	44	0.135	9.9	26.9
7	3	5	2.23	295	14	824	161	0.135	5	14.9
8	3	10	4.47	306.7	90	814.5	129	0.135	9.6	16.9
9	3	15	6.7	317.5	10	821.6	43	0.135	8.25	16.2
10	3	17	8.94	326	12.4	831	48	0.135	11.6	17.6
11	1	6	2.23	252	27.4	962.7	71.3	0.135	3.3	19
12	1	10	4.47	260	29.3	946	74	0.135	10.2	23.9
13	1	14	6.7	262	3	934	23.6	0.135	10.2	24
14	1	19	8.94	271	12	948	47	0.135	11.05	24
15	7	10	3.6	443	39.7	767	86	0.135	5.56	9
16	7	13	7.21	400	12	799	47.4	0.135	9.6	12.3
17	16	10	3.6	246	24	804	67	0.135	5.2	19.7
18	16	4	7.21	230.5	14	813	51	0.135	9	25.6

油页岩层边界半径平均值很小，这与试验区域油页岩层位具有较高渗透率完全一致，计算出的平均有效渗透率值的数量级是相同的。

关于流速和压力测量的实验数据支持这样一种说法，即通过油页岩层产生气流不需要应用过大的压力梯度，并且通过油页岩层的稳定气流在测试开始后很快就出现了。

将试验区域的平均有效渗透率与单个油页岩样品的渗透率数据进行比较，结果表明，油页岩层的平均有效渗透率比单个样品的渗透率大很多倍（与上述高温后油页岩渗流测试结果相比）。

这可以解释为油页岩层中存在裂缝，检查单个油页岩无法检测到裂缝。从油页岩层平均有效渗透率值与单个油页岩样品的渗透率比较，可以得出试验区域的油页岩存在裂缝的结论，这一结论得到了之前 Kiviyli 矿区进行地质调查数据的支持。

尝试将有效渗透率值与含油页岩地层走向进行对比。

图 16.23 显示了根据第 4、6、10、14、16 和 18 号试验按比例绘制的计算的平均有效渗透率。

图 16.23 提供了试验区域中注入空气的主要扩散方向的直观表示，这将清楚地对应于试验期间显示平均有效渗透率高值的方向。应注意的是，两个主要的空气运移路径都在垂直破裂的两个主要方向的范围内：东北（40°~80°）和西北（300°~350°）走向。本系列其他实验的数据也与上述声明一致。

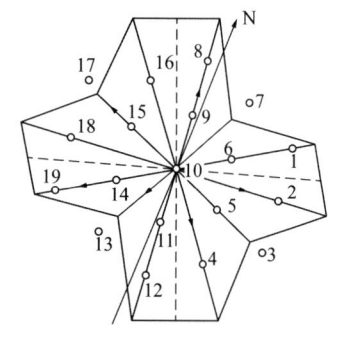

图 16.23 编号 1~19 的生产井

16.5.3 先导试验现场水力屏障形成的研究和测试

平均有效渗透率的确定结果表明，商业油页岩单元的气流阻力并不高。

这一发现支持了一个假设，即气体扩散到试验场地之外和进入邻近矿区的可能的范围内。

考虑到试验场地与相邻矿区之间的距离相对较小，有必要制定措施，使天然气不可能到达相邻矿区。

在这方面的一个重要措施是研发一个适当的水动力模式的操作方式。

16.5.3.1 试验方法

试验现场的一般操作模式以水力方式为特征，即在一定压力下向某些井注入空气，在已知气压下通过其他井生产气体。

如果空气注入井的总空气流速为 ΣQ_1，则 $\Sigma Q_1 = Q'_1 + Q''_1 + Q'''_1 + \cdots$，其中 Q'_1，$Q''_1 \cdots$ 是注入空气的某些特定井的流速。

同样地，如果 ΣQ_2 是生产气体的井的总气体流量，那么 $\Sigma Q_2 = Q'_2 + Q''_2 + Q'''_2 + \cdots$，其中 Q'_2，$Q''_2 \cdots$ 是生产天然气的某些特定井的流量。

冷态试验期间，试验现场产生的气体总流量与注入试验现场的空气总流量之比将表征气体生产的程度：

$$\frac{\Sigma Q_2}{\Sigma |Q_1|} = \varphi_1$$

式中，$|Q_1|$ 是注入井的空气流量的绝对值。

气体泄漏量以 $1-\varphi_1$ 表示。

很明显，如果 $\varphi=1$，就不会有气体泄漏；如果 $\varphi<1$，则存在气体扩散到区以外的风险；如果 $\varphi>1$，则有气体从围岩中进入试验区。

16.5.3.2 试验结果

对 φ 值影响最大的是注采井的部署和施加在其上的压力值。

16 油页岩的地下气化

使用了4种不同布局的相关注采井进行测试(图16.24):
(1) 将空气注入中心井,从内环的所有井生产气体。
(2) 向所有内环井注入空气,从中心井生产气体。
(3) 向中心井注入空气,从所有外环井产气。
(4) 向所有外环井注入空气,从中心井生产气。

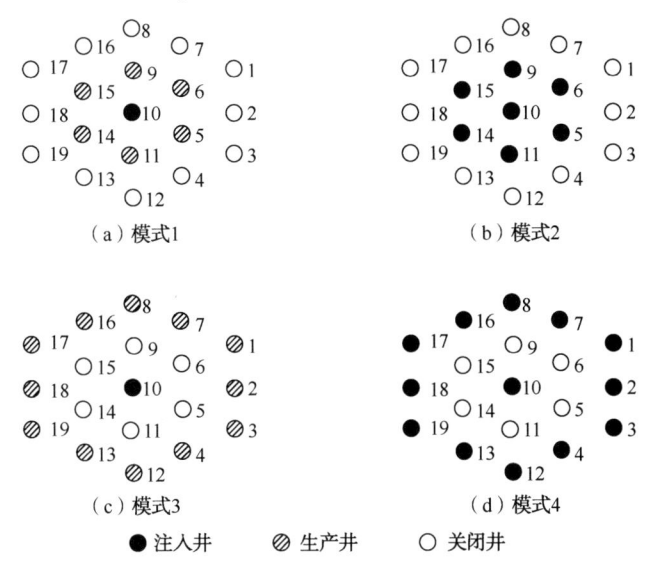

图 16.24 试验现场冷试时注采井位置布置图

在测试过程中,测量注入井的流量(Q'_1, Q''_1…)和生产井的流量(Q'_2, Q''_2…)。

此外,还测量了每口井的井口超压或减压情况。用模式2和模式4工作时,泄漏量分别大于用模式1和模式3工作时的泄漏量。因此,从减少泄漏的角度来看,注水井的中心位置比外围位置更有利。

当注入井和生产井之间的距离增加时(与用模式2和模式4的测试结果比较来看),这一点尤其明显。

表16.17总结了测试结果,可以看出,试验区产生了负压,注入井的井口压力等于或接近大气压力。

表 16.17 测试结果

注采井位布置	试验序号	压力 p_2(ata)	φ
1	5	0.9452	2.770
	6	0.853	1.585
2	10	0.750	1.970
	9	0.745	2.145
3	16	0.9874	6.95
4	17	0.873	1.718

从表 16.17 中的数据看，在所有试验中，$\varphi>1$，即试验区产生了一个负压，不仅消除了泄漏，还导致从外围油页岩层向试验区吸入气体。

因此，缓解气体泄漏的问题可以通过在试验区产生负压来解决。

从工艺上讲，吸入气体对气化产物有不良影响。因此，达到比 1 大得多的 φ 值是没有意义的。使用模式 2 的结果表明，负压越大，φ 值越大。

在外围井内设置一个小的负压，就足以使 φ 值大于 1。

然而，当在试验区进行负压操作时，必然发生气体吸入。为了创造最佳的操作条件，即 $\varphi=1$，显然有必要建立一种操作模式，将中央井的超压和外围井的负压结合起来。表 16.18 包含了用上述操作模式进行测试的结果比较。

表 16.18 中的数据表明，通过将注入井井口的不同正压值与生产井口的不同负压值组合，可以得到 φ 大于或小于 1。

表 16.18 测试结果比较

注采井位布置	试验序号	压力 p_1(ata)	压力 p_2(ata)	φ
1	8	1.3808	0.9530	0.923
	3	1.2108	0.9825	0.975
	7	1.1714	0.9272	1.236
3	13	1.2720	0.9973	0.624
	14a	1.1990	0.9976	0.866
	15	1.1890	0.9966	0.904
	14b	1.1756	0.9962	1.010

因此，实践证明，在避免从周围油页岩层中吸气稀释气化产物的同时，尽量减少或消除气化气泄漏是可行的。

注入井的正压和负压值对试验现场的生产速度有重大影响。

试验场的水动力状态背后的原理能够满足或超过安全要求的基本上是 $\varphi \geqslant 1$。

然而，为了确保符合这些要求的一致性，在热试验过程中，通过定义以下内容，对试验场地的水动力状况采取了额外的措施：

（1）注入井中使用了最大压力临界值。

（2）最小临界值 $\varphi>1$。

（3）"通风环"井负压的最小临界值。

尽管这些措施阻止了气体扩散到邻近的矿山工作区，但它们还是为计划的热测试制造了不利条件。

16.5.4 热试

热试是收集表征油页岩层着火过程的实验数据，保持火源与燃烧井连接，并且主要是定性的。

16.5.4.1 试验方法

除了主要的焦炭装料和 5~10kg 木材外，还通过向井内添加热焦炭进行点火

(图 16.25)。把空气注入速度立即上升到最大可能流量。

用"无限点火"模式实现井的燃烧连通,在注入井底部产生初始火源。

空气从点火井注入;从生产井排出;沿着注入气流的方向形成燃烧连通。

尝试使用"有限点火"模式进行燃烧连接,即在从点火井排出空气的同时将空气注入与之相连的井中,但没有成功。由于固体油页岩区块的点火过程相对较慢,热焦炭产生热量的优势被排出的气体带走。快速加热和真空结合导致套管破裂。

图 16.25 井口设施

在生产井底部的点火方式,在莫斯科近郊盆地褐煤中得到证实,但不能被视为经过充分测试,需要在自然条件下进一步测试。

所用的燃烧连通方法具有以下显著特征:当空气被注入热井时,井内压力开始增加,而空气流速的降低则可以忽略不计。压力的增加是由于油页岩矿层裸露面的沥青化造成的,并造成裂缝的部分堵塞。在此期间,建议增加注空气压力,以突破沥青堵塞,扩大初始火源的尺寸,这有赖于燃烧焦炭的热量。

然而,有必要人为地将压力限制在不超过 350mmHg 的水平,这是健康和安全手册规定的。

尽管存在这些不利条件,但仍进行了燃烧连通。连通成功的标志是注入压力下降和流量增加。在大多数情况下,特定井流量的增加是一个短期的尖峰。在要连通的油井中,空气(气体)的温度通常也会急剧升高。伴随着气量的急速上升。

由于在"通风环"上需要连续运行排气扇(出于安全原因),导致部分气体被排放到大气中。在自然通风井中有气体被泄漏的例子。

上述所有发现都使得有必要降低工艺强度,这是因为担心气体会窜入近的矿井工作区,而不是按工艺要求增加气流。

16.5.4.2 试验结果

下面的数据表明,尽管条件相当困难,第一次油页岩原位气化试验还是取得了非常有希望的结果。

在试验现场钻取的 19 口工艺井中,有 14 口井成功连通(1 井、2 井、7 井、9 井和 14 井未连通)。

井间形成了一个 15m 的燃烧前缘。

连通井的持续时间在不同的操作模式下有所不同,不仅取决于矿层的渗透率(这一点通过冷试得到揭示),还取决于许多其他因素(初始火源的强度;气流;一致的、不间断的气流等)。

井间的连通距离为 2~5m。连通持续时间和井间的距离之间没有发现相关性。

连通速度(或更准确地说,从注入井到生产井的火源传播速度)为 0.3~1.0m/h,平均约为0.7m/h。

成功连通的显著特征是生产井的温度急剧上升。伴随着快速的产气量上升，井内的低压变为超压。气体中的二氧化碳含量突然增加。

连通完成后，用反向模式和交替注入(注空气和停止空气注入)进行气化。表16.19显示了特定组分在无注入期间的气体成分。

表16.19 在先导试验区垂直井用直井取心证实油页岩层燃烧的证据(A-G)

测试序号	气体组分							气体热值
	CO_2	C_mH_n	O_2	CO	H_2	CH_4	N_2	(kcal/m³)
6	3.6	6.7	9.8	2.1	29.9	14.6	33.3	3040
6	8.0	5.4	7.3	11.7	26.9	14.1	26.6	3030
7a	5.2	6.4	8.7	5.1	26.0	18.4	30.2	3320
9	8.1	3.1	9.8	9.6	26.6	5.6	37.2	1900
9a	6.0	13.6	0.4	5.8	43.0	19.5	11.7	4900
9a	1.8	6.5	11.1	2.7	15.7	11.6	50.6	2410
9b	12.5	6.1	6.8	13.1	19.4	7.0	35.1	2370
9c	10.3	7.2	0.5	15.3	52.9	9.4	4.4	3670
10	12.6	6.0	0.2	19.4	49.0	11.3	1.5	3680
10	6.2	12.7	0.7	5.6	43.6	15.6	15.6	4450
9c	9.7	5.0	5.9	11.6	25.9	22.8	19.1	3690

16.6 结论

(1) 在先导试验场进行的冷态试验表明，在油页岩地层中试验区域的气流阻力并不明显。试验区域层位的平均有效渗透率为9.0~26.9D。因此，为确保必要的气流通过试验区域，地层不需要很大的压力梯度。

(2) 将特定油页岩样品的渗透率数据与商业单位的平均有效渗透率进行对比，表明含油油页岩地层中存在裂缝。

测试结果还表明，试验区域渗透率增加的方向在垂直裂缝的两个主要方向内，即东北和西北走向，这在先前的地质调查中已经有记录。

(3) 试验结果原则上证明了采用注入井超压和生产井负压相结合的方法来缓解泄漏的可行性。

(4) 对注采井的各种布局进行了试验，结果表明，采用中心井作为注入井，周边井作为生产井具有一定优势。

(5) 通过在试验现场进行冷态试验，证明了实现满足安全要求的水动力工况是可行的，基本要求是气体泄漏小于零。

(6) 论证了在固体油页岩块中建立初始火源的可行性和相对简单的方法。

(7) 在试验现场进行的热试验表明，地层内的固体油页岩层在相对较长的时间内保持火源是可行的，一些试验持续了约 4 天。

(8) 采用燃烧连通法沿油页岩层推进火源，实践证明是可行的。

(9) 热试验使得在固体块体中原位处理油页岩的过程中识别重要的定性特征成为可能：

① 火源具有足够的高温潜力(检查井中的温度分布，表明温度超过 1000℃)。

② 尽管该工艺在 φ 值显著大于 1 下运行，但燃烧产物的组成含氧量相对较小。

③ 结果表明，当停止注气(无注气期)时，随后会产生高热值的气体。

④ 大量焦油与气体一起产出。

⑤ 在以给定速度进行热试验的过程中，发生了扬尘现象，导致管道积尘。

(10) 本次试验原则上确定了 Kukersite 油页岩原位处理的可行性。

(11) 对试验结果的分析表明，需要进一步研究 Kukersite 油页岩的原位处理，以试验和完善这一新方法，开发合理的技术，并确定主要工艺参数，可在一个新的、更大的试验场地上进一步地做工作。

20 世纪 50 年代末，在 Kiviyli 站测试了油页岩矿床综合开发的方法。有机质含量较高的油页岩矿层采用传统的巷道挖掘开采方法开采，由此产生独立的油页岩体，并通过屏障柱进行隔离。在油页岩体上方钻井，从中点燃油页岩。通过邻近的井注入空气来维持这一过程。

采用组合法，对 4 个平台进行气化，现场原位处理油页岩 12500t。在第四个平台油页岩原位气化过程中，产生了 $300×10^4 m^3$ 的燃料气和 140t 焦油。

尽管组合法有许多优点，但它也有明显的缺点。这包括需要人们在地下进行采矿活动，而气有从正在气化的油页岩区块穿透工作区的风险。这就限制了组合法在油页岩矿床开发中的应用。

油页岩原位气化的主要挑战如下：

(1) 在存在塑性围岩的低渗透油页岩地层中连通注采井。

(2) 在含水率高的油页岩中形成稳定的燃烧。

(3) 防止油页岩孔隙被固体挥发性物质的冷凝物堵塞。

(4) 保护设备不受含硫页岩气腐蚀。

油页岩地下气化技术可以应用于新的原生油页岩矿床。这需要对油页岩矿床地质和油页岩性质进行详细研究。根据研究结果，Ergo Exergy 技术公司可以提出一种基于 UCG 的开采方法，并结合地下气化炉的设计，在给定的具体条件下评价油页岩原位气化的技术可行性和经济可行性。

参 考 文 献

Afonso, J. C., et al., 1994. Hydrocarbon distribution in the Iratíshale oil. Fuel 73, 363-366.

Andersson, A., Dahlman, B., Gee, D. G., Snäll, S., 1985. The Scandinavian Alum Shales: Sveriges Geologiska Undersoekning, Serie Ca. Avhandlingar och Uppsatser I A4, NR 56, 50 p.

Arens, V. J., 2001. Physical and Chemical Geotechnology. Publishing House of Moscow State Mining University,

Moscow p. 656.

Avid, B., Purevsuren, B., 2001. Chemical composition of organic matter of the Mongolian Khoot oil shale. Oil Shale 18, 15-23.

Ball, F. D., Macauley, G., 1988. The geology of New Brunswick oil shales, eastern Canada. In: Proceedings International Conference on Oil Shale and Shale Oil. Chemical Industry Press, Beijing, pp. 34-41.

Bouchta, R., 1984. Valorization studies of the Moroccon [sic] oil shales. Office Nationale de Researches et Exploitations Petrolieres B. P. 774, Agdal, Rabat, Maroc, 28 p.

Crisp, P. T., Ellis, J., Hutton, A. C., Korth, J., Martin, F. A., Saxby, J. D., 1987. Australian Oil Shales—A Compendium of Geological and Chemical Data. CSIRO Inst. Energy and Earth Sciences, Div. of Fossil Fuels, North Ryde, NSW, p. 109.

Davies, G. R., Nassichuk, W. W., 1988. An Early Carboniferous (Visean) lacustrine oil shale in Canadian Arctic Archipelago. Bull. Am. Assoc. Petrol. Geol. 72, 8-20.

Du, C., Nuttall, H. E., 1985. The history and future of China's oil shale industry. In: Eighteenth Oil Shale Symposium Proceedings. Colorado School of Mines Press, Golden, pp. 210-215.

Dyni, J. R., 2006. Geology and resources of some world oil-shale deposits: US Geological Survey Scientific Investigations Report 2005, p. 42.

Fainberg, V., Hetsroni, G., 1996. Research and development in oil shale combustion and processing in Israel. Oil Shale 13, 87-99.

Glushchenko, I. M., 1990. Theoretical foundations of solid fuel technology. Manual for High School. Metallurgiya, Moscow. p. 296.

Graham, U. M., Ekinci, E., Hutton, A., Derbyshire, F., Robl, T., Steward, M. L., 1993. Derivation of Adsorbent Carbons From Oil Shale Residues, ACS Div. of Fuel Chemistry 206th Meeting Preprints, Chicago, USA. 38(3), 914-919.

Gülec, K., Önen, A., 1993. Turkish oil shales—reserves, characterization and utilization. In: Proceedings, 1992 Eastern Oil Shale Symposium, November 17-20. University of Kentucky Institute for Mining and Minerals Research, Lexington, pp. 12-24.

Hutton, A. C., 1991. Classification, organic petrography and geochemistry of oil shale. In: Proceedings 1990 Eastern Oil Shale Symposium. University of Kentucky Institute for Mining and Minerals Research, Lexington, pp. 163-172.

Hyde, R. S., 1984. Oil shales near Deer Lake, Newfoundland. Newfoundland. Geological Survey of Canada Open-File Report OF 1114, 10 p.

Jaber, J. O., Probert, S. D., Badr, O., 1997. Prospects for the exploitation of Jordanian oil shale. Oil Shale 14, 565-578.

Kattai, V., Lokk, U., 1998. Historical review of the kukersite oil shale exploration in Estonia. Oil Shale 15 (2), 102-110.

Kogerman, A., 1997. Archaic manner of low-temperature carbonization of oil shale in wartime Germany. Oil Shale 14, 625-629.

Lee, S., 1991. Oil Shale Technology. CRC Press, Boca Raton, FL, p. 257.

Macauley, G., 1981. Geology of the oil shale deposits of Canada. Geological Survey of Canada Open-File Report, OF 754, 155 p.

Macauley, G., 1984a. Cretaceous oil shale potential of the Prairie Provinces, Canada. Geological Survey of Canada Open-File Report, OF 977, 61 p.

Macauley, G., 1984b. Cretaceous oil shale potential in Saskatchewan. Saskatchewan Geological Society Special Publication 7, pp. 255-269.

Macauley, G., 1986. Recovery and economics of oil shale development, Canada [preprint]. Canadian Society of Petroleum Geologists, Calgary, June 1986 Convention, 7 p.

McFarlane, D. B., 1984. Why the United States needs synfuels. In: Proceedings: 1984 Eastern Oil Shale Symposium, November 26 - 28. University of Kentucky Institute for Mining and Minerals Research, Lexington, pp. 1-8.

Matthews, R. D., Janka, J. C., Dennison, J. M., 1980. Devonian oil shale of the eastern United States: a major American energy resource [preprint]. Evansville, Ind., American Association of Petroleum Geologists Meeting, October 1-3, 43 p.

Moore, S. W., Madrid, H. B., Server, Jr., G. T., 1983. Results of oil-shale investigations on northeastern Nevada. U. S. Geological Survey Open-File Report 83-586, 56 p., 3 app.

Padula, V. T., 1969. Oil shale of Permian IratíFormation, Brazil. Bull. Am. Assoc. Petrol. Geol. 53, 591-602.

Pápay, L., 1998. Varieties of sulphur in the alginite sequence of Kössen facies from the borehole Rezi Rzt-1 W-Hungary. Oil Shale 15, 221-223.

Pierce, B. S., Warwick, P. D., Landis, E. R., 1994. Assessment of the solid fuel resource potential of Armenia. U. S. Geological Survey Open-File Report 94-179, 59 p.

Pitin, R. N., 1957. About permeability of oil shales (kukersites). Proc. Inst. Fossil Fuel Acad. Sci. USSR VII, 30-41.

Pitin, R. N., Sporius, A. E., Farberov, I. L., 1957. First trials of underground processing of oilshale. Proc. Inst. Fossil Fuel Acad. Sci. USSR VII, 44-61.

Robl, T. L., Hutton, A. C., Dixon, D., 1993. The organic petrology and geochemistry of the Toarcian oil shale of Luxembourg. In: Proceedings1992 Eastern Oil Shale Symposium. University of Kentucky Institute for Mining and Minerals Research, Lexington, pp. 300-312.

Rudina, M. G., Serebryakov, V. A., 1988. Handbook of Oil-Shale Processing. Himiya, Leningrad. p. 256.

Russell, P. L., 1990. Oil shales of the world, their origin, occurrence and exploitation. Pergamon Press, New York, 753 p.

Sener, M., Senguler, I., Kok, M. V., 1995. Geological considerations for the economic evaluation of oil shale deposits in Turkey. Fuel 74, 999-1003.

Smith, J. W., 1980. Oil shale resources of the United States. Colorado School of Mines, Mineral and Energy Resources, Golden, vol. 23(6), 30 p.

Smith, W. D., Naylor, R. D., 1990. Oil shale resources of Nova Scotia. Nova Scotia Department of Mines and Energy Economic Geology Series 90-3, 274 p.

Smith, W. D., Naylor, R. D., Kalkreuth, W. D., 1989. Oil shales of the Stellarton Basin, Nova Scotia, Canada—stratigraphy, depositional environment, composition and potential uses. In: Twenty - second Oil Shale Symposium Proceedings. Colorado School of Mines Press, Golden, pp. 20-30.

Troger, U., 1984. The oil shale potential of Egypt. Berliner Geowiss, Abh 50, 375-380.

Vanichseni, S., Silapabunleng, K., Chongvisal, V., Prasertdham, P., 1988. Fluidized bed combustion of Thai oil shale. In: Proceedings International Conference on Oil Shale and Shale Oil. Chemical Industry Press, Beijing, pp. 514-526.

World Shale Resource Assessments, 2015. Retrieved from: https://www.eia.gov/analysis/stud ies/worldshalegas/, September 24, EIA.

Yefimov, V., 1996. Creation of an oil shale industry in Kazakhstan may become a reality. Oil Shale 13, 247-248.

拓 展 阅 读

Dobryansky, A. F., 1947. Oil Shale of USSR. Leningrad and Moscow: State Science Technical Publishing of Oil and Mining Literature, p. 232.

Glushchenko, I. M., 1980. Theoretical foundations of solid fuel technology. Manual for High School. Vishcha Shkola, Kiyv. p. 256.

Glushchenko, I. M., 1985. Chemical Technology of Fossil Fuels. Vishcha Shkola, Kiyv. p. 447.

Kamneva, A. I., 1974. Chemistry of Fossil Fuels. Himiya, Moscow. p. 272.

Zelenin, N. I., Ozerov, I. M., 1983. Handbook of Oil Shale. Leningrad, Nedra. p. 248.

17 地下火灾未来远景技术

D. Saulov, A. Y. Klimenko, J. L. Torero

(昆士兰大学,加拿大昆士兰州布里斯班)

17.1 概述

过去和现在对煤炭资源的勘探和自然事件在全世界范围内引发了数起地下火灾。众所周知,这些火灾会导致严重的环境和社会经济问题(Stracher 和 Taylor,2004;Michalski,2011),同时严重威胁到当地居民的人身安全,并有可能由于地表沉降而破坏当地的基础设施(Nolter 和 Vice,2004)。Page 等(2002)认为,此类火灾会产生大量的有毒气体和颗粒物质,占据全球二氧化碳排放的一大部分。Rein(2009)指出,地下火灾消耗了大量宝贵的不可再生能源。这样的火灾也会造成地下水污染(Finkelman,2004;Finkelman 和 Stracher,2011)。虽然已经有大量证据表明,地下阴燃火灾会对环境和社会经济造成不利影响,但这些证据必须以鼓励干预的方式进行论证。

地下火灾可以由人类活动或自然原因导致,如闪电或自燃等。地下火灾的一般特征是多孔可燃材料的缓慢燃烧(或阴燃)(Rein,2009)。这类材料的例子有煤炭、煤炭废料堆或泥炭。阴燃过程包括气体通过不同大小和结构复杂的大量孔隙进行渗滤,以及通过气相和固体基质进行热传导。孔隙壁上发生非均相氧化反应并释放出热量。

多年来已经发表了多篇对阴燃过程进行研究的论文。然而,值得注意的是,关于阴燃的文献数量只占整个燃烧研究的很小一部分。而与地下火灾相关的文章就更少了。Ohlemiller(1985)回顾了 1985 年以前的阴燃研究。后来,人们又对正向阴燃展开了研究,即燃烧前沿沿氧化剂流动方向进行传播,这些研究著作包括 Schult 等(1996)、Aldushin 等(1997),以及 Lu 和 Yortsos(2005a)的文章。致力于反向阴燃过程的研究包括 Britten 和 Krantz(1986),Schult 等(1995),Liu 等(2005),Lu 和 Yortsos(2005b)的文章。

Ohlemiller(2002)指出,与火焰温度为 1200~1800℃ 的明火燃烧相比,典型的阴燃过程具有相对较低的燃烧温度(500~700℃)和放热速率(6~12kJ/g),并且阴燃的传播速度也非常慢(为 10~30mm/h)(Ohlemiller,2002)。由于其燃烧温度相对较低,因此地下火灾很难探测到,尤其是在初始阶段。由于难以被发现,地下火灾可以蔓延到很大的区域。即使被探测到,要准确估计当前地下火灾的传播范围并预测其进一步的蔓延趋势也是非常困难的。这些信息对于评估安全威胁、评估潜在的经济和环境后果,以及制定控制和扑灭火灾的最佳措施而言是十分必要的。

由于地下火灾发生在不同的深度,因此采用统一的方法来探测、估计火灾的范围和预测火灾的进一步发展趋势几乎是不可能的。事实上,孔隙度和渗透率控制着通过多孔介质的流量，它会随着深度和土壤类型的变化而变化。此外，流场中的方向偏向，就像较深位置的断层一样，可以对进出火源的热量和流体流量产生较大的影响。显然，这将对热量和地下火的传播以及扑灭火灾和减轻火灾的应对策略产生重大影响。

多孔介质的热物理性质也会影响地下火的拓展过程和多孔介质中的反应。这些热物理性质会随着温度的变化而变化，在某些情况下还会随时间发生变化。正如人们所预料的那样，湿介质的热物理性质不同于干介质的热物理性质。例如，如果用气体代替多孔介质中的水，由于气体的导热系数较低，因此具有较高的热阻，从而降低整体的导热系数。水及其他挥发性物质的存在不仅会影响热水力学性质，而且还会对相关反应的化学和动力学性质发挥着至关重要的作用。类似的现象也控制着地面上库存煤炭的自加热过程（Ejlali 和 Hooman，2011）。

本章讨论了地下火灾对环境和社会经济所造成的不利后果，回顾了现有的火灾检测和测量方法，还分析了目前常用的控制和扑灭地下火灾的相关技术。然后，讨论了如何利用多年来在煤炭地下气化（UCG）方面所发展起来的大量知识和技术来控制和扑灭地下火灾。本章主要关注深度相对较大的地下火灾，因为下面所讨论的 UCG 技术更适用于这种地下火灾。与此同时，本章还讨论了泥炭火灾对环境和社会经济所造成的不利影响。

17.2 地下火灾的不利影响

17.2.1 空气污染和水污染

与可燃物质基本完全发生氧化的明火火灾相比，地下阴燃火灾具有氧化反应不完全的特点。因此，与明火火灾相比，这种火灾所产生的有毒和窒息性的一氧化碳气体明显更多（Purser，2002；Bertschi 等，2003；Rein 等，2009）。

由于（阴燃）地下火灾的反应温度明显低于明火火灾（Ohlemiller，2002），且可燃物质的氧化不完全，因此产物气体中有毒的有机化合物浓度较高。这些化合物会严重影响当地居民的身体健康。正如 Mumford 等（1995）所指出的那样，多环芳烃与较高的肺癌发病率脱不了干系。而肺癌的发病率越高，总体的死亡率也就越高。

此外，Bertschi 等（2003）指出，地下阴燃火灾会释放出大量的颗粒物质。这些颗粒物质不仅会增加呼吸道疾病的风险（Finkelman 和 Stracher，2011），而且它们通常还会携有危险的无机物，如砷、汞、铅、硫和氟（Finkelman，2004）。很明显，颗粒物质内部的有害无机物质的组成取决于燃烧燃料的矿物组成。

正如 Finkelman（2004）及 Finkelman 和 Stracher（2011）所讨论的那样，有毒的有机化合物和无机化合物被释放到大气中，然后发生冷凝，会导致当地的含水层被严重污染。地下的无机物和焦油也由于多孔介质渗透性的增加而增加了地下水污染的风险。与未发生燃烧的燃料相比，已燃烧介质中的有毒物质很容易渗入当地的含水层中（Finkelman，2004；Finkelman 和 Stracher，2011）。

Mumford 等（1995）以及 Stracher 和 Taylor（2004）讨论了地下火灾所造成的空气污染和水污染对当地居民健康状况的不利影响。例如，加利亚煤田火灾导致哮喘、慢性支气管炎以及皮肤和肺部疾病的发病率大幅增加。此外，地下火灾所造成的疾病还包括脑卒中、肺心病和慢性阻塞性肺气肿等。这种不利影响迫使印度政府对当地人口进行大规模的重新安置。

17.2.2 经济影响和二氧化碳的排放

除了空气污染和水污染外，地下煤火还消耗了大量宝贵的能源，同时极大地加剧了全球温室气体的排放。根据 Stracher 和 Taylor(2004)的研究，中国北部地区的地下煤火(图 17.1)平均每年造成了高达 2×10^8 t 的煤炭损失。鉴于煤炭价格约为 50 美元/t，仅中国北部地区每年因地下火灾所造成的直接损失就高达 100 亿美元。考虑到这些地下煤火已经燃烧了至少 20 年，这些地下煤火的总体经济影响是非常巨大的。Stracher 和 Taylor(2011)报告称，必要的消防措施的成本估算为每年 250 万美元。然而，这种估计似乎非常保守。举个例子，根据美国的估计，美国需要投入超过 6.51 亿美元的消防成本才能控制废弃矿井中的地下火灾(Stracher 和 Taylor, 2011)。除了不利的经济影响外，这些地下火灾对化石燃料每年向大气中排放的二氧化碳的贡献率高达 3%(Stracher 和 Taylor, 2011)。

图 17.1 在中国的汝萁沟，通过地表岩石就可以清楚地看到地下煤火所发出的火光
(Johnson, 2008)
每年有大量宝贵的煤炭资源不断流失。由于地下火灾的影响，更多的煤炭资源无法正常采出

印度加利亚煤田的地下火灾也对印度经济产生了较大的负面影响(图 17.2)。根据 Stracher 和 Taylor(2011)的研究，大火从 1916 年开始就一直在持续地燃烧。目前，该地区约有 70 处地下火灾正在永久性地燃烧。这些地下火灾每年大约消耗 3700×10^4 t 煤炭资源，同时阻碍了大量煤炭储量的开采进程。据估计，约有 15×10^8 t 煤炭储量被封存在火灾之下(Stracher 和 Taylor, 2004)。此外，当地人口的重新安置计划需要大量的资金投入。

一个对安全、环境和经济造成不利影响的地下火灾的例子是森特勒利亚火灾(美国宾夕法尼亚州)(Nolter 和 Vice, 2004)。这场火灾开始于 1962 年，最开始是废弃煤矿着火，然后在煤层中不断蔓延。这场火灾所消耗的煤炭无法进行商业开采(至少在目前的采矿技术阶段是这样)，因此难以估计这场火灾由于煤炭资源损失所带来的经济影响。然而，这场火灾的社会经济影响却是毁灭性的(图 17.3)。1985—1991 年，美国政府花费了 4200 万美元从森特勒利亚重新安置了 1100 名当地居民。据 Michalski(2011)估计，完全扑灭森特勒利亚火灾的费用将达到 6.63 亿美元。同样重要的是，还需要注意基础设施方面的损失，包括由于地面沉降所造成的道路损坏。

据记载，在 1997 年的厄尔尼诺旱季，最大的泥炭火灾始于印度尼西亚的加里曼丹。大火持续了几个月，并且对数百万人造成了影响，这些居民不仅来自印度尼西亚，而且还来自邻国的马来西亚和新加坡。据 Whitehouse 和 Mulyana(2004)估计，这些火灾摧毁了超过500万公顷的森林,同时大大减少了濒危物种的栖息地。尽管人们认为泥炭并不是一种非常有价值的能源,但印度尼西亚的泥炭火灾至少引发了76起煤矿火灾(Whitehouse和Mulyana,2004),并留下了大量潜在的着火点。据Page等(2002)报道,这些火灾导致多达$2.6×10^8$t的二氧化碳被排放到大气中,这些二氧化碳占当年全球排放量的40%。

图17.2 在加利亚多所房屋因火灾而倒塌(Schiller,2015)

图17.3 宾夕法尼亚州森特勒利亚附近的61号高速公路的废弃路段上,道路裂缝中冒出阵阵浓烟一直在燃烧。这场地下煤矿火灾自1962年一直持续到现在
照片来源:https://www.flickr.com/photos/citnaj/981132198

在上面所描述的多起火灾中,已经采取了多种消防措施。然而,目前还没有任何文献能够提供这些干预活动对经济或环境影响的量化结果。

17.3 地下火灾探测和测量的最新技术

17.3.1 地下火灾的探测

为了能够有效地控制甚至扑灭地下火灾,必须在火灾发生初期就进行有效的探测。对地下火灾的蔓延趋势进行探测和测量是极具挑战性的问题。如前所述,阴燃是地下火灾的主要燃烧机理,与明火火灾相比,其特点是燃烧温度相对较低。因此,一直到地下火灾蔓延到很大的区域并非常接近地表时,地下火灾上方的地表温度通常都不是很高。此外,多孔介质(煤炭和土壤)的确切物理、化学和热特性往往是未知的,这使得人们很难建立起精确的计算模型来对火灾蔓延过程和污染物的排放进行量化。地表的局部沉降会导致地下燃烧区被暴露出来。然而,这种情况在地下火灾的初始阶段相对比较少见。一般而言,地下燃烧区域的确切面积目前还很难进行量化。

有几种技术可用于探测和量化地下火灾的蔓延程度。这些技术均基于地表测量的方式,使用卫星或飞行器对多孔介质的性质进行成像和量化,以便使用这些特性参数进行建模(Wuttke等,2012)。所采用的技术包括地理信息系统(GIS)成像技术、热红外(TIR)成像技术(Prakash等,1999;Prakash和Vekerdy,2004),以及微量元素/气体检测技术(Xue等,2010;Wu等,2012)。

虽然地下火灾上方的地表温度仅比周围地区的温度高出几度，但是已经证实，夜间成像、卫星成像和 8~12μm 范围内的热红外成像结果对于地下火灾的检测而言是非常有用的（Prakash 等，1999；Prakash 和 Vekerdy，2004）。尽管如此，热红外图像的空间分辨率是比较差的（Prakash 和 Vekerdy，2004）。

最近，该技术[包括对氡的检测（α-cup 方法）]已被证实可用于地下火灾的探测（Xue 等，2010；Wu 等，2012）。实践证明，该方法能够准确地探测到地下火灾的位置和范围，并能预测火灾蔓延趋势的变化。

显然，很有必要开发出一种用于地下火灾测量的诊断技术，其诊断结果可作为预测模型的验证数据。根据 Torero 等（1993）和 Tse 等（1999）的介绍，过去在多孔介质中所使用的超声检测技术可以作为一种有用的工具进行探索。在该方法中，可以利用带有焦炭（已燃烧过的）的多孔介质中的声波衰减量来检测和量化阴燃区域的大小（Torero 等，1993）。同样地，目前正在开发的 X 射线层析成像方法（Naveed 等，2013）也可以用来定量测量孔隙尺寸的分布和燃烧反应区的几何形态。但这些技术的穿透深度和分辨率仍不足以探测或扑灭这些地下火灾。

17.3.2 火灾控制和灭火技术

正如 Colaizzi（2004）所指出的那样，火灾控制和灭火技术是基于消除诸如氧化剂、燃料和能量（热量）等火灾传播因素的情况下建立起来的。传统的控制和扑灭地下火灾的方法包括完全开挖、挖沟和后续的泥土回填、地表密封和注水充填（Colaizzi，2004）。

完全开挖过程包括剥离覆盖层，然后将燃料燃烧殆尽，随后用水进行冷却。这种方法有可能彻底扑灭地下火灾。然而，这种技术具有一定危险性，因为它需要使用大量的重型机械（图 17.4）。完全开挖的经济和技术可行性在很大程度上取决于需要清除的覆盖层和燃料的数量（Kim，2011）。很显然，这种方法不适用于深层地下火灾或厚煤层中的火灾。

另一种成本较低的方法是挖沟和泥土回填。这种方法包括先挖一条沟，然后用惰性材料回填（Colaizzi，2004）。

图 17.4 推土机从加利亚的煤火中移除燃烧的煤炭（Stracher，2010）

据推测，大火将会停在所建的隔离屏障上。需要注意的是，这种灭火方法并不能确保完全灭火。在某些情况下，地下煤火仍可以在屏障下部或通过屏障传播（Kim，2011）。同样，这种方法的可行性也取决于地下火灾的深度和煤层的厚度。

另一种控制地下火灾的传统方法是地表密封。在这种方法中，地下火灾上方的地表要么用土壤密封，要么用特殊材料密封，以防止向火灾所在位置提供氧气（Colaizzi，2004）。十分重要的一点是，必须要注意，地表的重要区域都应该密封，以确保所有的地表缺口都处于闭合状态，因为这些地表缺口可能会为地下火灾提供空气。地表密封必须保持很长一段时间(长达20年),以确保地下燃料冷却到低于复燃温度(Kim,2004)。因此,地表密封需要采用合理的施工工艺和精心的维护;否则,地表密封层一般会在3年内失效(Kim,2004)。

在水资源充足的情况下,注水填充的方式可以用来控制地下火灾。然而,由于地下矿井或煤层中水的分布基本上是不可预测的,因此这种技术通常并不能取得成效(Kim,2004)。水有一种倾向,即在避开低渗透热点区域的同时,创造和流经相对较大的水流通道。同样重要的是,必须要确保所有的水都被限制在火灾区域的内部(Colaizzi,2004),以防水层发生污染。

最近进行了利用低温喷射法扑灭地下煤火的试验(Kim,2004)。在该方法中,将包含二氧化碳(溶解在液氮中)的泥浆注入已加热区域。泥浆在转化为气体的过程中会产生一个冷锋面。冷锋面的传播迫使高温燃烧气体在冷却过程中离开已加热区域。十分重要的一点是,必须确保燃烧气体得到充分冷却;否则,这些燃烧气体会加热周围的燃料,使这些地下燃料被点燃。很显然,当低温泥浆的用量不足时,这种方法并不能完全扑灭地下火灾。然而,对泥浆注入前后的温度分布的评估结果已经证实了该方法在对局部热点进行冷却的有效性(Kim,2004)。

综上所述,以上所讨论到的地下火灾控制技术都显示出了一定的控制能力,它们能够以一种理想的方式来影响地下火。然而,目前还没有证据表明这些技术中有任何一项已经系统化地取得了成功。相反,它们的实施总是会带来一些不同形式的负面影响。由于缺乏充分的诊断,土壤和燃烧规模的巨大差异,以及每一个报道案例的燃烧反应的独特性质,因此无法对这些成功的经验进行统一概括并推广到其他应用场景。因此,目前还没有一个结论性的方法可以用来解决这个问题。

17.4 煤炭地下气化技术在控制地下火灾方面的潜在应用

在这里,不打算对 UCG 技术进行过多的赘述,读者可参考 Klimenko(2009),Shafirovich 和 Varma(2009)及 Bhutto 等(2013)的文章。也无法提供一个全面的研究项目的结果,因为这项研究尚未完成。相反,可通过在地创建一个 UCG 反应器来控制火灾的可选方法进行讨论。这一方法提供了利用多年来发展起来的 UCG 技术控制地下火灾的可能性。首先,多年来在 UCG 研究中所获得的更广泛和更深层次的知识积累同样也适用于地下火灾的情况(需要经过一些修改)。其次,地下火灾现场的 UCG 反应器可以抑制地下火灾的传播,并减少地下火灾对环境所造成的不良影响。

举个例子,根据 Imran 等(2014)的研究,UCG 是煤矿中所用到的最环保的技术。尽管如此,UCG 作业过程中仍存在一些环境方面的问题。这些担忧主要涉及在浅层深度下进行 UCG 作业时所造成的地下水污染(Yang 和 Zhang,2008;Kapusta 等,2013;Soukup 等,2015)。然而,在地下火灾现场进行 UCG 作业时,这些担忧是无关紧要的。事实上,地下火灾已经形成,并且已经对环境造成了一些损害。如果不对地下火灾进行干预,那么环境更大的不利影响将是不可避免的。接下来,我们将证明,使用 UCG 技术可以减少进一步的环境损害。

17.4.1 建模方面的进展

地下火灾是一种复杂的现象，它涉及热力、水力、化学和力学过程。由于获取实际的现场数据存在很大的难度，因此综合建模对于提高人们对所涉及过程及其相互关系的理解至关重要(Wessling，2008a)。对地下火灾的综合建模将使人们能够更好地了解这些地下火灾背后所发生的现象，并有助于估计地下火灾的蔓延时间和拓展范围。此外，这样的模型将允许人们基于关键参数来预测火灾的进一步传播过程。虽然建立这种模型是一个极具挑战性的工作，但这一资料对制定控制和扑灭地下火灾的最佳战略，从而减少地下火灾对环境和经济的不利影响，是极为重要的。

尽管地下火灾模型最近取得了一些进展(Huang 等，2001；Wolf 和 Bruining，2007；Wessling 等，2008a，2008b)，但对地下火灾蔓延过程的精确和全面的建模仍然是一片空白。目前还没有哪一种综合模型能够准确地预测地下火灾的扩展和蔓延过程，而这种模型必须是建立在对所涉及的物化现象进行严格处理的基础上得到的。

与地下火灾相比，UCG 作业过程中的物理化学现象在各类文献中得到了更好的理解和描述，这些文献既包含理论研究(数学模型)，也包含数值模拟(计算模型)研究。举几个例子，Yang 和 Liu(2003)、Perkins 和 Sahajwalla(2006)以及 Seifi 等(2011)对 UCG 反应器和燃烧腔增长过程进行了数值模拟研究，而 Saulov 等(2010)提出了一种描述气化通道内燃烧前缘的传播过程的数学模型。Yang 等(2014)和 Najafi 等(2014)致力于 UCG 反应器周围应力分布的数值分析，而 Blinderman 和 Klimenko(2007)则提出了反向燃烧连通(RCL)理论，这是构建 UCG 反应器模型的关键步骤。

除了数学模型和计算模型外，世界各地的许多 UCG 试验和运作过程中所获得的广泛"实践"经验也在各类文献中进行了描述。Burton 等(2006)对这些实践经验进行了总结，同时为感兴趣的读者提供了很好的参考资料。

17.4.2 建造煤炭地下气化反应器

当考虑在地下火灾中建造 UCG 反应器时，首先要考虑的问题是这种思路是否真的有可能实现。在这里，可以放心地假设，从地表可以钻两口直井进入正在燃烧的煤层。至少，这样的井可以钻到燃烧部位附近尚未发生燃烧的部位。现在，为了在煤层中建造 UCG 反应器，应该想办法把煤层中的这两口井连接起来。举个例子，正如 Khadse 等(2007)所指出的，选择合适的井筒连通技术是至关重要的。

目前在 UCG 技术中使用了多种连通技术，而主要的技术是定向钻井和反向燃烧连通。但是，请注意，正向燃烧连通也可以在某些情况下使用。Blinderman 等(2008a)对正向燃烧连通和反向燃烧连通之间的差异进行了详细的分析。

然而，如果 UCG 反应器必须建造在已发生地下火灾的地层内，那么在这种恶劣的高温环境中进行定向钻井似乎是不可取的。相比之下，选择反向燃烧连通技术进行井筒连通似乎是一种必然选择。反向燃烧连通是一项成熟的技术，它不仅在苏联广泛而持久的 UCG 项目中得到了广泛的应用，而且在 20 世纪 70 年代和 80 年代的美国 UCG 现场试验项目中也得到了广泛的应用。Skafa(1960)和 Kreinin 等(1982)总结了反向燃烧连通技术在苏联 UCG 项目中的使用结果，感兴趣的读者可以从中总结出整个苏联 UCG 计划的精髓。

值得注意的是，反向燃烧连通技术是完全靠经验来应用，因为当时还没有提出关于反向燃烧连通技术的综合理论。首次尝试提出这一理论的是 Britten 和 Krantz(1985)。反向燃烧连通的综合理论最近才由 Blinderman 和 Klimenko(2007) 以及 Blinderman 等(2008b)提出。上述内容说明，人们可以放心地假设 UCG 反应器能够建造在地下煤火的涉及区域内。

17.4.3 地下火灾控制

地下火灾传播过程中的生成气体主要是通过水力阻力相对较高的流动路径排出到地面的(图 17.5)。这一水力阻力迫使一部分产出气体被渗滤到地下火灾周围未发生燃烧的煤层中。热气扩散到未发生燃烧的煤层中，并将其加热，然后点燃这些地下燃料。这样，地下火灾的规模就有可能进一步扩大。

由于这种水力阻力，部分产出气体可以通过煤层的裂缝传播到离主要火灾点很远的地方。这一过程会导致在远离主要火灾点的地方形成新的火灾点。这使得火势的蔓延过程无法预测。

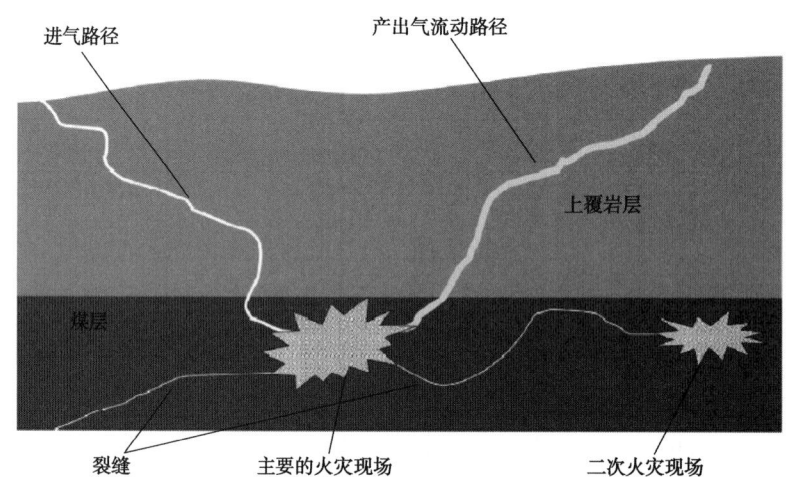

图 17.5 地下煤火示意图

氧化剂通过裂缝进行供应，产生的气体通过低渗透(然而，其水力阻力相对较高)
的流动路径被释放到大气中

在火灾场建造的 UCG 反应器为地下火灾产生的气体提供了水力阻力较低的流动路径。通过这种方式，几乎所有的产出气都被排出到地面，并使用传统的 UCG 工艺进行适当的处理。燃料(正在发生燃烧)所产的气体几乎完全排出，这将降低火灾在地下的蔓延速度，从而防止地下火灾通过煤层裂缝传播。UCG 技术处理地下火灾的第一阶段的关键要素是控制气体的供应，同时排出产出气体并对其进行适当的处理。排气过程可在略低于大气压力的条件下进行，以尽量降低火灾的蔓延速度并减少生态破坏。第二阶段是将地下火灾的蔓延过程局部化，因为地下煤火总是趋向于沿着氧气源的方向移动。通过向周边地层注水的方式，可以提高周围地层中的地下水位，使水的界面逐渐向反应区扩展。这将导致地下火灾在受控状态下逐渐熄灭。另一种可能性是，用一种安全的、局部化的、环保的方式，在相当长的时间内运行 UCG 反应器，烧掉几乎所有的地下燃料，这与无法控制的地下火灾形成了鲜明的对比。在此之后，UCG 反应器可以按照最佳的 UCG 习惯做法安全退役（Burton，2006）。

应该注意的是，根据 UCG 试验项目的经验，推荐的方法几乎与传统方法（直接向地下火灾所在区域中注水）完全相反。后者通常只能造成火灾温度的暂时下降，并且由于向煤层其余部位注入了大量的热蒸汽和产出气体，往往会导致火灾区域继续拓展、扩大。

17.4.4 减少含水层污染

正如之前所指出的，在考虑与浅层 UCG 作业中的地下水污染相关的环境问题时，应考虑初始的环境条件。人们应该考虑到，如果该问题不加以处理，地下火灾将产生大量的有毒无机物和焦油。由于渗透率的增加，这些物质很容易渗入当地的含水层中。在 UCG 作业过程中，这些化学物质中的绝大部分会被转化为气态，并在后续进行地面处理的过程中被排出到地面。因此，含水层污染的风险将会有所下降。

17.4.5 减少有毒气体的排放

如上所述，地下阴燃火灾会向大气中排放大量有毒的有机化合物和危险颗粒物质，从而严重影响当地居民的身体健康。如果采用 UCG 技术来控制地下火灾，这些气体和微粒将在常规的 UCG 工艺过程中进行捕获和处理。因此，地下火灾所造成的大气污染将会大大减少。

17.4.6 从地下火灾中获得收益的潜力

在此之前，探讨了利用 UCG 技术对地下火灾进行控制的可行性。然而，可以从不同的角度来考虑这个问题。假设地下火灾发生在厚煤层（假设煤层厚度超过 3m）和深煤层（假设煤层位于地下水位以下 150m 或更深的层位）中。还假设煤层的占地面积很大。也就是说，该煤层中含有大量的煤炭储量。在这种情况下，控制地下火灾的项目就可以转化为一个普通的 UCG 项目，同时还有可能实现商业化生产，因为在这种情况下，人们便可以在相对较高的压力条件（仍低于静水压力）下气化，并且可以持续产出高质量的气化气。与其他的 UCG 项目相比，这样的 UCG 项目将具有额外的优势。即这种项目除了可以获得一定的收益外，还能有效地控制地下火灾，如果不开展这样的 UCG 项目，人们将很难控制和减少地下火灾所造成的不利的环境后果，而这些不利的环境后果往往是不可避免的。此外，没有其他公司会争夺这些煤炭资源，因为传统的开采技术无法从发生火灾的煤层中开采煤炭。

然而，在大多数情况下，地下火灾主要发生在地下水位以上的较浅深度、破碎的、通常很薄的煤层中，那里几乎不可能实现气化气的商业化生产。在埋藏深度较浅时，煤炭的气化过程必须在较低的压力下进行，以避免气化气突破到地表并污染地下水，同时造成相当大的热量损失。具有不规则的几何形状并高度破碎的上覆岩层会增加作业过程的复杂程度，导致工艺过程中的热效率相对较低，气化气的质量也相对较低。然而，使用空气（也可以是富氧空气）、蒸汽交替注入的方式（Yang 等，2008；Eftekhari 等，2015），可以生产出更高质量的气化气。对这样一个 UCG 项目进行详细的经济分析显然超出了本章的范围。然而，气化气所产生的收益可以部分（或全部）用于支付控制地下火灾的费用，即使 UCG 项目没有取得商业上的成功。

17.5 结论

目前，地下火灾已经对环境和社会经济造成了重大的不利影响。这些地下火灾消耗了宝贵的能源，同时还会污染空气和当地的含水层。这些地下火灾也加剧了全球温室气体的排放，并对当地居民的安全和健康构成了巨大威胁。

使用常规卫星或飞行器成像的方法来探测地下火灾是存在问题的，特别是在其初始阶段，这是由于燃烧区域上部地表温度的增加幅度很小。尽管最近提出了解决这一问题的新方法；但到目前为止，在确定地下火灾的规模和可能的深度方面，还没有哪一种方法被证实是可行的。

控制和扑灭地下火灾的传统方法大多没有经过证实，并且这些方法仅适用于特定的地点。对于广泛蔓延的火灾或深埋地下的火灾来说，完全开挖的成本高得令人望而却步。其他传统方法由于存在较大的不确定性，因此无法保证成功扑灭火灾或对其实施有效的控制。

人们对地下火灾这种复杂现象的了解仍然十分有限。从地下火灾中获得实验数据的难度很大，这是由于致力于对这种地下火灾进行综合建模的研究数量相对较少。相比之下，文献中有大量致力于 UCG 技术的研究。这些研究包括理论研究、计算模型和对"实践"经验的描述。

反向燃烧连通技术是一种先进的 UCG 技术，它提供了一种在地下火灾现场建造 UCG 反应器的可选方式。这一方法使得应用 UCG 技术来控制和扑灭火灾成为可能，同时大幅度减少对当地含水层的污染以及向大气中排放的有毒气体和微粒成为可能。

从理论上来讲，在理想条件下，应用 UCG 技术来控制地下煤火，可以实现 UCG 技术的商业化。实际上，基于 UCG 技术的地下火灾控制方法可能会在很长一段时间内处于亏损状态，但该方法可以减少地下火灾对环境所造成的不利影响，并逐步将其扑灭。

参 考 文 献

Aldushin, A. P., Matkowsky, B. J., Schult, D. A., 1997. Upward buoyant filtration combustion. J. Eng. Math. 31(2-3), 205-234.

Bertschi, I., Yokelson, R. J., Ward, D. E., Babbitt, R. E., Susott, R. A., Goode, J. G., Hao, W. M., 2003. Trace gas and particle emissions from fires in large diameter and belowground biomass fuels. J. Geophys. Res.：Atmos. 108(D13)(1984-2012).

Bhutto, A. W., Bazmi, A. A., Zahedi, G., 2013. Underground coal gasification：from fundamentals to applications. Prog. Energy Combust. Sci. 39(1), 189-214.

Blinderman, M. S., Klimenko, A. Y., 2007. Theory of reverse combustion linking. Combust. Flame 150(3),

232-245.

Blinderman, M. S., Saulov, D. N., Klimenko, A. Y., 2008a. Forward and reverse combustion linking in underground coal gasification. Energy 33(3), 446-454.

Blinderman, M. S., Saulov, D. N., Klimenko, A. Y., 2008b. Exergy optimisation of reverse combustion linking in underground coal gasification. J. Energy Inst. 81(1), 7-13.

Britten, J. A., Krantz, W. B., 1985. Linear stability of planar reverse combustion in porous media. Combust. Flame 60(2), 125-140.

Britten, J. A., Krantz, W. B., 1986. Asymptotic structure of planar nonadiabatic reverse combustion fronts in porous media. Combust. Flame 65(2), 151-161.

Burton, E., Friedmann, J., Upadhye, R., 2006. Best Practices in Underground Coal Gasification. Lawrence Livermore National Laboratory. p. 119.

Colaizzi, G. J., 2004. Prevention, control and/or extinguishment of coal seam fires using cellular grout. Int. J. Coal Geol. 59(1), 75-81.

Eftekhari, A. A., Wolf, K. H., Rogut, J., Bruining, H., 2015. Mathematical modeling of alternating injection of oxygen and steam in underground coal gasification. Int. J. Coal Geol. 150, 154-165.

Ejlali, A., Hooman, K., 2011. Buoyancy effects on cooling a heat generating porous medium: coal stockpile. Transp. Porous Media 88(2), 235-248.

Finkelman, R. B., Stracher, G. B., 2011. Environmental and health impacts of coal fires. In: Stracher, G. B., Prakash, A., Sokol, E. V. (Eds.), Coal and Peat Fires: A Global Perspective. Elsevier, Amsterdam, pp. 116-125.

Finkelman, R. B., 2004. Potential health impacts of burning coal beds and waste banks. Int. J. Coal Geol. 59(1), 19-24. http://www.australian-shares.com/forums/discussion/6330/hunter-valley-coal-mine-fire-still-burning.

Huang, J., Bruining, J., Wolf, K. H., 2001. Modeling of gas flow and temperature fields in underground coal fires. Fire Saf. J. 36(5), 477-489.

Imran, M., Kumar, D., Kumar, N., Qayyum, A., Saeed, A., Bhatti, M. S., 2014. Environmental concerns of underground coal gasification. Renew. Sust. Energ. Rev. 31, 600-610.

Johnson, T., 2008. China's coal fires belch fumes, worsening global warming, 17 November, McClatchy Newspapers. http://www.mcclatchydc.com/news/nation-world/world/arti cle24510001.html Accessed on June 27, 2017.

Kapusta, K., Stanczyk, K., Wiatowski, M., Checko, J., 2013. Environmental aspects of a field scale underground coal gasification trial in a shallow coal seam at the Experimental Mine Barbara in Poland. Fuel 113, 196-208.

Khadse, A., Qayyumi, M., Mahajani, S., Aghalayam, P., 2007. Underground coal gasification: a new clean coal utilization technique for India. Energy 32(11), 2061-2071.

Kim, A. G., 2004. Cryogenic injection to control a coal waste bank fire. Int. J. Coal Geol. 59(1), 63-73.

Kim, A. G., 2011. United States Bureau of Mines—study and control of fires in abandoned mines and waste banks. In: Stracher, G. B., Prakash, A., Sokol, E. V. (Eds.), Coal and Peat Fires: A Global Perspective. Elsevier, Amsterdam, pp. 268-304.

Klimenko, A. Y., 2009. Early ideas in underground coal gasification and their evolution. Energies 2(2), 456-476.

Kreinin, E. V., Fedorov, N. A., Zvyagintsev, K. N., Pyankova, T. M., 1982. Underground Gasification of

Coal Seams. Nedra, Moscow(in Russian).

Liu, Y., Chen, M., Buckmaster, J., Jackson, T. L., 2005. Smolder waves, smolder spots, and the genesis of tribrachial structures in smolder combustion. Proc. Combust. Inst. 30(1), 323–329.

Lu, C., Yortsos, Y. C., 2005a. Dynamics of forward filtration combustion at the pore-network level. AICHE J. 51(4), 1279–1296.

Lu, C., Yortsos, Y. C., 2005b. Pattern formation in reverse filtration combustion. Phys. Rev. E. 72(3). 036201.

Matic, L., 2015. Tura za pustolove: Napusˇteni gradovi sveta, 11 January, Ekonomske Vesti. http://ekonomskevesti.com/turizam/tura-za-pustolove-napusteni-gradovi-sveta Accessed on June 27, 2017.

Michalski, S. R., 2011. Brief history of coal mining. In: Stracher, G. B., Prakash, A., Sokol, E. V. (Eds.), Coal and Peat Fires: A Global Perspective. Elsevier, Amsterdam, pp. 30–46.

Mumford, J. L., Li, X., Hu, F., Lu, X. B., Chuang, J. C., 1995. Human exposure and dosimetry of polycyclic aromatic hydrocarbons in urine from Xuan Wei, China with high lung cancer mortality associated with exposure to unvented coal smoke. Carcinogenesis 16(12), 3031–3036.

Najafi, M., Jalali, S. M. E., KhaloKakaie, R., 2014. Thermal-mechanical-numerical analysis of stress distribution in the vicinity of underground coal gasification(UCG) panels. Int. J. Coal Geol. 134, 1–16.

Naveed, M., Hamamoto, S., Kawamoto, K., Sakaki, T., Takahashi, M., Komatsu, T., de Jonge, L. W., 2013. Correlating gas transport parameters and X-ray computed tomography measurements in porous media. Soil Sci. 178(2), 60–68.

Nolter, M. A., Vice, D. H., 2004. Looking back at the Centralia coal fire: a synopsis of its present status. Int. J. Coal Geol. 59(1), 99–106.

Ohlemiller, T. J., 1985. Modeling of smoldering combustion propagation. Prog. Energy Combust. Sci. 11(4), 277–310.

Ohlemiller, T. J., 2002. Smouldering combustion. In: DiNenno, P. J., Drysdale, D., Beyler, C. L., Walton, W. D. (Eds.), SFPE Handbook of Fire Protection Engineering, third ed, National Fire Protection Association, Inc., Massachusetts, pp. 2.200–2.210.

Page, S. E., Siegert, F., Rieley, J. O., Boehm, H. D. V., Jaya, A., Limin, S., 2002. The amount of carbon released from peat and forest fires in Indonesia during 1997. Nature 420(6911), 61–65.

Perkins, G., Sahajwalla, V., 2006. A numerical study of the effects of operating conditions and coal properties on cavity growth in underground coal gasification. Energy Fuel 20(2), 596–608.

Prakash, A., 2007. About coal fires: global distribution. http://www2.gi.alaska.edu/prakash/coalfires/global_distribution.html Accessed on June 27, 2017.

Prakash, A., Vekerdy, Z., 2004. Design and implementation of a dedicated prototype GIS for coal fire investigations in North China. Int. J. Coal Geol. 59(1), 107–119.

Prakash, A., Gens, R., Vekerdy, Z., 1999. Monitoring coal fires using multi-temporal night-time thermal images in a coalfield in north-west China. Int. J. Remote Sens. 20(14), 2883–2888.

Purser, D. A., 2002. Toxicity assessment of combustion products. In: DiNenno, P. J., Drysdale, D., Beyler, C. L., Walton, W. D. (Eds.), SFPE Handbook of Fire Protection Engineering, third ed, National Fire Protection Association, Inc., Massachusetts, pp. 2.83–2.171.

Rein, G., 2009. Smouldering combustion phenomena in science and technology. Int. Rev. Chem. Eng. 1, 3–18.

Rein, G., Cohen, S., Simeoni, A., 2009. Carbon emissions from smouldering peat in shallow and strong fronts. Proc. Combust. Inst. 32(2), 2489–2496.

Saulov, D. N., Plumb, O. A., Klimenko, A. Y., 2010. Flame propagation in a gasification channel. Energy 35(3), 1264-1273.

Schiller, J., 2015. This Hellish underground fire has burned for 100 years. http://www.wired.com/2015/03/johnny-haglund-the-earth-is-on-fire/#slide-5 Accessed on June 27, 2017.

Schult, D. A., Matkowsky, B. J., Volpert, V. A., Fernandez-Pello, A. C., 1996. Forced forward smolder combustion. Combust. Flame 104(1), 1-26.

Schult, D. A., Matkowsky, B. J., Volpert, V. A., Fernandez-Pello, A. C., 1995. Propagation and extinction of forced opposed flow smolder waves. Combust. Flame 101(4), 471-490.

Seifi, M., Chen, Z., Abedi, J., 2011. Numerical simulation of underground coal gasification using the CRIP method. Can. J. Chem. Eng. 89(6), 1528-1535.

Shafirovich, E., Varma, A., 2009. Underground coal gasification: a brief review of current status. Ind. Eng. Chem. Res. 48(17), 7865-7875.

Skafa, P. V., 1960. Underground Coal Gasification. Gosgortechizdat, Moscow(in Russian).

Soukup, K., Hejtmánek, V., Čapek, P., Stanczyk, K., Šolcová, O., 2015. Modeling of contaminant migration through porous media after underground coal gasification in shallow coal seam. Fuel Process. Technol. 140, 188-197.

Stracher, G. B., 2010. The rising global interest in coal fires, 1 September, Earth The Science Behind the Headliness. http://www.earthmagazine.org/article/rising-global-interest-coalfires Accessed on June 27, 2017.

Stracher, G. B., Taylor, T. P., 2011. The effects of global coal fires. In: Stracher, G. B., Prakash, A., Sokol, E. V. (Eds.), Coal and Peat Fires: A Global Perspective. Elsevier, Amsterdam, pp. 102-113.

Stracher, G. B., Taylor, T. P., 2004. Coal fires burning out of control around the world: thermodynamic recipe for environmental catastrophe. Int. J. Coal Geol. 59(1), 7-17.

Torero, J. L., Fernandez-Pello, A. C., Kitano, M., 1993. Opposed forced flow smoldering of polyurethane foam. Combust. Sci. Technol. 91(1-3), 95-117.

Tse, S. D., Anthenien, R. A., Fernandez-Pello, A. C., Miyasaka, K., 1999. An application of ultrasonic tomographic imaging to study smoldering combustion. Combust. Flame 116(1), 120-135.

Wessling, S., Kessels, W., Schmidt, M., Krause, U., 2008a. Investigating dynamic underground coal fires by means of numerical simulation. Geophys. J. Int. 172(1), 439-454.

Wessling, S., Kuenzer, C., Kessels, W., Wuttke, M. W., 2008b. Numerical modeling for analyzing thermal surface anomalies induced by underground coal fires. Int. J. Coal Geol. 74(3), 175-184.

Whitehouse, A. E., Mulyana, A. A., 2004. Coal fires in Indonesia. Int. J. Coal Geol. 59(1), 91-97.

Wolf, K. H., Bruining, H., 2007. Modelling the interaction between underground coal fires and their roof rocks. Fuel 86(17), 2761-2777.

Wu, J., Wu, Y., Wang, J., Zhou, C., 2012. Radon measuring to detect coal spontaneous combustion fire source at Bulianta mine, Shendong. In: 12th Coal Operators Conference. University of Wollongong & The Australasian Institute of Mining and Metallurgy, Wollongong, NSW, Australia, pp. 300-304.

Wuttke, M. W., Halisch, M., Tanner, D. C., Cai, Z. Y., Zeng, Q., Wang, C., 2012. April. Underground coal-fires in Xinjiang, China: a continued effort in applying geophysics to solve a localproblem and to mitigate a global hazard. In: EGU General Assembly Conference Abstracts. Vol. 14. p. 7815.

Xue, S., Wang, J., Xie, J., Wu, J., 2010. A laboratory study on the temperature dependence of the radon concentration in coal. Int. J. Coal Geol. 83(1), 82-84.

Yang, D., Sarhosis, V., Sheng, Y., 2014. Thermal-mechanical modelling around the cavities of underground coal gasification. J. Energy Inst. 87(4), 321-329.

Yang, L., Liu, S., 2003. Numerical simulation on heat and mass transfer in the process of underground coal gasification. Numer. Heat Transfer A: Appl. 44(5), 537-557.

Yang, L., Zhang, X., 2008. Modeling of contaminant transport in underground coal gasification. Energy Fuel 23(1), 193-201.

Yang, L., Zhang, X., Liu, S., Yu, L., Zhang, W., 2008. Field test of large-scale hydrogen manufacturing from underground coal gasification(UCG). Int. J. Hydrog. Energy 33(4), 1275-1285.

18 利用火来修复受污染的土壤

J. L. Torero[1], J. I. Gerhard[2], L. L. Kinsman[2], L. Yermán[1]

(1. 昆士兰大学,加拿大昆士兰州布里斯班;2. 西安大略大学,加拿大安大略省伦敦市)

18.1 概述

世界各地成千上万个地区的地下水和地表水均受到污染,这些地下水和地表水的污染是由历史上和现在仍在继续的非水相有害液体(NAPL)的意外释放所造成的。常见的非水相液体包括石油烃(原油和燃料)、多氯联苯(变压器油)、氯化乙烯(溶剂和脱脂剂)、杂酚油(木材处理剂)和煤焦油(人工制气厂)。复杂和(或)长链化合物[如稠油、多氯联苯(PCB)油和煤焦油]是特别难降解的,因为它能够抵制降解[通过物理(如挥发作用)、生物(如脱卤作用)和化学(如氧化作用)处理等主要降解手段],因此这类化合物正逐渐成为主要的污染物。这类废物的处理方式通常包括采出这些废料并将其填入有害垃圾填埋场或直接进行焚烧处理,其费用比较高昂。作为一种替代方案,本研究提出了一种新的方法(即非水相液体阴燃技术)并将其作为一种潜在的修复工艺。

非水相液体具有可燃性,这个特点已经在Howell等(1996)非原位焚烧非水相流体和受污染的土壤的经验中得以证明。焚烧主要是通过有焰燃烧来实现的。有焰燃烧包括燃料的气化和在气相中的放热氧化。通过有焰燃烧对非水相液体进行焚烧处理是一种能源效率低下的处理方式(即热量损失较高),因此,焚烧过程需要不断地添加能量。

相反地,阴燃指的是冷凝相(即固相或液相)的气化和放热氧化,它发生在燃料的表面(Ohlemiller,1985)。阴燃过程受到氧气输送到燃料表面的速度的限制,相比于有焰燃烧,其反应速率较慢、温度较低。更重要的是,当燃料是一种多孔介质(或嵌在多孔介质中)时,阴燃过程可以自我维持(即点火后不需要后续的能量输入)。能够自我维持的阴燃过程之所以会发生,是因为固相充当了能源吸收汇(能阱)的作用,然后再把这些能量返还给未燃烧的燃料,从而造出了一种能源效率非常高的反应模式(Howell等,1996)。固体多孔燃料,如聚氨酯泡沫塑料(Torero和Fernandez-Pello,1996)、纤维素(Ohlemiller,1985)和木炭都是典型的能够自我维持阴燃的介质。这些研究结果已经证实,燃烧前缘的传播速度、自我维持的阴燃传播范围和反应过程所产生的净热量,将受到空气注入速度(大小和方向)、多孔介质的孔径,以及被燃料、空气和不反应材料所占据的孔隙比例的影响(DeSoete,1966)。

阴燃反应有时会在反应前缘处留下碳质残留物(氧气有限时所发生的反应),或在某些情况下,它们也可以导致燃料的完全燃烧(当燃料量有限时)(Schult等,1995)。前者在参加反应的多孔介质(如泡沫塑料)中很常见,在这种情况下,隔热的煤焦能够减少热量损失,从而使反应持续进行。后者在燃料与惰性的多孔介质发生结合(如原油与石英砂混合物)时比较常见,即使在没有燃料的情况下,也能够提供所需的隔热效果。

虽然固体燃料的阴燃过程一直是大多数研究的重点,但在某些燃烧过程中,也可以观察到嵌在惰性或反应性的多孔介质中的液体燃料发生了阴燃。阴燃也发生在原油及其他自燃液体中浸泡的多孔绝缘材料中(Drysdale,2011)。为了提高采收率,在油藏中要建一个燃烧前缘,其目的是将原油驱向采出点。这是一种以高能源而著称的采油技术(Greaves 等,1993)。通过原位燃烧(火烧油层)来提高采收率所涉及的反应被描述为氧气与稠油残渣之间的非均相气固反应和气液反应(Sarathi,1999)。

非水相液体阴燃技术不同于现有的热修复技术。原位热处理过程需要连续的能量输入,以便使有机相被挥发,在某些情况下,甚至发生热解和变得可流动(通过降低黏度的方式)。所有的这些过程都是吸热的,因此,只要被非水相液体所占据的多孔介质的外部能量输入能够得以保持,反应过程就会持续进行。相反,非水相液体的阴燃有可能产生一个燃烧前缘:(1)该燃烧前缘开始于由非水相液体所占据的多孔介质的个别位置中;(2)该燃烧前缘由一次性、短时间的能量输入所启动;(3)该燃烧前缘以自我维持的方式在被非水相液体所占据的多孔介质中传播;(4)当燃烧前缘通过时,该位置上的非水相液体将被耗尽。在提高采收率方面,非水相液体阴燃技术不同于原位燃烧(火烧油层)技术,因为后者的设计目的是产生一定的热量和气体压力,从而将圈闭的石油驱替到生产井中。相反地,非水相液体阴燃技术的优势在于它避免了非水相液体和(或)水的采出与处理。

18.2 阴燃的原理

阴燃通常被认为是一种常见的地下火灾来源。它与香烟和软垫家具的相互作用、过热的电线绝缘层、干草堆或自燃的余烬等现象比较类似。阴燃被描述为一种缓慢的放热反应(传播速度为 0.1mm/s 的量级),阴燃的温度较低(典型的阴燃温度为 400~800℃),并且几乎不会释放出明显的烟雾。

从多孔绝缘材料的阴燃到煤炭的地下燃烧,各种反应过程中都有可能发生阴燃反应。许多材料可以保持阴燃的持续进行,这些材料包括木材、布料、泡沫塑料、烟草以及其他干燥的有机材料和木炭。阴燃反应的点火、传播、过渡到有焰燃烧和熄灭等过程受许多复杂的尚未弄清的热化学机理控制。

人们对多孔材料的阴燃过程进行了实验和理论研究。一个基本的观点就是,阴燃是一个包含多个工艺流程的基本燃烧问题,这些工艺流程包括多孔介质的传热传质,吸热燃料的裂解,固/气孔隙表面的非均相放热反应的点火启动、传播和停止,从表面反应过渡到气相反应(有焰燃烧)(Ohlemiller,1985)。

从实际的角度来看,阴燃被视为一种风险,因为这种燃烧过程可以在材料内部缓慢传播,并在很长一段时间内不被发现。通常情况下,阴燃过程中将燃料转化为有毒化合物的概率比有焰燃烧要高得多(虽然它的反应速率慢得多),并且还有可能突然过渡为有焰燃烧(Interagency,1987;Ortiz Molina 等,1979;Williams,1976)。有焰燃烧会加速整个反应过

18　利用火来修复受污染的土壤

程，但它并不是一个必然发生的过程(Babrauskas，1996)。

阴燃的特点是在多孔可燃材料内部发生放热性的非均相燃烧反应。固体在非均相氧化过程中所释放的热量通过传导、对流和辐射向未发生反应的物质转移，支持了阴燃反应的传播。氧化剂依次通过扩散和对流的方式被输送到反应区。这些输送机制不仅影响着阴燃反应的传播速度，而且还影响着阴燃过程[即着火、熄灭(下界)和过渡到有焰燃烧(上界)]中的限制因素。因此，阴燃反应的传播过程是一个复杂的耦合现象，它涉及多孔介质中的传热、传质以及热解和燃烧反应。

阴燃与其他燃烧过程的主要区别在于，氧化反应不是发生在气相中，而是发生在冷凝相(如固相)中。维持阴燃的固体燃料本质上属于多孔介质，在多孔介质内，燃料的体积与表面积比非常小(图18.1)。因此，与氧化剂发生反应的比表面积较大，氧气扩散到燃料表面的速率比燃料的蒸发速率更快。其结果是，随着热流通过热传导的方式不断加热多孔介质，反应得以持续传播。

随着反应的进行，多孔基质内的氧气被完全消耗，只留下了残余的燃料，一般称为"焦炭"。图18.2显示了阴燃结束后的聚氨酯泡沫塑料图片。泡沫塑料的点火位置在样品的顶部，反应不断向下传播，最终留下了一块黑色的焦炭。

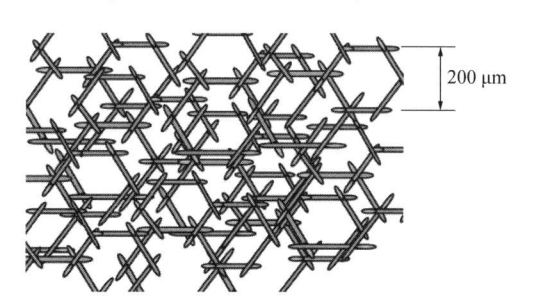

图18.1　典型可燃固相多孔介质的示意图
灰色表示燃料纤维

图18.2　已发生过阴燃的聚氨酯泡沫样品的照片
(Anderson等，2000)

当热量作用于易发生阴燃的多孔燃料时，并不总是会发生阴燃反应。实际上，在某些情况下，发生阴燃的条件是非常严苛的。图18.3给出了对易发生阴燃的固态多孔燃料加热时可能的反应路径。

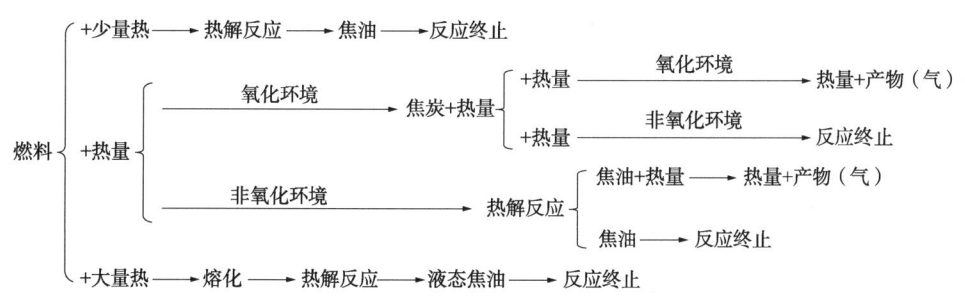

图18.3　阴燃反应过程中可能的反应路径

如图18.3所示，降解过程的第一步对应于施加到材料上的净热通量的不同大小。如果净热通量较小(即对于聚氨酯泡沫而言，小于$6kW/m^2$)，由图18.3可知，燃料将通过

· 445 ·

热解反应发生降解。尽管如此，该过程还是生成了一种降解物质。这种物质通常是液态的，通常称为焦油。如果净热通量非常大（即对于聚氨酯泡沫而言，大于 $7kW/m^2$），也观察到类似的过程，其中降解产物的液态焦油仍然存在。这两种降解反应都是吸热的，一旦外部热源被抽离，反应就会随之停止。这两个分支反应之间的主要区别似乎是，热量的多少决定了被蒸发的焦油所占的比例以及气溶胶的产量。图 18.4 为聚氨酯泡沫塑料典型的着火图。

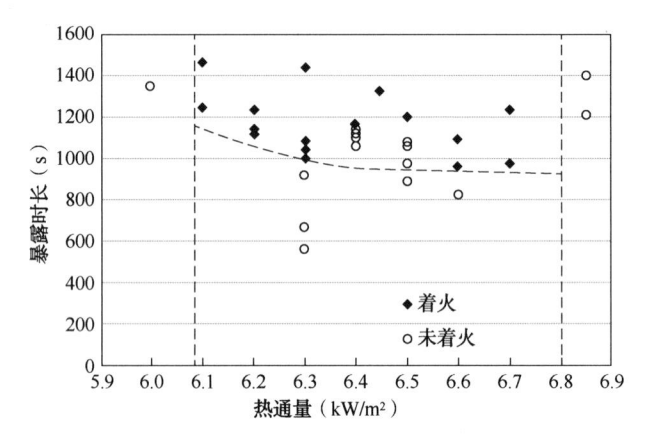

图 18.4 聚氨酯泡沫的着火特征与外加热通量之间的关系（Anderson 等，2000）

只有当施加在物质上的热流量处于上述两个极端之间时，才会发生阴燃。在氧化环境下，放热表面反应（阴燃）将导致热量和气体产物的释放及残余焦炭的形成。焦炭是一种固体基质，它通常能够保持原始燃料的结构。这种焦炭的含碳量比原来的固体基质高，而且更容易发生燃烧。如果焦炭的温度足够高，它可以在氧气的存在下进一步发生反应。焦炭的反应温度比燃料直接阴燃时的温度要高。在大多数情况下，最终的产物将以气态和微粒（烟雾）的形式存在，但有些燃料也会产生残余的、不可燃的灰分。如果所有的氧气都被阴燃反应消耗掉了，焦炭就不会进一步反应，并且随后会逐渐冷却。

即使在适当的加热条件下，如果没有足够的氧气，那么化学分解过程将有利于燃料的吸热热解。这将再次导致焦油的形成和随之而来的燃烧的终止。利用热重分析法（TGA）和差热扫描量热法（DSC），可以辨别出放热降解过程和吸热降解过程（Bilbao 等，1996）。这些方法可以提供有关阴燃机理的重要且深刻的信息；不幸的是，分析的结果必须以某种循环和迭代的方式进行，在该过程中必须提出一个模型，并查看热重分析结果/差热扫描热结果如何与之对应，然后再反复地进行分析。

一旦阴燃反应开始，反应前缘就会在多孔介质中不断传播。反应前缘上所发生的化学反应可以用不同的方法来描述，其中最简单的方法就是用一步反应来描述。确定反应前缘模型所需的反应步骤数量取决于许多变量。Rein 等（2006）对现有的不同模型进行了简要总结。产生的能量、氧气的流量/消耗量以及将燃料直接分解到某一特定分支时的传热量/热量损失之间的精确平衡受到许多因素的控制，如浮力、几何形状、氧气浓度、外部热量的供应、反应前缘的相对位置和燃料量等。

对基本原理的讨论主要集中在多孔固体燃料上，因为到目前为止，大多数关于阴燃过程的研究都以多孔固体燃料为基础。非水相液体的阴燃过程具有许多相似的特性,尽管由于该概念比较新颖,可用的研究成果要少得多,但估计上述的大部分基本原理是成立的。例如,阴燃过程自我维持的条件也需要同样精细的质量平衡和能量平衡;然而,这种燃料通常是长链的碳氢化合物或数百种碳氢化合物(如原油和煤焦油)的混合物,因此其热解和氧化等化学过程将是十分复杂且独一无二的。与实际存在的固体阴燃过程的主要区别在于,该燃料是以液体的形式分布的,它在惰性介质(例如,石英砂和土壤)中占据了部分或全部的孔隙。因此,系统的孔隙度通常是不同的,如图 18.1 和图 18.2 中所示的多孔固体基质的孔隙度大于 90%,而石英砂的孔隙度一般在 35% 左右。此外,燃料的体积与其表面积的比值预计将大于泡沫塑料(其比值非常小)。此外,在非水相液体/土壤的体系中,空气的有效渗透率(它决定了给定压力梯度下整个反应的氧气质量通量)将显著降低。同时,石英砂的有效热容也远远高于多孔固体燃料的有效热容。以上所有的这些性质都会对燃烧过程的传热、传质特性和熄火极限产生一定的影响。此外,它还会对反应动力学特性和反应完成程度产生一定的影响,例如,在非水相液体/石英砂体系中,在较高热容和强制气流的情况下,反应过后不会留下焦炭。与固体燃料一样,就非水相液体/土壤体系而言,只有通过不同规模的研究,才能详细了解这些反应过程及其工艺极限,以及这些工艺过程对土壤修复的实际影响。

18.3 小规模的研究

为了系统地研究控制非水相液体阴燃过程的不同作用机理,有必要在小型实验装置上进行大量的实验。Pironi 等(2009)首次使用直径为 100mm、高度为 175mm 的圆柱体来维持液体燃料的阴燃过程。该实验装置的原理如图 18.5 所示。利用煤焦油进行了向上的阴燃试验。实验中采用了体积密度为 1.7kg/m³、孔隙度为 0.40、粒径为 1~2mm 的惰性砂(8/16 目的 Leighton Buzzard 石英砂,WBB 矿物公司)作为多孔介质。所研究的燃料与石英砂混合料是由煤焦油和粗砂按照一定的质量比例混合而成的,其质量比例与填砂模型所需的饱和度水平相对应。填砂模型的饱和度为充有燃料的孔隙体积分数。对于本研究中所考虑的基本情况(饱和度为 25%),对应的单位体积燃料量为 0.12kg/m³。这些实验所使用的最大功率约为 320W,相当于烧杯水平截面面积上的热通量为 41kW/m²。

通过计算燃烧前缘到达两个连续热电偶的时间间隔和热电偶之间的已知距离,计算了阴燃前缘的推进速度。数码相机所

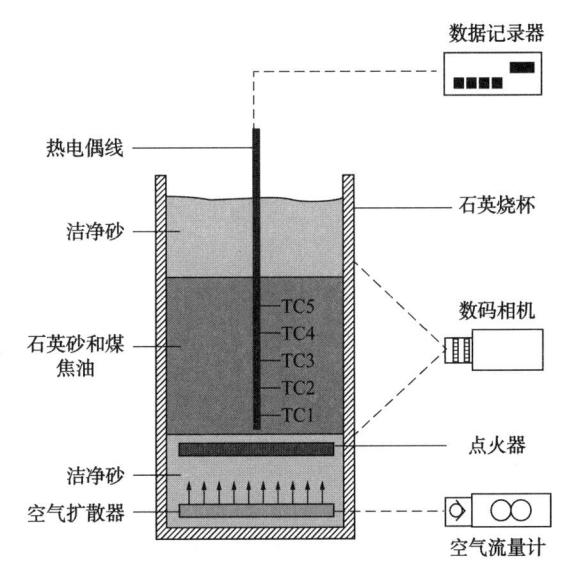

图 18.5 实验装置示意图
TC 表示热电偶

拍摄到的图像捕捉到了阴燃前缘可视化部分的传播过程(图 18.6)。经证实,一氧化碳与二氧化碳的比值是衡量氧化反应是否正在发生的良好指标。图 18.6 显示了在达西气流速度为 16.2cm/s、煤焦油饱和度为 25%条件下,燃烧前缘在油砂中向上传播的示意图。在其他实验条件下,也可以得到类似的观察结果。虽然可视化图像不能直接指示出反应发生的位置和反应强度,但它们提供了反应前缘的定性描述。这四幅图像分别代表了不同的时间点。从图中可以看出,随着反应前缘在受污染的多孔介质中不断传播,反应区域的尺寸不断扩大。燃烧前缘的传播受传热作用和氧气的输入所控制,而燃烧后缘的传播过程则受总燃料消耗量所控制。需要注意的是,并非所有的氧气都是在反应前缘消耗掉,但它能通过多孔介质流动,从而形成一个较厚的反应前缘。如图 18.6(d)所示,最终燃料将被消耗殆尽,而靠近点火器的区域将停止反应。需要注意的是,如果发光强度可以用来指示当时的反应速率,那么最初阶段反应强度将有所增加[图 18.6(a)、图 18.6(b)],但是一旦成功点火,反应强度达到峰值强度后[图 18.6(b)],反应强度将逐渐下降[图 18.6(c)、图 18.6(d)]。氧气将在整个反应区域内不断消耗,由于氧气供应量是固定的,因此反应区的面积越大,局部的阴燃强度就会越弱。图像结果表明,最大的发光强度始终出现在反应前缘的位置。

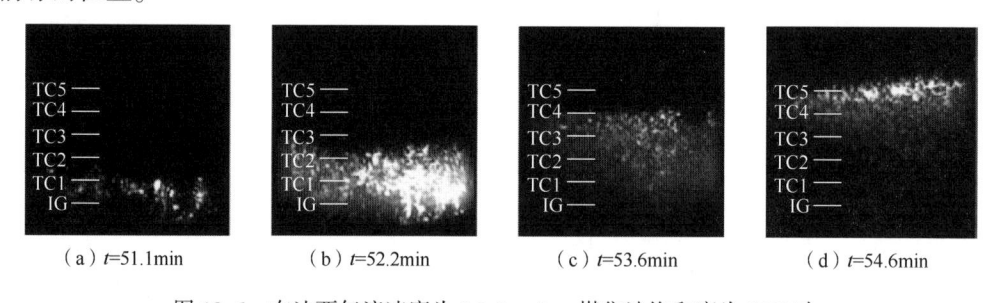

(a) t=51.1min (b) t=52.2min (c) t=53.6min (d) t=54.6min

图 18.6　在达西气流速度为 16.2cm/s、煤焦油饱和度为 25%时,
阴燃前缘的点火和传播过程的序时间列图像
数字表示热电偶的位置及其与点火器(IG)之间的距离(单位为 cm)(Pironi 等,2009)

图 18.7(a)为图 18.6 所示图像温度的变化历程。热电偶轨迹证实,由发光强度所确定的演进过程,其中峰值温度由 2 号热电偶(TC2)得到,随后温度逐渐降低。此外,还可以看出,当空气流速增加到测试值时,温度突然升高,说明此时发生了剧烈的放热反应。一个重要的观察结果是,当反应前缘经过热电偶位置时,温度在短时间内保持在较高水平,然后迅速下降。阴燃过程可以在很宽的温度区间内发生,因此,部分氧化反应似乎在最初的燃烧前缘经过后仍然存在。在最开始的时候,燃料含量的降低可能是造成温度下降的原因之一。这一观察结果对于土壤的修复过程而言是很重要的,因为它表明,虽然大部分燃料是在最初的燃烧前缘中消耗了,但要彻底清除土壤中的污染物,继续进行一段时间的反应是十分必要的。

图 18.7(b)显示了自我保持的小规模阴燃实验的特殊性:反应前缘的前缘和后缘以相同的速度向前推进。每次实验结束后,将模型中的油砂挖出,并目测其残余的污染程度。在某些情况下,对样品进行热重分析并用气相色谱法对产出的气体进行分析,以评估土壤中燃料的降解和清除程度。通过对烧杯中部的油砂进行目测,没有发

现可观察到的明显污染。由于铁的氧化，油砂的颜色变成了红色，这表明油砂长期处于高温条件下（超过600℃）。从烧杯壁附近的油砂中所提取到的样本显示，存在可见的污染物残留。虽然图中表明，样品所在区域发生了剧烈的反应，但很明显，在这些区域中，热量损失导致在燃料完全转化前就已经终止，剩余的阴燃反应强度较弱。冷却后的石英砂与煤焦油残余物的混合物表明，焦炭还没有被完全消耗掉。用二氯甲烷（DCM）萃取后的重量分析结果显示，从烧杯中心位置和靠近烧杯壁位置所取得的样品的平均污染物清除率分别为99.95%和98%。用气相色谱—质谱分析技术测定挥发性化合物（BTEX）的含量，其结果表明，这两类样品中的挥发性化合物的含量均降到无法检测的水平。

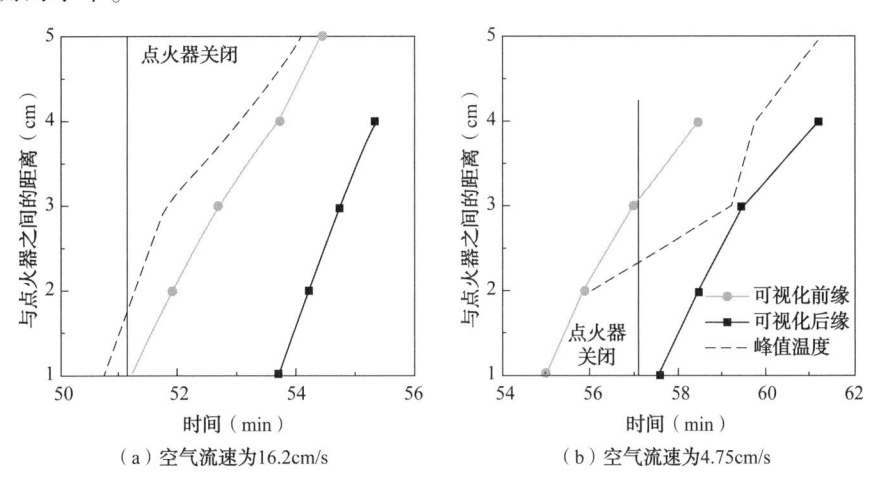

图18.7 在16.2cm/s和4.75cm/s的空气流速下，燃烧前缘和燃烧后缘在可见范围内的连续位置与峰值温度位置的对比图（Pironi等，2009年）

更高的空气注入速度总是会导致更快的阴燃传播速度（图18.8），而该反应不一定必须要在较高的温度条件下进行（图18.9）。这是多孔介质中的典型燃烧特征，它主要与氧气消耗和传热之间的精细平衡有关。图18.10显示了不同空气流速下阴燃过程中的峰值温度沿试样长度上的变化情况。从图中可以看出，每一个位置的峰值温度均在789~1073℃之间，在空气流速为4.25cm/s时达到最高值。正如前面所提到的，可以看到峰值温度在样本的中间部位更高，在靠近顶部的位置逐渐降低。如图18.6所示，反应区的宽度不断增加。因此，随着反应的不断进行，氧气的浓度不断降低，从而导致峰值温度不断下降。此外，在较低的空气流速下，反应温度在样品的末端之前就下降到熄火极限温度以下。在这些实验中，所观察到的燃烧过程的减弱和停止表明，远离点火区域的位置上的火线推进能力较弱。当传播能力较弱时，热量损失发挥着重要作用。热量对外部环境的损失会阻碍燃烧前缘的进一步传播。简单而言，燃烧前缘的传播速度与燃烧所产生的热量和向外部的热损失差值成正比。随后，Barllan等（2004）又对该过程进行了更加详细的分析。很重要的一点是，热损失的重要性随着反应器截面面积的增加而不断下降，这是由于样本的表面积/体积值有所降低。因此，当实验规模更大时，阴燃过程的反应强度可能也会更为剧烈。

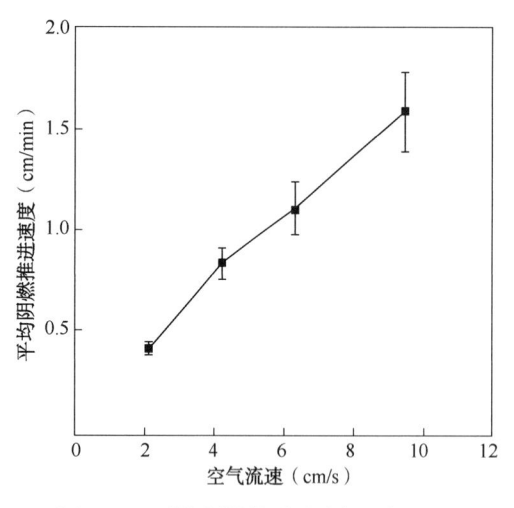

图18.8 平均阴燃推进速度与空气流速之间的变化关系(Pironi等, 2009)

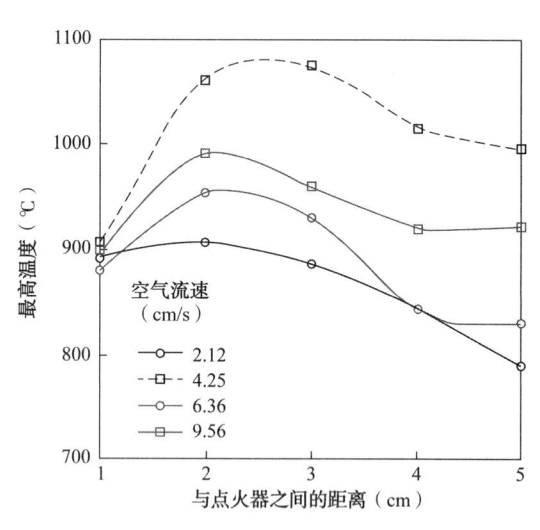

图18.9 在不同的空气流速下阴燃反应最高温度沿样品长度上的变化(Pironi等, 2009)

在不同样品燃料饱和度下进行了一系列的试验。在所有情况下，土壤中的煤焦油含量约为 0.048kg/m³（饱和度为10%）、0.12kg/m³（饱和度为25%）和 0.24kg/m³（饱和度为50%）。入口气流的达西速度保持在 4.25cm/s。这些实验的传播速度和峰值温度结果见表 18.1。这些结果表明，随着燃料饱和度的增加，阴燃传播速度近似线性下降，这证实了在试验的饱和度范围内，燃烧反应是由氧气控制的。这些结果还表明，峰值温度随着燃料饱和度的增加而增加。

表18.1 不同燃料饱和度下的平均阴燃传播速度和平均峰值温度的变化情况

饱和度	10%	25%	50%
平均阴燃传播速度(cm/min)	0.94	0.84	0.61
平均峰值温度(℃)	784	1010	1045

18.4 中等规模的实验

通过一系列中等规模的实验对上述小型柱状反应装置的结果进行外推(Switzer等，2014)。圆筒(中等尺度)实验是在一个体积为 0.3m³ 的特大号化工圆筒(外径为 63.5cm，高度为 104.1cm)中进行的，其设计几乎与上述柱状反应装置相同，只是体积放大了 100 倍。在圆筒的底部嵌入了一个空气扩散器，并覆盖了一层薄薄的石英砂。在空气扩散器上方安装了 3 个长度为 3.8m 并装有镍铬合金护套的盘状加热器[英国沃特洛有限公司(Walow)，工作电压为 240V，加热功率为 2000W]。圆筒内填充了受污染材料，其深度为 40cm，并在上部覆盖了 75kg 的洁净砂，其深度约为 10cm[图 18.10(a)]。圆筒的顶部是敞开的，并在特制的排气罩下工作。

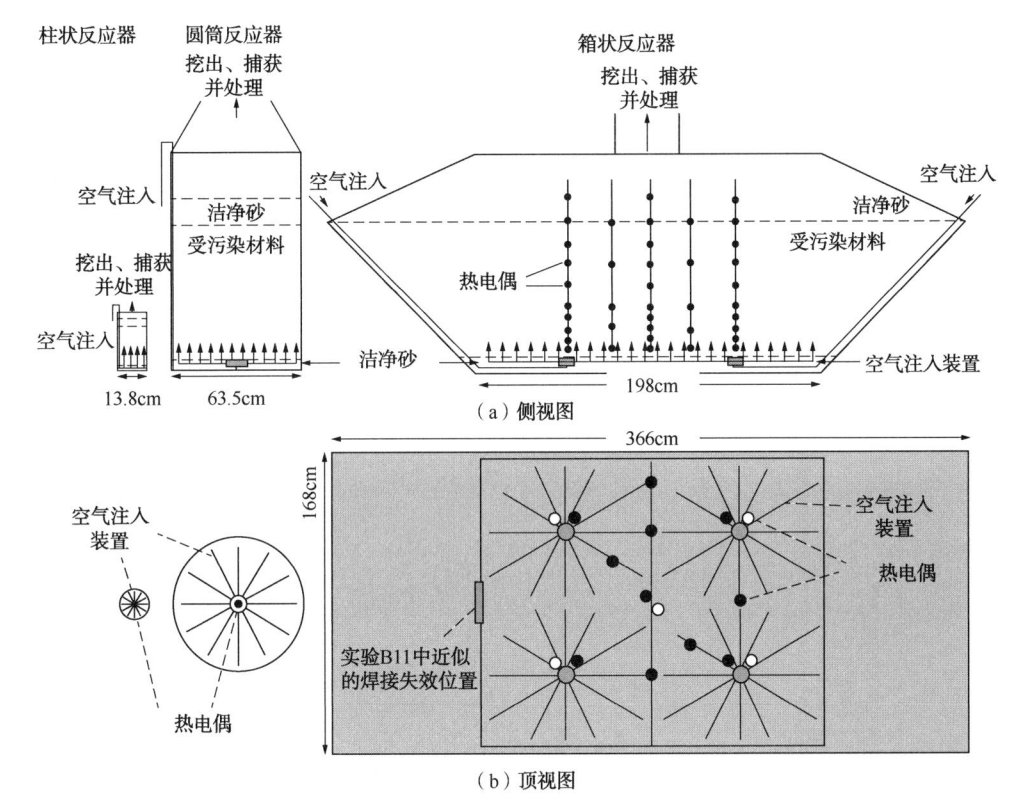

图 18.10 圆柱状、桶状、箱状实验装置的示意图(Switzer 等,2014)
侧视图显示出了实验装置的几何形状和实验材料的分层情况;顶视图显示了空气注入模式和热电偶的位置

箱体(大型)实验采用 3m³ 链式提升式垃圾箱作为实验容器,相比于圆筒和圆柱状实验装置,其体积分别放大了 10 倍和 1000 倍。该实验容器的底部为 168cm×198cm,在高度为 85cm 时,其水平截面面积增加到了 168cm×366cm[图 18.10(a)]。采用与圆筒实验设计相似的 4 个空气扩散器[图 18.10(b)]有效地将实验容器分为 4 部分进行模拟实验,从而开展硬件安装和监测工作;该实验装置中没有物理划分机构。空气扩散器被埋在一层干净的薄砂层中。20 个 3.8m 长并装有镍铬合金保护套的电缆加热器纵向铺设在洁净砂上。受污染材料的装填高度为 80cm。在顶部放置一层 5~15cm 的洁净砂层,并向中心位置堆积。顶部边界向大气开放,并在特制的排气罩下工作。

为了模拟受污染土壤,将煤焦油与粗砂分批混合,并将其装入圆筒和箱状实验装置中,其初始浓度分别为 46400mg/kg 和 3100mg/kg。在箱体实验中,大约有 80 个热电偶被分成 16 个垂直阵列,每组 5 个传感器,以避免热电偶簇形成过大的空隙和优势通道,从而对阴燃过程造成较大影响(图 18.10)。前两对热电偶之间的间距为 10cm,其余热电偶之间的间距为 20cm。在每个象限的中心和整个箱体的中心分别放置了两排热电偶,这些热电偶交错放置,以保证热电偶的位置处在 10~80cm 的深度间隔内。此外,在每个象限之间的界面处也分别部署了一组热电偶[图 18.10(b)]。

在整个容器的所有热电偶位置都观察到了特征温度的演化过程(图 18.11)。温度的变化反映了填料和气流输送过程的非均质性,其特征值与小尺度实验结果一致。当阴燃前缘向上穿过多孔材料时,由于非均质性所产生的不平衡问题被克服,这与之前的实验结果一致(Pironi 等,2009)。当自我维持的阴燃过程在圆筒容器中传播了大约 6h(或在箱状容器中传播了 20h)时,峰值温度在 800~1000℃之间;当燃料不足时,反应自动终止。在所有位置都观察到完全的阴燃过程,这表明在有足够的燃料和氧气的情况下,该反应过程十分稳定。

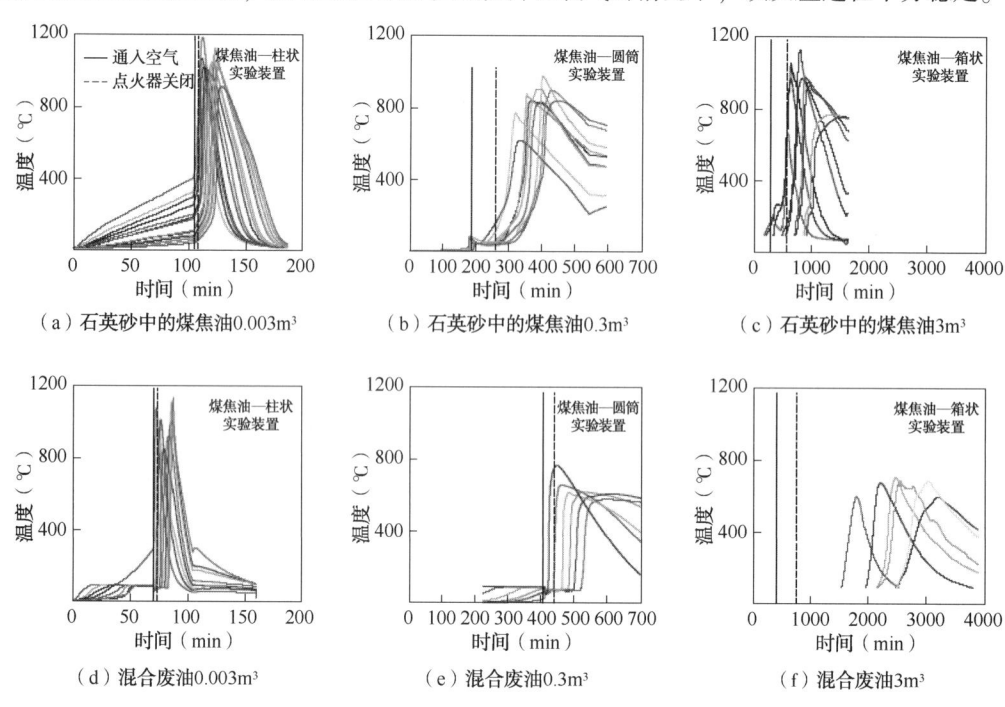

图 18.11 阴燃修复实验结果(Switzer 等,2014)

把试验材料挖出的结果表明,整个容器内的材料看起来都是比较干净的(图 18.12 为箱状反应器中的实验材料)。在经过修复后,整个箱体的平均污染水平为 (17 ± 3) mg/kg(30 个样品),而最初受污染地区的平均污染水平已降低至 (10 ± 1) mg/kg(20 个样品)。污染物浓度的降低说明体积为 $3m^3$ 的容器中的修复效率高达 99.95%。表面污染水平略有升高,但均在 100mg/kg 以下,这可能与挥发分在干净的砂层发生凝结有关。

图 18.12 实验 B10($3m^3$)(Switzer 等,2014)

18.5 非水相液体的流动性

与固体多孔燃料相比,液体燃料在阴燃条件下的流动性可能是一个独特的问题。此外,实验规模的增加提高了非水相液体流动性的重要性。在阴燃条件下考虑非水相液体的流动性需要一个新的概念模型。图18.13为一维柱状向上阴燃反应中的温度和氧气浓度的垂直分布图(Kinsman等,2017)。该柱状实验装置中含有高黏度的非水相液体(如煤焦油),它以一定的饱和度混入惰性基质(如石英砂)中,其余的孔隙度由空气占据。在燃烧前缘前面的周围区域中,非水相液体和土壤处于环境温度(T_∞)下,因此非水相液体在物理化学性质上没有发生变化。在预热区(温度为50~200℃),土壤和非水相液体通过传导(通过土壤/非水相液体)和对流(通过受热的空气)的方式吸收从下部阴燃前缘处传递过来的能量。在温度较高(200~350℃)和氧气浓度较低的热解区,非水相液体经历了吸热和无氧分解等过程(Torero和Fernandez-Pello,1996)。这些热解反应有望将非水相液体转化为一种不可流动的焦炭。氧化区顶部位于阴燃前缘的最前端,该区域内的温度超过非水相液体的阴燃点火温度(T_s)(如大于350℃),且氧气浓度较高,因此会发生放热性的氧化反应。在该区域内,氧气被不断消耗,非水相液体(现在变成了焦炭)也被不断消耗,从而产生了大量的能量,导致给定污染物达到人们所观察到的特征峰值温度(T_{max})。

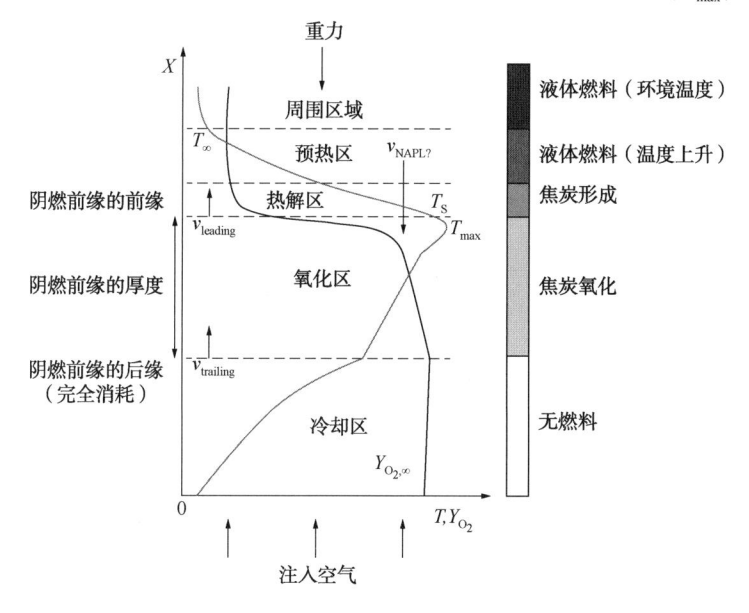

图18.13 柱状反应器内阴燃反应向上、正向传播时的温度和氧气浓度分布的概念模型(Kinsman等,2017)

图中给出了主要作用力的方向(加粗箭头所示)。对该系统中的主要区域进行了命名,并在右边标注了非水相液体的相关形式

阴燃前缘的后缘位于燃料完全被消耗的位置,在此点以下没有残余的非水相液体。由于它们受不同的过程控制,阴燃前缘的前缘和后缘的速度($v_{leading}$和$v_{tailing}$)不一定相等。$v_{leading}$一般由正向传热速率控制,而$v_{tailing}$则由质量消耗速率决定,而质量消耗速率则主要

由燃烧化学性质和氧气的质量通量来决定。当 $v_{\text{trailing}} < v_{\text{leading}}$ 时，阴燃前缘的厚度会随着时间的推移而不断增加。

氧化区后缘上方的温度相对较低，因此化学反应速率相对较慢，氧气消耗速度也比较慢。耗氧量与停留时间的氧化速度[即丹姆克尔数(Damköhler number)]之间存在复杂的函数关系。离前缘越近，温度越高，反应速率越快，耗氧量也就越大。在冷却区，所有的非水相液体都被消耗完，由于热量损失，惰性多孔基质的温度不断下降，这些热量损失主要是通过与下部注入的空气(环境温度)发生对流而产生的。

预热区中的非水相液体有可能发生流动。非水相液体的运移速度(v_{NAPL})取决于非水相液体的黏度和非水相液体的水力梯度。水力梯度的方向和大小主要取决于重力和空气向上流动推力的影响。在环境温度下，长链烃类的黏度较高，这就意味着即使存在较大的水力梯度，非水相液体的运移过程也是非常缓慢的(Gerhard 等，2007)。然而，随着温度的升高，液体的黏度会迅速下降(Potter 和 Wiggert，2002)，因此，非水相液体的运移速度(v_{NAPL})会在预热区的较高温度下有所增加。在此温度范围内，非水相液体的黏度可降低至原始黏度的 1/1000000~1/10，其黏度对温度的敏感性高度依赖于非水相液体的化学性质。

众所周知，在多种应用条件下，加热前缘前方的非水相液体黏度的降低会导致非水相液体具有一定的流动性。用于提高采收率的火烧油层(原位燃烧)技术(Thomas，2008)和蒸汽驱技术(Kaslusky 和 Udell，2005)都利用加热降黏的方式来驱动残余的非水相液体。在这种情况下，非水相液体都被人为地变得可动，从而被开采出来，因此这些方式常被用于提高波及效率；当然，非水相液体向下流动时也会存在一定的流体损失(Kaslusky 和 Udell，2005)。在对垂直柱状反应器(或非原位垂直反应器)中被非水相液体污染的土壤进行阴燃处理时，反应向上进行，而非水相液体有可能向下运移到阴燃前缘位置(图 18.14)。非水相液体的运移会通过多种方式对阴燃过程造成影响，包括改变燃料的空间分布(减少燃烧前缘前部区域内非水相液体的饱和度，增加燃烧前缘附近区域的燃料饱和度)、额外增加可供反应的燃料(即来自上部的冷燃料)，或这些燃料甚至通过反应区渗透到下部，从而污染下部干净的土壤。

图 18.14 显示了在空气的达西流速为 2.5cm/s 时 90cm 柱状反应器中的温度变化。本实验显示了 1~12 号热电偶(TC1 至 TC12)的典型阴燃特性：包括阴燃前缘的前缘和后缘的恒定推进速度，分别为 0.410.07cm/min 和 0.320.07cm/min，各热电偶中的峰值温度也始终维持在 564℃±17℃。然而，当无量纲时间等于 0.6 时，开始观察到了非典型特性。Kinsman 等(2017)选择到达受污染土壤样本末端的时间对时间进行无量纲化处理。在此之后，燃烧前缘的稳定推进过程被中断，观测了温度的谷值和峰值。通过研究单个热电偶，可以帮助人们理解一开始似乎比较混乱的温度变化特性。如前所述，4 号热电偶(TC4)显示出了典型的阴燃特性。在 14 号热电偶(TC14)的位置，阴燃的点火过程比较相似；然而，在达到标准峰值温度之前，稳定推进过程会被中断。它包括一个冷却期，随后又进行了二次点火，温度再一次达到峰值温度。只有在达到峰值温度之后，才能观察到典型的冷却特性。这种模式在无量纲时间达到 0.6 之后的所有热电偶中不断重复，如图 18.14 所示，第二个峰值温度会不断增加。因此，柱状反应器上半部分的峰值温度高达 750℃，远远超过下半部分中典型的阴燃峰值温度(564℃±17℃)。

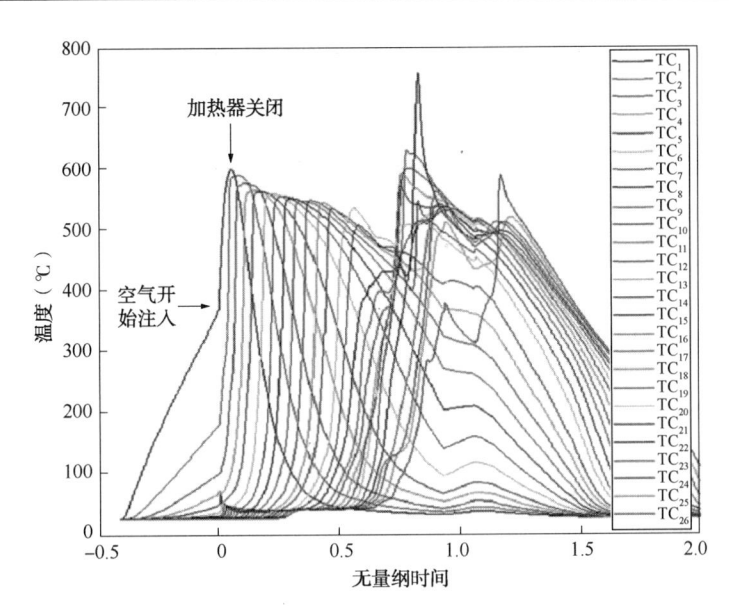

图 18.14　空气的达西流速为 2.5cm/s 时 90cm 柱状
反应器中的温度变化(Kinsman 等，2017)

对此最有可能的解释是，非常不寻常的阴燃特性是非水相液体向下运移所造成的。考虑 14 号热电偶(TC14)的情况：(1)由于温度升高，预热区内的非水相液体的黏度大大降低，并以足够高的速度或足够多的量向下移动，当非水相液体阴燃前缘刚刚到达时，它就会迅速占据该位置；(2)由于运移来的非水相液体的温度低于 14 号热电偶处的燃烧温度，因此起到了降温作用；(3) 14 号热电偶(TC14)处的能量在这些新燃料的预热和热解过程中被消耗，所以温度有所下降；(4)可动的非水相液体(现在已经被热解)提供了再次点火的额外燃料，导致二次点火和二次阴燃；(5)随着阴燃前缘继续向上推进，这一过程也向上移动，14 号热电偶(TC14)的位置处实现了完全燃烧并逐渐冷却。位置较高/反应时间较晚处热电偶表现出更大的温度下降幅度和更高的峰值温度，这一事实表明，随着位置更高，系统中演化出的预热区厚度增大，这一过程变得更加明显。这就是这些非水相液体的运移效应是在无量纲时间达到 0.6 之后(而不是之前)观测到，并且仅在 90cm 柱状反应器中(而不是 30cm 柱状反应器中)观测到的原因。

值得注意的是，尽管观察到了非水相液体的流动性对反应特性的影响，但从未发现非水相液体穿透或绕过阴燃前缘的情况。相反的，在所有的情况下，阴燃反应都是通过增加反应区的厚度来适应进入的非水相液体，并且在所有的情况下，试验结束时的反应材料都是完全干净的。这表明阴燃的可靠性极高，它的能源效率使得它能够消耗掉所有的燃料，即便燃料的分布是不均匀的，并且还会随时间而变化。

18.6　大规模的实验

在受污染大地的回填潟湖区域内进行了两次大规模的先导试验，该区域从 20 世纪初一直运行到 1983 年(Geosyntec，2012)，Scholes 等(2015)对该区域的情况进行了介绍。该潟湖的深度为 2.5~3.5m，用于处理煤焦油及其副产品。该地层单元下方为 0.3~0.6m 厚的封闭黏土"草垫"层，它由黏土、淤泥和泥炭组成。它的下面是一个冲积层单元，由厚度高达 6m 的中—粗砂组成（这里称为"深部砂层单元"）。此处的地下水位约为 1m。煤焦油重质非水相液体（DNAPL）（比水重的非水相液体）以一种可移动的、高饱和在浅部充填单元内（草垫层之上），其厚度达 1.3m。煤焦油也出现在深部砂层单元上部的 4~5m 处，此处最开始的潟湖开挖活动似乎已经移除了草垫层，从而为重质非水相液体向这个更深地层单元的运移提供了通道。这两项先导试验中包括一项浅部充填单元试验，称为浅层试验；另一项试验是在同一潟湖下方、浅层试验单元附近的深部砂层单元内进行的，称为深层试验（图 18.15）。每个试验区都在中心位置安装了一口直径为 5cm 的不锈钢井筒和一个长度为 30cm 的绕丝筛管（10 个槽口），该井筒作为点火井，用于输送热量和空气。在这两种情况下，筛管均位于被煤焦油污染层段的底部附近，这是通过试验土样检测到的。定制的、可拆卸的井下电加热器通过对流传热的方式来点燃点火井附近的非水相液体。在点火成功（通过检测收集到的蒸汽中的燃烧尾气含量进行确认）后关闭加热器，并在井口控制注气量，以保证燃烧前缘能够以自我维持的方式传播。在两次试验中都安装了一个蒸汽捕集装置来控制和监测燃烧尾气和蒸汽。在每个蒸汽捕集装置内，都设置了垂直或水平的抽汽管线，分别收集浅层试验和深层试验中的蒸汽。采用取心法对试验前和试验后的土壤样本进行采集。

图 18.15　大规模先导试验示意图（Scholes 等，2015）

在两次先导试验中，在地下水位以下都保持了持续的阴燃反应，浅层试验和深层试验分别维持了 12 天和 11 天。据估计，在浅层试验和深层试验中所消耗的煤焦油质量分别为 3700kg 和 860kg。在浅层试验中，质量消耗速率为 1~43kg/h；在深层试验中，质量消耗速率为 1~7kg/h。在浅层试验和深层试验中所采出的蒸汽中，燃烧尾气（一氧化碳和二氧化碳）的浓度随时间的变化揭示了反应的强度，从而表明了在哪些地方需要进行干预（重新点火或新建一口井来通入空气）。

在浅层试验中，土壤中的污染物浓度大幅度下降，试验前的平均浓度为 37900mg/kg（$n=15$，标准差为 50800mg/kg），试验后的平均浓度下降到了 258mg/kg（$n=8$，标准差为

185mg/kg），相当于平均修复效率为 99.3%。在深层试验单元中，试验前的平均浓度为 18400mg/kg（$n=8$，标准差为 13400mg/kg），试验后的平均浓度下降到了 450mg/kg（$n=14$，标准差为 1100mg/kg），其平均修复效率为 97.6%。图 18.16 显示了浅层试验和深层试验中，试验前和试验后土壤样品（从处理区域内采集到的）浓度随样品深度的变化关系。对于这两次先导试验而言，试验结束后从燃烧区所取得的土壤岩心（8 个来自浅层试验，9 个来自深层试验）均表明，样品中均不含非水相液体，且水分含量明显降低。对回收的排放物进行气体分析的结果显示，只有不到 2% 的煤焦油被挥发，这表明这种大规模的修复过程是通过燃烧（而不是增加流动性或质量传递/相转移）原位消耗完成的。

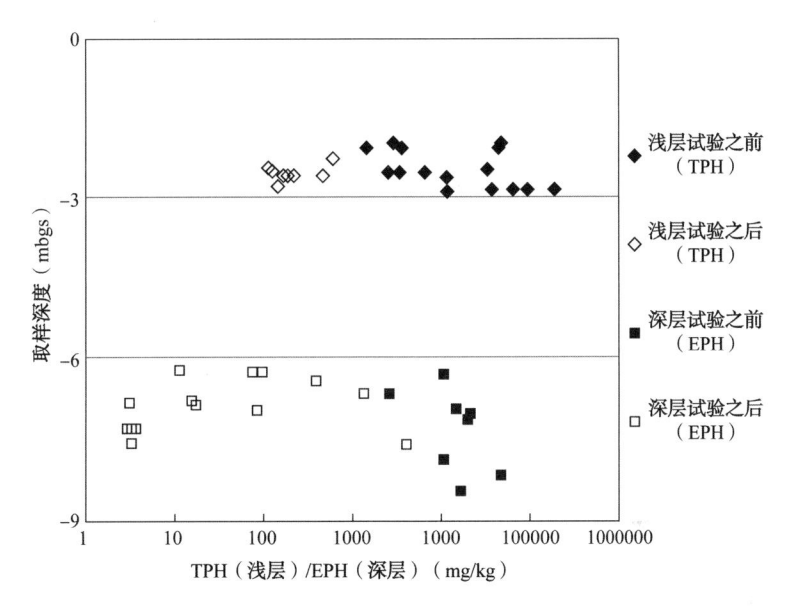

图 18.16　按取样深度计算得到的 TPH（浅填土）和 EPH（深层砂）
试验前后的土壤浓度与样品深度的关系（Scholes 等，2015）
所有试验后的土壤样品都是从燃烧区内收集的。注意，深度（垂直）轴为
线性刻度，土壤浓度（水平）轴为对数刻度。
bgs 表示地表以下深度

深层试验中进行土壤修复的点火能量估计为 1.1kJ/kg，其基础是在加热器运行约 3h 后能实现自我维持的阴燃，并在 10 天后修复了 44.5m³ 的土壤。图 18.17 显示了点火能量与试验规模之间的函数关系，其中还包括 Scholes 等（2015）和 Switzer 等（2014）在不同规模下进行的深层试验和原位煤焦油阴燃试验所得到的计算值。图 18.17 显示，随着应用规模的增大（注意独立坐标轴上的对数刻度），自我维持的阴燃反应变得越来越高效（修复后单位质量土壤的热量输入更低）。这一特性是符合预期的，因为随着试验规模和影响半径的增加，进入外部环境的热量损失大大减少，单次点火事件大幅度增加。这显示了自我维持阴燃修复方法的好处，因为所有其他的热处理方法都是热过程，并且每处理一块土壤都需要几乎恒定且连续的能量输入；例如，原位热解吸过程通常需要 300～700kJ/kg 的热量（Triplett Kingston 等，2014）。在考虑潜在的处理量时，自我维持型阴燃过程所需的能量输入时间短就说明了阴燃修复技术明显的能源效率优势。

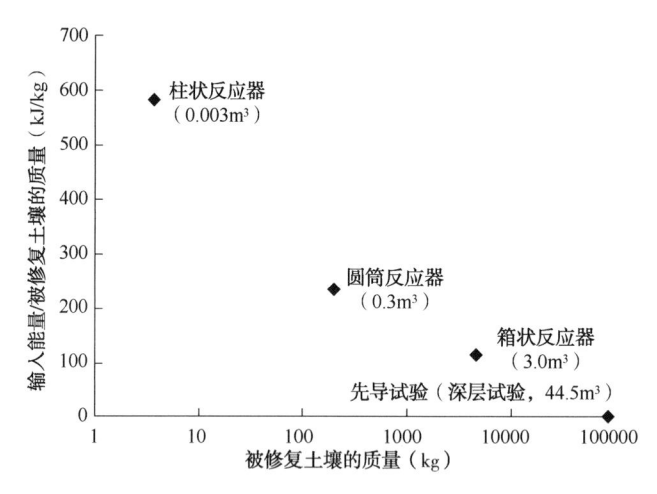

图 18.17 煤焦油阴燃试验规模与所需点火能量试验

数据(Switzer 等，2014；Scholes 等，2015)

浅层试验和深层试验结果表明，在被煤焦油所污染的土壤中(原位和地下水位以下)能够观察到自我维持型阴燃反应的点火和传播现象。观察到，在单口点火井中，煤焦油的原位消耗速率高达 43kg/h，并发现阴燃前缘的传播距离已经超过了 4m(距离点火井)，传播速度高达 1m/d。现场的非均质性对阴燃前缘的传播速度和均匀性都具有重要的影响，这是因为它对空气分布有着较大的影响。虽然还没有在这些试验中进行确定，但预计，单口井的影响半径将由就地空气流速低于维持反应所需的阈值(氧气的质量通量)时的位置(与井筒之间的距离)来决定。处理后的土壤(即已燃区)中的石油烃浓度平均降低了 98.5%。

18.7 其他应用

由于阴燃过程的能源效率较高，因此它是处理高含水有机废物的一种非常具有吸引力的方法。高的水分含量会导致较低的有效热值，需要进行大量的预干燥处理或补充燃料，以避免燃烧反应中断。而阴燃则克服了这些限制，它通过有效地将反应热转移到未发生燃烧的燃料上，使燃烧和传热时间相匹配(Howell 等，1996)。

Yermán 等(2015)研究了人类排泄物的阴燃特性，并将其作为一种新的综合的、低成本的现场卫生系统的一部分，旨在用最少的资源快速地对人类排泄物进行消毒。这项应用显示了阴燃技术其他形式的废物就地处理(例如垃圾填埋场)过的潜力。该反应器的结构与图 18.5 中所示的结构比较类似。在内径为 16cm、高度为 100cm 的不锈钢管柱内进行了排泄物与石英砂混合物的实验。通过将排泄物与石英砂混合，形成了具有必要的保温性和透气性的多孔基质，以用于阴燃。之所以使用石英砂，是因为它成本低，而且它被认为是一种提高燃料孔隙度的有效试剂，可用于降解非水相液体(Pironi 等，2009)。为了应对使用真实排泄物所面临的监管挑战，并控制实验变量，使用了替代性的排泄物。此外，还对狗的排泄物进行了额外的实验，以确保得到一致的结果。之所以选择狗的排泄物，是因为它含有很少的人类病原体。总而言之，这项工作的主要目的是初步探讨将阴燃技术应用于废物处理系统的可行性。

通过改变含水率、混合物的充填高度、气流速度和砂—燃料质量比，绘制了一个参数空间，用于得到与石英砂混合的替代性排泄物实现自我维持阴燃过程的条件。结果表明，各参数在实现自我维持（阴燃过程）时的取值范围并不独立；相反地，它们以一种复杂的方式相互依赖。最终，确定了实现稳定自我维持的参数空间。图18.18显示了在替代性排泄物与石英砂的混合物发生阴燃时，其中一些参数之间的相互依赖关系。举个例子，如果增加排泄物中的含水率，则必须缩短反应器中混合料的充填高度，并增加石英砂的浓度。同样的情况也发生在空气流速和石英砂浓度之间的关系上，石英砂的浓度越高，空气流速就越小。

（a）含水率与砂—燃料混合物的充填高度之间的关系

（b）含水率与砂—燃料质量比之间的关系

（c）空气流速与砂—燃料质量比之间的关系

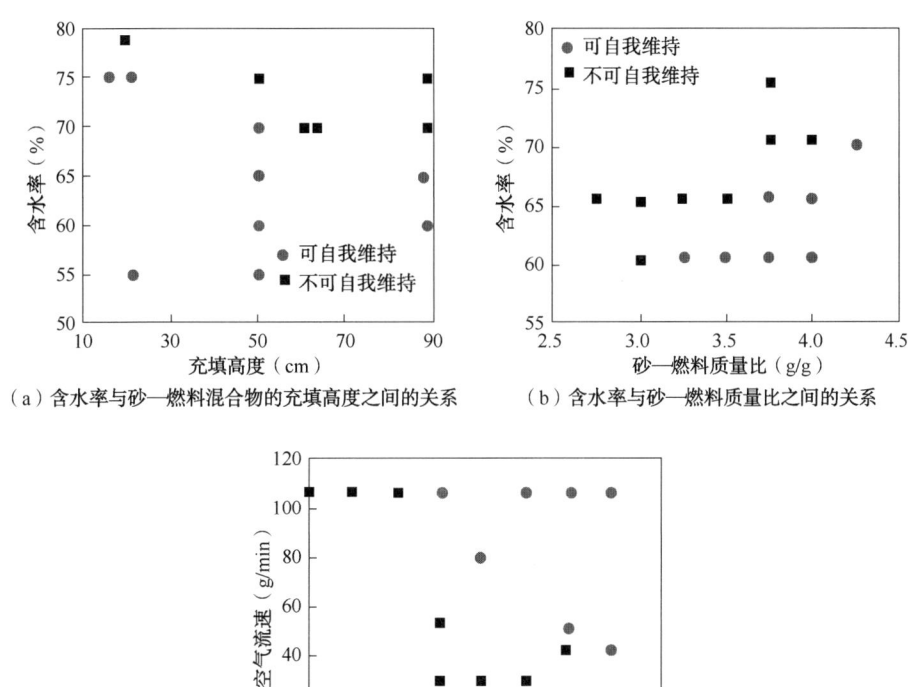

图 18.18 实现自我维持和不能自我维持阴燃过程的参数

阴燃性能通常根据阴燃的传播速度和平均温度来评定。对阴燃传播速度的控制有助于确定反应器的尺寸及其他运行条件，而对温度的估计则有助于人们对整个过程中的能量回收率有一个更加清晰的认识。Yermán等（2016）研究了关键操作参数对阴燃性能的影响。在一定的实验条件下，利用排泄物与石英砂的混合物对阴燃过程的稳定性和自我维持能力进行了一系列的实验。研究的参数包括含水率、砂与排泄物质量比、砂粒大小、空气流速和点火温度。点火温度被定义为开始注气时距加热器2cm处的温度。

结果表明，空气流速是目前对阴燃传播速度影响最大的关键参数。图18.19（a）表明，空气的达西流速与传播速度呈线性关系。因此，在排泄物的处理过程中，可以很容易地利用空气流速来调节阴燃传播速度。这一观察结果与其他应用中的结果一致，因此再次证实

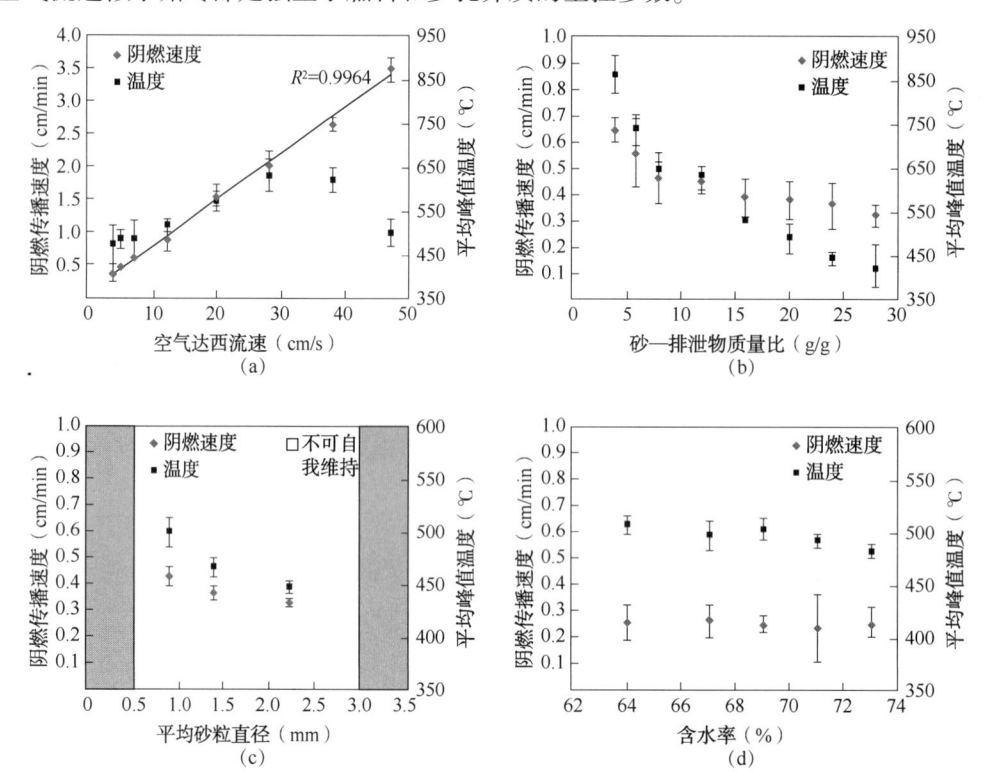

了空气流速似乎始终都是独立于燃料和多孔介质的主控参数。

图 18.19 平均峰值温度和阴燃传播速度与排泄物的含水率、砂—排泄物质量比、
达西流速和平均砂粒直径之间的关系(Yermán, 2016)

相比之下，在阴燃温度方面，石英砂的相对用量似乎影响最大。观察到，通过改变石英砂与排泄物的质量比，可以将温度调节在500℃范围内。另外，该比值对阴燃传播速度的影响程度不及空气流速，在相同的研究范围内，其阴燃传播速度的变化小于0.4cm/s[图18.19(b)]。

砂粒大小对阴燃温度和传播速度的影响不大[图18.19(c)]。然而，它在保持自我维持型阴燃过程方面确实发挥着重要影响。当砂粒尺寸在0.5mm以下或在3.0mm以上时，没有观察到能够自我维持的阴燃现象。

排泄物中的水分含量可作为能量吸收汇(能阱)，它是决定该过程自我维持能力的最关键参数。干粪的流速和温度均高于湿粪(含水率为67%)(图中未显示)。但结果表明，在排泄物含水率(65%~73%)的适用范围内，它对阴燃传播速度和阴燃温度的影响似乎最小[图18.19(d)]。这一点至关重要，因为它证实了Kinsman等(2017)的观察结果，即如果水分被驱替到阴燃前缘之前的位置，那么阴燃过程将能够实现自我维持。

18.8 结论

本章介绍了将阴燃作为一种原位处理污染的可行性。研究结果表明，燃料/砂含量、

空气流速和燃料浓度决定了污染物的消耗速度。热量损失的作用较弱,其重要性随着应用规模的增大而减小。已经证实,大规模的原位土壤修复是可行的,但需要考虑非均质性和非水相液体的运移。在稳定的自我维持型阴燃条件下,燃料消耗率都超过98%。在0.003~45m^{3}的范围内(包括地下水位以下的部分),阴燃过程总能够以稳定且一致的方式实现自我维持。

参 考 文 献

Anderson, M., Sleight, R., Torero, J. L., 2000. Downward smolder of polyurethane foam: ignition signatures. Fire Saf. J. 35, 131-148.

Babrauskas, V., July-August 1996. NFPA Journal.

Bar-Ilan, A., Rein, G., Fernandez Pello, A. C., Torero, J. L., Urban, D. L., 2004. Effect of buoyancy on forced forward soldering. Exp. Thermal Fluid Sci. 28, 743-751.

Bilbao, R., Mastral, J. F., Ceamanos, J., Aldea, M. E., 1996. Kinetics of the thermal decomposition of polyurethane foams in nitrogen and air atmospheres. J. Anal. Appl. Pyrolysis 37(1), 69-82.

DeSoete, G., 1966. In: Eleventh Symposium (Int) on Combustion. The Combustion Institute, Pittsburgh, PA, pp. 959-966.

Drysdale, D. D., 2011. Introduction to Fire Dynamics, third ed. John Wiley and Sons, Chichester, West Sussex, UK.

Geosyntec Consultants, 2012. Remedial Action Work Plan. Geosyntec Consultants, Inc., Guelph.

Gerhard, J. I., Pang, T., Kueper, B. H., 2007. Time scales of DNAPL migration in sandy aquifers examined via numerical simulation. Ground Water 45(2), 147-157.

Greaves, M., Tuwil, A. A., Bagci, S., 1993. Horizontal producer wells in in situ combustion (ISC) processes. J. Can. Pet. Technol. 32, 58-67.

Howell, J. R., Hall, M. J., Ellzey, J. L., 1996. Combustion of hydrocarbon fuels within porous inert media. Prog. Energy Combust. Sci. 22, 121-145.

Interagency Committee on Cigarette and Little Cigar Fire Safety, 29 October 1987. Toward a Less Fire Prone Cigarette, Report Submitted to United States Congress.

Kaslusky, S. F., Udell, K. S., 2005. Co-injection of air and steam for the prevention of the downward migration of DNAPLs during steam enhanced extraction: an experimental evaluation of optimum injection ratio predictions. J. Contam. Hydrol. 77(4), 325-347.

Kinsman, L., Gerhard, J. I., Torero, J. L., 2017. Smoldering remediation and non-aqueous phase liquid mobility. J. Hazard. Mater. 325, 101-112.

Ohlemiller, T., 1985. Modeling of smoldering combustion propagation. Prog. Energy Combust. Sci. 11, 277-310.

Ortiz Molina, M. G., Toong, T. Y., Moussa, N. A., Tesero, G. C., 1979. Smoldering combustion of flexible polyurethane foams and its transition to flaming or extinguishment. In: Seventeenth Symposium (International) on Combustion. The Combustion Institute, pp. 1191-1200.

Pironi, P., Switzer, C., Rein, G., Gerhard, J. I., Torero, J. L., 2009. Small-scale forward smouldering experiments for remediation of coal tar. Proc. Combust. Inst. 32(2), 1957-1964.

Potter, M. C., Wiggert, D. C., 2002. Mechanics of Fluids, third ed. Brooks Cole/Thompson Learning, Pacific Grove, CA.

Rein, G., Lautenberger, C., Fernandez-Pello, A. C., Torero, J. L., Urban, D. L., 2006. Smoldering combustion of polyurethane foam: using genetic algorithms to derive its kinetics. Combust. Flame 146(1-2), 95-108.

Sarathi, P. S., 1999. In Situ Combustion Handbook—Principles and Practices. U. S. Department of Energy, National Petroleum Technology Office, Tulsa, OK, USA.

Scholes, G. C., Gerhard, J., Grant, G., Major, D., Vidumsky, J., Switzer, C., Torero, J., 2015. Smoldering remediation of coal-tar-contaminated soil: pilot field tests of STAR. Environ. Sci. Technol. 49 (24), 14334-14342.

Schult, A., Matkowsky, B. J., Volpert, V. A., Fernandez-Pello, A. C., 1995. Propagation and extinction of forced opposed flow smolder waves. Combust. Flame 101(4), 471-490.

Switzer, C., Pironi, P., Gerhard, J. I., Rein, G., Torero, J. L., 2014. Volumetric scale-up of smouldering remediation of contaminated materials. J. Hazard. Mater. 268, 51-60.

Thomas, S., 2008. Enhanced oil recovery—an overview. Oil Gas Sci. Technol. 63(1), 9-19.

Torero, J. L., Fernandez-Pello, A. C., 1996. Forward smolder of polyurethane foam in a forced air flow. Combust. Flame 106, 89-109.

Triplett Kingston, J. L., Johnson, P. C., Kueper, B. H., Mumford, K. G., 2014. In situ thermal treatment of chlorinated solvent source zones. Chlorinated Solvent Source Zone Remediation. Springer, New York, p. 527 (Chapter 14).

Williams, F. A., 1976. Mechanisms of fire spread. In: Sixteenth Symposium (International) on Combustion. The Combustion Institute, pp. 1281-1293.

Yermán, L., Hadden, R. M., Pironi, P., Torero, J. L., Gerhard, J. I., Carrascal, J., et al., 2015. Smouldering combustion as a treatment technology for faeces: exploring the parameter space. Fuel 147, 108-116.

Yermán, L., Wall, H., Torero, J. L., Gerhard, J. I., Cheng, Y.-L., 2016. Smoldering combustion as a treatment technology for faeces: sensitivity to key parameters. Combust. Sci. Technol. 188 (6), 968-981. https://doi.org/10.1080/00102202.2015.1136299

19 先进的测量和监测技术

A. Veeraragavan

(昆士兰大学,加拿大昆士兰州布里斯班)

19.1 概述

煤炭地下气化(UCG)和地下煤火的测量和监测技术有些共同点。本章将介绍这些技术中的一部分,这些技术最初是为 UCG 项目开发出来的,但后来也逐渐用于探测与煤火相关的地下燃烧过程。地下煤火的存在与否通常是通过周围的空气质量(臭味)、烟雾或地面散发的热量的变化来感知的。通常情况下,这些现象只有在火灾持续存在并蔓延到很广的区域之后才会显现出来。在极端情况下,地下火灾的探测成为一个相对没有意义的工作,因为从地面冒出的烟雾或土壤的沉降已表明地下煤火明显存在。举个例子,图 19.1 所示的森特勒利亚地下煤火就是一种很容易观察到(探测到)的地下火灾,当它广泛地蔓延到足够大的区域时,就可明显地影响到地面。在该案例中,地下火灾导致公路发生了开裂。而在这种情况下,如果火灾不是在很深的地下发生,甚至经常可以看到煤层通过裂隙和裂缝的燃烧。然而,在早期阶段或在地下深处对这种火灾进行探测是相当具有挑战性的,这需要借助超越人类感官感知能力的工具和诊断方法。

近二三十年来,随着现代计算机、光谱仪、热像仪、声波定位仪和其他气体探测方法的出现,地下煤火的探测技术得到了迅速的发展。其中,许多技术在大量的文献综述中都有详细的论述(Song 和 Kuenzer,2014)。在本章中,概述了用于探测、监测和测量地下燃烧程度的各种技术和方法,它们涵盖了地下火灾和煤炭气化技术两个方面。

19.2 探测和监测

19.2.1 地下燃烧(气化)的典型证据

正如引言中所提到的,地下燃烧过程中有许多典型的证据。主要的证据包括地表沉降、有毒气体的排放、裂缝/裂隙、地表温度(较高)和烟雾。

有毒气体如硫氧化物(SO_x)和氮氧化物(NO_x)是在地下阴燃过程中形成的,并通过裂缝渗透到地表。特别是,硫氧化物有一种刚点燃的火柴或"烧焦"的味道。由于没有在地表可以观察到的明火,因此这种味道是地下煤层火灾的一个良好标志。第二个最明显的证据是烟雾的存在,它会从地下散发出来,在黑暗环境下特别明显。通常情况下,这些冒烟位置周围的植被会受到影响,且很容易被观察到。在某些情况下,局部裂缝会在一段时间内形成并不断变宽,最终导致地面发生沉降。这些地下火灾的典型迹象很难被忽略,尤其是当火灾接近地表时。

图 19.1 森特勒利亚的地下煤火

图片来源:https://www.flickr.com/photos/jsjgeology/8280902685/in/photostream/

对现在或过去存在的地下燃烧的证据通常需要继续进行监测。接下来将讨论所采用的典型监测方法,这些监测方法在与当地居民或保护区所受到的直接威胁相关的决策过程中是非常有用的。

19.2.2 监测类型

地下燃烧(气化)的监测类型大致可分为地面/地下监测方法和空中监测方法两大类。用这两种监测手段中的一种来进行测量时所用到的诊断工具类型(如热成像法和光谱法)将在下一小节中讨论,并且还会根据煤层类型、地下火灾的深度、蔓延程度(范围)、可用资金和实体资源的差异而有所不同。

19.2.2.1 地面和地下监测方法

(1)地下火灾:这种方法包括利用传感器来监测受影响地区,这些传感器位于受影响地区的地表或地下。例如,地面监测方法包括实地考察,定期检查受影响地区的地层沉降情况;用手持或固定的传感器进行温度测量,其他的物理属性(如地表的电导率或磁响应)也已经开始着手测量。而地下监测则包括在关键位置进行钻井,并监测这些井眼中的温度或气体排放情况。由于钻井成本的原因,地下监测的成本往往更高,特别是在火势已经蔓延并需要继续钻新井的情况下。这些方法(包括地表以上和地表以下的方法)往往很费时,特别是当受影响的地区很大时。此外,基于传感器所收集到的数据的可用性、传感器的数量和时间分布在几个有限的位置。因此,通常无法获得整个受影响地区的监测数据。尽管如此,由于传感器(被成功校准之后)被放置在受影响区域的特定位置,所以地面监测能够为测量提供最高的空间精度。因此,这些传感器可以为更广泛的空中监测过程提供验证数据。测量值随时间的变化也可以提供有关火灾随时间的变化和地下火灾移动方向(如果有的话)的线索。

气体污染物监测是另一种监测方法,因为气态污染物可以通过裂缝和裂隙被排放到地面。这种监测方法包括使用某些特定的技术(如收集排放气体样本,并使用气相色谱对其进行分析)来确定污染物的浓度。如果煤层中的煤型得到了很好的描述,那么这种监测技术便可以用来确定发生燃烧时的温度。

(2) 煤炭地下气化(UCG):对于 UCG 的情况,产出气体的监测、沉降监测、颗粒取样和水文地质测量是主要的地表/地下测量方法。

UCG 的主要目的是产出可燃气体。因此,利用气相色谱技术可以很容易地对地下反应区或燃烧状态的变化进行监测。

沉降监测主要是对进料管线和其他已安装结构的完整性进行维护,同时确保沉降过程按计划进行。这可以通过仔细考虑几何形状、气化速率和起作用的地质因素来预先设计(Imran 等,2014)。颗粒取样方法包括对 UCG 工艺中所回收的颗粒物质进行事后分析,以重建气化过程中的反应条件(压力、温度等)(Hamburg 等,1987)。如果地下燃烧促进了采出的地层岩石或煤样表面的变化,可以将暴露于 UCG 活动的岩石的表面属性特征映射回当前的压力、温度以及水蒸气浓度(Aiman 等,1980)。高温环境还会导致玻璃状物质的烧结和形成,这些物质可以作为地质温度计,帮助人们了解气化过程中的反应条件。样品检测的分析方法还包括对煤层多孔表面的气体吸附和扩散现象进行检测的相关技术(Ludwik-Pardala 和 Stanczyk,2015)。

地下水的污染物监测也是 UCG 工艺中必不可少的管理要求(Liu 等,2007)。无机化合物的监测包括游离的和结合的氰化物、游离金属(铬、锌、铁、镉、钼等)和硫酸盐(Kapusta 和 Stanczyk,2011)。通常进行监测的有机化合物包括苯、酚及其他多环芳烃。这些化合物的实测浓度,再加上燃料起始组分(煤炭类型)的认识,可以用来模拟气化反应过程。

水文地质学测量是另一种很有前途的用于 UCG 监测的地表/地下方法(Daly,1989)。这项技术包括测量 UCG 场地周围不同位置的压力和水位的变化。通过测量压力的变化,便可以将其与气化程度以及气化炉内的温度和压力联系起来。该项测量工作所得到的结果是压力水头的等势图,它可以用来跟踪 UCG 工艺过程的进度。

19.2.2.2 空中监测方法

与地面监测方法相比,空中监测方法具有一些天然优势。值得注意的是,这种监测方法可以对更广泛的区域进行更快速的重复性绘图,包括那些可能不适合进行地面监测的地点。空中监测手段可以进一步地细分为无人机监测和卫星监测。装有遥感装置的无人机(Wang 等,2015;Vasterling 和 Meyer,2013)和卫星测量系统(Chatterjee,2006;Voigt 等,2004)通常用于地下火灾的空中监测。很显然,这两种空中监测方法都涉及从地面上方进行某种类型的成像,并使用适当的物理学理论和算法对这幅图像进行解释,从而推断地下火灾的蔓延程度。无人机图像为测绘提供了更好的空间分辨率,因为它更接近地面,因此可以提供约 0.2m×0.2m 的高分辨率(Wang 等,2015),而分辨率非常高的卫星图像只能提供约 30m×30m 的分辨率(Voigt 等,2004)。无人机成像技术还具有许多其他优点,如可任意选择成像时间、能够绘制所有地形(如卫星无法很好处理的山岭地区)、不受大气条件或云层的干扰(卫星经常遭到这种干扰)。然而,卫星成像也有一个独特的优势,它可以为那些广泛存在并需要定期进行监测的地下火灾提供更为广阔的视野。此外,无人机在传感器方面会受到重量限制，通常情况下，与卫星可容纳更复杂更重的传感器相比，优先选择质量较轻的红外摄像机。图 19.2 显示了印度贾坎德邦的一场地下煤火，监测面积超过 350km²。

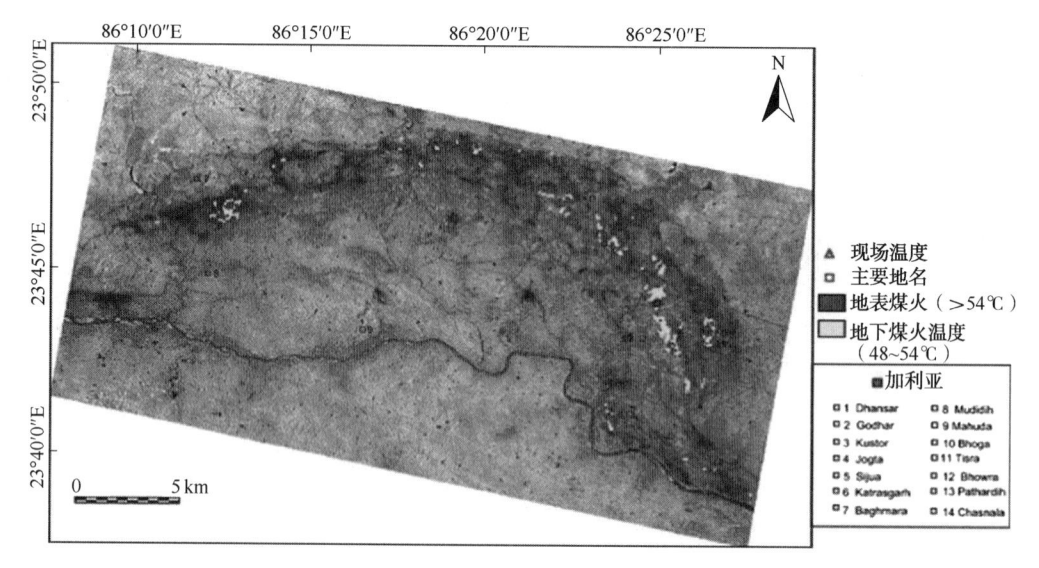

图 19.2　利用 5 号地球资源卫星(Landsat-5)专题制图仪(TM)波段 6 的数据所绘制的印度贾坎德邦加利亚煤田中的地表和地下火灾(Chatterjee，2006)

19.3　先进的测量技术

煤炭地下气化(火灾)测量技术，利用与这些事件的存在(程度)相关的各种物理化学属性，试图对反应区的范围和深度进行描述和量化。下面讨论了一些主要的方法。

19.3.1　基于电磁特性的方法

这些方法通常是基于地面监测的方法，可用来捕获反应区的深度。所采用的两种主要方法是基于地下电阻率变化的二维电子成像和瞬变电磁法(TEM)，而地下电阻率之所以发生变化，主要是因为地下燃烧区(气化区)内存在孔隙或空腔。

人们已经开发出了几种设备来实现二维电子成像测量，例如温纳—斯伦贝谢装置(Wenner-Schlumberger array)(Pazdirek 和 Blaha，1996；Loke，2001)，该装置中的电极以一个恒定的间距进行排列。正如 Song 和 Kuenzer(2014)的文章中所讨论的，二维电子成像测量是一种很适用的方法，它可以用来探测电阻率比较低(9~70Ω·m)的燃烧区，并且可以在较高的精度下预测反应区的深度。由该装置的几何设计所导致的主要缺点是，它需要大量的实测点和一个平坦的场地。然而，这可能比较适合于早期阶段的火灾，因为此时的地表地形还没有受到地下火灾的太大影响。这种方法可以相当精确地测量深度在 30m 以下的地下火灾。

瞬变电磁法是一种将初始电磁(EM)脉冲送入地下来形成感应涡流的时域方法(Xin 等，2015)。涡流的衰减过程受到地下煤火的影响，因此它可以用来探测地下煤火的存在。

这种方法可以用来检测更深反应区(超过100m),这是由于它具备处理更高的地下电阻率(几千欧姆·米)的能力(Song 和 Kuenzer,2014)。瞬变电磁法也可以在机载模式下使用,因此它比二维电子成像方法具有更大的灵活性。

19.3.2　基于声学和雷达的方法

声学方法包括利用声波来探测地下的异常情况,然后将其用于局部的地下反应区。通过实验证实,超声波探测是在多孔介质中的一种十分有用的工具,它可用于地下燃烧(气化)过程的测量(Torero 等,1993;Tse 等,1999)。利用声波在多孔介质(带有烧焦的焦炭)中衰减量的变化(Tse 等,1999)来探测并量化阴燃区的大小,并在层析成像的意义上,利用该技术得到反应前缘的二维图像。最近,基于从反应区产生的声波(被称为声波发射或 AE)的技术被用于确定反应的进度(Su 等,2017)。声波发射现象反映了煤层中裂缝的形成,它被用于研究反应区的拓展速率和合成气体的进料速率。声波发射与反应区的温度和反应腔的位置(大小)密切相关。

同样的,Cao 等(2012)也利用探地雷达(GPR)对地下火灾进行了介绍。由于阴燃区所产生的地层亏空,雷达信号会产生强烈的反射,可以用来绘制燃烧区的位置图。Cao 等(2012)认为,由于这种技术的抗干扰能力较差,因此探地雷达(GPR)在对深度小于50m 的地下火情进行测绘时特别有用。他们利用多级复合滤波校正技术对雷达剖面数据进行了处理。

19.3.3　放射性气体的检测

这是一种化学方法,该方法主要检测和测量大气中不常见(微量),但存在于地下煤火上面地表的气体。特别的,通过检测空气中的氡(^{222}Rn)含量,便可以对地下火灾进行探测和监测。这种测量方法之前在火山、地震及其他自然发生的地质现象(King,1986)中有使用的先例。实验室规模的实验结果表明,氡气的浓度可以用来评估产生该气体的煤层温度(Xue 等,2010)。最近,Wu 等(2012)在实验中使用 CD-1α 杯氡测量法来探测布利安塔煤矿中的地下火灾。该方法包括将杯子埋在预先选定的区域,然后再进行取样分析。该方法已被证实是十分有用的,它可以用来探测地下火灾的发生位置和蔓延范围,并预测地下火灾的蔓延趋势。

19.3.4　光谱法

燃烧研究通常利用光谱技术来监测关键的燃烧产物,如二氧化碳(Heatwole 等,2009;Veeraragavan 和 Cadou,2008)。这通常涉及光谱范围的监测,其中人们感兴趣的组分具有旋转—振动特性。在地下火灾的情况下,可以采用发射光谱或吸收光谱的方法,将其作为指示性气体现场调查的一部分来进行基于地面的现场监测。指示性气体包括一系列从阴燃燃烧区(涉及一些热解过程)排放出来的气体,如二氧化碳、一氧化碳、氢气和少量的烃类气体。然而,这是一项成本很高的工作,通常用于验证体积模型,这些模型的目标是基于估算的燃煤量来估算温室气体的排放量。一氧化碳是地下火灾过程中所释放出来的另一种有毒气体,由于其在中红外波段的明显特征,因此在高温条件下可以被监测到。人们可以使用傅里叶变换红外(FTIR)光谱仪采集气体样本并就地进行分析(Tang 等，2014)。该方法依赖于比尔吸收定律，一旦浓度已知，通过对与统计温度相关的带量子力学模型的吸收光谱拟合，就可以精确估算气体浓度(用特征良好的测试气体进行校准后)和气体温度。该技术所获得的信息(组分浓度和温度)可以用于地下火灾的建模，有时还与卫星成像结果结合使用。在实践过程中，诸如此类的地面测量是验证和进一步发展空中监测方法所必需的。

19.3.5　热成像法

红外热成像法是一种常用的方法，用于绘制疑似地下反应区的温度。这种方法的物理前提是众所周知的普朗克辐射定律，普朗克辐射定律还可以转化为温度的形式进行表示(Huo 等，2014)。

$$T = \frac{C_2}{\lambda \left[\ln\left(\frac{\varepsilon_\lambda C_1}{\pi L_\lambda \lambda^5} \right) + 1 \right]}$$

式中，L_λ 为地表测量到的光谱辐射率，它是在给定波长 λ 下得到的；ε_λ 为地面辐射系数，它也是在给定波长 λ 下得到的；C_1 和 C_2 是普朗克辐射定律中已知的常数；T 为地表温度。测量值通常以数字信号的形式表示，数字信号经过适当处理后，可以用光谱辐射率表示(Kang 和 Veeraragavan，2015，2017)。这可以反过来得到地表温度。上述方程中关键的未知参数是辐射面在给定波长下的发射率。该参数可以通过校准程序(利用其他传感器在几个点位上测得的地表温度)获得。根据使用的相机类型，可以捕获到红外光谱上的不同区间，例如，热红外区间，其范围 8~12μm 不等；或短波红外区间，其范围 1.4~3μm 不等。相比于热红外(100m×100m 左右)的成像质量，短波红外线能够提供更好的空间分辨率(30m×30m 左右)，并且在低温下不会像热红外法那样在 70℃ 左右时就已经饱和(Chatterjee，2006)。当使用热红外图像时，通常使用一些亚像素建模技术来更好地描述单个像素内过热点的精确位置，从而构建一个地下火灾的高分辨率地图(Prakash 等，1999；Prakash 和 Vekerdy，2004)。这种技术所面临的问题包括太阳加热问题(如果在白天成像的话)，其他热物件的干扰作用，光谱发射率的测量效果不佳或地面的光谱发射率图像凹凸不平，以及难以区分暴露和未暴露(地下)的火灾(如果它们同时存在于成像区域内，并且空间分辨率较低时)等。然而，一旦人们能够对地下火灾进行合理的特征描述，这种成像方法对于持续监测火灾随时间的横向蔓延情况是非常有价值的。

19.3.6　注入示踪剂

这是一种特别有用的方法，它可以用于监视 UCG 的活动。该方法包括将氧化剂和示踪元素(如氙或氦)直接注入反应区内(Pirard 等，2000)。通过监测示踪剂穿过反应区并重新返回时的情况，人们便可以收集到许多用于预测气化过程进展程度的有用信息。之所以选用氦气和氙气来作为示踪剂，是因为它们在多孔的煤层中几乎不存在偏析和吸附等问题。氦气可以作为氮气过滤监测过程的示踪剂，它可以通过气相色谱分析的方法进行检测，而氙气则是燃烧实验中比较可靠的示踪剂。然而，利用氙气作为示踪剂的问题在于它的成本高(因为是稀有元素)和有放射性。

19.4 结论及未来发展趋势

煤炭地下气化(火灾)的探测和监测是一项十分具有挑战性的任务,需要使用跨学科的方法。这些技术涵盖了几乎所有的科学领域,如电磁学、热成像、雷达、化学探测、光谱学和声学。这必然要求科学理论与工程实际紧密结合,以开发出更先进的测量技术,从而精确地量化面积达数百平方千米的地下火灾的规模、深度和蔓延速度。在本章中,回顾了几种可用的技术及其优缺点。未来还可以利用物理学的其他分支,如 X 射线断层成像技术等(Naveed 等,2013),这些正在开发的方法可以测量煤层中孔隙尺寸的燃烧反应区的分布和拓展情况。可以对现有的算法进行各种改进,从而对通过卫星图像所获得的原始数据进行解释,并对基于量子理论的传感器进行改进,从而为更好、更快、更可靠地描述地下燃烧铺平道路。有了早期的检测和准确的描述,人们往往可以推进下一步的工作,改善煤炭地下气化炉的产出物成分,在地下煤火成为一个难以解决的重大问题之前控制其蔓延趋势或将其扑灭,就像许多现有的地下火灾一样,它们已经蔓延到了非常广阔的地区,几十年来一直在不断燃烧,有些地下火灾甚至已经烧了几个世纪。定量实验数据的可用性对于仿真模型的验证工作尤为重要,仿真模型可以作为预测反应区拓展情况的有力工具,它还可以预测通过影响控制参数可以获得什么样的结果。

参 考 文 献

Aiman, W. R., Ganow, H. C., Thorsness, C. B., 1980. Hoe Creek II revisited: boundaries of the gasification zone. Combust. Sci. Technol. 23, 125-130.

Cao, K., Zhong, X., Wang, D., Shi, G., Wang, Y., Shao, Z., 2012. Prevention and control ofcoalfield fire technology: a case study in the Antaibao Open Pit Mine goaf burning area, China. Int. J. Min. Sci. Technol. 22, 657-663.

Chatterjee, R. S., 2006. Coal fire mapping from satellite thermal IR data—a case example in Jharia Coalfield, Jharkhand, India. ISPRS J. Photogramm. Remote Sens. 60, 113-128.

Daly, D. J., Schmit, C. R., Beaver, F. W., Evans, J. M., 1989. Role of hydrogeology in Rocky Mountain 1 underground coal gasification test, Hanna basin, Wyoming. In: AAPG Bulletin(American Association of Petroleum Geologists), USA.

Hamburg, G., K€uhnel, R., Scarlett, B., Vleeskens, J., 1987. Potential of electron probe microanalysis on ash particles for reconstruction of conditions in underground gasification chambers. Coal Sci. Technol. 11, 575-579.

Heatwole, S., Veeraragavan, A., Cadou, C. P., Buckley, S. G., 2009. In Situ species and temperature measurements in a millimeter-scale combustor. Nanoscale Microscale Thermophys. Eng. 13, 54-76.

Huo, H., Jiang, X., Song, X., Li, Z.-L., Ni, Z., Gao, C., 2014. Detection of coal fire dynamics and propagation direction from multi-temporal nighttime Landsat SWIR and TIR data: a case study on the Rujigou coalfield, Northwest(NW), China. Remote Sens. 6, 1234-1259.

Imran, M., Kumar, D., Kumar, N., Qayyum, A., Saeed, A., Bhatti, M.S., 2014. Environmentalconcerns of underground coal gasification.Renew.Sust.Energ.Rev.31, 600-610.

Kang, X., Veeraragavan, A., 2015. Experimental investigation of flame stability limits of a mesoscale combustor with thermally orthotropic walls. Appl. Therm. Eng. 85, 234-242.

Kang, X., Veeraragavan, A., 2017. Experimental demonstration of a novel approach to increase power conversion potential of a hydrocarbon fuelled, portable, thermophotovoltaic system. Energy Convers.Manag.133, 127-137.

Kapusta, K., Stanczyk, K., 2011. Pollution of water during underground coal gasification of hard coal and lignite.Fuel 90, 1927-1934.

King, C.-Y., 1986.Gas geochemistry applied to earthquake prediction: an overview.J.Geophys.Res.Solid Earth 91, 12269-12281.

Liu, S.-Q., Li, J.-G., Mei, M., Dong, D.-L., 2007.Groundwater pollution from underground coal gasification.J.China Univ.Min.Technol.17, 467-472.

Loke, M., 2001.Electrical imaging surveys for environmental and engineering studies.A practical guide to 2-D and 3-D surveys: RES2DINV Manual, IRIS Instruments.www.iris-instruments.co m.

Ludwik-Pardała, M., Stanczyk, K., 2015.Underground coal gasification(UCG): an analysis of gas diffusion and sorption phenomena.Fuel 150, 48-54.

Naveed, M., Hamamoto, S., Kawamoto, K., Sakaki, T., Takahashi, M., Komatsu, T., Moldrup, P., Lamande, M., Wildenschild, D., Prodanovic, M., 2013. Correlating gas transport parameters and X-ray computed tomography measurements in porous media.Soil Sci.178, 60-68.

Pazdirek, O., Blaha, V., 1996. Examples of resistivity imaging using ME-100 resistivity field acquisition system.In: 58th EAEG Meeting.

Pirard, J.P., Brasseur, A., Coëme, A., Mostade, M., Pirlot, P., 2000.Results of the tracer tests during the El Tremedal underground coal gasification at great depth.Fuel 79, 471-478.

Prakash, A., Vekerdy, Z., 2004.Design and implementation of a dedicated prototype GIS for coal fire investigations in North China.Int.J.Coal Geol.59, 107-119.

Prakash, A., Gens, R., Vekerdy, Z., 1999.Monitoring coal fires using multi-temporal night-time thermal images in a coalfield in north-west China.Int.J.Remote Sens.20, 2883-2888.

Song, Z., Kuenzer, C., 2014.Coal fires in China over the last decade: a comprehensive review.Int.J.Coal Geol. 133, 72-99.

Su, F.-Q., Itakura, K.-I., Deguchi, G., Ohga, K., 2017.Monitoring of coal fracturing in underground coal gasification by acoustic emission techniques.Appl.Energy 189, 142-156.

Tang, X., Liang, Y., Dong, H., Sun, Y., Luo, H., 2014.Analysis of index gases of coal spontaneous combustion using Fourier transform infrared spectrometer.J.Spectrosc.2014.

Torero, J.L., Fernandez-Pello, A.C., Kitano, M., 1993.Opposed forced flow smoldering of polyurethane foam. Combust.Sci.Technol.91, 95-117.

Tse, S.D., Anthenien, R.A., Fernandez-Pello, A.C., Miyasaka, K., 1999.An application of ultrasonic tomographic imaging to study smoldering combustion.Combust.Flame 116, 120-135.

Vasterling, M., Meyer, U., 2013.Challenges and opportunities for UAV-borne thermal imaging.In: Kuenzer, C., Dech, S.(Eds.), Thermal Infrared Remote Sensing.Springer, Netherlands.

Veeraragavan, A., Cadou, C.P., 2008.Heat transfer in mini/microchannels with combustion: a simple analysis for application in nonintrusive IR diagnostics.J.Heat Transf.130, 1-5.

Voigt, S., Tetzlaff, A., Zhang, J., K€unzer, C., Zhukov, B., Strunz, G., Oertel, D., Roth, A., Van Dijk, P., Mehl, H., 2004.Integrating satellite remote sensing techniques for detection and analysis of uncontrolled coal seam fires in North China.Int.J.Coal Geol.59, 121-136.

Wang, Y.-J., Tian, F., Huang, Y., Wang, J., Wei, C.-J., 2015. Monitoring coal fires in Datong coalfield using multi-source remote sensing data. Trans. Nonferrous Metals Soc. China 25, 3421-3428.

Wu, J., Wu, Y., Wang, J., Zhou, C., 2012. Radon measuring to detect coal spontaneous combustion fire source at Bulianta mine, Shendong. In: Coal Operators' Conference.

Xin, M., Zhu, H., Xiang, M., Zhang, Y., Liu, D., 2015. Application of transient electromagnetic method in coal mine fire detection. Metall. Mining Ind. 2015(6), 321-326.

Xue, S., Wang, J., Xie, J., Wu, J., 2010. A laboratory study on the temperature dependence of the radon concentration in coal. Int. J. Coal Geol. 83, 82-84.